W0260396

HANDBUCH DER BODENLEHRE

HERAUSGEGEBEN VON

DR. E. BLANCK

O. Ö. PROFESSOR UND DIREKTOR DES AGRIKULTURCHEMISCHEN UND
BODENKUNDLICHEN INSTITUTS DER UNIVERSITÄT GÖTTINGEN

VIERTER BAND

BERLIN

VERLAG VON JULIUS SPRINGER

1930

AKLIMATISCHE BODENBILDUNG
UND
FOSSILE VERWITTERUNGSDECKEN

BEARBEITET VON

PROFESSOR DR. E. BLANCK-GÖTTINGEN · DR. F. GIESECKE-
GÖTTINGEN · PROFESSOR DR. H. HARRASSOWITZ-GIESSEN
PROFESSOR DR. H. NIKLAS-WEIHENSTEPHAN
GEHEIMRAT PROFESSOR DR. BR. TACKE-BREMEN

MIT 32 ABBILDUNGEN

BERLIN
VERLAG VON JULIUS SPRINGER
1930

ISBN 978-3-642-98807-3   ISBN 978-3-642-99622-1 (eBook)
DOI 10.1007/978-3-642-99622-1

Vorwort.

Mit dem Erscheinen des vierten Bandes des Handbuches hat sich erfreulicherweise die bisher in der Herausgabe der einzelnen Bände noch immer bestehende Lücke schließen lassen. Allerdings hat dieses leider bis zu einem gewissen Grade auf Kosten des Inhaltes des Handbuches geschehen müssen. Durch den Rücktritt eines Mitarbeiters im letzten Augenblick von seinen Verpflichtungen war es seinerzeit nicht möglich gewesen, dem dritten Bande unmittelbar den vierten folgen zu lassen, und der als Ersatz neu eingetretene Mitarbeiter konnte den zu bewältigenden Stoff in der Kürze der nunmehr noch zur Verfügung stehenden Zeit nicht in der erschöpfenden Weise behandeln, wie solches für die Zwecke eines Handbuches erforderlich gewesen wäre. Der eigentlich viel umfangreicher gedachte Teil des vorliegenden Bandes, dem die Behandlung der Entstehung und Ausbildung der Mineralböden auf geologisch-petrographischer Grundlage zufällt, konnte daher, sollte die Herausgabe des Handbuches in einigermaßen geordneter Reihenfolge nicht gänzlich in Frage gestellt werden, nicht in dem wünschenswerten Ausmaße und mit der gebotenen Umsicht durchgeführt werden, was jedoch keinesfalls dem Autor des besagten Abschnittes zur Last gelegt werden darf, der in dankenswerter Weise in der ihm zur Verfügung stehenden kurzen Zeit alles getan hat, um ein abgerundetes Bild des von ihm zu behandelnden Gegenstandes zu entwerfen.

Für die mir bei den Korrekturen geleistete Mithilfe sage ich auch an dieser Stelle den Herren Dr. F. GIESECKE und Dr. F. KLANDER sowie Fräulein Dr. VON OLDERSHAUSEN meinen besten Dank. Ganz besonderen Dank bin ich aber auch diesmal dem ersteren sowie Fräulein M. SCHÄFER für die überaus tätige Mithilfe bei der Herstellung des Autoren- und Sachregisters schuldig.

Göttingen, im November 1930.

E. BLANCK.

Inhaltsverzeichnis.

E. Verwitterung und Bodenbildung in ihrer Abhängigkeit vom geologischen Untergrund und sonstigen inneren Faktoren (Aklimatische Bodenbildung, Ortsböden).

Einleitung.

Von E. BLANCK, Göttingen.

Wenn im vorliegenden 4. Bande des Handbuches der Bodenlehre die Entstehung und Zusammensetzung des Bodens vom Gesichtspunkt der substantiellen Beschaffenheit des Muttergesteins behandelt werden soll, sowie solche Bodenbildungen ihre Bearbeitung finden, die ihre Entstehung nicht den unmittelbaren Einflüssen des Klimas verdanken, so bedarf dieses Vorgehen einer besonderen Begründung, nachdem durch den Siegeslauf der Bodenzonenlehre alles in den Hintergrund gedrängt worden ist, was für eine innere Beziehung zwischen geologischer und petrographischer Erscheinungswelt einerseits und Bodenausbildung andererseits spricht. Jedoch darf man nicht vergessen, daß letztere Betrachtungsweise der Ausgangspunkt aller bodenkundlichen Forschung gewesen ist und, wie hinzugesetzt werden muß, auch bleiben wird. Die ältere Bodenkunde war sich dieses Verhältnisses durchaus bewußt und beharrte engherzig auf diesem Standpunkt, aber auch sich durchaus im Rahmen neuzeitlicher Bodenforschung bewegende Forscher haben sich nicht der Auffassung verschließen können, daß trotz Vorherrschaft der Klimaeinflüsse für alle Fragen des Zustandekommens des Bodens dennoch auch andere Faktoren innerer oder örtlicher Art zur Geltung kommen, und zwar macht sich dieses um so mehr geltend, je weniger extrem sich das jeweilig vorhandene Klima erweist. Dies führte denn bekanntlich auch GLINKA[1] zur Unterscheidung der durch „innere" Bildungsbedingungen hervorgegangenen „endodynamomorphen" Böden von den rein klimatisch bedingten „ektodynamomorphen" Böden.

„Wenn wir das Klima und überhaupt die äußeren bodenbildenden Kräfte in den Bodenbildungsprozessen als wichtige Faktoren betrachten", sagt der Genannte, „so müssen wir gestehen, daß in verschiedenen Fällen ihr Einfluß bei weitem nicht von gleicher Intensität ist. Die chemische Zusammensetzung oder die physikalischen Eigenschaften der Muttergesteinsart stören die vollständige Entwicklung des Bodentypus, der sich unter den gegebenen äußeren Bedingungen bilden sollte. Die humosen Karbonatböden (die Rendzinaböden), die zwischen den Podsolböden lagern und sich den Eigenschaften nach von dem Podsolbodentypus unterscheiden, geben für die durch die Muttergesteinsart hervorgerufene Beeinflussung des Bodenbildungsprozesses ein gutes Beispiel. Solche Beispiele zwingen uns, diejenigen Böden, deren Bau und Eigenschaften durch die inneren Bedingungen des Bodenbildungsprozesses (die Eigenschaften der Muttergesteinsart) sichtbar beeinflußt sind, in eine besondere Gruppe einzureihen. Wir schlagen vor, dieselben als endodynamomorphe Böden zur Unterscheidung von den ektodynamomorphen, in denen der Einfluß der

---

[1] GLINKA, K.: Die Typen der Bodenbildung, S. 34. Berlin 1914.

äußeren Faktoren den der inneren überwiegt, zu bezeichnen. Auch die Skelett-
böden sind z. T. als endodynamomorph zu betrachten, und zwar diejenigen
unter ihnen, auf welche die äußeren Bildungsbedingungen keinen sichtbaren
Einfluß ausgeübt haben." Allerdings sieht er die endodynamomorphen Böden
als zeitliche Übergangsbildungen an, weist aber auch gleichzeitig darauf hin,
daß auch die ektodynamomorphen Böden zeitliche Bildungen sein können, indem sie bei der Änderung der äußeren Bedingungen aus einem in den anderen
Typus übergehen, welches Geschehnis er als Degradation bezeichnet.

Als ortsbildender Einfluß für die Ausbildung des Bodens gelangt in erster
Linie die Beschaffenheit des Grund- oder Muttergesteins zu ihrem Rechte, d. h.
die Bedingtheit des Bodens von seiner geologischen Unterlage, bzw. es kommt
hier seine petrographische Abkunft zum Ausschlag, wenn auch nicht in dem
früher allgemein angenommenen Ausmaß. Ferner macht sich die physikalische
Beschaffenheit des Bodens selbst, wie sie namentlich durch die Korngröße der
Bodenteilchen vorgezeichnet ist, bemerkbar, und auch die rein örtliche Lage des
Bodens gibt Veranlassung zur Ausgestaltung des Bodens in dieser oder jener
Richtung. Letzten Endes gesellt sich zu allen diesen Einflüssen noch der der
Ortsstetigkeit hinzu, wie von Ramann die Eigenschaft des Bodens, an Ort und
Stelle zu verbleiben und dort der fortschreitenden Verwitterung zu unterliegen,
im Gegensatz zu den wandernden Böden genannt worden ist. Das Wesen der
durch diese Einflüsse geschaffenen Bodenformen, die gemeinsam die bezeichnende
Benennung Ortsböden tragen, wird am passendsten durch die eigenen Worte
Ramanns[1] wiedergegeben: ,,Das bezeichnende der Ortsböden ist die Abhängigkeit ihrer Eigenschaften von örtlich wirkenden Faktoren sowie, daß die unter-
scheidenden Bodeneigenschaften Dauer haben, sich also nicht in absehbarer Zeit
verändern. Hierdurch unterscheiden sich die Ortsböden einerseits von den ausgesprochen klimatischen Böden und andererseits von Bodenformen, welche durch
Organismen ihren Charakter erhalten. Die Ortsböden sind Unterabteilungen der
klimatischen Bodenformen, deren wichtigste Eigenschaften wohl durch Orts-
einflüsse verändert, aber nicht aufgehoben werden."

Wenn unter der Voraussetzung des Vorhandenseins nicht extremer Klima-
verhältnisse die Korngröße der Bodenbestandteile als eine für die Bodenformen
mitbestimmende Größe genannt wurde, so ist dies mehr oder weniger eine Eigenschaft der Böden, die ihnen gleichfalls durch die petrographische Beschaffenheit des Muttergesteins übermittelt wird. In bezug auf den Einfluß der Ortslage kommt die absolute Höhenlage für die Ausbildung der Ortsböden nicht in
Betracht, da dieselbe ja die Veranlassung zur Herausbildung einer abweichenden Bodenform infolge klimatischer Veränderungen gibt. Anders liegt es allerdings hinsichtlich der Lage, die ein Boden gegen seine nächste Umgebung einnimmt, nämlich ob er tiefer oder höher dazu gelegen ist, ob er eben oder geneigt
ist, und in welchem Verhältnis die vorhandene Neigung zu den Himmelsrich-
tungen steht. Also Inklination und Exposition können zu wertbestimmenden
Momenten für einen Ortsboden werden. Desgleichen hängt bekanntermaßen die
praktische Nutzung des Bodens im hohen Maße von seinem Neigungswinkel ab,
denn mit Erreichung einer bestimmten Höhe ist der Ackerbau nicht mehr möglich und schließlich auch kein Waldbau mehr zulässig. Auch darf man die ab-
spülende und ausschlämmende Tätigkeit des Wassers auf Böden mit stark geneigter Lage nicht unterschätzen, und zwar nicht nur allein aus dem Grunde,
weil hierdurch ein geschlossenes und reges Pflanzenwachstum unterbunden wird,
sondern, weil vor allen Dingen eine Fortfuhr der feinen und feinsten Boden-

---

[1] Ramann, E.: Bodenbildung und Bodeneinteilung, S. 22. Berlin: Julius Springer 1918.

bestandteile stattfindet, so daß der Boden dadurch den Charakter eines Sandes oder Gruses erhält. Die Folgen der Lage eines Bodens zur Himmelsrichtung sind von so allgemein bekannter Natur, daß hier nicht darauf eingegangen werden braucht, denn man weiß doch nur allzu gut, welchen Einfluß Bestrahlung, Temperatur und Wasserverdunstung des Bodens hierdurch erfahren und damit zur Veranlassung veränderter Bodenausgestaltung werden. Auch noch die Tätigkeit des Windes sei erwähnt, da dieser unter den besonderen Verhältnissen örtlicher Bodenlage eine Veränderung in seinen Angriffsmöglichkeiten findet. Alle diese Einflüsse vermögen unter Umständen ein solches Maß zu erreichen, daß sich auf besonders exponierten Hochflächen oder an über die Umgebung aufragenden Stellen gänzlich von der benachbarten Bodenart abweichende Bodenformen entwickeln. Solche haben als Randböden Bezeichnung gefunden.

Im scharfen Gegensatz zu den ortssteten Böden, die seit ihrer Entstehung ihren Ort nicht verändert haben, und auf welchen sich infolgedessen ein Verwitterungsprofil hat ausbilden können, stehen dagegen diejenigen Böden, welche ihre Ortslage nicht beibehalten haben, sondern, wie man sagt, wandern, denn sie sind nicht imstande, ein der herrschenden Verwitterung entsprechendes Bodenprofil zu liefern, und zwar um so weniger, je schneller sich ihre Ortsveränderung vollzieht. In Feuchtgebieten auf schräger Lage trifft man die Vertreter dieser Böden am häufigsten an, und sie weisen Eigenschaften auf, als seien sie unter anderen klimatischen Bedingungen erzeugt worden. Die nordischen Fließerden, das sog. Gekriech, die Flottsande, gehören unter anderen hierher. Einer dauernden Veränderung sind gleichfalls diejenigen Böden ausgesetzt, welche durch eine Zufuhr von Stoffen, sei es durch Wasser oder Wind, eine Vermehrung ihrer Masse erfahren. Hier sind zu nennen die in den Flußtälern durch Überschwemmungen von regelmäßig erfolgenden Hochwässern sich bildenden Aueböden, die am Strande des Meeres unter ähnlichen Verhältnissen sich bildenden Schlick- und Kleiböden, ebenso wie die bei vulkanischen Ausbrüchen durch Sand-, Staub- oder Aschezufuhr entstandenen Efflataböden. Sie alle sind unabhängig vom Klima entstanden, vermögen infolge dauernder Störung des fortschreitenden Verwitterungsvorganges kein Bodenprofil zu erzeugen und fallen damit aus dem Rahmen klimatisch regional bedingter Bodenarten heraus. Man trifft sie unabhängig vom Klima in allen Gegenden der Erde an.

Schließlich haben alle eigentlichen Humusböden als Ortsböden zu gelten, da sie ganz unabhängig vom Klima in allen Gebieten der Erde auftreten und ihr Zustandekommen nur indirekt mit klimatischen Einflüssen in Verbindung steht, insofern die sie erzeugenden Pflanzen von diesen abhängig sind. Treten zu den Einwirkungen des Pflanzenwuchses noch die Wirkungen des Grundwasserstandes, wie solche bekanntermaßen meist miteinander verknüpft sind, so bilden sich sehr charakteristische, den örtlichen Verhältnissen ihr Zustandekommen verdankende Böden von der Natur der Torf-, Moder- und Moorböden aus, deren Auftreten und Verbreitung durchaus nicht klimatisch regional erfolgt.

Alle diese Bodenarten, die aus den besagten Gründen keinen eigentlichen Platz im System der regionalen Bodentypen finden können, sind als aklimatische gesondert zur Darstellung zu bringen. Für sie gilt daher mit Recht, insbesondere soweit Mineralböden in Frage kommen, der nachstehende Ausspruch L. Milchs[1]: „Über die Unentbehrlichkeit der Untersuchung der Böden auf ihre Entstehung und ihre mineralogisch-petrographische Zusammensetzung hin kann für die Bodenkunde als Wissenschaft ein Zweifel nicht bestehen, ebensowenig darüber, daß die Beschaffenheit der Muttergesteine bei einer natur-

---

[1] Milch, L.: Über die Beziehungen der Böden zu ihren Muttergesteinen. Mitt. Landw. Inst. Breslau, **3**, 897 (1906).

gemäßen Systematik der Böden mitzuwirken hat; welche Bedeutung jedoch den auf diesem Wege ermittelten Eigenschaften für die Praxis innewohnt, wie weit und in welcher Weise sie bei der Systematik der Böden berücksichtigt werden müssen, darüber steht allein der Bodenkunde ein Urteil zu."

Von Beachtung in dieser Richtung erweist sich, daß die neue Übersichtskarte der Hauptbodenarten des Freistaates Sachsen, bearbeitet von F. HÄRTEL[1] im Auftrage des Sächsischen geologischen Landesamtes, auch wieder die geologisch-petrographische Beschaffenheit der Böden zur Grundlage gewählt hat, was unverkennbar zum Ausdruck bringt, daß man für kartographische Darstellungen des Bodens diesen ursächlichen Zusammenhang nicht ganz unberücksichtigt lassen darf. Diese Karte faßt die Verwitterungsdecken, wie hier der Boden bezeichnet wird, der zutageliegenden Gesteinsarten nach bestimmten bodenkundlichen Gesichtspunkten zu Gruppen, die als Hauptbodenarten benannt werden, zusammen.

Die formale Berechtigung ihrer Absonderung und getrennten Darstellung von den übrigen, den äußeren Kräften ihre Ausbildung verdankenden Bodenarten, kann daher kaum bestritten werden. Aber eine weitere zu beantwortende Frage ist die, ob es zweckmäßig erscheint, sie als aklimatische Bildungen zu benennen, nachdem in letzter Zeit infolge des mehr und mehr wachsenden Einflusses der Bodenlehre auf andere Zweige naturwissenschaftlicher Erkenntnis versucht worden ist, Bodengebilde aus Gebieten, die nicht ohne weiteres mit den dort herrschenden Klimaverhältnissen in Einklang zu bringen sind, anderweitig zu bezeichnen. Insbesondere hat E. KAISER[2] ganz neuerdings für derartige, innerhalb einer bestimmten Klimazone vorhandene Erscheinungen, die nicht mit dem Klima dieses Gebietes übereinstimmen, sondern sich als vom Grundgestein abhängig erweisen, in Anlehnung an eine in der Pflanzengeographie gebräuchliche Bezeichnungsweise von edaphischen Formen gesprochen. Auch R. LANG[3] hat die Bezeichnung „hypoklimatische, edaphische Böden" gebraucht, während schon früher von A. PENCK[4] für derartige Verhältnisse in ariden Gebieten der Ausdruck „pseudoarid" geprägt worden ist, und S. PASSARGE[5] „Fremdlingsformen und Fremdlingskräfte", „Jetztzeit- und Vorzeitformen" unterschieden hat. H. HARRASSOWITZ[6] hat sodann von einer „Diaspora arider, humider und nivaler Vorgänge in fremden Gebieten" bzw. „pseudoklimatischer Diaspora" gesprochen. Er versteht darunter sämtliche dem betreffenden Gebiete fremdartigen Erscheinungen und Vorgänge gänzlich unabhängig von ihrer besonderen Entstehungsweise. KAISER[7] hat sich dieser letzteren Bezeichnungsweise nicht anschließen können, da er mit Recht betont hat, daß die auf diese Weise geschaffenen Unterschiede nicht allein dem Klima zugeschrieben werden können. „Wissen wir", so schreibt er, „daß die Rendzinaböden auf den Kalkhochflächen des Schwäbischen und Fränkischen Jura edaphisch durch den Untergrund bedingt sind und den klimatischen Bodenzonen des Gebietes fremd gegenüberstehen, so können wir die eigenartigen Waben- und Gitterstrukturen an den

---

[1] Im Maßstab 1 : 400000 nebst Erläuterungen. Leipzig 1930.

[2] KAISER, E.: Über edaphisch bedingte geologische Vorgänge und Erscheinungen. Sitzgsber. bayer. Akad. Wiss. München, Math.-naturw. Abtlg., S. 37. 1929.

[3] LANG, R.: Forstliche Standortslehre in: LOREYS Handbuch der Forstwirtschaft. 4. Aufl., 1, 213. Tübingen 1926.

[4] PENCK, A.: Versuch einer Klimaklassifikation auf physiogeographischer Grundlage. Sitzgsber. preuß. Akad. Wiss., Physik.-math. Kl., S. 236. Berlin 1910.

[5] PASSARGE, S.: Grundlagen der Landschaftskunde 3, 100. Hamburg 1920.

[6] HARRASSOWITZ, H.: Klima und Verwitterungsfragen. Neues Jb. Min. 1923, Beilageband 47, 495.

[7] KAISER, E.: Was ist eine Wüste? Mitt. geogr. Ges. München 16, 1 (1923).

Sandsteinfelsen der Rheinpfalz, der Elbsandsteine Sachsens und der Heuscheuer-sandsteine Schlesiens viel einfacher als bisher, nun durch eine edaphische An-knüpfung dieser Formen an die Wasserbewegung im Untergrunde erklären. Die Konvergenz der Verwitterung hier im humiden Gebiet mit der sonst in ariden Gebieten bekannten ist nicht durch das Klima, sondern durch das Untergrund-gestein bedingt"[1]. Trotz obigen, wie schon hervorgehoben, nicht unberechtigten Einwandes dürfte die Bezeichnungsweise „aklimatische Bodenbildung" im Gegen-satz zur „klimatischen" aufrecht zu erhalten sein, da hierdurch jedenfalls zweifellos zum Ausdruck gelangt, daß es im ersteren Fall keine klimatischen Einflüsse sind, die die Bodengestaltung hervorrufen.

Schließlich möge noch betont sein, daß die Betrachtung der Entstehung und Ausbildung der Mineralböden auf geologisch-petrographischer Grundlage auch noch eine nicht zu unterschätzende grundlegende Bedeutung für die gesamte Bodenlehre besitzt, die neuerdings aber durch die moderne „morphologisch-gene-tische" Betrachtungsweise ganz übersehen bzw. vernachlässigt zu werden droht. Es muß nämlich als ganz selbstverständlich erscheinen und bedarf daher eigent-lich gar nicht erst des Hinweises, daß der Boden, insbesondere der Mineralboden, das Produkt der durch die Verwitterung umgewandelten Gesteine ist und bleibt, ganz gleichgültig dabei, unter welchen Verhältnissen und Bedingungen des Klimas die Verwitterung ihren Verlauf nimmt oder genommen hat. Von diesem Gesichts-punkte aus erscheint eine derartige wie die im folgenden durchgeführte Betrach-tung trotz ihrer unzeitgemäßen Form geboten, insofern, als sie uns die Vorgänge der Bodenbildung unter gewissermaßen „normalen" Verhältnissen der Ver-witterung wiedergibt, da sie uns zeigt oder lehrt, wie unter gemäßigten, wenig differenzierten Klimabedingungen, d. h. am wenigsten vom Klima abhängigen Verhältnissen, sich das Muttergestein, d. h. das Bodenausgangsmaterial als wesentlichster Bodenbildungsfaktor verhält, denn schon seit jeher ist der Stand-punkt vertreten worden, daß unter den Klimaverhältnissen Mitteleuropas einem jeden Gestein ein besonderer Boden zukommt. Hier liegt also gewissermaßen ein „normaler" Verwitterungsvorgang und Bodenbildungsprozeß vor, der als Ver-gleichsmaßstab und Basis für alle Verwitterungsvorgänge unter extremeren Klima-bedingungen gelten kann und daher unbedingt als Grundlage für alle vergleichen-den Untersuchungen auf dem Gebiete der regionalen Bodenlehre zu dienen hat[2].

1. Einteilung der Böden auf geologisch-petrographischer Grundlage.

Von H. NIKLAS, Weihenstephan.

Kurzer geschichtlicher Überblick über die Entwicklung der Bezeichnung und Einteilung der Böden bis zum Beginn des 19. Jahrhunderts.

Den alten Kulturvölkern der Ägypter, Griechen und Römer fehlten zur tiefe-ren Beurteilung des Bodens, seines Wesens, seiner Entstehung und Beschaffenheit die hierfür grundlegenden Naturwissenschaften. Die Beurteilung der Bodenbeschaf-fenheit erfolgte fast nur durch Zuhilfenahme des Geruchs-, Gefühls- und Ge-schmackssinnes, während die Bezeichnung bzw. Klassifikation der Bodenarten nach den leicht erkennbaren Bestandteilen und gewissen äußeren Eigenschaften vorgenommen wurde. So wird z. B. von dem Römer Lucius Columella, der im

---

[1] KAISER, E.: Sitzgsber. bayer. Akad. Wiss. 1928, 66.
[2] Als grundlegende Literatur für den gesamten Gegenstand ist vor allen Dingen zu beachten G. BISCHOF: Lehrbuch der chemischen und physikalischen Geologie 1—4. Bonn 1863—1871. — J. ROTH: Allgemeine und chemische Geologie 1—3. Berlin 1879—1893. — Ferner F. BEHREND und G. BERG: Chemische Geologie. Stuttgart: Ferd. Enke 1927.

1. Jahrhundert n. Chr. lebte, berichtet, daß ihm die Unterschiede zwischen fettem, magerem, zähem und mürbem Boden schon bekannt waren[1]. Auch soll dieser Schriftsteller nach F. Fallou[2] bei seinem Versuch der Einteilung der Böden bereits zwischen genera, species et varietates, erstere nach der Lage, letztere nach der Beschaffenheit unterschieden haben. Im allgemeinen aber haben die Römer, obwohl sie ein ackerbautreibendes Volk waren, sich nur wenig für den Boden interessiert, und zwar dies kaum viel mehr als die Griechen. Außer dem oben erwähnten Columella hat sich kein römischer Schriftsteller speziell mit dem Boden befaßt[3].

Auch die Germanen, die sich im allgemeinen viel weniger mit dem Ackerbau beschäftigten als die Römer, sind nicht tiefer in das Wesen des Bodens eingedrungen als andere Völker um diese Zeit, und auch das Mittelalter, das unter dem Zeichen der Alchemie und der Mystik stand, brachte hierin keinen Fortschritt.

Den geringen Kenntnissen, die man damals und bis zum Beginn des 18. Jahrhunderts vom Boden hatte, entsprach die Unfähigkeit, die verschiedenen Bodenarten nach einem bestimmten System einzuteilen. Die erste Neuerung hierin soll nach O. Neuss[4] von dem Pfalzgraf Franz Philipp bei Rhein ausgegangen sein, der zu Beginn des 18. Jahrhunderts diese einteilte in warme und trockene oder kalte und feuchte, in leichte oder schwere bzw. starke, feste oder magere Böden. Desgleichen unterschied bereits J. B. von Rohr (1688—1742) um etwa dieselbe Zeit zwischen steinigem, sandigem, tonigem und verschieden gefärbtem Boden. Nach Neuss und Giesecke[5] handelt es sich hier in beiden Fällen um die erste Bodenklassifikation in Deutschland.

Etwa um die Mitte dieses Jahrhunderts stellte der Schwede Karl von Linné (1707—1778)[6], der große Systematiker in der Botanik, auch eine Art von Bodenklassifikation auf, indem er bereits zwischen folgenden Bodenarten unterschied: Gartenerde (humus daedalea), schwarze Felderde (humus ruralis), Marscherde, Schlammerde und Teicherde (humus latum), gelber Lehm (argilla tumescens), Sandfeld, Klayerde (humus damascena), rote Klayerde (humus chistosa), gemeiner Ton (argilla communis), Töpferton (argilla figulina), Mergelerde (argilla marga), Kalkerde (calx effervescens solubilis), Ton oder Moorerde (humus pauperata), Flugsand (arena mobilis), metallische oder Ockererden (ochra), steinige Erden und Erdfelsen. Gleich seiner Systematik der Pflanzen erfreute sich auch die der Böden großer Beliebtheit und konnte sich daher lange behaupten. Auch sein um die gleiche Zeit lebender Landsmann I. G. Wallerius (1709—1785) hat sich etwas mit der Klassifizierung der Böden befaßt[7].

Außerdem gab Hirsch[8] im Jahre 1765 in seinen „Gesammelten Nachrichten" eine Bodenklassifikation heraus, bei der er den Boden in schwarzen oder grauen,

---

[1] Neuss, O.: Die Entwicklung der Bodenkunde von ihren ersten Anfängen bis zum Beginn des 20. Jahrhunderts. Internat. Mitt. Bodenkde. 4, 454 (1914). Nach Neuss könnte der Römer Lucius Junius Moderatus Columella (ca. 1—100 n. Chr.) der erste Bodenklassifikator genannt werden.

[2] Fallou, F. A.: Pedologie oder allgemeine und besondere Bodenkunde, S. 157. Dresden 1862.

[3] Lippmann, E. O.: Abhandlungen und Vorträge zur Geschichte der Naturwissenschaften 1, 1. Leipzig 1913. In 37 Büchern hat Plinius eine enzyklopädische Darstellung des naturhistorischen Gesamtwissens seiner Zeit zu geben versucht.

[4] Neuss, O.: a. a. O., S. 457.

[5] Giesecke, F.: Geschichtlicher Überblick über die Entwicklung der Bodenkunde bis zur Wende des 20. Jahrhunderts. Handbuch der Bodenlehre von E. Blanck 1, 43. Berlin: Julius Springer 1929.

[6] Neuss, O.: a. a. O., S. 460.   [7] Neuss, O.: a. a. O., S. 458.

[8] Braungart, R.: Die Wissenschaft in der Bodenkunde, S. 4. Berlin und Leipzig 1876.

lehmigen, sandigen, steinigen, roten und tonigen einteilte. Charakteristisch hierfür waren die von ihm aufgezählten wildwachsenden Pflanzen, sowie bis zu einem gewissen Grade auch die physikalischen Eigenschaften der Böden. Demgegenüber war es bemerkenswert, daß noch im Jahre 1733 AMBROSIUS ZEIGER die verschiedenen Bodentypen mit den Temperamenten des Menschen verglichen hat und dementsprechend einen sanguinischen oder schwarzen, cholerischen oder lehmigen, melancholischen oder tonigen und phlegmatischen oder Sandboden unterschied. Nach O. NOLTE[1] teilte W. A. LAMPADIUS (1772—1842) die Böden ein in: a) Kieselige, dürre, fette oder steinige, b) tonige, magere, lehmige, ockerige oder schwarze, c) kalkige, dürre oder fette, d) talkige, e) gemischte Böden.

Man kann somit feststellen, daß sich bis zum Beginn des 19. Jahrhunderts die Einteilung bzw. Klassifikation der Böden noch ziemlich in den ersten Anfängen bewegte. Von einer Beeinflussung derselben durch die Naturwissenschaften sowie die Landwirtschaft selbst kann bis dahin nur recht wenig die Rede sein. Auch der Engländer HUMPHRY DAVY[2] (1778—1829), der von seinen Landsleuten als der Begründer der Agrikulturchemie angesehen wurde, hielt es für unangebracht, eine Klassifizierung der Bodenarten durchzuführen. Für ihn gab es nur Sandboden, kalkhaltigen Sandboden, Ton, Lehm und torfartigen Boden.

Als Pionier auch auf diesem Gebiete hat sich der Reformator der Landwirtschaft A. VON THAER[3] (1752—1828) betätigt, der als erster den Versuch unternahm, eine Bodeneinteilung auf chemisch-physikalischer Grundlage vorzunehmen. Er verband zugleich damit eine in enger Beziehung stehende Einteilung der Böden nach ihren Früchten und Erträgen und trug so auch den landwirtschaftlichen Verhältnissen entsprechend Rechnung.

Bereits in seiner Veröffentlichung aus dem Jahre 1811[4] können wir die Grundlagen zu dem von ihm später entwickelten System der Einteilung und Beurteilung der Böden erkennen, denn er kennzeichnete schon hier diese nach ihren charakteristischen Bestandteilen und nach ihrem gegenseitigen Wertverhältnis. 1821 erschien dann das von ihm aufgestellte Klassensystem, bei dem außer den Hauptbestandteilen des Bodens, dem Sand, Ton, Kalk und Humus auch andere Umstände, wie die Tiefe der Ackerkrume, Untergrund, Lage und Klima entsprechend mit berücksichtigt waren. Außerdem gab er für jede Bodenklasse den Brutto- und Reinertrag an und die Kosten für die Bearbeitung, wobei er sich bestimmter Verhältniszahlen bediente, von denen jede ein Vielfaches des Wertes für ein Scheffel Roggen bedeutete. Auf diese Weise stellte er z. B. für den Tonboden vier Klassen auf, desgleichen auch für den sandigen Lehm und lehmigen Sand, während der Sandboden und Lehmboden in je drei und der humose Boden in vier Klassen geteilt wurden. Der Kalkboden blieb ihm dagegen so gut wie unbekannt. Entscheidend für diese Unterteilung in Klassen war das Vorherrschen des einen oder anderen Bodenbestandteiles, wie Ton, Sand u. s. w. Schließlich gab er für seine Bodenklassen noch deren Hauptfrüchte, wie Weizen, Gerste usw. an.

Dieses auf wissenschaftlicher Grundlage beruhende System, das die für den Praktiker wichtigsten Eigenschaften der Böden durch deren Benennung aus-

---

[1] NOLTE, O.: Zur Geschichte der Theorien der Pflanzenernährung und Düngung. Ernährung der Pflanze 1926, Nr. 17.

[2] DAVY, Sir HUMPHRY: Elemente der Agrikulturchemie. Übersetzt von FRIEDRICH WOLFF. Berlin 1814. Zitiert nach F. GIESECKE: a. a. O., S. 54.

[3] THAER, A.: Grundsätze der rationellen Landwirtschaft, 2, 142. 1810.

[4] THAER, A.: Über die Wertschätzung des Bodens. Berlin 1811. — Ders.: Versuch einer Ermittelung des Reinertrages der produktiven Grundstücke. Berlin 1813. — Ferner: Ausmittelung des Reinertrages der produktiven Grundstücke usw. Hannover 1813 und Möglinsche Annalen der Landwirtschaft, herausgegeben von der Kgl. Preuß. Akademie des Landbaues zu Möglin 1821.

zudrücken wußte, hat sich in seinen Grundlagen bis heute theoretisch und praktisch durchzusetzen vermocht. Es ist aber überaus bezeichnend, daß Thaer in all seinen Werken kaum einen Hinweis auf die Bedeutung der Geognosie für die Bodenkunde für nötig hielt und weit davon entfernt war, diese für seine Bodenklassifikation irgendwie heranzuziehen.

Im übrigen wurde letztere bereits durch seine Mitarbeiter Einhof und Crome etwas erweitert und in den folgenden Jahrzehnten durch eine Reihe anderer auf diesem Gebiete tätigen Forscher mehr und mehr ausgebaut. Hierüber wird jedoch erst später näheres berichtet werden[1].

Allgemeine Bemerkungen über die bei Aufstellung der verschiedenen Klassifikationssysteme zur Anwendung gelangten Grundsätze.

Die im letzten Jahrhundert ausgebauten zahlreichen Systeme zur Einteilung der Böden verfolgen letztes Endes alle das Ziel, zu einer naturgemäßen, wissenschaftlich berechtigten und praktisch verwertbaren Einteilung der zahlreichen Bodenarten zu gelangen. Bei der auch heutigentags noch in vielem recht mangelhaften Kenntnis über unseren wichtigsten Produktionsfaktor, den Grund und Boden, darf es nicht wunder nehmen, daß eine allen Ansprüchen gerecht werdende Klassifikation der Böden auch jetzt noch nicht vorhanden ist. So groß das Bestreben einer jeden Wissenschaft sein muß, ihren Stoff zu ordnen und richtig einzugliedern, so kann dies doch erst dann von Erfolg begleitet sein, wenn sie selbst genügend fundiert und ausgebaut ist, und Detmer[2] dürfte zweifellos recht haben, wenn er ausspricht, daß die Bodenklassifikation nur dann in absolut befriedigender Weise ausgebildet sein wird, wenn alle Verhältnisse, die sich auf den Boden beziehen, aufs genaueste bekannt sind. Es stellt sich also nach ihm die Bodeneinteilung als der Schlußstein, als die Spitze der gesamten Bodenkunde dar, und aus ihrer Entwicklung lassen sich demnach erst geeignete Schlüsse auf den jeweiligen Stand unserer Erkenntnisse hinsichtlich der Bodenverhältnisse ziehen. Er sieht ferner mit Recht in dem Umstand, daß sich bezüglich der naturwissenschaftlichen Grundlagen der Bodenkunde fortwährend neue Erkenntnisse erschließen, die Erklärung für die Tatsache, daß ein Klassifikationssystem dem anderen folgte.

Auch darin können wir diesem Autor beipflichten, daß es zwei große Gruppen von Bodenklassifikationssystemen gibt, die naturwissenschaftlichen und die ökonomischen. Erstere gehen von der Natur und Beschaffenheit der Böden, ihren physikalischen und chemischen Eigenschaften, sowie ihrer Entstehung aus, während die letzteren, die ökonomischen Systeme, die Vegetation der Böden, ihren Bestand und ihre Erträge ins Auge fassen. Das heißt, die auf den einzelnen Böden festgestellten Hauptfrüchte, die Flora der wildwachsenden Pflanzen, sowie die jeweilige Möglichkeit der Vervielfältigung der Saat, dienen letzteren Systemen als maßgebende Grundlagen. Dagegen ist bei den naturwissenschaftlichen Einteilungsprinzipien entweder die Feststellung des gegenseitigen Verhältnisses der Hauptbodenbestandteile, gewisser chemischer Eigenschaften und Bestandteile der Böden oder der einschlägigen petrographischen Verhältnisse Voraussetzung für die vorzunehmende Klassifikation. Auch Senft[3] sprach sich bereits im Jahre 1847 dahin aus, daß man bei der Begründung der Klassifikationssysteme entweder von den physikalischen Eigenschaften, der chemischen Zu-

---

[1] Vgl. dieses Handbuch, Bd. 8.

[2] Detmer, W.: Die naturwissenschaftlichen Grundlagen der allgemeinen landwirtschaftlichen Bodenkunde, S. 514. Leipzig und Heidelberg 1876.

[3] Senft, F.: Lehrbuch der Gebirgs- und Bodenkunde, 2. Teil Bodenkunde, S. 241 Jena 1847.

sammensetzung, der geognostischen Abstammung oder aber auch von der Produktionsfähigkeit der Böden ausgehen könne.

Nach der Auffassung TROMMERS[1], der man zustimmen kann, ist die naturwissenschaftliche oder wie er sich ausdrückt, die physische Klassifikation, die wissenschaftlichere, die ökonomische dagegen für die Praxis die wichtigere. Letztere will den Bodenwert bestimmen und muß sich hierzu auf Momente stützen, die veränderlich und heterogen sind, so daß das hieraus gewonnene Resultat natürlich auch nur relativen Wert besitzen kann. Manche dieser Momente können bei der physischen Klassifikation nicht berücksichtigt werden, weshalb es geboten erscheint, daß sich auf diese die ökonomische stütze und aufbaue. TROMMER unterscheidet auch zwischen natürlichen und künstlichen Einteilungsmomenten. Erstere, die für die physische Klassifikation heranzuziehen wären, zerfallen nach ihm in innere Momente, nämlich die chemischen und physikalischen Bodeneigenschaften, ferner in äußere, wozu Untergrund, Lage und Klima zählen. Die künstlichen Einteilungsmomente sind dagegen rein ökonomischer Art.

THAER (1752—1828) muß nicht nur als Begründer der ökonomischen Systeme gelten, die sich aus den von ihm geschaffenen Grundlagen heraus entwickelten und unschwer auseinander gehalten werden können, sondern er hat auch als erster die wissenschaftlichen Grundlagen für die chemisch-physikalischen Klassifikationssysteme aufgestellt. Sein System kann mit Recht auch als ein physikalisch-chemisches bezeichnet werden, weil die zur Einteilung herangezogenen Hauptbodenbestandteile Steine, Ton und Sand in erster Linie die physikalischen Bodeneigenschaften bedingen, während die Bestandteile Kalk und Humus zwar auch hieran beteiligt sind, aber doch vor allem für das chemische Verhalten der Böden verantwortlich zu machen sind. Andererseits sind auch die zuerst genannten Hauptbodenbestandteile nicht ohne jeden Einfluß auf die chemischen Eigenschaften der Böden. Ja es ist sogar unschwer einzusehen, daß auch die von anderen Forschern unabhängig von den chemisch-physikalischen Klassifikationssystemen aufgestellten geologisch-petrographischen Systeme, von denen hier in der Folge allein die Rede sein soll, durch eine Reihe von Fäden mit ersteren verknüpft sind. Denn die Gesteine, aus denen die Mineralböden durch die Verwitterung hervorgegangen sind, beeinflussen sowohl das chemische als auch das physikalische Verhalten der Böden mitunter in sehr weitgehendem Maße. Um so erstaunlicher erscheint es uns daher, daß ein so umfassender Geist wie THAER dies anscheinend doch nicht erkannt hat. Eine Erklärung hierfür können wir nur darin suchen, daß um diese Zeit die allerersten Versuche, und zwar durch HAUSMANN[2] im Jahre 1818 unternommen wurden, eine Bodenklassifikation auf geologisch-petrographischer Grundlage aufzustellen.

Ebenso wie die physikalischen Systeme zur Einteilung der Böden hat Verfasser auch versucht, die chemischen in seinem Beitrage für dieses Handbuch[3] „Die Bodenbonitierung auf naturwissenschaftlicher Grundlage" nach ihrem Wesen und ihrer Entwicklung zu schildern. Hier sei nur kurz vermerkt, daß als erster J. VON LIEBIG[4] darauf hingewiesen hat, daß die verschiedene Absorptionsfähigkeit der Böden später evtl. als eine Grundlage zu einer Unterscheidung und Klassifizierung der Böden herangezogen werden könne, ein Gedanke, der in der Folge besonders von BIEDERMANN[5] aufgenommen wurde. Als ausgesprochener

[1] TROMMER, C.: Die Bodenkunde, S. 538. Berlin 1857.
[2] HAUSMANN, A.: Versuch einer geologischen Begründung des Acker- und Forstwesens. Möglinsche Ann. Landw. 1824, 417. (Aus dem Lateinischen übersetzt von Prof. KÖRTE.)
[3] Vgl. dieses Handbuch, Bd. 8.
[4] LIEBIG, J. VON: Die Chemie in ihrer Anwendung auf Agrikultur und Physiologie 1, 8. Aufl., 134. Braunschweig.
[5] BIEDERMANN, C.: Beiträge zur Frage der Bodenabsorption, S. 14 u. 74.

Vertreter eines Klassifikationssystemes, das sich lediglich auf der chemischen Zusammensetzung der Böden aufbaut, gilt Knop[1], der diese in die Familie der Silikatböden, der Karbonat- und der Sulfatböden einteilte und die erste Familie in vier, die beiden anderen in je zwei Bodenklassen auf Grund der darin vorherrschenden chemischen Bestandteile unterteilte. Eine längere Lebensdauer konnte einem derartig einseitig aufgebauten System naturgemäß nicht beschieden sein, wenn auch Knop bei seiner Klassifikation den Einfluß der Kornbestandteile des Bodens auf dessen Eigenschaften nicht ganz ausgeschaltet wissen wollte.

Die Einteilung der Böden auf geologisch-petrographischer Grundlage in historischer Folge.

Die Einteilung der Böden auf geologisch-petrographischer Grundlage, bzw. der Versuch, sie nach diesem Prinzip zu klassifizieren, setzte natürlich voraus, daß die Geologie und die Gesteinslehre überhaupt in der Lage waren, das hierzu nötige Rüstzeug zu liefern. Nur so ist es verständlich, daß erst zu Beginn des 19. Jahrhunderts, also vor kaum mehr als 100 Jahren, die ersten Versuche einsetzten, Boden und Gestein, aus dem er hervorgegangen, in engere gegenseitige Beziehung zu bringen. Denn die Tatsache, daß ein großer Teil der Böden unmittelbar aus Felsarten durch die Vorgänge der Verwitterung entstanden ist, konnte unmöglich ganz verborgen geblieben sein, und zwar auch nicht in einer Zeit, in der von einer Wissenschaft der Bodenkunde noch nicht die Rede sein konnte.

Den ersten Versuch, eine Einteilung der Bodenarten auf geognostischer Grundlage vorzunehmen, machte, wie bereits erwähnt, Hausmann[2] in Göttingen, der am 28. Mai 1818 vor der k. Gesellschaft der Wissenschaften zu Göttingen in lateinischer Sprache einen Vortrag über den Versuch einer geologischen Begründung des Acker- und Forstwesens hielt. Er gab später Körte[3] in Gießen die Erlaubnis, diesen Vortrag ins Deutsche zu übersetzen und ihn in den Möglinschen Annalen der Landwirtschaft zu veröffentlichen, was im Jahre 1824 erfolgte. Hierzu bemerkte der Herausgeber derselben, daß diese Abhandlung um so eher einen Platz in den Annalen der Landwirtschaft verdiene, als es die erste Arbeit dieser Art sei, welche, wenn die darin enthaltenen Ideen und Ansichten von wissenschaftlichen Landwirten und von Geologen aufgenommen würden, für die Landwirtschaftswissenschaft sehr ersprießlich werden könne.

Einen weiteren schätzbaren Beitrag zur Klassifikation der Böden auf petrographischer Grundlage verdanken wir J. Ch. Hundeshagen[4], der ebenso wie Hausmann sein Augenmerk unter anderem auf die mineralische Kraft der aus den verschiedenen Gesteinen gebildeten Böden richtete. Dies ist um so bemerkenswerter, als um diese Zeit die Mineraltheorie von J. von Liebig[5] noch nicht existierte, welche dieser, fußend auf Arbeiten von Sprengel[6], Rückert, Boussingault und insbesondere auch auf Grund seiner eigenen Untersuchungen, im Jahre 1840 aufstellte.

Da es hier nicht möglich ist, das von Hausmann und Hundeshagen geschaffene umfangreiche Fundament zur ersten Einteilung und Charakterisierung der

---

[1] Knop, W.: Die Bonitierung der Ackererden, S. 63. Leipzig 1871.

[2] Hausmann: Specimen de rei agrariae et salutariae fundamento geologico. Göttingen 1823.

[3] Körte, W.: Möglinsche Ann. Landw. 14, 417 (1824).

[4] Hundeshagen, J. Ch.: Die Bodenkunde in land- und forstwirtschaftlicher Beziehung. S. 263. Tübingen 1830.

[5] Liebig, J. von: Die Chemie in ihrer Anwendung auf Agrikultur und Physiologie. 1840.

[6] Sprengel, C.: a) Chemie für Landwirte, Forstmänner und Kameralisten. Göttingen 1831; b) Die Bodenkunde oder die Lehre vom Boden. Leipzig 1837; c) Die Lehre vom Dünger. Leipzig 1839.

Böden auf geologisch-petrographischer Basis im wesentlichen wiederzugeben, so sei dafür der kurze Auszug, den G. SCHÜBLER[1] in seinen 1830 erschienenen Grundsätzen der Agrikultur-Chemie im zweiten Teile „Agronomie" bringt, anbei wiedergegeben.

Im Jahre 1830 hat HUNDESHAGEN[2] in seiner Bodenkunde sich zusammenfassend dahin geäußert, daß die Charakteristik des Bodens nach den zugehörigen Gebirgsarten einfach, sicher und allgemein verständlich sei. Durch diese wären die Eigenschaften und der Charakter des zugehörigen Bodens ohne weiteres bedingt und mehr oder weniger auch dessen chemische Zusammensetzung, wobei HUNDESHAGEN dem um jene Zeit allerdings verständlichen Irrtum unterlag, daß die Verwitterungsprodukte der Gesteine über den ganzen Erdball hin dieselbe Beschaffenheit hätten.

Die Bodenarten lassen sich nach HAUSMANN nach ihrer Entstehungsart aus verschiedenen Gebirgsarten in folgende acht Klassen einteilen:

„Die 1. Klasse bilden solche Gebirgsarten, deren Hauptmasse auf chemischem Wege keine Zerstörung erleiden, die eine so große Konsistenz besitzen, daß nur durch mechanische Kräfte ihre Risse erweitert und dadurch die Felsen in Stücke getrennt werden. Es gehören dahin glasige Laven, reiner und dichter Quarz, Kieselschiefer, Quarzporphyr, dichte Quarzsandsteine. Die Berge, welche aus diesen Gebirgsarten bestehen, sind größtenteils unfruchtbar; sie enthalten an ihren Abhängen oft viele scharfkantige Gerölle dieser Gebirgsarten, die oft sehr lange der Verwitterung trotzen, und nur einige wenige Bäume und Straucharten sowie Gräser sind imstande, sich zwischen den Geröllen dieser Gebirgsarten zu entwickeln; am unfruchtbarsten sind die durch vulkanisches Feuer veränderten glasartigen Produkte.

Die 2. Klasse bilden die dichten Kalksteine, sowohl der älteren, als der jüngeren Kalkformationen; es gehören dahin namentlich der Übergangskalk, der Zechstein, Muschelkalk, Liaskalk, Jurakalk und die dichteren Dolomitarten dieser Formationen. Diese Gebirgsarten sind im allgemeinen weniger fest, als die der vorigen Klasse, werden jedoch vom Wasser und der atmosphärischen Luft gleichfalls nur sehr wenig angegriffen; sie bilden daher noch häufig ein steiniges, unfruchtbares Erdreich, wenn sie sich in überwiegender Menge finden. Da sie sich jedoch im allgemeinen schon weit leichter zersetzen, indem kohlensäurehaltiges Wasser von den Kalksteinen nach und nach etwas auflöst, welches noch leichter geschieht, wenn diese zugleich tonige Teile beigemengt enthalten, wie dieses nicht selten der Fall ist, so bildet sich bei ihrer weiteren Verwitterung zumeist ein sehr fruchtbares Erdreich, wovon die in obengenannten Formationen liegenden Gegenden Deutschlands viele Belege geben.

Die 3. Klasse bilden die weniger dichten Kalkarten, Kreide und Gips. Sie stehen in der Festigkeit schon bedeutend den vorigen nach und gehen dadurch auch leichter als diese in ein lockeres Erdreich über; namentlich ist dieses bei Gips der Fall, der im Wasser selbst schon leichter auflöslich ist. In chemischer Beziehung verhalten sich die aus diesen Gebirgsarten gebildeten Bodenarten der vorhergehenden Klasse ziemlich ähnlich; sie sind im reinen Zustand gleichfalls meist unfruchtbar, wovon einige aus Gips bestehende Gebirgszüge des nördlichen Deutschlands und manche Kreidegegenden Frankreichs auffallende Belege geben. Enthalten diese Gebirgsarten dagegen in gehöriger Menge Ton beigemengt, so bilden sie oft ein sehr fruchtbares Erdreich, wovon die auf Kreide liegenden Gegenden der Inseln Rügen und Mön und die an Gips abwechselnd mit Mergel oft reichen Gegenden der Keuperformation des südwestlichen Deutsch-

---

[1] SCHÜBLER, G.: Grundsätze der Agrikultur-Chemie, 2. Teil, S. 140. Leipzig 1830.
[2] HUNDESHAGEN, J. CH.: a. a. O., S. 263.

lands viele Belege geben. Den Bodenarten dieser Klasse ist im allgemeinen ein feuchtes Klima günstiger als ein trockenes.

In der 4. Klasse stehen Basalt und die mit ihm zunächst verwandten dichten Abänderungen der Trappgebirgsarten; es lassen sich in diese Klasse überhaupt diejenigen Gebirgsarten setzen, welche aus heterogenen Teilen innig gemischt sind und dem Äußeren nach oft sehr dicht zu sein scheinen, dessen ungeachtet aber nach und nach durch chemische Verwitterung eine Zersetzung erleiden. Sie bilden oft ein lockeres, die Feuchtigkeit leicht anziehendes, sehr fruchtbares Erdreich, das sich bei seiner dunklen Farbe oft stark erhitzt und sich daher namentlich zum Weinbau zumeist vorzüglich gut eignet.

Die 5. Klasse bilden die zusammengesetzten kristallinisch-körnigen und schieferigen Gebirgsarten; es gehören dahin Granit, Gneis, Syenit, Grünstein, Glimmerschiefer. Bei der Verwitterung zerfallen diese Gebirgsarten leicht in kleine Teile; der häufig in ihnen vorkommende Feldspat erleidet nicht selten eine chemische Zersetzung, dessen Kaligehalt auf die Vegetation oft günstig zu wirken scheint, während Quarz, Glimmer und Hornblende dieser chemischen Verwitterung als Ganzes lange widerstehen und daher in ihren Bruchstücken zur Bildung eines lockeren Erdreiches vorzüglich beitragen. Sie können daher sowohl in physischer als chemischer Beziehung ein sehr fruchtbares Erdreich bilden. Unter diesen Gebirgsarten geht der Granit und Gneis am leichtesten in ein fruchtbares Erdreich über, wenn anders in ihnen der Quarz nicht zu sehr vorherrschend ist; ihre Bestandteile sind nicht selten in einem für die Vegetation günstigen Verhältnis zusammengesetzt, ihr Zusammenhang locker und zur Aufnahme der nötigen Feuchtigkeit geeignet. Ihnen zunächst folgt der an Hornblende reiche Syenit, am wenigsten leicht geht der Grünstein in ein fruchtbares Erdreich über; unter den kristallinisch-schieferigen Gesteinsarten steht der Glimmerschiefer dem Gneis am nächsten, bei seinem Mangel an Feldspat bildet er jedoch ein weniger fruchtbares Erdreich.

In der 6. Klasse stehen die schiefertonartigen Gebirgsarten, welche zwar nicht leicht chemisch verändert werden, sich aber nach ihren natürlichen Spaltungen leicht teilen und dadurch nach und nach in feine Stückchen zerfallen. Es gehören dahin verschiedene Arten von Tonschiefer und Schieferton der älteren Formationen, verschiedene schieferige Tonmergel der Keuper- und Liasformation; sie gehen bei der Verwitterung oft in fruchtbare Tonböden über, vorzüglich, wenn sie hinreichend Kalk beigemengt enthalten; durch die dunklen Farben, welche diese Schieferarten gewöhnlich besitzen, erhitzen sich diese Bodenarten sehr, sie eignen sich daher oft vorzüglich zum Weinbau.

Die 7. Klasse bilden die aus vielen kleinen Geröllen und Bruchstücken älterer Formationen zusammengesetzten Gebirgsarten, die verschiedenen weniger dichten Sandsteinarten, das Rottotliegende und die Grauwacke; sie werden zwar chemisch nicht leicht angegriffen, aber bei ihrer geringen Festigkeit durch mechanische Kräfte leicht zerstört. Sie zeigen übrigens unter sich viele Verschiedenheiten, vorzüglich je nach der verschiedenen Natur ihres Bindemittels; gewöhnlich zerfallen sie leichter, wenn sie viel toniges oder kalkiges Bindemittel besitzen, schwerer, wenn sie vorherrschend aus Quarz bestehen. Sie bilden beim Verwittern je nach der Natur ihrer Bestandteile ein sehr verschiedenes Erdreich. Die Grauwacke bildet oft eine lockere, fruchtbare Erde, wenn Kiesel- und Tonerde in ihr im gehörigen Verhältnis vorhanden sind; das Rottotliegende bildet zumeist einen eisenschüssigen, zähen, kalten Tonboden (am Fuß des Thüringer Waldes und Harzes); der bunte Sandstein und Keupersandstein, vorzüglich wenn er Ton- und Kalkteile als Bindemittel besitzt oder eingelagert enthält, bildet oft ein sehr fruchtbares Erdreich (südwestliches Deutschland und

Gegenden der Weser, Fulda u. a.). Bestehen diese Sandsteine jedoch vorherrschend aus Kieselerde, so bilden sie ein sandiges, weniger fruchtbares Erdreich (Schwarzwald). Das gleiche ist bei dem Quadersandstein (Gegend um Blankenburg am Harz) und Liassandstein (in einigen Gegenden des Schönbuchs in Württemberg) der Fall.

In der 8. Klasse stehen endlich alle Gebirgsarten, welche so wenig fest sind, daß sie leicht in Erde zerfallen; es gehören dahin die weniger dichten Varietäten von Mergel, Schieferton, Basalttuff und vulkanischem Tuff. Der Schieferton bildet bei der Verwitterung Tonböden. Der Mergel kann je nach dem verschiedenen Verhältnis seiner Bestandteile ein sehr verschiedenes Erdreich bilden, sein Kalkgehalt erhöht deren Fruchtbarkeit; basaltische und vulkanische Tuffe bilden gewöhnlich gemengte lockere, oft sehr fruchtbare Böden, wenn ihnen zugleich hinreichend organische Stoffe beigemengt sind."

Bei der geognostischen Einteilung der Bodenarten nach HUNDES-HAGEN sind die Bodenarten in folgender Übersicht so geordnet, daß diejenigen zuerst gesetzt sind, welche bei ihrer Verwitterung die kräftigsten, fruchtbarsten Bodenarten bilden und dagegen die am wenigsten kräftigen am Schlusse stehen. Die Bodenarten lassen sich in dieser Beziehung nach HUNDESHAGEN[1] in vier Hauptabteilungen bringen, wovon jede wieder mehrere Unterabteilungen bildet.

„I. Sehr kräftige Bodenarten. In diese Abteilung gehören folgende Gebirgsarten:

1. Sämtliche Kalkformationen unter Berücksichtigung der jeder Lagerung besonders zukommenden Eigentümlichkeiten; unter ihnen bildet im allgemeinen die Rauhwacke durch ihre leichte Verwitterbarkeit die fruchtbarsten Böden.

2. Die verschiedenen untergeordneten Gips- und Mergellager verschiedener Formationen.

3. Die Trapp- und vulkanischen (Laven-) Formationen.

4. Der Gabbro, Serpentin, Chloritschiefer, Talkschiefer und Tonschiefer, soweit sich dieser den Talkgesteinen nähert.

5. Die Keupermergel, soweit sie über 10 % Kalk enthalten.

6. Die quarzigen Abänderungen einiger Sandsteinlagerungen, soweit sie einen etwas kalkhaltigen Eisenboden (wenigstens bis nahe an 10 % Eisenoxydul) liefern.

7. Der Porphyr mit den Feldsteinarten.

Die Bodenarten dieser ersten Abteilung ernähren, auch ohne humose Beimengung, die am meisten Kraft verlangenden Holzarten, wenigstens so weit, daß sie nicht krank werden und absterben. Die genügsameren Holzarten, Birken, Kiefern, finden sich auf solchen Bodenarten selten und auch der Bodenüberzug besteht nie aus Pfriemen, Heide, Ginster usw., sondern gewöhnlich aus einer üppigen Vegetation von nahrhaften Gräsern und kraftfordernden Kräutern.

II. Bodenarten von mäßiger Kraft:

1. Der quarzreichere, wenig kalk-, talk- und eisenoxydulhaltige Tonschiefer.

2. Der Granit und Gneis.

3. Der Kieselschiefer.

4. Die quarzige und gemeine Grauwacke.

5. Der Glimmerschiefer.

6. Der alte Sandstein im allgemeinen.

7. Die besseren (tonreicheren) Abänderungen des bunten und Keupersandsteins.

---

[1] HUNDESHAGEN, J. CH.: Die Bodenkunde in land- und forstwirtschaftlicher Beziehung. Tübingen 1830.

Auf diesen Bodenarten verlangen die viele Kraft fordernden Holzarten zu ihrem vollkommenen Gedeihen schon mehr organische Beimengungen; mangeln diese, so lassen sie sehr im Wachstum nach und erkranken leicht. Die genügsameren Baumarten entwickeln sich auf solchen Bodenarten häufiger, ebenso verschiedene, eine mäßige Bodenkraft bezeichnende Straucharten, die Heidelbeere, Pfrieme, Ginster, Heide.

III. Bodenarten von geringer Kraft oder schwache Bodenarten:

1. Der bunte Sandstein im allgemeinen.

2. Die jüngeren Sandsteine über dem Muschelkalk, der Keupersandstein und Liassandstein.

3. Die Brekzien.

4. Die Molassen und Sandsteine der jüngsten Formationen.

Auf diesen Gebirgsarten ist das Wachstum der Holzarten noch mehr von der Menge der organischen Beimengungen abhängig. Die viele Kraft fordernden Holzarten: die gemeine Buche, Hainbuche, Linde, Weißtanne, Fichte usw. behaupten nur bei sorgfältiger Erhaltung der Laubdecke und des Waldschlusses ihre Stelle. Eschen, Ulmen, Ahorne usw. kommen hier ursprünglich nicht mehr vor, und der Gras- und Kräuterüberzug ist, sobald der Humusgehalt des Bodens verschwindet, nur auf geschützte frische Stellen beschränkt. Dagegen herrschen Pfrieme, Ginster, Heide, seltener die Heidelbeere vor, ob sie gleich selten den kräftigen Wuchs mehr zeigen, den sie auf den Bodenarten der vorhergehenden Abteilung besitzen. An trockenen sonnigen Tagen kann das Erdreich leicht veröden.

IV. Sehr magere Bodenarten. Diese letzte Abteilung bilden:

1. Die Schuttablagerungen.

2. Der Treibsand.

Die durch diese Ablagerungen entstehenden Bodenarten stehen in allen unter der vorigen Abteilung angeführten Eigenschaften noch eine Stufe tiefer und ihre Oberfläche ist in solchem Grad zu veröden fähig, daß die genügsamsten Baum- und Straucharten nur kümmerlich, oder oft gar nicht mehr zu vegetieren imstande sind, besonders wenn die Lage ein leichtes Austrocknen des Erdreichs begünstigt.

Es ergibt sich aus dieser Darstellung, daß organische Beimengungen und sorgfältige Beschützung des Bodens durch dichteren Waldschutz in dem Verhältnis für die Bodenarten nötiger sind, je mehr ihre mineralische Bodenkraft abnimmt."

Die von Hausmann und Hundeshagen versuchte Einteilung der Böden auf petrographischer Grundlage reiht sich bezüglich ihrer wissenschaftlichen Bedeutung ebenbürtig an das Thaersche Klassifikationssystem an, das auf chemisch-physikalischer Grundlage aufgebaut ist. In beiden Fällen ist es gelungen, bereits auf wissenschaftlicher Basis, unter Heranziehung der einschlägigen grundlegenden Naturwissenschaften, Systeme aufzustellen, die nach ganz bestimmten Gesichtspunkten und Prinzipien eine Einordnung der verschiedenen Bodenarten ergeben. Daß sie von Einseitigkeiten und Irrtümern nicht frei waren und nicht vermochten, den tatsächlich vorhandenen Bodenverschiedenheiten und Eigentümlichkeiten genügend Rechnung zu tragen, ändert nichts an der Bedeutung, die ihnen trotz aller Unzulänglichkeit zukommt. Es ist auch verständlich, daß im Laufe der Zeit eine Reihe von Forschern versuchte, auf der diesen Klassifikationssystemen zugrunde liegenden naturwissenschaftlichen Basis weiter aufzubauen und sie mehr und mehr zu verbessern und zu vervollkommnen. Dabei drang schließlich die Überzeugung durch, daß keines der vorhandenen Klassifikationssysteme, ob diese nun das naturwissenschaftliche oder das ökonomische Prinzip vertraten, für sich allein in der Lage war, eine Einteilung der Böden zu gewährleisten, die den notwendigerweise zu stellenden Ansprüchen genügend Rechnung trug.

So bestechend und logisch richtig die von HAUSMANN und HUNDESHAGEN bei der Aufstellung ihres Systems vertretenen Grundsätze waren, so berücksichtigten sie doch eine Reihe von Faktoren nicht, die bei der Bildung der Böden aus den Gesteinen mitbestimmend sind. Der Einfluß des Klimas auf die Art des gebildeten Verwitterungsbodens war damals noch so gut wie unbekannt, und auch die Wirkung der sonstigen Faktoren bei der Bodenbildung blieb noch mehr oder weniger verborgen. Dagegen lernte man allmählich erkennen, daß aus demselben Gestein unter Umständen ganz verschiedene Böden hervorgehen konnten, während nicht selten die Verwitterungsprodukte oft recht verschiedener Gesteine Böden lieferten, die nicht nur von sehr ähnlicher Beschaffenheit waren, sondern auch bezüglich ihrer Eigenschaften und ihres Verhaltens zum Bestand, den sie trugen, sich sehr nahe kamen. Diesen auftretenden Schwierigkeiten suchten die mit der Klassifikation der Böden beschäftigten Forscher zunächst dadurch zu begegnen, daß sie neben den rein petrographischen Gesichtspunkten mehr das genetische bzw. geologische Prinzip in den Vordergrund stellten und dementsprechend zwischen reinen Verwitterungsböden und umgelagerten Böden unterschieden. Erstere umfaßten die an Ort und Stelle gebildeten und aus der Verwitterung anstehender Gesteine hervorgegangenen Böden, während zu letzteren Bodenarten gehören, welche aus Bestandteilen bestehen, die durch Wasser, Gletscher oder Wind verfrachtet waren. Man wählte für die erste Gattung von Böden die Bezeichnung Grundschuttböden — später Eluvialböden — für die andere dagegen die der Flutschuttböden — später Kolluvialböden — und unterschied bei diesen wieder zwischen sedimentären, glazialen oder äolischen Böden, je nachdem Wasser oder die sonstigen angeführten Transportmittel die Verfrachtung besorgt hatten.

G. SCHÜBLER[1] machte sich zunächst im Jahre 1830 für die Beurteilung und Einteilung der Böden auf geologisch-petrographischer Grundlage ganz das von HAUSMANN und HUNDESHAGEN aufgestellte Klassifikationssystem zu eigen. Doch schien ihm die Kennzeichnung und Klassifikation der Böden nach ihren Hauptbestandteilen, wie dies THAER tat, viel maßgebender und wichtiger zu sein als die geognostische Klassifikation. SCHÜBLER gibt jener u. a. auch deswegen den Vorzug, weil nach seiner Meinung die Böden auf Grund ihrer Bestandteile leichter in bestimmte Abteilungen zerlegt werden können als bei der Einteilung nach ihrer geognostischen Abstammung[2]. Er erkannte bereits klar, daß man die Böden sowohl nach den physikalischen Bodeneigenschaften, als auch nach der chemischen Zusammensetzung, ferner nach der geologischen Abstammung, sowie auf Grund von ökonomischen Verhältnissen klassifizieren könne, und daß jedes dieser Systeme gewisse Vorteile, aber auch bestimmte Nachteile in sich schließe. Obwohl er, der Schöpfer der Bodenphysik, die Entwicklung derselben durch seine tiefschürfenden Untersuchungen maßgebend beeinflußte und daher der Einteilung der Böden auf Grund ihrer Kornbestandteile und bezeichnenderweise auch nach der Möglichkeit ihrer Bearbeitung den Vorzug vor den anderen Klassifikationssystemen gab, erkannte er doch recht wohl den großen Einfluß, den die Gebirgsarten auf die aus ihnen hervorgegangenen Böden ausübten. SCHÜBLER sprach sich deshalb dahin aus, daß bei jeder Bodenbeschreibung die geologischen Verhältnisse mitberücksichtigt werden müßten, weil dadurch die Beurteilung an und für sich und insbesondere die des chemischen Verhaltens der Böden bedeutend erleichtert würde.

---

[1] SCHÜBLER, G.: a. a. O., S. 140—144.   [2] SCHÜBLER, G. a. a. O., S. 135.

C. Sprengel[1] (1787—1859) hat sich um den wissenschaftlichen Ausbau der Bodenkunde und als Mitbegründer der Mineraltheorie und der Agrikulturchemie unvergängliche Verdienste erworben, und es ist sehr bedauerlich, daß seine Arbeiten bis heute noch nicht die Beachtung gefunden haben, die sie verdienen. Die Art und Weise, wie er die Mineralogie und Gesteinslehre, aber auch die Chemie zum Ausbau der Wissenschaft vom Boden herangezogen hat, muß als vorbildlich gelten, wenn sie auch nicht die gebührende Anerkennung fand. Leider zog er selbst nicht die entsprechenden Schlüsse aus seinen ihrer Zeit vorauseilenden Arbeiten, auch nicht auf dem Gebiete der Bodenklassifikation. So sprach er sich u. a. am Schlusse seines grundlegenden Werkes über die Lehre vom Boden[2] dahin aus, daß es nicht notwendig wäre, die bisher üblichen Benennungsarten für die Böden, die vollkommen ausreichen würden und zumeist auch sehr richtig wären, durch bessere zu vertauschen. Er hat deshalb die Böden in folgende zwölf Hauptklassen eingeteilt, die er nach ihren Hauptbestandteilen, ihren physikalischen und chemischen Eigenschaften und hinsichtlich ihres Verhaltens gegen die angebauten und wildwachsenden Pflanzen beschreibt. Demnach bespricht er: 1. Grand-, Kies- und Geröllböden, 2. Sandböden, 3. Lehmböden, 4. Tonböden, 5. Kalkböden, 6. Mergelböden, 7. Humusböden, 8. Torfböden, 9. Marschböden, 10. Talkböden, 11. Gipsböden und 12. Eisenböden. Natürlich enthält jede dieser Klassen noch mehr oder weniger Unterabteilungen[3].

Alle in der Natur vorkommenden Bodenarten richtig zu klassifizieren, hält Sprengel schon deswegen für unmöglich, als es darunter zuviel Übergänge und Abstufungen gibt. Jedenfalls müsse die Klassifikation auf Grund der Bodenbeschaffenheit von der nach dem Ertrage unbedingt getrennt werden und solle dieser als Grundlage dienen. Obwohl nach seiner Meinung die Einteilung der Bodenarten auf Grund ihrer mechanischen und chemischen Beschaffenheit viel besser ist als die nach den auf ihnen wachsenden Pflanzen und die nach ihrer geognostischen Abstammung, hat er doch schon damit begonnen, die aus jedem Gestein durch Verwitterung hervorgegangenen Böden kurz zu charakterisieren und festzustellen, welche Gesteins- und Felsarten kräftige, weniger kräftige und magere Bodenarten liefern.

Nach C. Sprengel[4] liefern sehr kräftige Bodenarten:
1. Die Mergelarten verschiedener Formationen.
2. Einige wenige Kalkarten, besonders die sog. Rauhwacke.
3. Der Trapp und die vulkanischen Gebilde.
4. Die Laven.
5. Der basaltische und vulkanische Tuff.
6. Der Gabbro.
7. Der Serpentin.
8. Der Chloritschiefer.
9. Der Talkschiefer.
10. Der Sandstein mit mergeligem Bindemittel.
11. Der Feldstein.

Weniger kräftige Bodenarten liefern:
1. Der Granit.
2. Der Gneis.
3. Der Tonschiefer.
4. Die Grauwacke.
5. Der Glimmerschiefer.
6. Der Sandstein mit tonigem Bindemittel.

---

[1] Sprengel, C.: Die Bodenkunde oder die Lehre vom Boden. Leipzig 1837.
[2] Sprengel, C.: a. a. O., S. 576.   [3] Sprengel, C.: a. a. O., S. 146—249.
[4] Sprengel, C.: a. a. O., S. 123—124.

Magere Bodenarten liefern:

1. Die Brekzien.
2. Mehrere Konglomerate.
3. Der Muschelsandstein.
4. Diejenigen Sandsteinarten, welche Eisenoxyd und Kieselerde als Bindemittel enthalten.
5. Die glasigen Laven.
6. Der Quarz.
7. Der Porphyr.
8. Der Kieselschiefer.
9. Der Quarzsandstein und überhaupt alle Gesteine, welche zum Kieselgeschlecht gehören.

Es ist dabei höchst bemerkenswert, daß er bereits im Jahre 1837, also 3 Jahre vor dem Erscheinen von J. VON LIEBIGS grundlegendem Werk über „Die Chemie in ihrer Anwendung auf Agrikultur und Physiologie" in seiner Bodenkunde klar und eindeutig zum Ausdruck bringt, daß es insbesondere die mineralischen Stoffe sind, welche die Fruchtbarkeit der Böden mehr oder weniger bedingen und hierfür zahlreiche Beispiele anführt. Damit hat er zugleich die Bahn für den Siegeszug der LIEBIGschen Mineraltheorie vorbereitet und wird daher nicht mit Unrecht als Pionier für diese bezeichnet.

Der ihm später von verschiedenen Seiten gemachte Vorwurf, daß er zwar die Mineralogie und Petrographie seiner wissenschaftlichen Bodenkunde zugrunde gelegt, dagegen die Formationslehre als entbehrlich ausgeschlossen habe, dürfte nicht ganz berechtigt sein. Denn SPRENGEL teilte vom geologischen Standpunkt aus seine Böden ein in: Diluvial-, Alluvial- und Verwitterungsböden. Diese drei Hauptklassen können nun nach ihm in mehrere Ordnungen, diese in Gattungen, diese in Arten, dann in Varietäten und Untervarietäten gebracht werden[1]. Eine solche genaue Einteilung hielt er aber für überflüssig. Dagegen benennt er die Bodenarten, abgesehen von der bereits erwähnten Klassifikation nach physikalischen und chemischen Eigenschaften, auch bezüglich ihrer Lage, ihres Verhaltens gegen die Feuchtigkeit, ihrer Temperatur, ihres Verhaltens bei der Bearbeitung usw., wobei er zumeist die schon bisher gebräuchlichsten Bezeichnungen der Böden erläutert und ergänzt[2].

Aufbauend auf den von HAUSMANN, HUNDESHAGEN und SPRENGEL geschaffenen Grundlagen hat F. SENFT[3] im Jahre 1847 ein umfangreiches mineralogisch-petrographisches Bodenklassifikationssystem auf geologischer Grundlage begründet und nach diesen Gesichtspunkten weit über 100 Bodenarten eingehend beschrieben. Diese sind dabei einerseits nach ihren Ablagerungsgebieten, andererseits nach den Gesteinen, aus denen sie hervorgegangen sind, zusammengefaßt. Dabei hat er die petrographischen Bestandteile der Böden und die bei der Bodenbildung vor sich gegangenen Verwitterungsvorgänge besonders gewürdigt. Es muß aber hervorgehoben werden, daß SENFT sich nicht mit der einseitigen Aufstellung eines Klassifikationssystemes auf petrographisch-geologischer Grundlage begnügte, sondern sich auch dahin aussprach, daß man entweder die physischen Eigenschaften, oder die chemische Zusammensetzung, oder die geognostische Abstammung, oder die Produktionsfähigkeit der Böden jeweils zur Grundlage eines Klassifikationssystemes nehmen könne und diese vier verschiedenen Systeme womöglich stets nebeneinander verwenden möge[4]. Er begründete dies damit, daß infolge der fortwährenden Veränderungen und Umwandlungen, welchen die Böden unterliegen, eine streng wissenschaftliche Einteilung der vielen Bodentypen nicht gut möglich wäre und dies ganz besonders

---

[1] SPRENGEL, C.: a. a. O., S. 145.　　[2] SPRENGEL, C.: a. a. O., S. 125—143.
[3] SENFT, F.: Lehrbuch der Gebirgs- und Bodenkunde, 2. Teil, Bodenkunde, S. 268—312. Jena 1847.
[4] SENFT, F.: a. a. O., S. 241.

dann nicht, wenn man nur eines der obenerwähnten Einteilungsprinzipien anwenden würde.

Der grundlegenden Bedeutung des von Senft aufgestellten petrographisch-geologischen Klassifikationssystemes entsprechend, sei dieses beifolgend für die von ihm eingehend beschriebenen Bodenarten im Auszug wiedergegeben. Aus ihm ist unschwer zu ersehen, in wie weitgehendem Maße dabei der Gesteinslehre der Vorrang vor der Formationslehre eingeräumt wurde. Die Hauptgliederung in Verwitterungs- oder Gebirgsboden einerseits und in Schlämm- oder Tieflandboden (Diluvial- und Alluvialboden) andererseits, ist auch hier zum Ausdruck gekommen und ist dieser Gesichtspunkt von nun an richtunggebend für alle späteren geologischen Klassifikationssysteme geblieben. Die Felsarten teilt er dabei bemerkenswerterweise in einfache, gemengte und Trümmerfelsarten ein.

A. Verwitterungs- oder Gebirgsboden[1].

I. Böden der einfachen Felsarten.

1. Böden der quarzigen Felsarten:
   a) Des gemeinen Quarzes.
   b) Des Kieselschiefers.
   c) Des Hornsteins.

2. Böden der feldsteinigen Felsarten:
   a) Des Felsites.
   b) Des Weißsteins.
   c) Des Phonoliths und Trachyts.

3. Böden der Trappgesteine:
   a) Der einfarbigen Grünsteine.
   b) Der augitischen Felsarten.
      α) Des Melaphyrs.
      β) Des Basaltes.
      γ) Des Serpentins.

4. Böden der tonigen Felsarten:
   a) Der grauen bis schwarzen Schiefer.
      α) Des Tonschiefers.
      β) Des Grauwackeschiefers.
      γ) Des Schiefertons und Lettenschiefers.
      δ) Des mergeligen Schiefertons.
   b) Der ockergelben bis rotbraunen Tonsteine.
      α) Des eisenschüssigen Tonsteins im roten Totliegenden.
      β) Des roten Tonlettens im bunten Sandstein.
      γ) Des Tonporphyrs.

5. Böden der kalkigen Felsarten:
   A. Böden der kohlensauren Kalksteine.
      a) Des Grauwackekalkes.
      b) Der Zechsteinkalke.
         α) Des dünngeschichteten dunkelgrauen Zechsteins.
         β) Des graugelblichen, meist stinkenden Kalksteins (Stinkkalk).
         γ) Des Eisenkalkes.
      c) Der Kalke aus der Muschelkalkformation.
         α) Des dünnschichtigen Kalkes (Wellenkalk).
         β) Des dickschichtigen Kalksteins.
      d) Des Liaskalksteins.
      e) Der Kalksteine aus der Juraformation.
         α) Der dichten, festen Kalksteine.
         β) Der tonigen oder sandigen Kalksteine.
         γ') Der Rogensteine.
      f) Der Kreidekalke.
      g) Der Kalke aus dem Tertiärgebirge, Diluvium und Alluvium.
   B. Boden der Mergelarten.

---

[1] Senft, F.: a. a. O., S. 269—312.

C. Boden der Dolomite.
   a) Des Dolomits aus der Zechsteinformation.
   b) Des Dolomits der Muschelkalkformation.
   c) Des Keuperdolomits.
   d) Des Juradolomits.
D. Boden des Gipses.

II. Böden der gemengten Felsarten.
A. Boden der gemengten kristallinischen Felsarten.

Allgemeine Charakteristik.
   a) Boden der quarzreichen Felsarten.
      α) Des Hornsteinporphyrs.
      β) Des quarzführenden Porphyrs.
   b) Boden der feldspatreichen Felsarten.
      1. Boden der granitischen Felsarten.
      2. Boden des feldspatreichen Gneises.
      3. Boden der Porphyre.
   c) Boden der glimmerreichen Felsarten.
      1. Des glimmerreichen Gneises.
      2. Des Glimmerschiefers.
   d) Boden der hornblendereichen Felsarten.
      1. Des Syenits.
      2. Des Diorits.
   e) Boden der augitreichen Felsarten.

B. Boden der Trümmerfelsarten.

Allgemeine Charakteristik.
A. Boden der Konglomerate:
   1. Des Grauwackekonglomerats.
   2. Der Konglomerate des roten Totliegenden.
      a) Des Konglomerats mit mörteligem Bindemittel.
      b) Des Konglomerats mit eisentonigem Bindemittel.
   3. Der Nagelfluh.
B. Boden der Sandsteine:
   1. Des kieseligen Sandsteins.
   2. Des tonigen Sandsteins.
      α) In der Formation des roten Totliegenden.
      β) In der Formation des bunten Sandsteins.
      γ) In der Formation des Keupers.
   3. Des mergeligen Sandsteins.
      α) Im Grauliegenden.
      β) In der Formation des bunten Sandsteins.
      γ) In der Formation des Keupers.
      δ) In der Formation des Lias.
   4. Des kalkigen Sandsteins.
Zusatz: Boden der Tuffe.

B. Schlämm- oder Tieflandböden.
(Diluvial- und Alluvialböden.)

I. Der Talboden.
   a) Gebirgsbusenboden „(Kesselthalboden z. Th.)".
   b) Uferboden (Aueboden, Rinnsalboden).
II. Der Großebenenboden.
   A. Alter Meeresboden (Diluvium).
   B. Junger Meeres- und Stromboden (Alluvium).
      1. Boden des eisenschüssigen Sandes oder der Heiden.
      2. Boden der Dünen.
      3. Marschboden.
      4. Sumpfboden.
         a) Lehmbruchboden.
         b) Reiner Moorboden.
         c) Moorboden mit Raseneisenstein.
         d) Eigentlicher Torfboden.
         e) Seebruchboden.
         f) Fenne[1].

---

[1] SENFT, F.: a. a. O., S. 312.

C. Trommer[1] glaubt auf eine Klassifikation der Bodenarten mit geologisch-petrographischer Grundlage verzichten zu können, da man ja sonst, wie er meint, ebensoviel Bodenarten bekommen würde als Fels- oder Gebirgsarten vorhanden sind. Er tritt daher für die physisch-ökonomische Klassifikation ein und stellt folgende sieben Hauptbodenklassen auf, die er wieder mehrfach unterteilt, wie dies ja bei dieser Art der Bodeneinteilung stets geschieht: 1. Tonboden, 2. Sandboden, 3. Kalkboden, 4. Humusboden, 5. Lehmboden, 6. Mergelboden, 7. Gipsboden[2].

Trommer versäumt aber nicht, jeweils anzugeben, wo diese Bodenarten hauptsächlich vorkommen, bzw. von welchen Gesteinen sie abstammen. Auch betont er, daß es für die Beurteilung des Verhaltens der Böden wichtig wäre, zu wissen, aus welchem Muttergestein sie herrühren. Diese Kenntnisse wären ebenso bedeutungsvoll wie die genaue Untersuchung der Böden selbst; doch wären diese Schlüsse vom Gestein auf den Boden mit großer Vorsicht zu ziehen, da es ja für die Vegetation nicht allein entscheidend wäre, aus welchen Bestandteilen der Boden bestehe. Für die angeschwemmten Böden spricht Trommer der Klassifikation nach geologischen Gesichtspunkten jedwede Berechtigung ab. Hier könne und müsse eine andere Art der Einteilung gewählt werden[3]. Nach der Meinung von Braungart[4] ist Trommer nicht über den Standpunkt des viel früher wirkenden Schübler hinausgekommen, obwohl ersterer sich sonst sehr günstig über die 1857 erschienene Bodenkunde von Trommer ausspricht und dabei behauptet, daß dieses Werk ein ernstlicher Versuch wäre, die Wissenschaft in die Bodenkunde zu tragen. Ferner dürfte die Bemerkung Braungarts wohl zutreffen, daß um diese Zeit Empirie und Wissenschaft noch ernstlich miteinander kämpften und daher auch obiger Autor, unter diesen Einflüssen stehend, alte und neue Gesichtspunkte miteinander vermengt habe.

Erwähnenswert ist schließlich noch dessen Zusammenstellung und Gruppierung der Bodenarten nach ihrer Lage und Entstehung in Gebirgsböden, Tal- oder Aueboden, Marschboden (Flußmarsch- und Seemarschboden)[5]. Wieweit dabei die Böden den Alluvial- oder Diluvialbildungen zuzurechnen sind, läßt Trommer allerdings offen.

Einige Jahre später, nämlich im Jahre 1862, erschien ein für die Bodenkunde als auch für die Bodenklassifikation auf geologisch-petrographischer Grundlage gleich bedeutsames Werk von F. A. Fallou[6].

In diesem beschäftigte sich der Genannte unter anderem eingehend mit der bisherigen Einteilung der Böden auf naturwissenschaftlicher Basis. Er erkennt an, daß die augenscheinliche Verschiedenheit der Böden und deren unterschiedliches Ertragsvermögen, sowie das in der menschlichen Natur liegende Bestreben, alle Dinge durch ein systematisches Einordnen bzw. Klassifizieren zugleich zu ordnen, dazu führen mußte, Klassifikationssysteme auf Grund der äußeren Beschaffenheit und des Verhaltens der Böden sowie nach deren Erträgen aufzustellen. Er bedauert aber, daß die Aufstellung solcher Systeme fast ausschließlich den Landwirten überlassen wurde, nachdem sich die Naturforscher nur wenig um den Boden gekümmert haben. Selbst die Lehrer der Bodenkunde wären stark von den Grundsätzen für die ökonomische Bonitierung beeinflußt gewesen, und bei der Grundsteuerbonitierung in den verschiedenen deutschen Staaten sei immer die Beurteilung der Böden nach den Erträgen und den Früchten, mit denen sie

---

[1] Trommer, C.: Die Bodenkunde. Berlin 1857.
[2] Trommer, C.: a. a. O., S. 540—551.
[3] Trommer, C.: a. a. O., S. 553.   [4] Braungart, R.: a. a. O., S. 13.
[5] Trommer, C.: a. a. O., S. 554.
[6] Fallou, F. A.: Pedologie oder allgemeine und besondere Bodenkunde. Dresden 1862.

bestellt werden konnten, im Vordergrund gestanden, während man schließlich mehr und mehr dazu geführt worden sei, dabei auch entsprechende Rücksicht auf die Bodenbeschaffenheit selbst zu nehmen[1].

Bezüglich der auch von Naturwissenschaftlern wie SPRENGEL[2], TROMMER[3] usw. aufgestellten Bodenklassen nach den Korngrößen und Hauptbodenbestandteilen bemängelt FALLOU zunächst, daß die vielen Unterabteilungen die richtige Beurteilung und Klassifikation der einzelnen Böden sehr erschwere, ja oft fast unmöglich gemacht habe. Auch könne eine solche Einordnung der Böden bestenfalls für die gleichmäßigen Verhältnisse in Tiefebenen, d. h. für angeschwemmte Böden vorgenommen werden, dagegen nicht für angestammte oder Verwitterungsböden, die mitunter sehr viele Steine enthalten. Hier müßte doch allermindestens mit angegeben werden, um welche Steine es sich dabei handelt. Man könne doch unmöglich einen steinigen Urgesteinsverwitterungsboden ohne weiteres in eine der vorhandenen Bodenklassen einordnen![4] FALLOU weist dann auf die Inkonsequenz und die zahlreichen Widersprüche hin, mit denen die bisherige Bodeneinteilung behaftet war, indem man hierfür bald den Bestand, bald die Bodenbestandteile und bald bestimmte Bodeneigenschaften als maßgebend herangezogen und ferner vielfach durch Benützung örtlicher oder provinzieller Bezeichnung die Verwirrung auf diesem Gebiete noch vergrößert habe. Auch könne ein Sandboden an und für sich doch aus den verschiedensten Gesteinsarten hervorgegangen sein. Nicht ganz mit Unrecht verweist er darauf, daß man bisher alles durcheinander geworfen habe, und daß man dabei häufig die Sache mit dem Namen, das Wesen mit der Form und Eigenschaft verwechselt habe, während man zu klassifizieren glaubte[5]. Mit der bisherigen Bezeichnung von Lehm-, Ton- und Humusboden könne man erst dann etwas anfangen, wenn diese Begriffe genau festgestellt und gegeneinander abgegrenzt seien. Denn sie bezeichnen nur gewisse Bodeneigenschaften, wie Bündigkeit usw., ohne uns über die wahre Natur der Böden selbst zu unterrichten. Namen wie Humus-Tonboden usw. seien ebensowenig naturwissenschaftlich berechtigt, wie Bezeichnungen der Böden nach ihrer Betriebsart oder technischen Benutzung. Hier aber geht FALLOU ganz entschieden zu weit, und niemand wird ihm dabei folgen, wenn er behauptet, daß der Tonboden nur durch Verwitterung hervorgegangen sein kann, während er als Lehmboden höchstens das anerkennen will, was alluvialer Bildung seine Entstehung verdankt und Kieselerde als Hauptbestandteil, Tonerde und Eisenoxyd als wesentliche Nebenbestandteile enthält[6]. Auch trifft es nicht zu, daß die bisherige landwirtschaftliche Bodeneinteilung seiner Meinung nach nur der Bonitierung und Katastrierung dienen sollte, und daher mit einer Klassifikation auf naturwissenschaftlicher Grundlage nichts zu tun habe, denn das von THAER geschaffene physikalisch-chemische System muß zweifellos als ein naturwissenschaftliches bezeichnet werden. Ganz entschieden aber muß der Behauptung FALLOUS entgegen getreten werden, daß man bei den Naturforschern keinen Rat holen dürfe, da diese jeden Boden für angeschwemmtes Land erklären und den primitiven Granit- und Gneisboden ebenso gut zu den sog. Diluvialgebilden rechnen würden wie den Lehm-, Sand- und Kiesboden. Aus den bereits Jahrzehnte vorher erschienenen einschlägigen Werken von SPRENGEL[7] oder SENFT[8] geht das absolut Haltlose dieser Behauptung FALLOUS ohne weiteres hervor und wurde dies ja schon früher betont.

---

1 FALLOU, F. A.: a. a. O., S. 159.   2 SPRENGEL, C.: a. a. O., S. 146.
3 TROMMER, C.: a. a. O., S. 539.   4 FALLOU, F. A.: a. a. O., S. 163.
5 FALLOU, F. A.: a. a. O., S. 165.   6 FALLOU, F. A.: a. a. O., S. 170.
7 SPRENGEL, C.: Die Bodenkunde. Leipzig 1837.
8 SENFT, F.: Lehrbuch der Gebirgs- und Bodenkunde. 1847.

Trotz dieser und anderer Unrichtigkeiten und Mängel in dem Werke Fallous darf aber nicht übersehen werden, daß das von ihm aufgestellte mineralogisch-geologische Klassifikationssystem der Böden ein in sich streng geschlossenes und absolut logisch aufgebautes naturwissenschaftliches System ist. Zunächst trennt er scharf zwischen den an Ort und Stelle entstandenen Verwitterungsböden, die er als primitive oder angestammte bezeichnet und dem Grundschuttgelände zuzählt, und den alluvialen oder angeschwemmten Böden, die er als dem Flutschutt allein zugehörig betrachtet. Letzteres Schwemmland umfaßt ältere (diluviale) und jüngere (alluviale) Bildungen[1]. Er gibt dann in längeren Ausführungen alle jene Gründe für diese Einteilung an, sowie die Merkmale, durch welche sich die betreffenden Böden einwandfrei erkennen lassen[2]. Auch die geographische Verbreitung dieser Bodenarten in Deutschland wird dementsprechend angegeben. Er teilt diese zwei grundlegenden Klassen von Böden in geologisch älteren, primitiven oder angestammten und in jüngeren oder Flutschuttboden ein. Die Bodenarten des letzteren lagern in einer bestimmten durch die geologischen Vorgänge bedingten Ordnung übereinander und können somit auch aus diesem Grunde nicht gleichzeitig entstanden sein.

Die Verwitterungsböden oder den sog. Grundschutt teilt Fallou alsdann mineralogisch weiter in Gattungen und Arten ein. Entscheidend dabei ist, daß jede Gattung von Böden ein Mineral oder einen Elementarstoff als Grundbestandteil enthält. Derartige durch diesen gemeinsamen Grundbestandteil unter sich verwandte Böden können sich alsdann durch besondere wesentliche Nebenbestandteile noch weiter voneinander unterscheiden und bilden dann noch Arten oder Varietäten.

Teilt Fallou somit die Klasse der Verwitterungsböden auf rein mineralogischem Wege weiter in Gattungen und Arten ein, so geht er bei der Unterteilung der angeschwemmten Böden etwas anders vor. Hier nimmt er zunächst die Altersfolge dieser Ablagerungen als Hauptmoment für die Aufstellung der Gattungen, d. h. das durch die schichtenweise Ablagerung sich ergebende relative Alter derselben dient als geologisches Einteilungsprinzip für den Gattungsbegriff. Die Arten bzw. Varietäten werden dann ebenfalls wie oben durch die charakteristischen Mineral- oder Elementarbestandteile bedingt. Aus der nachfolgend wiedergegebenen Klassifikation von Fallou läßt sich ersehen, daß er zum Flutschuttboden den Moorschlick, bzw. alles hierin Einschlägige, den Lehmboden, den Mergel und Sand und das Kiesgeröll rechnet. Wo diese Bodenarten zusammen vorkommen, liegen letztere zunächst auf dem Grundgebirge, nie über dem Mergel, dieser nie über dem Lehm usw. Allerdings ist zu bedenken, daß diese Formationen sich nicht überall vollständig abgelagert haben, und daß sie nicht selten später durch geologische Vorgänge wieder zerstört wurden, weshalb zumeist die eine oder andere Formation fehlen dürfte. Diese Gattungen der Kiesel-, Mergel-, Lehm- und Moorbodenarten werden dann, wie aus Fallous Klassifikationssystem leicht ersichtlich ist, ebenso wie die Gattungen der Verwitterungsböden, auf mineralogischem bzw. petrographischem Wege in Arten und evtl. noch in Varietäten untergeteilt. Als eine besondere Abteilung folgen noch die Böden mit zufälligen Akzessionen, die sich in keine der beiden Klassen der Verwitterungs- oder Flutschuttböden einordnen lassen, die nichts mehr von zersetzten Mineralien erkennen lassen und als Produkte tierischer und pflanzlicher Lebenstätigkeit zu betrachten sind[3].

Maßgebend für Fallou war, wie schon erwähnt, bei seiner Einteilung der Böden der Gedanke, daß die nebeneinanderliegenden Verwitterungsböden gleich-

---

[1] Fallou, F. A.: a. a. O., S. 166.   [2] Fallou, F. A.: a. a. O., S. 166—170.
[3] Fallou, F. A.: a. a. O., S. 184.

zeitig, dagegen die übereinanderliegenden Böden des Flutschuttgeländes nacheinander entstanden sein müssen, und daß man letztere daher zunächst geologisch und alsdann mineralogisch nach den Bestandteilen einreihen müsse. Er hält es ferner mit Recht für notwendig, darauf hinzuweisen, daß bei seiner Klassifikation auf Gehalt und Beschaffenheit keine Rücksicht genommen wurde, weil viele an sich wesentlich verschiedene Bodenarten darin miteinander übereinstimmen und umgekehrt viele dem Bestande nach sehr nahe verwandte Bodenarten diese Verwandtschaft äußerlich oft ganz verleugnen. Bindiger oder steiniger Granitboden z. B. unterscheiden sich danach nicht wesentlich, obwohl der Landwirt und ebenso der Agrologe diesbezüglich gerade entgegengesetzt urteilen würden. FALLOU gibt selbst zu, daß seine Klassifikation von der bisherigen landwirtschaftlichen stark abweiche, was man ihr aber nicht zum Vorwurfe machen könne. Er besteht jedenfalls darauf, daß die Verwitterungsböden den Namen ihres Grundgesteins behalten müssen. Denn selbst bei der größten äußerlichen Verschiedenheit bleibt die betreffende Bodenart doch immer mit dem Muttergestein verwandt, das sich dabei nur auf verschiedenen Stufen seiner Umbildung befindet.

Mineralogisch-geologische Klassifikation der Bodenarten nach FALLOU[1].

I. Klasse. Grundschuttgelände (primitive Bodenarten).
   I. Gattung. Bodenarten der Quarzgesteine (Formation des primitiven Kieselbodens).
      1. Boden der Quarzfelsgesteine.
         a) Quarzitboden.
         b) Kieselschieferboden.
      2. Boden der Quarzkonglomeratgesteine.
         a) Roter Quarzkonglomeratboden.
         b) Grauer Quarzkonglomeratboden.
      3. Boden der Quarzsandgesteine.
         a) Quadersandsteinboden, Varietät: Jura- und Liassandsteinboden.
         b) Grauwackensandsteinboden.
         c) Keupersandsteinboden, Varietät: Buntsandsteinboden.
         d) Rotsandsteinboden.
  II. Gattung. Bodenarten der Tongesteine (Formation des primitiven Kieseltonbodens).
      a) Tonstein- oder Porphyrtuffboden.
      b) Tonschieferboden.
      c) Grauwackenschieferboden.
      d) Tonmergelschieferboden, Varietät: Schieferlettenboden.
  III. Gattung. Bodenarten der Glimmergesteine (Formation des primitiven Talktonkieselbodens).
      a) Glimmerschieferboden.
      b) Gneisboden.
      c) Kalkglimmerschieferboden.
      d) Chloritschieferboden.
  IV. Gattung. Bodenarten der Feldspatgesteine (Formation des primitiven Tonkalikieselbodens).
      a) Granitboden.
      b) Granulitboden, Varietät: Felsitgneisboden.
      c) Syenitboden.
      d) Porphyrboden.
      e) Trachytboden.
      f) Phonolithboden.
  V. Gattung. Bodenarten der Kalk- und Kalktalkgesteine (Formation des primitiven Kalktalkbodens und Kalkbodens).
      a) Jura- und Muschelkalkboden, Varietät: Kalkkonglomerat-, Kreide- und Plänerkalkboden.
      b) Juradolomitboden, Varietät: Zechsteindolomitboden.

---

[1] FALLOU, F. A.: a. a. O., S. 207—458.

VI. Gattung. Bodenarten der Augit- und Hornblendegesteine (Formation des primitiven Kalktalktoneisenkieselbodens).
   a) Basaltboden, Varietät: Basaltkonglomerat-, Basaltlava- und Doleritboden.
   b) Grünsteinboden.
   c) Serpentinboden.

II. Klasse. Flutschuttgelände (Alluviale Bodenarten).
   I. Gattung. Kieselbodenarten (Formation des alluvialen Kieselbodens).
      1. Silicit- oder reiner Kieselsandboden.
      2. Silikat- oder gemeiner Kieselsandboden.
         a) Schüttiger, gemeiner Kieselsandboden, Varietät: Grandsandboden, Muschelsand, Rollkiesboden.
         b) Bündiger gemeiner Kieselsand, Varietät: Bündiger Grandsand- oder Kiesboden.
   II. Gattung. Mergelbodenarten (Formation des alluvialen Kalktonbodens).
      a) Kalkmergelboden.
      b) Tonmergelboden.
      c) Sandmergelboden, Varietät: Grandmergelboden.
      d) Talk- oder Lößmergelboden.
   III. Gattung. Lehmbodenarten (Formation des alluvialen Kiesel-, Ton- und Eisenockerbodens).
      a) Gemeiner Lehmboden, Varietät: Tonlehmboden, Glimmerlehm.
      b) Lettenboden (Knick).
   IV. Gattung. Moorbodenarten (Formation des alluvialen Humin-, Ton-, Kalk- und Kieselbodens).
      a) Tonmoorboden (Klei).
      b) Braakmoorboden.
      c) Kalkmoorboden, Varietät: Escher-, Schlier- und Lößmoorboden.
      d) Sandmoorboden.

Besondere Abteilung.

Die zufälligen Akzessionen des Bodens.

1. Die vulkanischen Schlacken- und Aschenlager.
2. Die verschlagenen Blöcke, Blockhalden und Gletscherwälle.
3. Die Flußgeschiebe und ihre Auflagerungen.
4. Die Torfmoore mit ihren Ein- und Auflagerungen.

Aus dieser Klassifikationstabelle von Fallou dürfte ohne weiteres ersichtlich sein, daß der ihm von verschiedenen Seiten wie von Vossler[1] und Braungart[2] gemachte Vorwurf, er habe bei seiner Bodeneinteilung zu sehr die Formationslehre und zu wenig die Petrographie berücksichtigt, nicht berechtigt ist. Ja, man könnte fast eher das Gegenteil behaupten, denn vom Standpunkt der Formationslehre aus muß es unverständlich bleiben, wenn Jura- und Liasböden, die doch ganz verschiedenen geologischen Perioden angehören, von ihm als Varietäten des Quadersandsteinbodens bezeichnet werden, und das gleiche gilt von den ebenfalls als Varietäten aufgeführten Keuper- und Buntsandsteinböden. Ist somit auch in diesen Fällen das petrographische Moment bewußt in den Vordergrund gestellt worden, so hat Fallou dies bekanntlich bei den Flutschuttböden nicht getan. Hier hat er aus den bereits erörterten Gründen und wohl, um auch die allgemeine Anwendbarkeit der Geologie bzw. der Formationslehre für die Klassifikation der Böden zu zeigen, das geologische Alter zum Ausgangspunkt der Einteilung gemacht, wobei ihm Fesca[3] den Vorwurf nicht ersparen kann, daß beide Disziplinen doch ganz andere Ziele verfolgen müssen. Während die Geologie in erster Linie die zeitliche Entstehung der einzelnen Schichten erforschen will und

---

[1] Vossler, O.: Die Begründung der landwirtschaftlichen Bodenkunde durch die heutige Geognosie. Landw. Zbl. Dtschld. 1, 109 (1869).

[2] Braungart, R.: a. a. O., S. 14.

[3] Fesca, M.: Die agronomische Bodenuntersuchung und Kartierung auf naturwissenschaftlicher Grundlage. J. Landw. 24, 54 (1879).

erst dann die Art der Ausbildung derselben, sind für die Bodeneinteilung die petrographischen Momente doch sicher viel bedeutungsvoller als die ersteren, denen FESCA allerdings so gut wie fast gar keine Bedeutung beimißt. Nach RAMANN[1] war die erste wissenschaftlich begründete Einteilung der Böden jedenfalls die geologische. Auf das Grundsätzliche dieser Streitfrage wird später noch näher einzugehen sein. Bedauerlich ist immerhin, daß FALLOU bei seinem System der Klassifikation mehrfach Verwandtes auseinanderreißen mußte, was unseres Erachtens indessen immer der Fall sein wird, wenn Geologie und Formationslehre zusammen als Ausgangspunkt eines Klassifikationssystems, des sog. geologisch-petrographischen, verwendet werden.

Nach FALLOU können schließlich folgende Gebirgsarten als die eigentlichen Grundformationen des Bodens angesehen werden: Granit, Gneis, Ton- und Glimmerschiefer, Kalkstein, Dolomit, Sandstein, Grauwackenschiefer, Basalt, Syenit, Granulit, Porphyr, Trachyt, Grünstein, Serpentin, Quarz- und Kiesel-, Chlorit- und Hornblendeschiefer. Die sechs zuerst genannten sind dabei die wichtigsten.

Es gehen nach FALLOU aus diesen Grundgebirgen folgende, ihnen angestammte Bodenarten oder **Grundschuttformationen** hervor:

1. Granitboden.	9. Quarzkonglomeratboden.
2. Syenitboden.	10. Kieselschieferboden.
3. Gneisboden.	11. Grauwackenschieferboden.
4. Glimmerschieferboden.	12. Chloritschieferboden.
5. Tonschieferboden.	13. Grauwackensandsteinboden.
6. Tonmergelschieferboden.	14. Rotsandsteinboden.
7. Tonsteinboden.	15. Grünsteinboden.
8. Quarzitboden.	16. Serpentinboden.

Ferner:

17. Quadersandsteinboden (Jurasandsteinboden).
18. Keupersandsteinboden (Buntsandsteinboden).
19. Granulitboden (Felsitgneisboden).
20. Felsitporphyrboden (Tonsteinporphyrboden).
21. Trachytboden (Trachyttuff- und Trachytkonglomeratboden).
22. Jurakalkboden (Muschelkalk-, Kalkkonglomerat-, Kreide- und Plänerkalkboden).
23. Juradolomitboden (Zechsteindolomitboden).
24. Basaltboden (Basaltlava-, Basalttuff- und Doleritboden).

Alle diese 24 Bodenarten sind wesentlich verschieden, d. h. sie enthalten je einen anderen Mineralstoff bzw. denselben in einem anderen Verhältnis. Nur die unter Nr. 17—24 in Klammern beigefügten Bodenarten sind Varietäten der Form, nicht dem Stoffe nach.

Die mittelbar aus dem einen oder dem anderen dieser Gesteine, doch größtenteils aus mehreren derselben zugleich entstandenen, angeschwemmten Bodenarten oder **Flutschuttformationen** sind folgende:

1. Lehmboden.	6. Lößmergelboden.
2. Lettenboden.	7. Tonmoorboden.
3. Silicitsandboden.	8. Braakmoorboden.
4. Kalkmergelboden.	9. Sandmoorboden.
5. Tonmergelboden.	

Sowie:

10. Silikatsandboden (Grandsand- und Rollkiesboden).
11. Sandmergelboden (Grandmergelboden).
12. Kalkmoorboden (Schlier-, Escher- und Lößmoorboden).

Für die Beurteilung des Bodens bzw. der Bodenarten legt FALLOU großen Wert auf den jeweiligen Verwitterungsgrad, denn je nach der weniger oder stärker fortgeschrittenen Verwitterung werden die Bodenarten von ihm unter Berücksichtigung ihres Gehaltes an Feinerde zu klassifizieren versucht. Während

---

[1] RAMANN, E.: Bodenkunde, S. 521. Berlin 1911.

in seiner bereits 1857 erschienenen kleinen Schrift „Anfangsgründe der Bodenkunde[1]" die ersten Grundzüge der von ihm aufgestellten neuen Lehren enthalten
sind, ließ er im Jahre 1868 ein weiteres Werk erscheinen[2], in dem er die Bodenverhältnisse des Königreichs Sachsen in Form einer sehr wertvollen Monographie
behandelt. Diese Arbeit wird nicht mit Unrecht als grundlegend in ihrer Art
bezeichnet.

Wie sich aus dem bisher Gesagten ergibt, waren eine Reihe Forscher, darunter
Männer wie Hausmann, Hundeshagen, Sprengel, Senft und Fallou zu Anfang
und gegen die Mitte des vorigen Jahrhunderts mit Erfolg bestrebt, die Mineralogie,
die Petrographie, sowie die Formationslehre in den Dienst der wissenschaftlichen
und praktischen Bodenkunde zu stellen, bzw. eine Wissenschaft der Bodenkunde
auf dieser Grundlage zu begründen. Ganz besonderen Gewinn zog daraus die
Verwitterungslehre sowie die Klassifikation der Böden, da nunmehr die Möglichkeit gegeben war, eine Einteilung der Böden auch auf geologisch-petrographischer
Grundlage vorzunehmen. Es war dies eine wertvolle Bereicherung der bisherigen
Klassifikationssysteme, die entweder nach rein ökonomischen Gesichtspunkten
aufgestellt worden waren oder auf naturwissenschaftlicher Basis insofern erstanden
waren, als man die Hauptbodenbestandteile zum Zwecke der Einteilung und
Beurteilung der Böden herangezogen hatte. Es konnte natürlich nicht ausbleiben,
daß nach den erfolgreichen Arbeiten der obigen Forscher auch in der Folge eifrig
daran gearbeitet wurde, die Geologie mit ihren Grundwissenschaften weiter in
den Dienst der Bodenkunde zu stellen und auch die bereits bestehende Klassifikation auf geologisch-petrographischer Grundlage weiter auszubauen, bis durch
die Begründung der Verwitterungslehre auf klimatischer Grundlage und deren in
den letzten Jahrzehnten so erfolgreichen Ausbau obige Arbeiten aus einer Reihe
von Ursachen in den Hintergrund traten, ja bis zu einem gewissen Grade sogar
eine Berichtigung erfahren mußten.

Die Nutzbarmachung der Gesteinslehre und der Formationskunde für bodenkundliche Zwecke wurde in der Mitte des vorigen Jahrhunderts dadurch mächtig
gefördert, daß sich die Chemie und auch die Physik mehr und mehr Eingang in
die Gesteinslehre zu verschaffen wußten. Ganz besondere Verdienste hat sich auf
diesem Gebiete G. Bischof[3] erworben, dessen Lehrbuch der chemischen und
physikalischen Geologie im Jahre 1847 erschien. Nach Braungart[4] bedeutet
das Erscheinen dieses Lehrbuches wohl mit Recht den größten Fortschritt in der
Gesteinslehre und Geologie. Diesen beiden Wissenschaften wurde dadurch die
Möglichkeit gegeben, für die Ausbildung der Bodenkunde ganz Bedeutendes zu
leisten. Nach Zittel[5] machte Bischof die chemische Geologie zu einem selbständigen Wissenszweig. Bischof hat es auch verstanden, die Vorgänge bei der
Gesteinsverwitterung zu erhellen und deren Bedeutung für die Bodenbildung
ins rechte Licht zu setzen. Einen weiteren wertvollen Fortschritt auf diesem
Gebiete bedeutet auch die Herausgabe einer allgemeinen und chemischen Geologie
durch J. Roth[6] im Jahre 1879.

Die umfassenden Arbeiten Fallous fanden viel größere Beachtung, als dies
mit den Werken der ihm auf diesem Gebiete vorausgehenden Autoren der Fall
war. Sie gaben auch unmittelbar Veranlassung dazu, daß eine Reihe weiterer

---

[1] Fallou, F. A.: Anfangsgründe der Bodenkunde. Dresden 1857.
[2] Fallou, F. A.: Grund und Boden des Königreichs Sachsen und seiner Umgebung in
sämtlichen Nachbarstaaten, in volks-, land- und forstwirtschaftlicher Beziehung wissenschaftlich untersucht. Dresden 1868.
[3] Bischof, G.: Lehrbuch der chemischen und physikalischen Geologie. Bonn 1847.
[4] Braungart, R.: a. a. O., S. 40.
[5] Zittel, K. v.: Geschichte der Geologie, S. 306. 1899.
[6] Roth, J.: Allgemeine und chemische Geologie 1—3. Berlin 1879—1893.

Forscher sich nunmehr eifrig bemühten, die Geologie und ihre Zweigwissenschaften und darunter insbesondere die Gesteinslehre für die Bodenkunde soviel wie möglich nutzbar zu machen. Ganz besondere Förderung erfuhren diese Bestrebungen durch die Tätigkeit der um diese Zeit ihre Wirkung mehr und mehr entfaltenden geologischen Landesuntersuchungsanstalten der verschiedenen deutschen Staaten und Länder, worauf hier indessen nicht näher eingegangen werden soll. Einen Überblick über die Entstehung und Entwicklung dieser Anstalten sowie der Bodenkartierung überhaupt geben unter anderen BRAUNGART[1], H. GRUNER[2] und E. BLANCK[3].

Von Werken, die unmittelbar nach FALLOU erschienen, in welchen die Verbindung der Geologie mit der Bodenkunde gesucht wurde, seien hier unter anderen nur erwähnt die von GREBE[4], HEYER[5], COTTA[6], BENNIGSEN-FÖRDER[7], SENFT[8], GIRARD[9], MEITZEN[10] VOSSLER[11] und WOLFF[12].

Mit der Klassifikation der Böden nach der Richtung der Geologie und Petrographie hin hat sich wohl als nächster nach FALLOU GIRARD[13] eingehender beschäftigt. Im allgemeinen steht er hierin ganz im Banne von FALLOU, da er wie dieser ebenfalls von der Gliederung der Böden in die Klasse der ursprünglichen und die der verschwemmten Böden ausgeht und unterstreicht, daß diese geologische Gliederung die Grundlage der natürlichen Einteilung bilden müsse. Desgleichen ist für ihn bei den ursprünglichen, bzw. den Verwitterungsböden die mineralogische Zusammensetzung des Muttergesteins für die Aufstellung der Gattungen entscheidend. Deshalb hat er bei den ursprünglichen Böden die Abteilungen der Quarz-, Feldspat-, Glimmer-, Augit- und Hornblende-, Ton- und Kalk- bzw. Dolomitböden aufgestellt und diese noch ähnlich wie FALLOU untergeteilt[14].

Die Einteilung der Schwemmlandsböden bereitet ihm indessen mehr Schwierigkeiten, was unter anderem damit zusammenhängen dürfte, daß bei diesen Böden stets mehr oder weniger eingeschwemmtes Gesteinsmaterial vorhanden ist, welches den mineralogischen Charakter derselben weniger eindeutig und nicht so durchsichtig gestaltet wie bei den Verwitterungsböden.

Was die Schwemmlandböden anbetrifft, so meint GIRARD, daß sie beliebig klassifiziert werden könnten, und zwar auch mittels eines der ökonomischen Systeme. Doch zieht er eine wissenschaftliche Einteilung derselben, und zwar auf Grund der mineralogisch-geologischen Beschaffenheit analog derjenigen

---

[1] BRAUNGART, R.: a. a. O., S. 19.

[2] GRUNER, H.: Landwirtschaft und Geologie. Berlin 1879. — Vgl. auch F. GIESECKE: a. a. O., S. 68.

[3] BLANCK, E.: Über die Bedeutung der Bodenkarten für Bodenkunde und Landwirtschaft. Fühlings Landw. Ztg. **60**, 121 (1911).

[4] GREBE, C.: Forstliche Gebirgskunde, Bodenkunde und Klimalehre in ihrer Anwendung auf Forstwirtschaft. Wien 1852.

[5] HEYER: Lehrbuch der forstlichen Bodenkunde und Klimatologie. Erlangen 1856.

[6] COTTA, B.: Deutschlands Boden, sein geologischer Bau und dessen Einwirkung auf das Leben der Menschen. Leipzig 1858. (2 Bände.)

[7] BENNIGSEN-FÖRDER, R. VON: Das nordeuropäische und besonders das vaterländische Schwemmland in tabellarischer Ordnung seiner Schichten. Berlin 1863.

[8] SENFT, F.: Der Steinschutt und Erdboden nach Bildung, Bestand, Eigenschaften, Veränderungen und Verhalten zum Pflanzenleben, für Land- und Forstwirte, wie auch für Geognosten. Berlin 1867. — Ferner Ders.: Lehrbuch der Mineralien- und Felskunde. Jena 1869.

[9] GIRARD, H.: Grundlagen der Bodenkunde für Land- und Forstwirte. Halle 1868.

[10] MEITZEN, H.: Der Boden und die landwirtschaftlichen Verhältnisse des preußischen Staates nach dem Gebietsumfang von 1866. Berlin 1868.

[11] VOSSLER, O.: Die Begründung der landwirtschaftlichen Bodenkunde durch die heutige Geognosie (Festrede zur Feier des 50jährigen Jubiläums der Akademie in Hohenheim). Landw. Zbl. Dtschld. **1869**.

[12] WOLFF, E. TH. VON: Die naturgemäße Grundlage des Ackerbaus. 1856.

[13] GIRARD, H.: a. a. O., S. 292.   [14] GIRARD, H.: a. a. O., S. 294.

Fallous vor und unterscheidet demnach bei dieser Art von Böden Kiesel-, Lehm-, Mergel-, Moor- und Geröllböden[1].

Da es von Interesse sein dürfte, die von Fallou aufgestellte Bodenklassifikation mit der von Girard unmittelbar zu vergleichen, sind hier diese beiden Systeme nebeneinander aufgeführt.

Klassifikation nach Fallou[2].	Klassifikation nach Girard[3].
I. Grundschuttgelände (Verwitterungsböden).	I. Ursprüngliche Böden.
1. Bodenarten der Quarzsteine.	1. Quarzböden.
A. Quarzfelsgesteinböden:	
a) Quarzitböden.	a) Quarzfelsböden.
b) Kieselschieferböden.	b) Kieselschieferböden.
B. Quarzkonglomeratböden:	
a) Rote.	
b) Graue.	
C. Quarzsandgesteinböden:	c) Quadersandsteinböden.
a) Quadersandsteinböden, Varietät: Jura- und Liassandsteinböden.	
b) Grauwackensandsteinböden.	d) Grauwackenböden.
c) Keupersandsteinböden, Varietät: Buntsandsteinböden.	e) Keupersandsteinböden.
d) Rotsandsteinböden.	f) Rotsandsteinböden.
2. Bodenarten der Tongesteine.	5. Tonböden.
a) Tonstein- oder Porphyrtuffböden.	
b) Tonschieferböden.	a) Tonschieferböden.
c) Grauwackenschieferböden.	b) Grauwackenschieferböden.
d) Tonmergelschieferböden, Varietät: Schieferlettenböden.	c) Mergelschieferböden.
3. Bodenarten der Glimmergesteine.	3. Glimmerböden.
a) Glimmerschieferböden.	b) Glimmerschieferböden.
b) Gneisböden.	a) Gneisböden.
c) Kalkglimmerschieferböden.	
d) Chloritschieferböden.	c) Chloritschieferböden.
4. Bodenarten der Feldspatgesteine.	2. Feldspatböden.
a) Granitböden.	a) Granitböden.
b) Granulitböden, Varietät: Felsitgneisböden.	
c) Syenitböden.	
d) Porphyrböden.	b) Porphyrböden.
e) Trachytböden.	c) Trachytböden.
f) Phonolithböden.	
5. Bodenarten der Kalk- und Kalktalk-(Dolomit-)Gesteine.	6. Kalk- und Dolomitböden.
a) Jura- und Muschelkalkböden, Varietät: Kalkkonglomerat-, Kreide- und Plänerkalkböden.	a) Kalkböden. b) Kreideböden.
b) Juradolomitböden, Varietät: Zechsteindolomitböden.	c) Dolomitböden.
6. Bodenarten der Augit- und Hornblendegesteine.	4. Augit- und Hornblendeböden.
a) Basaltböden, Varietät: Basaltkonglomerat-, Basaltlava- und Doleritböden.	c) Basaltböden.
b) Grünsteinböden.	b) Melaphyrböden.
c) Serpentinböden.	a) Grünsteinböden.

---

[1] Girard, H.: a. a. O., S. 295.

[2] Fallou, F. A.: Pedologie oder allgemeine und besondere Bodenkunde, S. 207—458. Dresden 1862.

[3] Girard, H.: a. a. O.: S. 294—295.

II. Flutschuttgelände.
  1. Kieselbodenarten.
    A. Silicitsandböden oder reine Kiesel-
       sandböden.
    B. Silikatsandböden:
      a) Schüttiger, gemeiner Kieselsand,
         Varietät: Grandsand, Muschel-
         sand, Rollkiesböden.
      b) Bindige Silikat- oder Kiesel-
         sandböden, Varietät: Bindige
         Grandsand- oder Kieselböden.
  2. Mergelbodenarten.
      a) Kalkmergelböden.
      b) Tonmergelböden.
      c) Sandmergelböden, Varietät:
         Grandmergelböden.
      d) Talk- oder Lößmergelböden.
  3. Lehmbodenarten.
      a) Gemeine Lehmböden (Grand-
         lehm), Varietät: Tonlehm, Glim-
         merlehm.
      b) Lettenböden (Knick).
  4. Moorbodenarten.
      a) Tonmoorböden (Klei).
      b) Braakmoorböden.
      c) Kalkmoorböden, Varietät:
         Escher-, Schlier-, Lößmoor-
         böden.
      d) Sandmoorböden.

Besondere Abteilung: Die zufälligen Akzes-
         sionen des Bodens:
      a) Vulkanische Schlacken und
         Aschenlagen.
      b) Verschlagene Blöcke und Block-
         halden.
      c) Flußgeschiebe und ihre Auf-
         lagerungen.
      d) Torfmoore mit ihren Ein- und
         Auflagerungen.

II. Verschwemmte Böden.
  1. Kieselböden.
    a) Kiesböden.

    b) Lose Sandböden.

    c) Bündige Sandböden.

  3. Mergelböden.
    a) Kalkmergelböden.
    b) Tonmergelböden.
    c) Sandmergelböden.

  2. Lehmböden.
    a) Gemeine Lehmböden.
    b) Tonlehmböden.

    c) Kalklehmböden.
  4. Moorböden.
    a) Tonmoorböden.

    b) Sandmoorböden.
    c) Torfmoorböden.

  5. Brockenböden (Geröllböden).

    c) Tuffböden.

    b) Kalkschuttböden.

    a) Geschiebeböden.

Bei dieser bereits von F. W. DAFERT[1] vorgeschlagenen Umgruppierung innerhalb des GIRARDschen Systemes und dessen unmittelbarem Vergleich mit dem von FALLOU ist ohne weiteres ersichtlich, wie eng sich ersterer an letzteren anschließt, ohne wesentlich Neues zu bringen. Damit im Zusammenhange dürfte wohl das Zugeständnis stehen, das GIRARD bezüglich der Klassifikation der angeschwemmten Böden macht, wenn er sich dahin ausspricht, daß diese Böden nach irgend einem anderen Klassifikationssystem eingeteilt werden können.

Auch O. VOSSLER[2] betont, daß in den sedimentären Gesteinen und dementsprechend auch in den daraus entstandenen Schwemmlandsböden sich das verschiedenartigste Material vorfindet, bzw. daß dadurch von einem homogenen mineralischen Charakter derselben nicht mehr die Rede sein könne. Dementsprechend sind auch Zusammensetzung und chemisches Verhalten dieser Böden sehr wechselnd. Er schlägt hier vor, die Einteilung vorzunehmen entweder je nach dem sauren oder basischen Charakter der Mineralbestandteile, bzw. Kalke und Dolomite an das eine Ende zu stellen, Tone und Sandsteine dagegen an das

---

[1] DAFERT, F. W.: Kleines Lehrbuch der Bodenkunde. Bonn 1885.
[2] VOSSLER, O.: Die Begründung der landwirtschaftlichen Bodenkunde durch die heutige Geognosie. Landw. Zbl. Dtschld. 1869, 109—120.

andere, während die Mergel die Mitte einzunehmen hätten. Vossler trennt auch die Urgesteine wie üblich in saure, die reich sind an Kieselerde und Alkalien (Acidite) und in basische (Basite), die arm sind an Kieselerde, dagegen reich an alkalischen Erden und Eisen. Zu den ersteren, den Aciditen, rechnet er Granit, Gneis, Glimmerschiefer, Quarzporphyre, Trachyte, während zu den letzteren Syenit, Grünstein, quarzfreie Porphyre und Basalt gehören.

Die sich für die zugehörigen Böden und deren Beurteilung bzw. Einteilung ergebenden Schlußfolgerungen sind so naheliegend, daß es einer weiteren Erörterung nicht bedarf. Die große Verschiedenheit des Gesteinsmateriales bedingt auch neben den Faktoren der Verwitterung die Mannigfaltigkeit der Bodenarten. In seiner Festrede zur Feier des 50jährigen Bestehens der Akademie in Hohenheim betont O. Vossler, daß die Geologie berufen sei, die wichtigste Grundwissenschaft der landwirtschaftlichen Bodenkunde zu bilden. Braungart[1] erblickt bemerkenswerterweise hierin den Eintritt der Landwirte in die Debatte über diese bedeutungsvolle Frage.

A. Mayer[2] teilt in seinem 1871 erschienenen Lehrbuch der Agrikulturchemie sämtliche Böden nach ihrer rein mineralischen Beschaffenheit in folgende Klassen und Arten ein:

I. Ursprüngliche Böden, d. h. solche, die auf ihrem Muttergestein noch aufgelagert sind:

A. Entstanden aus einem kristallinischen Massengesteine.
  1. Feldspatböden (aus Granit, Porphyr, Trachyt usw.).
  2. Augit- und Hornblendeböden (aus Basalt, Dolerit, Melaphyr usw.).
  3. Glimmerböden (aus Glimmerschiefer, Gneis).
B. Entstanden aus einem geschichteten Gesteine.
  4. Sandsteinböden.
  5. Tonböden.
  6. Kalkböden.

II. Verschwemmte Böden, d. h. solche, die nicht mehr auf ihrem Muttergestein aufgelagert sind.

  7. Schutt- und Kiesböden.
  8. Sandböden.
  9. Tonböden.
  10. Lehmböden (Bestandteile der beiden letzteren Böden vermischt enthaltend).
  11. Kalkböden (kommen verschwemmt nur selten vor).
  12. Mergelböden.

Es liegt aber A. Mayer[3] nach seinen eigenen Worten ferne, mit dieser Einteilung, die sich ebenfalls an die von Fallou und Girard eng anlehnt, ein neues oder gar erschöpfendes Klassifikationssystem geben zu wollen. Ihm liegt vielmehr daran, zu zeigen, wie ein derartiges System grundsätzlich aufzustellen wäre. Auch wäre es unmöglich, die Mannigfaltigkeit der Böden in der Natur bei einer derartigen Einteilung zum Ausdruck zu bringen. Allerdings könne man Bezeichnungen wie Sand, Lehm, Mergel usw. noch dadurch näher kennzeichnen, daß man dabei entweder die Größe der Kornbestandteile des Bodens oder deren chemische oder mineralogische Natur entsprechend berücksichtige. So könnte z. B. nach Mayer ein Sandboden entweder als Flugsand, Quellsand, Perlsand oder als Glimmer-, Feldspat- bzw. Kalksand näher bezeichnet werden, während ein Lehmboden z. B. sandig, mergelig, kalkig, ein Mergelboden dagegen sandig,

---

[1] Braungart, R.: a. a. O., S. 18.
[2] Mayer, A.: Lehrbuch der Agrikulturchemie in 40 Vorlesungen, 2. Teil, S. 46. Heidelberg 1871.
[3] Mayer, A.: a. a. O., S. 46.

lehmig oder kalkig sein könne usw. Auch den Unterschied, der darin liegt, ob ein Boden ein Verwitterungs- oder ein Schwemmlandboden ist, betont MAYER nicht nur mit Rücksicht auf die Beschaffenheit solcher Böden, sondern auch wegen der damit zumeist verbundenen Unterschiede bezüglich der Art des Untergrundes und seines Verhaltens zum Oberboden.

A. ORTH[1] hat zwar im eigentlichen Sinne keine Bodenklassifikation geschaffen, aber die Einteilung der Böden auf geologisch-petrographischer Grundlage wurde durch seine zahlreichen und grundlegenden Arbeiten doch stark befruchtet. Er wies immer wieder auf die engen Beziehungen zwischen Gestein und Boden und deren genetische Verbundenheit hin. Durch seine Zusammenstellung der Bodenprofile des norddeutschen Tieflandes lehrte er uns wie kaum ein anderer die Beurteilung des Bodens auf geologischer Grundlage kennen und konnte zeigen, daß die Geologie zusammen mit der Petrographie wertvolle agronomische Ergebnisse zeitigten. Durch seine zahlreichen Analysen von Gesteinen und den dazugehörigen Böden hat er mit den Weg zur Nachforschung der Ursachen eröffnet, aus welchen heraus die Unterschiede im Gesteins- und Bodencharakter zu erklären sind, falls statt der erhofften Übereinstimmung zwischen Muttergestein und Boden Abweichungen auftreten. Seine streng naturwissenschaftliche Einstellung macht ihn zu einem Gegner der auf rein ökonomischer Grundlage beruhenden Klassifikationssysteme.

C. GREBE[2] geht bei der Einteilung der Verwitterungsböden ebenfalls von dem Muttergestein aus und klassifiziert danach folgendermaßen:

1. Gruppe der granitischen und kristallinisch schieferigen Gesteine: Hierher gehören Granit, Syenit, Gneis und Glimmerschiefer.
2. Gruppe der Porphyre mit Felsitporphyr, Hornstein- und Tonporphyr.
3. Gruppe der Trappgesteine mit Diorit, Diabas, Melaphyr, Basalt, Phonolith und Trachyt.
4. Gruppe der älteren Konglomerate und Trümmergesteine: Tonschiefer, Grauwacke und Rotliegendes.
5. Gruppe der Sandsteine.
6. Gruppe der Kalkgesteine.
7. Gruppe der Schiefertone, Mergel und Letten.

Die angeschwemmten Böden werden dagegen von GREBE eingeteilt in[3]:

1. Geröll- und Geschiebeablagerungen.
2. Sandablagerungen.
3. Lehmablagerungen.
4. Marsch- und Aueboden; außerdem noch in
5. Sumpf- und Moorbildungen.

GREBE betont stark, daß der Bodencharakter in enger Beziehung zur Beschaffenheit des Gesteins stehe, und daß auch die mineralische Bodenkraft sehr davon abhänge. So geben z. B. Augit-, Hornblende- und Feldspatgesteine, sowie auch Gesteine, die reich an Kalk und Magnesia sind, Böden mit großer mineralischer Kraft, während Gesteine, bei denen Quarz überwiegt, nährstoffarme Böden liefern. Je nach der mineralischen Kraft, welche die Böden aus den Gesteinen mitbekommen, stellt GREBE folgende Klassifikation der (Wald-) Bodenarten auf[4]:

---

[1] ORTH, A.: Die geologischen Verhältnisse des norddeutschen Schwemmlandes und die Anfertigung geognostisch-agronomischer Karten. Halle 1870. — Ferner: Geognostische Durchforschung des schlesischen Schwemmlandes zwischen dem Zobtener und dem Trebnitzer Gebirge. Berlin 1872. — Der Untergrund und die Bodenrente mit Bezug auf einige neuere geologische Kartenarbeiten. Jahrbücher des preußischen Landes-Ökonomiekollegiums, herausgegeben von NATHUSIUS und THIEL. Berlin 1872.

[2] GREBE, C.: Gebirgskunde, Bodenkunde und Klimalehre in ihrer Anwendung auf die Forstwirtschaft, S. 81—101. Wien 1872.

[3] GREBE, C.: a. a. O., S. 101.   [4] GREBE, C.: a. a. O., S. 106.

1. Sehr kräftige Gebirgs- und Bodenarten:
   a) Die Trappgesteine: Basalt, Diabas usw. mit ihren Gattungsverwandten und Tuffen.
   b) Die besseren Tonporphyre und Melaphyre.
   c) Die besseren Kalkgesteine, welche einen erdreichen, tonigen oder dolomitischen Kalkboden erzeugen.
   d) Die besseren, weicheren Abänderungen des Tonschiefers.
   e) Der Aue- und Marschboden.
2. Kräftige Gebirgs- und Bodenarten:
   a) Die leichter verwitterbaren Abänderungen des Granits, Syenits, Gneises und Feldsteinporphyrs.
   b) Die bindemittelreichen Abänderungen der Grauwacke und des Rotliegenden.
   c) Die besseren Sandsteine, namentlich die mergeligen Keuper- und Liassandsteine und die kräftigeren Abänderungen des tonigen bunten Sandsteins.
   d) Die tonig-mergeligen Zwischenschichten in den Kalk- und Sandsteinformationen.
   e) Die Lehmablagerungen und der bessere sandige Lehm.
3. Mäßig kräftige Gebirgs- und Bodenarten:
   a) Die weniger feldspatreichen Granite, Gneise, der grobschieferige Glimmerschiefer.
   b) Die bindemittelärmeren Abänderungen der Grauwacke und des Rotliegenden.
   c) Die härteren, mehr quarzigen Tonschiefer.
   d) Die meisten Sandsteine.
   e) Der lehmige Sandboden.
4. Schwache Gebirgs- und Bodenarten:
   a) Die quarzreichen, schwer verwitterbaren Granite und Gneise und der feingeschieferte Glimmerschiefer.
   b) Der quarzreichere ältere Porphyr.
   c) Die konglomeratischen Abänderungen der Grauwacke und des Rotliegenden.
   d) Die Sandsteine mit mehr quarzigem Bindemittel.
   e) Die Sandablagerungen.
5. Magere Gebirgs- und Bodenarten:
   a) Die ganz bindemittelarmen, einen mehr steinig-grandigen Boden erzeugenden Abänderungen der Quarzporphyre, Grauwacke, des Tonschiefers, Rotliegenden; die ganz armen weißlichen Quarzsandsteine; ebenso
   b) Die kahlen Kalkgehänge mit einem ganz flachgründigen, erdarmen, steinig-grandigen Boden.
   c) Die Geschiebe- und Geröllablagerungen.
   d) Der arme Heide-, Kies- und Flugsand.
   e) Die zähen Ton- und Lettenlager.

W. Detmer[1] befaßt sich in seinem bekannten Werk über die Grundlagen der Bodenkultur sehr eingehend mit den verschiedenen Klassifikationssystemen und spricht sich als Gegner der Einteilung und Beurteilung der Böden nach rein geologischen Gesichtspunkten ungünstig darüber aus. Systeme, die sich fast ausschließlich auf geologisch-petrographischer Grundlage aufbauen, können nach seiner Meinung für sich allein von nur geringem Nutzen für die Landwirtschaft sein. Die geologischen Verhältnisse seien mit ein Faktor zur Beurteilung der Böden, man dürfe ihnen aber keinen übermäßigen Wert beimessen[2].

Desgleichen nimmt R. Braungart[3] zum Problem der Klassifikation und Bonitierung der Böden auch auf geologisch-petrographischer Grundlage in längeren Ausführungen Stellung und kommt dabei im wesentlichen dem Standpunkte Detmers nahe. Eine ausschließlich geologisch-petrographische Benennung der Böden, wie z. B. Gneis- oder Basaltböden, könne zwar manches über dieselben aussagen, doch nie und nimmer eine befriedigende Auskunft über das Gesamtverhalten, sowie ihre Beschaffenheit als solche gewähren. Als Beispiele führt er unter anderen an, daß auf Granit je nachdem entweder fast reiner Sand oder ein Lehm von günstiger Beschaffenheit liegen könne, ebenso wie Gneisboden sehr steril, aber auch recht fruchtbar sein kann. Desgleichen könne Grauwacken-

---

[1] Detmer, W.: Die naturwissenschaftlichen Grundlagen der allgemeinen landwirtschaftlichen Bodenkunde, S. 515—556. Leipzig und Heidelberg 1876.
[2] Detmer, W.: a. a. O., S. 548.   [3] Braungart, R.: a. a. O., S. 12—20.

tonschiefer unter Umständen sehr reich an Kalk und Kali, ein andermal aber sehr arm an diesen Stoffen sein. Er stützt sich dabei, abgesehen von längst bekannten Tatsachen und eigenen Beobachtungen, insbesondere auf die von A. ORTH und E. WOLFF in großer Anzahl durchgeführten Analysen von Gesteinen und zugehörigen Böden, die einwandfrei zeigen, daß aus dem gleichen Gestein ein sehr verschieden zusammengesetzter Boden hervorgehen könne. Auch bemängelt BRAUNGART, daß die Geologen unter Kreide, Keupersandstein und Keupermergel alles mögliche verstehen, wie diese ja auch unter dem Begriff Diluvium die heterogensten Dinge bezeichnen. Er faßt sein Urteil dahin zusammen, daß die geognostischen Bezeichnungen allein weit davon entfernt wären, dem Landwirte eine Handhabe zur Beurteilung seines Bodens zu bieten. Die Bodenkunde wäre überhaupt eine spezifisch wirtschaftliche Disziplin, bei der alle einschlägigen naturwissenschaftlichen Grundlagen zusammen von Bedeutung seien.

DETMER sowohl als BRAUNGART kommen beide zu der an und für sich richtigen Auffassung, daß ein Klassifikationssystem für sich allein nicht in Frage komme, um nur auf dieser Grundlage eine Einteilung der Böden durchzuführen. Doch kann einer Reihe von Bedenken und Einwänden dieser beiden mehr auf rein landwirtschaftlichem Boden stehenden Forscher gegen die Klassifikation auf geologischer Grundlage an und für sich durch den Hinweis mehr oder weniger der Boden entzogen werden, daß bei einer derartigen Gruppierung der Böden nicht nur der Formationsbegriff als solcher, sondern auch das petrographische Moment entsprechend mit berücksichtigt werden muß. Aus diesem Zusammenhang heraus erklärt sich auch der von dieser Seite gegen SPRENGEL aber auch gegen SENFT erhobene Vorwurf, daß sie fast nur auf petrographischer Grundlage klassifiziert hätten, während andererseits FALLOU wieder zu viel Gewicht auf die Formationslehre gelegt und dabei die Chemie, Mineralogie und Petrographie vernachlässigt habe. Es wurde bereits früher vermerkt, daß diese Vorwürfe entweder nicht ganz berechtigt sind, weil sie den Kern der Angelegenheit verkennen, oder daß sie viel zu weit gehen. Dagegen bemängelt BRAUNGART mit Recht, daß FALLOU bei seiner Klassifikation unter anderem bei der Art „Quadersandsteinboden" die Varietäten „Jura- und Liassand" und bei der Art „Keupersandsteinboden" die Varietät „Buntsandsteinboden" aufgestellt habe[1]. Abgesehen von den bereits vom Verfasser[2] an anderer Stelle ausgesprochenen Bedenken gegen diese Anordnung, insbesondere vom Standpunkt der Formationslehre aus, weist BRAUNGART mit Recht darauf hin, daß bedeutende Unterschiede hinsichtlich Korngröße, Bindemittel, akzessorischer Einschlüsse bei Quadersandstein und Jura- oder Liassandstein einerseits, wie nicht minder bei den Sandsteinen der Keuperformation und des Buntsandsteins auch bezüglich der Struktur und der mineralogischen Beschaffenheit andererseits vorhanden sind.

Trotz dieser grundsätzlichen Einstellung beider obiger Forscher gegenüber der Klassifikation nach geologisch-petrographischen Gesichtspunkten können sie dieser doch nicht jede Berechtigung absprechen, ja es muß sogar festgestellt werden, daß der eine von ihnen (DETMER) die Gesteine speziell nach dem Gesichtspunkte der Bodenbildung folgendermaßen eingeteilt hat:

I. Kristallinische Gesteine[3].

  1. Einfache Gesteine.

    a) Haloidgesteine: Gips, Kalkstein, Dolomit, Mergel.

    b) Kieselgesteine: Quarzit, Kieselschiefer, Hornstein, Jaspis, Süßwasserquarz, Flint, Polierschiefer, Kieselgur.

---

[1] BRAUNGART, R.: a. a. O.: S. 15.   [2] NIKLAS, H.: Dieser Beitrag S 25.

[3] DETMER, W.: a. a. O., S. 42—78.

   c) **Silikatgesteine**: Hornblendegestein, Chlorit-, Talkschiefer, Serpentin.
   d) **Erzgesteine**: Raseneisenstein.
   e) **Kohlengesteine**: Torf.
  2. **Gemengte Gesteine.**
   a) **Massige Gesteine**: Granit, Granitporphyr, Felsitporphyr, Pechstein, Syenit, quarzfreier Orthoklasporphyr, Diorit, Porphyrit, Melaphyr, Diabas, Gabbro, Quarztrachyt, Phonolith, Plagioklasdolerit, Anamesit, Plagioklasbasalt, Nephelinbasalt.
   b) **Geschichtete Gesteine**: Gneis, Granulit, Glimmerschiefer, Tonglimmerschiefer.

II. **Klastische Gesteine.**

   a) **Lose Akkumulate**: Sand, Kies, Seifen, Grus, Gerölle, Geschiebe, vulkanischer Schutt.
   b) **Sandsteine.**
   c) **Konglomerate**: Grauwacke, Nagelfluh.
   d) **Brekzien.**
   e) **Tongesteine**: Ton, Lehm, Löß, Schwarzerde, Schieferton, Tonschiefer.
   f) **Tuffe.**

Mit den bisher bestehenden Klassifikationssystemen hat sich auch M. FESCA[1] der prinzipiellen Seite der Angelegenheit nach kurz auseinandergesetzt. Diese erfolgten seiner Meinung nach entweder aus den Bedürfnissen der Betriebslehre heraus und waren dann ökonomischer Natur, oder sie liegen auf bodenkundlichem Gebiete und können dann als naturwissenschaftliche Systeme bezeichnet werden. Wie DETMER u. a. unterscheidet er im letzteren Falle Klassifikationen nach den Hauptbodenbestandteilen, nach den wildwachsenden Pflanzen und nach den geologisch-petrographischen Verhältnissen. Auch können die verschiedenen Klassifikationssysteme entweder natürliche oder künstliche sein. Letztere teilen auf Grund zwar willkürlich gewählter, aber trotzdem charakteristischer und leicht festzustellender Merkmale ein, während erstere die natürliche Beschaffenheit in allererster Linie im Auge behalten müssen[2]. Nach FESCA wären fast alle bisher vorhandenen Systeme als künstliche zu bezeichnen, falls die zugrunde gelegten Merkmale genau festgelegt und auch deutlich erkennbar wären, was indessen fast nie der Fall sei. Solche Bodeneinteilungssysteme könnten dann recht wohl unabhängig neben den natürlichen bestehen, welch' letztere dagegen dem augenblicklichen Stand unserer Erkenntnis vom Wesen und der Natur des Bodens überhaupt entsprechen sollen.

FESCA will nun ein natürliches System der Bodeneinteilung aufstellen, welches den Bodeneigenschaften Rechnung trägt und der speziellen Bodenkunde bzw. der Agronomie zu dienen hätte. Dieses Bestreben erklärt sich aus seiner grundsätzlichen Einstellung zur Bodenkunde überhaupt. Er bedauert, daß bislang immer noch eine Trennung zwischen allgemeiner und spezieller Bodenkunde bestehe, welche dadurch nicht überwunden werde, daß sich mit der ersteren die Agrikulturchemiker befassen, während die letztere von Geognosten, Petrographen und evtl. auch Agronomen gepflegt werde. Dies hindere aber den Aufschwung und die Verwendbarkeit dieser Wissenschaft. FESCA sucht diese Trennung durch seine Arbeitsprinzipien zu überwinden und möchte daher auch ein Klassifikationssystem aufstellen, das ein natürliches Verbindungsglied zwischen allgemeiner und spezieller Bodenkunde ist. Voraussetzung für ihn ist dabei, daß ein solches System weder ihrer natürlichen Beschaffenheit nach nicht zusammengehörige Böden zusammenfaßt, noch gleichartige und daher zusammengehörige Böden trennt[3].

Für die Aufstellung eines natürlichen Systems kann nach ihm nur das von THAER bereits vertretene Prinzip bezüglich der Einteilung der Böden auf Grund

---

[1] FESCA, M.: Die agronomische Bodenuntersuchung und Kartierung auf naturwissenschaftlicher Grundlage. J. Landw. **27**, Suppl.-Bd., 1—160 (1879); ebenda: Die Klassifikation des Bodens, S. 49—91.
[2] FESCA, M.: a. a. O., S. 55.   [3] FESCA, M.: a. a. O., S. 56.

ihrer Hauptbestandteile Ton, Sand usw. in Frage kommen[1]. Doch gilt dieses nur für
das Prinzip, denn so sehr er mit den von THAER aufgestellten sechs Hauptboden-
gruppen (Sand-, Lehm-, Ton-, Mergel-, Kalk- und Humusboden) im allgemeinen einverstanden ist, so wenig ist dies der Fall bezüglich der Einteilung dieser Böden
in Untergruppen. Da diese auf Grund der für sie geeigneten Früchte aufgestellt
wurden, ist damit das naturwissenschaftliche bzw. physikalische Prinzip wieder
verlassen worden, und das scheint FESCA die Ursache dafür zu sein, daß von verschiedenen Seiten infolgedessen das ganze System THAERs verworfen wurde, und
man alsdann bemüht war, statt dessen ein System auf geologisch-petrographischer
Grundlage zu errichten. Es war ja auch unvermeidlich, nicht sehr bald zu erkennen, daß z. B. Sandböden von verschiedenem Kulturwert und abweichendem
Ertragsvermögen dies vielfach deswegen waren, weil es nicht gleichgültig ist, aus
welchem mineralischen Material der Sand besteht, d. h. ob er evtl. aus Feldspaten, Amphiboliten, Glimmer oder gar aus Quarz sich überwiegend zusammensetzt. FESCA ist daher der Meinung, daß die weitere Einteilung der von THAER
aufgestellten Hauptbodenklassen nur auf naturwissenschaftlicher Basis, aber
unter Berücksichtigung unserer fortschreitenden Kenntnisse über den Boden zu
erfolgen habe. Insbesondere müssen dabei auch Bodenprofil, sowie der Einfluß
der örtlichen Lage Berücksichtigung finden.

Scharf wendet sich FESCA gegen das rein geologische Einteilungsprinzip.
Die Geologie will ja vor allem das Alter der betreffenden Schichten berücksichtigen
und könne dabei nicht auf deren Zusammensetzung Rücksicht nehmen. Daher
stellen auch die geologischen Karten bewußt das relative Alter der einzelnen
Schichten in den Vordergrund, während den petrographischen Verhältnissen
derselben in nur meist untergeordneter Weise Rechnung getragen wird. So geschehe
es auch, daß Vertreter ein und derselben geologischen Formation oft in die verschiedensten Bodenklassen fallen, wie z. B. in die der Sand-, Lehm-, Tonböden usw.
Obwohl die einzelnen Formationen petrographisch sehr verschieden zusammengesetzt sein können, beachte man dieses gewöhnlich nicht.

Den rein petrographischen Klassifikationssystemen macht FESCA dagegen
zum Vorwurf, daß die Böden vielfach nur nach dem Gesteinscharakter des
Muttergesteins beurteilt wurden, ohne entsprechende Berücksichtigung der durch
die Verwitterungsvorgänge bedingten Umwandlungen. Dieser Fehler wurde sehr
oft, am wenigsten indessen von SENFT begangen, der den Boden selbst und nicht
das Gestein in den Vordergrund stellte. Die von THAER nach den Korngrößen
aufgestellten Hauptbodenarten wären zweckmäßiger als die auf petrographischer
Grundlage beruhenden. Immerhin vermag aber auch FESCA nicht in Abrede zu
stellen, daß die Geologie und ihre Hilfswissenschaften sehr viel für die Bodenkunde geleistet haben. Schon seine Definition des Begriffes Boden beweist, daß
es unmöglich ist, die Geologie und Petrographie bei der Frage nach der Bildung,
Beurteilung und auch der Einteilung der Böden auszuschalten. Boden ist nach
ihm ein Vermittelungsglied bei der Bildung von verhärteten (deuterogenen)
Gesteinen aus den Primitivgesteinen. Demnach ist Boden nur ein Zwischenglied
bei der Wandlung von Gestein zu Gestein oder eine selbständige Gesteinsgruppe
von erdiger Struktur. Auch bei der von ihm vorgeschlagenen neuen Bodenklassifikation geht FESCA von der Geologie aus. Er muß anerkennen, daß die
Entstehung des Bodens für seine Zusammensetzung und Lagerung von besonderer
Bedeutung ist und demnach teilt er nach der Entstehung der Böden diese in Ver-
witterungs- und Schwemmböden ein. Von diesen seinen zwei Hauptgruppen,
die übrigens analog denen der geologisch-petrographischen Systeme sind, wird

---

[1] FESCA, M.: a. a. O., S. 57.

die erste weiter eingeteilt in a) Primitiv- und b) Deuterogene Gesteine[1]. Diese Unterteilung wäre deswegen notwendig, weil zwischen Böden, die nur aus Urgesteinen und solchen, die aus sedimentären und wieder verfestigten (deuterogenen) Ablagerungen hervorgegangen sind, ein großer Unterschied bestehe, was er ausführlich zu begründen versucht. Wenn dem auch beigepflichtet werden kann, so ist doch unverständlich, warum er deswegen Fallou so stark anzugreifen versucht, trotzdem dieser doch gerade so wie er auch vom geologischen Einteilungsprinzip ausgegangen ist und unter anderem speziell bei den Schwemmböden diese in erster Linie nach diesem Gesichtspunkte einteilte! Es ist Fesca darin zwar recht zu geben, daß der petrographische Gesichtspunkt für die agronomische Klassifikation viel wichtiger ist als der rein geologische, dem er jede Brauchbarkeit abspricht. Er übersieht aber dabei, daß letzterer allein nicht zur Aufstellung von Klassifikationssystemen benützt wurde, und daß die von ihm Angegriffenen ja ebenfalls der Petrographie neben der Geologie möglichst Rechnung zu tragen versuchten.

Innerhalb der von Fesca aufgestellten Hauptgruppen wären dann die Böden nach ihrer Kornzusammensetzung, d. h. nach der Art und dem Mischungsverhältnis der Hauptbodenbestandteile weiter auszuscheiden. Dies versucht er auch unter Zuhilfenahme der Ergebnisse der Bodenuntersuchung bzw. der Schlämmanalysen durchzuführen. Die Untergruppen der Ton-, Lehm-, Kalk-, Sand- und Schuttböden werden von ihm dann näher beschrieben. Es kann nicht geleugnet werden, daß dieses an und für sich einfache System für die Zwecke der praktischen Bodenkunde im großen und ganzen gute Dienste leisten kann. Fesca hat es jedenfalls in Japan mit Erfolg angewendet.

Auch F. v. Richthofen[2] hat sich gewissermaßen die von Fesca vertretenen Grundsätze zu eigen gemacht. Er ist ebenfalls dagegen, daß man den Flutschutt ohne weiteres als Boden bezeichnet. Dem Forschungsreisenden Richthofen verdankt die Bodenkunde auch wertvolle Beobachtungen über den Einfluß des Klimas auf die Bodenbildung, und er beschreibt bereits im Jahre 1886 eine Reihe regional verbreiteter Bodenarten, die zusammen mit den Berichten von D. Livingstone als die ersten Anfänge gelten müssen, die Ergebnisse der Gesteinsverwitterung mit den jeweils herrschenden klimatischen Verhältnissen in engere ursächliche Beziehung zu bringen.

Für Nordamerika war es dann E. W. Hilgard[3], der als erster den Einfluß des Klimas auf die Bodenbildung eingehend studierte und uns über die Entstehung von zwei großen Gruppen von Böden, die ariden und humiden, unterrichtete, die nur unter dem Einfluß der entsprechenden Klima- bzw. Niederschlagsverhältnisse entstanden sein konnten. Davon abgesehen klassifizierte er die Böden nach geologischen Gesichtspunkten folgendermaßen: 1. Verwitterungsböden, 2. Transportierte Böden, 3. Äolische Böden. Die zweite Gruppe teilte er dann noch ein in kolluviale und alluviale Böden. Wie ersichtlich, machte er sich dabei das allgemein bekannte und vielfach angewendete Einteilungsprinzip, das von der Bildung der Böden ausgeht, zu eigen.

Etwas davon abweichend teilt L. von Liburnau[4] die Böden zwar auch nach ihrer Entstehung bzw. Abstammung ein, aber er spricht nur von Primitiv- und Derivatböden. Erstere sind alle an Ort und Stelle gebildeten und verbliebenen

---

[1] Fesca, M.: a. a. O., S. 60.

[2] Richthofen, F. Frh. von: Führer für Forschungsreisende, S. 451—497. Berlin 1886.

[3] Hilgard, E. W.: Soils, their formation, properties, composition and relations to climate and plantgrowth in the humid and arid regions. New York 1906.

[4] Liburnau, L. Ritter von: Die geologischen Verhältnisse von Grund und Boden, S. 178. Wien 1883.

Böden, wozu auch Torf neben den eigentlichen Verwitterungsböden zu rechnen wäre. Unter Derivatböden versteht er dagegen die Bodenarten aus all den Ablagerungen, die in jüngerer geologischer Zeit durch Wasser bzw. Eis oder Wind verfrachtet worden sind. Die Bezeichnung Derivatböden trägt jedenfalls den geologischen Tatsachen weit besser Rechnung als die sehr allgemein gehaltene und an und für sich unrichtige Bezeichnung dieser Böden als Schwemmböden. Auch WAHNSCHAFFE[1] ist der Ansicht, daß diese Bezeichnung nach dem Stande der wissenschaftlichen Geologie um die Jahrhundertwende herum nicht mehr zutreffend sein dürfte. Er bezieht sich dabei auf die Ergebnisse der inzwischen auch für die norddeutsche Tiefebene gut fundierten Glazialgeologie, nach welcher unter anderem die weit verbreiteten Geschiebemergel nicht unter die Schwemmböden einbezogen werden dürfen, da sie als Grundmoränen anzusehen sind, die unter dem Inlandeise zur Ablagerung kamen. Auch die Torfmoore, die WAHNSCHAFFE nicht zu den Verwitterungsböden rechnen kann, sind nicht durch Ablagerung, sondern an Ort und Stelle durch Humifizierung von Pflanzenresten entstanden.

LIBURNAU[2], dem ebenfalls zahlreiche Beispiele dafür bekannt sind, daß aus ein und demselben Gestein sehr verschiedenartige Böden hervorgehen können, vertritt trotzdem die Auffassung, daß alle Bonitierungs- und Klassifikationssysteme auf die geologisch-petrographischen Verhältnisse zurückgreifen müssen. Doch sollen diese nicht allein und ausschließlich zugrunde gelegt werden. In diesem Zusammenhange dürfte auch von Interesse sein, daß WOELFER[3] sich ebenfalls auf Grund umfangreicher Ergebnisse der sog. geologisch-agronomischen Kartierung dahin ausgesprochen hat, daß die bereits durch THAER aufgestellten Bodengruppen mit denen bei dieser Kartierung ermittelten Bodentypen übereinstimmen. Dies kann aber wieder als Beweis dafür angesehen werden, daß zwischen den agronomisch-pedologischen und den geologisch-petrographischen Verhältnissen trotz mancher grundlegenden Verschiedenheiten doch viele enge und unlösbare Zusammenhänge bestehen, wofür von den mit der Bodenkartierung beschäftigten Forschern zahlreiche, beweiskräftige Beispiele erbracht wurden. Im allgemeinen tritt das Bestreben hervor, bei der Bodenkartierung auf geologisch-petrographischer Grundlage auch über die Verbreitung der durch die Kornzusammensetzung bedingten Hauptbodenarten möglichste Klarheit zu gewinnen. Ganz besonders ausgeprägt tritt das Bemühen, die durch die geologisch-petrographischen Verhältnisse bedingten Bodenarten auch agronomisch zu charakterisieren, bei der von Bayern seit dem Jahre 1912 begonnenen geologischen Landesaufnahme im Maßstabe 1 : 25000 hervor. In den vom Verfasser für die diesbezüglichen Erläuterungshefte bearbeiteten bodenkundlich-landwirtschaftlichen Beiträgen werden die Böden nach den zugehörigen geologischen Formationen bzw. den petrographisch näher charakterisierten Formationsgliedern bezeichnet, während den bodenkundlich-agronomischen Verhältnissen, d. h. in erster Linie der Zusammensetzung der Bodenarten und der dadurch bedingten physikalischen und chemischen Eigenschaften möglichste Aufmerksamkeit auch für die Benennung zugewendet wurde[4]. Es ist dies im Prinzip dem ähnlich, was FESCA für eine agronomisch verwertbare Boden-

---

[1] WAHNSCHAFFE, F.: Anleitung zur wissenschaftlichen Bodenuntersuchung, 2. Aufl., S. 8. Berlin 1903; 4. Aufl. 1924 von F. WAHNSCHAFFE u. F. SCHUCHT.

[2] LIBURNAU, L. Ritter VON: a. a. O., S. 322.

[3] WOELFER, TH.: Die geologische Spezialkarte und die landwirtschaftliche Bodeneinschätzung. Abh. d. Kgl. preuß. geol. Landesanstalt. Neue Folge. Heft 11. Berlin 1892.

[4] NIKLAS, H.: Bodenkundliche Beiträge für die Erläuterungen zur geologischen Karte von Bayern 1 : 25 000, Blatt Baierbrunn, Blatt Gauting, Blatt Ampfing, Blatt Mühldorf, Blatt Hendungen, Blatt Euerdorf, Blatt Hammelburg Nord.

klassifikation gewünscht hat, nämlich Benennung und Einteilung der Böden geologisch nach der Entstehung, agronomisch nach der Kornzusammensetzung. In einem derartigen, den natürlichen Verhältnissen Rechnung tragenden Rahmen lassen sich dann nicht nur Bodenkartierung und Bodenbeurteilung, sondern auch Bodeneinteilung so ausgestalten, daß wissenschaftlich Wertvolles und praktisch Brauchbares entstehen kann. Geologie und Agronomie haben sich nicht nur bei der Bodenkartierung und Bodenbeurteilung, sondern erst recht bei der Bodenklassifikation auf naturwissenschaftlicher Grundlage zu ergänzen! Ein schönes, hierher gehöriges Wort stammt von L. v. Liburnau[1], welcher ausspricht, daß die Petrographie zur Beurteilung des Wertes des Bodens dient, während die Geotektonik unser Urteil über alle räumlichen Verhältnisse des Bodens unterstützt.

Nichts grundsätzlich Neues über die Klassifikation der Böden und speziell über die auf geologisch-petrographischer Grundlage bringt F. W. Dafert[2], der sich in seinem kleinen Lehrbuch der Bodenkunde im allgemeinen hierüber ausspricht und die Klassifikationssysteme von Fallou und Girard miteinander vergleicht. Er fordert, was an und für sich selbstverständlich ist, daß man die ursprünglichen Böden einteilt, einerseits in solche, welche von kristallinischen Massengesteinen, und andererseits in jene, welche von gemengten oder geschichteten Gesteinen stammen. Ferner glaubt er darauf aufmerksam machen zu müssen, daß die humushaltigen Böden keine eigene Gruppe im Klassifikationssystem zu bilden brauchen, sondern recht gut als Varietäten der entsprechenden Bodenarten betrachtet werden können.

Eine Einteilung der Böden auf Grund ihrer Muttergesteine nimmt J. Hazard[3] vor, der dabei von kompakten und losen Gesteinen ausgeht. Die Verwitterungsprodukte von ersteren können je nach der Zusammensetzung des Gesteines und seiner Beschaffenheit die verschiedensten Böden bilden, die Hazard ohne weiteres in folgende vier Hauptbodenarten einteilen zu können glaubt: 1. Sand-, 2. Stein-, 3. Lehm- und 4. Tonböden. Diese Böden können aus den verschiedensten Gesteinen hervorgehen, wie folgende Tabelle zeigt[4]:

1. Sandböden	2. Steinböden	3. Lehmböden	4. Tonböden
können entstehen aus			
Sandstein mit stark zurücktretendem, zumeist kieseligem Bindemittel; Quarz und Alkalifeldspate nebst sauren Kalknatronfeldspaten führende massige Gesteine (Granit, Syenit sowie Quarzporphyre mit zurücktretender Grundmasse).	Sämtliche kristallinische Schiefergesteine, dichte, massige Gesteine (Basalt, Diabas, Melaphyr) in wenig vorgeschrittenem Verwitterungsstadium; Quarzporphyre mit vorwaltender Grundmasse.	Sandstein mit tonigem oder mergeligem Bindemittel.	Letten und Schieferletten, entkalkte Mergel; quarzfreie, basische, massige Gesteine (Basalt usw.) in stark vorgeschrittenem Verwitterungsstadium (Wakkenton); sämtliche Tonerdesilikate führende Gesteine in dem an der Basis der norddeutschen Braunkohlenformation anzutreffenden tonigen Verwitterungszustand — Kaolin (Porzellanerde).

Die losen Gesteine, welche irgendwelchen Transport erlitten haben und früher allgemein als Schwemmland bezeichnet wurden, geben ebenfalls je nach ihrer chemischen und mineralogischen Beschaffenheit Böden, die deutlich hierzu in Beziehung stehen. Die einschlägigen geologischen Gebilde teilt Hazard ein

---

[1] Liburnau, L. Ritter von: a. a. O., S. 317.
[2] Dafert, F. W.: Kleines Lehrbuch der Bodenkunde. 1885.
[3] Hazard, J.: Die geologisch-agronomische Kartierung als Grundlage einer allgemeinen Bonitierung des Bodens. Landw. Versuchsstat. 29, 805—911 (1900).
[4] Hazard, J.: a. a. O., S. 813.

in: 1. Sande, 2. Lehme, 3. Tone und 4. Torf[1]. Die hieraus entstandenen Böden werden von HAZARD näher charakterisiert, worauf indessen hier nicht näher eingegangen werden kann. Er bedauert bei dieser Gelegenheit, daß die Bodenkunde aus ihrer wichtigsten Mutterwissenschaft, der Geologie, verhältnismäßig spät Nutzen gezogen hat und erklärt sich dies aus dem Umstande, daß die Geologen sich bis zum Jahre 1870 ausschließlich mit dem Studium der Gesteine befaßt haben, während sie die losen Gesteine völlig ignorierten. Erst spät sei die Aufmerksamkeit auf die Bedeutung der Geologie für die Bodenkunde durch FALLOU, BENNIGSEN-FÖRDER und ORTH gelenkt worden[2].

F. WAHNSCHAFFE[3] bedauert, daß man bei der Einteilung der Bodenarten verschiedene, an und für sich berechtigte Gesichtspunkte, herangezogen habe, die indessen vielfach nur eine einzelne Beziehung ins Auge fassen, während man doch nur von der charakteristischen Bodenzusammensetzung ausgehen könne. Es ist demnach, worauf der Verfasser dieses Beitrages schon früher hinweisen konnte, zweifellos ein Verdienst von SENFT, daß er entgegen FALLOU und GIRARD den Boden und nicht das Gestein in den Vordergrund gestellt hat.

WAHNSCHAFFE ist mit der von FESCA vorgeschlagenen Einteilung der Böden in Hauptgruppen nach der Entstehungsart einverstanden, tadelt aber, wie schon früher vermerkt wurde, den Umstand, daß dabei noch von Schwemmböden die Rede ist und schließt sich daher der von LIBURNAU vorgeschlagenen Rahmeneinteilung an. Innerhalb dieses Rahmens möchte WAHNSCHAFFE dann ebenso wie FESCA das THAERsche Einteilungsprinzip verwendet sehen. Dieses auf physikalischer Grundlage beruhende Ackerklassifikationssystem ist hierzu sehr gut geeignet, denn es vermag innerhalb der Hauptabteilungen die verschiedenen Bodenarten am besten nach den für die Praxis geltenden Gesichtspunkten zu kennzeichnen. Daher ist dasselbe nach WAHNSCHAFFE[4] auch von BEHRENDT für die geologisch-agronomische Kartierung des norddeutschen Flachlandes, welche bekanntlich von der preußisch-geologischen Landesanstalt durchgeführt wird, aufgenommen worden. Das heißt, es werden dabei innerhalb der geologischen Hauptgruppen die Böden in die Mineralbodenarten Sand-, Lehm-, Ton-, Mergel- und Kalkböden neben den Humusböden eingegliedert. WAHNSCHAFFE bemerkt hierzu in längeren Ausführungen, daß es dabei Aufgabe sein müsse, nicht nur die Menge der einzelnen Bodenkonstituenten zu erfassen, sondern auch über deren gegenseitiges Mischungsverhältnis unterrichtet zu sein. Maßgebend müsse ferner auch sein, welches der physikalisch wichtigste Gemengteil ist, auch wenn er nicht in größter Menge vorkommt. Es sind dies Grundsätze, wie sie heutigentages bei den betreffenden Arbeiten noch immer Geltung besitzen. Auch STREMME[5] vertritt die Auffassung, daß für die praktische Bodenaufnahme die wenigen THAERschen Bodenarten als Grundlage gelten können, die man nach den Befunden kombinieren und variieren muß. Ihre richtige Anwendung und Kombination muß man nach seiner Auffassung, wie dies auch W. WOLFF[6] für die Aufnahmen der preußisch-geologischen Landesanstalt ausspricht, „der traditionellen Schulung" überlassen. Man kann dem beistimmen, da es so unendlich viele Übergänge gibt, daß kein System diese genau einzugliedern vermag.

WAHNSCHAFFE gibt auch eingehende Aufschlüsse und Erläuterungen zu den von LIBURNAU aufgestellten zwei Hauptgruppen von Bodenarten, den Primitiv-

---

1 HAZARD, J.: a. a. O., S. 815.
2 HAZARD, J.: a. a. O., S. 807.
3 WAHNSCHAFFE, F., u. F. SCHUCHT: a. a. O., 3. Aufl., S. 6—12. Berlin 1914.
4 WAHNSCHAFFE, F., u. H. SCHUCHT: a. a. O., S. 9.
5 STREMME, H.: Grundzüge der praktischen Bodenkunde, S. 27. Berlin 1926.
6 STREMME, H.: a. a. O., S. 27.

und Derivatböden, deren Begriffsbestimmung und Kennzeichnung bereits gegeben wurde. Auf einen wesentlichen Gesichtspunkt soll aber hier dennoch eingegangen werden. Die Primitivböden befinden sich viel mehr als dies bei den Derivatböden der Fall ist in einem Werdeprozeß. Sie unterliegen daher stärkerer Zersetzung und Umlagerung als letztere, die sehr oft in tieferen Tälern und Ebenen sich abgesetzt haben und dadurch in einen gewissen Ruhezustand übergegangen sind. Diese Derivatböden sind daher sozusagen die Endprodukte der Bodenbildung aus festem Gestein und besitzen gewöhnlich bis zu größerer Tiefe lockeren Untergrund. Die meisten dieser Böden gehören der Quartärformation an, was im norddeutschen Flachland ausnahmslos der Fall ist. Dagegen sind die Primitivböden ihrer Bildung entsprechend zumeist flachkrumig und dies besonders, wenn sie sich in höher gelegenen Gebirgen gebildet haben, da hier durch den Regen fortwährend feinstes Bodenmaterial entführt wird. Wie schon erwähnt, wird der der Quartärformation zugehörige Torfboden am zweckmäßigsten den Primitivböden zugeteilt.

Die Bedeutung, welche unter anderen Fesca und Wahnschaffe dem Thaerschen physikalischen Klassifikationssystem für die praktische Bodenbeurteilung und Bodenkartierung zugemessen haben, weil dieses innerhalb der geologischen Hauptbodenarten infolge seiner Modulationsfähigkeit und Variationsbreite am besten die vorkommenden Bodenarten zu kennzeichnen vermag, hat mit dazu beigetragen, daß vielfach eine Rückkehr zur einseitigen Anwendung dieses agronomischen Prinzipes, nicht immer zum Besten der Sache, stattgefunden hat. Daß in der Folge die auf geologisch-petrographischer Grundlage beruhenden Klassifikationssysteme mehr und mehr zurückgedrängt wurden, ja vielfach ganz in Vergessenheit gerieten, hat eine Reihe von Ursachen, auf die späterhin noch näher eingegangen werden soll. Erst in jüngster Zeit haben verschiedene Forscher, darunter insbesondere Ramann und Blanck mit Recht darauf hingewiesen, daß es verfehlt wäre, die früher mit so viel Fleiß und Sachkenntnis durchgeführte Klassifikation der Böden auf geologisch-petrographischer Grundlage ausschalten zu wollen, weil sie von Mängeln nicht frei und für sich allein nicht in der Lage ist, die vorkommenden Bodenarten auch nach rein praktischen Gesichtspunkten zu klassifizieren. Man übersieht häufig geflissentlich, daß es ein universelles System der Bodeneinteilung, welches allen zu fordernden Ansprüchen genügt, nicht gibt und auch nicht geben kann, und daß schon sehr früh immer wieder darauf hingewiesen wurde, daß es notwendig sei, die Böden nicht nur nach einem System, sondern nach mehreren Prinzipien einzugliedern. Von diesem Gesichtspunkt aus betrachtet, wird man in der Zukunft wohl auch von dem auf rein naturwissenschaftlicher Grundlage aufgebauten geologisch-petrographischen Klassifikationssystem nicht mehr verlangen, als es überhaupt zu leisten vermag, man wird aber an den wertvollen Gesichtspunkten und den nach mehrfacher Richtung hin recht brauchbaren Ergebnissen desselben nicht weiter mehr achtlos vorbeigehen dürfen.

Es muß daher bedauert werden, daß in mehreren, allerdings mehr für den Schüler und den Unterricht bestimmten kleineren Lehrbüchern der Bodenkunde, wie z. B. denen von Nowacki[1] und Heine[2], die geologisch-petrographische Einteilung der Böden nicht im geringsten erwähnt wurde. Auch E. A. Mitscherlich[3],

---

[1] Nowacki, A.: Kurze Anleitung zur einfachen Bodenuntersuchung. Berlin 1885; 5. Aufl. 1910.

[2] Heine, E.: Die praktische Bodenuntersuchung. Eine Anleitung zur Untersuchung, Beurteilung und Verbesserung der Böden mit besonderer Berücksichtigung auf die Bodenarten Norddeutschlands. Berlin 1911.

[3] Mitscherlich, E. A.: Bodenkunde für Land- und Forstwirte. 1. Aufl. Berlin: Paul Parey 1905.

der seine Bodenkunde auf betont pflanzenphysiologischer Grundlage im Jahre 1905 herausgab, nimmt eine starke Abwehrstellung gegen den Aufbau der Bodenkunde auf geologischer Basis ein. Dies geht bereits aus seinem Vorworte hervor, in dem er bedauert, daß man bisher die Pflanzenerträge zu sehr in unmittelbare Verbindung mit der geologischen Herkunft des Bodens brachte, während man die Physik und Chemie desselben stiefmütterlich behandelte. Sogar die Forscher, denen die geologischen Verhältnisse des Bodens für dessen Verhalten und Ertrag ausschlaggebend erschienen, hätten allmählich eingesehen, daß dies abwegig wäre, weshalb es s. E. erstaunlich sei, daß es bis jetzt niemand unternommen habe, mit kühnem Entschluß mit den alten Traditionen zu brechen, von welchen die wissenschaftliche Bodenkunde nichts mehr zu erwarten hätte.

Hierzu kommt noch ein weiteres, was einer Weiterentwicklung der Bodenkunde auf geologischer Grundlage Abbruch tat und mit dazu führte, den Wert einer Klassifikation auf geologisch-petrographischer Grundlage mehr und mehr zweifelhaft erscheinen zu lassen.

So spät sich auch die Erkenntnis durchrang, daß es weit verbreitete Bodenarten gibt, die ihre Entstehung und charakteristische Ausbildung den daselbst herrschenden klimatischen Verhältnissen verdankten, so sehr hat diese junge Wissenschaft von den klimatischen Bodenzonen doch dazu beigetragen, der Erkenntnis von der Bedeutung der Geologie und ihrer Tochterwissenschaften für die Bodenkunde und in Sonderheit für die Aufstellung eines auf diesen Grundlagen beruhenden Klassifikationssystemes Abbruch zu tun.

Wie schon erwähnt, haben Freiherr v. RICHTHOFEN, LIVINGSTONE[1] und nach NEUSS[2] auch RUSSEL die ersten Hinweise auf die Zusammenhänge zwischen Klima und klimatischen Bodenzonen gemacht, bis dann in Rußland SIBIRZEW und DOKUTSCHAJEW[3] und in Nordamerika HILGARD[4] die tatsächlich bestehenden engen Beziehungen zwischen den klimatischen und Bodenverhältnissen zu zeigen vermochten, bzw. typische Bodenzonen in Verbindung mit dem Klima bringen konnten, während für Europa es insbesondere RAMANN[5] war, der diese wichtige Frage mit Erfolg systematisch zu behandeln verstanden hat. Daß diese bedeutsamen Erkenntnisse erst so spät gewonnen werden konnten, liegt nach letzterem daran, daß damals der freie Überblick über weite Gebiete noch fehlte, und zwar wohl als eine Folge der früheren, ungünstigen Verkehrsverhältnisse. Ferner war die erste eingehende Klassifikation des Bodens in Mitteldeutschland hervorgegangen, wo fast jeder Gesteinsart ein bestimmter Bodentypus entspricht und die ungleichmäßigen Höhen des Geländes einen Überblick erschweren.

Es konnte natürlich nicht ausbleiben, daß die gegen Ende des vorigen Jahrhunderts auf dem Gebiete der klimatischen Bodenbildung gemachten, ebenso wichtigen wie interessanten und grundlegenden Forschungen das lebhafteste Interesse erweckten, und daß in der Folge auf diesem so lange in Dunkelheit gehüllten Gebiete eine überaus rege wissenschaftliche Tätigkeit einsetzte. Hierauf näher einzugehen, ist hier nicht am Platze, da dieses nicht im Rahmen des zu behandelnden Gegenstandes liegt und der dritte Band dieses Handbuches sich ausschließlich mit diesem Gegenstand bzw. der Lehre von der Verteilung der Bodenarten an der Erdoberfläche befaßt.

STREMME[6], der sich sehr eingehend mit der klimatischen Bodenbildung beschäftigte, unterscheidet zwischen Bodenarten und Bodentypen. Demnach sind die Bodenarten das Einteilungsergebnis der Erforschung des stofflichen

---

[1] GIESECKE, F.: a. a. O., S. 76.   [2] NEUSS, O.: a. a. O., S. 492.
[3] DOKUTSCHAJEW, W.: Der russische Tschernosjem (russ.) 1883.
[4] HILGARD, E. W.: a. a. O., S. 371 ff.   [5] RAMANN, E.: Bodenkunde. 1911.
[6] STREMME, H.: a. a. O., S. 25.

Materiales der Böden und entsprechen den Gesteinen. Dagegen sind Boden-typen das Einteilungsergebnis der Erforschung der Bodenhorizonte und ent-sprechen den Schichtverbänden. Bodenarten und Bodentypen, erläutert Stremme weiter, bilden den Inhalt der systematischen Bodenkunde, welche somit im kleinen einen ähnlichen Umfang hat wie Mineralogie und Petrographie auf der einen und Geologie auf der anderen Seite.

Die Erfolge, welche die klimatische Bodenlehre in raschem Emporstieg er-rungen hat, und die durch Vermehrung des chemischen und physikalischen Wissens bedingten Verbesserungen bei der Untersuchung der Böden riefen in L. Milch[1] den Gedanken wach, das Verhältnis zwischen Bodenkunde und Geologie bzw. Petrographie erneut zu prüfen und festzustellen, inwiefern diese Wissenschaften für eine Klassifikation der Böden auf dieser Grundlage herangezogen werden können. Zunächst untersuchte er die Frage, warum in dem bereits erwähnten, im Jahre 1905 erschienenen Lehrbuch der Bodenkunde von Mitscherlich die Geologie keinen Platz gefunden habe. Er stellt dabei fest, daß dieser von einer pflanzenphysiologischen und geologischen Bodenkunde spricht und neben der geologischen Bodenkunde von Ramann eine pflanzenphysiologische begründen wollte. Jedenfalls kann die Bodenkunde als Gesamtwissenschaft auf die Geologie nicht verzichten, ist der Kernpunkt seiner Ausführungen. Schon die Einteilung der Bodenarten nach ihren Kornbestandteilen beruht nach Milch auf der mineralogisch-petrographischen Natur dieser Konstituenten.

Schwieriger fällt ihm die Beantwortung der Frage, was die Geologie zusammen mit ihren Hilfswissenschaften für eine Klassifikation der Böden zu leisten ver-mag[2]? Eine Klassifikation allein mit Hilfe dieser vornehmen zu wollen, erscheint Milch nach den bisherigen Forschungsergebnissen der klimatischen Bodenlehre für aussichtslos, ein Standpunkt, den man um so mehr anerkennen kann, als schon seit langem, bevor noch die Bedeutung des Klimas für die Bildung be-stimmter Bodentypen erkannt war, dies von den mit der Materie beschäftigten Forschern nahezu einmütig festgestellt wurde.

Auch war bereits längst bekannt, daß das Alter der verschiedenen geologischen Formationsglieder als solches für die Beurteilung des sich daraus bildenden Bodens nicht ohne weiteres verwertbar ist, ebenso wie man wußte, daß innerhalb einer Fazies sehr verschiedenartige Gesteine auftreten können, während um-gekehrt gleiche Gesteine je nachdem zu sehr verschiedenen Zeitaltern gehören. Die von Milch zur Bestätigung dieser Tatsachen aufgeführten Beispiele stehen daher mit den früheren Forschungsergebnissen in Einklang. Insbesondere aus den im streng petrographischen Sinne durchgeführten Arbeiten von Senft und seinen eigenen Studien glaubt Milch die Schlußfolgerung ziehen zu müssen, daß eine Zweiteilung der Böden in Verwitterungs- und Schwemmböden bzw. Primitiv- und Derivatböden nicht berechtigt wäre. Die geologische Anschauung, aus der heraus diese Einteilung aufkam, sei längst überwunden, dagegen habe sich die Bodenkunde vorerst noch nicht zu einer Änderung ihrer Auffassung über diese Dinge bewegen lassen können. Die praktisch-landwirtschaftliche Boden-kunde allerdings stehe hierin dem petrographischen Standpunkt, nach welchem eine derartige Zweiteilung der Berechtigung entbehre, wesentlich näher als die wissenschaftliche Bodenkunde[3]. Milch sagt, und wohl mit Recht, daß zwischen Verwitterungs- und Schwemmlandsböden zwar ein geologisch-genetischer Unter-schied bestehe, der aber für die Natur der Böden nicht ausschlaggebend sei. Er ist ferner mit der Einteilung der Böden nach ihrer sog. mineralischen Kraft,

---

[1] Milch, L.: Über die Beziehungen der Böden zu ihren Muttergesteinen. Mitt. Landw. Inst. Kgl. Univ. Breslau 1906, 867.

[2] Milch, L.: a. a. O., S. 868.   [3] Milch, L.: a. a. O., S. 872.

wie dies früher des öfteren versucht wurde, nicht einverstanden und beruft sich hierbei auch auf RAMANN, der einer solchen Beurteilung und Einteilung nur für bestimmte Gebiete Berechtigung zuerkennen kann. Nach MILCH ist die Unterscheidung der Böden nach verschiedenen Graden der Verwitterbarkeit entbehrlich und evtl. sogar irreführend. Wirke schon die Verwitterung nicht immer gleichmäßig auf das gleiche Gestein ein, so sei das in erhöhtem Maße bei deren Einwirkung auf die gebildeten Böden der Fall, und die mechanische Beschaffenheit, Absorptionskraft usw. der Böden müßten zu ganz anderen Endprodukten führen, als vielfach zu erwarten wäre. Somit wäre eine Einteilung nach den Gesteinen, aus denen sich diese entwickeln, nicht möglich! So wichtig die petrographische Betrachtung der Entstehung der Böden sei, so wenig sei es erlaubt, eine Einteilung der Böden nach der Beschaffenheit der Gesteine vorzunehmen. Auch eine rein geologische oder mineralogische Klassifikation der Böden ist von der Hand zu weisen. Die Gesteine gruppieren sich für die Bodenkunde durchaus anders als für die Petrographie und Geologie. Doch empfiehlt MILCH, wie es auch FESCA seinerzeit getan hat, festzustellen, welche Gesteine bestimmte Bodenarten der Praxis, wie Sand-, Lehm-, Ton-Boden usw. liefern können, um in diesen alsdann den weiteren Verlauf der sich abspielenden chemischen Prozesse zu verfolgen[1].

Auch E. RAMANN[2] nimmt in seiner 1911 erschienenen dritten Auflage seiner Bodenkunde Stellung zur Bodenklassifikation auf naturwissenschaftlicher Grundlage und den damit in unmittelbarem Zusammenhang stehenden Problemen. Die Einteilung der Böden nach ihrer Bildungsweise, also in Verwitterungsböden (Eluvialböden) und in Kolluvial- oder umgelagerte Böden, bei denen man dann je nach dem Transportmittel glaziale, sedimentäre und äolische Böden unterscheiden könne, besticht nach seiner Auffassung durch ihre Einfachheit und Klarheit, ganz abgesehen von dem darin vertretenen genetischen Moment, aber die Böden bleiben eben nicht unverändert. Hierfür führt er als treffendes Beispiel die Schwarzerde an, die aus den verschiedensten Gesteinen, wie Urgestein, Geschiebemergel, Löß usw. hervorgehen könne. Somit ist diese Art der Einteilung der Böden nicht richtig trotz allem, was man evtl. dafür ins Feld führen könnte. Allerdings macht RAMANN geltend, daß im gemäßigten Gebiet, und zwar speziell im Braunerdegebiet, eine derartige Einteilung schon berechtigt sein könne und dies um so mehr, je einheitlicher die Gesteine einer geologischen Formation sind, oder je ausgedehnter deren Vorkommen ist. Er rechtfertigt also das geologisch-petrographische Einteilungsprinzip FALLOUS unter den damals bestehenden Verhältnissen ohne weiteres. RAMANN weist ferner darauf hin, daß bei der geologisch-petrographischen Klassifikation nur ein Hauptfaktor der Bodenbildung genügend berücksichtigt werde, nämlich der Gesteinscharakter, und daß grundsätzlich kein Unterschied bestehe zwischen der Bodenbildung aus festem (primitivem) oder sekundär umgelagertem Gestein. Er verweist ferner darauf, daß die alten Bodenforscher seinerzeit von ihrem Standpunkt aus mit viel Berechtigung auf Grund der petrographisch-geologischen Verhältnisse klassifizierten, und daß dies nicht zuletzt durch die Entwicklungsgeschichte der Geologie mitbedingt wurde. Auch das scheint ihm beachtenswert zu sein, daß man in der Bodenkunde selbst den geologischen Formationsbegriff von jeher mehr nach der petrographischen Seite hin verstanden hat, während das geologisch-stratigraphisch-historische Moment unbewußt damit vertauscht wurde. Demnach habe man den Gesteinscharakter bei der Einteilung der Böden ohne weiteres in den Vordergrund geschoben und nicht das geologische Moment, wie die Gegner gerne behaupten.

---

[1] MILCH, L.: a. a. O., S. 897.
[2] RAMANN, E.: Bodenkunde 3. Aufl., S. 556. Berlin 1911.

Sehr richtig und weitschauend bemerkt Ramann noch in seiner 1918 erschienenen Schrift über die Bodenbildung und Bodeneinteilung[1], welche fast ausschließlich die durch das Klima bedingten klimatischen Bodenzonen behandelt, daß jede bisher gebrauchte Bodeneinteilung ihre Vorzüge habe und bestimmte Bodeneigenschaften zur Anschauung bringe. Der Zweck der fortschreitenden Wissenschaft aber dürfe nicht sein, gutes Altes zu beseitigen, sondern es auf verbreiteter Grundlage einzuordnen und dadurch für das Verständnis erst recht nutzbar zu machen. Tatsächlich hat sich Ramann auch bemüht, die bisher benutzten Bodeneinteilungen, soweit sie auf naturwissenschaftlicher Grundlage beruhten, in das Gesamtsystem einzuordnen und ihrer Bedeutung entsprechend zu verwerten. Er unterscheidet zu diesem Zwecke innerhalb der klimatischen Bodenzonen die Ortsböden als Unterabteilungen, d. h. er reiht hier womöglich alle die Böden ein, die entweder unter dem Einflusse des Grundgesteins, der Korngrößen, der Ortslage und Wasserführung stehen[2].

Was nun zunächst den Einfluß des Muttergesteins auf die Bodenbildung der Ortsböden betrifft, so stellt er fest, daß dieser Einfluß um so mehr zurücktritt, je extremer das Klima ist. Dabei ragen bezüglich der mineralogisch-chemischen Zusammensetzung zwei Bestandteile hervor, Kieselsäure und Erdalkalikarbonate. Ramann räumt dann auch ein, daß die Benennung der Böden nach dem Muttergestein für die Bodennutzung oft Wichtigkeit besitze und erläutert dies an mehreren Beispielen. Man könne jedenfalls durch eine solche Einteilung bzw. Benennung eine Reihe von Vorstellungen über den Boden selbst damit verknüpfen. Die Unterscheidung der Böden in Eluvial- und Kolluvialböden läßt Ramann nunmehr nur für Ortsböden, dagegen aus den schon früher angeführten Gründen nicht als allgemein zutreffend gelten.

Wie sehr Ramann bereit erscheint, die Einteilung in klimatische Bodenzonen als die Grundlage für jede Bodeneinteilung zu betrachten und ihr den Vorrang vor anderen Klassifikationssystemen einzuräumen, geht wohl aus dem von ihm geprägten Satz hervor: „Das Verhältnis zwischen Niederschlägen und Verdunstung, Temperatur und Einfluß der Vegetation werden die großen Grundlagen der Bodeneinteilung bleiben." Das ist aber ein klares Bekenntnis zur primären Gliederung der Böden nach der Wirkung der klimatisch bedingten Verwitterungsvorgänge. Es ist dieses auch bezeichnend für die Wandlung in Ramanns Anschauungen über die Faktoren der Gesteinsbildung und deren Zugrundelegung für die Zwecke der Bodenklassifikation, so daß die dritte Auflage seiner Bodenkunde, die 1911 erschienen ist, mit viel weniger Recht als eine „geologische Bodenkunde" bezeichnet werden kann, als dies noch bei der 1905 erschienenen zweiten Auflage derselben der Fall ist. In dieser ist der Gesteinskunde und Geologie überhaupt ein viel breiterer Raum gegönnt, als dies in der dritten Auflage der Fall ist, bei der es Ramann auch bereits als überflüssig erachtet hat, die früher von Grebe aufgestellte Bodenklassifikation nach der mineralischen Kraft der Böden zu bringen.

Der im vorigen Jahre verschiedene russische Forscher K. Glinka[3], der sich um den Ausbau der klimatischen Bodenlehre in Rußland die größten Verdienste erworben hat und dessen ins Deutsche übersetzte Werke auch hier weitere fruchtbare Anregungen gegeben haben, ist selbstverständlich ebenfalls der Auffassung, daß eine Einteilung der Böden nach klimatisch bedingten Bodenzonen allen

---

[1] Ramann, E.: Bodenbildung und Bodeneinteilung (System der Böden), Vorrede, S. 1. Berlin 1918.

[2] Ramann, E.: a. a. O., S. 22—34.

[3] Glinka, K.: Die Typen der Bodenbildung, ihre Klassifikation und geographische Verbreitung. Berlin 1914.

anderen Klassifikationen voran zu gehen habe. Immerhin berücksichtigt er nicht nur die klimatischen Einwirkungen, sondern auch das Gestein. Je nachdem nun der eine oder andere Faktor entsprechend den äußeren Verhältnissen vorherrscht, unterscheidet er endodynamomorphe und ektodynamomorphe Böden. Letztere werden in der Hauptsache durch das Klima bedingt, während bei ersteren die Natur des Gesteines den Ausschlag bei der Bodenbildung gibt.

GLINKA erkennt dagegen eine Einteilung der Böden nach Grundschutt und Flutschutt, bzw. nach primitiven und angeschwemmten Böden nicht an, da er unter anderem auf dem Standpunkt steht, nur die Muttergesteine können angeschwemmt sein, dagegen nie die Böden selbst. Auch bezüglich der Einteilung der Böden auf geologisch-petrographischer Grundlage nimmt er den Standpunkt ein, daß die stratigraphisch-paläontologische Methode gar nicht angebracht und die petrographische ungenügend wäre. Die Schwierigkeit des Gegenstandes und der Methoden bedürfen einer besonderen Wissenschaft, die wieder ein spezieller Teil der Erdkunde sein müsse[1].

Zu dieser Frage der eluvialen und kolluvialen Böden nimmt auch MILCH[2] nochmals 1926 Stellung. Einer solchen, nach seiner Auffassung sachlich nicht berechtigten Einteilung der Böden kann nur die gefühlsmäßige Unterscheidung zugrunde liegen, ob der Boden sich aus festem Gestein oder lockerem Material entwickelt habe[3]. Auch die Profilunterschiede bei diesen beiden Arten von Böden besitzen seiner Meinung nach keine durchschlagende Bedeutung. Die von ihm hierfür gegebene Begründung, daß für die Beurteilung des Profils nur die obersten 2 m in Betracht kämen, und daß die Kolluvialböden diese Mächtigkeit sehr oft erreichen würden, während auch bei gewachsenen Böden ein Gesteinswechsel innerhalb der gleichen Mächtigkeit vorhanden sein könne und bei Sedimenten durch einen Wechsel von Sandsteinen, Tonschiefern und Kalken oft festzustellen wäre, ist jedenfalls nicht ganz stichhaltig, auch wenn er darauf verweist, daß ein petrographisch-geologischer Unterschied zwischen Boden und Untergrund weder bei Kolluvialböden stets vorhanden sein muß, noch bei Eluvialböden immer ausgeschlossen ist. Jedenfalls führt er gegen eine Einteilung nach eluvialen und kolluvialen Böden die geologisch-genetische Einreihung der aus mechanischen Sedimenten hervorgegangenen Böden ins Treffen. Alle Sedimente können sich nachträglich wieder durch chemische Einflüsse verfestigen. Die Verwitterungsprodukte hieraus müßten dann aber als Eluvial- und nicht als Kolluvialböden bezeichnet werden, ein Umstand, auf den auch unter anderen RAMANN wiederholt hingewiesen hat. Ein besonders treffendes Beispiel für einen derartigen inneren Widerspruch bilden die Verwitterungslehme aus dem kolluvialen Geschiebemergel. Denn diese Lehmböden, wie sie in Norddeutschland häufig vorkommen, können alsdann nur als Eluvialböden angesehen werden, obwohl sie aus abgelagertem, d. h. kolluvialem Material, entstanden sind.

Ein nach den Pionieren für die Entwicklung der Lehre der klimatischen Bodenbildung RAMANN, EMEIS, P. E. MÜLLER neben BLANCK, HARRASOWITZ, STREMME, WIEGNER u. a. in Deutschland ebenfalls auf diesem Gebiete sehr tätiger Forscher R. LANG[4], der, wie hier bemerkt sein darf, den sog. Regenfaktor als Grundlage für eine nach klimatischen Gesichtspunkten orientierte Bodeneinteilung einführte, stellt ebenfalls fest, daß man erst in jüngerer Zeit erkannt

---

[1] GLINKA, K.: a. a. O., S. 8.

[2] MILCH, L.: Die Zusammensetzung der festen Erdrinde als Grundlage der Bodenkunde. Leipzig und Wien 1926.

[3] MILCH, L.: a. a. O., S. 229.

[4] LANG, R.: Versuch einer exakten Klassifikation der Böden in klimatischer und geologischer Hinsicht. Internat. Mitt. Bodenkde. 5, 312—346 (1915).

habe, daß in noch höherem Maße als die Gesteine das Klima die Bodenbildung beeinflußt. Lang gibt aber ohne weiteres zu, daß die Beschaffenheit des Bodens durch den Charakter und die Zusammensetzung des Muttergesteins mehr oder weniger stark beeinflußt wird[1]. Insbesondere seien die Mineralsalze im Boden, die aus den Gesteinsmineralien stammen, von entscheidender Bedeutung für das Wesen und die endgültige Ausbildung aller humushaltigen Böden des sog. humiden Klimas, da die Menge der zur Verfügung stehenden gelösten Salze einen sehr großen Einfluß auf Art und Menge des Humus im Boden ausübe. Ein Minus an Mineralkraft des Bodens, folgert Lang u. a., wirke derartig auf die humushaltigen Böden des humiden Klimas, wie wenn sich der Boden unter höherer Feuchtigkeit oder unter niederen Temperaturen befände[2]. Es ist dies ein treffendes Beispiel dafür, wie sehr das Gestein, aus dem ein Boden entstanden ist, auch innerhalb der klimatischen Klassifikation der Böden Verschiebungen im System bewirken kann, so daß auch bei ziemlich extremen klimatischen Verhältnissen die Einteilung der Böden nicht ganz ohne Berücksichtigung der geologisch-petrographischen Verhältnisse vorgenommen werden darf. Auch Milch[3] weist in seinem 1926 erschienenen Buche darauf hin, daß erhebliche Abweichungen von der grundsätzlichen Einteilung der Böden nach Klimazonen sowohl durch örtliche Ursachen als durch Klimawechsel möglich sind. Als solche Ursachen führt er dann neben klimatischen Verhältnissen noch Lage der Böden, deren Untergrundsverhältnisse, Salzgehalt sowie Menge und Zustand des Humus an. Er weist schließlich auch auf die interessante und bekannte Tatsache hin, daß je extremer die klimatischen Bedingungen, um so einförmiger und ausgeglichener die daraus hervorgegangenen Böden werden, auch wenn ihre Muttergesteine sehr verschiedenartige Zusammensetzung besaßen.

In seiner Bodenkunde für Landwirte, die 1923 erschienen und inzwischen bereits mehrere Auflagen erlebt hat, beschäftigt sich H. Puchner[4] auch mit der Einteilung der Böden. Vorausgehend bemerkt er, daß zwischen Bodeneinteilung und Bodenklassifikation in der Literatur zumeist kein Unterschied gemacht werde, während er unter letzterer die Wertbeurteilung der Böden verstehe. Zu den naturwissenschaftlichen Systemen zählt er folgende: A. Einteilung nach Bodenfarbe, B. auf petrographischer Grundlage, C. nach chemischen Gesichtspunkten, D. nach physikalischen Gesichtspunkten, E. nach geologischer Bildungsweise, F. auf klimatischer Grundlage.

Ganz allgemein bemerkt Puchner, daß die Berücksichtigung geologischer Verhältnisse zwar dem Verständnis bei der Bodenbeurteilung förderlich wäre, man indessen vom praktischen Standpunkt aus der Eingliederung der Böden in die verschiedenen geologischen Formationen auch keinen übertriebenen Wert beimessen dürfe. Dies begründet er damit, daß das Endergebnis der Verwitterung von Schichtenbildungen nicht selten ziemlich übereinstimmend befunden wurde, auch wenn die Formationsglieder der Zeit nach weit auseinanderlagen. Dies müsse selbstverständlich immer dann der Fall sein, wenn die Muttergesteine und die vom Klima bedingten Verwitterungsvorgänge nicht sehr voneinander verschieden sind. Aber viele Gesteine finden sich, obwohl sie für bestimmte Formationsglieder charakteristisch sind, dennoch in den einzelnen Formationsgliedern immer wieder, und andererseits verwittern sonst ganz verschieden zusammengesetzte Gesteine unter besonderen klimatischen Verhältnissen zu gleichartigen Böden. Zu der von verschiedenen Forschern aufgestellten Einteilung der Böden auf petrographischer

---

[1] Lang, R.: a. a. O., S. 312.   [2] Lang, R.: a. a. O., S. 337.
[3] Milch, L.: Die Zusammensetzung der festen Erdrinde als Grundlage der Bodenkunde, S. 235. Leipzig u. Wien 1926.
[4] Puchner, H.: Bodenkunde für Landwirte, S. 493—498. Stuttgart 1923.

Grundlage bemerkt er, daß damals der Einfluß des Klimas auf die Bodenbildung noch unbekannt war, und daß unter allen Umständen die Unzulänglichkeit bestehen bleibe, daß diese Art der Bodeneinteilung nur auf Bedingungen des gemäßigten Klimas, und zwar auf Braunerden eingestellt wäre[1]. Je nach der geologischen Bildungsweise unterscheidet PUCHNER Eluvial- und Kolluvialböden und versteht bekanntlich darunter die an Ort und Stelle gebildeten Verwitterungsböden einerseits und die umgelagerten, bzw. irgendwie transportierten Böden andererseits (sedimentäre, glaziale und äolische Böden). Er nimmt auch innerhalb dieser beiden Hauptgruppen eine Einteilung nach petrographischen Gesichtspunkten vor, doch bemerkt er hierzu im einschränkenden Sinne, daß man jetzt nicht mehr wie früher dem Ausgangsgestein die größte Wichtigkeit für die Eigenschaften des daraus entstandenen Bodens allein zuschreiben müsse, sondern daß die neueren Bodenforschungen gezeigt haben, daß dies nur bedingt richtig wäre und die Hauptrolle dem bodenbildenden Faktor Klima zuzuerkennen sei.

PUCHNER unterscheidet folgende Primärböden[2]:

1. Primärböden aus einfachen Gesteinen.
2. Primärböden aus gemengten Gesteinen.
3. Primärböden aus Trümmergesteinen.
4. Primärböden aus Tongesteinen.

Die Sekundärböden werden dagegen von ihm gegliedert in[3]:

1. Trockener Abtrag.
2. Abtrag durch Wasser.
3. Abtrag durch Eis.

Die betreffenden Böden werden alsdann entsprechend gewürdigt. Die Objektivität und Sachkenntnis, mit der in diesem 1923 erstmalig erschienenen Werk auch die Frage der geologisch-petrographischen Klassifikation der Böden behandelt wird, berührt sehr angenehm.

Bezeichnend indessen dafür, wie nicht zuletzt durch die rasche Entwicklung der Lehre von den klimatischen Bodenzonen und der sich daraus ergebenden Klassifikation der Bodenarten nach diesen Gesichtspunkten die Aufmerksamkeit verschiedentlich davon abgelenkt wurde, daß auch eine Einteilung der Böden auf geologisch-petrographischer Grundlage besteht und Daseinsberechtigung neben anderen Einteilungssystemen hat, ist unter anderem auch die Tatsache, daß in dem 1926 erschienenen Grundriß der Bodenkunde vom Geologen und Mineralogen G. FREBOLD[4] diese Klassifikation neben den von ihm aufgeführten THAERschen Bodenklassen und der Gliederung der Böden nach physikalisch-chemischen und klimatischen Gesichtspunkten nicht gebracht wird.

Der Verfasser eines sehr geschätzten Werkes über Beschaffenheits-, Ertrags- und Wertbeurteilung landwirtschaftlicher Grundstücke, A. SCHNIDER[5] nimmt indessen nicht mit Unrecht Veranlassung, vor einer zu weitgehenden Anwendung geologischer Tatsachen bei der Bonitierung der Böden zu warnen. Die einseitige geologische Benennung der Böden besage sehr wenig, und es sei richtig, daß auch genauere petrographische Angaben über das Muttergestein zur Beurteilung der Bodenbeschaffenheit nicht eindeutig genug seien, da ja, wie er richtig bemerkt, bekanntlich aus dem gleichen Gestein noch recht verschiedene Böden und umgekehrt aus sehr verschiedenen Gesteinen doch ähnliche Böden hervorgehen

---

[1] PUCHNER, H.: a. a. O., S. 495.   [2] PUCHNER, H.: a. a. O., S. 46—57.
[3] PUCHNER, H.: a. a. O., S. 57—70.
[4] FREBOLD, G.: Grundriß der Bodenkunde. Berlin u. Leipzig 1926.
[5] SCHNIDER, A.: Beschaffenheits-, Ertrags- und Wertbeurteilung (Bonitur) landwirtschaftlicher Grundstücke, S. 72. Freising 1925.

können. Hierfür bringt er aus dem reichen Schatz seiner Erfahrung Beispiele, die einerseits zeigen, daß geologisch-petrographische Grundlagen für die Beurteilung und Bonitierung der Böden wertvoll sind, daß aber diese Unterlagen der Ergänzung bedürfen und nicht kritiklos angewendet werden sollen. Ganz das gleiche läßt sich über die Klassifikation der Böden auf geologisch-petrographischer Grundlage sagen, die nur in Verbindung mit anderen Systemen für Wissenschaft und Praxis ihren vollen Wert besitzt. Es wäre aber abwegig und bedenklich, wenn die Bestrebungen die Überhand gewinnen würden, welche sie nicht als gleichberechtigt mit anderen Klassifikationssystemen betrachten und sie daher ganz von dem Platz verdrängen möchten, der ihr zweifellos gebührt.

Einen sehr sachkundigen und objektiven Anwalt hat die Frage der Klassifikation der Böden auf geologisch-petrographischer Grundlage in E. Blanck[1] gefunden, der sich wiederholt zu dieser wichtigen Angelegenheit geäußert hat. Blanck knüpft zunächst an die Auffassung von R. Lang[2] an, nach welcher der Boden nur eine Phase in der Umwandlung der Gesteine darstellt und die Bodenkunde somit, wie dies J. Walther schon ausgesprochen hat, die Geologie der Gegenwart bzw. der obersten Erdschicht sei[3]. Blanck leitet aus dem Umstande, daß die Bodenbildung ein geodynamischer Vorgang ist, die Berechtigung ab, diese auch historisch, bzw. geologisch betrachten zu dürfen[4]. Ebenso könne nicht an der Tatsache vorübergegangen werden, daß bis in die jüngste Zeit die stoffliche Natur des Bodens nicht nur vom physikalisch-chemischen, sondern auch, und zwar mit Recht, vom mineralogisch-petrographischen Standpunkt aus betrachtet wurde. Gibt ja sogar Milch[5] zu, daß die Einteilung der Böden in die Hauptbodenarten der Praxis, in Sand-, Ton-, Lehm-, Mergel- und Kalkböden auf der mineralogisch-petrographischen Natur der wichtigsten Bodenbestandteile beruhe, und daß es daher unmöglich sei, die dabei zugrunde liegenden Naturwissenschaften bei der Behandlung der Bodenkunde auszuschließen, ein Standpunkt übrigens, gegen dessen Berechtigung wohl kaum im Ernste angegangen werden kann. Kein geringerer als A. Orth[6] hat zudem ausgesprochen, daß ohne geologische Basis die naturwissenschaftlichen Grundlagen des Bodens nicht erforscht werden können. Da aber der Boden durch geodynamische Kräfte gebildet wird und sein Material überwiegend den Gesteinen entnommen hat, ist es verständlich, daß beide Momente, das geologisch-historische und das mineralogisch-petrographische, bei der Betrachtung des Bodens und somit auch bei dem Versuch, die Bodenarten zu klassifizieren, herangezogen wurden. Denn die Klassifizierung der zu behandelnden Objekte war, worauf auch Fallou[7] verweist, von jeher eine der grundlegendsten und wichtigsten Aufgaben einer jeden Wissenschaft. Auch müssen bei jedweder Klassifikation Grundsätze aufgestellt werden, nach denen man dabei vorgeht. Daß das Klassifizieren nicht leicht ist und Fehler und

---

[1] Blanck, E.: Bodenlehre; Lehrbuch der Agrikulturchemie von E. Haselhoff u. E. Blanck. Berlin 1928. — Über die petrographischen und Bodenverhältnisse der Buntsandsteinformation Deutschlands. Jahreshefte d. Verf. vaterl. Naturkd. i. Württbg. 1910 und 1911. (S. 422 ff. 1910.)

[2] Lang, R.: Verwitterung und Bodenbildung als Einführung in die Bodenkunde, S. 2. Stuttgart 1920.

[3] Walther, J.: Einleitung in die Geologie als historische Wissenschaft. Jena 1893/94.

[4] Blanck, E.: Die Geologie als Lehrfach an den landwirtschaftlichen Hochschulen und Akademien. Fühlings Landw. Ztg. 66, 427 (1917).

[5] Milch, L.: a. a. O., S. 868.

[6] Orth, A.: Die naturwissenschaftlichen Grundlagen der Bodenkunde. Landw. Versuchsstat. 20, 69 (1877).

[7] Fallou, F. A.: Pedologie oder allgemeine und besondere Bodenkunde, S. 158. Dresden 1862.

Mängel dabei auftreten können, ist selbstverständlich. Hat ja doch, wie vom Verfasser bereits erwähnt, schon DETMER[1] 1876 mit Recht betont, daß die Bodenklassifikation nur dann in absolut befriedigender Weise gelöst werden kann, wenn alle Verhältnisse, die sich auf den Boden beziehen, aufs genaueste bekannt sind, und daß die Bodenklassifikation daher als der Schlußstein, als die Spitze der gesamten Bodenkunde betrachtet werden könne.

Die Absicht, die Böden nach ihrer geologischen Herkunft zu ordnen, kommt unter anderem in den wichtigsten der bisher besprochenen Systeme, von denen hier nur die von FALLOU, FESCA und HAZARD erwähnt sein mögen, zum Ausdruck, wie auch heute noch nicht nur sehr oft von Buntsandstein-, Keuper-, Muschelkalkböden usw. die Rede ist, sondern diese Art der Bezeichnung in der geologischen Kartierung der Böden auch jetzt noch gebräuchlich ist. Andererseits läßt sich nicht in Abrede stellen, daß eine mineralogisch-petrographische Behandlung der Bodenkunde früher im Vordergrund gestanden hat. Daß fast immer versucht wurde, beide Momente, das geologische und petrographische, bei der Klassifikation mehr oder weniger gemeinsam zu verwerten, dürfte nach dem Vorausgesagten wohl begreiflich sein. Es kann den alten Bodenforschern dagegen nicht zum Vorwurfe gemacht werden, daß sie die klimatischen Faktoren und deren Auswirkungen auf die Böden nicht für die Zwecke der Bodenklassifikation herangezogen haben, denn diese Verhältnisse waren damals noch ganz unbekannt und für die im Gebiete der Braunerde liegenden Böden auch nicht von wesentlicher Bedeutung.

Einer einseitigen Anwendung der Geologie bzw. der Formationslehre und der Stratigraphie stand und steht heute noch der Umstand entgegen, daß die geologische Herkunft des Bodens nicht maßgebend für seine Beschaffenheit ist, und daß, wie BLANCK sehr richtig bemerkt, diese Wissenschaft sicherlich ganz andere Dinge bezweckt als die Aufstellung oder Zusammenfassung von petrographisch gleichwertigen oder ähnlichen Dingen zu einem System[2]. Es ist ihm aber gelungen nachzuweisen, daß der Formationsbegriff ursprünglich aus petrographischen Erwägungen hervorgegangen ist, und daß er gerade in der Bodenkunde und der Bodenklassifikation, allerdings vielfach unbewußt, petrographisch aufgefaßt wurde, was der Sache selbst nur förderlich war, aber den Gegnern willkommenen Anlaß zur Polemik bot[3]. BLANCK ist der Meinung, daß die petrographische Behandlung des Problems wertvoller sei als die geologische und mehr zu leisten vermöge, obschon die Aufstellung von Bodentypen auf geologisch-stratigraphischer Grundlage nicht gänzlich haltlos wäre. Dem kann um so mehr beigepflichtet werden, als der Entstehungsvorgang der Böden nicht ganz von der Betrachtung ausgeschaltet werden darf. Aber BLANCK verleiht der Ansicht unverhohlen Ausdruck, daß es wohl berechtigt ist, von den Böden einer Formation zu sprechen, jedoch nicht im Sinne als typische, durch ihre geologische Abkunft spezifisch charakterisierte, und daher selbständige Vertreter derselben, sondern als Abkömmlinge einer gleichzeitig zur Ablagerung gelangten Gesteinsserie, die in ihrer Gesamtheit den Aufbereitungszustand einer vergangenen erdgeschichtlichen Epoche darstellt, soweit derselbe bis auf uns gelangt ist[4]. Er betont aber zugleich, daß der rein geologischen Betrachtungsweise, selbst in dem geäußerten Sinne enge Grenzen gezogen sind, wenn auch die Wechselbeziehung zwischen geologischer Entstehung und petrographischer Beschaffenheit des Gesteins die Möglichkeit der Aufstellung geologischer Bodentypen bis zu einem

---

[1] DETMER, W.: Die naturwissenschaftlichen Grundlagen der allgemeinen landwirtschaftlichen Bodenkunde, S. 514. Leipzig u. Heidelberg 1876.
[2] BLANCK, E.: a. a. O., S. 18.   [3] BLANCK, E.: a. a. O., S. 18—20.
[4] BLANCK, E.: a. a. O., S. 17.

gewissen Grade entnehmen lasse. Auch die Aufstellung von Bodenklassifikationssystemen auf geologisch-petrographischer Grundlage ist nach Blancks Auffassung an gewisse Grenzen gebunden, die nicht überschritten werden können.
Er zitiert ferner H. Vater[1], der sich vom Standpunkt der forstlichen Standortslehre aus sehr günstig über das auf geologisch-petrographischer Grundlage aufgebaute Klassifikationssystem ausspricht und dabei folgendes ausführt: „Die
durch denselben Bildungsvorgang verknüpften Gesteinskörper zeigen in petrographischer Hinsicht viele gemeinsame Eigenschaften, besonders auch solche,
welche nicht im System der Petrographie zum Ausdruck gelangen, aber doch
den Gang der Verwitterung und die Eigenschaften der Böden beeinflussen.
Die durch diese gemeinsamen Eigenschaften der Grundgesteine bedingten Ähnlichkeiten der Böden werden bei der Zusammenfassung der Böden nach der
geologischen Stellung ihrer Grundgesteine miterfaßt, und zwar auch dann,
wenn man über das Wesen bzw. die Ursache dieser Ähnlichkeit noch keine
Rechenschaft zu geben vermag. Solches gleichsam von selbst eintretendes
Miterfassen einer großen Reihe von Eigenschaften findet sich nur bei der geologischen Anordnung der Böden. Sie ist daher am meisten geeignet, zusammenfassenden Untersuchungen über den Einfluß des Bodens auf die Pflanzen zugrunde gelegt zu werden. Dies bedingt, daß sich auch für die eingehende
bodenkundliche Darstellung von Gegenden die geologische Anordnung am meisten
empfiehlt, wenn die Darstellung den Boden als Standort der Pflanzen betrachtet."

F. Härtel[2] unterscheidet ganz ähnlich wie Stremme Bodentypen, die
durch charakteristische Bodenhorizonte und die sich daraus unmittelbar ergebenden typischen Bodenprofile gekennzeichnet sind. Die Eigenschaften
dieser Bodentypen werden somit durch klimatische und vegetative Boden-
bildungsfaktoren bestimmt. Im gemäßigten Klima macht sich dann auch im
allgemeinen der Einfluß des Grundgesteins stärker geltend, so daß dadurch
wieder charakteristische Bodentypen entstehen können. Ist nun das Grundgestein für die stoffliche Zusammensetzung der Böden ausschlaggebend, so
erhält man Bodenarten im Gegensatz zu den klimatisch bedingten Bodentypen. Dementsprechend teilt Härtel die Böden ein in Bodentypen und
Bodenarten.

Zum Schluß möge es dem Verfasser dieses Abschnittes über Einteilung der
Böden auf Grund der geologisch-petrographischen Verhältnisse gestattet sein,
kurz auf seine aus früherer Tätigkeit an der geologischen Landesuntersuchung
Bayerns stammenden Versuche hinzuweisen, die landwirtschaftlich genutzten
Böden Bayerns in ein gewisses System, und zwar auf Grund der geologischen
und der wirtschaftlichen Verhältnisse zu bringen. Als wesentliche Grundlage
hierfür diente die auf Grund der Erntestatistik verarbeiteten und verbildlichten
Statistiken über die Anbau- und Ernteverhältnisse . Damit war dann die Möglich-
keit gegeben, in einem Atlas auf 17 Bildern die für Bayern charakteristischen
Anbau- und Ernteverhältnisse darzustellen, welche eine sehr bemerkenswerte
Analogie zu den geologischen Verhältnissen ergaben[3]. Bei weiterer Verfolgung
dieser Beziehungen gelang es ferner, zunächst das rechtsrheinische Bayern auf
Grund dieser Verhältnisse in 30 Wirtschaftsgebiete einzuteilen, und zwar auf der

---

[1] Vater, H.: Die Beschreibung des Standortes als Grundlage zur Beurteilung seines
Einflusses auf den Pflanzenwuchs. Internat. Mitt. Bodenkde. 6, 307 (1916).
[2] Härtel, F.: Bodenverhältnisse auf Blatt Königsbrück. 2. Aufl. der Erläuterungen
zu Blatt Königsbrück der geologischen Karte von Sachsen 1 : 25 000.
[3] Niklas, H.: Bayerns Bodenbewirtschaftung unter Berücksichtigung der geologischen
und klimatischen Verhältnisse. Z. Statist. Landesamt München 1917.

Basis der geologischen und wirtschaftlichen Verhältnisse[1]. Auf Grund der eingehend studierten Anbauverhältnisse wurde dann daraus rückschließend eine Übersichtskarte über die landwirtschaftlichen Bodenverhältnisse in Bayern angefertigt, bei der diese in sieben verschiedene Gruppen eingeteilt werden konnten[2].

2. Die Entstehung und Ausbildung der Mineralböden auf geologisch-petrographischer Grundlage.

Von H. Niklas, Weihenstephan.

Die Böden der Eruptivgesteine.

Böden der Tiefengesteine.

Der Granitboden. Wenn auch in Europa Granit hauptsächlich in Schweden und Finnland vorkommt und unter anderem der Zentralkern der Alpen, der Karpathen und der Pyrenäen daraus besteht, so findet er sich doch auch in Deutschland in einer Reihe von Mittelgebirgen, wie z. B. im Fichtelgebirge, im Harz, im Riesengebirge, Schwarzwald, im Bayerischen und Böhmerwald[3]. Zumeist erheben sich die Granitfelsen in Form von Kuppen und breiten, flachen Hügeln, die eigentümliche Gipfel bilden, welche man als Wollsäcke, Blockmeere und Matratzen bezeichnet. Letztere entstanden wohl dadurch, daß sich bei der allmählichen Abkühlung dieses Tiefengesteines im Innern desselben Risse und Klüfte bildeten, wodurch es zunächst in große Platten zerlegt wurde, während die Verwitterung diese Klüfte und Spalten mehr und mehr verbreitete. Da hierdurch die einzelnen Granitblöcke allmählich ihre Kanten und Ecken einbüßten, blieben die gerundeten Blöcke zurück, die sich alsdann völlig voneinander lösten, über einander stürzten und ein sog. Block- oder Felsenmeer bilden, das nicht selten, wie z. B. bei der Luisenburg im Fichtelgebirge, ein höchst eindrucksvolles Bild grauenhafter Verwüstung ergibt.

Der Granit ist ein kristallinisch-körniges Gemenge von Quarz, Orthoklas, Plagioklas und Glimmer, wobei die Feldspäte im allgemeinen die Hälfte dieses Gesteines ausmachen und Quarz gegenüber den anderen beiden Mineralien zurücktritt[4]. Fast immer herrscht trotz der vielen Varietäten, welche durch verschiedene Größe, Anordnung, Struktur und Farbe der einzelnen Mineralien im Granit bedingt werden, grobkörniger, porphyrartiger Granit vor, doch gibt es auch feinkörnigen Granit, der schwerer verwittert als ersterer, von dem insbesondere der grobkörnige dabei zu einem sehr charakteristischen Grus zerfällt. Dieser bildet sich stets aus feldspatreichen groben Blöcken und Brocken.

Den Übergang vom Gestein zum Boden gibt wohl am besten das nachstehende Verwitterungsprofil des Granits von Braunlage im Harz wieder, das von E. Blanck und H. Petersen[5] chemisch untersucht wurde. Die hier mitgeteilten Befunde beziehen sich auf die Gesamtzusammensetzung folgender Verwitterungsstufen: 1. Frischer Granit, 2. verwitterter Granit, 3. und 4. noch

---

[1] Niklas, H., u. H. Poelt: Die Einteilung Bayerns in Wirtschaftsgebiete auf Grund der geologischen und wirtschaftlichen Verhältnisse. Z. Statist. Landesamt München 1923.

[2] Niklas, H.: Die Verbreitung der schweren und leichten Böden in Bayern. Mit einer Übersichtskarte. Z. Statist. Landesamt München 1920, 1.

[3] Die Angaben über das Vorkommen der Gesteine sind zumeist aus Fallou oder Girard bzw. der Spezialliteratur entnommen.

[4] Die Schilderung der Gesteinsbeschaffenheit im einzelnen stützt sich auf die grundlegenden petrographischen Werke; vgl. auch besonders dieses Handbuch, Bd. 1, S. 87—145.

[5] Blanck, E., u. H. Petersen: Über die Verwitterung des Granits am Wurmberge bei Braunlage im Harz. J. Landw. 71. 199 (1923).

etwas stärker verwitterter Granit, 5. lockere, grusige Zersatzmasse, 6. braune Erde, 7. dunkelbraune Erde, 8. graubraune, humose Erde, 9. stark humose graue Erde, 10. fast schwarz aussehende, stark humose, oberste Schicht.

	1.	2.	3.	4.	5.	6.	7.	8.	9.	10.
SiO_2	70,85	71,55	70,46	70,34	77,28	75,55	70,48	67,90	67,85	47,65
TiO_2	0,26	0,29	0,21	0,19	0,56	0,59	0,48	0,59	0,54	0,34
Al_2O_3	11,70	12,85	13,85	14,06	8,16	8,95	12,21	11,12	11,21	8,20
Fe_2O_3	2,97	3,08	2,74	2,86	3,34	3,40	—	—	—	—
FeO	1,65	1,23	1,44	1,26	0,93	0,76	—	—	—	—
$Fe_2O_3 + FeO$.	4,62	4,31	4,18	4,12	4,27	4,16	3,15	3,05	2,40	1,56
CaO	1,78	1,20	1,17	1,17	1,13	1,10	0,81	0,72	0,45	0,36
MgO	0,71	0,72	0,65	0,54	1,15	1,40	0,87	1,26	0,63	0,62
K_2O	5,15	5,28	5,06	5,00	3,15	2,72	3,13	2,79	2,56	1,80
Na_2O	3,37	3,18	3,18	2,92	1,48	1,48	1,13	1,61	1,50	0,59
$K_2O + Na_2O$.	8,52	8,46	8,24	7,92	4,63	4,20	4,26	4,40	4,06	2,39
P_2O_5	0,10	0,09	0,11	0,10	0,11	0,14	0,14	0,14	0,17	0,16
SO_3	—	—	—	—	0,26	0,13	0,14	0,08	0,10	0.20
Glühverlust . .	1,10	1,30	1,16	1,05	2,20	3,95	7,46	11,00	14,10	37,48
Sa. (%)	99,64	100,77	99,90	99,49	99,75	100,17	99,97	100,26	101,11	98,96

Der aus dem Granit hervorgegangene Boden ist trotz seines immer noch hohen Gehaltes an Steinen und Sanden ziemlich tonig und in günstiger Lage kräftig und jedenfalls tiefgründiger und besser als der aus dem quarzreicheren und daher feinkörnigeren und dichteren Granit gebildete, flachgründige und stark kiesige Boden. Die Verwitterung der granitischen Gesteine erfolgt mechanisch durch ungleichmäßige Erwärmung der einzelnen Mineralien, Spaltenfrost usw., chemisch durch Oxydations- und Lösungsprozesse und biologisch durch Flechten und Moose[1]. Von ausschlaggebendem Einfluß auf die Beschaffenheit des daraus entstehenden Bodens ist die Lage des Gesteins. Der auf kahlen und steilen Höhen gebildete Boden ist stets flachgründig und mager, denn jeder Regenguß führt erdige Bestandteile weg. Solcher Boden eignet sich nicht mehr für die landwirtschaftliche Kultur und trägt bestenfalls Fichten, vielmals aber kaum mehr Kiefern und Birken. Kommt der Granit in höheren ebenen Lagen vor und ist der Untergrund ziemlich dicht und undurchlässig, so kommt es nicht selten zu Versumpfungen, Rohhumus- und mitunter sogar zu Torfbildungen, da die reichlichen Niederschläge in den festen, felsigen Untergrund nicht rasch genug eindringen können und den seichten, schüttigen Boden durchtränken. Dagegen sind die tiefgründigen Aufschwemmungen in den Tälern am Fuße der Hänge so lange günstig, als nicht durch zu reichliche Abschlämmassen der Boden schwer und daher zu naß wird. Im allgemeinen aber ist der auf ursprünglicher Lagerstätte ruhende Boden nicht schwer und auch nicht tiefgründig, und etwa drei Viertel des Bodens bestehen dabei noch aus unverwittertem Gestein. Trotzdem können in nicht allzu ungünstiger Lage noch Roggen, Hafer und Kartoffeln gebaut werden, und die Fichten gedeihen hier sehr gut. Je ärmer der Granit an Hornblende und Oligoklas bei ungünstiger Lage ist und je weniger das Mineral Apatit vorhanden ist, um so saurer, kalk- und phosphorsäureärmer ist der Boden, während auch nicht selten, trotz reichlichen Feldspatgehaltes, Mangel an leichtlöslichem Kali besteht und die Böden sehr häufig auf Stickstoffdüngung reagieren. Granit ist bekanntlich wegen seines höheren Gehaltes an Kieselsäure gegenüber den Erdalkalien als ein saures Silikat aufzufassen.

---

[1] Blanck, E., F. Giesecke u. H. Keese: Beiträge zur chemischen Verwitterung auf Hindö, Vesteraalen, Nord-Norwegen. Chem. Erde 1928, 76.

Der gelblich- bis rötlichgraue Boden nimmt bei Anwesenheit größerer Mengen an organischer Substanz und bei stärkerer Stallmistdüngung mehr und mehr eine dunkle bis schwarzbraune Farbe an. Beim Schlämmen desselben verbleibt ein sehr charakteristisches Skelett und eine Substanz in den Schlämmrückständen, welche aus hellfarbigen, meist gelben, grauen oder braunen Körnern von verschiedenster Größe besteht. Die vorherrschenden Grobsande sind eckig. Die Quarze sind trüb und kommen in Bruchstücken und Splittern vor, während die reichlichen Orthoklastrümmer häufig angefressen aussehen, Verwitterungskrusten und starke Eisenfärbung aufweisen. Die Biotite und Muskovite kommen sowohl in dickeren, tafeligen Gebilden, als auch in dünnen Spaltflächen und Lamellen vor und zeigen durch Verwitterung bunte Farben und braune Eisenflecke. In dem Bodenskelett kommen häufig als Feingemengteile Zirkone, Apatit und titanhaltiges Magneteisenerz und gelegentlich auch Umwandlungsprodukte der granitischen Gemengteile, wie Chlorit, Brauneisen und Roteisen, sowie kohlensaurer Kalk in Spuren vor. Kalk- und Natronfeldspäte sind im allgemeinen in geringer Menge vorhanden. Die vorhandene organische Substanz ist häufig wenig zersetzt[1].

Der Syenitboden. Auch das insbesondere im Norden Europas vorkommende Gestein Syenit, aus dem dieser Boden entstammt, begegnet uns ebenso wie Granit im deutschen Mittelgebirge, im Fichtelgebirge, Thüringer- und Odenwald, bedeckt aber nirgends größere Gebiete und ist gewöhnlich im Granit und Gneis stockförmig eingelagert, bzw. kommt zumeist in Form eines wellenförmigen Gebirges mit flachen Kuppen vor.

Syenit ist ein körniges Gestein, das zur Hauptsache aus Orthoklas und Hornblende besteht und nur wenig oder gar keinen Quarz enthält. Neben Hornblende kann Glimmer oder Augit vorhanden sein, bzw. für diese eintreten, und dadurch ergibt sich eine Reihe von Varietäten. Der Hauptunterschied gegenüber Granit besteht darin, daß Quarz sehr zurücktritt oder ganz fehlt. Die Hornblende und der Feldspat im Syenit verwittern gut, im allgemeinen zuerst der Feldspat und dann die Hornblende und bedingen einen fruchtbaren tonigen Boden, welcher aus dem groben Verwitterungsgrus des Syenites hervorgeht, in den dieser, ähnlich wie Granit, zuerst zerfällt. Doch bleibt der eisenreiche Lehm- oder Tonboden immer noch zu einem Drittel bis zur Hälfte aus unzersetztem Gestein bestehen. Enthalten die Syenitfelsen statt des Feldspates Labrador, so verwittern sie viel langsamer und bilden dementsprechend auch einen flachkrumigeren und grusreicheren Boden. Im frischen Zustande enthält der Verwitterungslehm in

---

[1] Literatur zur Granitverwitterung: FALLOU, F. A.: Der Granitboden des Königreichs Sachsen in naturwissenschaftlicher, besonders geognostischer Beziehung. Agronom. Ztg. 1866, 403. — HAZARD, J.: Chemisch-physikalische Untersuchungen über die Bildung der Ackererde durch Verwitterung. Landw. Versuchsstat. 1880, 225. — HILGER, A., u. K. LAMBERT: Über die Verwitterung des Granits von der Luisenburg im Fichtelgebirge. Landw. Versuchsstat. 1887, 161. — DITTRICH, M.: Über die chemischen Beziehungen zwischen Quellwässern und ihren Ursprungsgesteinen. Mitt. Großh. Bad. Geol. Landesanst. 4, H. 2 (1901).— GAGEL, C., u. H. STREMME: Über einen Fall von Kaolinitbildung im Granit durch einen kalten Säuerling. Cbl. Min. 1909, 427. — DUMONT, J.: Über die chemische Zersetzung der Urgesteine. C. r. Acad. Sci. 149, 1390. — GRUNER, H.: Charakteristische Verwitterungsböden des Elstergebirges. Berlin: Parey 1911. — NIKLAS, H., u. A. GOETTING: Beitrag zur Kenntnis der Urgesteinsverwitterungsböden. Landw. Jb. Bayern 16, H. 4/5. — SANDBERGER, F.: Untersuchungen über die Erzgänge von Wittichen im badischen Schwarzwalde. Neues Jb. Min. 1868, 390. — STÖCKHARDT, A.: Studien über den Boden. Landw. Versuchsstat. 1, 175—179 (1859). — DANNENBERG, A., u. E. HOLZAPFEL: Die Granite der Gegend von Aachen. Jb. Kgl. Preuß. Geol. Landesanst. 18, 1—19 (1898). — STOKLASA, J.: Über die Verbreitung des Aluminiums in der Natur, S. 45 u. 31. Jena: Gustav Fischer 1922. — BLANCK, E., u. H. PETERSEN: Über die Verwitterung des Granits am Wurmberge bei Braunlage im Harz. J. Landw. 71, 181 (1923).

der Regel mehr Alkalien als der Granitboden. Zwischen Boden und festem Gestein ist, wie bei den Verwitterungsböden, auf ursprünglicher Lagerstätte keine feste Grenze, sondern ein allmählicher Übergang. Durch den Kalkgehalt der Hornblende tritt auf dem Syenitboden viel seltener als auf dem Granitboden Rohhumusbildung auf, und daher ist er für viele Holzarten gut geeignet. Wohl infolge seines Eisen- und Tongehaltes ist er reich an Kolloiden und daher auch bindig und plastisch. Auch Quarzglimmersyenit vermag immerhin noch einen tiefgründigen, nährstoffreichen Boden zu liefern, der ebenfalls günstiger zu bewerten ist als der Granitboden. Nicht selten wird der Nährstoffgehalt und die Beschaffenheit der Syenitböden dadurch überschätzt, weil übersehen wird, daß diese Böden des öfteren von abgeschlämmten Bestandteilen aus anderen Böden überdeckt werden, wie überhaupt die Oberflächengestaltung und die Lage ebenso wie beim Granitboden von großer Bedeutung für deren Beschaffenheit sind. Unter günstigen Umständen vermag er auch anspruchsvolle Früchte wie Gerste und Weizen zu tragen. Es wurde bereits von Grebe[1] beobachtet, daß überall dort, wo der Granit in Syenit übergeht, ein besseres und frischeres Holzwachstum eintritt, und hier Buchen, Ahorne, Eschen häufig sind, ebenso, daß alsdann edlere Kräuter und bessere Gräser auftreten, während Heidekraut, Heidelbeere und Rohhumusansammlungen seltener vorkommen, was wieder der natürlichen Besamung zugute kommt. Die Oberflächengestaltung ist natürlich für die Bodenbildung ebenso wie beim Granit von besonderer Bedeutung; wenn sie günstig ist, können sich sehr fruchtbare Böden aus Syenit bilden.

Der Dioritboden. Das Vorkommen von Diorit ist beschränkt, doch sind Gänge und Stöcke von ihm im Granit nicht selten. Auch im Gneis und Glimmerschiefer kommen sie vor, wobei sie gewöhnlich schieferige Form annehmen. Vielfach bilden sie die Grenze von den schieferig-kristallinen Gesteinen zum Granit. Selbständige Bergrücken von Diorit sind selten, dort aber, wo Felsen zutage treten, sind diese aber massig und schroff. Das Gestein bildet gewöhnlich ein körniges Gemenge von Plagioklasen, und zwar vor allem von Oligoklas, seltener von Labrador mit Hornblende. In geringerer Menge können auch Glimmer, Augit, Orthoklas und Quarz vorhanden sein. Als zufällige Bestandteile treten Apatit, Titanit, Magnetit und Titaneisen auf. Die Ausbildung der Dioritgesteine kann eine kristallinisch körnige, porphyrische oder dichte sein. Im körnigen Zustande verwittern Diorite etwas besser als in den beiden letzten Fällen, doch geht die Verwitterung im allgemeinen nur langsam vor sich. Es bildet sich zunächst Grus, dann ein an Feinerde armer und an Steinen immer noch reicher Boden, der aber trotzdem fruchtbar ist. Besonders ist dies an schwach geneigten Abhängen der Fall. Je größer der Gehalt des Gesteines an Hornblende und Feldspaten ist, um so günstiger gestaltet sich in diesem Falle sein Nährstoffgehalt und damit auch seine mineralische Kraft. Im allgemeinen enthalten die Dioritböden mehr Kalk, aber weniger Kali als die Granitböden und nehmen vielfach eine Mittelstellung zwischen den aus Syenit und Gabbro entstandenen ein. Sie sind, entsprechend dem mäßigen Vorkommen von Diorit, nur wenig verbreitet.

Der Gabbroboden. Das recht selten auftretende Gabbrogestein ist ein körnig-kristallinisches Gemenge von Labradorit und Diallag und kommt alsdann gewöhnlich in Gängen und Stöcken vor. Neben Olivin finden sich in diesem Gestein öfters Nebenmineralien wie Augit, Biotit, Apatit usw. Durch Verwitterung entsteht ein durch seine dunkle Farbe und seinen höheren Gehalt an Eisen sehr an Basaltboden erinnernder zäher Boden, der sich auch diesem ähnlich verhält und fruchtbar zu sein pflegt. Infolge seines beschränkten Auftretens

---

[1] Grebe, C.: Gebirgskunde, Bodenkunde und Klimalehre, S. 85. 1872.

kommt ihm keine besondere praktische Bedeutung zu. Gabbrogestein enthält unter 52 % Kieselsäure und ist daher ein basisches Silikat, während Diorit und Syenit zu den neutralen Silikaten mit einem Kieselsäuregehalt zwischen 52 und 65 % und Granit zu den sauren Silikaten mit einem Kieselsäuregehalt von über 65 % gezählt werden. Alle diese Gesteine sind Tiefengesteine. Die chemische Zusammensetzung der Tiefengesteine beleuchtet folgende Zusammenstellung von Analysen[1]:

	SiO_2 %	Al_2O_3 %	Fe_2O_3 %	FeO %	CaO %	MgO %	K_2O %	Na_2O %	H_2O %
Granit . . .	67,70	16,08	5,26	—	1,65	0,95	5,78	3,22	—
Syenit . . .	59,37	17,92	6,77	2,02	4,16	1,83	6,68	1,24	0,38
Diorit . . .	52,97	22,56	5,47	4,03	7,51	2,13	0,44	2,31	2,24
Gabbro . . .	49,14	15,90	5,88	9,49	10,50	6,64	0,28	2,26	0,52

Böden der Ergußgesteine.

Die chemische Zusammensetzung der Ergußgesteine wird durch folgende Analysen zum Ausdruck gebracht:

	Porphyr (Harz)	Trachyt (Eifel)	Trachyt (Siebengebirge)	Phonolith (Eifel)	Phonolith (Lausitz)	Melaphyr (Harz)	Basalt (Rhön)
Kieselsäure	75,83	63,36	64,21	54,02	61,54	54,26	47,06
Tonerde	13,19	16,56	16,98	19,83	19,31	15,57	13,87
Eisenoxyd und Eisenoxydul .	2,23	4,75	6,69	4,54	4,19	8,42	16,25
Kalk	1,01	2,05	0,49	2,09	1,33	8,17	10,49
Magnesia	0,46	0,21	0,18	0,31	0,10	6,42	7,33
Kali	7,87	4,77	4,41	5,48	5,86	2,69	1,38
Natron	—	5,55	5,13	9,07	7,65	2,61	3,02
Glühverlust	0,55	1,20	1,00	3,10	0,71	3,01	0,84
	101,14	98,45	99,09	98,45	100,69	101,15	100,24

Der Porphyrboden. Im nordöstlichen europäischen Tiefland finden sich Porphyre in losen Blöcken und Geröllen. Dagegen findet sich dieses Gestein anstehend am Rande oder im Innern anderer Gebirge, sowie in Gängen in vielen Mittelgebirgen Deutschlands und denen anderer Länder Europas. Die Grundmasse besteht aus einem innigen Gemenge von Quarz und Feldspat, sie ist gewöhnlich dicht bis körnig-kristallinisch, während durch die Einsprenglinge die sog. porphyrartige Struktur bedingt wird. Diese sind zumeist Feldspat, Glimmer, sowie Hornblende und Augit. Chemisch sind die Porphyre ähnlich zusammengesetzt wie Granit, aber durch ihre Strukturverhältnisse unterscheiden sie sich bedeutend von diesem. Im eigentlichen Feldstein- oder Felsitporphyr herrscht die felsitische Grundmasse, die aus einem innigen Gemenge von Orthoklas und Quarz mit vielen Beimengungen von Eisenoxyd besteht, vor. Im Hornsteinporphyr befindet sich in der Grundmasse viel Kieselsäure. Sind in der Grundmasse reichlich schwarze Glimmerblättchen neben Orthoklaskristallen vorhanden, so spricht man von Glimmerporphyren, während bei den sog. Tonporphyren die Grundmasse stark verwittert ist. Letztere und insbesondere der Feldstein- oder Felsitporphyr kommen für die Bildung der Porphyrböden in Betracht, obwohl die verschiedenen Arten dieses Gesteins nicht selten vergesellschaftet sind oder mannigfache Übergänge bilden. Auch die quarzführenden und die quarzfreien Porphyrgesteine kommen zumeist neben einander vor.

---

[1] Außer den in der Originalliteratur vorhandenen Gesteinsanalysen finden sich größere Sammlungen davon in den ,,Grundlagen der Bodenkunde‘‘ von GIRARD sowie in den Jahresberichten für Agrikulturchemie. N. F. der einzelnen Jahrgänge, — Über die Verwitterung des Gabbros vgl. STRENG: Neues Jb. Min. 1862, 966.

Die dichten Porphyre und besonders die Hornsteinporphyre sind der Verwitterung nur wenig zugänglich[1]. Dies ist besonders dann der Fall, wenn der Gehalt an Grundmasse größer ist und je dichter diese ist. Sie unterliegen mehr der physikalischen, weniger der chemischen Verwitterung, die nur wenig, mit vielen Steinen und Felstrümmern durchsetzte Feinerde zu bilden vermag. Es entstehen auf diese Weise flachgründige, ungünstige Waldböden mit reichlich Rohhumus. Wesentlich stärker verwittert dagegen der eigentliche Feldstein- oder Felsitporphyr. Trotz der vielen Steine, welche die daraus entstehenden Böden noch besitzen, sind sie doch schon mehr oder weniger tiefgründig, reicher an Feinerde und daher auch fruchtbarer. Am stärksten verwittern die tonigen Porphyre, welche in günstigen Lagen an Eisen reiche, tonige Böden liefern, die gute Fichten- und Buchenbestände zu tragen vermögen, falls sie genügend tiefgründig sind. Immerhin geht die Verwitterung der Porphyre im allgemeinen sehr langsam vor sich, da die dichte Grundmasse sich nur schwer zersetzt. Je mehr gut verwitterbare Einsprenglinge diese besitzt, und zwar je mehr Feldspat- und dementsprechend um so weniger Quarzkörner, desto günstiger gestaltet sich die Bodenbildung. Dagegen bilden der Hornstein und der quarzreiche Porphyr gewöhnlich seichte und an Feinerde arme Böden, die nur am Rande feucht gelegener Abhänge Tannen und Eichen tragen, auf den Gebirgshöhen dagegen nur mit Kiefern bestockt sind. Die aus den Tonporphyren entstandenen Böden ähneln durch ihre dunkle graue, bzw. grau- bis rotbraune Farbe stark den Melaphyrböden. Zumeist entspricht aber der Bodencharakter infolge der mineralogisch-chemischen Zusammensetzung des Porphyrs, die der des Granites analog ist, den Böden dieses Gesteines, doch darf nicht übersehen werden, daß trotz fast gleicher chemischer und mineralischer Zusammensetzung beide Gesteine eine wesentlich andere Struktur besitzen. Während bei den Porphyren in einer nahezu homogenen Grundmasse verschiedene Mineralien eingebettet sind, besteht im Granit eine gleichartige Anordnung von Mineralien von verschiedener Körnigkeit. Diese Struktur der Porphyre bedingt auch zumeist ein stark zerklüftetes Gesteinsmaterial, welches das Wasser rasch versickern läßt, weshalb hier im Untergrund gewöhnlich große Trockenheit herrscht.

Zusammenfassend läßt sich sagen, daß die dichte Struktur der Grundmasse der Verwitterung entgegen wirkt, daß aber die grobkörnigen Einsprenglinge in dieser sich rasch zersetzen, und zwar um so mehr, je reichlicher grobkörnige Feldspatkristalle vorhanden sind. Unter Umständen geht die Verwitterung bis zum Ton, der noch Quarzkristalle einschließt. Es bilden sich jedoch im allgemeinen mittlere Lehmböden.

	Porphyr (Sachsen)	Porphyr (Schlesien)	Porphyr (Norwegen)
Kieselsäure	75,62	74,23	75,19
Tonerde	10,01	14,77	10,86
Eisenoxyd	3,65	1,31	—
Eisenoxydul	—	—	3,21
Kalk	0,47	—	0,48
Magnesia	—	1,35	0,36
Kali	4,16	1,34	3,08
Natron	3,84	4,80	3,98
Glühverlust	1,10	0,99	0,71
	98,85	98,79	97,87

Die Porphyre sind charakteristische Ergußgesteine. Obenstehend seien einige Analysen von Porphyrgesteinen aus Sachsen, Schlesien und aus Norwegen vergleichsweise angeführt[2].

Unter Porphyriten versteht man somit Gesteine mit dichter Grundmasse und ausgeschiedenen Kristallen auf dieser, von denen insbesondere Glimmer und

[1] Ramann, E.: Bodenkunde, 2. Aufl., S. 92. 1905.
[2] Girard, H.: Grundlagen der Bodenkunde für Land- und Forstwirte. S. 78. 1868.

Feldspat, aber auch Augit und Hornblende vorhanden sind. Von den daraus entstammenden Böden gilt das oben Gesagte. Es sind im allgemeinen tiefgründigere und gute Böden[1].

Der Trachytboden. Die Trachyte treten mitunter in ganzen Berggruppen und zwar in sehr charakteristischen steilen Formen aus anderen Gesteinen hervor. Es kommen aber auch vereinzelte Berge, sowie Stöcke und Gänge vor. Obwohl auch in älteren Gesteinen auftretend, gehören sie doch speziell der Tertiärformation an. Im Norden und Osten von Europa fehlen sie auffallenderweise fast ganz, kommen aber auch in Mitteleuropa nur sparsam vor. In Ungarn, in den Anden und auf den Kanarischen Inseln bildet der Trachyt mächtige Gebirgsmassen.

Die Trachytgesteine sind meistens porphyrisch ausgebildet. Zu den trachytischen Gesteinen rechnet man den Quarztrachyt (Rhyolith), er besteht aus Sanidin, Oligoklas und Quarz, den Trachyt schlechthin (Oligoklastrachyt), der aus Sanidin, Oligoklas und Hornblende besteht, und den Andesit, der sich aus Oligoklas, Hornblende oder Augit zusammensetzt. Der Sanidintrachyt enthält als Grundmasse Kalifeldspat und Quarz, als Einsprenglinge Plagioklas, Biotit usw.

Da Trachyt, wenn er zutage kommt, steile Felsen bildet, so kann der daraus entstehende Boden sich nur am Fuße derselben bilden[2]. Trachyt verwittert als das wohl ziemlich weichste unter den Feldspatgesteinen an und für sich ganz gut, wobei das sehr wechselnde Mischungsverhältnis seiner einzelnen Bestandteile von Bedeutung ist. Er zerfällt leichter als Phonolith und Basalt, doch soll der daraus entstehende gelblichgrau gefärbte Boden nur dann die der Zusammensetzung des Gesteins entsprechende Fruchtbarkeit zeigen, wenn er aus weicheren Massen hervorgeht, während er im anderen Falle einen flachgründigen, trockenen und nur mäßig fruchtbaren Boden bildet. Wichtig ist dabei auch der Umstand, ob das Gefüge des Gesteins körnig, porphyrartig, dicht oder rauh ist. Trachyte, welche keinen ausgeschiedenen Quarz haben, sind infolge der porösen Beschaffenheit der Sanidingrundmasse und der eingesprengten Sanidinkristalle sehr rasch und gut verwitterbar und bilden dabei einen ziemlich schweren Lehm, da die Quarzsande darin fehlen.

	Trachyt (Eifel)	Trachyt (Siebengebirge)	Trachyt (Norwegen)	Trachyt (Island)
Kieselsäure	63,36	64,21	69,97	75,91
Tonerde	16,56	16,98	20,92	11,49
Eisenoxyd	4,75	6,69	3,81	—
Eisenoxydul	—	—	—	2,13
Kalk	2,05	0,49	0,14	1,56
Magnesia	0,21	0,18	0,29	0,76
Kali	4,77	4,41	5,03	5,64
Natron	5,55	5,13	8,88	2,51
Glühverlust	1,20	1,00	0,38	—
	98,45	99,09	100,42	100,00

Die aus Andesit hervorgegangenen Böden sind fruchtbarer als die Quarztrachyt- und Trachytböden im eigentlichen Sinne. Der Trachytboden findet sich im allgemeinen nur in Schluchten in geringer Verbreitung, viel häufiger und auch etwas ausgedehnter findet sich der aus Trachyttuff hervorgegangene Boden,

---

[1] SELLE, V.: Über Verwitterung und Kaolinbildung Halle'scher Quarzporphyre. Z. Ges. Naturw. Halle a. d. S. **79**, 321 (1907).
[2] MURAKÖZY, K. v.: Über die Verwitterung der Rhyolith-Trachyte von Nagy-Mihaly. Neues J. Min. I, 291 (1894).

der nicht selten mit ersterem verwechselt wird. Auch hier ist für die Bildung und die Eigenschaften des betreffenden Bodens das Mischungsverhältnis der einzelnen Bestandteile des Tuffes von Bedeutung, desgleichen die Struktur und schließlich die Lagerung des gebildeten Bodens.

Über die Zusammensetzung verschiedener Trachytgesteine unterrichten einigermaßen vorstehende Analysen.

Der Phonolithboden. Phonolith ist ein häufig vorkommendes Ergußgestein porphyrischer Struktur, welches als Felsart den Namen Klingstein führt. Diese meist in unmittelbarer Nähe vulkanischer Gebirge vorkommenden, vereinzelten, kegelförmigen Bergkuppen durchbrechen des öfteren das Basaltgebirge und machen dann einen stattlichen Eindruck.

Das meist dunkelgrün oder braun gefärbte Gestein, welches vielfach auch in Platten abgesondert auftritt, bildet eine quarzfreie Grundmasse mit Alkalifeldspat (Sanidin), Nephelin und Zeolithen. Bei der Steilheit der Phonolithfelsen kann sich auf diesen nur eine geringmächtige Decke von Trümmerschutt bilden, wenn sie nicht ganz kahl sind. Bei der Verwitterung zerfällt der Phonolith in viele scharfkantige und plattenförmige Bruchstücke, und zwar dies um so mehr, je dichter seine Struktur war. Diese Bruchstücke kaolinisieren an ihrer Oberfläche, bzw. die Verwitterungskruste ähnelt in ihrer Beschaffenheit und Farbe dem Kaolin. Je reicher das Gestein an Zeolithen und erdigen Tuffen war, um so mehr bildet sich unter sonst günstigen Verhältnissen ein hellgrauer, tonhaltiger Boden, der zwar reich an Gesteinstrümmern, im nassen Zustand schlammig, im trockenen krümelig ist und bei hinlänglicher Feuchtigkeit gute Waldbestände zu tragen vermag. Er hat dabei viele Ähnlichkeit mit dem Basaltboden. Nicht selten aber finden wir in ungünstiger Lage statt des Phonolithbodens nur ein Trümmerfeld aus den verschiedensten Bruchstücken des unverwitterten Gesteins. Trotz des z. T. recht beträchtlichen Kaligehaltes (bis zu 12 % K_2O) des Klingsteins ist dieser Pflanzennährstoff hier doch gewöhnlich sehr schwer löslich[1].

Der Diabasboden. Diabas oder Grünstein ist als Gebirgsart häufig im Ton oder Grauwackenschiefer eingelagert, und zwar in Form kleinerer oder größerer Lagerstätten. In geschlossener Fläche bilden die Grünsteine ein wellenförmiges Hügelland, welches sich nicht wie die Basaltfelsen von deren Umgebung unterscheidet. Die Kuppen und Hänge tragen eine dünne Decke von wenig zersetztem Gesteinsschutt. Dieses basische Ergußgestein, welches häufig Übergänge zu Diabas, Gabbro und Diorit zeigt, ist bald dicht, bald körnig, porphyrisch, schieferig oder massig und zersetzt sich je nach seiner Struktur oder seiner Zusammensetzung sehr verschieden. Im letzteren Falle spielt insbesondere der höhere oder niedrigere Gehalt an Kalk und Eisen eine Rolle. Es ist ein Gemenge von Plagioklas und Augit. Zuerst verwittert der Augit, der dabei in Chlorit übergeführt wird. Durch den hohen Kalkgehalt des Gesteins bzw. des Augits ist Gelegenheit für die Kohlensäure gegeben, den Kalk in Kalkkarbonat überzuführen, welches sich als Kalkspat in den vorhandenen Hohlräumen ausscheidet. Dieser Umstand, sowie die sonstige günstige Gesteinszusammensetzung trägt dazu bei, daß die gebildeten Verwitterungsböden an und für sich recht fruchtbar wären, bei uns in Deutschland aber leider eine viel zu rauhe Lage haben, um entsprechend zur Geltung kommen zu können. Neben Kalk findet sich

---

[1] Vgl. hierzu Th. Pfeiffer u. E. Blanck: Die Bedeutung des Phonoliths als Kalidüngemittel. Mitt. Landw. Inst. Breslau 6, 233 (Berlin 1911). — Blanck, E.: Der Phonolith als Kalidüngemittel vom Gesichtspunkt seiner mineralogisch-petrographischen Natur und chemischen Beschaffenheit, Fühlings Landw. Ztg. 61, 721 (1912). — Vgl. ferner F. Schucht: Landw. Jb. 42, 223 (1912). — C. v. Eckenbrecher: Tschermaks mineral. Mitt. 3, 3 (1860). — Struve: Poggendorfs Ann. 7. 348 (1826). — G. vom Rath: Z. dtsch. geol. Ges. 8. 296 (1856). — Bernath: Beiträge zur Kenntnis der Noseanphonolithe vom Hohentwiel, S. 41. 1877.

auch Phosphorsäure in größerer Menge, und daher sind diese Böden immerhin noch gut geeignet für die Laubhölzer, die bekanntlich höhere Ansprüche an die Nährstoffe stellen als die Nadelhölzer. SENFT[1] spricht sich bereits über diese Böden und die der sog. Trappgesteine überhaupt dahin aus, daß diese graubraunen bis dunkelrotgrauen Böden äußerst fruchtbar sind, wenn sie etwas geneigte Lage haben und mit den dunkelfarbigen Geröllen ihrer Muttergesteine bedeckt sind. Dagegen wären sie häufig aber auch ebenso unfruchtbar bei ganz freien Lagen, wodurch sie in nassen Jahren so schlammig würden, daß die darauf wachsenden und besonders die flachwurzelnden Gewächse dann nicht nur allen Halt verlören, sondern auch die Wurzelfäule bekämen. Dagegen würden diese Böden in trockenen, heißen Jahren so pulverig, staubig und lose, daß sich alsdann wieder keine Pflanzen halten könnten. Nach RAMANN[2] ist der unter normalen Verhältnissen gebildete, dunkel gefärbte Diabasboden für Laubhölzer sehr geeignet, während Nadelhölzer, aber auch die Eiche, auf ihm weniger gut gedeihen. Ferner eigne er sich infolge guter Besamungsmöglichkeit recht wohl für die natürliche Verjüngung, wenn auch, wie auf allen guten Bodenarten, starker Graswuchs, dagegen keine Rohhumusbildungen zu erwarten wären. Nach GREBE[3] sagt dieser Boden allen kräftigen Holzarten, wie z. B. den Ahornen, sehr zu, und das abgesonderte Vorkommen dieser Bäume auf bewaldeten Höhenzügen wäre oft ein sich schon aus weiter Ferne andeutendes Kennzeichen für das Auftreten dieses Bodens.

Im allgemeinen verwittern die Diabase, abgesehen von den dichten Gesteinen, ziemlich leicht. An Hängen bilden sich natürlich nur ganz flachgründige Böden im Gegensatz zu denen in günstiger Lage, wo die Verwitterungsagenzien und insbesondere die Kohlensäure fortgesetzt ihre Wirkung entfalten.

Der Melaphyrboden. Dieses Gestein kommt insbesondere in Gängen und Lagern innerhalb anderer Gesteine und ab und zu in einzelnen kegelförmigen Felskuppen vor, so daß die daraus entstandenen Böden selten sind und nicht sehr ausgedehnt vorkommen. Die steilen Felsen tragen ganz überwiegend nur Blöcke. Der Melaphyr ist ein Mineralgemenge von Kalknatronfeldspat (Plagioklas) mit Augit und Olivin, in welchem Apatit, Magnetit und sonstige Begleitmineralien häufig sind. Er ist ein typisches Ergußgestein, in dessen dunkle, meist bläulich bis grünliche Grundmasse Anorthitkristalle und Glimmertäfelchen eingelagert sind, oder er weist zahlreiche Blasen und Mandeln von Kalkspat auf, die wie die Blasenhohlräume zumeist von Grünerde überzogen sind, was zu der Bezeichnung Mandelstein geführt hat. Seine Struktur ist sehr verschieden und weist alle Übergänge von dicht zu körnig und porphyrisch auf, sehr häufig und charakteristisch ist die oben erwähnte Mandelsteinstruktur.

Am schwersten verwittert der dichte und feste Melaphyr, der zunächst nur platten- und schalenförmig zerklüftet. Die weichen, erdigen, porösen und mandelartigen Varietäten verwittern dagegen am leichtesten, wobei sich zuerst die Gesteinsbruchstücke mit einer dünnen, grünlichen, dann gelben bis braunen Verwitterungskruste überdecken. Die Plagioklase werden dabei in zeolithartige Mineralien umgewandelt, was bis zu einem gewissen Grade auch mit dem Orthoklase der Fall sein kann. Der Olivin geht in Serpentin über, welcher Vorgang mit einer Trübung dieses grüngefärbten Minerales Hand in Hand geht, während zugleich die Karbonate von Eisen und Magnesia dabei ausgeschieden werden. Der gebildete Serpentin zersetzt sich nur sehr schwierig und langsam unter Abscheidung von Kieselsäure und Bildung von Karbonaten. Aus dem Augit können Chlorit, Biotit, Epidot und andere Verwitterungsformen entstehen, die neben

---

[1] SENFT, F.: Lehrbuch der Gebirgs- und Bodenkunde. Jena 1847.
[2] RAMANN, E.: Bodenkunde, S. 94. 1905. [3] GREBE, C.: a. a. O., S. 91.

Kieselsäure und Karbonaten schließlich eisenreiche Tone liefern. Die Verwitterung der Melaphyre schildert sehr eingehend E. Blanck[1], der diese dahin zusammenfaßt, daß der Melaphyr in den ersten Stadien seines Zerfalles neben vielen Karbonaten Grünerde und Serpentin liefert, und zwar nebst tonigen Substanzen und Eisenoxydhydraten. Später führt er zu einem Gemenge von Kieselsäure, Ton und Toneisenstein. In manchen Fällen könne durch Wegführung von Kieselsäure sogar ein Gemenge von wasserhaltiger Tonerde und Eisenoxyd entstehen. Schließlich bilden sich Lehm-, Ton- und Lettenböden, die infolge ihres hohen Eisengehaltes bläulichrot bis rötlich gefärbt sind.

Die dunkel gefärbten, eisenreichen Melaphyrböden ähneln sehr dem Basaltboden und zeichnen sich wie dieser gegenüber den aus sauren Gesteinen hervorgegangenen Böden durch ihren günstigen Nährstoffgehalt aus. Auch sind sie im allgemeinen ziemlich tiefgründig. In nicht zu trockenen Lagen trägt dieser Boden vorzügliche Buchen und Tannen und infolge seines Kalkgehaltes auch sonstige kalkliebende Gewächse. In sonniger Lage gedeihen auf ihm vorzügliche Lärchen und Kiefern. Je mehr Drusen und Mandeln von zeolithischen Substanzen vorhanden sind, um so fruchtbarer pflegt er zu sein, während ein höherer Gehalt an Eisenoxydul, besonders im Augit, zu weniger fruchtbaren Böden führt. Senft[2] weist darauf hin, daß Melaphyrböden sich hauptsächlich am Rande und an den Buchten der Gebirge, vorzüglich in der Nähe dolomitischer Gesteine aus der Zechstein- und Juraformation vorfinden. Selbstverständlich enthält der durch Verwitterung von Melaphyr entstandene Boden noch reichlich unzersetzte Gesteinsbruchstücke, die aber für sein physikalisches Verhalten nur günstig sind. Neuerdings haben sich besonders L. Milch und G. Alaschewski[3] mit der Verwitterung und Bodenbildung des Melaphyrs beschäftigt. Sie kommen zu dem Schluß, daß die Böden gegenüber dem frischen Gestein eine starke Abnahme von Fe, Mg, Ca und Na, eine schwächere von Al, eine bedeutend geringere von K aufweisen. Dieser Abnahme gegenüber stehe eine starke Zunahme des Si. Der Rest des Fe sei als Oxyd vorhanden. Im übrigen seien die Frühstadien der Verwitterung wesentlich durch wechselnde Neumineralisation und damit im Zusammenhang durch scheinbar wechselnde chemische Tendenz bei nicht stark abweichender chemischer Zusammensetzung gekennzeichnet. Erst die während und nach der Auflösung des Gesteins zum Boden

	1.	2.	3.	4.	5.
SiO_2	57,35	54,68	59,51	62,90	66,13
TiO_2	1,64	1,62	1,52	0,98	0,88
Al_2O_3	15,67	16,07	15,08	13,75	9,80
Fe_2O_3	3,31	4,55	6,86	3,98	3,86
FeO	4,76	5,32	0,94	—	—
MnO	0,18	—	0,10	—	—
MgO	2,88	3,98	3,51	1,82	0,91
CaO	5,77	2,96	0,90	0,77	0,53
Na_2O	3,17	5,13	2,83	1,84	0,86
K_2O	2,64	2,85	3,14	2,72	1,92
P_2O_5	0,31	0,35	0,32	0,07	0,13
H_2O+	0,66	2,16	3,08	} 11,17	14,98
H_2O-	1,58	0,33	2,62		
CO_2	0,47	0,82	Spur		
	100,39	100,82	100,41	100,00	100,00

[1] Blanck, E.: Der Boden der Rheinpfalz in seiner Beziehung zum geologischen Aufbau derselben. Vjschr. bayer. Landw. Rates 1905, Münch. S. 12 (Separatabzug).

[2] Senft, F.: Lehrbuch der Gebirgs- und Bodenkunde, II. Teil, S. 274. 1847.

[3] Milch, L., u. G. Alaschewski: Über Verwitterungsvorgänge an Melaphyren des Waldenburger Berglandes. Tschermaks min. u. petrogr. Mitt. 38, 310 (1925).

entstehenden Gebilde weisen starke chemische Veränderungen in einer sich gleichbleibenden Richtung auf. Der Umwandlungsvorgang vom Gestein zum Boden geht aus vorstehenden Analysen des Melaphyrs von Oberwüstegiersdorf bei Waldenburg in Schlesien nach MILCH und ALASCHEWSKI hervor[1]: 1. Frisch, 2. Beginn der Zersetzung, 3. Bröckchen aus verwittertem Boden, 4. Feinerde unter 1 mm aus Ackerboden, 5. wie 4. aus Waldboden.

Der Basaltboden. Basaltkegel, aber auch Berggruppen von diesem Gestein sind in Mitteleuropa nicht selten. Sie treten in dieser Form besonders am Rande der älteren kristallinischen Gesteine, und zwar vielfach vergesellschaftet mit Trachyt und Phonolith auf, bilden aber in diese eingeschoben auch Lager und Gänge. In den jüngeren geologischen Formationen sind Basaltdurchbrüche ebenfalls recht häufig, wie z. B. im Karbon, in der Dyas, Trias, dem Jura, der Kreide und dem Tertiär, dagegen fehlen sie in den ausgedehnteren Tiefebenen, die abseits der älteren Gebirge liegen. Diese Durchbrüche dürften sich wohl auf die Tertiärzeit beschränken. Wenn auch die Kegelform für die Basaltberge charakteristisch ist, so kennen wir doch auch ganze Basaltplateaus mit einzelnen runden Kuppen. Das ausgedehnteste Vorkommen dieses Ergußgesteines, das zahlreiche Klüfte und Spalten der Erdrinde bei ihrem Erstarren ausgefüllt haben dürfte, stellt in Deutschland das Vogelsgebirge in Hessen dar, während es auch im böhmischen Mittelgebirge in bedeutender Ausdehnung auftritt, dagegen sonst z. B. in der Rhön, in der schwäbischen Alb und in der Lausitz nur einzelne Kuppen aufweist. Auch sonst kommt es in einer Reihe europäischer Länder, wie Ungarn, Frankreich usw. vor.

Die Basalte bilden dichte Massen, die scheinbar gleichartig sind. Einer der wesentlichsten Bestandteile derselben ist Augit, welcher zumeist mit Labrador und Magneteisen zu einer gleichmäßigen, dunkelgrau bis bläulichschwarzen Masse verschmolzen ist. Vielfach enthalten die Basalte auch Olivin bzw. Plagioklas, Nephelin oder Leucit. Hiernach kann man sie unterscheiden als Plagioklas-, Nephelin- und Leucitbasalte, von denen die ersteren die häufigsten sind. Die körnig-kristallinischen Basalte werden Dolerite genannt. Zwischen körnigen und dichten Basaltgesteinen finden sich mehrfache Übergänge. Der dichte Basalt ist gleichmäßig dunkel gefärbt und wird durch die Verwitterung öfters etwas gelblich. Im Dolerit sind infolge seines körnigen Gefüges die einzelnen Mineralbestandteile deutlich sichtbar. Die Basalte werden öfters von Tuffen begleitet, die sich bei ihrem Durchbruche gebildet haben. Je weicher deren von Natur aus erdiges Bindemittel ist, um so eher verwittern letztere.

Die Verwitterung der Basalte ist je nach ihrer Struktur sehr verschieden. Besonders der dichte Basalt widersteht der Verwitterung sehr lange und zerfällt zunächst nur in einzelne Bruchstücke mit z. T. abgerundeten Kanten, die vielfach nur mit einer dünnen rotbraun gefärbten Verwitterungskruste überzogen sind. Besonders an Hängen stehen solche Steinfelder gerne an. Leichter verwittern die körnigen Basalte und besonders dann, wenn sie mehr leichter zersetzbare Begleitmineralien enthalten, wie überhaupt dieser Umstand nicht nur von großem Einfluß auf die Verwitterung der Basalte, sondern auch der meisten Gesteine ist. Im allgemeinen entsteht bei der Verwitterung des Basaltes ein dunkler bis dunkelrotbrauner toniger Boden, der nicht sehr tiefgründig und stark mit Gesteinstrümmern durchsetzt ist. Schon wegen der Oberflächengestaltung der Basaltberge kann der Boden über dem Muttergestein nicht mächtig sein. Anderenfalls handelt es sich nicht um ursprünglichen, sondern um angeschwemmten Boden. Steilere Hänge tragen nur noch Trümmer des unver-

---

[1] Vgl. auch F. BEHREND und G. BERG: Chemische Geologie. Stuttgart 1927. S. 321.

witterten Gesteines. Allerdings sind die Klüfte und Fugen dieser Blöcke ab und zu mit Verwitterungserde ausgefüllt und dann zum Tragen von Bäumen und Gesträuchen geeignet. Der am Fuße der Hänge lagernde Basaltboden ist im allgemeinen infolge seines Reichtums an Kolloiden und seiner chemischen Zusammensetzung nach vielfach ein zwar schwer zu bearbeitender und fruchtbarer Ackerboden, der allerdings zumeist für Nährstoffzufuhr immerhin noch dankbar ist. Bei hoher Regenmenge ist er für Grasnutzung gut geeignet, und gilt auch solches für den Ackerbau, wenn Wasserfurchen angelegt werden. Seine dunkle Farbe hält ihn warm, was seiner größeren Feuchtigkeit wegen von Bedeutung ist. Rohhumus bildet sich auf Basaltboden infolge seines Gehaltes an basischen Substanzen im allgemeinen selten, und dieser sagt auch anspruchsvollen Laubhölzern wie z. B. der Eiche mehr als Nadelhölzern zu.

Der Doleritboden unterscheidet sich im allgemeinen nicht wesentlich von dem Basaltboden schlechthin, was insofern auch verständlich sein dürfte, als deren beide Hauptbestandteile, Labrador und Augit, im ersteren Falle deutlich gemengt, im anderen Fall dagegen innig vermischt sind. Immerhin ist Dolerit der Verwitterung etwas leichter zugänglich als der Plagioklasbasalt. Ersterer ist in Deutschland nur sehr wenig verbreitet.

Zur Veranschaulichung der bei der Bildung von Basalterde aus Basalt vor sich gegangenen Stoffumwandlungen seien anbei folgende Analysen von Hanamann[1] angeführt, der die Verwitterung von Basalt und Phonolith von Loboschberg in Böhmen studierte.

	Basaltgestein		Basalterde	
		in HCl lösl.		in HCl lösl.
Glühverlust	2,05	1,02	10,00	10,04
SiO_2	40,25	21,47	51,25	14,29
Al_2O_3	} 30,35	8,04	} 24,00	5,92
Fe_2O_3		12,64		9,44
CaO	11,40	2,35	6,30	1,32
MgO	12,17	4,13	5,20	2,34
Alkalien (Differenz)	(4,70)	—	(3,25)	—
Hiervon:				
K_2O	1,31	1,18	1,06	0,41
Na_2O	3,39	2,30	2,19	0,19
P_2O_5	0,56	—	0,305	—
SO_3	—	Spur	—	Spur

Die Bildung von Phonolitherde aus Phonolithgestein behandeln folgende Analysen des gleichen Autors, die der Vollständigkeit halber hier ebenfalls aufgeführt werden sollen[2]:

	Phonolith-gestein	Phonolitherde		Phonolith-gestein	Phonolitherde
H_2O %	2,25	5,45	Mn_2O_3	Spur	Spur
In 100 g der wasserfreien Substanz sind:			CaO	3,20	0,28
SiO_2	58,02	62,85	MgO	0,56	Spur
Al_2O_3	21,98	23,26	K_2O	4,48	6,57
Fe_2O_3	3,33	} 2,96	Na_2O	6,46	3,56
FeO	0,85		P_2O_5	0,06	—

[1] Hanamann, S.: Über die chemische Zusammensetzung verschiedener Ackerböden und Gesteine Böhmens. Prag 1890.
[2] Vgl. auch N. Schmidt: Einfluß geologischer Formationen auf die Landwirtschaft unter besonderer Berücksichtigung der Verhältnisse im Nassauer Lande. Abh. preuß. geol. Landesanst., N. F., Heft 102. 1926.

HANAMANN gibt für Basalt und Phonolith folgende Zusammensetzung an:
Mineralogische Zusammensetzung des Basaltes:

Olivin	12,68 %	Leucit + Nephelin	16,41%
Magnetit	1,33%	Apatit	1,22%
Nephelin + Leucit	16,41%	Biotit	3,30%

Mineralogische Zusammensetzung des Phonolithes:

Nephelin	19,00%	Sanidin	67,00%
Augit	8,00%	Apatit	0,14%
Magnetit	0,50%	Schwefeleisen	Spur
Verwittertes Tonerdesilikat	5,00%		

C. TREUZEN gibt ferner folgende Analysen über niederhessische Basalte[1] wieder:

	SiO_2	TiO_2	Al_2O_3	Fe_2O_3	FeO	CaO	MgO	Na_2O	K_2O	P_2O_5	H_2O
1a	54,73	1,43	18,64	5,47	8,24	6,22	2,01	2,17	0,74	0,36	0,21
1b	47,77	1,24	19,49	8,60	2,87	9,63	6,11	1,87	1,01	0,74	1,86
2a	52,97	1,19	16,22	6,72	7,31	8,67	4,23	2,80	0,63	0,43	0,19
2b	46,50	1,01	18,60	9,50	4,31	9,61	5,55	1,76	1,01	0,87	2,11
3a	44,64	2,31	20,63	11,60	2,98	9,47	0,47	3,20	1,75	0,81	2,90
3b	51,68	1,56	20,12	5,17	1,08	6,49	4,10	3,36	1,56	1,11	4,30
4	49,53	1,86	14,10	6,12	6,21	9,39	6,61	2,28	2,12	0,98	0,86
5	42,21	1,90	17,45	5,90	6,60	12,60	11,00	1,12	0,87	0,93	0,98
6	36,38	2,08	16,08	12,86	6,93	15,53	5,01	2,44	1,15	1,12	0,82
7	43,47	1,79	22,00	3,47	7,79	14,08	3,40	2,98	0,91	0,91	0,94
8	47,12	0,56	15,96	4,03	9,90	13,33	4,90	1,15	2,01	0,57	0,92
9	37,96	2,01	14,36	7,87	6,95	10,56	10,21	5,21	1,89	1,61	1,56
10	43,10	1,70	15,70	12,90	2,91	10,90	7,15	1,05	0,36	—	4,50
11	40,09	1,17	22,62	2,44	9,05	10,49	12,40	1,17	0,65	0,21	0,24

1. Buschhorn bei Neuenhain: a) Basaltglas, b) kristallinischer Basalt.
2. Unterhalb des Sandberges bei Frielendorf: a) Basaltglas, b) kristallinischer Basalt.
3a und b. Enstatitdolerit, Kottenberg bei Ziegenhain.
4. Dolerit zwischen Ober- und Niedergrenzbach.
5. Limburgit vom Fuße des Stellberges bei Homburg a. d. Elze.
6. Nephelinbasalt vom Werrberg bei Homburg a. d. Elze.
7. Limburgit, Heiligenberg.
8. Feldspatbasalt, Langenberg.
9. Nephelinbasalt von einer der vorgelagerten Kuppen.
10. Basalt von Seigertshausen im Knüllgebiet.
11. Hornblende, ebendaher.

Die Böden der kristallinen Schiefer.

Der Gneisboden. Gneis bildet ähnlich wie Glimmer gewöhnlich flachkegelförmige Berge, die häufig eine langgestreckte, wellenförmige Abdachung zeigen. Wo die Berge zu bedeutender Höhe emporsteigen, wie z. B. in den Zentralalpen,

1 TREUZEN, C.: Beiträge zur Kenntnis einiger niederhessischer Basalte. Neues Jb. Min. I (1902); vgl. ferner ALB. OSWALD: Chemische Untersuchung von Gesteinen und Bodenarten Niederhessens. Diss. Bern, Saalfeld a. d. S. 1902. — Weitere Literatur über Verwitterung der Eruptivgesteine: SENFTER, R.: Zur Kenntnis des Diabases. Neues Jb. Min. 1862, 673. — ECKENBRECHER, C. v.: Verwitterung von Phonolithen. Tschermaks min. u. petrogr. Mitt. 1880. — KARRER, F.: Der Boden der Hauptstädte Europas. Geologische Studie. A. Hölder 1881. — TERMIER, P.: Über die Umbildung der basischen Eruptivgesteine von Pelvoux durch Verwitterung. Bull. Soc. geol. France 1898, 168. — MILCH, L.: Beiträge zur Kenntnis der Gesteine des Riesengebirges. Neues Jb. Min. 1899, 115. — BECKER, E.: Der Roßbergbasalt bei Darmstadt und seine Zersetzungsprodukte. Diss. Halle, Frankfurt a. M. 1904. — BECKER, E.: Chemische Beziehungen einiger Basalte. Ein neuer Beitrag zur Petrographie des Basaltes von Wartenberg bei Geisingen. Z. dtsch. geol. Ges. 1907, 401. — CHRIST, K.: Die klimatischen und Bodenverhältnisse des Rheingaues. Jber. Vereinig. Vertr. angew. Botanik 1904, 122. — NIKLAS, H.: Chemische Verwitterung der Silikate und der Gesteine. Berlin 1912. — MILCH, L.: Die Zusammensetzung der festen Erdrinde als Grundlage der Bodenkunde. 1926.

bilden sie himmelanstrebende, steile Klippen und Felsen, die stark zerklüftet sind und tief eingeschnittene Schluchten aufweisen. Stets bildet Gneis lagerförmig ausgebreitete Massen, die deutlich geschichtet und von eruptiven Gesteinen durchsetzt sind, deren Verhalten eher an Sedimente als an plutonisches Gestein erinnert. In Deutschland kommt Gneis in enger Nachbarschaft mit Glimmerschiefer im Fichtelgebirge, Böhmerwald, Schwarzwald, im Erzgebirge und den Sudeten vor. In noch größerer Ausdehnung finden wir das Gneisgebirge neben Granit in Schweden und Norwegen. Hier fällt es auf der Ostseite ganz allmählich ab, während es gegen die norwegische Küste hin steile Felsen bildet. In den Zentralalpen und überall dort, wo Gneis steile Felsen bildet, sind diese nackt bzw. mit Gesteinstrümmern oder ewigem Schnee bedeckt. Es wird angenommen, daß die Gneisformation in der ungeheuren Mächtigkeit von etwa 30000 m unter allen anderen Formationen liegt.

Gneis steht in seiner mineralogischen und chemischen Zusammensetzung dem Granit sehr nahe. Er enthält wie dieser Orthoklas, Plagioklas, Quarz und Glimmer (Biotit und Muskovit). Wichtigere akzessorische Bestandteile sind Granat, Cordierit, Magnetit, Turmalin, Graphit und Hornblende. Dementsprechend tritt er in einer Reihe von Varietäten, wie z. B. Glimmer-, Hornblende-, Cordierit-, Sericitgneis, sowie als Augen- und Glimmergneis auf. Übergänge zu Granit und Glimmerschiefer sind häufig. Vom Granit unterscheidet er sich aber wesentlich durch seine schieferige und flaserige Struktur, welche auf lagenweiser Verteilung der Mineralien infolge der bei der Bildung des Gneises eingetretenen Vorgänge beruht.

Grebe[1] bezeichnet den Gneis als ein körniges Gemenge von Orthoklas und Quarz, welches durch Glimmerlamellen in Lagen abgeteilt ist, wodurch das Gestein ein flaseriges, schieferiges, auf dem Querbruch ganz glimmerartiges Aussehen erhält. Der Hauptbestandteil des Gneises, der Glimmer, ist gewöhnlich mit dem Quarz und Feldspat innig verwachsen.

Der Grad der Schieferung und deren Richtung spielen bei der Verwitterung des Gesteins die bedeutsamste Rolle. Erst in zweiter Linie folgen die mineralogische Zusammensetzung und die Korngrößen der in ihm enthaltenen Mineralien. Das schieferige Gefüge begünstigt die physikalische Verwitterung sehr stark, und zwar um so mehr, je steiler die Schichten aufgerichtet sind. Der Gneis spaltet sich bei geneigter Stellung seiner Schichten zunächst in scheibenförmige Stücke, die allmählich in ein Haufwerk kleiner, plattiger Bruchstücke und schließlich in blätterigen Grus zerfallen, der mit gelbem Verwitterungston vermischt ist. Die Verwitterung geht um so ungestörter vor sich, je mehr der Quarz zurücktritt. Herrscht Biotit vor, so entsteht daraus Ton, der lösliche Substanzen absorptiv gebunden hält, dagegen liefert Muskovit gewisse Mengen an Nährstoffen. Für die Bildung der Feinerde kommt von den Mineralien insbesondere der Glimmer, und zwar der Biotit in Frage.

Da die Hänge des Gneisgebirges im allgemeinen schwächer geneigt sind als die des Granites, und die Berge zumeist gerundete Formen bilden, so geht die Bodenbildung im Gneisgebiet gewöhnlich auch besser vor sich als im Granitgebirge. Je schwächer geneigt die Hänge sind, um so weniger werden die feineren Verwitterungsgebilde entführt, während andernfalls durch das Zurückbleiben der Quarzkörner sehr steinige und grobsandige Böden entstehen. Auch die Mächtigkeit der Verwitterungsdecke ist in erster Linie von diesen Verhältnissen abhängig. Während an stärker geneigten Hängen lediglich geringmächtige, stark kiesige Böden möglich sind, findet sich ebenso wie im Granitgebirge in den

---

[1] Grebe, C.: a. a. O., S. 85.

Tälern zumeist eine mächtige tonige Schicht, welche durch die feinen Abschlämm-massen gebildet und fast durchwegs der Versumpfung ausgesetzt ist. Es können somit, abgesehen von Schichtung, Struktur und Zusammensetzung des Gneis-gesteines, lediglich bedingt durch die Lage, alle Übergänge vom leichtesten und seichten bis zum tiefgründigen Tonboden auftreten. Abgesehen von diesen Vor-gängen der Abschlämmung macht sich im ebenen oder nur sehr schwach geneigten Gelände die sog. Durchschlämmung bemerkbar, welche zwar nicht die feinsten Ton- bzw. Verwitterungskolloide mechanisch wegschlämmt, dafür aber die lös-lichen Salze, wie z. B. die kieselsauren Alkalien usw., löst und in die Tiefe führt, während die unlöslichen Bestandteile zurückbleiben.

Gneis verwittert im allgemeinen etwas rascher als Granit, bildet aber einen Boden, der diesem sehr ähnlich ist, nämlich einen stark sandigen, eisenschüssigen Lehm, der wie alle Verwitterungsböden noch zahlreiche und darunter auch größere Gesteinsstücke des Muttergesteines von kantiger Beschaffenheit ein-schließt. In günstigen Lagen ist er ein guter Waldboden, der Buchen und Fichten zu tragen vermag und auch landwirtschaftlich genutzt wird.

Die Gneisformation und deren Böden in Württemberg schildert F. PLIE-NINGER[1]. Es ist nicht ohne Interesse zu hören, was er über die Ortho- und Para-gneise und die daraus entstandenen Böden zu sagen weiß. Erstere sind aus Eruptiv-, letztere aus Sedimentärgesteinen hervorgegangen. Die Orthogneise enthalten Orthoklas, Biotit, Quarz, Plagioklas und Apatit. Sie verwittern schwerer als die Paragneise und liefern daher einen ziemlich flachgründigen Boden, der dem der Granite ähnlich, sandig-grusartig bis sandig-lehmig, mit Stei-nen und Blöcken durchsetzt ist. Wenn diese ausgelesen werden, so haben wir es mit nährstoffreichen, leicht erwärmbaren, ja sogar heißen und trockenen Böden zu tun, die an Kali reich sind, einen mäßigen Magnesiagehalt besitzen und an Phosphorsäure keinen Mangel leiden, wohl aber an Kalk, da dieser bei der raschen und leichten Verwitterung bald weggeführt wird. Daher sind sie für Kalk-zufuhr sehr empfänglich und für Wiesen und Feldbau gut geeignet und er-tragreich.

Die Paragneise besitzen die gleichen Gemengteile und liefern infolge rascher Verwitterung einen frischen lehmigen Boden. An nicht zu steilen und durch Wald geschützten Stellen ist er $^{1}/_{2}$—1 m tief, auf Wiesen und Feldern etwas weniger. An steilen Hängen bildet er infolge Abschwemmung Trümmerhalden. Der Kaligehalt des Bodens beträgt 2—4 %, Phosphorsäure und Magnesia sind genügend, dagegen Kalk ungenügend vorhanden. Er stellt einen für Wald-bau hervorragend geeigneten Boden, der auch als Wiesen- und Ackerboden sehr geschätzt, aber kalkarm ist, dar.

Beim Schlämmen der Gneisböden verbleiben reichliche Mengen von Fein- und Grobsanden mit vielen Glimmermineralien, jedoch ohne kohlensauren Kalk zurück. Die Körner sind mit einer gelbbraunen, von Eisen herrührenden Farbe überzogen. Am stärksten ist das Vorkommen von Quarzkörnern, dann ebenfalls mit einer Verwitterungsschicht bedeckter Orthoklase neben etwas Plagioklasen. Als dritter wesentlicher Bestandteil des Bodenskelettes ist Biotit vorherrschend gegenüber Muskovit. In den staubfeinen Teilen treten als Nebenmineralien Apatit, Zirkon, Rutil und etwas dunkle Titan-Magneteisenerze auf. Als Verwitterungs- bzw. Umwandlungsprodukte zeigen sich neben Eisenbildung oder sekundären Glimmer-lagen und trüben Zonen an den Feldspäten Chlorit, Calcit in Spuren, Braun-und Roteisenerze in geringeren Mengen. Trotz Schwankungen in den Korn-größen, Farben und Gemengteilen sind die Bodenskelette aus den Glimmerböden

---

[1] PLIENINGER, F.: Überblick über die wichtigeren Bodenarten Württembergs und deren Ursprungsgesteine. Festschrift zum 100jährigen Bestehen der Hochschule Hohenheim 1918.

doch sehr charakteristisch und besitzen viele Ähnlichkeit mit denen der Granit-böden[1].

Der Granulitboden. Granulit muß, obwohl er durch seine schieferige Struktur dem Gneise sehr nahe steht, doch wegen seiner mineralischen Zusammensetzung als selbständige Gesteins- bzw. Gebirgsart angesehen werden. Er besteht zwar aus den gleichen Mineralien wie Gneis, aber diese haben ein anderes Mischungsverhältnis. Quarz und Glimmer treten etwas zurück, dafür fehlen im Granulit die Mineralien Granat und Cyanit nie. Er enthält weniger Aluminium- und Eisenoxyd, dagegen mehr Kali und Kieselsäure als Gneis. Wenn der Glimmer mehr und mehr hervortritt, geht Granulit in Gneis über. Auch sonst sind mehrere Varietäten je nach der Zusammensetzung zu verzeichnen.

Granulit tritt als Fels- bzw. als Gebirgsart natürlich gegenüber dem Vorkommen von Gneis stark zurück, obwohl er nicht gerade selten ist, wie z. B. in den böhmischen Mittelgebirgen, im Erzgebirge und den österreichischen Alpen. In größerer Verbreitung als in Deutschland tritt der Granulit insbesondere in Norwegen auf.

Granulitgestein ist infolge seiner Zusammensetzung viel schwerer verwitterbar als Gneis. Manche Varietäten, und unter ihnen besonders die feinkörnigen, widerstehen den Verwitterungseinflüssen sehr lange, so daß die daraus hervorgehenden Böden durchweg flachgründig und auch bezüglich ihrer Zusammensetzung und ihres Verhaltens ungünstiger zu bewerten sind als die Gneisböden. Unter Felsitgneisboden versteht man das Verwitterungsprodukt aus einem ziemlich dichten Felsitgestein, welches äußerlich dem Granulit sehr ähnlich ist. Aber es enthält keinen Granat und Cyanit. Hervorgegangen aus dem Glimmergneis, steht es trotzdem in seiner chemischen Zusammensetzung dem Granulit näher als dem Gneis, und diese Tatsache kommt auch in den Böden dieser Gesteine bezüglich ihres Aussehens und Verhaltens zum Ausdruck.

Der Glimmerschieferboden. Glimmerschiefer bildet in der Regel, mit Gneis und Tonschiefer vergesellschaftet, selbständige, ausgedehnte Gebirgszüge und kommt in Deutschland im Erz- und Fichtelgebirge, im Spessart, Thüringer- und Odenwald, in den Sudeten, im Schwarzwald und den Alpen vor, in Frankreich in den Vogesen sowie im französischen Zentralplateau und in der Bretagne, ferner in den Gebirgszügen vieler anderer europäischer Länder, von Spanien, Portugal und Italien, besonders aber auch in denen der nördlichen europäischen Länder, wie Norwegen, sowie in Jugoslawien. Während sich in den Alpen dieses Gestein z. B. vom Großglockner bis zum Ortler in schroffen Felsen und Klippen erhebt, bildet es in den deutschen Mittelgebirgen zwar auch höhere Berge, die aber nicht steile Felsen, sondern nur schwach gewölbte Kuppen darstellen, an die sich wellenförmige Hochebenen anschließen. Der Grund zu diesem Verhalten dürfte zweifellos in der Gebirgsstruktur liegen. Bei dem sehr verbreiteten Vorkommen dieses Gesteines ist es natürlich, daß sich auch in den diluvialen Tiefländern dasselbe teils in Form von Geröllen, teils als erratische Blöcke vorfindet.

Glimmerschiefer ist ein ausgeprägt feinschieferiges Gestein, das aus abwechselnden Lagen von dunklem oder hellem Glimmer und aus Quarzkörnern besteht, wobei Glimmer gewöhnlich vorwiegt. Herrscht Quarz vor, dann bildet das Gestein Übergänge zum Quarzitschiefer und zum Quarzit. Feldspat tritt

---

[1] Literatur zur Verwitterung des Gneises: HAZARD, J.: a. a. O., S. 225. — HANAMANN, S.: Über die Bodenbeschaffenheit und das Nährstoffkapital böhmischer Ackererde. Arch. naturw. Landesdurchforschg. Böhmen 11, Nr. 1 (Prag 1902). — GRUNER, H.: Charakteristische Verwitterungsböden des Elstergebirges. Berlin 1911. — RÜHLE, GUSTAV: Über die Verwitterung von Gneis. Diss., Freiburg i. Br. 1911. — NIGGLI, P.: Die chemische Gesteinsverwitterung in der Schweiz. Schweiz. min. u. petrogr. Mitt. 5, 322 (1926).

selten in nennenswerten Mengen auf. Andere Begleitmineralien in diesem Gestein sind Granat, Turmalin, Chlorit und Magnetit. Demnach treten insbesondere die Varietäten Granatschiefer, Chloritschiefer und Talkschiefer auf. Das Gestein ist zumeist aufrecht gerichtet, selten wagerecht geschichtet und zuweilen stark zerklüftet. Auf dem Querbruch tritt insbesondere Quarz hervor, während die Schieferflächen nahezu ganz mit parallel gelagerten Glimmerblättchen bedeckt sind.

Die Stärke und Art der Schieferung ist natürlich für die Verwitterung von besonderer Bedeutung, und zwar zeigen diejenigen Glimmergesteine die stärkste Verwitterung, deren Schichten am stärksten aufgerichtet sind. In diesen Spalten setzt die Gesteinsumbildung und Zersetzung zuerst ein. Auch das Verhältnis, in dem Glimmer und Quarz gebunden sind, ist dabei von Einfluß. Ist der Quarz nur in Form einzelner Körner zwischen den Glimmerblättchen verteilt, so geht die Verwitterung am günstigsten vor sich. Die Verwitterung ist ferner stark abhängig von der Art der Glimmer und dem Grade ihres Vorhandenseins gegenüber Quarz und den akzessorischen Bestandteilen. Magnesiaglimmer verwittert leichter als Kaliglimmer, der sich schwer zersetzt, indessen viele, fein verteilte Glimmerblättchen liefert. Es bildet sich hieraus ein gelb bis braun gefärbter Boden von geringer Bindigkeit, der stark der Austrocknung ausgesetzt und vielfach nur noch für Fichten geeignet ist. Auch der Untergrund vermag gewöhnlich nur wenig Wasser zu halten. Je mehr nun die Schichten die Neigung der Oberfläche einhalten und je dünner das Gestein geschiefert ist, um so ungünstiger liegen die Verhältnisse und um so unfruchtbarer wird der aufliegende seichtgründige und leichte Boden. Dagegen liefert der Magnesiaglimmerschiefer infolge seiner leichteren Verwitterungsfähigkeit einen etwas besseren, braunrot gefärbten Boden, der evtl. auch Buchen und Laubholz tragen kann. Bei der Unlöslichkeit des Quarzes und der immerhin geringen Löslichkeit des Glimmers spielt die Menge des allenfalls noch vorhandenen Feldspates sowie der übrigen akzessorischen Bestandteile eine gewisse Rolle. Dies gilt insbesondere von den Granaten, die für diese an und für sich kalk- und magnesiaarmen Böden alsdann sehr bedeutungsvoll werden können.

Über die Zusammensetzung von Glimmerschiefer, der aus verschiedenen Ländern entnommen wurde, geben die folgenden Analysen Aufschluß:

| | Glimmerschiefer | | | |
	Schweiz	Norwegen	Nord-amerika	Tirol
Kieselsäure	79,50	76,19	73,07	69,45
Tonerde.	13,36	9,77	} 24,28	14,24
Eisenoxyd.	3,87	4,29		
Eisenoxydul.	—	—	—	6,54
Kalk	0,71	—	0,33	2,66
Magnesia	0,95	1,33	0,37	0,35
Kali	4,69	3,82	} 1,52 {	2,52
Natron	0,36	1,39		4,02
Wasser	0,78	1,45	—	0,52
	104,22	98,24	99,57	100,30

Der Kalkglimmerschieferboden. Der Kalkglimmerschiefer bildet in den österreichischen Alpen, im Pinzgau und Zillertal im Wechsel mit Chlorit- und Quarzglimmerschiefer hohe und schroffe Felsen, so daß der Verwitterungsboden hieraus lediglich in geringer Verbreitung an den flachen Hängen talwärts zu auftritt. Die Mächtigkeit des auflagernden Bodens kann naturgemäß nur gering sein. Kalkglimmerschiefer besteht aus silbergrauem Glimmer und körnigem

Kalk. Quarz fehlt oder ist höchstens Begleitmineral. Mit Gneis und Glimmerschiefer besitzt dieses Gestein sehr große Ähnlichkeit. Der Kalk dieses Gesteines wird zwar bei der Verwitterung weggeführt, macht aber doch noch einen wesentlichen Bestandteil des daraus entstehenden Bodens aus, und das unterscheidet diesen vom Glimmerschiefer- und besonders vom Quarzglimmerschieferboden und verleiht ihm zugleich den Charakter einer selbständigen Bodenart. Fallou[1] schildert ihn als einen geringmächtigen, armen Boden von geringer Bindigkeit, da die reichlich vorhandenen Glimmer nur zu einem sehr geringen Teil Ton bilden könnten. Auch ist ihm reichliches Grundgestein im unzersetzten Zustand beigemengt. Den Anbau lohne dieser Boden nicht, auf dem nur Wald stocken könne, und auf den höheren Gipfeln dieses Felsengesteines gediehen nur Heidekraut, Moos und Gestrüpp, soweit nicht hier während des größten Teiles des Jahres Schnee liege[2].

Der Chloritschieferboden. Der Chloritschiefer kommt in Deutschland im Fichtel- und Erzgebirge im Ton- und Glimmerschiefer eingelagert vor. Kleinere Vorkommen als selbständiges Gestein sind in Österreich und Norwegen zu verzeichnen, während er im Uralgebirge in ziemlicher Ausdehnung auftreten soll. Der daraus entstehende Boden ist ganz ähnlich wie der vorher geschilderte Kalkglimmerschieferboden zu beurteilen. Für landwirtschaftliche Nutzung kommt er kaum in Frage. Die Verschiedenheit in der Beschaffenheit und dem Verhalten aller dieser Böden unter sich beruht auf der Verschiedenheit in der Lage. Je weniger durch Abspülung Verwitterungsmaterial verloren geht, um so besser werden diese von Haus aus sehr armen und fast überhaupt nicht mehr als Böden zu bezeichnenden Verwitterungsprodukte, die ganz überwiegend das Ergebnis der physikalischen Verwitterung sind.

Der Phyllitboden. Dieses Gestein kommt in Deutschland besonders im rheinischen Schiefergebirge vor.

Die Phyllite bestehen aus nur mikroskopisch sichtbaren Teilchen von Quarz und Glimmer von feinschieferiger Lagerung. Sie sind das ausgesprochene Übergangsgestein von den Glimmer- zu den Tonschiefern. Neben den Mineralien Glimmer und Quarz treten als immerhin noch wesentliche Bestandteile zu bezeichnende Mineralien, wie Chlorit und Feldspat auf, während Turmalin, Hornblende und Magnetit nur als akzessorische Bestandteile bezeichnet werden können. Die oben angeführten wesentlichen Bestandteile können in den verschiedensten Mischungsverhältnissen vorhanden sein, wodurch zwar die chemische Zusammensetzung, nicht aber der petrographische Charakter des Gesteins eine Änderung erfährt. Dementsprechend wechselt auch die Färbung des von Haus aus mehr dunklen Gesteins. Wichtige Varietäten desselben sind der Phyllitgneis, der den Übergang zum Gneis bildet, und der Sericitschiefer, welcher statt Glimmer den leicht verwitterbaren weichen Sericit enthält, und daher etwas anders geartete Böden als Phyllit zu bilden vermag. Die Phyllitgesteine führen auch den Namen Urtonschiefer.

Für die Verwitterung ist die Lage der Schichten von großer Bedeutung, und gilt hier das schon früher Gesagte. Bevor die chemische Zersetzung des Gesteins stattfindet, zerfällt dieses infolge seiner Schieferung mehr oder weniger in schieferige Gesteinsbruchstücke. Je schieferiger das Gestein ist, um so schneller tritt die Verwitterung ein. Das Verhältnis, in dem die einzelnen Gesteinsbestandteile vorhanden sind, spielt für die Beschaffenheit der daraus entstehenden Böden eine große Rolle. Je mehr Quarz vorwiegt, um so schwerer verwittern

---

[1] Fallou, F. A.: Pedologie oder allgemeine und besondere Bodenkunde, S. 269. 1862.
[2] Schütze, R., C. Fiedler u. L. Bissinger: Über Verwitterungsvorgänge bei kristallinischen und Sedimentärgesteinen. Diss., Erlangen 1886, 1890, 1894.

die Phyllite und liefern einen um so flachgründigeren und steinreicheren Boden, je dicker das Gestein geschiefert war. Solche Böden, die an und für sich auch kalkarm sind, neigen zu starker Rohhumusbildung und können allenfalls noch Fichten tragen. Dagegen liefern die quarzarmen und zugleich dünnschieferigen Gesteine sandige Lehmböden, die auch entsprechend tiefgründiger sind und in günstigen Lagen, wo die Böden keiner zu starken Abschlämmung ausgesetzt waren, gedeihen sogar Laubhölzer. LUEDECKE[1] erwähnt auf den Südlagen der im Rheingebiet liegenden Phyllite das Vorkommen vorzüglicher Weinberge, auf Ostlagen das von Acker- und Obstbau, während auf den Nordlagen nur Wald stocke. Normal zusammengesetzte Phyllite verwittern eben nicht schwer und vermögen einen sandigen Lehmboden zu liefern, der zu mehr als drei Viertel aus Feinerde besteht und geringen Kalkgehalt besitzt.

Nach GREBE ist zwar auf Phylliten Niederwald am besten am Platz, aber viele rheinische Schälwaldungen stocken auf Tonschiefer, der seiner Meinung nach für Laubhölzer im allgemeinen recht günstig sei.

Die Böden der Sericitgesteine, die zu den älteren Taunusgesteinen gehören und im Taunusgebirge auftreten, schildert C. LUEDECKE[2]. Danach bilden die Sericitgesteine meist mit Wald bestandene Abhänge. Auf den Süd- und Südwesthängen befinden sich hier im Rheingau die besten Weinberglagen, und zwar bis zu 333 m, das sind 85 m über der durchschnittlichen Grenze. In den vom Rhein abgelegenen Teilen des Geländes finden sich Obst- und Kastanienbäume. Allerdings ist der Gehalt an Feinboden oft recht gering, (Mittel 69%), während der Kalkgehalt zwischen 0,1—0,23% schwankt. Nach dem gleichen Autor sind die Böden des Glimmersericitschiefers Lehmböden mit mäßigem Gehalt an kolloidem Ton, aber beträchtlichem an feinsten Teilen. Der Gehalt an Humus und Kali ist nach den bisherigen Feststellungen im allgemeinen ein mittlerer, der an Phosphorsäure gering. Die meist geringmächtige Ackerkrume besitzt eine mittlere Absorption. Nach unten nimmt der Gehalt an Steinen rasch zu. Infolgedessen neigen die Böden zur Austrocknung und leiden häufig unter Dürre. Die durchweg mit Wald bestandenen Böden des Hornblendesericitschiefers sind ähnlich beschaffen, besitzen aber mehr Kalk.

Die Böden der klastischen Gesteine (Trümmer- bzw. sedimentäre Gesteine).

Hierher gehören die Böden, die aus losen Gesteinen, Sandsteinen, Konglomeraten, Breccien und Tongesteinen, gebildet sind. Nach einer allgemeinen Beschreibung dieser Bodenarten sollen aus Zweckmäßigkeitsgründen die einschlägigen Böden bestimmter geologischer Horizonte kurz als Beispiele hierfür erörtert werden. Es soll lediglich versucht werden, eine allgemeine Charakteristik dieser geologischen Bodenarten, evtl. unter Heranziehung von einigen Beispielen, zu geben.

---

[1] LUEDECKE, C.: Die Boden- und Wasserverhältnisse der Provinz Rheinhessen, des Rheingaues und Taunus. Abh. geol. Landesanst. Darmstadt 3, 151 (1899). — Ders.: Beiträge zur Kenntnis der Böden des nördlichen Odenwaldes. Abdruck aus den Erläuterungen zu den Blättern Erbach-Michelstadt, Brausbach-König, Neunkirchen der geol. Karte des Großherzogtums Hessen. Darmstadt 1897. — Vgl. ferner hierzu H. LENK: Zur geologischen Kenntnis der südlichen Rhön. Diss., Würzburg 1887. — FR. KINKELIN: Die nutzbaren Gesteine und Mineralien zwischen Taunus und Spessart. Ber. Senkenberg. Naturforsch. Ges. Frankfurt 1888. — R. BRAUNS: Mineralien und Gesteine aus dem hessischen Hinterlande. Chem. Cbl. I, 700 (1889). — A. OSWALD: Chemische Untersuchung von Gesteinen und Bodenarten Niederhessens. Diss., Bern 1901. — WOHLMANN, F.: Die Knöllchenbakterien in ihrer Abhängigkeit von Boden und Düngung. J. Landw. 50, 381 (1902). — E. BLANCK: Der Boden der Rheinpfalz in seiner Beziehung zum geologischen Aufbau derselben. Vjber. bayer. Landw. Rates 1905, 419.

[2] LUEDECKE, C.: Die Boden- und Wasserverhältnisse der Provinz Rheinhessen, des Rheingaues und Taunus, S. 151.

Böden der losen Gesteine.

Böden aus losen Sanden. Die Ablagerung von Sand geschah durch fließende Gewässer, durch das Meer und durch den Wind. Wir kennen daher Fluß- und Meeressande, sowie Flugsande, die alle entweder auf primärer oder auf sekundärer Lagerstätte ruhen. Die verschiedenen Heideböden, wie z. B. die der Lüneburger und Lausitzer Heide, welche unmittelbar aus Sanden hervorgegangen sind, können als Beispiele für derartige Bildungen angesehen werden, desgleichen viele Böden aus der norddeutschen Tiefebene, wie solche in der Provinz Brandenburg, in Pommern, Mecklenburg usw., sowie der zwischen den Marschen und Hochmooren gelegene Geestboden. Hierher gehören auch die am Meeresstrand gelegenen Dünen. Aber auch in anderen Ländern Europas wie Ungarn, Polen usw. kommen große Heidegebiete, die aus Sanden hervorgegangen sind, vor, während andere große Wüstengebiete Asiens, Afrikas, Amerikas und Australiens ihre Entstehung und ihren Charakter den dort jeweils gegebenen geologischen und klimatischen Verhältnissen verdanken. Vielfach aber treten die Sandablagerungen gar nicht zutage und sind dann, wie dies auch in der norddeutschen Tiefebene nicht selten der Fall ist, von anderen Ablagerungen wie Lehm, Mergel, Moor usw. überdeckt[1]. Im allgemeinen bilden die Sandablagerungen, abgesehen von den Dünen, der Geest und noch einigen anderen Ausnahmen nahezu flaches Land. Für die Mächtigkeit der Ablagerungen ist deren geologische Bildungsweise in erster Linie entscheidend gewesen, während für die Beschaffenheit der daraus hervorgegangenen Böden die stoffliche Zusammensetzung, die Oberflächengestaltung der Sandablagerungen und die klimatischen Verwitterungsfaktoren maßgebend sind.

Sande sind allgemein lose Anhäufungsprodukte von mehr oder weniger gerundeten Mineralbruchstücken von über 0,15 mm Durchmesser. Bei Sanden, die einen langen Wassertransport hinter sich haben, überwiegt der Quarz, der vielfach neben einigen seltenen Erzen und Bruchstücken von sehr harten Mineralien die Vorherrschaft hat. Durch den Wassertransport tritt mehr und mehr eine Abrundung der einzelnen Körner ein. In vielen Sanden sind Feldspate, Glimmer, Hornblendemineralien teils in Stücken, teils in Blättchen, aber mitunter auch Kalk- und Muschelstücke vorhanden und beeinflussen dann in hohem Maße die Eigenschaften der daraus entstehenden Böden. Je nach der Größe der lose nebeneinander liegenden Sandkörner unterscheiden wir nach GREBE[2] Kiessand, Heidesand und Flugsand. Außerdem können nach HAZARD[3] Sande aus Anhäufungen von Quarzen hervorgehen, welche bei der vor Ablagerungen der Braunkohlenformation Norddeutschlands stattgefundenen Kaolinisierung der Gesteinsoberfläche unverletzt geblieben sind.

Der **Kiessand**, der aus den größten Sandkörnern besteht, findet sich daher mehr in der Tiefe der Ablagerungen. Da er meist von Flüssen abgesetzt wurde und einem immerwährenden Auslaugungsprozeß unterworfen ist, ist er nahezu frei von tonigen Bestandteilen. Je nach seiner Herkunft sind die verschiedensten Gesteinsbruchstücke und nicht selten solche aus Urgestein in ihm vorhanden. Der **Heidesand** besitzt kleinkörnigere Sande, kommt besonders im Tieflande vor und hat eine weißliche bis hellgraue Farbe. Nicht selten haben die einzelnen Sandkörner Überzüge von humosen Substanzen, oder sind von dem durch die Verwitterung löslich gemachten Eisen mit rotbrauner Farbe überzogen[4]. Der

---

[1] RAMANN, E.: a. a. O., S. 109.   [2] GREBE, C.: a. a. O., S. 123.
[3] HAZARD, J.: Die geologisch-agronomische Kartierung als Grundlage einer allgemeinen Bonitierung des Bodens. Landw. Versuchsstat. **1900**, 805.
[4] STRÜNCKE, M.: Zur Bodenkunde der Umgebung Lüneburgs. Jahreshefte naturw. Ver. Fürstent. Lüneburg **1895**, 98.

aus sehr feinkörnigem Material bestehende Flugsand zeichnet sich dadurch aus, daß er vom Winde fortwährend in Wanderung gesetzt wird, falls es nicht gelingt, ihn durch Gräser usw. und sonstige Strandpflanzen an Ort und Stelle festzuhalten. Ist dies gelungen und ist er durch Schutzdünen gegen die Seewinde geschützt, so liefern die Dünensande teils wegen ihres Gehaltes an fruchtbaren Mineralien, Muscheln, organischen Substanzen und Salzen, teils wegen der großen Feuchtigkeit der Seeluft im allgemeinen Sandböden, die denen anderer Bildung an Fruchtbarkeit nicht nachstehen.

Je nach den bereits angeführten Bedingungen, die bei der Bildung der Verwitterungsböden aus den verschiedensten Sandablagerungen gegeben waren, sind jene sehr verschieden zusammengesetzt und auch in ihrem Verhalten dementsprechend sehr wechselnd. Im allgemeinen entstehen Sandböden mit mehr oder weniger lehmigen Beimengungen und verschiedenem Nährstoffgehalt, die in vielen Gegenden dem Ackerbau dienen, wenn auch auf ihnen im allgemeinen nur die Früchte des leichten Bodens angebaut werden können. Die gewöhnlich gelbgraue Farbe der Sandböden geht dann je nach dem Humusgehalt in dunklere Töne, evtl. sogar in grauschwarz über. Die wasserhaltende Kraft dieser Böden ist nicht groß und um so geringer, je grobkörniger diese sind. Die Mächtigkeit der Böden, sowie Art und Beschaffenheit des Untergrundes sind hierauf von großem Einfluß.

FALLOU[1] unterscheidet den gemeinen Kiesel- oder Heidesand mit seinen Abarten, den Grandsandboden, den Muschelsandboden und den Rollkiesboden und den bindigen Silikat- oder Kieselboden. Auf eine Schilderung dieser lokalen Bedingungen ausgesetzten Böden kann hier verzichtet werden[2].

Zu den Sandböden zählen ferner die aus diluvialen und alluvialen Sanden hervorgegangenen Böden, von denen hier ganz kurz auf die des nordischen Diluviums eingegangen werden soll, da solche gerade in Norddeutschland nicht selten auftreten. Dies gilt besonders von den Böden des sog. unteren Diluvialsandes. Dieser ist weit verbreitet und vor allem dort zu finden, wo die Schichten des oberen Diluviums erodiert sind. Er enthält Sandkörner von verschiedener Korngröße aus den verschiedensten Gesteins- und Mineralbruchstücken, Quarz und Feldspate herrschen vor[3]. Der Gehalt des daraus entstandenen Bodens an Ton und Kalk ist nicht hoch. Letzterer wird ausgewaschen und z. T. in tiefere Schichten entführt. Der Boden nimmt durch den Verwitterungsprozeß eine gelbe bis bräunliche Farbe an. Infolge eines gewissen Nährstoffgehaltes der Böden und eines unter normalen Verhältnissen nicht ungünstigen Humushaushaltes kommt es nicht allzu häufig zu Ortstein- und Bleicherdebildungen[4]. Die Tiefgründigkeit des Sandes im Untergrunde, die wegen der geringen Wasserkapazität der Böden für die Wasserführung von großer Bedeutung ist, schützt die Böden vor dem Austrocknen. Alles in allem können diese Böden bereits die Ansprüche bestimmter Kulturpflanzen befriedigen und auch als Waldböden mittlerer Güte gelten.

---

[1] FALLOU, F. A.: a. a. O., S. 348.

[2] HASELHOFF, E., u. BREHME: Die Heideböden Westfalens. Prot. 51. Sitz. Zentr.-Moorkommiss., Anhang, Ref. in Jber. Agr. Chem., 6, 3. Folge 43 (1903).

[3] Vgl. u. a. S. SABBAN: Die Dünen der südwestlichen Heide Mecklenburgs und über die mineralogische Zusammensetzung diluvialer und alluvialer Sande. Mitt. Großh. Mecklbg. geol. Landesanst. Rostock 1897.

[4] NIKLAS, H.: Bleichsand und Ortstein. Naturw. Z. Forst- u. Landw. 1912. — Ders.: Einwirken der Humusstoffe auf die Verwitterung der Silikate. Internat. Mitt. Bodenkde. 1912. — Die Literatur über Bleichsand und Ortstein sowie über Kaolinbildung findet sich bis zum Jahre 1912 in H. NIKLAS: Chemische Verwitterung der Silikate und Gesteine mit besonderer Berücksichtigung des Einflusses der Humusstoffe. Berlin 1912.

Die übrigen Diluvialsande verhalten sich infolge stärkerer Auswaschung bedeutend ungünstiger. Sie liegen an der West- und Südgrenze des Diluvialgebietes und schließen auch die bereits näher charakterisierten Heidesande in sich. Im Osten des Diluvialgebietes liegen die sog. Mergelsande, welche aus sehr feinkörnigem Material bestehen, und je nach ihrem Nährstoffgehalt, der von den vorhandenen Mineralien herrührt, bemißt sich ihr Kulturwert, der bei Gegenwart von kohlensaurem Kalk sehr gehoben wird, so daß sie dann als gute Wald- und Ackerböden dienen können. Anderenfalls neigen sie zum Verschlämmen und Verkrusten. Ramann[1] rechnet die in Hannover vorkommenden Flottlehme und die in Schleswig-Holstein befindlichen Heidelehme hierher.

Sehr verbreitet sind im nordischen Diluvium auch die mehrfach umgelagerten Sande, welche aus spätdiluvialen Flüssen herstammen. Diese Böden sind geringwertig und entweder mit Heide oder Kiefern bestanden. Ganz besonders minderwertig sind die aus den sog. Talsanden entstandenen. Talsande sind durch strömendes Wasser ausgelaugte Diluvialsande.

Im Alluvium finden sich nicht selten Böden, die aus alluvialen, mehr oder weniger feinkörnigen Sanden entstanden sind. Die zur Bildung von Verwitterungsboden nötige Zeit hat hier im allgemeinen nicht genügt, um solche in erheblichem Maße zu bilden. Da aber die Sande selbst gewöhnlich ziemlich fein sind und reichlich Kalk und humose Substanzen enthalten, da ferner diese Standorte häufig unter dem Einflusse von Grundwasser stehen, so sind diese Böden gewöhnlich als fruchtbar zu bezeichnen und befördern das Gras- und Holzwachstum. Nicht selten wird bei Überflutungen diesen Böden reichlich toniges Material zugeführt, welches die Fruchtbarkeit derselben stark zu erhöhen vermag. Man bezeichnet derartige Böden gewöhnlich als Aueböden. Diese erhalten zumeist alljährlich durch die Überflutungen nicht nur feinerdiges, schlammiges Material, sondern auch darin enthaltene fein verteilte Humusstoffe (Schlick). Je besser die Beschaffenheit dieses Materials ist und je rascher und vollständiger das Wasser wieder abzieht, um so wertvoller wird der Aueboden, welcher insbesondere ausgezeichnete Erlen und Eschen zu tragen vermag. Flüsse, welche nicht aus einem Gebirge entspringen und keinen Schlick führen, tragen auch nicht zur Bodenverbesserung der überfluteten Flächen bei.

Unter Marschböden[2] versteht man die an der Meeresküste wenig über dem Meeresspiegel liegenden Böden, welche durch Eindeichen dem Meere abgerungen wurden. Sie sind ton- und humusreiche Böden mit hohem Kalk- und Nährstoffgehalt, welche daher auch sehr fruchtbar sind und ausgezeichnete Viehweiden liefern. Ihr natürlicher Gehalt an kohlensaurem Kalk hat sich im Laufe einiger Jahrzehnte bereits um deutlich in Erscheinung tretende Beträge verringert[3]. Aueböden sowohl als Marschböden sind selbstverständlich nicht mehr zu den Sandböden zu rechnen, da sie sehr reich an Ton sind. Sie wurden hier lediglich im Anschluß an die oben erörterten alluvialen Bildungen angeführt, weil sie wie diese die gleiche geologische Zugehörigkeit besitzen.

Die aus Schottern hervorgegangenen Böden.

Die größten Schottermassen wurden in der Diluvialzeit durch die diluvialen Flußläufe gebildet. Sie sind ohne Einwirkung des Eises in den Urstromtälern zum Absatz gelangt, haben daher den Charakter reiner Flußbildungen und entstammen verschiedenen Eiszeitperioden bzw. örtlichen Schwankungen der Eis-

---

[1] Ramann, E.: Bodenkunde, 3. Aufl., S. 548. 1911.
[2] Siehe dieses Handbuch Bd. 4, S. 162f.
[3] Schucht, F.: Die Bodenarten der Marschen. J. Landw. 1905, H. 4.

bedeckung. Gewöhnlich sind die ältesten Schotter durch ein kalkreiches, zement-
artiges Bindemittel verbunden und führen dann den Namen Nagelfluh. Je
nach dem geologischen Alter und dem Gesteinsmaterial, aus dem diese diluvialen Schotter gebildet wurden, hat auf ihnen eine Verwitterungsdecke von verschiedener Mächtigkeit und Zusammensetzung entstehen können. Es darf aber
nicht wundernehmen, daß auch die aus den diluvialen Schottern gebildeten
Böden je nach dem Alter derselben und ihrem Gesteinsmaterial sehr verschieden
zusammengesetzt sind, und daß diese Momente für ihre Beschaffenheit, ihr Verhalten und ihre Kulturfähigkeit von ausschlaggebender Bedeutung sind. Ganz
allgemein sind diese Böden reich an Sanden der verschiedensten Korngrößen,
an Kiesen und Geröllen, und die durch die Verwitterung gebildeten Tonkolloide
verbinden diese je nach ihrer Menge in geringerem oder höherem Grade. Es
entstehen so verschieden mächtige Böden vom lehmigen Sand bis zum sandig-
tonigen Lehm, deren Farbe je nach den stattgefundenen Verwitterungsvorgängen
von braungelb bis dunkelbraun schwanken kann. Dementsprechend ist auch
der ursprünglich vorhandene kohlensaure Kalk mehr oder weniger ausgewaschen
worden. In den Sanden überwiegt der Quarzsand, während die Kiese und Gerölle oft ein buntes Gemenge der verschiedensten Gesteinsarten darstellen, aus
denen die Schotter bestanden.

Große Gebiete des Diluviums bzw. des Quartärs werden von Böden eingenommen, die sich aus derartigen Schottern gebildet haben. Beispiele hierfür
sind weite Strecken der ungarischen Tiefebene und in Bayern die sog. schiefe
Ebene bei München, die aus den jüngsten diluvialen Schottern aufgebaut ist.

Die speziell in Oberbayern aus diluvialen Flußschottern hervorgegangenen
Böden wurden vom Verfasser[1] eingehend studiert. Der älteste dieser Schotter,
der sog. Deckenschotter, tritt hier nur in ganz geringem Maße bodenbildend auf,
da er wenig aufgeschlossen ist. Wo er sichtbar ist, ist er durch kalkhaltiges Binde-
material verfestigt und führt den Namen Nagelfluh. Auf ihm ruht dann gewöhnlich eine starke Decke zähen Verwitterungslehmes, die den Charakter eines stark
kiesigen und sandigen, tonigen Lehmbodens von entsprechender Mächtigkeit besitzt. Die zu den sog. äußeren Moränen gehörenden Hochterrassenschotter sind
jünger als die Deckenschotter und nicht verfestigt. Am jüngsten sind aber die
zu den sog. inneren Moränen gehörigen Niederterrassenschotter, welche zum
Schlusse des Diluviums zum Absatz kamen. Sie tragen infolge ihrer Jugend
eine gering-mächtige Verwitterungsdecke, welche einen flachgründigen, stark
kiesig-sandigen Lehmboden bildet. Der seichte Boden mit kiesigem Untergrund
leidet stark unter der Dürre und vermag anspruchsvollen Kulturpflanzen nicht
zu genügen. Dagegen ist er für die Fichte ein ausgezeichneter Boden. Die rotbraune Farbe der Böden nimmt unter Waldbestand eine gelbe Farbe an. Die
mikroskopische Untersuchung des Bodenskelettes ergab als Gemengteile desselben Quarz und viele kristalline Gesteinsreste, Amphibolite, Pyroxenite,
kristalline Schiefer, quarzitische Sandsteinreste, Kalksteine und Dolomite,
Hornsteine, Brauneisen und oolithische Eisenerze. In den Feinbestandteilen
fanden sich auch noch Feldspatreste, Augit, Hornblende, Granat und Glimmerblättchen[2].

---

[1] Niklas, H.: Erläuterungen zur geologischen Karte des Königreichs Bayern 1 : 25000,
a. u. Bl. Baierbrunn, S. 66. 1914. Vgl. hierzu auch A. Schwager: Analysen von Gesteinen
der Münchener Gegend. Geognost. Jahreshefte 1899.

[2] Eingehende Untersuchungen über die petrographische Beschaffenheit der Bodenskelette von Böden wurden von A. Goetting durchgeführt. — Vgl. hierzu A. Goetting:
Versuch einer Gliederung der wichtigsten bayerischen Böden auf Grund der petrographisch-
geologischen Beschaffenheit ihres Bodenskelettes. Diss. München-Weihenstephan 1923. —

Der aus dem älteren Hochterrassenschotter hervorgegangene Boden ist infolge der längeren Verwitterungsdauer viel mächtiger und stärker verlehmt. Es ist ein zäher, schwerer Lehmboden von großer Wasserkapazität und daher auch ein ziemlich kalter und untätiger Boden, der eingehender Bearbeitung bedarf. Auch sein sonstiges Verhalten und sein Nährstoffhaushalt konnten durch eingehende Untersuchung festgestellt werden. Im Bodenskelett fanden sich neben Quarz, Erzen und Glimmern außer Feldspäten nur noch wenige Reste kristallinischer Gesteine. Nur in den Feinbestandteilen fanden sich noch Hornblende, Rutil, Zirkon und Granat neben ganz vereinzelten Kalksteinen und Dolomiten. Die Bodenskelette hatten im Gegensatz zu denen der Niederterrassenböden vielfach lößartige Feinheit angenommen. Dieser Verwitterungsboden der Hochterrasse fand sich aber nur noch am Rande derselben, da er auf dieser selbst von einem Decklehm überlagert wird, der stets auf dem Hochterrassenplateau auftritt.

Böden der Sandsteine.

Die nicht durch Oberflächenverwitterung, sondern durch die Vorgänge der säkularen Verwitterung gebildeten Sandsteine haben sich in allen Perioden der Erdgeschichte aus zertrümmertem Material der Eruptivgesteine und der kristallinen Schiefer durch nachträgliche Verkittung derselben mittels eines zementartigen Bindemittels herausbilden können und bedecken daher auch große Gebiete der Erdoberfläche. Vielfach treten sie gar nicht zutage, und auch sonst ist ihre Verteilung auf dieser sehr ungleichmäßig. Ferner haben sie bei der Entstehung der Niederungen viel Trümmermaterial geliefert. Zumeist bilden sie kein hohes Gebirgsland, das aber je nach der Art der es zusammensetzenden Sandsteine die verschiedenartigsten Böden tragen kann.

Bei der Bildung der Sandsteine wurden die verschiedenartigsten Mineralien und Gesteinsbruchstücke, die im allgemeinen die Größe einer Erbse nicht überschreiten und bereits mehr oder weniger chemisch verwittert waren, nachträglich durch ein Bindemittel wieder verkittet. Dies geschah meistens durch Infiltration unter Druck, was zur Bildung fester Gesteinsmassen, den Sandsteinen, führte. Dieses Bindemittel war je nach den Umständen, unter denen die Infiltration erfolgte, Kieselsäure, kohlensaurer Kalk, Eisenhydroxyd usw., die teils für sich, teils in Mischung untereinander und mit Ton zur Einwirkung gelangten. Dabei wirkten physikalische Kräfte neben chemischen, und die zur Wirkung gelangenden Lösungen enthielten Salze neben kolloidgelösten Stoffen, Hydrosolen, die entweder in kristalloider Form sich absetzten oder doch mit der Zeit in diese übergingen[1]. Diese mannigfaltige Bildungsweise, bei der auch die rein mechanischen Ablagerungsverhältnisse wesentlich mitbeteiligt waren, führten dazu, daß die Sandsteine sowohl chemisch als mineralogisch sehr verschieden zusammengesetzt sind, wozu noch akzessorische Beimengungen von den verschiedensten Trümmergesteinen hinzutreten können. Unter den Mineralkörnern überwiegt fast durchwegs der Quarz, unter den blätterigen Mineralien der helle Glimmer, welcher dem Gestein mitunter eine schieferige Struktur verleiht. Die Feldspate treten zwar zurück, fehlen aber nicht völlig. Weitere zufällige Bestandteile in den Gesteinen

---

Ferner H. Niklas u. A. Goetting: Beiträge zu Studien über Lößlehme und zur Bodendiagnostik. Landw. Jb. **63**, 477 (1926). — Dieselben: Beitrag zur Kenntnis der Urgesteinsverwitterungsböden. Landw. Jb. Bayern **16**, H. 4/5 (1926). — Dieselben: Beurteilung der wichtigsten Bodenarten auf Grund mehrerer Untersuchungen hinsichtlich ihrer petrographisch-geologischen Beschaffenheit. Z. Pflanzenern. u. Düng. **6**, Teil A, 265 (1926).

[1] Blanck, E.: Gestein und Boden in ihrer Beziehung zur Pflanzenernährung, insbesondere die ernährungsphysiologische Bedeutung der Sandstein-Bindemittelsubstanz. Landw. Versuchsstat. **77**, 215 (1912).

können Hornblende, Glaukonit, Kalkstein, Kieselschiefer, Eisenerze, sowie staubige Teile von Ton und Kalk sein. Je nachdem diese mineralischen Bestandteile einzeln für sich oder zu mehreren in geringerer oder größerer Menge beigemengt sind, können sie den Charakter der betreffenden Sandsteine stark beeinflussen (Glimmersandstein und Arkose).

Die Sandsteine können je nach der Art ihres Bindemittels, ihrer stofflichen Zusammensetzung oder ihrer geologischen Herkunft eingeteilt werden. Demgemäß beschreibt bereits SENFT[1] folgende Arten von Sandsteinen nebst den zugehörigen Verwitterungsböden: 1. Die kieseligen Sandsteine, die infolge ihres geringen und kieseligen Bindemittels nur wenig mächtige Sandböden bilden, welche nur dann einigermaßen fruchtbar sind, wenn die Muttergesteine mit tonigen und mergeligen Schichten wechseln. Er rechnet hierzu die Böden des Vogesen- und des Quadersandsteines. 2. Die tonigen Sandsteine, die je nach der Menge und Art des Bindemittels bald lehmig-sandige bis tonige, bzw. eisenschüssige Böden liefern können und besonders dann fruchtbar sind, wenn sie sich innerhalb toniger Mergel und sanft abgerundeter Bergebenen befinden. Wertvoll ist auch, wenn wie bei dem Rottotliegenden eine tonige Unterlage vorhanden ist, und wenn die Sande reich an Feldspaten und Granitkörnern sind. Auch manche Sandsteine aus der Buntsandsteinformation rechnet SENFT hierher, ferner den feinkörnigen, bindemittelreichen Tonsandstein, welcher häufig über dem roten Schieferton und unter den oberen roten Mergeln der Buntsandsteinformation vorhanden ist. Desgleichen der hierher gehörige feinkörnige, gelblich-graue Sandstein über den bunten Mergeln des Keupers liefert gute und fruchtbare Böden. 3. Die mergeligen Sandsteine, welche bei hohem Gehalt an Bindemitteln sandig-mergeligen, bei wenig Bindemitteln dagegen mehr sandigen Charakter besitzen und weißlich- bis graugefärbt sind. Je tonreicher diese Mergelsandsteine sind, um so fruchtbarer ist der daraus hervorgegangene Boden, während kalkreiche Mergelsandsteine magere und sehr der Trocknis ausgesetzte Böden liefern. Als einzelne Arten dieser Sandsteine betrachtet SENFT manche Sandsteine des Grauliegenden, welche mergelige Sandböden liefern, und solche aus der mittleren Abteilung des Buntsandsteines, welche bei nicht zu stark geneigter Sohle tiefgründige und infolge ihres Gehaltes an Feldspat und Glimmern nährstoffreiche Böden liefern, auf denen Buchen, Ulmen, Eschen und Ahorne gut gedeihen. Ferner zählt dieser Autor noch manche graugelblich gefärbte und an Alkalien arme Keupersandsteinböden hinzu, sowie den ebenfalls an diesen Salzen armen, gelb bis weiß gefärbten Liassandstein, der Böden liefert, die zwar öfters reich sind an Eisenhydroxyd, aber trotzdem zur Trockenheit neigen, und schließlich auch manche Molassesandsteine. 4. Die kalkigen Sandsteine, welche arme Böden geben, die nur bei tonigem Untergrund und in sehr feuchten Lagen noch etwas fruchtbar sind.

Zu einer ähnlichen, ebenfalls von Beschaffenheit und Menge des Bindemittels ausgehenden Einteilung der Sandsteine und ihrer zugehörigen Böden gelangte GREBE[2], welcher unterscheidet: 1. Quarzsandstein. Er führt feinkörnige Quarze, die in kieseligem Bindemittel eingebettet sind. Ist deren Bindung durch das reichlich vorhandene Bindemittel sehr innig, so entsteht ein ungewöhnlich fester und daher schwer verwitterbarer Sandstein, der bei der mechanischen Zertrümmerung nur wenig Boden liefert. Werden aber die Quarzkörner von wenig Kieselsäure nur locker verbunden, so liefert dieser Sandstein bei seinem Zerfall einen leichten und armen Sandboden. GREBE rechnet zu den Quarzsandsteinen manche Schichten des Buntsandsteines, des oberen Keupersandsteines und fast den ganzen Quadersandstein. 2. Tonsandstein. Das tonige Bindemittel be-

---

[1] SENFT, F.: a. a. O., S. 242.   [2] GREBE, C.: a. a. O., S. 104.

steht aus eisenschüssigem Ton. Er liefert im allgemeinen lehmige Sandböden. Durch Spalten und aufrechte Schichtung bei gleichzeitigem Reichtum an Glimmern wird die physikalische Verwitterung sehr gefördert. Zu dieser Art von Sandsteinen rechnet Grebe den größten Teil des Buntsandsteines, während Tonsandstein in der Keuper-, Lias- und Quadersandsteinformation seltener vorkommt. 3. Die Mergelsandsteine mit tonig- oder sandigmergeligem Bindemittel. Sie verwittern am leichtesten und geben einen kalkhaltigen, sandig-tonigen Boden von lockerer Beschaffenheit. Hierher gehört ebenfalls nach obigem Autor der untere Keupersandstein, der Liassandstein, ein Teil des Quadersandsteines und der Molasse. 4. Der Kalksandstein, der infolge seines kalkigen Bindemittels leicht zerfällt, und zwar dies besonders dort, wo er geschichtet ist und sich in feuchter Lage befindet.

Eine mit diesen Autoren im großen und ganzen übereinstimmende Einteilung nach der Natur des Bindemittels gibt auch Ramann[1]. Doch unterscheidet dieser in bezug auf die Zusammensetzung noch folgende Sandsteine: 1. Arkose. Körnern von Quarz und Feldspat ist hier noch zuweilen Glimmer beigemischt. Zugehörig sind in der Kohlenformation vorkommende Sandsteine, sowie manche Buntsandsteine. 2. Grünsandsteine, welche tonig-kalkige Bindemittel mit Körnern von Glaukonit enthalten. 3. Glimmersandstein, welcher aus Quarz und Glimmer besteht und mehr oder weniger schieferig ausgebildet ist.

Was die Verwitterung der Sandsteine anbetrifft, so unterliegen sie in erster Linie den Einflüssen der physikalischen Verwitterung, die zu einer Zerkleinerung und Zertrümmerung auf mechanischem Wege führt, und erst in zweiter Linie der chemischen Verwitterung, die insbesondere Stoffumwandlung bedingt. Daher ist die Beschaffenheit und die Menge des Bindemittels von ganz besonderer Bedeutung, während das Mischungsverhältnis der in den Sandsteinen vorkommenden Mineralien und deren Verwitterbarkeit nicht in dem gleichen Grade ausschlaggebend sind. Das Bindemittel ist fast durchwegs viel leichter löslich als die in ihm eingebetteten Mineralien, und es ist nach Blancks[2] Untersuchungen besonders der hydrolysierenden Wirkung des Wassers ausgesetzt und dieser sehr zugänglich. Dem schreibt dieser Autor auch die leichte Aufnehmbarkeit der Nährstoffe aus unzersetzten Sandsteinen für die Pflanzen zu. Der Verwitterung geht fast stets eine Auflockerung und Zertrümmerung des Bindemittels durch das Wasser und den Frost voraus. Nicht nur für das Mischungsverhältnis der Hauptbodenbestandteile, sondern auch für den Nährstoffgehalt des Bodens ist die Beschaffenheit der Verkittung der Sandsteine von entscheidender Bedeutung. Aus den darin eingebetteten Mineralien entstehen die Gerölle und Sande im Boden, aus dem sehr feinkörnigen Bindemittel dagegen die Feinerde mit ihren Nährsalzen. Nur die seltener vorkommenden Sandsteine mit kieselsäurereichem Bindemittel verwittern schwieriger, während die tonig-sandigen und kalkreichen Zemente der Bodenbildung sehr günstig sind.

Von diesem Gesichtspunkt aus ist es verständlich, wenn Braungart[3] sagt, Boden ist nichts anderes als zerstörtes, altes Gestein, welches auf der Wanderung begriffen ist zur Bildung neuer Gesteine, und auch Senft[4] hat mit seiner Definition recht, nach welcher die Trümmerfelsarten bzw. die Sandsteine nichts anderes seien als zu Stein gewordene, urweltliche Bodenarten: Ihr Bindemittel ist die ehemalige Krume, und die in demselben eingekitteten Trümmer sind die

---

[1] Ramann, E.: a. a. O., S. 105.

[2] Blanck, E.: Gestein und Boden in ihrer Beziehung zur Pflanzenernährung und Boden usw. Landw. Versuchsstat. 77, 215, 1912.

[3] Braungart, R.: Die Wissenschaft in der Bodenkunde, S. 57. 1876.

[4] Senft, F.: a. a. O., S. 242.

einstigen Geröll-, Grus- und Sandbeimengungen. Jedenfalls gibt uns die physikalisch-chemische Geologie die Möglichkeit, in der Gesamtheit der geologischen Vorgänge einen Kreislauf der anorganischen Stoffe zu verfolgen, der ununterbrochen vor sich geht.

Um den chemischen Verlauf der Sandsteinverwitterung darzulegen, sei auf nachstehend wiedergegebene Analysenbefunde aus den Untersuchungen von A. OSWALD[1], E. BLANCK[2] und E. v. WOLFF[3] hingewiesen. In Nr. 1 handelt es sich um die Verwitterung eines Sandsteins des unteren Buntsandsteins, Nr. 2 bringt den Verwitterungsprozeß eines Sandsteins aus dem mittleren Buntsandstein zur Darstellung, jedoch nur des Anteils des Sandsteins, sowie seiner Verwitterungsstufen und Bodens, der unter 0,11 mm Korngröße liegt, um die eingetretenen Umwandlungen deutlicher vor Augen treten zu lassen, als wenn vom Gesamtgestein bzw. Feinboden unter 2 mm Korngröße ausgegangen worden wäre. Nr. 3 zeigt den gleichen Vorgang beim Sandstein des oberen Buntsandsteins, nämlich des Plattensandsteins, und zwar sind hier die Analysenwerte auf humusfreie Substanz berechnet.

Nr. 1. Asmushausen in Niederhessen (nach OSWALD).

	Gestein	Untergrund	Ackererde		Gestein	Untergrund	Ackererde
SiO_2	78,697	78,601	80,854	MgO	0,781	0,820	0,729
Al_2O_3	8,429	9,850	7,309	K_2O	2,215	2,094	2,137
Fe_2O_3	3,448	2,572	1,884	Na_2O	1,139	0,944	0,690
$CaCO_3$ . . .	0,733	0,578	0,485	P_2O_5	0,090	0,048	0,050
$MgCO_3$ . . .	0,304	0,550	0,364	SO_3	0,030	0,023	0,020
CaO	1,280	0,890	1,107	Glühverlust .	2,750	3,005	2,806

Nr. 2. Mittlerer Buntsandstein bei Kaiserslautern (nach BLANCK).

	Buntsandstein	Roter Sand	Gelber Sand	Gelbbrauner Sand	Gedüngter Boden aus den		Ungedüngter Boden
					tieferen Lagen	höheren Lagen	
SiO_2	66,125	82,345	67,685	67,955	65,460	63,605	66,355
Al_2O_3	14,465	7,505	12,475	8,515	7,375	7,430	10,430
Fe_2O_3	5,360	4,445	5,630	6,945	5,895	8,055	4,790
CaO	0,415	0,410	1,040	0,915	1,660	1,960	0,495
MgO	0,335	0,330	0,450	0,935	0,870	0,550	0,535
K_2O	6,015	3,485	3,140	2,440	2,770	3,250	2,755
Na_2O	1,735	0,555	1,575	3,130	2,020	3,755	1,340
P_2O_5	0,955	0,385	1,030	1,015	1,280	1,560	0,965
SO_3	0,116	0,142	0,260	0,305	0,560	1,020	0,390
H_2O	2,620	0,573	5,210	3,900	4,250	4,572	4,206

Nr. 3. Oberer Buntsandstein (nach E. v. WOLFF).

	Steine des Untergrundes	Feinerde, Untergrund	Ackerkrume		Steine des Untergrundes	Feinerde-Untergrund	Ackerkrume
SiO_2 . .	83,9985	82,8937	82,2983	MgO . .	0,2622	0,1698	0,2441
Al_2O_3 . .	7,8154	10,1927	10,3241	K_2O . .	0,8579	2,7849	3,0659
Fe_2O_3 . .	3,8435	3,1794	2,8686	Na_2O . .	0,4536	0,3917	0,4348
Mn_3O_4 .	0,5212	0,1524	0,2347	P_2O_5 . .	0,0469	0,0523	0,1059
$CaCO_3$.	0,1014	0,1103	0,2591				

[1] OSWALD, A.: Chemische Untersuchungen von Gesteinen und Bodenarten Niederhessens. Dissert., Saalfeld 1902.

[2] BLANCK, E.: Zur Kenntnis der Böden des mittleren Buntsandsteins, Landw. Versuchsstat. **65**, 208 (1906).

[3] WOLFF, E. v.: Chemische Untersuchung einiger Gesteine und Bodenarten Württembergs. Mitteilungen von Hohenheim. S. 20. Stuttgart 1887; Biedermanns Zbl. Agrikult.-Chem. **16**, 11 (1887).

Zum Schlusse dieses Kapitels sollen noch einige Sandsteinarten erörtert werden, die durch ihre Zugehörigkeit zu bestimmten geologischen Formationen weitgehend charakterisiert sind und demzufolge auch typische Böden bilden. Wie bereits bemerkt, berechtigt ja diese geologische Zugehörigkeit ebenfalls zu einer auch auf dieser Grundlage beruhenden Einteilung der Sandsteine.

Am bekanntesten von den fast in allen Formationen vorkommenden Sandsteinen sind zweifellos Buntsandstein, Keupersandstein, Liassandstein und Quadersandstein.

Der Buntsandsteinboden. Der Buntsandstein ist das unterste Glied der ersten Formation im Mesozoikum, der Buntsandsteinformation. Er repräsentiert in seinen Sedimenten eine Aufeinanderfolge von Festlandsbildungen, an deren Aufbau z. T. fließende Wässer, z. T. Wind teilgenommen haben. Man unterscheidet in der Buntsandsteinformation folgende drei Abteilungen: den unteren, den mittleren und den oberen Buntsandstein. Ganz überwiegend bestehen die Ablagerungen der Buntsandsteinformation aus feinkörnigen, roten bzw. bunten Sandsteinen. Es handelt sich dabei um teils sehr harte, teils sehr weiche Quarzsandsteine, je nach dem Charakter des Bindemittels. Dieses kann tonig, kieselig oder eisenschüssig und häufig nur in geringer Menge vorhanden sein. Im Innern der Erde nimmt Buntsandstein jedenfalls große Gebiete ein, doch tritt er vielfach, da er insbesondere von Muschelkalk überlagert wird, nicht zutage. In der Bildung der Gebirgsformen ähnelt er stark dem Keuper und bildet wie dieser wellenförmiges Gelände, aus welchem im allgemeinen sanft gerundete Berge sich erheben[1].

a) Der Boden des unteren Buntsandsteins. Der untere Buntsandstein besteht im allgemeinen außer feinkörnigen Sandsteinen auch noch aus roten Schiefertonen und Letten. Das Bindemittel ist mehr oder weniger tonig oder kieselig und beim rotgefärbten Sandstein eisenschüssig. Dementsprechend zerfallen diese Gesteine leicht und liefern je nach der Art des Bindemittels Sand- oder Lehmböden, denen mehr oder weniger Ton beigemengt ist. Im allgemeinen läßt sich sagen, daß die Böden um so leichter und geringwertiger werden, je heller die Farbe des Sandsteines ist. Die gelben Gesteine geben die schlechtesten und die dunkelrot gefärbten die besten Böden. In Württemberg besteht nach Plieninger[2] der untere Buntsandstein aus roten, tonreichen Gesteinen, feinsandigen Schiefertonen, dünnblätterigen, glimmerreichen Tonsandsteinen und Quarzsandsteinen. Die Böden sind gute, tiefgründige Sandböden mit Tonbeimengungen, befriedigendem Nährstoffgehalt und guter Absorptionsfähigkeit. Der Kali- und Phosphorsäuregehalt ist hinreichend, der Kalkgehalt ungenügend.

---

[1] Ältere Buntsandsteinliteratur: Behlen: Der Spessart. Topographie des Waldgebirges. Leipzig 1823. — Alberti: Beiträge zur Monographie des Buntsandsteines. Stuttgart 1834. — Brückner: Landeskunde des Herzogtums Meiningen. 1851. — Cotta, B.: Deutschlands Boden. Leipzig 1858. — Wolff, E.: Der bunte Sandstein nebst dem Verwitterungsboden der oberen plattenförmigen Ablagerungen. Württ. Naturw. Jahreshefte 1867, 1. — Dietrich, Th.: Einfluß der Atmosphäre auf die Verwitterung von Buntsandstein, Basalt und Muschelkalk. Kassel 1874. — Ders.: Untersuchung einiger Bodenarten aus den Kreisen Hersfeld und Rotenburg in der Provinz Hessen auf ihre mechanischen Gemengteile. Landw. Z. Reg.-Bez. Kassel 1874, Nr. 5, 142. — Oswald, Alb.: a. a. O., Saalfeld a. d. S. S. 63. 1902, — Küster, E.: Die deutschen Buntsandsteingebiete, ihre Oberflächengestaltung usw. Forschgn. dtsch. Landes- u, Volkskde. 5, H. 4 (1891).

Anm.: Über den Buntsandstein in der Pfalz geben die Blätter Zweibrücken und Speyer, 1 : 100000 nebst Erläuterungen, herausgegeben von der bayer. geol. Landesuntersuchung, Aufschluß. Weitere Beiträge bringen die Erläuterungen zur geologischen Spezialkarte von Baden, Preußen, Württemberg und die monographische Darstellung E. Blancks: Über die petrographischen und Bodenverhältnisse der Buntsandsteinformation Deutschlands. Jahresheft Ver. vaterl. Naturkunde Württbg. 1910 u. 1911.

[2] Plieninger, F.: a. a. O., S. 159.

Wenn reichlichere Beimengungen vom Material der höheren Buntsandsteinschichten hinzutreten, so werden die Böden weniger bindig und auch nährstoffärmer und sind nur noch für Waldbau geeignet.

b) Der Boden des mittleren Buntsandsteins. Der mittlere oder Hauptbuntsandstein setzt sich überwiegend aus roten, grobkörnigen Sandsteinen mit wenig Bindemittelsubstanz zusammen. Er ist weit verbreitet in Mitteldeutschland und unter anderem auch in der Rheinpfalz, im Odenwald, Schwarzwald, Spessart, in der Haardt und in den Vogesen. In den oberen Abteilungen finden sich ausgesprochene Sandsteine, z. B. der Chirotheriensandstein und der sehr harte Felssandstein. Da das Bindemittel tonarm und kieselsäurereich ist, so verwittern die Gesteine nur sehr schwer und liefern daher auch magere, steinige Böden. PLIENINGER beschreibt den Boden aus dem Hauptbuntsandstein ebenfalls als einen mit Sandsteinblöcken und Geröllen durchsetzten, durchlässigen Sandboden, der nur für Waldbau geeignet ist und wenig Nährstoffe besitzt. Wo Tongallen oder Toneinschiebungen vorhanden sind, wird die Bindigkeit und Absorptionsfähigkeit des Bodens besser, und es findet sich hier teilweise ein relativ hoher Phosphorsäuregehalt. Die Rohhumusbildung macht sich wegen der dadurch gegebenen Neigung zur Ortsteinbildung unangenehm bemerkbar. Auf diesen Nachteil, der gerade diesen Böden eigen ist, macht auch RAMANN[1] aufmerksam. Nach ihm ist keine andere Bodenart so empfindlich gegen unvorsichtiges Freistellen und gegen Streuentnahme, als die des Buntsandsteins. Mit Recht macht er ferner darauf aufmerksam, daß dieser Boden einer der am schwierigsten zu behandelnden sei, da sein Bodenwert rasch zurückgehen könne. Er empfiehlt als Maßnahme dagegen möglichste Vermeidung der Streuentnahme, sowie Aufrechterhaltung des Bestandesschlusses, um eine normale Zersetzung der Humusstoffe zu gewährleisten.

c) Der Boden des oberen Buntsandsteins. Der obere Buntsandstein, das sog. Röt, besteht im allgemeinen aus bunten Letten, Mergeln und Dolomiten, aber auch aus quarzitischen Sandsteinen und glimmerreichen Tonsandsteinen, dem Plattensandstein. Aus diesen gehen Sandböden mit wechselndem Lehm-, bzw. Tongehalt hervor, insbesondere je nach der Menge und Natur des Bindemittels dieser Sandsteine. Auch diese Böden sind nicht reich an Nährstoffen. Durch Beimengungen von Material aus dem tonreichen Röt werden diese Böden bedeutend verbessert.

PLIENINGER[2] läßt sich über die aus dem Plattensandstein in Württemberg hervorgegangenen Böden folgendermaßen aus: Es entstehen daraus vorwiegend tiefgründige, sandige, leichte, genügend warme, an feinen Teilen reiche, lockere und auch bindige Böden mit guter Krümelstruktur und nicht zuviel toniger Beimengung. Die Durchlüftung und Wasserführung wird durch plattig-schieferige Gesteinsteile erhöht, oft sogar bis zu schädlicher Trockenheit. Der Kali- und Phosphorsäuregehalt ist meist gering, eine Kalkzufuhr ist nötig und im darüberliegenden Wellengebirge und Hauptmuschelkalk auch leicht zu haben. Durch den vorhandenen Tongehalt wird gute Absorptionsfähigkeit bedingt. Die an Ton reichen und zur Nässe neigenden Böden dienen nur zum Wiesenbau. Dagegen können die eigentlichen Plattensandsteinböden bei ausgiebiger Düngung zum Feldbau Verwendung finden.

Auch in der Rheinpfalz liefern nach BLANCK[3] die Sandsteine des oberen, ebenso wie des unteren Buntsandsteines infolge ihres hohen Gehaltes an tonigen

---

[1] RAMANN, E.: a. a. O., S. 106. — Vgl. auch E. BLANCK: Zur Kenntnis der Böden des mittleren Buntsandsteines. Landw. Versuchsstat. 65, 161.

[2] PLIENINGER, F.: a. a. O., S. 162.

[3] BLANCK, E.: Der Boden der Rheinpfalz usw., a. a. O., S. 16 u. 17 (Separatabzug).

und eisenschüssigen Bindemitteln einen landwirtschaftlich günstigen Boden, und dies besonders auch, weil die Sandsteinbänke mit Letteneinlagen abwechseln. Der sog. Tigersandstein dortselbst, der seinen Namen von den vorhandenen braunen Flecken besitzt, liefert einen milden sandigen Lehm, der reich an Feinerde mit hohem Tongehalt ist. Dagegen bildet das Gestein des Hauptbuntsandsteines einen sterilen, flachgründigen Boden, der nur dort, wo tonige Zwischenlagen auftreten, schwach lehmig wird. Alle diese Bodenarten aus den verschiedenen Buntsandsteinabteilungen sind nach Blanck kalkarm, haben genügenden Stickstoff- und Kaligehalt, dagegen wenig Phosphorsäure und Magnesia.

Die mikroskopische Untersuchung von Skeletten der Böden aus verschiedenen Sandsteinen der Buntsandsteinformation ergab nach A. Goetting[1] folgendes:

Die Böden aus den Sandsteinen des unteren Buntsandsteins enthalten im allgemeinen mittlere bis größere Mengen von feinen Sanden, weniger gröbere Teile und zeigen bei überwiegend gerundeten Formen große Ausgeglichenheit. Es herrschen hellere Farben vor, während bunte nur wenig vorkommen. Quarz ist als Feinsandgeröll überwiegend. Daneben treten eisenschüssige Sandsteine und solche mit tonig-kaolinhaltigem Bindemittel auf, außerdem Konglomerate von Quarz und Eisenerzen neben kaolinischen Substanzen. Glimmer kommt in den feineren Gesteinsbestandteilen häufig vor und desgleichen neben Feldspatresten Zirkon, Turmalin und Apatit. In geringem Maße sind auch ausgelaugte, dolomitische Kalke feststellbar.

Für die Böden aus der Felsenzone des mittleren Buntsandsteins sind scharfkantige und gerundete hellere Sande, bei denen die gröberen Formen überwiegen, charakteristisch. Neben quarzitischen treten sehr harte Sandsteinschollen auf. Das kieselige Material findet sich in Form von Konkretionen und in Quarziten. Ferner sind schieferige Sandsteinreste von wechselnder Härte und etwas Erzkörner vorhanden. In den feineren Anteilen finden sich Quarzstaub, wenig Feldspatrelikte, Zirkon und geringe Mengen tonig-quarzigen Staubmaterials.

Auch bei den Böden aus Sandsteinen des mittleren Buntsandsteines überwiegen die Grobsande gegenüber den Feinsanden, und zwar in der Form von Geröllen mit bunten und gemischten Farben. Ebenso überwiegen die kieseligen und quarzigen Anteile, daneben aber kommen auch Sandsteinreste, vereinzelt lettige Schiefer und Dolomite, Erzkörner und Hornsteine vor. In den feineren Teilen des Bodenskelettes finden sich neben geringen Mengen von Quarzstaub auch etwas Feldspate, helle Glimmer, Zirkon, Apatit, Turmalin, Hornblende und Erzkörnchen. Auch reichlich Kieselkonkretionen sind hier neben Chalcedon vorhanden.

Im Bodenskelett der Böden aus dem Plattensandstein finden sich als sehr ausgeglichene Gemengteile ganz überwiegend Feinsande von intensiv roter Farbe, sie sind kantig und gerundet. Auch als solche treten insbesondere auf: Quarz, Roteisen- und Brauneisenkörner, z. T. flache, braunrote Letten und Sandsteinschollen, teilweise mit kaolinhaltigem Bindemittel, teilweise konglomeratartig mit Feldspat — Kieselsäureausscheidungen —, Hornsteinen, Feldspäten, zumeist in Spaltstücken, mit etwas Dolomit und buntgefärbtem Glimmer. In den feineren Gemengteilen finden sich: Quarz, Feldspäte, Kaliglimmer, Eisenerzkörner und in geringer Menge Zirkon, Titanit, Turmalin und Kalkstaub neben etwas tonigem Material.

Der Keupersandsteinboden. Der Keupersandsteinboden ist ein feinkörniger, grau- bis gelblichweißer, öfters auch rötlichgrauer, braungefleckter Sandstein, der in Deutschland insbesondere am Rande des Thüringer Beckens,

---

[1] Goetting, A.: Vgl. Anmerkung 2, S. 73, dieses Bandes.

am südöstlichen Abhange des Schwarzwaldes und im fränkischen Gebiete Bayerns zumeist als sanft geneigtes und gering gewölbtes Mittelgebirge auftritt. Der Keupersandstein bildet bekanntlich die obere Abteilung, den sog. oberen bunten Keuper, des mittleren Keupers (Sandsteinkeuper). Er bildet teils quarzitische, teils feldspatführende und Arkosesandsteine, teils Sandsteine mit tonig- oder kalkig-dolomitischem Bindemittel von durchschnittlich geringer Festigkeit. Die bekanntesten Keupersandsteine sind die Blasen-, Semionoten-, Bau-, Burg- und Stubensandsteine.

Im allgemeinen sind die Keupersandsteine feinkörniger als der Buntsandstein und ärmer an Eisenhydroxyd in der Bindemittelsubstanz. Die in dieser eingeschlossenen Körner sind bei ersterem viel eckiger, unregelmäßiger und von wechselnder Größe. Trotzdem haben die Keuper- und Buntsandsteine viel Gemeinsames, obwohl ihr geologisches Alter verschieden ist. Sie sind ihrem Sandsteincharakter entsprechend Zerstörungsprodukte von geologisch älteren Gesteinen und wohl zunächst als lose Sande abgelagert worden. Es wurden dann Lösungen infiltriert, welche bei ihrem Verdunsten Substanzen abgeschieden haben, die als Bindemittel wirkten und später durch Gebirgsdruck alles zu einer festen Masse verfestigten. Ist wenig Zementsubstanz vorhanden gewesen, so wird im Verwitterungsboden der Sand vorherrschen. Ist nach BLANCK[1] das Bindemittel der Sandsteine rein kalkiger Natur, so wird der Kalk durch kohlensäurehaltige Wässer gelöst und reiner Quarz, Grus und Sand bleiben zurück. Ist das Bindemittel tonig-kalkig, so wird nach dessen Auffassung bei günstiger Bodenlage der Ton verbleiben und den Sandboden verbessern. Bei rein kieseliger Bindemasse kann die chemische Verwitterung nur verschwindend wirksam sein, und es erfolgt lediglich Zertrümmerung des Gesteins, wodurch ein extremer Sand entsteht. Jedenfalls sind die sedimentär gebildeten Sandsteine in der Nähe von Küsten und Meeresbuchten abgesetzte Strandbildungen.

Die Farbe des Keupersandbodens steht natürlich in einer bestimmten Beziehung zu seinem Muttergestein und ist gelb, rötlich bis bräunlichgrau. Im Skelett sind unschwer die Bestandteile desselben erkennbar. Der Verwitterungsboden des Keupersandsteins hat mit dem des Buntsandsteins sehr viel Ähnlichkeit, aber infolge der Verschiedenheit der Bindemittel und der flachen Wechsellagerung mit Mergel- und Lettenschichten treten doch auffallende Unterschiede zwischen den einzelnen Böden hervor. Der aus den unteren Schichten dieses Gesteines bzw. der unteren Abteilung entstandene Boden hat infolge des kalkigen Bindemittels viel mehr Tonsubstanz, ist tiefgründiger, mürber und kalkreicher als der aus den oberen Abteilungen hervorgegangene Boden, der infolge der kieseligen Bindesubstanz im Sandstein einen armen, grobkörnigen und ziemlich flachen Sandboden darstellt, welcher meist nur mit Kiefern bestanden ist, während der erstgenannte Boden viel fruchtbarer ist, und daher in seiner Eigenschaft als tiefgründiger, lehmiger Sandboden auch anspruchsvolleren Pflanzen zu genügen vermag. Die aus Keupersandsteinen in Württemberg hervorgegangenen Böden beschreibt PLIENINGER[2].

Danach liefert dort der Schilfsandstein oder Stuttgarter Bausandstein magere, leichte Sandböden von verschiedener Mächtigkeit, die hauptsächlich dem Waldbau, aber auch dem Acker- und Weinbau dienen. Durch Beimengung von den gehaltreichen oberen Sandmergeln werden diese Böden indessen sehr ver-

---

[1] BLANCK, E.: Zur Kenntnis der Böden des mittleren Buntsandsteins. Landw. Versuchsstat. 65, 170.

[2] PLIENINGER, F.: Überblick über die wichtigeren Bodenarten Württembergs und deren Ursprungsgesteine. 1918. — Vgl. auch M. BRÄUHÄUSER: Die geologischen Verhältnisse Württembergs und ihr Einfluß auf die Landwirtschaft. Mitt. Landw. Ges. 40, 437 (1924).

bessert und sind dann für den Weinbau recht günstige Standorte. Dagegen ist der Boden, der in dem gleichen Lande aus dem Stubensandstein entstanden ist, ziemlich verschieden, je nachdem dieses Gestein kalkig ist und dolomitisches, kaolinisches, kieseliges oder eisenreiches Bindemittel besaß und auch je nach den vorhandenen Mergellagern. Plieninger schildert sie als kalkhaltige, ziemlich tonige, manchmal auch sehr magere, lockere, trockene, offenbar wenig mineralkräftige Sandböden, die vielfach nur für Waldbau geeignet sind. In den Talgründen finden sich auch saftige Wiesen, und zwar besonders dort, wo mergelige Zwischenlagen sind, oder wo der Boden durch darüber liegenden Knollenmergel verbessert werden kann. Die Böden werden dann schwerer und reicher an Pflanzennährstoffen und liefern beim Feldbau gute Erträge.

Der Boden aus dem Sandstein der Lettenkohle wurde vom Verfasser[1] näher untersucht und das Ergebnis in den Erläuterungen zu Blatt Hendungen der geologischen Karte von Bayern 1 : 25000 in einem kurzen bodenkundlichen Beitrage niedergelegt. Diese Böden sind leichte, sandige Lehmböden mit höherem Gehalt an Sanden und einem geringeren an Steinen. Sie sind naturgemäß ärmer an feineren Bestandteilen und an Ton als diejenigen der Lettenkohle und ergaben einen guten Gehalt an Kali und Phosphorsäure, einen sehr geringen an kohlensaurem Kalk. Die Bodenskelette aus den Sandsteinen der Keuperformation wurden im Institute des Verfassers von A. Goetting eingehend mikroskopisch untersucht, ohne daß hier näher auf diese eingegangen werden soll.

Der Boden des Liassandsteins. Der Liassandstein, der zumeist von anderen jüngeren Felsen oder Alluvionen überdeckt wird, findet sich, allerdings in beschränkter Ausdehnung, verschiedentlich in Deutschland, in Lothringen und der Schweiz und ist ein feinkörniger, heller Sandstein, mit reichlichem Glimmer, dessen Bindemittel reich an Ton und Kalk ist. Ein zu hoher Gehalt an Eisen in diesem ist für die Qualität der daraus gebildeten Böden nicht mehr günstig. Im allgemeinen liefert der Liassandstein einen gelb gefärbten, sandigen Lehmboden, der zumeist tiefgründig, kalkreich und daher als fruchtbar zu bezeichnen ist. Auch das Laubholz gedeiht auf diesen Standorten gewöhnlich sehr gut. Für den Ackerbau dürften diese Böden wesentlich günstiger als die meisten übrigen Sandsteinböden sein.

Der Boden des Quadersandsteins. Der Quadersandstein, ein der Kreideformation zugehöriges Sandgestein, findet sich in Deutschland verschiedentlich in mehr oder weniger großer Ausdehnung in Schlesien, in den Sudeten, am Fuße des Vogelsgebirges, bei Regensburg und südlich des Lausitzer Gebirges. Hier, im sog. böhmisch-sächsischen Becken, zu beiden Seiten der Elbe, ist eines seiner größten Vorkommen. Diese Gegend verdankt diesem Umstande nicht mit Unrecht die Bezeichnung „Sächsische Schweiz". Auch in Frankreich und England ist der Quadersandstein weithin verbreitet, wenn er auch dort von anderen Kreideablagerungen verdeckt wird. So haben z. B. in ersterem Lande die Absätze der oberen Kreide das ganze Becken zwischen Belgien, dem Zentralplateau und der Bretagne ausgefüllt. Doch werden diese von jüngeren Bildungen überlagerten Schichten nur in tief eingeschnittenen Talrändern aufgeschlossen. Ähnlich wie hier liegen die Dinge in England.

In Schlesien bildet der dem Cenoman angehörende Quadersandstein das erste Glied der oberen Kreide, wird dann von geringmächtigen, kalkigen und tonigen Schichten überdeckt, auf die dann eine zweite obere Senonsandsteinbildung folgt, die wiederum von sandig-mergeligen Schichten überlagert wird. Im Elbsandsteingebirge sind die gesamten Kreidegesteine als zusammenhängen-

---

[1] Niklas, H.: Erläuterungen zur geologischen Karte von Bayern, 1 : 25000, Blatt Hendungen, S. 40.

des Sandsteingebirge ausgebildet, während im böhmisch-sächsischen Becken selbst Unter- und Oberquader vielfach durch tonig-mergelige und kalkige Schichten voneinander getrennt sind.

Die Quadersteine verdanken ihren Namen der Erscheinung, daß sie horizontal geschichtet und von vertikalen Klüften durchsetzt sind, so daß dadurch quadratisch abgesonderte Felsblöcke entstehen, welche dem ganzen Gebirgszuge ihr Gepräge geben. Natürlich kann sich innerhalb dieses wild zerrissenen Gebirges mit seinen wunderlichen Felsenbildungen, seinen Bastionen und Obelisken usw. nur am Fuße und auf allenfalls flachen Gebirgsrücken Boden aus dem Sandstein sammeln. Der Quadersandstein besteht aus hellgrauem bis gelblichem Quarzsand, dessen feinkörnige Sande nur wenig Bindemittel besitzen, das überwiegend kieselig und nur wenig tonig und eisenschüssig ist. Ähnlich wie beim Quarzit, ist somit die Kieselsäure der wesentlichste Bestandteil des Quadersandsteines. Wenn er auch leichter als jener verwittert, so vermag er doch nur einen flachgründigen, lockeren, reinen Sandboden von geringer Fruchtbarkeit zu liefern. Wo die feineren Bestandteile von Wind und Regen fortgeführt werden, kann sich natürlich kein Boden bilden. Vielfach entsteht nur Gehängeschutt, der mehr oder weniger große Felstrümmer mit einschließt. Der in der Farbe dem Quadersandstein sehr ähnliche Boden ist für den Ackerbau nicht geeignet und ist daher zumeist von Fichten und Kiefern bestanden, die er noch einigermaßen zu ernähren vermag. Rohhumusbildungen sind auf derartigen Standorten gewöhnlich keine Seltenheit.

Von geringer agronomischer Bedeutung sind die Böden des Kohlensandsteins, des Pläner- und Molassesandsteins, sowie des Grauwackensandsteins. Ersterer Sandstein ist sehr selten aufgeschlossen, während der Boden des Pläners nur ganz geringfügige Flächen einnimmt. Die Verbreitung des Molassesandsteins ist zwar viel größer, aber zumeist wird er von diluvialen und alluvialen Böden überdeckt, da er nach den Angaben FALLOUS[1] selten die alte Gletscherlinie übersteigt. Beispiele hierfür sind die Schweizer Niederung, das Gebiet zwischen der Mur und Drau und verschiedene Täler der Voralpen. In allen anderen Fällen ist er nach den Angaben des obigen Autors entweder ganz unbedeckt, oder er trägt nur einen etwa handhoch mächtigen, geringwertigen Boden. FALLOU führt als Belege für die Richtigkeit dieser Feststellungen die Grenze zwischen dem Kanton Luzern und Bern oder das böhmische Gebiet am Fuß des Erzgebirges an.

Der Boden des Grauwackensandsteins. Dieser feinkörnigste und an tonhaltigem Bindemittel reichste Sandstein ist gewöhnlich dem Grauwackenschiefer eingelagert und findet sich daher nur in Begleitung von diesem in einigen Mittelgebirgen. Seine Verbreitung als selbständige Bodenart ist daher nicht groß und damit unwesentlich. Dagegen ist, ebenfalls nach FALLOU, die Tatsache von Bedeutung, daß der Boden dieses Sandsteins sich gewöhnlich unter dem angeschwemmten Boden erhalten hat und je nachdem für diesen als Unterlage günstig oder ungünstig ist. Der hell gefärbte, graulichweiße bis gelbe Boden bildet nicht, wie dies bei den sonstigen Sandsteinböden gewöhnlich der Fall ist, einen mehr oder weniger lehmigen Sand, sondern einen lettenartigen Grus, bzw. ein Gemenge von unzersetzten Gesteinen und Ton, das Ganze von porphyrartiger Beschaffenheit. Er verhält sich also auch ähnlich dem Letten, der im feuchten Zustand streng und zäh ist, im trockenen aber Risse und Sprünge erhält und keine Neigung zu irgendwelcher Krümelbildung zeigt. Bereits in geringer Tiefe findet sich das durch strengen Letten zusammengekittete Grundgestein. Infolge dieser ungünstigen physikalischen Eigenschaften muß er als ziemlich unfrucht-

---

[1] FALLOU, F. A.: a. a. O., S. 218.

barer Boden gelten, der gewöhnlich nur eine schwache Grasnarbe tragen kann. Auf seine Bedeutung als Unterlage für andere ihn überdeckende Böden, die darauf beruht, daß er sich dabei ziemlich unverändert erhält, wurde bereits hingewiesen.

Die Grünsandsteinböden Niederbayerns und der Oberpfalz wurden von H. Puchner[1] und vom Verfasser mit Mitarbeitern[2] bearbeitet.

Böden der Konglomerate und Breccien.

Die Konglomerate bilden für sich fast nie selbständige Gebirge, sondern treten z. T. mit Sandsteinen oder den Gesteinen, aus denen sie entstammen, auf. Ganz besonders kommen sie im Paläozoikum und in der Dyasformation, aber auch in der Trias und vereinzelt im Jura, in der Kreide, dem Tertiär und in stärkerem Maße im Diluvium vor. Die Breccien dagegen sind lokale Bildungen, welche speziell beim Zusammenbrechen größerer Gebirgsmassen in Form von Schuttbildungen auftreten. Sonst besitzen sie keine größere räumliche Verbreitung. Die Konglomerate sowohl als die Breccien haben mit den Sandsteinen gemeinsam, daß Bruchstücke von Mineralien und Gesteinen durch ein Bindemittel verkittet sind, das kieselig, tonig, kalkig, mergelig, tonigkieselig sowie eisenschüssig sein kann. Während aber bei den Sandsteinen diese verklebten Gesteins- und Mineralfragmente die Größe einer Erbse im einzelnen nicht überschreiten, sind sie bei den Konglomeraten und Gesteinen überwiegend größer. Konglomerate bestehen aus runden bzw. geschliffenen Gesteinsbruchstücken, während diese bei Breccien eckig und scharfkantig sind. Mit Recht bemerkt hierzu Ramann[3], daß dieses für die Geologie wichtige Unterscheidungsmerkmal für die bodenkundliche Betrachtung von untergeordneter Bedeutung ist. Je geringer die Größe der vom Bindemittel umschlossenen Gesteinsstücke wird, um so näher stehen die beiden oben angeführten Bildungen in ihrem Äußeren und Charakter den Sandsteinen, während beim stärkeren Zurücktreten des Bindemittels ein Übergang zu losen Geröllen stattfindet. Für die Bildung von Böden aus Konglomeraten und Breccien ist, wie bei den Sandsteinen, die Natur und Menge des vorhandenen Bindemittels in erster Linie ausschlaggebend. Erst dann kommt

---

[1] Puchner, H.: Die Grünsandsteinböden Niederbayerns und der Oberpfalz. Vjhefte. bayer. Landw. Rates 1903, 530.

[2] Niklas, H., R. Pürckhauer u. H. Poschenrieder: Beiträge zur Kenntnis der Kreideverwitterungsböden Bayerns. Z. Pflanzenern. u. Düng. 13, Teil A, 39. — Weitere Literatur zur Verwitterung der Sandsteine: Wolff, E.: Buntsandsteinverwitterung. Jber. Agrikulturchemie 1869, 9. — Stoklasa, J.: Geochemische Studien. Zbl. Agrikulturchemie 1889, 721. — Ders.: Über Verwitterung des Bodens. Landw. Versuchsstat 1890, 63. — Böttger, H.: Beiträge zur Hydrologie Unterfrankens. Arch. hygien. 1890, 500. — Baumann, A.: Die Bodenkarte und ihre Bedeutung für die Forstwirtschaft. Forstl. naturw. Z. 1892, 468. — Bolton, W.: Prüfung klastischer Gesteine auf ihre Verwitterbarkeit. Neues Jb. Min. 2, 52 (1894). — Bauer, A.: Sandsteinanalysen. Schweizer pharm. Wschr. 33, 105 (1895). — Haselhoff, E.: Das Düngungsbedürfnis einiger typischer hessischer Böden und Versuche zur Ermittlung desselben. Fühlings landw. Ztg. 1906, 73. — Hermann, E.: Die geologischen Verhältnisse des Pichbergsattels bei Osnabrück. Jb. Kgl. Preuß. Geol. Landesanst. 1909, 39. — Lang, R.: Über Kaolinit in Sandsteinen des schwäbischen mittleren Keupers. Cbl. Min. 1909, 597. — Häberle, D.: Über Kleinformen der Verwitterung im Hauptbuntsandstein des Pfälzer Waldes. Heidelberg 1911. — Blanck, E.: Die ariden Denudations- und Verwitterungsformen der Sächsisch-Böhmischen Schweiz usw. Tharandter Forstl. Jb. 73, 38 u. 93 (1922). — Kleekamm, M.: Die geologisch bodenkundlichen Verhältnisse aus der Umgebung von Regensburg mit besonderer Berücksichtigung der landwirtschaftlichen Kultur. Diss., München-Weihenstephan 1923. — Blanck, E., u. W. Geilmann: Chemische Untersuchungen über Verwitterungserscheinungen im Buntsandstein. Tharandter Forstl. Jb. 75, 89 (1924). — Klander, F.: Über die im Buntsandstein wandernden Verwitterungslösungen. Diss., Göttingen, Jena 1925. — Blanck, E., u. L. Zapff: Über Tiefenverwitterungserscheinungen im mittleren Buntsandstein des Rheinhardswaldes. Chem. Erde 2, 446 (1926).

[3] Ramann, E.: a. a. O., S. 104.

der Umstand zur Geltung, welche Gesteine und Mineralien und in welchem Zersetzungsgrad diese vorhanden sind. Ebenso wie bei den Sandsteinen unterliegen diese Gesteinsbildungen zuerst den Einflüssen der physikalischen Verwitterung, welche zu ihrem Zerfall führen, während alsdann durch chemische Vorgänge die Gesteinszersetzung bzw. die Bodenbildung selbst einzutreten pflegt. Im allgemeinen werden sie chemisch nicht rasch angegriffen, dagegen durch mechanische Kräfte leicht zerstört. Große Bedeutung kommt dabei nach BLANCK, wie bereits bei den Sandsteinen erwähnt wurde, der hydrolytischen Tätigkeit des Wassers zu. Je toniger und mergeliger das Bindemittel ist, um so leichter tritt der Zerfall ein und um so durchgreifender kann dann die weitere Zersetzung vor sich gehen, während beim Vorherrschen von kieseliger Verbindungssubstanz sich kiesiger, wenig fruchtbarer Sand bildet. Das gebildete Erdreich steht also in enger Beziehung zu diesen Voraussetzungen und kann je nachdem sehr verschieden beschaffen sein. Im allgemeinen pflegen die aus Konglomeraten und Breccien hervorgegangenen Böden weniger günstig zu sein als die aus Sandsteinen gebildeten, und sie besitzen häufig große Ähnlichkeit mit den aus Geröllen hervorgegangenen Böden.

Konglomerate können fast aus allen Eruptiv- und Ergußgesteinen sowie kristallinischen Schiefern entstehen, wenn diese jeweils durch eines der oben erwähnten Bindemittel verkittet werden. Vielfach bilden sie dann mehr oder weniger dicke, das Ursprungsgestein begleitende Bänke. Man spricht dann von Granit-, Trachyt-, Gneiskonglomeraten usw. Häufig vorkommende Breccien sind dagegen die aus Kalkstein, Dolomit, Porphyr und Kieselschiefer gebildeten. Auch der Granitgrus kann hierzu gerechnet werden. Die eingeschlossenen Mineralien und Gesteine können die verschiedenste Größe besitzen und teils lose, teils sehr fest verbunden sein. Es ergibt sich dadurch ein allmählicher Übergang von Schuttmassen zu sehr festgefügten Breccien, von losen Geröllen zu Konglomeraten[1].

In größerer Ausdehnung treten die Konglomerate und Breccien des Rotliegenden und der Nagelfluh auf, die daher auch vom Standpunkt der Bodenkunde aus durch die aus ihnen gebildeten Böden von Bedeutung sind.

Der Boden des Konglomerates des Rotliegenden. Dieses Gestein kommt in der oberen Abteilung des Rotliegenden vor, das aber als geologisches Formationsglied betrachtet, nicht nur aus diesen Konglomeraten, sondern auch noch aus Sandsteinen und Schiefertonen mit hohem Gehalte an Eisenhydroxyd besteht. Nach FALLOU[2] kommt das rote, eisenschüssige Quarzkonglomerat in Schlesien, Böhmen, im Thüringer- und Schwarzwald, im Erzgebirge, am südlichen Harzrand usw. vor, vielfach von diluvialen und alluvialen Ablagerungen bedeckt. Im Konglomerat des Rotliegenden können die verschiedensten Urgesteinsbruchstücke neben Quarz und seinen Varietäten vorhanden sein, welche alle durch ein tonig-sandiges Bindemittel von hohem Eisengehalt verbunden sind. Dementsprechend wird auch die jeweilige Zusammensetzung sehr verschieden sein.

Bereits SENFT[3] schildert zwei in ihrem Wesen und ihrer Fruchtbarkeit sehr verschiedene Böden aus dem Konglomerate des „Roten Totliegenden". Der eine Boden entstammt den Konglomeraten mit grobsandig-tonigem Bindemittel, besitzt eine seichte Krume, ergibt nach seinen Angaben beim Abschlämmen 50—80% Sande aus Urgesteinen und ist ganz arm an Kali. Enthält er überwiegend Quarzgeröll, so gedeihen auf ihm vor allem Heidekraut und minderwertige Gräser, also Gewächse der typischen Sandflora. Nur wo er tiefgründiger wird, kann Fichte auftreten. Liegt er in feuchter Lage und werden ihm durch

---

[1] Vgl. hierzu W. SALOMON: Die Definition von Grauwacke, Arkose und Ton. Geol. Rdsch. 6, 401 (1906).
[2] FALLOU, F. A.: a. a. O., S. 212.   [3] SENFT, F.: a. a. O., S. 303.

die Regenwässer von oben tonige Teile zugeführt, so kann er tiefgründiger, reicher an Feinerde und damit auch fruchtbarer werden. Der andere, von Senft geschilderte Boden entstammt den Konglomeraten mit fast sandfreiem, eisentonigem Bindemittel und ist infolgedessen viel tiefkrumiger, bindiger und nicht so empfindlich gegen Dürre. In nassen Lagen kann dieser Boden sogar sumpfig und schmierig werden. Die in Form grober Sande beigemengten Gesteinstrümmer rühren hauptsächlich von Granit, Porphyr, Gneis und Glimmerschiefer her, und diese sind zugleich bei ihrer allmählichen Zersetzung die Lieferanten von Kali, Kalk und Magnesia. Es können daher auf diesen aus dem Konglomerat des Rottotliegenden stammenden Böden nach den Beobachtungen von Senft[1] genügsame Kalkpflanzen wohl gedeihen, und bei feuchter, aber nicht zu nasser Lage kommt die Fruchtbarkeit dieses Bodens der des kalkhaltigen Tonbodens fast nahe. Er vermag daher nicht nur Laubholz, Ahorne und Buchen, sondern bei guter Düngung auch Weizen zu tragen. Bereits vor Senft wies schon Hausmann[2] darauf hin, daß das Rottotliegende am Fuße des Thüringer Waldes und des Harzes einen zähen, kalten Tonboden bilde.

Eine Beschreibung der Sand- bzw. Konglomeratböden aus dem Rotliegenden in Württemberg verdanken wir auch Plieninger[3]. Hier liegt das untere Perm mit dem Rotliegenden als erste Ablagerung aus dem Paläozoikum auf dem Urgebirge. Das Unterrotliegende besteht fast gänzlich aus Arkosen verschiedener Größen, die neben Kaolin und dichten feinsandigen Schiefertonen mit vielem Glimmer Kali- und Magnesiaglimmer führen. Aus diesen Arkosen entstehen leichte, lockere Quarzsandböden mit vielen Feldspaten und reichlichem Grundgebirgsgrus. Die Böden sind kalkarm, jedoch wenn Granit und Gneis vorhanden ist, kali- und phosphorsäurehaltig und können landwirtschaftlich genutzt werden, da aus den Schiefertonen zugleich ziemlich schwere Böden hervorgehen. Im Mittelrotliegenden, das aus Quarzporphyren, Quarzporphyrtuffagglomeraten, Tuffen, Arkosen (feldspat- und glimmerreichen Sandsteinen) und tonigen Letten gebildet wird, also aus lauter vulkanischen Produkten, entstehen Böden verschiedensten Charakters. Aus den schwer verwitterbaren Porphyrböden bildet sich ein von reinen Schuttmassen bedeckter, steiniger Boden, und zwar besonders an Hängen. Dagegen entstehen aus den Tuffen zwar wenig tiefgründige, aber dafür schwere und verhältnismäßig nährstoffreiche Böden, die dem Acker- und Wiesenbau dienen. Das Oberrotliegende besteht in Württemberg aus dunkelroten Konglomeraten und Arkosen, sowie Grundgebirgsgrus und aufbereitetem Material aus dem Unter- und Mittelrotliegenden. Nach oben zu treten örtlich Sandsteine und Lettenbänder ein. Die Böden gleichen in vielem denen aus dem Grundgebirge und sind bei roter Farbe sandig-lehmig, z. T. tonreich und absorptionsfähig. Kali, Phosphorsäure und etwas Kalk und Magnesia sind vorhanden, so daß Feld- und Wiesenbau möglich ist[4].

Der Boden der Grauwacke. Grauwacke ist im Gegensatz zu Grauwackensandstein ein Konglomerat von Quarz, Kieselschiefer, Tonschiefer, Feldspat, Glimmer usw. Die Bindesubstanz besteht gewöhnlich aus kieseliger oder kieseligtoniger Masse. Die Art und Menge der Kittsubstanz ist ebenfalls von entscheiden-

---

[1] Senft, F.: a. a. O., S. 303.

[2] Hausmann: Versuch einer geologischen Begründung des Acker- und Forstwesens. Möglingsche Ann. Landw. 1824, 417.

[3] Plieninger, F.: Überblick über die wichtigeren Bodenarten Württembergs und deren Ursprungsgesteine. Festschr. z. Feier d. 100jähr. Bestehens d. kgl. württ. landw. Hochschule Hohenheim. S. 157. Stuttgart 1918.

[4] König, J., E. Coppenrath u. J. Hasenbäumer: Beziehungen zwischen den Eigenschaften des Bodens und der Nährstoffaufnahme durch die Pflanzen. Landw. Versuchsstat. 66, 401 (1907).

der Bedeutung für die Beschaffenheit der aus Grauwacke gebildeten Böden. In der eigentlichen Grauwacke ist im allgemeinen nur wenig Bindemittel vorhanden. Je kleiner die in ihr eingebetteten Gesteinstrümmer werden, um so mehr ähnelt das Gestein dem bereits früher erörterten Grauwackensandstein. Ist das Gefüge schieferig, so geht die Grauwacke in den sog. Grauwackenschiefer über, in den erstere vielfach eingelagert ist. Die konglomeratische, aber auch die grobschieferige Grauwacke verwittern am leichtesten und liefern dann einen tiefgründigen, einigermaßen steinfreien Boden, der als günstig zu beurteilen ist. Auch die Varietäten der Grauwacke mit tonreicherem Bindemittel sowie die grobkörnigen Arten verwittern gut und liefern ebenfalls einen tiefgründigeren und schwereren Boden, der je nach der Lage als recht gut bezeichnet werden kann. Die Grauwacken aber, die ein kieseliges Bindemittel besitzen und reich an Quarz, aber arm an Bindesubstanz sind, verwittern am schwierigsten und geben daher auch sehr leichte, sandige Böden von geringer Mächtigkeit. Falls sie unter etwas günstigeren Bedingungen tiefgründigere Sandböden zu liefern vermögen, können tiefwurzelnde Bäume wie Kiefern und Eichen auf diesen gedeihen.

GREBE[1] beschreibt folgende drei Hauptglieder von Grauwacke aus dem Übergangsgebirge im südöstlichen Teile des Thüringer Waldes:

1. Die älteste (silurische) grüne Grauwacke, die dickschieferig und fest ist und einen splitterigen Bruch hat. Sie verwittert schwer und liefert dabei einen flachgründigen, lockeren, lehmigen Boden.

2. Die graue oder blaue Grauwacke, welche mit mancherlei Zwischenschichten wechselt und vorwiegend aus grauen, dünnen oder groben Schiefern besteht. Ihr Verwitterungsboden ist gelb- oder braungrau. Die Zwischenschichten sind teils der sog. Neritenschiefer, ein dünnschieferiges oft sandiges Gestein, teils dichte, körnige, harte, quarzreiche Gesteine von blaugrauer Färbung, teils untergeordnete Lager von Übergangskalk und Kieselschiefer. Sie verwittern zu quarzigem, scharfem Kiesboden oder zu mehr kalkig lehmigem Boden.

3. Die rote Grauwacke besteht vorwiegend aus deutlichen Konglomeraten und gibt einen Verwitterungsboden von rötlicher Farbe, der auf den Ebenen mehr

Gesamtanalyse.

	Innerer Kern	Graue Schale	Gelbe Rinde	Braune Rinde
SiO_2	70,82	74,43	80,20	80,92
TiO_2	0,51	0,63	0,75	0,75
Al_2O_3	14,52	10,36	7,61	4,15
Fe_2O_3	4,53	5,84	6,54	6,45
Mn_3O_4	Spur	Spur	Spur	Spur
CaO	2,00	2,05	2,51	2,61
MgO	1.21	0,31	0,18	0,25
K_2O	1,86	1,70	0,76	0,75
Na_2O	2,18	1,24	0,79	0,76
P_2O_5	Spur	0,42	0,01	0,06
CO_2	Spur	Spur	Spur	—
Glühverlust . .	2,44	3,19	2,21	3,72
(H_2O bei 105^0)	(1,05)	(1,29)	(0,29)	(0,53)
	100,07 %	100,17 %	101,56 %	100,42 %

HCl-Auszug.

	Innerer Kern	Graue Schale	Gelbe Rinde	Braune Rinde
Laugelösl. SiO_2	2,67	2,70	0,94	1,20
HCl-lösl. SiO_2 .	0,84	0,95	0,80	0,66
Ges. SiO_2 . .	3,51	3,65	1,74	1,86
TiO_2	0,15	0,15	Spur	0,10
Al_2O_3	6,52	8,46	3,35	2,18
Fe_2O_3	4,53	5,57	6,35	5,73
Mn_3O_4	Spur	Spur	Spur	Spur
CaO	1,40	0,78	—	0,54
MgO	1,21	1,31	0,12	0,21
K_2O	0,35	0,24	0,28	0,33
Na_2O	1,03	0,38	0,26	0,22
P_2O_5	Spur	0,36	Spur	0,05
SO_3	0,12	0,21	0,19	Spur

---

[1] GREBE, C.: a. a. O., S. 99.

steinfrei, an den Hängen aber mehr steinig ist und überall große Fruchtbarkeit besitzt.

Auch Hausmann[1] hat sich bereits über den von der Grauwacke gebildeten Boden dahin geäußert, daß diese dann oft ein lockeres und fruchtbares Erdreich liefere, wenn Kiesel- und Tonerde in ihr im gehörigen Verhältnis vorhanden seien. Neuere Untersuchungen über die Verwitterung und Bodenbildung der Grauwacken liegen von E. Blanck[2] und von W. Meigen[3] vor. Der chemische Verlauf der Umwandlung ergibt sich aus vorstehend wiedergegebener Übersicht nach E. Blanck.

Der Boden der Nagelfluh. Nagelfluh ist ein ziemlich grobes Konglomerat, das im alpinen Tertiär weit verbreitet (Rigi), aber auch aus den ältesten diluvialen Schottern entstanden ist. Gewöhnlich überwiegen in ihr die Kalkgesteine, seltener bestehen die Gesteinstrümmer aus Urgesteinen und Sandsteinen. Ist das Bindemittel kalkig, dann widersteht die Nagelfluh der Verwitterung stärker, als wenn die Bindesubstanz mergelig-tonig ist. Der daraus entstandene Verwitterungsboden ist im allgemeinen reich an abgerundeten Geröllbruchstücken und als ein leichter sowie nährstoffarmer Boden zu bezeichnen.

Die Böden der Schiefer- und Tongesteine.

Während die aus dem Wasser abgesetzten sedimentären Sandsteine nach Blanck[4] Strandbildungen sind, die entsprechend dem Gesetz der Schwere in der Nähe von Küsten und Meeresbuchten abgesetzt wurden, sind die Tongesteine Bildungen der Hochsee, weil das leichte, tonige Gesteinsmaterial von Strömungen weit ins Meer hinausgetragen wird, um sich dort ganz allmählich abzusetzen. Die Schiefer- und Tongesteine finden wir in Deutschland als selbständige Bildungen in einer Reihe von Mittelgebirgen, wie z. B. am Rande der Sudeten und des Riesengebirges, im Thüringer Wald, im Harz, im Fichtelgebirge, am Abfall des Erzgebirges und ganz besonders im Niederrheinischen Schiefergebirge. Während in den archäischen Formationen die kristallinischen Schiefer vorherrschen, nehmen in den paläozoischen die klastischen Schiefergesteine überhand, wenn auch der Übergang von den ersteren zu den letzteren ein ganz allmählicher ist, der es erschwert, eine bestimmte Grenze zu ziehen. Allerdings treten zwischen den Tonschiefern Grauwacken, sowie sonstige Konglomerate und Sandsteine auf, und schon Grebe[5] wies seinerzeit darauf hin, daß in den Flözformationen die festen Sandstein- oder Kalkbänke mehr oder weniger mit weicheren, dazwischen auftretenden Schiefertonen, Mergeln und Letten abwechseln. Nicht immer bilden diese Zwischenschichten nur dünne Bänke, sondern sie gelangen ab und an zu derart großer Ausdehnung und Mächtigkeit, daß sie als selbständige Formationsglieder auftreten und ihre eigenen charakteristischen Böden bilden. Als Beispiele hierfür seien hier unter anderem nur kurz die im Rotliegenden vorkommenden Schiefertone, der Röt im Buntsandstein und die Lettenkohle im Keuper erwähnt. Ganz allgemein kann gesagt werden, daß derartige Schichten von Tonen, Mergeln und Letten sich recht oft als Übergang zwischen den Sandstein- und Kalkformationen vorfinden. Auch können die mehr oder weniger mächtigen Bänke von Tonschiefer mit Grauwackenbänken oder Kalkschichten wechsellagern, oder aber die Tonschiefer-

---

[1] Hausmann, E.: a. a. O., S. 452.

[2] Blanck, E., F. Alten u. F. Heide: Über rotgefärbte Bodenbildungen, ein Beitrag zur Verwitterung der Culm-Grauwacke. Chem. Erde 2, 115 (1926).

[3] Meigen, W. u. R. Goerg: Über die Verwitterung devonischer Schiefergesteine. Steinbruch und Sandgrube. 1922. — Meigen, W. u. P. Oschmann: Zur Kenntnis der Verwitterungsprodukte an Tonschiefern und Grauwacken. Ebenda 1922.

[4] Blanck, E.: Der Boden der Rheinpfalz usw. a. a. O., S. 431.

[5] Grebe, C.: a. a. O., S. 97.

bänke liegen übereinander, wobei zwischen ihnen kleinere sandige oder kalkige Zwischenschichten auftreten, so daß ganze Gebirge aus diesem schieferigen Gestein entstehen können.

Diese Gesteine sind erhärteter Ton oder Letten und somit die Umwandlungsprodukte aus anderen Gesteinen, und zwar besonders aus an Feldspaten reichen Urgesteinen. Durch chemische Zersetzung der in diesen Massengesteinen enthaltenen Silikate, und zwar besonders der Feldspate, der Hornblende und des Augits sind ursprünglich Tone entstanden, welche durch Wasser, Eis oder Wind verfrachtet werden konnten, soweit Ton nicht an primärer Lagerstätte geblieben ist. Durch Druck (Gebirgsdruck) ist dann die Überführung des Tones in Tonschiefer vor sich gegangen. Demzufolge können wir alle möglichen Übergänge von Ton zu Schieferton und Tonschiefer, der am härtesten ist, feststellen.

Tonschiefer ist, wie die mikroskopische Analyse ergibt, ein durch humose Substanzen dunkel gefärbtes Gestein, welches aus einer fein zerriebenen Masse älterer Gesteine besteht und dichte Beschaffenheit aufweist. Wir haben es dabei mit einem anscheinend gleichartigen, innigen Gemenge von Quarzen, Glimmern, Chloriten und Feldspaten, sowie von Kalk und Kohle in schieferigem Gefüge zu tun. Schieferton ist dagegen sehr hart und reich an Ton und besitzt ebenfalls wie der Tonschiefer schieferige Struktur. Beide Gesteine sind aus Tonen oder Letten durch Erhärtung hervorgegangen. Tonschiefer hat kleine Schuppen aus Ton, die mit mehr oder weniger Glimmerblättchen gemengt sind. Die Spaltbarkeit der Schiefer hängt davon ab, ob sie mehr erdigen oder festen Charakter besitzen, bzw. in welchem Grade sie zerreiblich sind. Haben sie größere Mengen von Kalk durch Auswaschung verloren, so sind sie dadurch weicher geworden. Die feine Spaltung weicht aber stets von der Schichtung ab. Die Farbe der Tonschiefer ist gewöhnlich grau bzw. schwärzlichgrau bis blauschwarz, mitunter auch hellgrünlichgrau, bräunlich und bläulichrot. Je mehr Eisenhydroxyd sich bildet, um so mehr stellt sich Rotfärbung ein.

Die Verwitterung der Tongesteine findet zunächst immer mehr auf mechanischem Wege als durch chemische Umsetzungen statt[1]. Insbesondere durch den Frost erfolgt zuerst ein Zerfall zu losen Stücken und Blättern. Die so gebildete Masse ist zunächst nicht zäh und plastisch, sondern mehr bröckelig und von geringer Zusammenhangskraft. Es macht sich dann je nach den sonstigen Verwitterungsverhältnissen auch die chemische Zersetzung geltend und durch das gebildete Eisenhydroxyd und den Ton tritt neben der beginnenden Rotfärbung in steigendem Maße Plastizität ein, und in flachem Gelände und in den Tälern entsteht alsdann ein kräftiger, bindiger und schwererer Boden. Auf den Höhen und an den Hängen werden durch die Niederschläge besonders am Anfang, wo die Masse noch wenig bindig ist, reichlich feinere, tonige Teile entführt. Die Verwitterung wird auch durch aufrechte Schichtenstellung und Zerklüftung wesentlich begünstigt. Die chemische Zusammensetzung der Tongesteine und der Tonschiefer ist, wie aus den weiter unten angeführten Analysen ersichtlich ist, eine sehr verschiedene und dies beeinflußt, ebenso wie die zwischen den Tongesteinen lagernden Schichten und Einschlüsse, das Ergebnis der Verwitterung derselben.

Der Boden des Tonschiefers. GREBE[2] unterscheidet bezüglich der Verwitterung der Tonschiefer zwischen den mehr dünnschieferigen weicheren, tonigen Tonschiefern und den quarzreicheren, meist dickschieferigen, splitterigen Arten. Erstere zerfallen nach ihm am raschesten und leichtesten zu einem milden Tonboden, der keine Steine, dafür aber viele kleine Schieferblätter besitzt. Eventuelle Steingerölle deuten auf das Vorhandensein von Zwischenlagern im Tonschiefer.

---

[1] MILCH, L.: a. a. O., S. 224. [2] GREBE, C.: a. a. O., S. 97.

Der quarzreichere Tonschiefer verwittert dagegen schwerer und bildet einen gelblichen, lockeren, steinigen und flachgründigen Boden. Fallou[1] erwähnt, daß nach seinen Beobachtungen nur der im Tale befindliche Tonschieferboden einen fruchtbaren Ackerboden gebe, dagegen sei der viel größere Verbreitung besitzende Boden der Tonschiefergebirge nur mit einem recht flachgründigen Verwitterungsboden bedeckt, der zudem zum größten Teil aus losem, unzersetztem Trümmerschutt bestehe und höchstens waldbaulich genutzt werden könne. Milch[2] betont, daß sandarme Tone und Tonmergel im wesentlichen den Faktoren der physikalischen Verwitterung unterliegen, der Temperatur und den Niederschlägen, während chemische Vorgänge im Ton direkt keine große Rolle spielen. Doch wirken chemische Vorgänge entscheidend auf den Grad der Krümelbildung ein. Anders wäre es nach diesem Autor bei Tonschiefer. Dieser zerfalle in Schieferstückchen, die sich in tonige Feinerde auflösen. Bei entsprechendem Gehalt an Quarzkörnern erhalten die Böden oft lehmigen Charakter. Letzterer Umstand wurde bereits von Sprengel[3] gewürdigt, der seinerzeit schon aussprach, daß die Schiefersteinarten ein toniges, nasses, schweres Erdreich liefern, während, wenn der Sandstein darin überwiegt, Bäume, Getreide usw. vortrefflich darauf gedeihen. Dort, wo dagegen die groben Konglomerate vorherrschen, ist der Boden stets mager.

Die mitunter stark wechselnde Zusammensetzung der paläozoischen Schiefer geht aus folgenden Analysen hervor:

	Silurschiefer (Thüringen)	Silurschiefer (Böhmen)	Silurschiefer (Schweden)	Silurschiefer (Norwegen)	Devonschiefer (Niederrhein)	Devonschiefer (Niederrhein)	Devonschiefer (Harz)
Kieselsäure .	64,72	67,50	58,52	57,50	62,63	50,01	60,03
Tonerde . .	17,05	15,89	18,47	16,71	17,11	34,74	14,91
Eisenoxyd !	7,46	5,93	12,99	9,02	8,23	3,98	8,94
Kalk . . .	0,46	2,24	0,40	4,00	0,83	—	2,08
Magnesia . .	2,97	3,67	3,44	4,52	1,90	0,87	4,22
Kali	2,79	1,23	4,86	3,28	4,17	7,21	3,87
Natron . .	—	2,11	0,27	2,11	—	0,04	—
Wasser . .	3,92	1,13	2,65	2,48	4,66	3,27	5,67
	99,37	99,70	101,60	99,62	99,53	100,12	99,72

Der Boden des Grauwackenschiefers. Die bereits früher erwähnte, schieferige Ausbildung der Grauwacke ist nicht selten und der aus diesem Gestein hervorgegangene Boden würde daher größere Gebiete bedecken, wenn nicht auf ihm diluviale und alluviale Ablagerungen häufig wären. Das im Vogtlande und im früheren Königreich Sachsen liegende Grauwackenschiefergebirge kann, was den Aufbau und die Beschaffenheit des Gebirges und des daraufliegenden Verwitterungsbodens anbetrifft, nach Fallou[4] in jeder Hinsicht als Muster gelten und ist von diesem nebst Bodendecke eingehend beschrieben worden. Abgesehen von der Struktur unterscheiden sich die dortigen Grauwackenschiefer vom gewöhnlichen Tonschiefer insbesondere auch dadurch, daß erstere häufig Quarze und viel weiße Glimmer enthalten und härter sind als letztere. Auch sind sie reicher an Tonerde. Diese Tatsachen drücken sich auch in der Beschaffenheit der Böden aus, und diese sind meist ein Gemisch von zersetztem und unzersetztem Gestein und daher reich an Steinen. Der hell- oder dunkel-graulichgelbe Boden, der reich ist an feinen Glimmerblättchen und an Quarzkörnern, ist flachgründig

[1] Fallou, F. A.: a. a. O., S. 243.
[2] Milch, L.: Die Zusammensetzung der festen Erdrinde. 1926.
[3] Sprengel, C.: Die Bodenkunde oder die Lehre vom Boden. S. 56. Leipzig 1837.
[4] Fallou, F. A.: a. a. O., S. 248.

und mager, erhält indessen durch in größerer Menge vorhandenes Eisenhydroxyd größere Bindigkeit. Trotzdem ist er gegen Wassermangel sehr empfindlich, da er leicht austrocknet. Sein Nährstoffgehalt ist gering. Er steht an Wert dem Tonschieferboden bedeutend nach und kommt eigentlich nur für den Waldbau in Betracht, und zwar nur für Nadelholz. Fichte und Tanne gedeihen aber recht gut auf ihm. LUEDECKE[1], der die Bodenverhältnisse der Provinz Rheinhessen, sowie des Rheingaues und Taunus beschreibt, erwähnt bei dieser Gelegenheit auch die Böden der Grauwacken- und Tonschiefer des dort auftretenden Unterdevons, die allerdings nur in schmalen Streifen vorkommen. Diese von ihm als sehr kalkarm und geringwertig bezeichneten Böden tragen auch dort nur Wald. Die von ihm ebenfalls beschriebenen sog. Wisperschiefer aus dem Devon haben steile Hänge mit tiefen Tälern. Auf den Hängen stockt Wald, während auf den Hochflächen Ackerbau getrieben wird. Die Böden dieses Gesteines sind flachgründig und reich an Steinen und als sandige und milde Lehmböden zu bezeichnen, da sie einen verhältnismäßig hohen Gehalt an Feinerde besitzen. Insbesondere treten Staub und Sand in beträchtlicher, Ton und Humus aber in geringer Menge auf. Der Gehalt an Kalk wird von LUEDECKE noch als normal, der an Phosphorsäure als gering bezeichnet. Die in den Talsohlen gelegenen Wiesen neigen zur Versumpfung. Auch sonst sind die in Betracht kommenden Böden für die landwirtschaftliche Nutzung nicht sehr geeignet. Dies ändert sich aber überall dort, wo diluvialer Lehm die Böden der devonischen Wisperschiefer überlagert.

Die Böden der Tonschiefer aus dem Rotliegenden. PLIENINGER[2] schildert die aus den glimmerreichen Schiefertonen des Unterrotliegenden in Württemberg hervorgegangenen Böden als ziemlich schwere, tonige Böden, bei welchen in der zähen Grundmasse reichlich Quarzkörner vorhanden sind. Diese dem Wiesen- und dem Ackerbau dienenden Böden haben zwar Kalkmangel, sind indessen je nach Herkunft kali- und phosphorsäurehaltig. Das Rotliegende in Rheinhessen besitzt nach LUEDECKE[3] Schiefertone, welche bei ihrer Verwitterung schwere und zähe Lettenböden liefern, die meist drainagebedürftig sind. Im Oberrotliegenden erzeugen dort die Schieferletten und Tonschiefer einen ausgezeichneten Weinboden, der nach den vorgenommenen Untersuchungen als Tonboden, der reich an kleineren Steinen ist, bezeichnet werden kann. Dieser Boden besitzt einen hohen Gehalt an Kali und einen mittleren an Phosphorsäure. Der Kalkgehalt ist befriedigend. Als weiteres Beispiel für die aus den Tongesteinen dieser Formation hervorgegangenen Böden möge schließlich noch eine bereits von SENFT[4] vorgenommene kurze Schilderung der Böden dienen, die aus dem eisenschüssigen Tonstein im „Rottotliegenden" entstanden sind. Er schildert dieselben als braunrote, an Alkalien und Kalk arme Böden, die in feuchten Lagen schmierig und schwer sind und zur Versumpfung neigen, sich dagegen in zu trockenen Lagen in ein loses Haufwerk von dünnen Blättchen zerteilen. Wenn sich in das Muttergestein Granitkonglomerate einlagern, und dadurch dessen Urgesteinsbruchstücke in Form von Sanden zu dem oben erwähnten Boden hinzutreten, so wird dieser dadurch physikalisch gebessert und seine Fruchtbarkeit erhöht.

Die Böden der Schiefertone der Lettenkohle des Keupers. Nach den Untersuchungen des Verfassers über die einschlägigen Vorkommen in Unterfranken[5] sind diese Böden sowohl physikalisch als auch chemisch günstig zu-

---

[1] LUEDECKE, C.: Die Boden- und Wasserverhältnisse der Provinz Rheinhessen, des Rheingaues und Taunus. Abhandlg. d. Großherzgl. Hessischen Geol. Landesanstalt Darmstadt 3, 149 (1899).

[2] PLIENINGER, F.: a. a. O., S. 158.   [3] LUEDECKE, C.: a. a. O., S. 207.

[4] SENFT, F.: a. a. O., S. 303.

[5] NIKLAS, H.: Bodenkundlicher Beitrag zu Blatt Hendungen, Nr. 14, S. 48 der geologischen Karte des Königreichs Bayern.

sammengesetzt. Durch die die Lettenkohle begleitenden Sandstein- und Kalk-schichten wird gemeinsam mit dem Verwitterungsprodukt aus diesem Gestein ein sehr ausgeglichener Boden hervorgebracht, dessen Wasser- und Lufthaushalt eben-so wie sein Nährstoffgehalt im allgemeinen durchaus befriedigen. Der Kalk-gehalt schwankt je nach Schichtenfolge der Muttergesteine, ist aber zumeist noch befriedigend. Der ermittelte Gehalt an Kali und Phosphorsäure kann als günstig bezeichnet werden. Reis und Schuster[1] weisen darauf hin, daß die in der Lettenkohle eingeschalteten Kalkbänke mit ihrem stellenweise vorhandenen Phosphoritgehalt, Kalk, Magnesia und Phosphorsäure zu liefern vermögen. Aus den Schiefertonen für sich entsteht ein im allgemeinen etwas zu schwerer Boden von hellbräunlicher, lettenartiger Beschaffenheit, der gerne vernäßt. Sonst sind die normal zusammengesetzten Böden der Lettenkohle, d. h. diejenigen mit ge-nügend Material aus ihren Schichtgliedern, im allgemeinen gute Ackerböden und allenfalls mit guten Laubhölzern bestockt, während Nadelholz darauf selten ist. Das bei der Verwitterung der Lettenkohle aus dieser und den anderen Schichten derselben sich ergebende günstige Mischungsverhältnis in den Böden ist eine auch anderwärts zu beobachtende Erscheinung. Diese Böden besitzen daher fast durchwegs günstige physikalische und chemische Eigenschaften. Es sind dies ähnliche Verhältnisse wie im Röt des oberen Buntsandsteins, wo auch Sandsteinbänke mit Schiefertonmaterial zusammen bei der Verwitterung gute Ackerböden liefern. Auch die tonigen Schichten des Zechsteins und die Mergel-und Tonschiefer der Liasformation liefern fast stets sich recht günstig ver-haltende Mischböden.

Die mikroskopische Betrachtung der Bodenskelette aus dem Keuperletten (Lettenschiefer) ergibt, daß sie nebenbei häufig eine Anreicherung mit Sandstein-rückständen, Quarzsanden, Dolomiten, bunten Mergeln und harten Steinmergeln außer dünnplattigen Mergelschiefern und buntfarbigen Lettenschieferteilchen sowie mergeligen Kalken und sonstigen tonigen, mergeligen Feinbestandteilen auf-weisen. Gewöhnlich finden sich dagegen als Gemengteile in den Bodenskeletten der reinen Keuperletten nur Quarzstaub, Eisenkonkretionen, tonige Substanzen, und zwar diese auch als Überzüge über andere Teile, Tongallen und lettige Schieferreste. Sind die Lettenschichten nicht mehr ganz rein, so führen die Bodenskelette z. T. auch noch allenfalls Reste dolomitischer Kalkgesteine, eisen-schüssige Kalke, poröse Dolomite, helle Kalksteine, etwas Sandsteinreste oder sandige Schiefer, Quarzite, kohlige Teilchen mit geringen Spuren Gipssubstanz und tonige Konkretionen. Die Anreicherungsprodukte bei stark mit anderen Schichtgliedern vermengten Keuperlettenböden wurden bereits, soweit sie bei der mikroskopischen Betrachtung der Bodenskelette nachweisbar sind, oben aufgeführt.

In Schwaben wurde die Lettenkohle unter anderem von F. Zeller unter-sucht[2].

Die Böden der vulkanischen Tuffe und Laven.

Bei den Eruptionen von Vulkanen wird teils geschmolzenes Gestein, im glutflüssigen Zustand als Lava bezeichnet, teils werden mit den Dämpfen zu-sammen fein verteilte Gesteinsbrocken, die nur z. T. geschmolzen sind und Schlacken genannt werden, ausgestoßen. Das feine Gemenge dieser Lavamasse bezeichnet man als Asche, während das grobkörnige Material als Sand benannt wird. In unmittelbarer Nähe der Vulkane findet sich das grobkörnige Material, während die Aschen in größerer Entfernung zum Absatz gelangen. Derartige

---

[1] Reis, O. M., u. M. Schuster: Blatt Ebenhausen, S. 53.
[2] Zeller, F.: Beiträge zur Kenntnis der Lettenkohle und des Keupers in Schwaben. Neues Jb. Min. 1908. Beilage-Bd, S. 101.

Ausschleuderungen von Schlacken und Aschen dauern oft Tage lang an. Die Lava selbst ist kein bestimmtes Gestein, sondern besteht aus in glutflüssigem Zustand aus dem Erdinnern hervorgequollenen Gesteinsmassen. Die verschiedenen Laven sind daher nicht nur äußerlich, sondern auch in ihrer chemischen Zusammensetzung verschieden. Da die vulkanischen Ausbruchstellen gewöhnlich in Gegenden auftreten, wo vorher Trachyte oder Basalte emporgedrungen sind, so finden wir dementsprechend auch hier nur gewöhnlich trachytische oder basaltische Laven. Die heißen Dämpfe haben diese gewöhnlich mit Poren durchzogen und so vielfach in eine schaumige Substanz umgewandelt. Die Laven sind teils körnig-kristallinisch, teils glasig. Je nach der Menge der in ihnen enthaltenen Kieselsäure bezeichnet man sie als saure oder trachytische Laven, welche bis zu 66 % Kieselsäure enthalten, oder als basische bzw. basaltische Laven, die nur bis zu 55 % Kieselsäure besitzen.

Als neovulkanische Gesteine bezeichnet FRAAS[1] die tertiären Basalte, Phonolithe und Trachyte, weil diese sich am nächsten an die rezenten Laven anschließen und ähnlich wie diese gebildet wurden. An diese schließen sich die paläovulkanischen Gesteine, Quarzporphyr, Melaphyr und Diabas an, die zwar auch mit den jetzigen Bildungen noch viele Ähnlichkeiten aufweisen, aber durchwegs reicher an Kieselsäure sind.

Aus erhärteten und zersetzten vulkanischen Schlammassen können sich Tuffe bilden[2]. Viel häufiger aber entstehen durch Einwirkung von Wasser auf die zusammengelagerten Schlamm- und Aschenmassen, und zwar durch Verkittung derselben, sekundäre Bildungen. Derartige, durch Kalk und andere Substanzen verkittete Massen aus vulkanischem Material werden Tuffe genannt, die indessen mit dem sog. Kalktuff nicht verwechselt werden dürfen, da sie etwas ganz anderes sind.

Die Böden dieser Tuffe, wie z. B. Basalt-, Trachyt-, Phonolith-, Diabas- und Porphyrtuff gleichen im allgemeinen den Böden der vulkanischen Gesteine, aus denen sie entstanden sind, und in deren Nähe sie daher auch vorkommen. Diese Tuffe verwittern infolge ihrer Beschaffenheit sehr leicht und bilden tiefgründige, lockere Böden, die von hoher Fruchtbarkeit sind, wenn ihnen genügende Mengen von organischer Substanz beigemengt sind. Wenn die Tuffböden auch infolge ihrer verschiedenartigen chemischen Zusammensetzung nicht von gleicher Beschaffenheit und Güte sind, so können wir sie doch im allgemeinen als kräftige und fruchtbare Böden bezeichnen. Dagegen verwittern die vulkanischen Sande infolge ihrer meist nur schwierig angreifbaren Oberfläche nur schwer und geben daher auch leichte und wenig fruchtbare Böden.

Der Boden des Diabastuffes. Die Diabastuffe begleiten zumeist die Diabase. Die Böden aus diesen Tuffen besitzen mit denen aus Diabas viele Ähnlichkeit, sind aber tiefgründiger und schwerer und daher auch noch etwas fruchtbarer als diese als Folge der leichten Zersetzlichkeit des Diabastuffes.

Der Boden des Porphyrtuffes. Auch der Porphyrtuff zersetzt sich leichter als der Felsitporphyr, der bekanntlich infolge seiner dichten Grundmasse, die einen großen Teil dieses Gesteines ausmacht, nur langsam und schwer verwittert. Trotz der Ähnlichkeit in der mineralischen und chemischen Beschaffenheit verwittert der Porphyrtuff viel leichter als dieser und liefert daher einen tiefgründigen, tonhaltigen Boden von größerer Fruchtbarkeit.

Der Boden des Basalttuffes. Dieser häufig in der Nähe von Basalten vorkommende Tuffstein bildet wie dieser ebenfalls Böden von großer Fruchtbarkeit. Da der Boden hieraus sowohl in Tälern als auch auf Höhen vorkommt, so spielt für sein Verhalten und seine mechanische Zusammensetzung die jeweilige Ortslage

---

[1] FRAAS, E.: Geologie, S. 30. 1903.
[2] PUCHNER, H.: Bodenkunde für Landwirte, S. 26. 1923.

natürlich eine große Rolle. Insbesondere hängt der Gehalt an feinen Tonbestandteilen wesentlich von diesem Umstande ab. Auch beim Phonolithtuffboden ist dieses Moment von großer Bedeutung, obwohl sich dieser an Güte mit dem Boden aus Basalttuff im allgemeinen nicht messen kann.

Der Boden aus Schlackensand. Lavaschlacken und Lavasand kommen insbesondere in der Eifel, an den noch immer tätigen Vulkanen Ätna und Vesuv, sowie sonst noch in ausgesprochen vulkanischen Gebieten vor. In sehr charakteristischer Weise sind die den Laacher See in der Eifel umgebenden Hügelketten mit Schlackensand bedeckt. Neben Schlackensand und Staub findet sich auch hier reichlicher Grus aus diesem Lavamaterial. Der Verwitterung ist dieses nur sehr schwer zugänglich, und daher hat sich auch aus diesem nur ein seichter, lockerer Grusboden bilden können, der lediglich im feuchten Zustand eine gewisse Bindigkeit besitzt, sonst aber so locker, leicht und trocken ist, daß er für landwirtschaftliche Nutzung nicht in Frage kommt. Fallou[1], der diesen Boden näher beschreibt, erwähnt aber mit Recht, daß auf ihm Buchen und Eichen gedeihen können.

Die Böden der einfachen Gesteine.

Die Böden der einfachen Quarzgesteine.

Ab und zu treten im Urgebirge, sowie im Gebiete des Glimmer- und Tonschiefers Felsen aus Quarz auf. Dieser besteht im Gegensatz zu den gemengten Quarzgesteinen nur aus Kieselsäure in Form des massigen Quarzes neben ganz wenig verunreinigenden Substanzen. So selten derartige Vorkommen sind, so gering ist auch ihre Ausdehnung, so daß die daraus hervorgegangenen Verwitterungsprodukte, die kaum mehr auf den Namen Boden Anspruch erheben können, auch von keiner größeren Bedeutung für die Land- und Forstwirtschaft sind. Auf diesen nahezu unfruchtbaren Standorten können kaum Moose und ähnliche Pflanzen gedeihen.

Der Boden des Quarzites. Unter Quarzit verstehen wir eine körnige oder dichte helle Masse aus Quarz, die als Einlagerung im Granit-, Gneis- oder Tonschiefergebirge mitunter aufzutreten pflegt. Diese gangartigen Einlagerungen können auch ab und zu Felsen bilden. Auch wenn dem Quarzit andere Mineralien in geringer Menge beigegeben waren, die dessen mechanischen Zerfall befördern helfen und selbst verwittern, so kann sich aus Quarzit doch nur eine Schuttmasse bilden, der etwas Ton beigemengt ist. Durch das, wenn auch in geringer Menge gebildete Eisenhydroxyd wird die Farbe derselben gelb bis rötlich. Nur wenn sich von anderem Orte her dieser rohen Verwitterungsmasse Boden beigesellen kann, ist die Möglichkeit für das Gedeihen von anspruchslosen Waldbäumen gegeben.

Der Kieselschieferboden. Kieselschiefer, ein schwarzes, von weißen Quarzadern durchsetztes, hornsteinartiges Quarzgestein, bildet Lager im Glimmerschiefer und in den paläozoischen Schiefergesteinen. Besonders im Grauwackenschiefer pflegt er, wenn auch nicht in großer Ausdehnung, aufzutreten. Wenn im Kieselschiefer immerhin etwas Tonerde enthalten ist und dieser auch stärker der physikalischen Verwitterung unterworfen erscheint als der Quarzit, so kann sich aus ersterem doch nur in recht bescheidenem Maße ein gelb-rötlichgrauer bis dunkelgrauer Boden von sehr geringer Mächtigkeit und hohem Gehalt an unzersetzten Gesteinstrümmern bilden. Der ungünstigen mechanischen Zusammensetzung entspricht ein ebenfalls recht geringer Gehalt an Pflanzennährstoffen, so daß er ohne Beimengung von anderen Bodenarten nicht kulturfähig ist. Etwas günstiger werden die Verhältnisse, wenn dem Kieselschiefer neben etwas Ton noch Feldspate und Glimmer in bescheidenem Maße beigesellt waren.

---

[1] Fallou, F. A.: Pedologie. S. 438. Dresden 1862.

Die Böden der Kalksteine.

Kalksteine stammen aus den verschiedensten geologischen Formationen und nehmen als ganze Gebirge und Plateaus in der Erdrinde eine ansehnliche Fläche ein. Bereits GIRARD[1] gibt für die aus den einzelnen geologischen Zeitabschnitten stammenden Kalke folgende Verbreitungsgebiete an: Es finden sich Kalke aus der Silurformation in Finnland, Estland, Livland und auf den großen Inseln der nördlichen Ostsee, besonders auf Gotland, im mittleren Böhmen, im östlichen England, in Nordamerika usw. Aus der Devonformation sind solche meist in geringer Ausdehnung im nördlichen Nassau, im südlichen Westfalen, in der Eifel, im Vogtlande, in Schlesien, in Belgien, im südwestlichen England usw. bekannt, desgleichen aus der Steinkohlenformation in Westfalen und am Niederrhein, in Belgien, im mittleren England, in Irland, im mittleren Rußland, in Nordamerika usw. Aus der Dyasformation kennt man sie in schmalen Zügen am Südrande des Harzes, am Nordrande des Thüringer Waldes, am Westrande des Ural usw. Aus der Triasformation sind sie in den ausgedehnten Flächen des Muschelkalkplateaus in Niedersachsen, in Thüringen, Franken, Schwaben und Lothringen zu verfolgen. In der Juraformation sind sie in den bituminösen und tonigen Kalken des unteren Jura in Schwaben, Lothringen, im mittleren Frankreich und im mittleren England, in den eisenhaltigen Kalken und Rogensteinen des mittleren Jura, in der Weserkette, im nördlichen Frankreich, im mittleren England zu finden. Im oberen Jura liegen sie in den sehr reinen Kalken der fränkischen Höhe, der schwäbischen Alb, der Côte d'or und im mittleren Frankreich und England, dem östlichen Spanien usw. vor. Desgleichen sind sie in der Kreideformation in Sachsen, im westlichen Westfalen, auf Rügen und den dänischen Inseln in unbedeutenden Entblößungen, im nördlichen Belgien, im nordöstlichen Frankreich, im südöstlichen England, im südlichen Nordamerika usw. anzutreffen. In der Tertiärformation treten sie uns teils entblößt, teils bedeckt von jüngeren Bildungen im Mainzer, Wiener, Pariser, Toulouser und im Londoner Becken, besonders im sog. Grobkalk und an anderen Orten entgegen. Ferner ziehen sich mächtige Kalkketten, welche Gesteine verschiedenen Alters von der Trias- bis zur Tertiärformation enthalten, zu beiden Seiten der Zentralalpenkette als sog. Kalkalpen hin, treten auch in Istrien, Dalmatien, im Apennin und auf Sizilien auf, setzen den Schweizer Jura zusammen, bedecken z. T. die älteren Schichten der Pyrenäen, des Atlas usw., treten also am ganzen Rande des alten Mittelmeerbeckens auf. Das Vorkommen von Kalkgesteinen in Form von Schottern, Blöcken und Geröllen diluvialer und alluvialer Ablagerungen möge anschließend nur erwähnt werden. Diese von GIRARD gegebene Übersicht, welche im Laufe der Zeit verschiedene hier nicht näher zu erörternde Korrekturen erfahren haben dürfte, zeigt jedenfalls, daß wir vielerorts Kalkgesteine der verschiedensten Herkunft antreffen.

Die in den dichten Kalksteinen vorkommenden Fossilien beweisen, daß wir es dabei mit Absätzen aus dem Meereswasser unter dem Einfluß von Organismen zu tun haben. Durch teilweise Umkristallisation sind aus den dichten Gesteinen z. T. kristalline gebildet worden. Auch hat sich wohl das bei dem Altern der Kolloide mitunter vor sich gehende Umkristallisieren derselben mit ausgewirkt. Wir haben daher zwischen den dichten, d. h. mehr erdartigen, und den kristallinischen Kalkgesteinen zu unterscheiden. Diese können ferner mehr oder weniger geschichtet oder massig sein. Der chemischen Zusammensetzung nach sind die Kalkgesteine entweder rein, d. h. sie bestehen nur aus kohlensaurem Kalk, oder es treten neben diesem, und zwar gewöhnlich in Form von Verunreinigungen,

---

[1] GIRARD, H.: Grundlagen der Bodenkunde für Land- und Forstwirte, S. 100. 1868.

noch andere Bestandteile auf. Kalke, die in größerer Menge noch kohlensaure Magnesia enthalten, werden Dolomite genannt. Fast immer sind diesen und den Kalken Ton und Kalksand beigemengt, deren Mengen je nach den gegebenen Verhältnissen sehr schwanken können. Bereits der kristalline Kalk enthält gewöhnlich als akzessorische Bestandteile Quarz, Granat und Glimmer und tritt als solcher meist massig als Glied der Formation der kristallinen Schiefer in Gestalt linsenförmiger Einlagerungen auf. Der dichte, in allen geologischen Formationen vorkommende Kalk enthält ebenfalls oft Magnesiakarbonat und daneben als akzessorische Gemengteile mitunter Pyrit, Bleiglanz und viele andere Mineralien und außerdem die bereits oben erwähnten, fast nie fehlenden Beimengungen. Je nach diesen unterscheidet man dann kieseligen, tonigen, dolomitischen und bituminösen Kalkstein. Kommt Glaukonit im Kalkstein vor, so daß dieser dadurch grün gefärbt wird, so bezeichnet man ihn alsdann als glaukonitischen Kalk. Sehr häufig werden die Kalksteine auch nach den Formationen, in denen sie sich befinden, sowie nach den in ihnen vorhandenen Fossilien, benannt. Unter Kreide versteht man, soweit diese Bezeichnung nicht als geologischer Begriff gedacht ist, einen Kalkstein von weicher und feinerdiger Beschaffenheit, welcher aus den Schalen von Foraminiferen und sehr kleinen Teilchen von Kalkkarbonat besteht. Schließlich sei noch kurz erwähnt, daß man mit Kalktuff poröse Kalksteine bezeichnet und als oolithische Kalksteine solche, welche aus kleinen, runden Kalkkörnern mit konzentrisch schaligem oder radialfaserigem Aufbau bestehen, die durch ein kalkiges Bindemittel miteinander verbunden sind. Bei Erbsensteinen tritt das Bindemittel zurück, Rogensteine haben dagegen eine sandig tonige Bindesubstanz.

Die verschiedenen Formen der Kalksteine und die Art und Menge der in ihnen vorhandenen Beimengungen bzw. Verunreinigungen sind nicht nur für ihre Farbe, Festigkeit und ihre sonstigen äußerlichen Merkmale, sondern insbesondere auch für deren Verwitterung und Bodenbildung von entscheidender Bedeutung. Der wesentlichste Bestandteil dieser Gesteine, der kohlensaure Kalk, wird, wie MILCH[1] betont, nicht durch die Atmosphäre ummineralisiert, sondern durch kohlensäurehaltiges Wasser gelöst. Diese allgemein bekannte, chemische Einwirkung bedingt die Auflösung der Hauptmenge des Gesteins, während die tonigen und sandigen Beimengungen zurückbleiben und schließlich zusammen mit dem restlichen, noch nicht gelösten kohlensauren Kalk die betreffenden Böden liefern, während der gelöste Anteil des Gesteins allmählich in die Tiefe wandert. Somit sind die in den Kalkgesteinen vorhandenen tonigen und sandigen Beimengungen von entscheidendem Einfluß auf die Art des gebildeten Verwitterungsbodens. Durch die Verwitterung entstehen auch vielfach Klüfte und Spalten im Gestein, die ebenfalls die bodenbildenden Vorgänge mit beeinflussen. Desgleichen geschieht dies durch die Lagerungs- und Schichtungsverhältnisse, sowie durch die herrschenden Faktoren der Verwitterung selbst. Alles dieses zusammen ist naturgemäß bestimmend für die Beschaffenheit der aus den Kalksteinen hervorgegangenen Böden. Es können somit die mannigfaltigsten Verwitterungsprodukte aus diesen hervorgehen, leichte und ganz schwere Böden, unfruchtbare und solche von großer Fruchtbarkeit.

Erstere entstehen gewöhnlich aus den dichten und festen Kalksteinen, welche nur wenig Beimengungen enthalten. Dagegen liefern die weniger festen und tonreichen Kalke einen meist steinarmen, bindigen und fruchtbaren, tonigen Kalkboden. Da die Kalkgebirge infolge der Eigenart der Verwitterung zumeist steile und schroffe Felsen bilden, so unterliegen ihre Verwitterungsprodukte

---

[1] MILCH, L.: Die Zusammensetzung der festen Erdrinde als Grundlage der Bodenkunde, S. 226. 1926.

auch in hohem Maße der Abspülung. Nur in ebener oder höchstens schwach geneigter Lage, somit nur in den Tälern und auf den Plateaus dieser Gebirge, können die Böden ihre tonigen Bestandteile behalten, während in allen anderen Fällen aus den Kalkgesteinen leichte, sandige und flachgründige Böden entstehen, die in extremen Fällen sogar nicht mehr kulturfähig sein können. Die schweren Böden, die unter günstigen Verhältnissen aus den tonreichen Kalken hervorgehen können, werden durch das im Untergrund befindliche, stark zerklüftete und daher nicht wasserhaltende Gestein auf natürlichem Wege entwässert und daher im allgemeinen nicht unter Nässe leiden. Solche Böden versorgen sich entsprechend ihrer hohen Wasserkapazität mit Winterfeuchtigkeit, leiden aber bei anhaltender Trockenheit doch mehr oder weniger unter dieser und nähern sich daher, worauf RAMANN[1] aufmerksam macht, in ihrem Wasserhaushalt den Steppenböden. Darauf deutet auch ihre natürliche Flora hin. Diese ist im allgemeinen die der Kalkpflanzen, falls der kohlensaure Kalk noch nicht ganz ausgewaschen ist. In diesem Falle verlieren die Böden ihre gute Krümelung, da statt absorptiv gesättigter Kolloide ungesättigte vorhanden sind, was zu einer Verschlechterung der physikalischen Eigenschaften dieser Böden führt. Diese äußern sich alsdann auch darin, daß die Böden zu zäh und bindig werden und beim Austrocknen Risse und Sprünge bekommen.

Als Beispiele für das verschiedene Verhalten der aus der Verwitterung von Kalksteinen hervorgegangenen Böden sollen anbei einige aus verschiedenen geologischen Formationen bzw. aus spez. frischen Gesteinen und Horizonten stammende kurz Erwähnung finden, ohne daß der Versuch gemacht wird, der Vielheit dieser Böden gerecht zu werden und sie alle im einzelnen zu beschreiben.

1. Die an Spalten und Klüften reichen Kalke aus dem Paläozoikum liefern im allgemeinen Böden, die sehr reich an Bruchstücken des Gesteins, arm an tonigen Substanzen und flachgründig sind, so daß die an und für sich nicht sehr verbreiteten und nur geringere Flächen bedeckenden Böden aus diesem Zeitabschnitt der Erdgeschichte durchwegs keinen beträchtlichen Kulturwert besitzen und für die landwirtschaftliche Nutzung so gut wie nicht in Frage kommen.

2. Das eben Gesagte gilt auch im großen und ganzen für die aus dem Grauwackenkalk hervorgegangenen Böden. Obwohl dieses gleichartige, dichte und bisweilen körnig-kristallinische Gestein stark zur Zerklüftung neigt und daher auch der Verwitterung sehr ausgesetzt ist, geht aus ihm infolge seiner Armut an Ton und Nährstoffen und seines gewöhnlich hohen Gehaltes an Kieselsäure ein sehr kiesiger, leichter und flachgründiger Boden hervor, der auch stark der Austrocknung ausgesetzt ist und daher ebenfalls keinen großen Wert besitzt. In dem Maße, als das Muttergestein reicher an Ton wird, bessert sich auch die Beschaffenheit seiner Verwitterungsböden.

3. Die Böden der Zechsteinkalke sind sehr verschiedener Art je nach der Beschaffenheit, Struktur und chemischen Zusammensetzung dieser Gesteine. Diese Kalke können dicht, porös, massig, dünn und dick geschichtet, mehr oder weniger arm an Ton und infolge mannigfaltiger Beimengungen von verschiedener chemischer Zusammensetzung sein. Dementsprechend verhalten sich die aus ihnen hervorgegangenen Böden, die teils sehr leicht und trocken, teils ziemlich bindig und arm an Steinen sein können, von anderen Unterschieden ganz abgesehen, also sehr verschieden.

4. Die aus triasischen Kalkgesteinen hervorgegangenen Böden. Hierzu gehören unter anderem alle Kalkböden aus der Formation des Muschel-

---

[1] RAMANN, E.: Bodenkunde, 2. Aufl., S. 102.

kalkes, der bekanntlich in die drei Unterstufen des unteren, mittleren und oberen Muschelkalkes eingeteilt wird.

Die Böden des unteren Muschelkalkes, die Wellenkalkböden. In den einzelnen Stufen des Wellenkalkes, dem unteren, mittleren und oberen Wellenkalk, kommen nicht nur verschieden geartete und zusammengesetzte Kalksteine, sondern auch Kalkschiefer, Mergel und Dolomite, sowie Sandsteine, Konglomerate und Tone vor. Auf alle Einzelheiten der Vorkommen dieser Kalksteine und der aus ihnen gebildeten Böden an den verschiedenen Örtlichkeiten ihres Auftretens einzugehen, ist nicht möglich und auch nicht beabsichtigt, weshalb hier, wie schon bisher und auch später, lediglich versucht werden soll, das Gemeinsame und allgemein Charakteristische herauszugreifen und an einigen Beispielen darzulegen.

In Bayern wurde das Vorkommen von Wellenkalk in Unterfranken unter anderem von den Beamten der geologischen Landesuntersuchung (O. Reis[1] und M. Schuster[2]) eingehend studiert und von diesen und dem Verfasser[3] auch die zugehörigen Böden untersucht und in den einzelnen Erläuterungsheften der geologischen Karte von Bayern 1:25000 niedergelegt. Die chemische Zusammensetzung dieses Gesteins lehrt uns eine Analyse des Hauptmuschelkalkes von Hilger[4], nach welcher es sich folgendermaßen zusammensetzt: Kieselsäure 8,07%, Tonerde 1,50%, Eisenoxyd 1,78%, Kalkkarbonat 82,52%, Magnesiakarbonat 0,78%, Kalksulfat 0,20%, Kalkphosphat 0,29%, Kalziumoxyd 0,49%, Kali 1,38%, Natron 1,61%, Chlornatrium 0,29%, Wasser 2,10%. Ferner verdanken wir Hilger noch eine Anzahl von Analysen von im Wellenkalk eingelagerten Bänken, welche eine ähnliche Zusammensetzung haben wie dieser. Außerdem geben A. Hiltermann[5] und A. Schwager[6] noch weitere Untersuchungsbefunde dieses Gesteins an.

Wellenkalk bildet zumeist steile, fast bis zu 100 m hohe Felsen eines schwer verwitterbaren, tonarmen und harten Gesteins, dem eine stärkere Verwitterungsdecke fehlt. Er setzt sich aus einer Reihe harter und geschlossener Gesteinsschichten, wie z. B. der Grenzkalkbank, der Oolithenbank, den Terebratel- und Schaumkalkbänken zusammen, die im Gegensatz zu den ebenfalls im Wellenkalk vorkommenden Myophorienschichten stehen, welche mehr Ton enthalten und nach oben zu in Mergel, Zellenkalke, Dolomite und Mergelschiefer übergehen.

Aus dem tonarmen Wellenkalk mit seinen härten und schwer verwitterbaren Bänken kann natürlich nur ein leichter und flachgründiger, kiesiger Boden hervorgehen, der sehr der Austrocknung unterliegt. Die tonigen Bestandteile unterliegen stark der Wegführung durch die Niederschlagswässer. Vom Verfasser[7] wurde aus sieben Wellenkalkböden der unterfränkischen Trias die durchschnittliche Kornzusammensetzung berechnet und folgendermaßen angegeben: Steine 42%, Grobsande 13%, Feinsande 6%, Staub 26%, tonartige Teile 55% (letztere vier Werte in Prozenten der Feinerde unter 2 mm Korndurchmesser). Der Kalkgehalt der Böden konnte ebenso wie der Phosphorsäuregehalt im allgemeinen als reich, der Kaligehalt noch als gut bezeichnet werden. Jedenfalls sind die Wellenkalkböden infolge ihrer geringen Mächtigkeit und ihrer ungünstigen physikalischen Beschaffenheit nicht sehr begünstigt und scheiden, vom Anbau

---

[1] Reis, M. O.: Blatt Ebenhausen, S. 13.
[2] Schuster, M.: Blatt Hammelburg-Nord, S. 74.
[3] Niklas, H.: Bodenkundlicher Beitrag zu Blatt Hammelburg-Nord, S. 97.
[4] Hilger, A.: Die chemische Zusammensetzung von Gesteinen der Würzburger Trias. Mitt. Pharm. Inst. u. Lab. angew. Chem. Univ. Erlangen, Heft 1, S. 141. München 1889.
[5] Hiltermann, A.: Die Verwitterungsprodukte von Gesteinen der Triasformation Frankens. Mitt. Pharmaz. Inst. u. Lab. angew. Chem. Univ. Erlangen, S. 163. München 1889.
[6] Schwager, A.: Blatt Hammelburg-Nord, S. 76.
[7] Niklas, H.: Bodenkundlicher Beitrag zu Blatt Hammelburg-Nord, S. 98.

der Kartoffel abgesehen, für die Ackernutzung fast ganz aus. Dagegen tragen sie gewöhnlich Föhren oder gemischte Waldbestände, Laubholz aber nur dann, wenn eine leichte Decke von äolischem Lehm diesem Boden auflagert. Der Aufforstung bereitet der Wellenkalkboden zumeist größere Schwierigkeiten. Dagegen gedeiht auf diesen Böden der geschätzte Saalewein. Auf den Böden der Schaumkalkbänke finden sich dagegen oft nur Ödflächen, auf denen nur Heidekraut und Wacholder, evtl. auch Föhren fortkommen.

Aus den unteren Schichten des Muschelkalkes in der Bayerischen Pfalz, dem Wellenkalk und dem Muschelsandstein, entstehen nach BLANCK[1] leichte Lehmböden mit etwaigem Kalkgehalt, wobei die Menge und Zusammensetzung der Beimengungen in den Kalken für die Beschaffenheit der Böden entscheidend sind. Zuerst wird nach den Feststellungen BLANCKs der kohlensaure Kalk ausgewaschen, dann folgt die kohlensaure Magnesia, an welche sich sodann das nicht gebundene, leichtlösliche Eisenoxyd anschließt. Dabei reichern sich natürlich Kieselsäure, Tonerde, Kali und Phosphorsäure an, welcher Vorgang, verstärkt durch die Einflüsse der Ortslage, zu den verschiedenartigsten Böden führt. Diese sind nicht Kalkböden als solche, sondern lehmige Böden von mehr oder weniger mergeliger Natur. Dabei spielen der Tongehalt der Kalksteine und evtl. Zwischenlager von Mergelschiefern eine bedeutsame Rolle, da sie die Veranlassung zur Bildung der Lehmböden mit reichlicheren Mengen tonartiger Teilchen sind.

Den Wellenkalk, das sog. Wellengebirge aus dem Muschelkalk in Württemberg mit seinen Böden schildert auch PLIENINGER[2]. Der Wellenkalk besteht hier aus Dolomiten, Dolomitmergeln, Mergelschiefern usw. Die daraus hervorgegangenen Böden gehören mit zu den ungünstigsten, was ihre Kornzusammensetzung anlangt, da durch zu hohen Gehalt an feinsten, tonigen Bestandteilen das Porenvolumen stark verringert und den Wurzeln das Eindringen in den Boden sehr erschwert wird. Sie sind daher auch feucht, naßkalt, schwer bearbeitbar und für den Acker- und teilweise auch für den Waldbau zu undurchlässig. Andererseits sind sie wieder im Hochsommer häufig zu trocken und dies besonders dort, wo größeres Verwitterungsmaterial fehlt. Vielfach dienen die Böden aus diesen Gesteinen dem Wiesenbau. Da ihr Nährstoffgehalt günstig ist, so sollen sie sich gut zur Melioration der Buntsandsteinböden eignen. Die plattig verwitternden, obersten, mergeligen Schichten geben nach den Angaben PLIENINGERs leichtere, durchlässige, allerdings ziemlich feinerdereiche, flachgründige Böden, die in trockenen Jahren gerne an Dürre leiden.

Daß je nach Ortslage und Beschaffenheit des Wellenkalkes recht verschiedenartige Böden entstehen können, wurde bereits von SENFT[3] beobachtet. So schildert dieser die aus den dünnschichtigen, wenig Tonzwischenlager besitzenden Wellenkalken bei Eisenach hervorgegangenen Böden als flachgründig, leicht und arm. Von Bedeutung ist hierfür die Tatsache, daß die dortigen Wellenkalke stark verworfen sind, so daß sie senkrecht oder fächerförmig stehen, infolgedessen oft tiefe und weite Klüfte besitzen, welche zu stark entwässern. Liegen diese Böden auf freien Bergeshöhen, so werden die Verhältnisse nach dieser Richtung hin noch ungünstiger, und sie vermögen dann höchstens dürftige Grasnarben von Schafschwingel usw. hervorzubringen, wenn sie nicht ganz vegetationslos sind. Liegt aber der Wellenkalk am Fuße der Muschelkalkberge, so können sich hier gute Böden von reichlicherem Ton- und Kalkgehalt bilden, welche Weizenbau zulassen, gute Weinböden sind, und auf denen auch Buchen trefflich gedeihen.

---

[1] BLANCK, E.: Die Böden der Rheinpfalz usw., a. a. O., S. 437. Vgl. auch Ders.: Wie unsere Ackererde geworden ist. Leipzig 1912.
[2] PLIENINGER, F.: a. a. O., S. 163.   [3] SENFT, F.: a. a. O., S. 283.

7*

RAMANN[1] dürfte bei der Besprechung der Wellenkalkböden wohl insofern etwas zu sehr verallgemeinern, als er dieses Gestein als den Typus der Kalke bezeichnet, welche alle reichliche Beimischungen von tonigen Bestandteilen enthalten, die bei der Verwitterung sodann zurückbleiben. Alle hierher gehörigen Böden tragen daher nach ihm den Charakter schwerer Tonböden, die durch Spalten des darunterliegenden Gesteines gut drainiert werden. Diese Angaben decken sich indessen nicht mit den tatsächlichen Verhältnissen.

Die mikroskopische Untersuchung der Bodenskelette von Wellenkalkböden ergab als Hauptgemengteile flache, z. T. sehr harte Kalkscherben und Kalkmergeltrümmer in allen Größen, die insbesondere graugelb bis graubraun gefärbt waren. Die Struktur war entweder zellig, porös, z. T. auch etwas oolithisch. Daneben finden sich sandige Kalke, etwas Dolomit, dolomitische Kalke, Eisenerz und gelegentlich auch feinkristalline und dichte Kalke. Unter den feineren Anteilen finden sich Quarz, Kalksteinbröckchen, Körnchen von Brauneisen, Glimmer (Biotit), Hornblende, undeutliche Feldspatreste, etwas Roteisen, Zirkon, Apatit, Dolomitkörner und sonstige mergelige und tonige Rückstände. Bei den mehr tonigen Wellenkalkböden finden sich geringe Mengen des Bodenskeletts. In den staubartigen Teilen desselben sind kristalliner, z. T. lößartiger Kalkstaub, Quarzsplitter, Erzkörnchen und toniges Material. Teilweise findet eine Anreicherung von gröberem und typischem Wellenkalkgesteinsschutt statt. Vorhanden sind ferner kalkige, dolomitische Gesteinstrümmer und -platten, sowie Kalkmergelbruchstücke, die sehr charakteristische Formen haben. Dazu kommen noch viele ähnliche Feingemengteile, und zwar Kalkteilchen, Quarz, Feldspäte, Biotit, Muscovit, Hornblende, Erzkörnchen, Zirkon, Quarzkristalle und mergelige, tonige Rückstände.

Die Umwandlung des unteren Wellenkalkes zum Boden lassen u. a. die nachstehend wiedergegebenen Analysenbefunde G. MAURMANNS[2] verfolgen:

	C_4 Plattenförmiger Muschelkalk	C_3 M. überzogen mit roter Erde	C_2 Zerbröckelt. Muschelkalk	C_1 Gelbe Adern	B Rötliche Erde	A_2 Humose Erde	A_1 Rohhumus
SiO_2	4,07	3,26	4,09	4,64	51,85	53,63	62,40
TiO_2	0,06	0,05	0,05	0,06	0,63	0,41	0,38
Al_2O_3	1,23	1,05	1,04	1,73	13,32	9,51	9,23
Fe_2O_3	0,74	0,83	0,72	1,55	7,94	6,45	5,88
CaO	51,70	52,48	51,57	50,46	4,45	2,35	3,03
MgO	0,82	0,72	0,69	0,73	0,84	0,74	0,91
K_2O	0,55	0,42	0,43	0,57	2,30	2,18	1,80
Na_2O	0,20	0,10	0,10	0,14	1,28	0,94	0,95
P_2O_5	0,03	0,03	0,03	0,03	0,09	0,10	0,07
SO_3	0,05	0,05	0,05	0,02	0,21	0,25	0,14
CO_2	40,59	41,17	40,49	39,93	2,48	0,69	1,28
Glühverlust	0,38	0,28	0,41	0,59	14,41	22,69	24,07
	100,42	100,44	99,67	100,55	99,84	99,94	100,14

Der Glühverlust setzt sich zusammen aus:

H_2O bei 105°	0,38	0,28	0,41	0,59	6,55	7,95	8,34
Organische Substanz	—	—	—	—	1,02	9,04	8,07
Hydratwasser	—	—	—	—	6,68	5,20	7,39
Stickstoff	—	—	—	—	0,16	0,50	0,27
					14,41	22,69	24,07

[1] RAMANN, E.: a. a. O., S. 100.
[2] MAURMANN, G.: Über roterdeähnliche Böden auf Kalkgesteinen Mitteldeutschlands. Chem. Erde 6, 91 (1930).

Die Böden des Hauptmuschelkalkes. In ihm finden sich gewöhnlich gut geschichtete, graugelbliche Kalksteine mit tonigen Zwischenlagen, daneben Dolomite und mergelige Kalke. Aus diesen gesetzmäßig wechselnden Schichten entstehen durch die Verwitterung Mischböden, die je nach der Beschaffenheit der Schichtengesteine verschiedene Beschaffenheit besitzen, vielfach aber mergelig-tonig sind und schwer sein können, wenn die örtlichen Verhältnisse dies zulassen. Auch hier spielt die Menge der in den Gesteinen vorhandenen Tonsubstanz vielfach eine wichtige Rolle.

In Unterfranken ist nach SCHUSTER[1] der allgemeine Gesteinscharakter des Hauptmuschelkalkes der, daß geringmächtige Mergelkalkbänke einander folgen, unterbrochen von grauen bis schwarzen Blätterschiefern und mit Einlagerung von zahlreichen Kalkbänken. Dabei sind als charakteristische Bänke die Enkriniten- oder Trochitenkalke, die Ceratitenschichten und die Terebratulabank zu erwähnen.

SCHUSTER führt ferner an, daß in ganz Unterfranken mit einer merkwürdigen Beharrlichkeit etwa 40 m über den Trochitenkalken die etwa 30 cm dicke sog. Cycloidesbank, nach der massenhaft auftretenden Terebratula cycloides genannt, auftritt. HILGER[2] hat die Gesteine aus dem Hauptmuschelkalk eingehend nach ihrer chemischen Zusammensetzung hin untersucht. Danach sind die Kalke selbst reich an Ton, während die tonigen und schieferigen Zwischenlagen reich an Phosphorsäure und Kali sind. Dies begünstigt natürlich die Bildung nährstoffreicher Böden. Ebenso wird der Muschelkalkboden durch die Verwitterung der tonhaltigen, zwischen den Kalkbänken liegenden Schichten entsprechend schwerer, so daß daraus ein dunkelbraun gefärbter, lehmig-toniger Boden entstehen kann, der andererseits durch seinen Gehalt an unverwitterten Kalkstücken im allgemeinen doch nicht zu schwer wird. Je mächtiger und härter die einzelnen Kalkbänke des Hauptmuschelkalkes sind, um so steiniger wird der Boden. Auch auf den Höhen können durch Abspülung der tonigen Bestandteile sehr arme, leichte Böden entstehen, die nur noch Kiefern, Wacholder und Hagedorn zu tragen vermögen. RAMANN[3] erwähnt, daß solche kahlen Muschelkalkberge, die nicht selten sind, der Aufforstung große Schwierigkeiten bereiten können, so daß sich dort oft nur Sträucher und Gestrüpp finden. Man sollte nach seiner Meinung hier insbesondere Aufforstungsversuche mit stark wurzelnden Hölzern machen. Die Böden auf tiefer und günstiger Gehängelage sind durch verschwemmte Feinbestandteile mitunter recht schwere Böden. Der Verfasser[4] gibt auf Grund seiner Untersuchungen die durchschnittliche Kornzusammensetzung der Böden aus dem Hauptmuschelkalk folgendermaßen an: Steine 42 %, Grobsande 9 %, Feinsande 6 %, Staub 20 %, abschlämmbare, tonartige Teilchen 65 % (letztere vier Zahlen in Prozenten der Feinerde). Bezüglich des Gehaltes an Nährstoffen konnte von ihm der Gehalt an Kalk als sehr gut, derjenige an Phosphorsäure ebenfalls als sehr gut und der Kaligehalt als gut im allgemeinen bezeichnet werden. Magnesia tritt gegenüber Kalk stets sehr zurück.

Der Hauptmuschelkalk in Württemberg bildet nach PLIENINGER[5] blaugraue Bänke eines harten, splitterigen, ziemlich reinen Kalkes, denen Tonschichten zwischengelagert sind. Örtlich finden sich auch dünne Kalkbänke mit reichlichen Schichten von Ton. Je nach der Mächtigkeit dieser Tonschichten und dem Tongehalt der Kalke wechseln die daraus entstandenen Böden in ihrer Zusammensetzung. Trochiten- und Nodosusschichten bilden fast ähnliche Böden.

---

[1] SCHUSTER, M.: Blatt Hammelburg-Nord, S. 34.
[2] HILGER: a. a. O., S. 152. [3] RAMANN, E.: a. a. O., S. 101.
[4] NIKLAS, H.: Bodenkundliche Erläuterungen zu Blatt Hammelburg-Nord, S. 98.
[5] PLIENINGER, F.: a. a. O., S. 165.

Erstere sind leichter und daher dem Austrocknen stärker ausgesetzt als letztere. Im allgemeinen sind die Muschelkalkböden stark lehmig und reich an unverwitterten Gesteinen. Auch hier spielt die Geländelage eine große Rolle für die Beschaffenheit der Böden, so daß hierdurch beste, aber auch schlechteste Böden entstehen können. Durch das unterliegende, wasserdurchlässige Muttergestein werden die Böden stark entwässert, so daß sogar die schweren Böden in trockenen Jahren versagen. Die Böden sind warm, tätig und nährstoffreich, obwohl der Kalk mitunter stark ausgewaschen ist. In den flachen Senken der Muschelkalkflächen können sich durch Ansammlung der abgeschwemmten tonigen Teilchen sehr tiefgründige, mäßig schwere Tonböden von brauner Farbe bilden, während sich wie anderswo auch an den Hängen leichte, hitzige und unter Dürre stark leidende Standorte finden, die dem Waldbau und an der Sonnenseite dem Weinbau dienen. An steilen Hängen dagegen ist entweder Ödland, oder es finden sich bestenfalls nur für Schafweide in Betracht kommende Halden. Erwähnt möge hier noch werden, daß nach Plieninger die Böden der oberen Region des Hauptmuschelkalkes, des Trigonodusdolomites, falls die örtliche Lage günstig ist, tiefgründig, tonig-lehmig, arm an Steinen und daher fruchtbar und gut kulturfähig sind. Dieser als Malm bezeichnete, stark rostbraune Boden hat günstige physikalische Eigenschaften und einen hinreichenden Nährstoffgehalt, während der Gehalt an Phosphorsäure und Kalk sogar als reich bezeichnet werden muß. An steilen Hängen verzeichnet der Autor aber auch steinige und ungünstige Böden.

Die mikroskopische Untersuchung der Böden aus dem Hauptmuschelkalk ließ als größere Gemengteile graugelbe Kalkbrocken neben dolomitischen Kalken und Dolomiten erkennen, ferner Kalkmergel, kristallinen Kalk, Mergel- und Tonkonkretionen, Eisenerz, Reste von tonigen und mergeligen Schiefern, seltener tonige Sandsteinfragmente, etwas oolithische Kalke wahrnehmen. In den reichlich vorhandenen feinen und feinsten Teilchen tritt Quarz auf, der in den größeren Gemengteilen stark verschwindet, ferner finden sich in ersteren noch Karbonate, Apatit, Erzkörner, Glimmer, Kalkstaub, Feldspäte, Hornsteine, Zirkon, seltener Turmalin und tonige Rückstände. Wenn die Kalkböden aus dem Hauptmuschelkalk toniger werden, dann treten die gröberen Gemengteile noch stärker zurück, und die feinsten Anteile bestehen dann aus Kalkbröckchen, aus tonig-mergeligem Material, aus Quarzstaub, Glimmer und Erzteilchen[1].

5. Die aus Jurakalken hervorgegangenen Böden. Die Gliederung der Juraformation in Stufen und Unterstufen und deren petrographischer Gesteinscharakter sind aus der Übersichtstabelle über diese Formation ersichtlich. Vom weitausgedehnten Juragebirge in der Schweiz haben die Jurakalksteine ihren Namen. Aber nicht nur dort, sondern noch in vielen Ländern, so unter anderem auch in Deutschland finden wir die Juraformation, und hier bedeckt sie ein noch größeres Gebiet als die Muschelkalkformation, den Mittelgebirgen in Schwaben und Franken, die aus Juragesteinen bestehen, zugleich den Namen gebend.

---

[1] Literatur zum Muschelkalk: Weise, G.: Die Silikate des Muschelkalkes und deren Bedeutung für die Bodenbildung. Landw. Versuchsstat. 21, 1. — Luedecke, C.: Untersuchungen über Gesteine und Böden der Muschelkalkformation in der Gegend von Göttingen. Z. Naturw. Marburg 63, 324 (1882). — Fülberth, A.: Über Verwitterungsböden des Muschelkalkes in Oberschlesien. Dissert., Breslau, Gießen 1894. — Starnoth, F.: Der oberschlesische Muschelkalk als Waldboden. Z. Forst- u. Jagdwesen 1895, 20. — Luedecke, C.: Beiträge zur Kenntnis der Böden des nördlichen Odenwaldes. Darmstadt 1897. — Ders.: Die Boden- und Wasserverhältnisse des Odenwaldes. Darmstadt 1901. — Kreich, K.: Beitrag zur Kenntnis der oolithischen Gesteine des Muschelkalkes bei Jena. Jb. geol. Landesanst. 1909, 59. — Bräuhäuser, M.: Die geologischen Verhältnisse Württembergs und ihr Einfluß auf die Landwirtschaft. Mitt. Dtsch. Landw. Ges. 40, 437 (1924). — Maurmann, Grete: Über roterdeähnliche Böden auf Kalkgesteinen Mitteldeutschlands. Chem. Erde 6, 75 (1930). — Oswald, A.: a. a. O., S. 12.

Je nach der Struktur der in den einzelnen Stufen und Unterstufen vorkommenden Gesteine, deren Beimengungen und Zwischenlagerungen, sowie je nach der örtlichen Lage, können ebenso, wie wir dies bei den Gesteinen der Muschelkalkformation kennen gelernt haben, sehr verschiedenartige Böden aus den einzelnen Gesteinen und Stufen der Juraformation hervorgehen. So brauchen auch hier die dichten und festen Kalksteine sehr lange, bis sie der Verwitterung unterliegen und ergeben alsdann einen flachgründigen, steinigen und leichten Boden, während die mehr tonigen oder sandigen Kalksteine viel rascher verwittern und demnach einen mehr tonigen oder sandigen Boden liefern. Durch das unterliegende Gestein wird das Wasser gut abgeleitet, so daß die Böden bei geschützter feuchter Lage im allgemeinen günstiger sind als umgekehrt. Abspülung der feinen tonartigen Teile findet, wie schon früher erörtert, je nach der Geländeneigung mehr oder weniger statt und ist daher für die Bildung der betreffenden Böden von großer Bedeutung. Die Böden aus den gesamten Stufen der Juraformation in Württemberg wurden von PLIENINGER[1] zusammenfassend dargestellt, und es möge daher hier dessen Ergebnisse als Beispiele für die Bildung und Beschaffenheit dieser Böden kurz wiedergegeben werden.

Die Böden des unteren oder schwarzen Jura. Der untere Jura (Lias), der wie der mittlere und obere in je sechs Stufen gegliedert wird, setzt sich aus Kalken, Mergeln, Tonen und Sandsteinen zusammen.

Die Böden der untersten Stufe, des Lias α. Die gelben, hellbraunen bis braunen Böden dieser Stufe haben eine günstige chemische Zusammensetzung und sind sehr fruchtbar. Von den drei Gesteinsschichten dieser Stufe liefern die Arietenkalke die besten Böden, die bei entsprechender Lage für den Getreidebau sehr geeignet sind.

Die Böden von Lias β. Diese Stufe besteht aus kalkigen Schiefertonen, die im oberen Teil von einer Kalkbank durchzogen werden, und sie hat daher mehr tonartigen Charakter. Das Gestein zerfällt in eckige Schieferblättchen, die einen kalkarmen, kalten, tonigen Boden bei ebener Lage liefern, während an den Hängen sich keine Vegetation einstellen kann. Da der Ackerbau nur in trockenen Jahren auf diesen als recht ungünstig zu bezeichnenden Böden möglich ist, dienen sie fast nur dem Wiesenbau.

Die Böden von Lias γ. Durch die leichter verwitterbaren Mergelkalke und Tonmergel ziehen sich feste Kalk- und Steinmergelbänke hindurch, welche auf die Böden entwässernd wirken, jedoch genügt dieses vielfach nicht. Diese besonders dem Wiesen- und Waldbau dienenden Böden sind von heller Farbe, tonig und nährstoffhaltig. An den Hängen sind sie zumeist vegetationslos, oder es sind hier nur arme Schafweiden möglich.

Die Böden von Lias δ. Die Mergel und Tone dieser Stufe sind mit Kalkbänken durchzogen. Nach oben zu finden sich undurchlässige Tone mit Kalkbänken. Daraus entstehen sehr schwere, nasse Böden, die zwar nährstoffreich sind, aber ungünstige physikalische Eigenschaften besitzen, so daß sie nur dem Wiesen- und Waldbau dienen.

Die Böden von Lias ε. Zwischen ganz dünnen mergeligen Schiefern liegen schwarze Kalke, die sog. Stinkkalke. Die dunkelgrauen Böden besitzen Kalk und reichlich tonige Substanz, sind aber trotzdem locker, mild, reich an Nährstoffen und insbesondere an Phosphorsäure. Bei ebener Lage sind sie etwas tiefgründiger, sonst aber flachgründig und deshalb besonders an steileren Hängen gegen Trockenheit sehr empfindlich. Wenn Gelegenheit zur Humusbildung vorhanden ist, sind diese Böden außerordentlich fruchtbar.

---

[1] PLIENINGER, F.: a. a. O., S. 171—181.

Die Böden von Lias ζ. Diese letzte Stufe des Lias weist sehr tonreiche, splitterige Kalkbänke auf und ferner graue oder gelbliche Mergel mit Kalkknollen. Nach unten zu treten auch hellblaue, weiche, mergelige Kalkbänke auf. Die hell gefärbten Böden sind sehr seicht, aber sehr schwer infolge hohen Tongehaltes. Wenn sie auch ab und zu steinig werden, so sind sie trotzdem fast immer naß und nicht nährstoffreich, so daß sie nur für den Wiesenbau in Frage kommen.

Die Böden des mittleren oder braunen Jura (Dogger). Die Böden des braunen Jura α. Die bekannten Opalinustone bestehen aus dunklen, weichen, kleinstückigen Mergelschiefern, Schiefertonen, Schieferletten und Tonen mit einzelnen dazwischen liegenden Kalkbänken. Das Gestein ist fast völlig entkalkt und neigt sehr zu Rutschungen. Die nassen, schweren Tonböden müssen entwässert werden und kommen nur für Wald- und Wiesenbau, ausnahmsweise an Hängen auch für Weinbau in Frage.

Die Böden des braunen Jura β. Es kommen in diesem dunkle Mergelschiefer, harte Kalkbänke, Sandsteine, Tonschiefer, Toneisensteine, sandig-blaue Kalkbänke und Eisenoolithflöze vor. Die eisenschüssigen und daher gelbrot gefärbten Böden sind lehmig bis sandig und enthalten genügend Kalk und Phosphorsäure. Wenn sandiger Glimmer vorherrscht, entstehen gute Sandböden. Auch sonst sind diese Böden nicht ungünstig zu bewerten.

Die Böden des braunen Jura γ. Hier wechseln sandige Tonmergel mit kristallinen Kalken ab, so daß diese Stufe in zwei Glieder geteilt wird. Da die Böden Sand und Ton in guter Mischung enthalten, sind sie nicht zu schwer und daher auch nicht vernäßt. Wenn sie indessen zumeist Wiesen tragen, so können sie doch auch dem Acker-, Obst- und Waldbau nutzbar gemacht werden.

Die Böden des braunen Jura δ. Auch hier wechseln verschieden beschaffene Tone mit Kalkbänken ab, die nach oben zu sandig-mergeligen Charakter besitzen. Infolge hohen Gehaltes an Eisen entstehen tiefrotbraune Böden, die je nach Lage mehr oder weniger tiefgründig und bei mäßigem Tongehalt warm und gut sind. An Hängen sind allerdings auch nur Weiden und Wälder möglich.

Die Böden des braunen Jura ε. In dieser Stufe begegnet man glimmerreichen Tonen mit dazwischen liegenden Mergel- und Kalkbänken. Die charakteristisch dunkelgrau bis schwarzgrau gefärbten Böden sind im allgemeinen sehr schwer und naß. Bei geneigter Lage oder beim Vorhandensein von mehr sandigen Tonmergeln können die daraus hervorgehenden Böden physikalisch günstigere Eigenschaften bekommen und dann recht wohl dem Ackerbau dienen. Vielfach werden sie für diesen Zweck entwässert. Sonst dienen sie dem Wiesen- und Waldbau und neigen stark zu Rutschungen. Wo Weißjura hinzutritt, bzw. Material aus diesem, werden die Böden wesentlich günstiger.

Die Böden des braunen Jura ζ. Die Ornatentone sind ebenfalls dunkle, fette, an Glimmer reiche Tone, die nach oben zu in einen Mergelkalk übergehen, der glaukonitische Oolithe enthält, wozu in den oberen Schichten die sog. Lamberitknollen mit einem Gehalt bis zu 25% Phosphorsäure treten. Es bilden sich aus den Ornatentonen schwere, bindige und daher nasse Böden, die bei stärkeren Regengüssen als eine zähflüssige Masse an den Hängen herabgleiten. Wenn die Böden nicht durch Gesteinsschutt aus dem weißen Jura verbessert werden, gedeihen auf ihnen im allgemeinen nur schlechte Wiesen. Auch finden sich auf ihnen Wälder und allenfalls vereinzelt Hopfenanlagen.

Die Böden des oberen oder weißen Jura (Malm). Die Böden des weißen Jura α. Wir haben hier mergelige Kalkbänke im Wechsel mit Tonschichten und dunkle Tonmergel, sowie tonige Kalkbänke. Hieraus entsteht ein hellgrauer, schwerer, flachgründiger Tonmergelboden, der dann fruchtbare Böden zu liefern vermag, wenn ihm reichlich Material aus den Kalkbänken beigemischt ist. Sonst sind diese Böden nicht sehr günstig zu beurteilen.

Die Böden des weißen Jura β. Mächtige, gut geschichtete Kalkbänke werden durch dünne, tonige Zwischenlagen getrennt und verwittern zunächst rein mechanisch zu groben Kalkstücken. Dabei entsteht ein flachgründiger, feinkörniger Kalkboden von gelbbrauner Farbe, der stark der Trockenheit ausgesetzt ist und im allgemeinen nur Wald oder minderwertige Weiden zu tragen vermag.

Die Böden des weißen Jura γ. Diese Stufe trägt hellgraue Tonmergel und Kalkmergelbänke. Diese Gesteine zerklüften und verwittern leicht und liefern graubraune bis dunkel gefärbte, bindige Tonmergelböden, da das Muttergestein lagenweise sehr reich an Ton ist. Die wasserhaltende Kraft ist daher größer als bei den vorher behandelten Böden, auch sind sie ärmer an Steinen als jene. Sie tragen Wald und Weiden.

Die Böden des weißen Jura δ. Die Quader- und Massenkalke dieser früher zweigegliederten Stufe sind fast reine Kalksteine, die bei der Verwitterung nur wenig Ton und Sand liefern. Es können daher auch nur flachgründige, steinige Böden von geringer Bindigkeit daraus entstehen, welche graubraun bis braun gefärbt sind und stark austrocknen können. Sie tragen daher im allgemeinen nur dürftige Weiden, wenn nicht größere Tiefgründigkeit den Ackerbau erlaubt. Vielfach sind sie auch mit Wald bestockt. Nur wenn bei besonders günstiger Lage die tonigen Teilchen sich ansammeln konnten, ist die Möglichkeit zur Bildung besserer Böden gegeben, die aber ebenfalls kalkarm sind und gute Kultur benötigen.

Die Böden aus dem weißen Jura ε. Die Ablagerungen dieser letzten Stufe sind muldenförmig zwischen diejenigen der vorher erörterten Jurastufe eingelagert, und bestehen aus tonigen Mergeln mit schwachen Zwischenlagen von Ton und aus Kalken mit Hornsteinen. Infolge der plattenförmigen Gestalt des Gesteines bzw. seines Zerfalles in dünne, plattige Bruchstücke bezeichnet man die Ablagerungen dieses Juragliedes auch als Plattenkalke. Bei der Verwitterung hinterbleibt eine nahezu kalkfreie, tonig-lehmige Masse, welche graue bis rotbraune oder auch fahlgraue, tonige Böden zu liefern vermag, die aus mehreren Gründen viel weniger austrocknen als die Böden der vorhergehenden Stufe. Sie bilden mit diesen den größten Teil der Albhochfläche und sind gewöhnlich nicht tiefgründig, aber oft sehr steinig.

Es wird schließlich von PLIENINGER ausdrücklich bemerkt, daß weder bei den Böden des braunen noch bei denen des weißen Jura die Verwitterungsböden rein und unvermengt sein dürften.

Die in Bayern vorkommenden Juraböden wurden weder von der geologischen Landesuntersuchung noch sonst irgendwie zusammenfassend behandelt, so daß hier nicht auf Einzelheiten eingegangen werden soll.

Eingehende Untersuchungen über die Bodenskelette von Böden aus der Juraformation liegen hier vor über: Posidonienschiefer, Jurensismergel, Amaltheentone, Costatenletten, Dogger-, Eisen- und Personatensandstein, Ornatenton, Opalinuston, Malmkalk (Mergel- und Plattenkalke), Frankendolomit und Werkkalk.

Auch die Böden aus der Kreideformation erfuhren bisher noch keine zusammenfassende Darstellung. Dagegen wurden hier folgende Schichten aus ihr, bzw. die daraus gebildeten Verwitterungsprodukte bezüglich der Beschaffenheit der Bodenskelette eingehend untersucht: Grünsand aus dem Cenoman, Gaultsandstein aus der alpinen unteren Kreide, Plänerkalk, Großbergersandstein, Kalksandstein aus dem oberen Turon, Knollensand und Tripel aus dem Unterturon sowie sandige und lehmige Albüberdeckung. Auf diese von A. GOETTING für das agrikulturchemische Institut Weihenstephan durchgeführten und zum Teil noch unveröffentlichten Arbeiten und deren Ergebnisse kann aber hier des näheren nicht eingegangen werden. Die beigefügte Zusammenstellung der Formationen und deren Glieder läßt ersehen, welchen petrographischen Gesteinscharakter die Stufen aus der Kreideformation im einzelnen besitzen. Ganz allgemein gilt auch von den Kreideböden, daß ihre Schichten, bei welchen tonige oder sandige Beimengungen nahezu fehlen, trotz des evtl. erdigen Charakters der chemischen Verwitterung lange widerstehen und dementsprechend dann einen leichten und minderwertigen Boden liefern, der allenfalls bei toniger Unterlage oder unter sonstigen günstigen örtlichen Verhältnissen sich bessert und an Kulturfähigkeit gewinnt. Sind dagegen die Schichten aus der Kreideformation mit sandigen und tonigen Beimengungen versehen, wie z. B. bei den Kreidemergeln, dann kommt dies der Verwitterungsfähigkeit zustatten, und es bildet sich ein tiefgründiger, sandiger oder lehmiger Boden, ein Mergelboden, der bei günstiger und feuchter Lage recht fruchtbar sein kann. Über die aus den Sandsteinen der Kreide hervorgegangenen Böden gilt im großen und ganzen das bei den Sandsteinen Ausgeführte[1].

Die Dolomitböden.

Die Dolomitgesteine sind sehr verbreitet, besonders in den Tiroler Alpen, wo dieses Gebirge mit seinen schroffen und steilen Felsen den Namen von seinem Gestein erhalten hat. Dolomitgesteine bilden Glieder und Zwischenschichten in fast allen Kalkformationen, wie im Zechstein, Muschelkalk, im Keuper und ganz besonders im Jura. Dolomit, der dem Kalkstein sehr ähnlich ist, stellt ein körniges bis dichtes Aggregat von Dolomitspatkörnern dar, welche aus kohlensaurer Magnesia und kohlensaurem Kalk mit wechselnden Beimengungen von Kalk bestehen. Die Dolomite sind vielfach unrein, von Eisenhydroxyd gelblich bis bräunlich gefärbt und haben überwiegend körnig-kristallinische Struktur. Weitere Beimengungen sind Ton, Quarzsand und allenfalls auch Bitumen, welch letzteres sie dann grau färbt. Dolomit unterscheidet sich, abgesehen von der chemischen Zusammensetzung, vom Kalkstein auch durch größere Härte, höheres spez. Gewicht und geringere Löslichkeit in Salzsäure. Er löst sich bekanntlich in kalter verdünnter Salzsäure nur wenig. Der Hauptunterschied zwischen Kalken und Dolomitgesteinen besteht darin, daß letztere neben kohlensaurem Kalk immer noch kohlensaure Magnesia als Hauptbestandteil mit enthalten.

Die Verwitterung des Dolomites geht im allgemeinen nicht schnell und dann in der Weise vor sich, daß zuerst der kohlensaure Kalk durch die im Wasser vorhandene Kohlensäure gelöst wird und kohlensaure Magnesia sowie die schwerlöslichen verunreinigenden Bestandteile zurückbleiben. Je reiner die Dolomitgesteine sind, um so weniger vermag sich aus ihnen Boden zu bilden, der alsdann sehr steinig, flachgründig und arm an Ton ist. Immerhin ist bei ihnen nach Milch[2] infolge

---

[1] Literatur zur Verwitterung der Kalkböden: Fehling u. Kurr: Untersuchung verschiedener württembergischer Kalksteine. Jhefte. Ver. vaterl. Naturkunde Württemberg 1851, 107. — Reichardt, E.: Analysen von Kalksteinen der Umgebung von Jena. Z. dtsch. Landw. 14, 260 (1864). — Wolff, E.: Der Hauptmuschelkalk und seine Verwitterungsprodukte. Landw. Versuchsstat. 1865, 272. — Ders.: Der grobsandige Liaskalkstein von Elwangen und dessen Verwitterungsboden. Württ. naturw. Jhefte. 1871. — Raumer, E. v.: Beitrag zur Kenntnis der fränkischen Liasgesteine. Landw. Versuchsstat. 1879, 105. — Benecke, E. W. u. E. Cohen: Die geognostische Beschreibung der Umgegend von Heidelberg. 1881. — Councler, C.: Wellenkalkböden. Z. Forst- u. Jagdwesen 1883, 121. — Starnoth, Fr.: Der oberschlesische Muschelkalk als Waldboden. Z. Forst- u. Jagdwesen 1895, 20. — Dittrich, M.: Über die chemischen Beziehungen zwischen den Quellwässern und ihren Ursprungsgesteinen. Großh. bad. geolog. Landesanst., Heft 2. 1901. — Ewert, R.: Verwitterung des Muschelkalkes. Landw. Jb. 1902, 141. — Haselhoff, E.: Das Düngungsbedürfnis einiger typischer hessischer Böden und Versuche zur Ermittlung desselben. Fühlings Landw. Ztg. 1906, 73.
[2] Milch, L.: Die Zusammensetzung der festen Erdrinde, S. 226. 1926.

der leichteren Löslichkeit des Kalkspates die Möglichkeit eines Zerfalles des Gesteins sowie der Bildung eines aus Dolomitkörnern bestehenden leichten bis sandigen Bodens gegeben. Tonreichere Dolomite bilden bei der Verwitterung ein Gemenge von Ton, Sand, kohlensaurer Magnesia und unzersetztem Gesteinsschutt, das im Charakter den Lehmböden gleicht und als guter fruchtbarer Boden bezeichnet werden kann. Die Farbe ist gelb bis bräunlich infolge des bei der Verwitterung gebildeten Eisenhydroxydes. Auch hier spielt die Ortslage eine wesentliche Rolle, da diesbezüglich der Boden ärmer oder reicher an tonigen, bindigen Substanzen sein wird. Auf steileren Felsen kann sich natürlich kein Boden, sondern bestenfalls nur Gehängeschutt bilden.

Obwohl die Dolomitgesteine in ihrem geologischen Alter sehr verschieden sind, trifft dies bezüglich ihrer elementaren Zusammensetzung nicht zu, FALLOU[1] bezeichnet sie daher nur als Varietäten, wie er dies auch in anderen Fällen, z. B. bei den Kalkgesteinen, tut.

Von den einzelnen Dolomitgesteinen bildet der des Zechsteins im allgemeinen infolge der geringen Mengen an Sand- und Tonsubstanzen, die er gewöhnlich enthält, einen sehr flachgründigen und leichten Boden. Da dieser Dolomit viele Spalten und Klüfte enthält, so bilden sich bei der Verwitterung reichlich Gerölle und Gesteine, die dem Boden beigemischt sind und ihn noch leichter und trockener machen, so daß er nur bei besonders günstiger Lage höhere Fruchtbarkeit besitzt, im anderen Fall aber nur eine kümmerliche Kalkflora zu ernähren vermag. Wesentlich günstiger verhält sich der aus dem Dolomit des Muschelkalkes hervorgegangene Boden. Da diesem Dolomit wesentlich mehr Ton und Sand beigegeben zu sein pflegt als dem Zechsteindolomit, vermag er unter günstigen Umständen einen ziemlich tiefgründigen, sandigen Lehmboden mit entsprechendem Kalkgehalt zu bilden, der recht fruchtbar ist und unter anderem Obstbäume gut gedeihen läßt. Nicht ganz so günstig verhält sich der Boden aus Keuperdolomit, der gewöhnlich über den Keupersandsteinen lagert und gelbe bis graue Farbe besitzt. Immerhin kann auch dieser Boden im allgemeinen als günstig bezeichnet werden. Dagegen bildet der Juradolomit einen viel kiesigeren, leichteren und flachgründigeren Boden als dieser, und es bedarf daher auch viel intensiverer Kultur, um zu entsprechender Fruchtbarkeit zu gelangen. In günstigen Fällen haben wir es dabei mit einem lehmigen Kalkboden zu tun, dem reichlich Steine beigemengt sind.

Die Böden des Tons, des Mergels, des Lösses und der Sande.

Es soll hier nicht über diese Böden vom agronomischen Standpunkte aus gesprochen werden, sondern lediglich vom geologischen. Das heißt eine kurze Behandlung dieser Gebilde soll nur dann erfolgen, wenn diese als solche selbständig auftreten, da anderenfalls ja alles das erörtert werden müßte, was die Agronomie bzw. die Bodenlehre über die Begriffe Ton-, Lehm-, Mergel- und Sandboden bisher zu sagen wußte, um auf Grund der verschiedenartigen Kornzusammensetzung dieser Böden zu einer klaren Begriffsbestimmung und einwandfreien Unterscheidung derselben zu gelangen. Außerdem braucht hier ja nur daran erinnert zu werden, daß unter Umständen Ton-, Lehm- und Sandböden aus den allerverschiedensten geologischen Gebilden je nach den äußeren Umständen, unter denen die Verwitterung erfolgt, hervorgehen können.

Der Ton und seine Böden. Die zähen und plastischen Massen, welche als Tone bezeichnet werden, finden sich insbesondere in der Tertiär- und Diluvialformation. Sie kommen daher in allen Gebieten, welche aus diluvialen Ablagerungen gebildet wurden, teils unter diesen im Tertiär, teils in den diluvialen Gebilden

---

[1] FALLOU, F. A.: a. a. O., S. 316.

selbst vor. Im norddeutschen Tieflande bildet z. B. Ton zumeist das Hangende der Braunkohlenlager, wird aber fast stets von Kiesen, Sanden und Lehmen überdeckt, so daß er nicht als selbständige Bodenart, sondern als Gestein bzw. Grundgebirge anzusehen ist. Soweit sie dem Tertiär zugerechnet werden müssen, bilden die Tone das Liegende der untersten diluvialen Schicht, des sog. unteren Sandes. Diese tertiären Tone, die nur bei Bohrungen oder Grabungen erschlossen werden, unterscheiden sich von den diluvialen Tonen dadurch, daß sich in ihnen Absonderungen von größeren, rundlichen und knollenförmigen Massen vorfinden, die Kalkspat oder Schwefelkies enthalten und mit dem Namen Septarienton bezeichnet werden. Im östlichen Teil der norddeutschen Tiefebene findet sich ganz allgemein im Untergrund und ab und zu auch anstehend ein von Eisenverbindungen rötlich gefärbter bzw. sogar rot gesprenkelter, Septarien führender Ton, der den Namen „Flammenton" erhalten hat. Die diluvialen Tone haben sich im allgemeinen als letzte Absätze, als sog. Tontrübe aus den Schmelzwässern des diluvialen Gletschereises abgesetzt. Besonders war dies dann der Fall, wenn diese Wässer ihre Transportgeschwindigkeit stark verlangsamen mußten, und dies dürfte dann eingetreten sein, wenn weite Becken passiert werden mußten, welche die Geschwindigkeit der Wasserbewegung stark herabsetzten. Solchen Klärbecken verdanken zweifellos zahlreiche diluviale Tonlager ihre Entstehung.

Ton ist ferner bekanntlich das Endprodukt der Verwitterung der Silikatgesteine, und auch bei der Verwitterung der Kalk- und Dolomitgesteine bilden sich, wie bereits erörtert, um so mehr tonartige Substanzen, je reicher diese Gesteine Ton als Beimengung enthielten. Diese durch die Verwitterung gebildeten oder frei gewordenen Tonsubstanzen unterliegen je nach den Geländeverhältnissen mehr oder weniger stark dem Wassertransport, und es kann unter Umständen dabei zu bedeutenden Anhäufungen derselben kommen. Ramann[1] weist mit Recht darauf hin, daß am Ende der Diluvialzeit die Schmelzwässer sehr salzarm waren, und weil infolgedessen die ausflockende Wirkung der Salze auf in Wasser suspendierte Tonteilchen fehlte, mußte zweifellos eine große Beweglichkeit derselben gegeben sein. Auch das wird zu lokalen Ansammlungen von Ton, sowie zu einer starken Auswaschung desselben in tiefere Schichten geführt haben. Noch heute kann sich schließlich durch sehr langsam fließende Gewässer oder bei Gelegenheit von Überschwemmungen der sog. Aueton bilden, der somit auch als geologisches Gebilde anzusehen ist. Was die geologische Herkunft der Tonböden anbetrifft, so können nach Grebe[2] je nach Abstammung und Beimengungen folgende Bildungsmöglichkeiten derselben bestehen:

1. Aus Tonschichten in den jüngeren Formationen, wobei im allgemeinen äußerst strenge, fast unkultivierbare und leicht zur Vernässung und Versumpfung führende Böden entstehen.

2. Aus Schiefertonen, Letten und tonigen Mergelschiefern, welche das Rotliegende und die sog. Sandsteinformationen begleiten, können sich im allgemeinen nicht sehr plastische und insbesondere durch Humus günstig beeinflußte, aber doch kräftige und fruchtbare Tonböden bilden.

3. Durch die Verwitterung der tonigen Sandsteine und Konglomerate können sich mehr sandige Tonböden bilden, die zugleich ärmer an Nährstoffen sein dürften als die folgenden.

4. Durch die Verwitterung des Ton- und Grauwackenschiefers entstehen im allgemeinen ebenfalls milde, aber nährstoffreiche Tonböden, da sie reichlich Schiefer- und Glimmerblätter enthalten.

5. Durch die Verwitterung feldspatreicher Gesteine, wie des Granites, Gneises usw. entstehen anfänglich mehr grobsandreichere Tonböden, die nicht allzu bindig, aber reich an Alkalien sind.

---

[1] Ramann, E.: a. a. O., S. 111.   [2] Grebe, C.: a. a. O., S. 153.

6. Durch die Verwitterung augitischer und an Hornblende reicher Gesteine, wie z. B. des Basaltes, des Diabases und des Syenites können bindige, sehr kalkreiche, äußerst frische und kräftige Tonböden entstehen.

Die Auffassung GREBES von der Möglichkeit der Bildung der Tonböden dürfte in vielen Punkten nicht mehr zu Recht bestehen, in anderen der Ergänzung bedürfen. Sie verdient aber, nicht zuletzt aus historischen Gründen, der Erwähnung. Dagegen dürfte es sich erübrigen, auf die Eigenschaften der Tonböden selbst, auf deren extremes und charakteristisches Verhalten, als hinlänglich bekannt und daher auch in allen bodenkundlichen Werken eingehend beschrieben, näher einzugehen. Insbesondere ungünstig verhalten sich die weiß bis grau gefärbten Tertiärtone, während die eisenreichen, rot gefärbten Tone etwas günstiger als Standorte zu bewerten sind. Reiner Kaolin, ob durch pneumatolytische oder sonstige Vorgänge aus feldspatreichen Gesteinen hervorgegangen, kann als Standort für Kulturpflanzen wohl überhaupt nicht in Frage kommen.

Der Letten und seine Böden. Die Letten entsprechen in ihrem Charakter den Tonen. Der Geologe hat für eine Reihe von Schichtenbildungen, besonders in der Triasformation, diese Bezeichnung eingeführt, ebenso wie dies in der Agronomie geschah. Für die Bodenbildung aus diesen Schichten gilt das schon früher Gesagte. Sie gehen, wenn auch nur allmählich, durch Verwitterung, falls diese unter normalen Verhältnissen vor sich geht, zumeist in einen sehr schweren und bindigen Boden über. Derartige Böden haben gewöhnlich günstige chemische, aber sehr ungünstige physikalische Eigenschaften und bedürfen daher gründlicher Bearbeitung und Pflege.

Der Mergel (Geschiebemergel) und seine Böden. Während Mergelböden alle diejenigen Böden sind, bei denen tonige und sandige Bestandteile innig mit kohlensaurem Kalk gemischt sind, so daß man je nach dem im einzelnen vorherrschenden Bestandteil zwischen Ton-, Lehm- und Kalkmergel mit ganz bestimmten prozentualen Anteilen daran, unterscheidet, versteht man unter Geschiebemergel ein ganz bestimmtes geologisches Gebilde. Auch sonst begleiten Mergelschichten fast stets die anderen Schichten der sog. Kalkformationen und herrschen in den jüngeren vor, wo sie sogar die Kalksteine zu verdrängen vermögen. Sie bestehen ebenfalls aus innigen Gemengen von Ton, Sand und Kalk und ändern je nach dem Mischungsverhältnis Farbe und Beschaffenheit. Je nach diesen und noch sonstigen, allenfalls vorhandenen Beimengungen, können sie ferner sehr fest (Steinmergel) oder geschiefert (Mergelschiefer) oder erdig (Erdmergel) sein. Im allgemeinen zerfallen sie leicht und liefern dann Böden, welche günstige chemische und physikalische Eigenschaften besitzen und daher auch als fruchtbar und gut kulturfähig bezeichnet werden müssen. Als Beispiele sollen nur die sog. bunten und die Knollenmergel aus der Buntsandsteinformation und die aus diesen gebildeten Böden angeführt werden.

Unter Geschiebemergel versteht man bekanntlich die erhalten gebliebenen Grundmoränen der Eiszeit. Die Ablagerungen derselben verteilten sich unter dem Eise bei dessen langsamer, aber ständiger Rückwärtsbewegung auf der gesamten Rückzugsfläche als ungeschichtete Gemische von sehr fein zerriebenem Gesteinsmaterial, von Kiesen, Schottern und Sanden, zwischen denen in höchst unregelmäßiger Weise Steine der verschiedensten Größen abgelagert sind. Durch Ton bzw. durch Kalk ist dieses Material gewöhnlich verbunden, so daß daraus eine graue, sandig bis kiesige, mehr oder weniger ton- oder kalkreiche, zähe Masse entsteht, in welcher die Geschiebe eingebettet liegen. MILCH[1] charakterisiert die Verwitterung des Geschiebemergels dahin, daß die Entkalkung das erste Stadium der mannigfaltigen Verwitterungsvorgänge sei, dann folge die Oxydation der

---

[1] MILCH, L.: a. a. O., S. 223.

Eisenverbindungen, und dadurch gehe die durch Eisenoxydulsalze bedingte Grau-
färbung in eine Gelbfärbung über, die sich auf die obersten 4—7 Meter erstrecken
könne, während der Entkalkungsvorgang diese Tiefe nicht zu erreichen vermöchte.
In dem gelb-rotbraunen Geschiebelehm, der sich aus dem Geschiebemergel gebildet
hat, werden dann die Feldspäte und andere Silikate weiter zersetzt. Es ist somit
aus dem Geschiebemergel Lehm geworden, eine Mischung von Ton und Sand, die
für alle Lehmböden charakteristisch ist. Diese können bekanntlich aus vielen
anderen Gesteinen durch Verwitterung entstehen, wenn das Verwitterungsprodukt die beiden Komponenten Ton und Sand enthält, deren prozentuale
Anteile sich innerhalb eines bestimmten Verhältnisses bewegen müssen.

Der Lößlehmboden nimmt unter den Lehmböden eine Sonderstellung ein,
und zwar nicht nur auf Grund seiner Eigentümlichkeiten, sondern insbesondere
auch durch seine Entstehung aus dem Löß, der ein geologisches Gebilde für sich
ist[1]. Dieser muß als ein auf äolischem Wege entstandenes Gestein bezeichnet
werden, da er aus kalkreichem, feinstem Gesteinsmehle, aus einem feinen Staube
von Kalk, Quarz, Ton und kleinsten Mineralkörnern, die miteinander verbunden
ein gelblich gefärbtes Gestein ergeben, besteht. Vom Tone selbst unterscheidet
ihn der Mangel an jedweder Schichtung und vom Lehme das Fehlen gröberer Sande
und ebensolcher Gesteinsreste. Alles dies spricht entschieden dagegen, im Löß ein
Sedimentgestein zu sehen, denn seine Bildung kann nur auf äolischem Wege
möglich gewesen sein.

Man nimmt daher an, daß nach dem jeweiligen Abschmelzen der diluvialen
Eismassen und der darauf eintretenden Trockenlegung der von diesen abgesetzten
diluvialen Gebilde die darüber brausenden, gewaltigen Sturmwinde große Mengen
feinen, staubartigen Materiales mit sich führten und beim Absatz desselben weite
Flächen damit bedeckten. Die Annahme, daß auf die Zeiten stärkster Eis- und
Gletscherbildung Perioden folgten, in denen ein Steppenklima herrschte, dürfte
auf Grund der festgestellten Tatsachen ohne weiteres richtig sein. In diesen
Steppenperioden kam es zum Absatz der gewaltigen Staubmassen, welche wir
als Löß bezeichnen. Auf der frischen Lößdecke entstand unter dem Einfluß
des Steppenklimas ein üppiger Graswuchs. Durch die sich durch den Löß hindurch ziehenden Grasstengel entstanden Poren und Röhren in diesem, die alsdann mit Kalkkonkretionen, den sog. Lößkindeln, ausgefüllt wurden.

Besonders dort, wo die Lößablagerungen tiefere Geländestellen ausfüllten und
infolgedessen genügend Feuchtigkeit, evtl. sogar Grundwasser, vorhanden war,
konnte sich ein kräftiger Pflanzenwuchs entfalten, und die in den langen Zeiträumen sich im Löß ansammelnden Pflanzenreste reicherten ihn stark mit Humus
an. Dieser wurde durch den Kalkgehalt des Lößes absorptiv gesättigt und erhöhte damit dessen Fruchtbarkeit noch bedeutend. In dem ariden Steppenklima,
wie es zur Zeit der Bildung des Lößes herrschte, konnte es daher vielfach sogar
zur Bildung von Schwarzerde kommen. Seiner Bildung entsprechend, findet
sich der Löß sehr gerne an Talhängen, die im Windschatten liegen und auf den
plateauförmigen Höhen in Form des sog. Höhenlößes. Dabei trugen die auf ihm
sich rasch und gerne ansiedelnden Steppenpflanzen und auch die Gräser sehr zu
seiner Verfestigung bei. Seine Struktur und sein Gehalt an Staubsanden, der für
ihn besonders charakteristisch ist, waren für die Wasserführung besonders günstig
und verliehen ihm eine hohe Kapillarität. Das Gesteinsmehl aus dem der Löß
sich zusammensetzt, besteht, wie die mikroskopische Untersuchung ergibt, aus
dem Staub von Gesteinen aus den verschiedensten geologischen Formationen,

---

[1] Die erste Kunde über den in China weit verbreiteten Löß erhielten wir von F. v. Richthofen in seinem 1886 erschienenen Werke: Führer für Forschungsreisende.

insbesondere stammt es aus Urgesteinen, aus Gesteinen der Trias und überhaupt aus dem Material, aus welchem die Moränen bestanden. Ferner finden sich noch reichliche Schalen von verschiedenen Schnecken in ihm, die infolge der Häufigkeit und der Regelmäßigkeit ihres Vorkommens sogar als Leitfossilien für ihn zu gelten haben.

Was die Verwitterung des Lößes anbelangt, so beginnt diese mit der Entkalkung desselben. Mit dem Fortschreiten dieses Prozesses werden dann die Eisenoxydul-verbindungen in ihm oxydiert und hydratisiert und damit beweglich. Das ge-bildete Eisenhydroxyd führt dann die rein gelbe Farbe in eine tief rotbraune bis braune Farbe über. Zugleich findet noch die Verlehmung des Lößes statt, die ihn in den an tonigen Bestandteilen wesentlich reicheren Lößlehm überführt. Die Stärke dieses Verwitterungsvorganges hängt von dem Material, aus dem sich der Löß zusammensetzte, der Art der Verwitterung und den sonstigen örtlichen Verhältnissen ab, so daß aus dem infolge der Eigenart seiner Entstehung im allgemeinen recht gleichmäßig und einheitlich zusammengesetzten Löße doch Lößlehme entstehen können, die in ihrer Beschaffenheit etwas voneinander ab-weichen, wenn auch dieses nicht in stärkerem Maße der Fall zu sein pflegt. Kaum ein anderes Gestein oder dessen Verwitterungsprodukt hat eine derartig ein-gehende, wissenschaftliche Bearbeitung erfahren wie der Löß und der aus ihm entstandene Verwitterungslehm. Da dieser zu den fruchtbarsten Böden gehört und etwa ein Viertel der Erdoberfläche aus ihm bestehen soll, ist das Interesse, das Wissenschaft und Praxis ihm entgegenbringen, ohne weiteres erklärlich, ganz abgesehen von der Eigenart seiner Bildung. Auch der Verfasser hat sich eingehend mit ihm beschäftigt, ohne daß es nötig wäre auf diese und alle die vielen sonstigen Arbeiten, die hierüber vorliegen, an dieser Stelle einzugehen.

Der Sand und seine Böden. Hierüber gibt das bereits auf S. 70 u. f. Mit-geteilte Auskunft. Eine kurze übersichtliche Schilderung der in der norddeutschen Tiefebene im Diluvium und Alluvium gebildeten Sande und sonstiger diluvialer Ablagerungen geben unter anderen Heine[1] und Ramann[2], welch' letzterer auch die daraus gebildeten Böden kurz bespricht. Ausführliche Mitteilungen mit eingehenden analytischen Belegen finden sich vor allem bei G. Behrendt[3], E. Laufer u. F. Wahnschaffe[4] sowie in den Erläuterungen zu den geologisch-agronomischen Spezialkarten des norddeutschen Flachlandes.

---

[1] Heine, E.: Die praktische Bodenuntersuchung, S. 116. Berlin 1911.

[2] Ramann, E.: a. a. O., S. 109. — Vgl. auch: C. Struckmann: Über den Einfluß der geognostischen Formation auf die Fruchtbarkeit des Ackerlandes mit besonderer Berück-sichtigung der Provinz Hannover. Hann. Land- u. Forstw. Ztg. 1882, 19. — E. Ramann: Über die Verwitterung diluvialer Sande. Jb. Pr. Geol. Landesanst. 1884. — F. Wahn-schaffe: Quartärbildungen Magdeburgs. Abh. geol. Landesanst. Preuß. 1885. — Ders.: Lößartige Bildungen. Z. dtsch. geol. Ges. 1886. — Ders.: Beitrag zur Lößfrage. Jb. preuß. geol. Landesanst. 1889. — Emmerling: Über die Bodenverhältnisse in Schleswig-Holstein. Mitt. Ver. Förd. Moork. Dtsch. R. Nr.15. 1886. — A. Sauer: Äolische Entstehung des Löß am Rande der norddeutschen Tiefebene. Z. Naturw. Halle 1889. — R. Beck: Über die Beziehungen der Geologie zur praktischen Landwirtschaft unter besonderer Berücksichtigung der neuen geologischen Karte von Sachsen. Mitt. ökon. Ges. Königr. Sachsen 1892/93, 43. — P. Borkert: Das Diluvium der Provinz Sachsen in bezug auf Bodenbau usw. Naturw. Z. 70, 365 (1897). — A. v. Koenen: Über die Bodenarten der geologischen Formationen im südlichen Hannover mit Beziehung auf die neuen geologischen Karten. J. Landw. 1899, 218. — E. Blanck: Bodenformen und ihre Entstehung. Monatshefte f. d. naturw. Unterricht. 4, H. 12. Zwickau 1911. — Ed. Schmidt: Der altdiluviale Geschiebemergel als Boden-bildner in der Hamburger Gegend. Chem. Erde 4, 475 (1930). — Schließlich finden sich Arbeiten über westpreußische Böden von Jentzsch u. Schmoeger im Landw. Jb. 34, 145, 165 (1905).

[3] Behrendt, G.: Die Umgegend von Berlin. Berlin 1877.

[4] Laufer, E. u. F. Wahnschaffe: Untersuchungen des Bodens der Umgegend von Berlin. Berlin 1881.

Tabellarische Übersicht

der Gliederung der fünf geologischen Zeitalter nach Formationen, Stufen und Unterstufen, mit Angabe des gesamten Gesteins-
inhalts und genauerer Präzisierung des petrographischen Gesteinscharakters derselben — getrennt nach Sedimentgesteinen und
Eruptivgesteinen — unter Betonung der für die einzelnen Abteilungen und Horizonte wichtigen Gesteinsarten und unter
Berücksichtigung der für die Bodenbildung wichtigen oder sich an ihr beteiligenden Gesteinstypen und Schichten, aus denen
sich Ursprungs- und Verwitterungsböden (Formationsböden) wieder ableiten[1].

(Von H. NIKLAS[2] unter Mitwirkung von A. GOETTING.)

Inhalt und Reihenfolge.

Tabelle　I.　Archäisches Zeitalter.
„　　II.　Eozoisches Zeitalter.
„　　III.　Paläozoisches Zeitalter.
　　　　5. Perm. — 4. Karbon. — 3. Devon. — 2. Silur. — 1. Kam-
　　　　brium.
Tabelle IV.　Mesozoisches Zeitalter.　1. Buntsandstein = Trias　I.
„　　V.　　„　　　　„　　2. Muschelkalk　= Trias II.
„　　VI.　　„　　　　„　　3. Keuper　　= Trias III.

Tabelle VII.　Mesozoisches Zeitalter. 4. Jura.
„　　VIII.　　„　　　　„　　5. Kreide.
„　　IX.　　„　　　　„　　Tertiär-Kreide: Flyschgesteine.
　　　　　　　　　　　　　　　— Albüberdeckungen.
„　　X.　Neozoisches Zeitalter. Tertiär = Alttertiär.
„　　XI.　　„　　　　„　　Tertiär = Jungtertiär.
„　　XII.　　„　　　　„　　Quartär = Diluvium — Alluvium.

I. Archaikum (Azoikum).

Archäisches Zeitalter.

Tabelle I.

Formation	Untergliederung		Gesteinsinhalt Petrographischer Gesteinscharakter
	Stufen	Unter- stufen	Kristalline Gesteine: Kristalline Schiefer, ältere und älteste Eruptivgesteine
Formation)	Ungegliedert		A. Kristalline Schiefergesteine: Gneise; Glimmerschiefer; Phyllite. — Glimmergneise; Hornblendegneise: Übergänge zu schieferigen und zu körnigen Gesteinen: körnige, feinkörnige Gneise; Augengneise; Flasergneise; schieferige Gneise (Leptite). — Knollen-, Konglomeratgneise; Granitgneise; Gneisglimmerschiefer; Phyllitgneise; Granulite; Gneis-granulite; Hälleflinten; porphyrartige Gneise Glimmerschiefer: Kalkglimmerschiefer; Tonglimmerschiefer; Granatglimmerschiefer. — Hornblendeglimmer-schiefer. — Sericitschiefer; Paragonitschiefer

<table>
<tr><td rowspan="7">Urgebirge (Urgneis-</td></tr>
</table>

Phyllite (Urtonschiefer): Kalkphyllite; Quarzphyllite. — Tonschiefer; Grünschiefer; phyllitische Tonschiefer. — Glimmerphyllite

Quarzite: körnige Quarzite; Quarzitschiefer; Glimmerquarzite; Sericitquarzite (Tonquarzite).

(Übergänge: Sericitgrauwacken; Grauwackenschiefer [Grauwacken])
Hornblendeschiefer; Amphibolite; Eklogite; Augit (Pyroxen)-Schiefer (und Gesteine); Talk-, Chlorit-, Amphibolschiefer; Epidotschiefer; Serpentingesteine; Olivin-, Granat-, Bronzit-Enstatitfelse

Kristalline Kalkgesteine: Kristalline Kalke (Marmore); Dolomite = serpentinführende Kalke (Ophicalcite) Mineral- (und Erz-) Einschlüsse: Graphit. — Magneteisen. — (Erzlager) —

B. Eruptivgesteine (alte und ältere): (Tiefen- und ältere Ergußgesteine):

Tiefengesteine — Granite; Syenite; Diorite; Gabbros (Tonalite); Pyroxenite und verwandte Gesteine (Kristallgranite). — (Hornblendegabbros.) — (Granitgneise u. a.) — Kersantite. — (Übergänge und Unterarten, nebst ihren aplitischen und lamprophyrischen Spaltungsprodukten.)

Porphyrgesteine — Granitporphyre (Pinitporphyre); Quarzporphyre; Porphyrite; Diabase; Diabasporphyrite — u. a. jüngere Erguß- (Vulkan-) Gesteine mit ihren Tuffen. — (Erzlager und andere Mineraleinschlüsse.) — Metamorphe Gesteine

II. Eozoikum (Proterozoikum).

Eozoisches Zeitalter.

Tabelle II.

Formation	Untergliederung		Gesteinsinhalt — Petrographischer Gesteinscharakter	
	Stufen	Unterstufen	Sedimentgesteine	Vulkanische Gesteine
Prä-kambrium (Algonkium)	Ungegliedert		Konglomerate; quarzitische Sandgesteine und quarzitische Konglomerate; Arkosen; Grauwacken; Grauwackenschiefer (Sparagmite); Grauwackensandsteine; Tonschiefer; kalkige Tonschiefer (Alaunschiefer); Kalksteine (bituminöse Kalksteine); Dolomite. — Mit Übergängen zu halbkristallinen und kristallinen Gesteinen und Schiefern: Kieselschiefer; Glimmerschiefer; Hornblendeschiefer; Phyllite, Glimmerphyllite; chloritische Schiefer; gneisartige Schiefer; chloritische Hornblendeschiefer; Quarzite. — Sericitschiefer; Talkschiefer; Gneise; Marmore (Erzlager; Kohlen).	Diabase und -Tuffe; Augitporphyrite; Porphyrite. — Melaphyre; Gabbros; Granite und andere ältere und alte Eruptivgesteine

1 Die Aufeinanderfolge der einzelnen Abschnitte ist vom ältesten bis zum jüngsten Zeitalter in Tabellenform angelegt. Jede Tabelle (Formationen und Stufen) ist in normaler Altersfolge geordnet.

2 Unter Zugrundelegung von: CREDNER, H.: Lehrbuch der Geologie. — SCHUSTER, M.: Geologie von Bayern. — GÜMBEL, W. v.: Geologie von Bayern.

III. Paläozoikum.

Tabelle III.

Paläozoisches Zeitalter.

Formation	Stufen	Unterstufen	Gesteinsinhalt — Petrographischer Gesteinscharakter — Sedimentgesteine	Vulkanische Gesteine
Perm (die Dyas)	Zechstein	Oberer Zechstein	Bunte Letten — Lettenschiefer; Mergelschiefer; Dolomite (Plattendolomite); Rauhwacken; (Konglomerate). — (Salzlager: Gips, Anhydrit; Steinsalz. — Kalisalze.) — Salztone	—
		Mittlerer Zechstein	Dolomite; Rauhwacken, Dolomit-„Asche"; -Kalke (z. T. bituminös); (= „Hauptdolomite"). — Mergelkalke; (Salzlager: Gips, Anhydrit, Steinsalz)	
		Unterer Zechstein	Kalke (Zechsteinkalke); (Mergel; Dolomite). — Konglomerate (Zechsteinkonglomerate); kalkige Sandsteine, Letten; bituminöse Mergelschiefer	Porphyre: Quarzpor-. phyre; Orthoklasporphyre; Porphyrite; Augitporphyrite; Melaphyre; Minetten mit ihren Tuffen (und aufbereitet als Konglomerate und Breccien)
	Rotliegendes	Oberrotliegendes	Sandsteine, (Arkosen); Schiefertone, Schieferletten; Tone; (Kalke); Konglomerate (aus Eruptivgesteinsmaterial: Porphyren, Melaphyren und -breccien)	
		Mittelrotliegendes	Sandsteine, Arkosen; Konglomerate; bunte Schieferletten und -tone (Rötelschiefer). — (Kalksteine und -schiefer)	
		Unterrotliegendes	Schiefertone und -letten; Tonschiefer. — Konglomerate (z. T. aus Eruptivgesteinsmaterial, Porphyren u. a.). — Sandsteine; Arkosen (Arkosesandsteine). — (Kalksteine.) — (Kohlenflöze.)	
Karbon		Oberkarbon	Sandsteine; Konglomerate; Schiefertone; (Kohlenflöze); Kohlenschiefer und -sandsteine; Kalksteine. — (Toneisensteine; tonige Sphärosiderite)	Porphyrite; Diabase; Keratophyre; Quarzkeratophyre; Quarzporphyre; Melaphyre- u. deren Tuffe; Granite; Syenitgranite und verwandte Gesteine.— Kontaktgesteine u. aufgearb. zu Konglomeraten und Breccien u. Grauwacken
		Unterkarbon und Kulm (Subkarbon)	Kalke (Kohlenkalk), Plattenkalke (dolomitische Kalke); Tonschiefer (= Posidonienschiefer) und Schiefertone; Kieselschiefer; (Adinole). — Konglomerate; Grauwacken; Sandsteine; Arkosen. Kulm: dunkle Tonschiefer; (z. T. + Phosphorite); Kalke (Kohlenkalke); kieselige Grauwacken = Grauwackenschiefer, kalkige Grauwacken; Schiefer (Dachschiefer); Tonschiefer (Posidonienschiefer); Sandsteine; Quarzite; Grauwackenkonglomerate und -breccien. — Grobe Konglomerate; (Hornsteine), (z. T. Kohlenflöze)	
Devon		Oberdevon	Kalke (Flaserkalke, Kalke + Tonschiefereinschlüssen); Schiefer; (Tonschiefer); Sandsteine; Grauwacken; (Kalkknollenschiefer); (mergelige Schiefertone; Mergel; Mergelschiefer)	Diabase; Mandelsteine und Tuffe = Laven; (Schalsteine) sowie deren Aufbereitungsmaterial: Diabaskonglomerate; Diabasbreccien; Quarzkeratophyre. Granite u. a. und ihre metamorphen Gesteine
		Mitteldevon	Tonschiefer; Mergel, Mergelschiefer; Kalksteine, (Dolomite). — (Sandsteine), (Döbrasandsteine). — Grauwackensandsteine; sandig-tonige Schichten, (Kalkknollenschiefer). — (Tentakulitenschiefer), (z. T. Glimmerquarzite)	
		Unterdevon	Sandsteine; Quarzite; sandige Schiefer; Grauwacken; Konglomerate; Kalksteine; Tonschiefer (Dachschiefer); phyllitische (sericitische) Schiefer); Phyllite	
Silur		Obersilur	Tonschiefer (z. T. kohlig); (Graptolithenschiefer); Kieselschiefer; Alaunschiefer (z. T. kohlig); Kalke (Knollenkalke); Ockerkalke; (Sandsteine); Grauwacken (z. T. + Phosphoriten); (Konglomerate); (Mergel); (Dolomite)	Diabase u. Tuffe (Schalsteine); Übergänge zu Sedimentgesteinen:

Formation	Untergliederung	Gesteinsinhalt	Eruptivgesteine
Silur — Untersilur		Tonschiefer, z. T. glimmerig (Dachschiefer), (Lederschiefer), (Graptolithenschiefer); Quarzite; Sandsteine; (Griffel-, Wetzschiefer; Kieselschiefer); sandige Kalke; Kalksteine (z. T. + Glaukonit); Grauwacken, Grauwackenschiefer, Grauwackensandsteine; Konglomerate; Sande; (Thuringite; Chamosite); (Eisenerze; Kohlenflöze)	(= Konglomeraten, = Breccien, = Grauwacken) Ältere vulkanische Gesteine
Kambrium — Oberkambrium		Tonschiefer (Alaunschiefer); Sandsteine; Konglomerate; Tone; (Fucoiden-, Eophyton-, Ungulatensandsteine)	Diabase
Mittelkambrium		Tonschiefer (Alaunschiefer); Konglomerate; Kalke. — (Paradoxidesschiefer); (Sandsteine)	Granite und andere ältere Eruptivgesteine
Unterkambrium		Grauwacken; Sandsteine; Schiefer (Diktyonemaschiefer); Sande. — Tonschiefer; Grauwackentonschiefer; Kieselschiefer (Dachschiefer). — Übergänge zu kristallinen (halbkristallinen) Schiefern: Phyllite; Phyllitmarmore; Quarzitschiefer	Kristalline Schiefer, Gneise; Phyllite; Amphibolite u. a.

IV. Mesozoikum.

Mesozoisches Zeitalter.

Tabelle IV.

Formation	Untergliederung		Gesteinsinhalt — Petrographischer Gesteinscharakter		Eruptivgesteine
	Stufen	Unterstufen	Sedimentgesteine		
Trias I	Buntsandstein (alpine Ausbildung: Kalke; Mergelkalke, Mergel; schieferiger Sandstein, sandiger Schiefer, toniger Schiefer, sandig-mergelige Kalke; Schieferletten; Konglomerate) (skytisch)	Oberer Buntsandstein = das Röt	Dunkelrote oder bunte Tone; Schiefertone; bunte Letten; Lehme (= Röttone); Quarzite (= Chirotherienquarzite). — Bunte Mergel; (Gips, Anhydrit, Steinsalz) (Salzlager). — Dolomite. — Bunte, dunkelrote Sandsteine, z. T. schieferig, glimmerführend (Plattensandsteine). — Feinkörnige, tonige Sandsteine, kieselig-quarzitische Sandsteine; Feldspatsandsteine, z. T. kaolinisiert; eisenschüssige Sandsteine. — Sande, toniger Sand. — (Voltzien-Sandsteine. — Chirotheriensandsteine.)		—
		Mittlerer Buntsandstein = „Hauptbuntsandstein"	**Obere Abtlg.** Sandsteine; quarzitische Sandsteine; tonig-sandige Schichten. — Sande	} Felssandsteine. — Felszone	—
			Mittlere Abtlg. Sandsteine (grobkörnig, rot; bindemittelarm, quarzitisch-tonig; z. T. feinkörnig; glimmerarm. Feldspatsandsteine; Tone, Tongallen; Schieferletten; Schiefertone, z. T. sandig; Mergel (Mergelgallen); (Hauptbuntsandstein)	} Vogesensandsteine	
			Untere Abtlg. Sandsteine (meist feinkörnig), wenig tonhaltig + Ton (-lagen), (-gallen), Feldspatsandsteine Konglomerate, Sande; Gerölle, Kieselgerölle	} (Miltenberger und Heigenbrücker Sandstein) sandige Lettenschiefer	
		Unterer Buntsandstein	Sandsteine (fein bis mittel), bunt oder rot, fleckig, gestreift und weiß (Tigersandsteine), tonig. — Glimmerhaltige, z. T. kaolinhaltige — Eisensandsteine. — Rogensteine. — (Bröckel- und Leberschiefer.) — (Mergel; Dolomite; Tonquarzite); Konglomerate; Sande		—
Eruptivgesteine der alpinen und außerdeutschen (germanischen) Trias: Diorite; Melaphyre; Augitporphyrite; Diabasporphyrite; Felsitporphyre und Tuffe					

8*

Tabelle V.

Mesozoikum (Fortsetzung).

Formation	Untergliederung		Gesteinsinhalt Petrographischer Gesteinscharakter	
	Stufen	Unterstufen	Sedimentgesteine	Eruptiv-gesteine
Trias II	Muschelkalk (alpine Ausbildung: Kalke; Hornsteinkalke; Dolomite; dunkle kieselige Kalke; Mergel; Schiefer; oolithische Kalke; Mergelkalke [helle, graue, rote und dunkle Kalke]; sandige Schiefer) (ladinisch = oberer u. mittlerer Muschelkalk; anisisch = unterer Muschelkalk)	Oberer Muschelkalk = Haupt-Muschelkalk → Oberer Haupt-Muschelkalk	Kalksteine (dicht-kristalline; halbkristalline, plattige, oolithische Kalke); dolomitische Kalke, glaukonitische Kalke; Dolomite; dolomitische Mergel. — Kalkmergel; mergelige Kalke; Mergel, Mergelschiefer (z. T. dolomitisch); (Ockermergel und -schiefer); Tone, Tonschiefer; Schiefertone (Ostrakodentone) (= als Zwischenlagen); (Semipartitusschichten: Quaderkalk [= Trigonodus]); (Terebratelbänke)	—
		Oberer Muschelkalk = Haupt-Muschelkalk → Mittlerer Haupt-Muschelkalk	Kalksteine (plattige, dichte, kristalline Kalke). — Tone; Schiefertone; (Ceratiten [= Nodosen-] Kalkschichten)	—
		Oberer Muschelkalk = Haupt-Muschelkalk → Unterer Haupt-Muschelkalk	Kalke (dichte, halbkristalline, kristalline Kalke), z. T. + Glaukonit; (Trochitenkalke) (= Encrinitenkalke); z. T. oolithisch. — (+ Hornsteinen) Schiefertone. — Mergelkalke	—
		Mittlerer Muschelkalk = Anhydritgruppe (oder - Region)	Kalksteine (Gelb-, Zellenkalke), oolithische Kalke (= Rogensteine); dolomitische Kalke, z. T. schieferig (Zellendolomite); bituminöse Kalke; Dolomite; Mergel, Mergelschiefer; lettige Mergelschiefer; Steinmergel; mergelige Dolomite, dolomitische Mergel; kalkige Mergel; Hornstein; Hornsteinkalke; Tone. Salztone. — (Salze: Steinsalz; Gips, Anhydrit)	—
		Oberer Wellenkalk	Kalksteine (plattig-wellig); Kalkschiefer; (dicht, kristallin) (Schaumkalke). — Mergelkalke und -schiefer, Kalkmergel; Mergel. (Porös; zellig-oolithisch). —	—
		Mittlerer Wellenkalk	Mergelschiefer; Dolomite, tonige Dolomite; dolomitische Kalke und Mergel (= Wellenkalk, = Mergel, = Dolomite) Gelbkalke; Konglomeratkalke; sandige Kalke und Dolomite; (Dolomitsandsteine)	
		Unterer Wellenkalk	Sande; Sandsteine; Tone (z. T. dolomitisch-mergelig); (Muschelsandsteine)	

Tabelle VI.

Mesozoikum (Fortsetzung).

Formation	Stufen	Unterstufen			Gesteinsinhalt — Petrographischer Gesteinscharakter — Sedimentgesteine	Eruptiv-gesteine
Trias III	Keuper (alpine Ausbildung): Kalke; Mergel; Kalkoolithe; Dolomite; Mergelkalke; Rauhwacken (Hornsteine); dunkle Tone; Schiefer; Tonschiefer-Schiefertone (Plattenkalke und -dolomite) (Rhätisch = oberer Keuper, Norisch = mittlerer Keuper, Karnisch = unterer Keuper)	III. Oberer Keuper, das Rhät			Sandsteine (hellfarbige); z. T. kalkige Sandsteine; tonige Sandsteine (z. T. kaolinhaltig). — (Rhät- oder Pflanzensandstein.) — Sandsteinschiefer. — (Schiefertone; Tone, sandige Schiefertone [Tonmergel])	—
		II. Mittlerer Keuper = bunter Keuper	(Obere Abtlg.) Oberer bunter Keuper = Sandsteinkeuper		Letten (rote) (Zanclodonletten) (z. T. kalkfrei, z. T. kalkig-dolomitisch); Lettenschiefer; bunte Tone. — Hornsteine. — Sandsteine (quarzitische, tonig-dolomitische, kalkig-dolomitische; feldspatführende und Arkosesandsteine) (Blasen-, Semionoten-Sandsteine; Koburger-, Bau-, Burg-, Stuben-Sandsteine [z. T. manganhaltig]); Sande; Arkosen; dolomitische Arkosen; bunte Mergel, Mergelschiefer, Steinmergel, Knollenmergel; dolomitische Mergel; mergelige Lettenschiefer (Dolomite) (knollige Dolomite, z. T. quarzitisch); (Konglomerate). — (Gips; Steinsalz.)	
			(Untere Abteilung) Unterer bunter Keuper = Gipskeuper	Oberer Gipskeuper (Lehrberg- u. Berggipsschichten)	Rotbraune Mergelschiefer; bunte Lettenschiefer; bunte Mergel und Tone (rote) + Steinmergeln, Kalksteinen, dolomit. Kalksteinen, Quarziten (= Lehrbergschichten). — (Tonig-sandige Schichten.) — Glimmerige Sandsteinschiefer. — Bunte Mergel (+ Gipsknollen); Sandsteine, Lettenschiefer (karbonatfrei), Steinmergel, feinsandige Steinmergel, dunkelrote Mergelschiefer, sandige Schichten (= Berggipsschichten). Tonige, tonig-dolomitische Sandsteine (+ Glimmer) (+ sandige Lettenschiefer und bunte Letten) } (Schilfsandstein) (Freihunger Sandstein)	
				Unterer Gipskeuper (obere Abteilung): Estherienschichten, (untere Abteilung): Myophorienschichten	Mergelschichten (+ Gips), z. T. schieferig; Steinmergel; Dolomite. — Sandsteine, bunte Mergel; sandige Mergel; bunte Letten; feinkörnige, tonige, dolomitische z. T. quarzit. Sandsteine, Lettenschiefer } (= Estherienschichten) (Acrodus und Corbulabank) Dolomitische Steinmergel (+ Bleiglanzbank); schieferige Mergelschichten + Kieselsandsteinen und Dolomiten (z. T. + Gips); bunte Mergelschiefer (= Myophorienschichten + Bleiglanzbank); dolomitisch-quarzitischer Sandstein; bunte Tone; Mergel. — (Lettige Kohle.)	
		I. Unterer Keuper Lettenkeuper (Lettenkohlenkeuper)	Oberer Lettenkeuper		Dolomite (Grenzdolomit) (z. T. oolithisch, zellig, plattig); bunte Mergel, bunte Mergelschiefer. — Lettenschiefer; sandige Schiefertone; Sandsteine; gelbe Kalke; dolomitische Kalke; mulmige, mergelige, tonige Kohle (Lettenkohle)	
			Mittl. Lettenkeuper		Bunte Sandsteine, glimmerreich, tonige Sandsteine (Lettenkohlen-Sandstein); sandige Mergel- und Mergelschiefer; lettige Kohle. — Dolomite	
			Unterer Lettenkeuper		Dunkle Tone; Schiefertone; sandige Schieferletten; Letten; Sandsteinschiefer (z. T. quarzitisch, z. T. tonig). — Mergelschiefer; dolomitische Mergelschiefer + Kalke, gelbe Kalke; Ockerkalke; Dolomite, dolomitische Kalke (Glaukonit), Kalkmergel; dolomitische Mergel- und Steinmergel.—Kohle; Kohlentone.—(Lettige, blätterige Kohle)	

Tabelle VII.   Mesozoikum (Fortsetzung).

Formation	Untergliederung		Gesteinsinhalt Petrographischer Gesteinscharakter	
	Stufen	Unterstufen	Sedimentgesteine	Eruptiv-gesteine
Jura	Weißer Jura Malm (oberer Jura) (helle Kalke, Mergel, Dolomite)	Oberer weißer Jura (Thiton) (c); Malm ζ	Kalksteine (Plattenkalke; -Oolithe); tonige Kalke; Dolomite; Mergel; Kalkmergel. — Hornsteine.	—
		Mittl. weißer Jura (Kimmeridge) (b); Malm $\varepsilon - \delta - \gamma$	Dolomite (Frankendolomite); Mergelkalke; Kalksteine (Marmore, oolithische Kalke); tonige Kalke; Mergel; Hornsteine	
		Unt. weißer Jura (Oxford) (a); Malm $\beta - \alpha$	Kalksteine (dicht und -Oolithe); Kalkmergel; Dolomite; glaukonitische Kalke und Mergelkalke. — (Impressamergel). — (Werkkalk); (glaukonitische Tonmergel und -schiefer)	
	Brauner Jura Dogger (mittlerer Jura) (Tone; Mergel, oolithische Kalksteine; Sandsteine)	Oberer brauner Jura oberer Dogger; Dogger $\zeta - \varepsilon$	Tonige Gesteine und Tone (z. T. glaukonitisch); Tonmergel (z. T. -schiefer), Mergeltone, Mergelschiefer, Mergel (z. T. glaukonitisch) (Ornatenton). — (Phosphorite). Eisenoolithe; Kalkoolithe; Kalke und Kalkschiefer; Kalkmergel (oolithische Tone). — (Toneisensteine)	—
		Mittl. brauner Jura, mittlerer Dogger; Dogger $\delta - \gamma$	Kalksteine, oolithische Kalke; Kalkmergel, z. T. oolithisch; Tone, tonige Schiefer (z. T. glimmerig); Kalksandsteine; (Toneisensteingeoden); (Phosphorite); Konglomerate; Sande	
		Unt. brauner Jura, unterer Dogger; Dogger $\beta - \alpha$	Eisensandsteine (Personatensandsteine), tonige Eisensandsteine, Glimmer-, Quarzsandsteine (gefärbte) (Doggersandsteine), Kalksandsteine; oolithische Rot- und Brauneisen; oolithische Kalke. — Tonig-mergelige Schichten: Tone, Schiefertone (z. T. kalkig), Schieferletten, tonige Mergel; Mergelschiefer, sandige Mergel (Opalinuston), (Toneisensteingeoden)	
	Schwarzer Jura Lias (unterer Jura) (dunkle Mergel u. Mergelschiefer)	Ob. schwarzer Jura, oberer Lias; Lias $\zeta - \varepsilon$	Kalkmergel, Mergelkalke; Mergel und Mergelschiefer (Jurensismergel). — Kalksteine (z. T. bituminös); (Kalkbänke) (Monotiskalk). — Schiefertone (Posidonienschiefer); Toneisensteine. — Geoden	—
		Mittlerer schwarzer Jura, mittl. Lias; Lias $\delta - \gamma$	Tone (Amaltheen-, Costatentone und -mergel); Mergel; (Numismalismergel). — Schiefertone; Mergelkalke, Kalkmergel; Kalke; (Phosphorite); Toneisensteine; (Eisenerz [Eisenkies])	
		Unterer schwarzer Jura, unterer Lias; Lias $\beta - \alpha$	Tone; Schiefertone; tonige Kalke und Mergel; tonige Sandsteine (Kalksteine); Sandsteine (plattige, Sandsteinschiefer), Eisensandstein, Kalksandsteine (z. T. eisenschüssig-grobsandig). (Angulaten-, Arietensandsteine)	
	Alpiner Jura:	Malm:	Kalke, helle, bunte, kieselige (+ Hornstein); (Marmore) (Tegernsee-Ruhpolding) (Aptyschenschichten), z. T. Schiefer. — (Diphyakalke; Nerineenkalke).	—
		Dogger:	Bunte Kalke; Mergel; (bunte Kiesel-Hornsteinkalke, -mergel und -tone), z. T. oolithische Kalke, Sandsteine; Schiefer (Aptyschenschichten)	
		Lias:	Bunte Kalke (Adneter- und Hierlatzkalke) und Marmore; Kieselkalke; sandige Kalke; Fleckenmergel (kalkige Mergel) (Allgäuschichten); bunte Hornsteinkalke; Tonschiefer; Mergelschiefer; Schiefertone; z. T. Sandsteine	

Tabelle VIII.

Mesozoikum (Fortsetzung).

Formation	Untergliederung		Gesteinsinhalt — Petrographischer Gesteinscharakter	Eruptiv-gesteine
	Stufen	Unterstufen	Sedimentgesteine	
Kreide	Obere Kreide	Danien —	Kalke, oolithische Kalke (Faxekalke; Pisolithenkalke)	—
		Senon / Obersenon Untersenon (Emscher)	Mergel (glaukonitisch); Kreide (-kalke); Kreidetuffe. — Kreidemergel; Kalkmergel; Mergelsandsteine; Sandmergel; Kalksteine, z. T. tonige; Sandsteine; Sande	
		Turon (oberer Pläner) / Oberturon Mittelturon Unterturon	Sandsteine (kieselige, mergelige, glaukonitische), (Grünsandsteine), Hornsandsteine, (Quadersandsteine), Kalksandsteine; Tonmergel (z. T. glaukonitisch), Mergel (glaukonitisch), (Kreidemergel); Mergelkalke (glaukonitisch). — Kalkige Mergel. — Kalksteine, glaukonitische Kalke; Sande (Grünsande, mergelige, glaukonitische, kieselige Sande) (Knollensande); Tone (+ Glaukonit). — Ockerbildungen	
		Cenoman (unterer Pläner) / Obercenoman Mittel-cenoman Unter-cenoman	Glaukonitische und quarzitische Sandsteine (Grünsandsteine), tonige Sandsteine; Kalksandsteine; Eisensandsteine; Mergel, Kreidemergel, Kalkmergel. — Tone; Letten. — Sande (glaukonitische Grünsande); Kieselkreide; Tripel; kieselige Sande, Gerölle; Schotter; Kieslager; Quarzite; Hornsteine; quarzitische Konglomerate. — Phosphorite. — (Erze.) — (Verwitterte Lehme)	
	Untere Kreide	Gault (Albien) / Obergault Mittelgault Untergault	Tone (z. T. glaukonitisch), Schiefertone; Mergel, mergelige Kalksteine; Kalksteine; Sandsteine. — (Flammenmergel)	—
		Neocom (u. Wealden) / Oberneocom Mittelneocom Unterneocom	Kalksteine; glaukonitische Mergel; Konglomerate; (Sandsteine), (z. T. glaukonitisch); Tone. — Wealden: Sandsteine; Schiefertone, Tone; sandige Kalksteine	
	Alpine Kreide	Obere und mittlere Kreide —	Konglomerate; kieselig-sandige Kalke, kalkige Sandsteine und sandige Mergel; Kalksteine; Mergelkalke; Sandsteine (+ Glaukonit oder Glimmer); Sandmergel; Mergel und Mergelschiefer; Mergeltone; Tonschiefer; (Seewenkalke und -mergel). — (Hippuritenkalke.) — Sandig-mergelige Schichten. — Marmore	—
		Untere Kreide —	Kalke; mergelige Kalke; Mergel (Kreidemergel); Hornsteine; sandig-kieselige Kalke; Sandsteine; Konglomerate. z. T. Glaukonitkalke, -mergel und -sandsteine	

Anhang.   Tertiär.

(Neozoikum — Mesozoikum.)

Tabelle IX.

Flyschgesteine.

Formation		Gesteinsinhalt Petrographischer Gesteinscharakter
Tertiär (älteres Tertiär)	Tertiär-Kreide Unteres Oligozän Eozän	Glimmerige oder glaukonitische Sandsteine. — Kieselkalke (Erdöl). — Kalke (tonige, mergelige); Sandkalke; bituminöse, sandige; glaukonitische Schichten (Hauptflyschsandstein); (Flyschkalk); Flyschmergel); eisenschüssiger, kalkiger Sandstein; Konglomerate. — Sandsteine (Wiener Sandstein) (Karpathensandstein). — Schiefer (graue); Schiefertone; Mergelschiefer; tonige Kalksteine
Kreide	Obere } Kreide Untere	

Albüberdeckungen.

Tertiär-Kreide (älteres Tertiär — jüngere Kreide) (ohne bestimmtes geologisches Alter)	Sande (Quarzsande; Quarzgerölle); Tone; Lehme (rote Lehme und rote Tone) (Roterden). — Limonitknollen (Bohnerze) braune Lehme; Sande (Flugsande) (hellgelblich-weiß); Bleichsande; (Sandsteine). — Letten; Phosphorite; Manganerze; Brauneisenerz. — (Ocker); (Hornsteine)

Sandige Albüberdeckung: Quarzsande (z. T. kalkig) (fein-mittelkörnig); kieselige Sandsteinreste (,,Kallmünzer'')

Lehmige Albüberdeckung: Kalkfreie Lehme; gelblichbraune bis braunrote Lehme + Brauneisenkonkretionen (z. T. Bohnerze). — (Albüberdeckungserze: tonige — erdige Brauneisen zwischen Sanden und Tonen)

Aus den Gesteinsdecken: quarzitisch-tonige Gesteine der Tertiär-Kreide und z. T. aus kalkigen, dolomitischen und mergeligen Gesteinen des unterlagernden Juras resultieren Böden: Roterden; Braunerden. — Humose, z. T. kohlige Erden (Fleinzböden); Sande, Dolomitgrus, Dolomitsand; ausgebleichte Quarzsandböden. — Braune Lehmböden. — Sandige Lehmböden

V. Neozoikum.

Neozoisches Zeitalter.

Tabelle X.

Formation	Untergliederung		Gesteinsinhalt Petrographischer Gesteinscharakter	
	Stufen	Unterstufen	Sedimentgesteine	Vulkanische Gesteine
Tertiär	Alt-tertiär (Paläogen)	Oligozän — Oberes Oligozän (aquitanische Stufe) (Aquitan)	Mergel (Cyrenen- und Cerithienmergel): Steinmergel; Mergeltone; Mergelschiefer. — Sandsteine; Sande: Quarze und Glimmersande (Cerithiensande). — Kalke (Cerithienkalke); (Süßwasserkalke); Gerölle; (Konglomerate); Quarzkiese; Quarzsande; Tone. — Quarzite. — (Süßwasserbildung.) — Molasse (ältere Molasse) = untere Molasse: (untere Süßwassermolasse [obere und untere bunte Molasse]): rote (bunte) Mergel; Sandsteine; Nagelfluh (Konglomerate) (= Cyrenenschichten) Untere Meeresmolasse (ältere Meeresmolasse): Sandsteine (mergelige Sandsteine; glimmerige, glaukonitführende Sandsteine); Sandsteinschiefer; (kalkige, tonige Sandsteine); sandige oder mergelige Tone; Konglomerate; Nagelfluh (Quarz; Kieselkalk; Kalkstein) Brackische Molasse (Cyrenenschichten): helle, bunte Mergel; sandige Mergel; Sandsteine; Konglomerate (Pechkohlen); bituminöse Mergel; Glassande (Quarzsande); Tonmergel	Tertiäre Eruptivgesteine, s.a.Schluß d.Tertiärformation
		Mitteloligozän (Rupelian)	Tone; Mergel; Sande; (Kalke); (Asphaltkalke); (Septarientone); (Cyrenenmergel). — (Melanientone)	
		Unteroligozän	Sande (Glaukonitsande), Tone; (Phosphorite); Mergel; (Gips); Quarzgerölle; Konglomerate; Sande; Quarzsandsteine; Quarzite (Braunkohlenquarzite), (Braunkohlen); Kalke (Cyrenenkalke). — Sandsteinschiefer; Mergel	
		Eozän — Obereozän (Bartonien)	Quarzsande; Kalke; (Tone), (sandige Tone), (Sphärosiderite)	—
		Mitteleozän (Lutétien)	Tone; glimmerführende = oder glaukonitische Sande; Quarzsande; Kalke („Grobkalke"); (sandige oder mergelige = glaukonitische Kalksteine). — Septarientone, glaukonitische, sandige Schieferletten. — Kalkige Tone (Sphärosiderite; Phosphorite). — (London-Ton)	
		Untereozän und Paläozän (Yprésien)	Tonmergel; Grünsande; kiesige Sande; Mergel; Sande (weiße und glaukonitische); Tone; Sandsteine; glaukonitische Mergel; Kalksandsteine Alpines Tertiär: Konglomerate; Sandsteine; Kalke; Mergel; sandige Kalke; oolithische Eisenerze; Kalkschiefer (-Nummulitenschichten); sandige Mergelschiefer (Stockletten); („Granitmarmor"); (Lithothamnienkalke)	

Tertiäre Eruptivgesteine: Basalte; Trachyte; Quarztrachyte; Sanidintrachyte; Phonolithe; Leuzitphonolithe; Andesite und deren Tuffe; Aschen; Aschentuffe; Aschensande. — Bimssteine

122 H. Niklas: Die Entstehung und Ausbildung der Mineralböden.

Tabelle XI.

Neozoikum (Fortsetzung).

Formation	Untergliederung		Gesteinsinhalt — Petrographischer Gesteinscharakter	Vulkanische Gesteine
	Stufen	Unterstufen	Sedimentgesteine	
Tertiär — Jung-tertiär (Neogen)	Pliozän	Oberpliozän Mittelpliozän Unterpliozän (Pontische Stufe)	Sande (Quarzsande; weiße Sande); Kiese (Quarzkiese); Schotter (Quarzschotter); Konglomerate (Quarznagelfluh); Quarzite; Kieselschiefer; Mergel; kalkige Mergel; Tone (helle und gefärbte), (glimmerhaltige und -freie Tone); Letten; Lehme (Knochenlehme); (fluviatile Bildungen). — (Congeriensande und Tone.) — (Kalksteine.) — (Schieferkohlen. — Braunkohlen.) — (Braunkohlentone)	Tertiäres Eruptivgestein, siehe am Schluß der Tertiärformation
	Miozän	Obermiozän (Sarmatische Stufe)	Mergel, Mergelsande, Glimmermergel; glimmerführende Feinsande: (Flinzletten; Flinzmergel; Flinz (obere Süßwassermolasse): Sande (Flinzsande); Schotter (Sandsteine, Mergel; Kalksteine); Tonmergel; Kalksandsteine (Dinotheriensande). — Sande: (Glimmersande, Quarzsande); Quarzkies und -gerölle; -schotter; Kalkmergel; Kalkschiefer; Kalkstein (Kalke); Tone (reine Tone; sandige Tone). — Sandstein. — Lettenschiefer. — Phosphorite. — (Braunkohlen; Braunkohlentone) — (Konglomerate.) — (Süßwasserschichten)	
		Mittelmiozän (Tortonische Stufe) und (Wiener Stufe) (Vindobon)	Mergelige, sandige Ablagerungen; hellgraue Mergel; Mergeltone; Mergelkalke. — Sande; Glimmersand; Sandsteine; Kalke (Hydrobien-, Litorinellen-Kalke und -Mergel). — Glimmerige Tonmergel: Kalksandstein. — Steinmergel: Konglomerate Schlier: Feinsandiger, glimmeriger (blaugrauer) Tonmergel (plattig-schieferig); (Steinsalzlager); (Brackwasser- und Meeresbildungen); mittelmiozäne Meeresmolasse = graue Sandsteine)	
		Untermiozän (Bordeaux-Stufe) (Burdigal)	Glaukonitische Sande; Quarzsande; -Gerölle; Glimmersande; Konglomerate; Tone; Mergel; Kalke (Corbiculakalke und -mergel); kalkige Sandsteine. — Kalkmergel (Meeresbildungen). — (Obere Meeresmolasse: Sandsteine + kalkige Bindemittel; konglomeratartige Sandsteine; [Muschelsandsteine]). — (Graue Molasse: Sandsteinbildung + Pflanzenresten: Blättermolasse; Blättersandstein.) — Sande	

Tabelle XII.

N e o z o i k u m (Fortsetzung).

Formation	Untergliederung		Gesteinsinhalt Petrographischer Gesteinscharakter	
	Stufen	Unterstufen	Sedimentgesteine	Vulkanische Gesteine
Quartär	Alluvium (Jetztzeit)	Jüngeres Alluvium	Schlick; Schlamm (Kalk-, Tonschlamm). — Schutt; Grus; Kiese; Gerölle; Sande, Schotter; Tone; Letten; Lehme (Aulehme; Löß-lehme); Mergel, Konglomerate (Nagelfluh). — Flugsande, -staub (Dünensande) (Absätze des Wassers: der Meere, Seen, Flüsse, Gletscher); (des Windes) — Kalktuff; Kalksinter; Alm; Torf; Moore; (Kohle; Salze; Erze); Kieselsinter. — Zerfalls- und Verwitterungsprodukte älterer Schichten und Gesteine und ihre Neuabsätze. — Relikte (Schalen, Gehäuse) von rezenten und früher lebenden Tieren: (Kalk-, Kieselsäure-skelette, -schalen)	Rezente und äl-tere vulkanische Produkte: Laven Schlacken; Aschen; Sande; Staub. — Tuff und andere Ver-festigungs-produkte
		Älteres Alluvium	Verwitterungsböden: Tonböden; Lehmböden; Sandböden; Kalkböden und ihre Übergänge. — (Roterden; Braunerden u. a.). — Lose Sande: (Quarzsande; Dolomitensande u. a.). — Schwemmlandsböden aus älteren Formationsgliedern	
	Diluvium (Eiszeit)	Jüngere Eiszeit (Diluvium)	Schotter; Kiese (Flußschotter); Terrassenschotter (Niederterrassen-, Hochterrassen-, Decken-schotter; Moränenkies und -schotter). — Sande, Gerölle (Flußsande und Gerölle; Terrassen-sande). — Quarzsande, Quarzgerölle (Glassande). — Gesteinssande und -grus. — Lehme (Geschiebelehm; Decklehme; Terrassenlehme u. a.). — Löß: Sandlöß (Berg-, Tal-, Gehänge-löß); Übergänge zu Lößlehm; Lößlehm	
		Ältere Eiszeit (Diluvium)	Mergel (Geschiebemergel); Kalkmergel (Mergelkalke); -Tone; Tonmergel. — Kalke (Süß-wasserkalk; Kalktuff; Kalkschlamm; Seekreide). — Kieselsäurekonkretionen; Diatomeen-sande und -mergel; Konglomerate, (Nagelfluh), (Kohlen: Schieferkohlen u. a.).	

3. Die Humusböden der gemäßigten Breiten.

Von BR. TACKE, Bremen.

Begrenzung. Kennzeichnend für die sog. Humusböden ist ein verhältnismäßig hoher Gehalt an Humusstoffen.

Das allgemein Wichtige über die Humusstoffe ist bereits in Band 1 dieses Handbuches (S. 152—166) und weiter in Band 2 (S. 224—247) gesagt worden, worauf verwiesen sein mag. Inwieweit besondere Eigenschaften und Wirkungen der Humusstoffe in den Humusböden sich äußern, wird noch zu erörtern sein. Da Humus in größerer oder geringerer Menge in fast allen Böden vorkommt, ist eine scharfe Abgrenzung der eigentlichen Humusböden gegenüber den an unverbrennbaren Mineralstoffen reichen humosen Böden schwierig, und die Meinungen der verschiedenen Autoren darüber sind geteilt. Die Grenze wird zweckmäßig dort angenommen, wo in dem Humusboden mit bloßem Auge ein starkes Überwiegen der nicht verbrennbaren Beimischungen wie Sand, Ton u. dgl. zu erkennen ist[1]. Böden dieser Art werden gewöhnlich als Moorerden, landwirtschaftlich als anmoorig bezeichnet. Namentlich in physikalischer Hinsicht, Volumveränderung beim Trocknen und Benetzen, Wasseraufsaugungsvermögen, Wärmeleitung und anderen Eigenschaften weichen sie stark von den ausgesprochenen Humusböden ab[2]. Feste Grenzwerte im einzelnen anzugeben, ist nicht möglich. Man hat mit einer gewissen Willkür die Humusbildung mit weniger als 40% unverbrennbaren Bestandteilen in der Trockenmasse zum eigentlichen Torf oder Moder (verwitterter Torf) gerechnet, die von 40—95% Asche zu den Humus- oder Moorerden und die mit mehr als 95% Asche zu den sog. Dammerden, Schlick oder Schwarzerden.

Allgemeine physikalische Eigenschaften der Humusböden.

Den Grundstoff der Humusböden bildet meistens der Torf. Es ist für das Verständnis nötig, sich über das Verhältnis der Begriffe Humus, Torf und Moor klar zu werden, zumal auch hierüber vielfach die Ansichten sehr weit auseinandergehen und eine unglaubliche Verwirrung in der Bezeichnung der verschiedenen natürlichen Humusformen herrscht. Humus fassen wir im Gegensatz zu der engeren, meist landwirtschaftlich gebrauchten Begriffsbestimmung als den umfassenden Oberbegriff auf. Torf ist eine Humussubstanz besonderer Art, die aus abgestorbenen pflanzlichen und in beschränktem Maß aus tierischen Resten durch den in seinem chemischen Verlauf noch wenig erforschten Prozeß der Vertorfung, meist unter Abschluß oder beschränktem Zutritt der Luft entsteht. Er besitzt außer allgemein für die Humusstoffe kennzeichnenden, besondere chemische und physikalische Eigenschaften, von denen der hohe Gehalt an Kolloiden, die starke Schrumpfung beim Trocknen, unter Umständen die Bildung harter im Bruch scharfkantiger Stücke, das mehr oder weniger starke Wiederaufquellen beim Anfeuchten, das Vorkommen freier Säuren (Humussäuren) in bestimmten Torfarten, besonders hervorzuheben sind. Wo Torf sich in stärkeren Schichten bildet — nach Auffassung der Moorversuchsstation in mindestens 20 cm Stärke in abgelagertem Zustand — entstehen Moore. Torf ist mithin der mineralogische, Moor der geographisch-geologische Begriff. Betreffs

---

[1] WEBER, C. A.: Über Torf, Humus, Moor. Versuch einer Begriffsbestimmung mit Rücksicht auf die Kartierung und die Statistik der Moore. Abh. Naturw. Ver. Bremen **17**, H. 2 (1903).

[2] WOLLNY, E.: Die Zersetzung der organischen Stoffe und die Humusbildungen, S. 235 f. Heidelberg: C. Winter 1897.

der Mindestmächtigkeit der Moorschichten gehen allerdings die Meinungen auch auseinander[1]. Der Zersetzungszustand des Torfes wechselt stark je nach seiner Entstehungsweise und namentlich seiner chemischen Zusammensetzung und in Verbindung damit seine Zersetzungsfähigkeit. Je nach dem Grade der letztgenannten sind die organischen Reste, denen er seine Entstehung verdankt, mit bloßem oder mit bewaffnetem Auge erkennbar. Bei Zutritt der atmosphärischen Luft gehen in ihm durch Oxydation tiefgreifende Veränderungen vor sich, die sowohl physikalischer als chemischer Natur sind. Der Torf vermodert, die etwa noch in ihm erkennbaren Pflanzenreste verschwinden, beim Trocknen und Wiederbenetzen zeigt er eine erdig-krümelige Beschaffenheit. Erst dadurch entsteht ein den Kulturpflanzen zuträglicher Boden. Je nach den örtlichen Bedingungen sind die verschiedenen Schichten der Moore, insbesondere die obersten, mehr oder weniger vollkommen vermodert.

Um die verschiedenen Torfböden richtig beurteilen zu können, muß man sich über den Grad der Vertorfung klar werden. Ein allgemein gültiges Maß für den Grad der Zersetzung ist noch nicht vorhanden. Äußerliche Merkmale schwächerer oder stärkerer Zersetzung der Moorböden sind die mehr oder weniger dunkle Farbe, das Vorhandensein größerer oder geringerer Anteile vertorfter, aber noch erkennbarer Pflanzenreste, die mehr oder weniger erdig-krümelige Beschaffenheit und das scheinbare spez. Gewicht oder Volumgewicht. Unter Umständen gibt die mikroskopische Untersuchung weitere Anhaltspunkte für die Beurteilung des Zersetzungsgrades. Verfahren zur quantitativen Messung der Humifizierung sind von verschiedenen Seiten vorgeschlagen worden. v. Post[2] hat eine in gewissem Grade als kolorimetrisch aufzufassende Humifizierungsskala aufgestellt und bei torfgeologischen Feldarbeiten benutzt. Ebenfalls eine kolorimetrische Methode hat W. Beam[3], jedoch für humusarme Mineralböden, benutzt und stellte zwischen den kolorimetrisch und gewichtsmäßig, z. B. nach Grandeau durch Extraktion mit Alkali oder Ammoniak aus dem Boden gelösten Mengen (matière noire), eine befriedigende Übereinstimmung fest. Sodann liegen Untersuchungen von Melin und Odén[4] über diesen Gegenstand vor. Mit Recht heben sie hervor, daß eine Übereinstimmung nur dann zu erwarten ist, wenn die organische Substanz des Bodens überwiegend aus dem löslichen Farbstoff besteht oder dessen Menge proportional ist. Bei Humusböden ist solches nicht der Fall, und bei annähernd gleichem Gehalt kann die Farbe der alkalischen Extrakte stark wechseln und ist häufig der gesamten extrahierten Menge nicht proportional. Sie halten eine Beschränkung auf vergleichende Untersuchungen mit einer bestimmten kolorimetrischen Normallösung für erforderlich, die mit dem Merckschen Präparat Acidum humicum hergestellt wird. Dasselbe soll stets nach gleichem Verfahren aus Torfstreu (jüngerem Sphagnumtorf) durch Aufschließen mit Natron und Fällen mit Säure gewonnen werden und nach Odén aus einer Mischung von in Alkohol unlöslicher Humussäure, löslicher Hymatomelansäure und kleinen Mengen Fulvosäuren bestehen. Benutzt wurde ein von Donnan[5] abgeändertes Krusssches Kolorimeter. Wenn nach dem Verfahren für einen Humusboden z. B. eine Humifizierungszahl von 40 gefunden wird, so

---

[1] Schreiber, H.: Moorkunde, S. 3. Berlin: P. Parey 1927.

[2] v. Post: Über stratigraphische Zweigliederung schwedischer Moore. Sveriges geol. unders. Ser. C. Nr. 248, S. 22, und Forslag till en förradsstatistisk undersökning av torvmarkerna, ebenda Ser. C. Nr. 274, S. 23.

[3] Beam, W.: The Determination of Humus. Cairo sci. J. 6, Nr. 68 (1912); 7, Nr. 85 (1913).

[4] Odén, Sv.: Die Humussäuren. Sonderausgabe d. Kolloidchem. Beih. 11 (1919). — Melin, E. u. Sv. Odén: Kolorimetrische Untersuchung über Humus und Humifizierung. Sveriges geol. unders. C. Nr. 278 (1916).

[5] Donnan, F. G.: Z. physik. Chem. 19, 467 (1896).

bedeutet das, daß die organische Substanz des Bodens so viel farbigen Humusstoff enthält, daß beim Auskochen mit 10proz. Natriumhydrat soviel gelöst wird, als ob 40% derselben aus Acidum humicum beständen. Betreffs der Einzelheiten muß auf die Quelle verwiesen werden. Nach Springer[1] sollen alkalische Lösungen der Humussäuren unter dem Einfluß der zu ihrer Lösung angewandten Basen eine beträchtliche Schwächung ihrer Farbenintensität erleiden, da die Basen die Humusstoffe nicht allein lösen, sondern auch zersetzen. Alle Versuche, den Humifizierungsgrad auf kolorimetrischem Wege zu messen, müßten somit daran scheitern, daß es bis heute nicht gelungen sei, eine stabile Standardlösung herzustellen, und daß andererseits bei Extraktion mit Alkali Humusextrakte gewonnen werden, die in ihrer Farbintensität geschwächt sind und beim Stehen weiteren Veränderungen unterliegen.

Ein anderes Verfahren für die Bestimmung des Humifizierungsgrades des Hochmoortorfs hat Keppeler[2] in Vorschlag gebracht. Es gründet sich darauf, daß Zellulose und andere Polysaccharide der Pflanze in 72proz. Schwefelsäure gelöst werden. Die gewonnene Lösung wird verdünnt und verkocht, so daß eine Lösung von niedrigen Zuckerarten sich bildet, deren Gehalt mit Fehlingscher Lösung bestimmt wird. Der Zuckergehalt wird in Prozenten Dextrose der wasser- und aschefrei gedachten Substanz ausgedrückt, der Wert als Gesamtreduktion bezeichnet und als Maßstab für die Vertorfung betrachtet. Unzersetztes Torfmoos, der Hauptbildner des jüngeren Moostorfs, hat eine Gesamtreduktion (G) von rund 68%. Diese nimmt mit fortschreitender Vertorfung ab.

Der Zersetzungsgrad Z wird nach der Formel berechnet $Z = 100 - \dfrac{G \cdot 100}{68}$. Nach noch nicht veröffentlichten Untersuchungen von Minssen im chemischen Laboratorium der Moorversuchsstation in Bremen ergab sich bei der Untersuchung verschieden stark vertorfter Hochmoortorfe nach Keppeler folgendes:

1. Gut zersetzter älterer Moostorf (Schivelbein) . . . . . Zersetzungszustand $Z = 73{,}35$
2. Derselbe . . . . ,, $Z = 76{,}99$
3. Gut zersetzter Moostorf (Osnabrück), unsicher, ob älterer oder jüngerer . . . . ,, $Z = 63{,}60$
4. Älterer Moostorf (Esterwegen) . . . . ,, $Z = 62{,}76$
5. Derselbe . . . . ,, $Z = 67{,}13$
6. Jüngerer Moostorf (Maibuscher Moor), schlecht zersetzt ,, $Z = 35{,}07$
7. Völlig unzersetzter jüngerer Moostorf (Sammlung der Moorversuchsstation) . . . . ,, $Z = 4{,}62$

Die Unterschiede im Zersetzungsgrade treten in den vorstehenden Zahlen somit deutlich hervor.

Die Beziehungen zwischen scheinbarem spez. Gewicht oder Volumgewicht und Zersetzungszustand sind folgende: Die lufttrockenen Torfe lagen in feingemahlener Form vor. Es wurde verglichen das Volumgewicht bei loser Schüttung und nach festem Zusammenpressen mit einem Druck von 10 kg je Quadratzentimeter Fläche:

Lose Schüttung:

1. Älterer Moostorf (Riede) . . . . 1000 cm³   312,2 g organ. Trockensubstanz
2. Jüngerer Moostorf (Maibuscher Moor) . . . 1000 ,,   74,8 ,,   ,,   ,,
3. Ganz unzersetzter jüngerer Moostorf . . . 1000 ,,   55,2 ,,   ,,   ,,

Nach Pressung:

1. Älterer Moostorf . . . . 1000 cm³   463,8 g organ. Trockensubstanz
2. Jüngerer Moostorf . . . . 1000 ,,   157,0 ,,   ,,   ,,
3. Ganz unzersetzter jüngerer Moostorf . . . 1000 ,,   106,3 ,,   ,,   ,,

---

[1] Springer, U.: Beitrag zur kolorimetrischen Bestimmung der Humusstoffe. Brennstoffchemie 8, 17 (1927).

[2] Keppeler, G.: Bestimmung des Vertorfungsgrades von Moor- und Torfproben. J. Landw. 68, 43 (1920).

Die Bestimmung der Benetzungswärme bzw. Hygroskopizität erwies sich für die Ermittelung des Zersetzungsgrades nach Versuchen, die im Laboratorium der Moorversuchsstation von ARNTZ[1] durchgeführt wurden, als nicht geeignet, da Torfe von sehr verschiedener Humifizierung annähernd dieselben Werte ergaben. In der Schichtenfolge eines Hochmoorprofiles sank allerdings die Hygroskopizität im allgemeinen mit der Tiefe der Schicht, also mit zunehmender Zersetzung, bei verschiedenen Niederungsmooren war das nicht oder nicht mit Sicherheit zu beobachten. Ein schlecht zersetztes Hochmoor zeigte keine wesentlich verschiedene Hygroskopizität von der eines gut zersetzten Niederungsmoores.

Allgemeine chemische Eigenschaften der Humusböden.

Zur allgemeinen Kennzeichnung der Humusböden ist noch eine kurze Darlegung über einen ihrer wesentlichen Bestandteile nötig, die Humussäuren. Ihre chemische Konstitution ist zwar noch dunkel, die Ansicht, daß sie keine wirklichen Säuren seien, sondern nur Säurewirkungen infolge ihrer kolloidalen Beschaffenheit vortäuschen, dürfte endgültig widerlegt sein[2].

Wenn bei dem Prozeß der Vertorfung Basen, namentlich Kalk, nicht in ausreichender Menge vorhanden sind, um die sich bildenden Humussäuren zu binden, entstehen mehr oder weniger an freien Humussäuren reiche, saure Moorbildungen, während bei Gegenwart genügender Mengen von Basen bzw. Kalk die Humussäuren völlig oder zum größten Teil gebunden, vorwiegend als Kalkhumate vorhanden sind, aus denen durch Alkali die Humussäuren gelöst und aus der Lösung durch Säuren gefällt werden können. Sie tragen die Kennzeichen echter Säuren, vermögen Wasserstoffionen abzuspalten, mit starken Basen Salze zu bilden, sind teilweise im Wasser, überwiegend jedoch sehr schwer löslich. Dank ihrer kolloiden Natur besitzen sie daneben die Eigenschaften kolloider Stoffe.

Für die Humusböden ist nun ihr Gehalt an nicht gesättigten, freien Humussäuren, der in engem Zusammenhang mit ihrem Gehalt an Basen, vornehmlich

---

[1] ARNTZ, E.: Studien über Tonbestimmung im Boden. Landw. Versuchsstat. 70, 297 (1909).

[2] BAUMANN, A.: Untersuchungen über Humussäuren I. Mitt. bayer. Moorkulturanst. 3, 52 (1909). — BAUMANN, A. u. E. GULLY: Untersuchungen über Humussäuren II. Die freien Humussäuren des Hochmoors. Mitt. bayer. Moorkulturanst. 4, 31 (1910); vgl. auch Z. Forst- u. Landw. 1908, 1; Z. angew. Chem. 23, 1760 (1910); Z. prakt. Geol. 18, 389 (1910).— GULLY, E.: Untersuchungen über Humussäuren III. Mitt. bayer. Moorkulturanst. 5, 1 (1913). — Untersuchungen über die Humussäuren IV. Mitt. bayer. Moorkulturanst. 5, 85 (1913). — Zur Azidität des Bodens. Die Humussäuren im Lichte neuzeitlicher Forschungsergebnisse. Landw. Jb. Bayern 5, 221 (1915); Internat. Mitt. Bodenkde. 5, 133, 232, 347 (1915). — TACKE, BR.: Über die Bestimmung der freien Humussäuren. Chem. Ztg. 21, 174 (1897). — SÜCHTING, H.: Eine verbesserte Methode zur Bestimmung der Azidität der Böden. Z. angew. Chem. 21, 151 (1908). — TACKE, BR., u. H. SÜCHTING: Über Humussäuren. Landw. Jb. 41, 717 (1911); vgl. auch H. SÜCHTING: Prot. Zentr.-Moorkommission 64, 148 (1910). — TACKE, BR. A. DENSCH u. TH. ARND: Über Humussäuren. Erwiderung auf die Ausführungen GULLYS. Landw. Jb. 45, 195 (1913). — RINDELL, A.: Über die chemische Natur der Humussäuren. Internat. Mitt. Bodenkde. 1, 67 (1911). — Einige Bemerkungen zu E. GULLY, Untersuchung über die Humussäuren. Internat. Mitt. Bodenkde. 3, 456 (1913). — ODÉN, Sv.: Über die Natur der Humussäure I u. II. Ark. korni etc. utg. av K. Svenska vet. Akad. Stockholm 4, Nr. 26 (1912); 5, Nr. 15 (1914). — Zur Kenntnis der Humussäure des Sphagnumtorfes. Ber. dtsch. chem. Ges. 35, 651 (1912). — EHRENBERG, P. u. F. BAHR: Beiträge zum Beweis der Existenz von Humussäuren und Erklärung ihrer Wirkungen vom Standpunkt der allgemeinen und theoretischen Chemie. J. Landw. 61, 427 (1913). — FISCHER, G.: Säuren und Kolloide des Humus. Kühn-Archiv 4 (1914). — KOTILAINEN, M. J.: Untersuchungen über die Beziehungen zwischen der Pflanzendecke der Moore und der Beschaffenheit, besonders der Reaktion des Torfbodens. Finska Moskultur fören., Helsinski 1927.

Kalk, steht, von großer Bedeutung. Er bietet eine Grundlage für die Einteilung der Humusböden nach ihrer chemischen Zusammensetzung, die sich im allgemeinen mit der Klassifizierung nach botanischen und geologischen Gesichtspunkten deckt.

Die verschiedenen Torfarten und ihre Entstehung.

Bevor wir zur Besprechung der einzelnen Moorbodenformen übergehen, erscheint eine kurze Darlegung der Bedingungen angebracht, unter denen Torf bzw. Moore entstehen können. Die Möglichkeit ist überall dort gegeben, wo einmal die torfbildenden Gewächse in großer Üppigkeit gedeihen können, was, da es sich im allgemeinen um sehr wasserliebende Gewächse handelt, nur bei Gegenwart ausreichender Wassermengen geschieht, und wo der alljährliche Zugang an absterbenden Pflanzen den Abgang an organischen Resten durch Verwesung oder Fäulnis wesentlich übertrifft, was ebenfalls nur bei mehr oder weniger vollkommenem Abschluß der Luft durch Wasser eintritt. Dadurch entstehen die starken Ansammlungen abgestorbener Pflanzenreste, z. T. mit solchen von Tieren vermischt. Die Bedingungen hierfür sind im großen und in weiter Verbreitung nur im humiden gemäßigten Klima vorhanden. Allerdings sind in neuerer Zeit Moorbildungen in subtropischen und tropischen Gebieten nicht nur in hohen Gebirgslagen, sondern auch in Flußniederungen bekannt geworden[1], die echten Torf mit geringem Aschengehalt enthalten und ihre Entstehung in erster Linie einem Sumpfwald verdanken.

Die aus den absterbenden Pflanzenresten entstehenden Torfmassen erhöhen den Boden allmählich, seine Oberfläche steigt über den durchschnittlichen Spiegel des Grundwassers der näheren und weiteren Umgebung, und damit verändern sich die Standortsverhältnisse für die torfbildenden Pflanzengesellschaften. Andere treten an ihre Stelle. Die aus den einzelnen Pflanzenvereinen entstandenen Torfschichten tragen ihr eigentümliches Kennzeichen, und aus den verschiedenen Torfschichten baut sich das Moor auf[2].

Am klarsten läßt sich die Bildung eines vollkommen ausgebildeten Moores mit allen seinen verschiedenen Schichten darstellen, wenn man von der Ver-

---

[1] Vgl. K. Keilhack: Über tropische und subtropische Flach- und Hochmoore auf Ceylon. Jahresheft u. Mitt. oberrhein. geol. Ver., Ref. Naturwiss. **2**, 1007 (1914). — R. Lang: Rohhumus und Bleicherdebildung im Schwarzwald und in den Tropen. Jahresheft Ver. vaterl. Naturkd. Württbg. **71**, 115 (1915). — Desgl. vorliegenden Band des Handbuches, S. 184 u. f.

[2] Weber, C. A.: Die Entwicklungsgeschichte unserer Moore. S.-A. des Vereins zur Förderung der Moorkultur im Deutschen Reich. 1926. — Ramann, E.: Einteilung und Bau der Moore. Beziehungen zwischen Klima und dem Aufbau der Moore. Z. dtsch. geol. Ges. **62**, H. 2, 129 (1910). — Warén, H.: Untersuchungen über die botanische Entwicklung der Moore. Wissenschaftl. Veröffentl. des finnischen Moork.-Ver. Helsingfors. 1924. — Weber, C. A.: Was lehrt der Aufbau der Moore Norddeutschlands über den Wechsel des Klimas in postglazialer Zeit? Z. dtsch. geol. Ges. **62**, H. 2, 143 (1910). — Ramann, E.: Organogene Ablagerungen der Jetztzeit. Neues Jb. Min., Beil., **10**, 119. — Weber, C. A.: Über die Vegetation und Entstehung des Hochmoors von Augstumal im Memeldelta. Berlin: P. Parey 1902. — Früh, J., u. C. Schröter: Über die Moore der Schweiz mit Berücksichtigung der gesamten Moorfrage. Bern: A. Francke 1904. — Potonié, H.: Die rezenten Kaustobiolithe, 1—3. Berlin: Preuß. geol. L.-A. 1908. — Senft, F.: Die Humus-, Marsch-, Torf- und Limonitbildungen. Leipzig: W. Engelmann 1862. — Müller, P. E.: Studien über die natürlichen Humusformen und deren Einwirkung auf Vegetation und Boden. Berlin: Julius Springer 1887. — Ramann, E.: Bodenkunde, S. 236. Berlin: Julius Springer 1911. — Vater, H.: Die Bezeichnung der Humusformen und der Bodenschichten. Vorläufige Zusammenstellung zum Bericht über diesen Gegenstand auf der Versammlung deutscher forstlicher Versuchsanstalten zu Eisenach 1904. Dresden 1904. — Einheitliche Benennung der Humusformen. Freiberg i. Sa.: Craz & Gerlach 1908. — Bülow, K. v.: Allgemeine Moorgeologie, Handbuch der Moorkunde 1. Berlin: Gebr. Bornträger 1929.

landung eines Sees ausgeht. Hierbei sind norddeutsche Verhältnisse zugrunde gelegt; die Vorgänge wiederholen sich aber anderwärts in ähnlicher Weise mit den durch die klimatischen und floristischen Verschiedenheiten verursachten Abweichungen. Gleichzeitig läßt sich an Hand dieser Schichtenfolge und im allgemeinen in Übereinstimmung mit der zum nährstoffreichen Grundwasser verschiedenen Höhenlage der einzelnen Schichten deren chemische Zusammensetzung erläutern.

Zunächst gelangen gewöhnlich bei der Verlandung von Seen mineralische Bodenschichten zur Ablagerung in Gestalt von eingeschwemmten Sanden und Tonen oder Mischungen beider, bisweilen mit starkem Gehalt an Kalkkarbonat oder von solchem in fast reiner Form[1]. Danach lagern sich in dem noch tiefen Wasser organische Schichten ab, sog. Mudden, unter Wasser entstandene Torfbildungen aus Resten von durch Wassertiere völlig zerkleinerten, größeren Pflanzen, reichlich durchsetzt mit dem Kot dieser Tiere und Mikroorganismen, je nach den örtlichen Bedingungen ihrer Entstehung ärmer oder reicher an mineralischen Beimischungen. Die Torfmudde enthält reichlich Torfschlamm aus zerstörten Torfschichten, der durch das Wasser aus anderwärts aufgearbeiteten Torfschichten zugeführt wurde. Die sog. Lebermudde zeigt in frischem Zustand eine gelartige, gallertige, leberartige Beschaffenheit mit außerordentlich großer Fähigkeit zum Schrumpfen beim Austrocknen. Auch der kohlensaure Kalk lagert sich meist in Form von Kalkmudde ab. Ton- und Sandmudden mit überwiegendem Gehalt an unverbrennlichen Bestandteilen und manche mineralstoffreiche Lebermudden und Torfmudden sind eigentlich den Moorerden zuzurechnen, ihrer Entstehung nach können sie hier jedoch nicht außer acht gelassen werden. Die Muddebildungen finden sich in verlandeten Seen und Altwässern in großer Verbreitung und nicht selten in sehr großer Mächtigkeit von 20 m und mehr. Die besprochenen Torfarten werden im Gegensatz zu den nun folgenden aus nicht zerkleinerten Pflanzen entstandenen als zerteilt pflanzliche Torfarten bezeichnet.

Ist der Boden des Gewässers durch die letztgenannten so weit erhöht, daß bestimmte Wasserpflanzen darin gedeihen können, so tritt die eigentliche Torfbildung ein, zunächst mit nährstoffreicheren Torfarten, bis der durchschnittliche Wasserspiegel erreicht ist. Es sind hier folgende Formen besonders zu nennen: Schilftorf (Phragmitestorf), aus den Wurzeln und Stämmen des Schilfrohrs gebildet. Letztere sind an den vorhandenen Knoten leicht erkennbar. Er erreicht namentlich in den Küstenländern oft eine Mächtigkeit von mehreren Metern, sein Zersetzungszustand wechselt stark, nicht selten ist er reichlich mit Torfmudde durchsetzt.

Darg ist im Gebiet der Gezeiten abgelagerter Schilftorf, der durch die Fossilien des brackischen Wassers gekennzeichnet und mit mehr oder weniger Schlick (s. u.) durchsetzt und von solchem überlagert ist. Im Volksmunde wird jeder von Schlick überlagerte Torf ohne Rücksicht auf seine Art als Darg bezeichnet.

Seggentorf entsteht aus den Resten von meist hochwüchsigen Seggenarten (Carices), vermischt mit denen von anderen, auf gleichem Standort lebenden Sumpfpflanzen, z. B. Bitterklee (Menyanthes trifoliata), dessen glänzende dunkle Samen vielfach im Seggentorf zu erkennen sind. Je nach der Art der torfbildenden Seggen sind verschiedene Unterarten des Seggentorfs unterschieden. Seggentorf ist vielfach in großer Mächtigkeit anzutreffen, sowohl rein als auch in Mischung mit verschiedenen, aus Moosen entstandenen Torfen.

---

[1] Vgl. dieses Handbuch 5, 97.

Schneidentorf (Cladiumtorf) wird gebildet aus den Wurzeln, Rhizomen und Stengeln der Sumpfschneide (Cladium mariscus) und kommt stellenweise in starken Schichten vor (z. B. Gut Mariawerth in Pommern).

Astmoostorf (Hypnumtorf) ist aus verschiedenen Arten von Hypnaceen entstanden und zersetzt sich im allgemeinen weniger leicht als die bisher besprochenen Torfarten. Seine chemische Zusammensetzung wechselt je nach der Art der ihn bildenden Moose.

Bruchwaldtorf verdankt seine Entstehung hauptsächlich Erlenwäldern, die mit Weiden durchsetzt sind. Er enthält gewöhnlich reichlich kleinere und größere, leicht durchschneidbare, weiche Holzreste, Blätter und Früchte der torfbildenden Baumarten sowie ihrer Begleitpflanzen. Er vermodert verhältnismäßig leicht und liefert einen besonders wertvollen Kulturboden. Die Verbreitung des Bruchwaldtorfs in Norddeutschland ist sehr groß, er bildet die obersten Schichten vieler Niederungsmoore.

Abarten des Bruchwaldtorfes sind der Auwaldtorf, der bei uns besonders durch das Vorkommen der Reste von Eichen gekennzeichnet ist. Die in tropischen Sumpfwäldern entstehenden Torfe dürften zu den Bruch- oder Auwaldtorfen zu rechnen sein.

Mit der Bildung des Bruchwaldtorfes haben die Moorschichten die mittlere Höhe des nährstoffreicheren Grundwassers erreicht, die auf diese Weise entstandenen Moore werden als Niederungsmoore bezeichnet. Es treten jetzt als torfbildend in ihren Ernährungsansprüchen bescheidenere Pflanzengemeinschaften auf, die entsprechend nährstoffärmere Torfarten bilden. Zu nennen ist der Widertonmoostorf (Polytrichumtorf), ein aus verschiedenen Arten der Gattung Polytrichum gebildeter dunkelbrauner und schwer vermodernder Torf, der nur selten in größerer Schichtstärke vorkommt. Föhrenwaldtorf ist in Norddeutschland von der Rotföhre oder Kiefer gebildet (Pinus silvestris), unter reichlicher Beteiligung von Weißbirke, Beerensträuchern und gewissen Moosen. Die Föhrenreste sind schwer zersetzlich, beim Trocknen zerbröckelt der Torf stark, ähnlich wie der Bruchwaldtorf. Die überwiegend vom Föhrenwaldtorf gebildete Torfschicht wird als Übergangswaldtorf bezeichnet, die daraus entstandenen Moore als Übergangsmoore. Den Übergang zu der dritten Gruppe, den nährstoffärmsten Torfarten, bilden der Wollgrastorf (Eriophorumtorf), ein vorwiegend aus den faserreichen, den Wurzelstock einhüllenden Blattscheiden des scheidigen Wollgrases hervorgegangener, sehr zäher, schwer zersetzlicher Torf, und der Beisentorf, aus der Sumpfbeise (Scheuchzeria palustris) entstanden. Äußerlich dem Seggentorf ähnlich ist er an den dünnblätterigen Niederblättern erkennbar. Er kommt nicht selten mit anderen Torfarten vermischt meist in gewissen Lagen der norddeutschen Hochmoore, gewöhnlich in wenig starken Schichten, vor.

Zu den eben besprochenen Torfarten ist als eine Landtorfbildung in gewissem Sinne der sog. Heidetorf zu rechnen, der die norddeutschen Heideflächen auf weite Strecken in allerdings wenig mächtiger Schicht von etwa 10 bis 20 cm Stärke bedeckt. Seine Entstehung verdankt er in erster Linie der gewöhnlichen Heide (Besenheide, Calluna vulgaris), in Gemeinschaft mit der Doppheide (Erica tetralix) und ihren Begleitpflanzen, von Moosen und Flechten verschiedener Art. Vielfach ist er so stark mit Sand vermengt, daß er den Moorerden zugerechnet werden muß. Seiner chemischen Zusammensetzung nach steht er der noch zu besprechenden Gruppe der nährstoffärmsten Torfarten nahe. Der auf nicht mehr wachsenden, sog. toten, mit Heide und ihren Begleitpflanzen bestandenen Hochmooren in wechselnder Stärke vorhandene sog. Heidehumus ist durch Verwitterung und Anreicherung der Oberflächenschicht durch die vermodernden

Abfälle und Reste der Heidepflanzen entstanden. Ferner ist in demselben Sinne wie der Heidetorf der sog. Waldtorf hierher zu rechnen, ebenfalls eine Landtorfbildung, die im Walde durch den Blätter- bzw. Nadelabfall der verschiedensten Waldbäume entsteht, unter Mitbeteiligung der Reste eines Bodenpflanzenwuchses von sehr wechselnder Zusammensetzung. Über die Benennungen dieser humosen Ablagerungen hat lange Zeit eine große Verwirrung bestanden, bis in gemeinsamer Beratung von Forstmännern, Geologen und Botanikern in Eisenach im Jahre 1904 wenigstens eine gewisse Klarstellung der Begriffe und Einheitlichkeit der Benennung erreicht worden ist. Von den auf die Bodenoberfläche gelangten Abfällen wird die völlig unzersetzte jüngste Lage (Streu im Sinne der Forstleute) und die darunter lagernde mehr oder weniger unzersetzte lockere oder filzige Schicht zweckmäßig als Trockentorf oder Rohhumus bezeichnet und die stark humifizierte, zerkleinerte, lose dem Mineralboden auflagernde Schicht als Moder. An der Zerkleinerung beteiligt sich in erster Linie die im Boden vorhandene Tierwelt. Je nach der vorwiegenden Art der organischen Reste wird der Waldtorf als Buchentorf, Fichten-, Eichen- oder Birkentorf bezeichnet. Bodenkundlich und forstwirtschaftlich, namentlich für Aufforstung und natürliche Verjüngung, ist die Art und Form des vorhandenen Waldtorfs von großer Bedeutung.

Schreitet bei entsprechenden Feuchtigkeitsverhältnissen die Torfbildung über den sog. Übergangswaldtorf oder die Übergangsmoorschicht fort, so stellen sich im Walde Bleichmoostorfe (Sphagnumarten) ein, die zunächst an lichteren Stellen kleine Polster bilden, die sich immer weiter ausdehnen, endlich zusammenschließen und den Wald zum Absterben bringen. Die Stämme faulen ab, stürzen um, werden schließlich völlig von der Bleichmoosdecke überzogen, deren abgestorbene Reste den Bleichmoos- oder Sphagnumtorf bilden. Die Bleichmoose haben infolge ihres Aufbaues und ihrer inneren anatomischen Beschaffenheit die Fähigkeit, das Wasser in großer Menge nach Art eines vollgesogenen Schwammes festzuhalten. Für ihr üppiges Wachstum, insbesondere für ihren Bedarf an mineralischen Pflanzennährstoffen genügen die in den Niederschlägen vorhandenen geringen Mengen atmosphärischen Staubes. So vermögen sie, unabhängig von der Ernährung durch nährstoffreicheres Wasser und dessen Stand in der weiteren Umgebung, mächtige Torfschichten zu bilden. Diese dadurch entstandenen Moore werden als Hochmoore bezeichnet. Als Begleitpflanzen treten am häufigsten die gewöhnliche Heide, Wollgräser und Simsenarten neben Rosmarinheide (Andromeda polifolia) und Moosbeere (Vaccinium oxycoccus) auf. Die Reste dieser Pflanzen finden sich meist in dünnen, linsenförmigen Lagen, den sog. Bultlagen im Bleichmoostorf, die namentlich in den jüngeren Hochmoorbildungen durch eine stärkere Zersetzung und infolgedessen dunklere Färbung auffallen. Da in den inneren Teilen eines wachsenden Hochmoors die Feuchtigkeitsverhältnisse für das Wachstum des Bleichmooses gewöhnlich günstiger sind als an dem Rande, tritt dort eine kräftigere Torfbildung ein, was verursacht, daß die Oberfläche der Hochmoore eine mehr oder weniger flache Wölbung etwa nach Art eines Uhrglases erhält. Dieser Umstand hat wohl zur Bezeichnung Hochmoor geführt.

Die Entstehung des Bleichmoostorfes ist einmal durch eine längere Zeit dauernde, säkulare Trockenperiode unterbrochen worden. Der lebende Bleichmoosrasen starb ab, der entstandene erlitt eine starke Zersetzung und Verdichtung, auf der Oberfläche trat nur eine schwache Torfbildung vorwiegend von Heidetorf und Wollgrastorf ein. Im Gebiet der Alpen und des Mittelgebirges herrschen nach SCHREIBER[1] in dieser „jüngerer Bruchtorf" genannten Schicht

---

[1] SCHREIBER, H.: Moorkunde nach dem gegenwärtigen Stand des Wissens auf Grund dreißigjähriger Erfahrung, S. 116. Berlin: P. Parey 1927.

die Reiser von heidekrautartigen Gewächsen und Latsche, seltener von Fichte, Kiefer und Erle vor. Nach Wiederkehr einer bis in die Gegenwart reichenden feuchten Periode begann von neuem das üppige Wachstum der Bleichmoose und die Bildung von Bleichmoostorf, der im Gegensatz zu der älteren Bildung, dem älteren Moostorf, als jüngerer Moostorf bezeichnet wird. Die torfbildenden Moose sind in ihm hellbraun, in ihrer Gestalt gut erhalten und liefern beim Trocknen filzige, nicht harte Massen, während sie im älteren Moostorf schwarzbraun und stark zersetzt sind und beim Trocknen eine harte, feste Masse geben, die einen wertvollen Brenntorf liefert. Der jüngere Moostorf liefert dagegen einen leichten, wenig heizkräftigen Torf, aber eine treffliche Streu (Torfstreu) mit hoher Aufsaugungsfähigkeit für Flüssigkeiten. Die den älteren und jüngeren Moostorf trennende Schicht wird als Grenztorfschicht oder Grenzhorizont bezeichnet. Die Mächtigkeit des älteren und jüngeren Moostorfs wechselt stark, sie steigt bei dem erstgenannten bis zu 2 m und mehr, bei dem letzteren in abgelagertem Zustand bis auf das Doppelte. Über den Zeitraum, der für die Entstehung der verschiedenen Hochmoorschichten nötig war, besitzen wir nur unsichere Kenntnisse, die vielfach auf Schätzungen beruhen. Die Entstehung des jüngeren Moostorfs fällt etwa in die Zeit nach dem Anfang des ersten vorchristlichen Jahrtausends, für die Entstehung des Grenzhorizonts wird eine Zeit von etwa $1\frac{1}{2}$ Jahrtausend in Anspruch genommen.

Es ist zunächst die Annahme gemacht, daß das Moor aus einem verlandenden See hervorgegangen ist, um eine umfassende Darstellung der Torfschichten zu geben, die unter norddeutschen Verhältnissen sich an der Bildung eines Moores beteiligen können. Damit soll aber nicht gesagt sein, daß überall die Moorbildung genau in derselben Weise unter Beteiligung derselben Torfarten verläuft, oder daß alle Moore alle Schichten aufweisen, oder daß nicht durch besondere Umstände eine Störung der Schichtenfolge auftritt, z. B. über Hochmoorschichten wieder ein Niederungsmoor entsteht. Auch können, wie z. B. bei den sog. Quellmooren, durch nährstoffreiches Wasser niederungsmoorartige Bildungen an

Zeittafel über die Entstehung der norddeutschen Hochmoore nach C. A. Weber.

Entwicklung der Moore und des Klimas	Entwicklungsstufe der Ostsee	Geologisches Zeitalter	Archäologische Zeitbestimmung
Zeitalter des jüngeren Sphagnumtorfes. Klima niederschlagsreich, Temperatur i. allgem. wie gegenwärtig	Gegenwärtiger Zustand der Ostsee	Subatlantisches Zeitalter	Völkerwanderung, Römer in Nordwestdeutschland
Zeitalter des Grenzhorizontes. Der ältere Sphagnumtorf stark zersetzt, Klima niederschlagsärmer, Temperatur wahrscheinlich höher als heute		Subboreales Zeitalter	Bronzezeit
Zeitalter des älteren Sphagnumtorfes. Klima Europas niederschlagsreich	Höchster Salzgehalt des Litorinameeres an der holsteinischen Küste	Atlantisches Zeitalter	Ganggräber Kjökkenmöddinger
Temperatur ähnlich der Gegenwart oder vielleicht etwas höher	Übergang vom Süß- ins Salzwasser. Größte Ausbreitung des Ancylussees		Wohnstätten in der Kieler Förde

Hängen entstehen. Die Entstehung bestimmter Torfarten ist ferner nicht an eine bestimmte Zeit gebunden. Das geologische Zeitalter der einzelnen Torfschichten kann nur durch die Bestimmung der darin vorhandenen Pflanzenreste, namentlich des Blütenstaubes von Waldbäumen, ermittelt werden.

Die erste der bei stehenden beiden Tabellen stellt die Schichtenfolge der norddeutschen Moore nach C. A. WEBER[1] in Verbindung mit den Veränderungen der klimatischen Verhältnisse, der Ostsee und mit den archäologischen Zeitbestimmungen dar, die zweite nach H. SCHREIBER[2] die Anschauungen verschiedener europäischer Forscher über die Schichtenfolge ausländischer Moore.

Wenn auch einzelne der beschriebenen Torfschichten so reich an unverbrennbaren Bestandteilen sein können, wie z. B. der Muddetorf, daß sie den anmoorigen

[1] WEBER, C. A.: Über spät- und postglaziale lakustrine und fluviatile Ablagerungen in der Wyhraniederung bei Lobstädt und Borna und die Chronologie der Postglazialzeit Mitteleuropas. Abh. Nat. Ver. Bremen **24**, H. 1, S. 189 (1918).

[2] SCHREIBER, H.: Moorkunde nach dem gegenwärtigen Stand des Wissens auf Grund dreißigjähriger Erfahrung, S. 116. Berlin: P. Parey 1927.

Schichtenfolge ausländischer Moore nach H. Schreiber.

			1	2	3	4	5
G. BARDARSON 1910	Nordisland	—	Kaertörv (Riedtorf)	Skovlag (Waldtorf)	Kaertörv (Riedtorf)	Krattörv (Reisertorf)	—
J. GEIKIE, K. JESSEN, K. RASMUSSEN	Faröerna	—	Kaertörv (Riedtorf)	Lyngtörv (Heidetorf)	Kaertörv (Riedtorf)	Krattörv (Reisertorf)	—
FR. J. LEWIS 1905—1907	Schottland	—	Recent Peat	Upper Forestian	Lower Turbarian	Lower Forestian	—
JAMES GEIKIE 1895	Europa	—	Upper Turbarian (6. glaziale Epoche)	Upper Forestian (5. Interglazial)	Lower Turbarian (5. Glazial)	Lower Forestian (4. Interglazial)	—
KOLMSEN 1920	Norwegen	Austrocknung	Jüngerer Sphagnumtorf	Waldschicht	Älterer Sphagnumtorf	Ältere Waldschicht	Gyttja und Sumpfbildung
DOKTUROWSKY 1925	Rußland	—	Jüngerer Moostorf, Aussterben von Trapa und Najas im Norden	Obere Waldschicht (Erle), Ausbreitung von Trapa und Najas bis Finnland	Älterer Moostorf, in Mittelrußland Erlen häufig	Untere Waldschicht, Kiefer, Birke, Erle herrschend	Subarktische Schicht, Erscheinen von Kiefer, Birke, Fichte, Espe
H. SCHREIBER 1908	Alpen, Erzgebirge	Rezenter Torf	Jüngerer Moostorf, niederschlagsreich, trüb	Jüngerer Bruchtorf, niederschlagsarm, klar	Älterer Moostorf, niederschlagsreich, trüb	Älterer Bruchtorf, niederschlagsarm, klar	Älterer Riedtorf, warm, sonnig

Böden zuzurechnen sind, so tritt doch im allgemeinen diese Form der Humusböden nur dort auf, wo es zu einer stärkeren Torfbildung nicht gekommen ist, sondern nur eine mehr oder weniger starke Anreicherung des sog. mineralischen Bodens mit organischer Substanz stattgefunden hat. Je nach der Beschaffenheit und Zusammensetzung derselben stehen die entstandenen Bodenformen den nährstoffreicheren oder nährstoffärmeren Moorbildungen nahe. Sehr große Flächen dieser Art tragen einen niederungsmoorartigen Charakter und besitzen als Kulturböden einen hohen Wert.

Die chemische Zusammensetzung der Humusböden.

Um eine vollkommene Einsicht in die Natur der Humusböden zu gewinnen, müssen wir uns noch mit ihrer chemischen Zusammensetzung und dem Zusammenhang derselben mit ihrer Entstehung beschäftigen.

Die organische, verbrennbare Masse des Torfes enthält Kohlenstoff, Wasserstoff, Sauerstoff, Stickstoff, neben kleinen Mengen von Schwefel und Phosphor in organischer Bindung. Die Schwankungen betragen nach umfangreichen, an der Moorversuchsstation von Minssen ausgeführten Untersuchungen, berechnet auf aschefreie trockene Masse:

Kohlenstoff	50,16—60,10%,	Mittel	56,14%
Wasserstoff	4,44— 5,86%,	,,	5,44%
Sauerstoff	30,61—39,41%,	,,	34,19%

Die entsprechenden Zahlen sind für 44 Niederungsmoortorfe:

Kohlenstoff	50,16—60,10%,	Mittel	56,00%
Wasserstoff	4,44— 5,86%,	,,	5,43%
Sauerstoff	30,61—39,42%,	,,	33,90%

und für 7 Hochmoortorfe:

Kohlenstoff	55,38—58,88%,	Mittel	57,02%
Wasserstoff	5,10— 5,83%,	,,	5,50%
Sauerstoff	33,46—38,03%,	,,	36,09%

Hausding[1] berechnet als mittlere Zusammensetzung der aschefreien trockenen Torfmasse:

Kohlenstoff	58,0%
Wasserstoff	5,5%
Sauerstoff	36,5%

Nach Minssen[2] schwankt der Gehalt an Stickstoff zwischen 1,01 und 3,74% in der reinen, trocken gedachten Torfmasse, an Schwefel zwischen 0,22 und 4,50%. Jedoch finden sich häufig höhere und niedrigere Stickstoffgehalte. Bei den höheren Schwefelgehalten liegt die Wahrscheinlichkeit vor, daß es sich z. T. nicht um Schwefel in organischer Verbindung, sondern um nicht abtrennbares, in der organischen Substanz fein verteiltes Zweifachschwefeleisen handelt. Phosphor findet sich wohl z. T. in organischen Verbindungen, z. T. jedenfalls aber als Phosphorsäure bzw. phosphorsaure Salze in starker kolloidaler Bindung, die teilweise durch Verminderung der Oberfläche durch Entziehung von Wasser durch Trocknen oder wasserentziehende Mittel gelöst wird[3].

---

[1] Hausding, A.: Handbuch der Torfgewinnung und Torfverwertung, 5. Aufl., S. 31. Berlin: P. Parey 1921.

[2] Minssen, H.: Kolorimetrische Untersuchungen über Torfproben. Mitt. Ver. Förd. Moork. **25**, 335f. (1907).

[3] Tacke, Br.: Über eine eigentümliche Eigenschaft der Phosphorsäure. Mitt.Ver. Förd. Moork. **12**, 357 (1894).

Über den Gehalt an unverbrennbaren Bestandteilen, welche die Zusammensetzung der Asche einer Reihe kennzeichnender Torfarten dartun, geben die nachstehenden Zusammenstellungen Auskunft. Die erste ist nach Untersuchungen der Moorversuchsstation zusammengestellt[1], eine botanische Beschreibung derselben geht voran, die Nummern beziehen sich auf die am Kopf der Zusammenstellung befindlichen Zahlen.

1. Jüngerer Sphagnumtorf. Hauptsächlich Sphagnum recurvum, daneben wenig Reste von Wollgras, einer Segge, der Moosbeere und Besenheide. Herkunft: Kleines Hochmoor bei Nusse, unweit von Mölln in Lauenburg. Das Profil zeigt eine vollständige Reihe der nacheiszeitlichen Bildungen bis zur Gegenwart.

2. a) Grenzhorizont, sandhaltig. Enthält die Reste mehrerer Sumpfgewächse, namentlich von Seggen, Binsen und Wollgras. Herkunft: Nusse.

b) Grenzhorizont als Wollgrastorf ausgebildet. Überwiegend Reste von scheidigem Wollgras neben Besenheide, dazwischen stark verwitterte Bleichmoosreste. Herkunft: Wörpedorf im Teufelsmoor bei Bremen.

3. a) Älterer Sphagnumtorf. Überwiegend Sphagnum cymbifolium und Sphagnum recurvum, wenig Sphagnum cuspidatum, sehr untergeordnete Reste von Schilf und Seggen. Herkunft: Nusse.

b) Älterer Sphagnumtorf. Überwiegend Sphagnum medium und Sphagnum teres, etwas scheidiges Wollgras und Besenheide. Herkunft: Wörpedorf.

4. Übergangs-, Moos- und Seggentorf. Besteht aus wechselnden Lagen von Hypnumtorf und Seggentorf. Ziemlich viele Reste von Bitterklee (Menyanthes trifoliata). Herkunft: Nusse.

5. Übergangswaldtorf. Hauptsächlich Reste der Weißbirke und Grauweide, ziemlich viele Reste von Seggen und Schilfrohr. Herkunft: Nusse.

In 100 Teilen der völlig trocken gedachten Masse wurden gefunden:

	Jüngerer Sphagnumtorf (Nusse)	Grenztorf a) (Nusse)	Grenztorf b) (Wörpedorf)	Älterer Sphagnumtorf a) (Nusse)	Älterer Sphagnumtorf b) (Wörpedorf)	Übergangs-, Moos- und Seggentorf (Nusse)	Übergangswaldtorf (Nusse)	Bruchwaldtorf (Ocholt b. Hude)	Schilftorf (Pippinsburg)	Muddetorf a) schlickhaltig (Ocholt b. Hude)	Muddetorf b)[2] ohne Beimischungen (Dievenmoor)	Lebertorf (Nusse)	Heidetorf (Pippinsburg)
	1	2		3		4	5	6	7	8		9	10
Verbrennl. Stoffe .	97,18	93,86	98,45	97,79	97,97	98,36	95,43	92,44	83,44	46,91	96,53	58,24	38,70
Stickstoff	0,67	1,16	0,92	1,33	0,95	1,79	1,48	1,88	1,93	1,82	1,30	1,97	0,82
Mineralstoffe . . .	2,82	6,14	1,55	2,21	2,03	1,64	4,57	7,56	16,56	53,09	3,47	41,76	61,30
In Salzsäure Unlösliches	1,22	4,26	0,71	0,85	0,63	0,34	1,07	1,22	13,46	37,27	1,69	32,20	60,05
Kalk	0,36	0,85	0,05	0,53	0,24	0,63	1,79	2,83	0,44	2,23	0,60	1,17	0,15
Magnesia	0,12	0,07	0,20	0,07	0,27	0,05	0,13	0,15	0,14	0,35	—	0,53	0,09
Eisenoxyd u. Tonerde	0,42	0,45	0,17	0,26	0,35	0,17	0,82	2,02	1,29	11,76	—	5,48	0,74
Manganoxyduloxyd	0,01	0,01	0,01	0,01	0,02	0,01	0,05	0,09	0,05	0,20	—	0,09	0,03
Kali	0,10	0,03	0,05	0,03	0,07	0,03	0,05	0,04	0,08	0,18	—	0,50	0,09
Natron	0,18	0,07	0,06	0,09	0,11	0,06	0,08	0,08	0,08	0,07	—	0,25	0,06
Phosphorsäure . .	0,05	0,04	0,05	0,05	0,03	0,06	0,05	0,08	0,09	0,37	0,08	0,11	0,09
Schwefelsäure . .	0,57	0,43	0,35	0,40	0,38	0,37	0,81	1,20	1,06	0,72	—	1,52	0,18
Chlor	0,04	0,04	0,06	0,07	0,03	0,07	0,03	0,04	0,04	0,03	—	0,03	0,04

---

[1] TACKE, BR.: Die chemische und botanische Zusammensetzung der wichtigsten Torfarten. Mitt. Ver. Förd. Moork. **22**, 135 (1904).
[2] Von Probe 8b ist keine vollständige Analyse ausgeführt worden.

6. **Bruchwaldtorf.** Hauptsächlich Reste von Erle, Eiche und Hasel, daneben einige Seggen und Schilfrohr. Herkunft: Ocholt bei Hude in Oldenburg.

7. **Schilftorf.** Hauptsächlich Rhizome, Wurzeln und Halmreste des Schilfrohrs. Herkunft: Pippinsburg bei Sievern, Kreis Lehe, Provinz Hannover.

8. a) **Muddetorf, schlickhaltig.** Durch Zusammenschwemmen von Torfmulm in schwach schlickhaltigem (tonführendem) Wasser entstanden. Herkunft: Ocholt bei Hude in Oldenburg.

b) **Muddetorf ohne stärkere anorganische Beimischungen.** Durch Zusammenschwemmen in einem Torfgewässer entstanden. Mit wenigen Resten von Seggen und Wasserpflanzen, z. T. mit Seggenwurzeln durchzogen, die von oben hineingewachsen sind. Herkunft: Dievenmoor in Oldenburg.

9. **Lebertorf.** Besteht aus völlig zerkleinerten Resten von Wassergewächsen, überwiegend Laichkräutern. In süßem Wasser entstanden. Herkunft: Nusse.

10. **Heidetorf.** Hauptsächlich aus Resten der Besenheide und einiger Erdflechten entstanden. Herkunft: Pippinsburg bei Sievern, Kreis Lehe, Hannover.

Um über die Zusammensetzung der organischen Substanz eine zutreffende Vorstellung zu erlangen, ist in der folgenden Tabelle der Gehalt der von in Salzsäure Unlöslichem (Sand) frei gedachten Moormasse aufgeführt.

	Jüngerer Sphagnumtorf	Grenztorf		Älterer Sphagnumtorf		Übergangs-, Moos- und Seggentorf	Übergangswaldtorf	Bruchwaldtorf	Schilftorf	Muddetorf		Lebertorf	Heidetorf
In 100 Teilen frei gedacht von in Salzsäure Unlöslichem													
		a)	b)	a)	b)					a)	b)[1]		
	1	2		3		4	5	6	7	8		9	10
Verbrennl. Stoffe	98,38	98,04	99,15	98,63	98,59	98,70	96,46	93,58	96,99	74,78	98,19	85,90	96,87
Stickstoff	0,68	1,21	0,93	1,34	0,96	1,80	1,50	1,90	2,23	2,90	1,32	2,91	2,05
Mineralstoffe	1,62	1,96	0,85	1,37	1,41	1,30	3,54	6,42	3,01	25,22	1,81	14,10	3,13
In Salzsäure Unlösliches	—	—	—	—	—	—	—	—	—	—	—	—	—
Kalk	0,36	0,89	0,05	0,53	0,24	0,63	1,81	2,86	0,51	3,67	0,61	1,73	0,38
Magnesia	0,12	0,07	0,20	0,07	0,27	0,05	0,13	0,15	0,16	0,56	—	0,78	0,23
Eisenoxyd u. Tonerde	0,43	0,47	0,17	0,26	0,35	0,17	0,83	2,04	1,49	18,75	—	8,08	1,85
Manganoxyduloxyd	0,01	0,01	0,01	0,01	0,02	0,01	0,05	0,09	0,06	0,32	—	0,13	0,08
Kali	0,10	0,03	0,05	0,03	0,07	0,03	0,05	0,04	0,09	0,29	—	0,74	0,23
Natron	0,18	0,07	0,06	0,09	0,11	0,06	0,08	0,08	0,09	0,11	—	0,37	0,15
Phosphorsäure	0,05	0,04	0,05	0,05	0,03	0,06	0,05	0,08	0,10	0,59	0,08	0,16	0,23
Schwefelsäure	0,58	0,45	0,35	0,40	0,38	0,37	0,82	1,21	1,22	1,15	—	2,24	0,45
Chlor	0,04	0,04	0,06	0,07	0,03	0,07	0,03	0,04	0,05	0,05	—	0,04	0,10

Schließlich ist in den frischen Proben, die den Boden in seiner natürlichen Beschaffenheit darstellen, das scheinbare spez. Gewicht (Volumgewicht) ermittelt und mit Hilfe desselben und der prozentischen Zahlen für die einzelnen Stoffe die Menge an Stickstoff, Kalk, Phosphorsäure und Kali in 1 m³ des Bodens in natürlicher Lagerung wie folgt berechnet worden:

---

[1] Von Probe 8b ist keine vollständige Analyse ausgeführt worden.

Bezeichnung	Gewicht eines Kubikmeters		Gehalt eines Kubikmeters des natürlichen Bodens			
	frisch kg	voll- kommen trocken kg	Stick- stoff kg	Kalk kg	Phos- phor- säure kg	Kali kg
1. Jüngerer Sphagnumtorf (Nusse)	952	83,2	0,56	0,30	0,04	0,08
2. Grenztorf: a) (Nusse)	946	176,1	2,04	1,50	0,07	0,05
,, b) (Wörpedorf)	1042	133,8	1,23	0,07	0,07	0,07
3. Älterer Sphagnumtorf: a) (Nusse)	986	114,5	1,52	0,61	0,06	0,03
,, ,, b) (Wörpedorf)	1041	107,5	1,02	0,26	0,03	0,08
4. Übergangs-, Moos- und Seggentorf (Nusse) .	992	138,7	2,48	0,87	0,08	0,04
5. Übergangswaldtorf (Nusse)	889	134,6	1,99	2,41	0,07	0,07
6. Bruchwaldtorf (Ocholt bei Hude)	1060	140,5	2,64	3,98	0,11	0,06
7. Schilftorf (Pippinsburg)	991	103,3	1,99	0,45	0,09	0,08
8. Muddetorf: a) schlickhaltig (Ocholt bei Hude) .	1104	386,9	7,04	8,63	1,43	0,70
,, b) ohne Beimengungen (Dievenmoor)	1072	154,4	2,01	0,93	0,12	—
9. Lebertorf (Nusse)	1060	180,9	3,56	2,12	0,20	0,90
10. Heidetorf (Pippinsburg)	691	498,7	4,09	0,75	0,45	0,45

Eine sehr ausführliche Untersuchung der verschiedenen Torfarten lieferten V. ZAILER und L. WILK[1], bei der namentlich der verschiedene Zersetzungsgrad der einzelnen Proben berücksichtigt worden ist. Der Ursprung derselben ist leider nicht angegeben. Die Ergebnisse dieser wertvollen Untersuchungen sind in den nachstehenden Zusammenstellungen aufgeführt. Außerdem sind die Werte für die aus den einzelnen Torfarten durch Äther und Alkohol löslichen Stoffe angegeben, worauf weiter unten noch zurückzukommen sein wird (vgl. nachstehende und auf folgender Seite befindliche Tabelle).

Torfart	Aschen- gehalt %	1 l = 1 dm³ Torf- trocken- substanz wiegt g	Torfart	Aschen- gehalt %	1 l = 1 dm³ Torf- trocken- substanz wiegt g
Schilftorf:			Birkenholztorf:		
unzersetzt	14,65	217	wenig zersetzt	2,18	242
wenig zersetzt	11,80	277	stärker zersetzt	3,44	257
stark zersetzt.	10,46	417	Scheuchzeriatorf:		
ganz zersetzt	12,85	486	wenig zersetzt	3,80	162
Carextorf:			Eriophorumtorf:		
unzersetzt (durchfroren)	1,90	134	wenig zersetzt	0,59	121
unzersetzt	3,84	221	Sphagnumtorf:		
wenig zersetzt	3,97	260	unzersetzt	1,93	88
stark zersetzt.	3,51	288	wenig zersetzt	0,64	113
ganz zersetzt	5,68	442	stark zersetzt.	3,21	157
Hypnumtorf:			ganz zersetzt	3,92	280
unzersetzt	7,61	95	Heidehumus		
wenig zersetzt	5,73	187	von Hochmooren . . .	10,01	297
stark zersetzt.	3,32	204	Diluvialer Hypnum-		
Erlenholztorf:			torf	11,37	546
wenig zersetzt	1,60	287			

Für praktische bodenkundliche Zwecke beansprucht die Unterscheidung der verschiedenen Torfarten nach ihrem Gehalt an Kalk eine besondere Bedeutung.

---

[1] ZAILER, V. u. L. WILK: Über den Einfluß der Pflanzenkonstituenten auf die physikalischen und chemischen Eigenschaften des Torfes. Z. Moork. u. Torfverwertg. 5, 40, 111, 197 (1907).

Torfart	In 100 Teilen Trockensubstanz sind enthalten											Stickstoff		Zusammensetzung der Trockensubstanz		Extrahierbar von der Trockensubstanz durch		
	Organ. Sub-stanz	Rein-asche	K_2O	Na_2O	CaO	MgO	$Fe_2O_3 + Al_2O_3$	P_2O_5	SO_3	$SiO_2 +$ Unlösl.	Cl	in der Trocken-substanz	berechnet auf organ. Substanz	Organ. Sub-stanz	Asche	Äther	Alkohol	Summa
Schilftorf:																		
unzersetzt	85,35	14,65	0,244	0,043	0,945	0,372	4,173	0,167	1,188	7,511	0,014	1,86	2,18	85,35	14,65	0,96	1,47	2,43
wenig zersetzt	88,20	11,80	0,053	0,007	3,021	0,149	1,104	0,169	1,980	5,229	0,016	2,29	2,60	88,20	11,80	1,08	1,95	3,03
stark zersetzt	89,54	10,46	0,035	0,008	4,998	0,221	0,496	0,176	1,329	3,162	0,021	3,07	3,43	89,54	10,46	0,85	1,70	2,55
ganz zersetzt	87,15	12,85	0,262	0,048	0,456	0,101	2,573	0,092	0,789	8,497	0,011	1,88	2,16	87,15	12,85	3,68	3,97	7,65
Carextorf:																		
unzersetzt	96,16	3,84	0,061	0,013	1,774	0,122	0,424	0,063	0,761	0,594	0,014	2,19	2,28	96,16	3,84	2,27	2,70	4,97
wenig zersetzt	96,03	3,97	0,048	0,010	0,507	0,079	1,405	0,071	0,284	1,565	0,005	1,63	1,70	96,03	3,97	2,96	7,13	10,09
stark zersetzt	96,49	3,51	0,042	0,012	1,522	0,085	0,999	0,059	0,468	0,296	0,014	2,10	2,18	96,49	3,51	2,94	4,79	7,73
ganz zersetzt	94,32	5,68	0,035	0,008	2,538	0,161	1,470	0,049	0,287	1,092	0,015	1,32	1,40	94,32	5,68	6,25	5,02	11,27
Hypnumtorf:																		
unzersetzt	92,39	7,61	0,128	0,016	3,001	0,282	0,370	0,077	2,254	1,462	0,025	2,06	2,23	92,39	7,61	0,94	2,24	3,18
wenig zersetzt	94,27	5,73	0,088	0,014	0,432	0,100	1,780	0,089	0,426	2,739	0,022	2,25	2,39	94,27	5,73	2,37	5,04	7,41
stark zersetzt	96,68	3,32	0,058	0,009	1,145	0,052	1,292	0,053	0,426	0,268	0,013	2,08	2,15	96,68	3,32	2,90	4,23	7,13
Erlenholztorf	98,40	1,60	0,055	0,014	0,543	0,057	0,347	0,046	0,320	0,208	0,018	1,37	1,39	98,40	1,60	3,78	5,53	9,31
Birkenholztorf:																		
wenig zersetzt	97,82	2,18	0,052	0,007	0,537	0,086	0,438	0,051	0,490	0,509	0,007	1,60	1,63	97,82	2,18	5,28	6,85	12,13
stärker zersetzt	96,56	3,44	0,033	0,007	0,394	0,112	1,763	0,145	0,284	0,685	0,017	2,29	2,38	96,56	3,44	5,22	6,69	11,91
Scheuchzeriatorf:																		
wenig zersetzt	96,20	3,80	0,048	0,008	0,241	0,049	0,776	0,319	0,110	2,195	0,031	2,62	2,72	96,20	3,80	3,19	4,30	7,49
Faser	97,76	2,24	0,146	0,029	0,330	0,079	0,722	0,255	0,148	0,494	0,023	2,15	2,20	97,76	2,24	3,16	3,82	6,98
Eriophorumtorf:																		
wenig zersetzt	99,41	0,59	0,057	0,014	0,116	0,017	0,162	0,027	0,124	0,058	0,022	0,85	0,86	99,41	0,59	4,69	8,81	13,50
Faser	99,47	0,53	0,038	0,008	0,069	0,017	0,134	0,044	0,078	0,141	0,011	1,26	1,27	99,47	0,53	2,79	3,80	6,59
Sphagnumtorf:																		
unzersetzt	98,07	1,93	0,119	0,006	0,288	0,060	0,275	0,066	0,150	0,946	0,007	0,89	0,90	98,07	1,93	1,16	2,98	4,14
wenig zersetzt	99,36	0,64	0,062	0,013	0,120	0,054	0,070	0,055	0,088	0,186	0,007	0,79	0,80	99,36	0,64	2,33	4,24	6,57
stark zersetzt	96,79	3,21	0,052	0,013	1,789	0,147	0,337	0,058	0,305	0,491	0,012	1,35	1,40	96,79	3,21	4,22	5,50	9,72
ganz zersetzt	96,08	3,92	0,104	0,050	0,089	0,020	0,443	0,043	0,111	3,047	0,006	0,88	0,91	96,08	3,92	5,58	11,16	16,74
Heidetorf:																		
aus Calluna und Vaccinium	89,99	10,01	0,128	0,022	0,290	0,043	1,425	0,220	0,182	7,650	0,021	2,28	2,53	89,99	10,01	2,59	6,30	8,89
aus Erica tetralix u. Calluna	93,09	6,91	0,081	0,077	0,220	0,187	0,728	0,137	0,258	5,153	0,014	—	—	70,89	29,11	0,87	3,62	4,49
Torf aus d. Doppleritzone:																		
Lebertorf	96,44	3,56	0,042	0,009	2,851	0,053	0,184	0,046	0,224	0,107	0,029	1,03	1,07	96,44	3,56	2,24	2,85	5,09
reiner Dopplerit	94,56	5,44	0,049	0,010	3,893	0,400	0,358	0,030	0,235	0,441	0,029	0,92	0,98	96,01	3,99	0,49	0,85	1,34
diluvialer Carextorf	83,16	16,84	0,106	0,022	1,327	0,342	2,668	0,088	0,774	11,471	0,006	2,17	2,60	83,16	16,84	2,29	3,63	5,92
diluvialer Hypnumtorf	88,63	11,37	0,112	0,081	3,330	0,733	1,422	0,037	1,105	4,299	0,012	1,43	1,61	88,63	11,37	1,43	3,06	4,49

FLEISCHER[1] hat folgende Durchschnitte, berechnet auf die völlig trockene Bodenmasse, ermittelt:

	Hochmoor (nährstoffarme Torf-arten) %	Übergangsmoor (mittlerer Gehalt an Pflanzennährstoffen) %	Niederungsmoor (nährstoffreiche Torf-arten) %
Stickstoff	0,8 bis 1,20	2,00	2,5 bis 4
Kalk	0,25 ,, 0,35	1,00	4,00
Phosphorsäure	0,05 ,, 0,10	0,20	0,25
Kali	0,03 ,, 0,05	0,10	0,10

Bei der unendlichen Verschiedenheit der natürlichen Vorkommen ist es nicht möglich, alle besonderen Formen von Torfarten eingehend zu behandeln. Alle lassen sich jedoch in das vorstehend beschriebene Schema ohne Zwang einordnen. Einige besondere Vorkommnisse seien noch kurz besprochen. Tierische Reste nehmen an der Zusammensetzung aller Torfarten einen mehr oder weniger großen Anteil. Ein Teil des Stickstoffs des Torfs stammt höchstwahrscheinlich von stickstoffreichen Chitinresten von Tieren. Ein Fall, in dem weitaus der überwiegende Teil aus tierischen Resten bestand, ist vor kurzem Gegenstand der Untersuchung an der Moorversuchsstation in Bremen gewesen. Es handelte sich um eine Muddebildung aus einer Wiesenfläche im Deichverband Alt-Heidenhof, Forstgut Nemonien, rund 2 km vom Südufer des Kurischen Haffs entfernt. Die Probe, eine dunkelgelblichgraue, feinsandige Mudde bestand ganz überwiegend aus den Chitin und kohlensauren Kalk enthaltenden Panzern von Kleinkrebsen mit zahlreichen Diatomeen, vielen Pollenkörnern, Farnsporangien und Algenresten. Die Art der Kleinkrebse ließ sich nach den vorhandenen Resten nicht bestimmen. Nach den Untersuchungen, die im Laboratorium der Moorversuchsstation von MINSSEN[2] ausgeführt wurden, war die Zusammensetzung der untersuchten Proben, berechnet auf Trockenmasse, folgende:

Verbrennliche Stoffe .	37,30 bis 40,33 %	Davon an CO_2 gebunden	6,40 bis 10,09 %
Stickstoff	1,90 ,, 2,03 %	Lösliche Kieselsäure . .	13,03 ,, 13,28 %
Gesamtkalk	7,35 ,, 12,01 %	Phosphorsäure	0,39 ,, 0,46 %

Verbrennungswärme der aschefreien Trockensubstanz 4651—4914 Kalorien.

Eine besondere Besprechung verlangt schließlich noch eine nicht selten vorkommende Torfart, die zuerst von DOPPLER und SCHRÖTER[3] in Markt-Aussee im Salzkammergut entdeckt und von HAIDINGER Dopplerit genannt wurde. Seine besonders auffallenden Eigenschaften sind folgende: Die völlig homogene, amorphe, glänzend schwarze Masse ist frisch weich, geschmeidig und elastisch wie Gummi. Sie zerbröckelt jedoch leicht mit muscheligem Bruch; im Strich ist die frische wie getrocknete Masse dunkelbraun. Beim Trocknen tritt starke Schrumpfung ein. Äußerlich gleicht der ausgetrocknete Dopplerit manchen Steinkohlenarten. Der Dopplerit tritt entweder in Nestern oder kleinen Lagern oder, an andere Stellen verfrachtet, vornehmlich in Rissen und Spalten in den verschiedensten Moorbildungen, Hoch- wie Niederungsmooren, auf und selbst in Spalten des sandigen oder tonigen Untergrundes der Moore. Drei von IMMENDORFF[4] an der Moorversuchsstation untersuchte Dopplerite verschie-

---

[1] FLEISCHER, M.: Landw. Kalender v. MENTZEL u. v. LENGERKE, S. 34. Berlin: P. Parey 1904.

[2] MINSSEN, H.: Mitteilungen über die Arbeiten der Moorversuchsstation in Bremen, herausgegeben von BR. TACKE. 6. Bericht. Landw. Jb. 65, Erg.-Bd. 1, 135 (1927).

[3] FRÜH, J.: Über Torf und Dopplerit. Eine minerogenetische Studie für Geognosten, Mineralogen, Forst- und Landwirte. Zürich 1883.

[4] IMMENDORFF, H.: Über drei Dopplerite verschiedener Herkunft und Entstehungsart. Mitt. Ver. Förd. Moork. 18, 227 (1900).

dener Herkunft hatten nachstehende Zusammensetzung, berechnet auf Trockensubstanz:

	Dopplerit		
	Elisabethfehn i. Oldenburg %	Papenburg a. d. Ems %	vom Pilatus (Schweiz) %
Stickstoff	1,40	1,79	2,83
Unverbrennliche Bestandteile .	3,28	2,46	5,48
Kalk	0,16	0,57	2,73
Magnesia	0,09	0,38	0,07
Eisenoxyd + Tonerde	1,64	1,01	0,85
Phosphorsäure	0,12	0,06	0,19

Der Gehalt an freien Humussäuren, ermittelt nach TACKE[1], betrug auf Trockenmasse als Kohlensäure berechnet:

Dopplerit aus Elisabethfehn . . . . 2,79 %
    ,,   ,,   Papenburg . . . . . 1,07 %
    ,,   vom Pilatus . . . . . . 1,52 %

Die Elementarzusammensetzung, berechnet auf aschefreie Trockensubstanz, war bei den beiden erstgenannten:

	Elisabethfehn %	Papenburg %
Kohlenstoff	58,23	60,12
Wasserstoff	4,77	5,26
Stickstoff	1,45	1,88
Sauerstoff (und Schwefel) . . .	35,55	32,75

Kennzeichnend für die Dopplerite ist der hohe Gehalt an freien Humussäuren, die bei manchen wohl den Hauptbestandteil ausmachen. An ursprünglicher Lagerstätte entsteht der Dopplerit anscheinend durch eine langsame Umwandlung der Moormasse, während die Ausfüllung von Spalten durch eine Verfrachtung in gelöster oder kolloidaler Form durch das Wasser möglich ist.

Es bleibt schließlich noch der Gehalt der verschiedenen Torfarten an in bestimmten Agentien, wie Alkohol, Äther usw. löslichen Stoffen zu besprechen, da er für die Unterscheidung und Einordnung einzelner Arten bedeutsam ist und Meinungsverschiedenheiten darüber bei verschiedenen Forschern bestehen. Die in den genannten Agentien löslichen Stoffe stellen keine einheitlichen Stoffe, sondern Gruppen verwandter Stoffe dar, über deren Zusammensetzung noch keine Klarheit gewonnen ist. Der Alkoholauszug enthält vorwiegend Harze, Chlorophyll und andere Farbstoffe, der Ätherauszug ätherische und fette Öle, wachsartige und z. T. harzartige Substanzen, der Auszug mit Petroläther wohl überwiegend Fette. Die Verbrennungswärme der extrahierten Stoffe steigt nach noch nicht veröffentlichten Versuchen der Moorversuchsstation in der Reihe Alkohol, Äther, Petroläther. In der oben wiedergegebenen Zusammenstellung der Untersuchungen von ZAILER und WILK sind bereits die Mengen der in den einzelnen Torfarten durch Alkohol und Äther extrahierten Stoffe angegeben. Sehr umfangreiche Untersuchungen dieser Art sind im Laboratorium der Moorversuchsstation von MINSSEN[2] ausgeführt worden, die sich auf etwa eineinhalb-

---

[1] TACKE, BR.: Über die Bestimmung der freien Humussäuren im Moorboden. Chem. Z. 21, 174 (1897).

[2] MINSSEN, H.: Beiträge zur Kenntnis typischer Torfarten. 5. Bericht über die Arbeiten der Moorversuchsstation. Landw. Jb. 44, 269 (1913); 6. Bericht ebenda Erg.-Bd. 1, 124 (1927).

hundert verschiedene Torfarten erstrecken. Insbesondere dienten diese Untersuchungen auch der Entscheidung der Frage, ob die nach der Bezeichnung der Moorversuchsstation als Mudden benannten und den Humusgesteinen zugezählten Torfarten, die von POTONIÉ u. a. als Faulschlamm oder Sapropel bezeichnet und, als von den eigentlichen Humusgesteinen verschieden, getrennt als besondere Bildungen erklärt werden, tatsächlich diese Sonderstellung einnehmen[1]. Für diese Untersuchung werden im wesentlichen chemische Unterschiede zugrunde gelegt. Im Gegensatz zu den Humusbildungen sollen beim Sapropel Fette neben Proteinen eine besondere Rolle spielen[2]. Unter den pflanzlichen Organismen, die zur Sapropelbildung beitragen, sollen ölführende Algen eine besondere Bedeutung haben. Das Destillationsprodukt der Sapropele soll ferner ein Ölteer sein und über ein Viertel seines Gewichtes ausmachen. Das bei der Destillation der Sapropele auftretende Wasser soll alkalisch, bei Moortorf meist sauer reagieren. Weder die mikroskopische Untersuchung von 42 Mudden sehr verschiedener Art und Herkunft noch die chemische Prüfung konnten die Richtigkeit dieser Anschauung in bezug auf diese Untersuchungsobjekte bestätigen. Die Reaktion der bei der Trockendestillation entstehenden Produkte hängt in erster Linie von dem Gehalt der betreffenden Torfart an Kalk und Stickstoff ab. Alle kalk- und stickstoffarmen Torfarten geben saure, alle sehr kalk- und stickstoffreichen dagegen alkalische Destillate. Die mikroskopische Untersuchung der Mudden führte im Gegensatz zu POTONIÉ zu der Schlußfolgerung, daß die Urmaterialien derselben nicht Ölalgen, Diatomeen und Infusorien waren, diese Mikroorganismen in ihnen vielmehr eine ganz untergeordnete Rolle spielten. Es soll damit nicht behauptet werden, daß es vielleicht keine Mudden gibt, die reich an den genannten Organismen sind, aber es liegt kein Grund vor, das als allgemein gültiges Kennzeichen für die Mudde- alias Sapropelbildungen zu betrachten und sie als eine besondere Klasse der Humusgesteine zu erklären.

Der Humus der sog. anmoorigen Böden oder Moorerden kann seine Entstehung irgendeiner der vorher beschriebenen Torfarten verdanken. Im allgemeinen zeichnet er sich durch einen ziemlich weit vorgeschrittenen Zustand der Zersetzung aus, so daß die humusbildenden Pflanzenreste in ihnen nicht mehr erkennbar sind. Durch die starke Beimischung mineralischer Bestandteile, meistens Sand, seltener Ton, ist der prozentische Gehalt an wertvollen Pflanzennährstoffen geringer als in den entsprechenden reinen Torfarten, was jedoch nicht ausschließt, daß anmoorige Böden sehr reich sind an Pflanzennährstoffen und einen hohen landwirtschaftlichen Wert haben. Um sie auf Grund ihrer chemischen Zusammensetzung namentlich ihres Kalkgehaltes richtig einzuordnen, ist es nötig, diesen auf die von Sand usw. frei gedachte organische Substanz zu berechnen. Eine Moorerde mit 50% Sand und 1,3% Kalk würde, auf die organische Masse berechnet, 2,6% Kalk enthalten und nach der oben für praktische Zwecke gegebenen Einteilung den Niederungsmooren zuzurechnen sein.

Es sei nur der Vollständigkeit wegen zum Schluß darauf hingewiesen, daß auch in älteren Formationen, z. B. im Diluvium, Moorböden vorkommen (diluviale bzw. interglaziale Moore), die vielfach den rezenten ähnlich sind, aber mehr ein geologisches und botanisches als bodenkundliches Interesse beanspruchen können.

---

[1] POTONIÉ, H.: Die Sapropelite Bd. I. Die rezenten Kaustobiolithe und ihre Lagerstätten. Berlin: Geol. Landesanst. 1908; vgl. auch G. KRÄMER u. A. SPILKER: Ber. dtsch. chem. Ges. 3 (Jg. 32), 2940 (1899).

[2] Vgl. E. BLANCK: Beitrag zur Frage der Zusammensetzung der Sapropele und ihrer Untersuchung als Futtermittel usw. Landw. Versuchsstat. 90, 5 (1917).

Die Ortsböden des Bleicherdegebietes.

Als „Großwerte der Bodenbildung" nach Ramann[1] sind ausgesprochen die klimatischen Verhältnisse anzusehen, die im allgemeinen gleichmäßig über große Strecken wirken. Die hiervon abhängenden Bodeneigenschaften können jedoch unter Umständen durch örtliche Bedingungen tiefgreifende Änderungen erfahren: Die Art des Gesteins, aus dem der Boden durch Verwitterung entsteht, die Beschaffenheit des Untergrundes oder bei Moorböden des Wassers, in dem die Bildung von Torf vor sich geht, ob kalkreich oder kalkarm, werden einen sich stark geltend machenden Einfluß ausüben. Böden dieser Art werden unter der Voraussetzung, daß die durch die Örtlichkeit bedingten Eigenschaften dauernde sind, also sich in absehbaren Zeiträumen nicht verändern, als Orts böden bezeichnet. Sie bilden somit Unterklassen der klimatischen Boden formen, deren kennzeichnende Eigenschaften durch die örtlichen Verhältnisse abgeändert, aber nicht völlig beseitigt werden. Vor allem spielt in dieser Richtung die Ortslage der Böden eine große Rolle, worunter sowohl die Höhenlage zu der weiteren und engeren Umgebung und bei Moorböden zum durchschnittlichen Stand des nährstoffreicheren Grundwassers der Umgebung als auch die Neigung der Oberfläche zu der Ebene, die Inklination, wie auch die Lage zur Himmels richtung, die Exposition, verstanden wird. Ferner ist die Lage zu den herrschen den Windrichtungen, sowie zu der Richtung der vorherrschenden Regen bedeut sam. Die Temperatur-, Belichtungs-, Feuchtigkeitsverhältnisse der Böden werden dadurch in hohem Grade beeinflußt und in weiterer Folge die Verwitterung und der sich auf den Böden einstellende natürliche Wuchs oder der von Kulturpflanzen. Die Stärke der Bestrahlung wechselt zunächst sehr stark in den verschiedenen Monaten. Für die südlichen Neigungen ist sie im Winterhalbjahr am höchsten, im Sommerhalbjahr erhalten die über 10^0 geneigten Flächen eine geringere Besonnung als die Ebene. Ost- und Westseiten werden im Winter um so stärker bestrahlt, je stärker ihre Inklination ist. Nordseiten bleiben bei hohem Stand der Sonne bei schwacher Neigung nicht wesentlich hinter den anderen Expositionen zurück[2]. Wenn auch bei den im folgenden zu besprechenden, meist mehr oder weniger eben gestalteten Böden diese Dinge eine geringere Bedeutung haben als bei nicht ebenen Böden, so sind sie immerhin nicht ganz bedeutungslos. Namentlich die für die Humusböden wichtige Frage der Frosterscheinungen, insbesondere der Spätfröste im Frühjahr und Sommer, ist in gewissem Sinne auch von der Ortslage abhängig.

Die übliche von Ramann[3] stammende Unterscheidung der Ortsböden in Unterwasserböden, denen die Torfböden z. T. zuzuzählen sind, in Humusböden und in Böden, die unter dem Einfluß des Grundwassers stehen, sog. Glei böden, dürfte, ebenso wie die Unterscheidung von Glinka[4], in Boden optimaler, mittlerer, mäßiger, ungenügender, übermäßiger und zeitweise übermäßiger Befeuchtung nicht genügend Rücksicht auf die Beschaffenheit des befeuchtenden Wassers nehmen, ob es sich um an Pflanzennährstoffen reiches oder armes Wasser handelt, was für die Beschaffenheit der entstehenden Böden ausschlaggebend ist.

---

[1] Ramann, E.: Bodenbildung und Bodeneinteilung. Berlin: Julius Springer 1918.

[2] Ramann, E.: Bodenkunde, 3. Aufl. Berlin: Julius Springer 1911; vgl. auch C. Eser: Forschung auf d. Geb. d. Agrikulturphysik 7, 200; E. Wollny: ebenda 1, 236; 6, 377; 9, 1; 10, 1. — Kerner, F. von: Z. österr. Ges. Meteorol. 6, H. 5, 65 (1871); Bühler: Mitt. schweiz. forstl. Vers. 4, 257 (1895).

[3] Ramann, E.: a. a. O., S. 67.

[4] Glinka, K.: Typen der Bodenbildung, S. 37. Berlin: Gebr. Bornträger 1914.

Betreffs der Gleiböden ist zu bemerken, daß „Glei" ein russisches Wort ist, das zur Bezeichnung einer zähen, schlammigen Masse gebraucht wird, und das von Wyssotzki[1] in die Wissenschaft eingeführt wurde zur Kennzeichnung derjenigen Bodenprofilhorizonte, die hauptsächlich durch aufsteigendes Grundwasser, z. T. auch durch von der Oberfläche herabsickerndes Wasser gebildet werden. Da diese Vorgänge sich aber auf allen Bodenformen abspielen können, dürften Zweifel entstehen, ob die Unterscheidung von Gleiböden überhaupt an sich berechtigt ist.

Die Unterwasserböden[2].

Hierbei werden unter Hinweis auf vorstehende Ausführungen zweckmäßig unterschieden:

1. Solche, die dauernd oder wechselnd, wenn auch häufig unter dem Einfluß mineralstoffhaltigen, insbesondere kalkhaltigen Wassers stehen. Hierher gehören Wiesenkalke, Mudden (Sapropel, Faulschlamm), die nährstoffreichen Moorböden nach dem früher (vgl. S. 135) geschilderten Moorprofil, von unten nach oben gerechnet, einschließlich des Bruchwaldtorfes, ferner die Marschböden (Gleiböden), die bis zu einer bestimmten Höhenlage, ohne den Schutz der Deiche, mehr oder weniger regelmäßig durch die Gezeiten und Sturmfluten unter Wasser gelangen.

2. Solche Böden, die mehr oder weniger im Bereich des nährstoffärmeren oder nährstoffarmen Wassers entstehen, und die unter Umständen wie die Hochmoore, wenn sie auch nicht unmittelbar stets von Wasser bedeckt, so doch völlig oder nahezu völlig mit Wasser gesättigt sind, einen eigenen Grundwasserspiegel bilden, der sich beträchtlich über den des mineralstoffreicheren Grundwassers der näheren Umgebung erhebt. Hierher zählen die Humusböden mit mittlerem oder geringem Gehalt an Pflanzennährstoffen, die Föhren- und Birkenwaldtorfe, Beisen-, Wollgras-, Seggen- und Bleichmoos-Torfe und die ausgesprochenen Hochmoortorfe, älterer und jüngerer Moostorf und Grenzhorizont (Heidetorf und Waldtorf). Das Allgemeine über diese Böden ist bereits in dem voraufgegangenen Abschnitt über Humusböden gesagt worden, auf das verwiesen sein möge. Hier handelt es sich um die eingehendere Darstellung der Beschaffenheit, des Vorkommens und der Veränderungen, die sie durch natürliche Vorgänge, insbesondere die Verwitterung, im weitesten Sinne verstanden, erleiden.

Die nährstoffreicheren Torfarten.

Die Muddeböden.

Wiesenkalk (Kalkmudde, Wiesenmergel, Seekreide, Alm). Die Entstehung von Wiesenkalk aus kalkreichen Gewässern kann in verschiedener Art vor sich gehen. Einmal kann der im Wasser als Bikarbonat gelöste Kalk sich unter Freiwerden von Kohlensäure als unlöslicher bzw. schwerlöslicher kohlensaurer Kalk abscheiden. Änderungen der Temperatur, der Tension der Kohlensäure, Bewegung und Durchlüftung des Wassers, Umsetzung mit organischen Stoffen unter Fällung von Kalkhumat begünstigen diesen Vorgang. Nicht selten erfolgt die Ausscheidung in kristallinischer Form (Kalzit).

Sodann kann die Abscheidung des kohlensauren Kalks aus dem Bikarbonat verursacht werden durch die Assimilation der Kohlensäure durch höhere wie niedere pflanzliche Organismen. Namentlich gewisse Algenarten spielen hierbei

---

[1] Wyssotzki, G. N.: Pedologie (russ.), Nr. 4. 1905; vgl. K. Glinka: a. a. O., S. 74.
[2] vgl. hierzu Bd. V des Handbuches, S. 97—161.

eine Rolle[1]. Überwiegend bilden die Abscheidungen äußerliche Auflagerungen auf den Pflanzen selbst, innerhalb der Zellen von Wasserpflanzen sollen nach Früh und Schröter nie Ablagerungen von Kalk beobachtet sein, abgesehen von Characeen, bei denen eine Ausscheidung innerhalb der Zellen möglich sein soll.

Endlich kann sich der Wiesenkalk bilden durch Ausscheidung von Kalk durch niedere Tiere (Mollusken), und zwar unmittelbar durch Entnahme des gelösten Kalks aus dem Wasser oder mittelbar, indem diese die kalkausscheidenden Pflanzen verzehren und den Kalk zum Aufbau ihres Skeletts oder ihrer Schalen verwenden. Wissenschaftlich vollkommen geklärt sind diese Vorgänge noch nicht. Alle diese Prozesse können neben- oder nacheinander verlaufen, allerdings mit der für die Bildung starker Kalkschichten notwendigen Stärke nur so lange, wie das Wasser einen größeren Reichtum an gelöstem Kalk besitzt. Dessen Menge muß mit der Verarmung des Einzugsgebiets an Kalk naturgemäß abnehmen, so daß für einen bestimmten Zeitpunkt die Kalkabscheidungen sich so verringern, daß die entstehenden Mudden den Charakter als eigentliche Kalkmudden verlieren und in reine Mudden übergehen.

Es ergibt sich aus vorstehenden Ausführungen, daß die Beschaffenheit der Kalkmudden je nach den besonderen Bedingungen ihrer Entstehung stark wechselt. Namentlich die Beimischung organischer Bestandteile zeigt große Unterschiede. Es besteht ferner die Möglichkeit, daß reichlich mit organischer Substanz durchsetzte Kalkmudde durch Oxydation derselben immer ärmer an solcher wird und schließlich in fast reinen Wiesenkalk übergeht. Man will beobachtet haben, daß dieser Vorgang z. B. an den flacheren und der Durchlüftung stärker ausgesetzten Ufern eines Kalkmudde führenden Sees viel schneller verläuft als im tieferen Wasser, so daß dann in den Randgebieten ein verhältnismäßig reiner Wiesenkalk lagert, der nach dem Innern des Sees in eine kalkreiche Mudde übergeht. Bis zu einem gewissen Grade sind die verschiedenen Formen des Wiesenkalks auch noch in einem anderen Sinne abhängig von der Tiefe des Wassers, in dem sie entstehen. Passarge[2] untersuchte die verschiedenen Schlammformen eines bis 32 m tiefen Sees und ihre Abhängigkeit von den verschiedenen den Boden bewohnenden Lebensgemeinschaften. Er unterscheidet drei Pflanzentypen: Den reinen Chararasen, dessen Schlamm 70—80% kohlensauren Kalk enthielt, den gemischten Rasen von Chara, Elodea, Potamogeton, Ceratophyllum, Myriophyllum, Stratiodes mit gemischtem Schlamm mit 50—60% kohlensaurem Kalk, den Vaucheriarasen, in dessen Schlamm an sich kein Kalkkarbonat auftritt, abgesehen von Conchylienschalen, und endlich den Tiefenschlamm in Tiefen über 7 m ohne Pflanzenwuchs mit wechselnden Kalkmengen (16—50%), zusammengeschwemmter Detritus von Tieren, Pflanzen, Kotresten der Wassertiere und abgestorbenem Plankton. Der Anteil, den bei Entstehung des Wiesenkalks der sog. Kalksinter hat, also lediglich ohne Mitwirkung höherer oder niederer Pflanzen oder Tiere durch Zerfall des Kalkbikarbonats entstandene Kalkablagerungen, läßt sich schwer bestimmen, wenn er auch unter be-

---

[1] Betreffs der kaum übersehbaren Literatur über diesen Gegenstand vgl. J. Früh u. C. Schröter: Die Moore der Schweiz, S. 194f. Bern: A. Francke 1904. — H. Potonié: Die rezenten Kaustobiolithe. Bd. I Sapropelite, S. 164. Berlin: Geol. Landesanst. 1911. — H. Schreiber: Moorkunde, S. 36f. Berlin: P. Parey 1927.

[2] Passarge, S.: Die Kalkschlammablagerungen in den Seen von Lychen, Uckermark. Jb. preuß. geol. Landesanst. 22, 110 (1901); ferner C. Wesenberg-Lund: Studier over Sokalk Bonnemalen og Soggytje i dànske Indsoer. Kopenhagen 1901. — Wolff: in Justs Botanischem Jahresbericht, Paläontologie, S. 775 (1902). — Früh, J. u. C. Schröter: a. a. O. S. 198. — A. Jentzsch: Über den Untergrund norddeutscher Binnenseen. Z. Dtsch. geol. Ges. 54, 144 (1902). — Fr. Nipkow: Vorläufige Mitteilungen über Untersuchungen des Schlammabsatzes im Zürichsee. Hydrologie 31 (1920).

stimmten Bedingungen, wie z. B. bei Quellmooren, eine größere Bedeutung haben kann.

Der Alm im Liegenden vieler bayrisch-schwäbischer Moore[1] wird von einer Anzahl von Autoren als durch Dissoziation des Bikarbonats entstanden angesehen, während andere, wie POTONIÉ, ihn als phytogene und zoogene Bildung erklären. Die Untersuchung auf organisierte Gebilde „Leitfossilien", die einen Schluß auf die Entstehung zulassen, werden schließlich für diese Frage entscheidend sein müssen. Nicht selten sind die Wiesenkalke reich an Diatomeen verschiedener Art.

Die Bezeichnung der einzelnen Formen des Wiesenkalks ist außerordentlich schwankend und ermangelt vielfach einer scharfen Abgrenzung. In Schweden werden die Muddebildungen mit Gyttja und Dy bezeichnet, und zwar nach H. v. POST mit erst genannter die Absätze in klarem, farblosem, mit Dy in durch gelöste organische Stoffe braun gefärbtem Wasser. Die Kalkmudden würden hiernach als Kalkgyttja zu bezeichnen sein. Jedoch ist die Anwendung dieser Bezeichnung durchaus nicht einheitlich, abgesehen davon, daß Übergänge zwischen beiden Formen vorkommen. Die verschiedene Bezeichnung der schlammartigen Absätze in den verschiedenen Sprachen vermag die hier herrschende Verwirrung nur zu steigern. Von der Moorversuchsstation in Bremen ist die von C. A. WEBER[2] vorgeschlagene, dem Niederdeutschen entstammende Benennung Mudde angenommen worden. Sie bezeichnet einen sehr homogenen, für das nicht bewaffnete Auge keine oder spärlich regellos darin eingeschwemmte Pflanzenreste enthaltenden, in tieferen Gewässern entstandenen, sog. limnischen Torf. Warum ihr im Gegensatz zu der Auffassung POTONIÉS keine Sonderstellung unter den Humusböden eingeräumt werden kann, ist in einem vorhergehenden Abschnitt dargetan. Die besonderen Abarten werden durch einen entsprechenden Zusatz, wie Kalkmudde, Lebermudde, Krustermudde, gekennzeichnet.

Betreffs des Vorkommens der Kalkmudden ist zu bemerken, daß sie sich vorwiegend in den tieferen Schichten der in kalkreichen Formationen liegenden nährstoffreichen Moore, der Niederungsmoore, finden. Häufig sind sie in den Nord- und Ostseegebieten. Besonders mächtige Schichten sind auf dem Grunde von Seen festgestellt worden, so bei Lychen 14 m, am Thümensee bei Fürstenberg in Mecklenburg 6—24 m u. a. In Finnland, dem die kalkreichen Formationen meist fehlen, ist Kalkmudde sehr selten, nur in der Nähe von Helsingfors wurde eine namentlich von Mytilusanhäufungen gebildete gefunden. Ferner berichten FRÜH und SCHRÖTER über derartige Vorkommen in der Schweiz, C. A. DAVIS in Nordamerika (Whitemarl) u. a.

Nach seiner chemischen Zusammensetzung besteht die Hauptmenge des Wiesenkalks aus kohlensaurem Kalk mit wechselnden Mengen organischer Substanz. Bestimmte Vorkommen werden bis auf wenige Prozent aus kohlensaurem Kalk gebildet in einer Feinheit der Verteilung, wie man sie bei chemisch gefälltem, kohlensaurem Kalk beobachtet. Das Vorhandensein kristallinischen Kalkkarbonats ist nicht ausgeschlossen, die Hauptmasse dürfte jedoch in kolloider Form vorhanden sein, zumal Kalkkarbonat als Gel bekannt ist[3]. Die schleimig

---

[1] Vgl. F. MÜNICHSDORFER: Über Almbildung und einen interglazialen Alm in Südbayern. Geognost. Jh., München **40**, 61 (1927). Hier eingehende Angaben der Literatur über südbayerischen Alm.

[2] WEBER, C. A.: Über die Vegetation und Entstehung des Hochmoors von Augstumal im Memeldelta, S. 206. Berlin: P. Parey 1902.

[3] WEIMARN, P. P. v.: Kolloid-Z. **2**, 76 (1907); vgl. auch P. EHRENBERG: Die Bodenkolloide, S. 346. Dresden u. Leipzig: Th. Steinkopff 1915.

gallertige Beschaffenheit, die Kraft, mit der das Wasser zurückgehalten wird, die schwere Durchlässigkeit für Wasser in natürlichem Zustand, die starke Schrumpfung beim Austrocknen sprechen ebenfalls für den kolloiden Zustand. Möglicherweise spielen Humusschutzkolloide bei der Ausscheidung des kolloiden Kalkkarbonats, wie Ehrenberg vermutet, eine Rolle. Beteiligen sich Ton oder Sand in stärkerem Maße an der Zusammensetzung, so entstehen kalkärmere Bildungen, die man vielfach als Wiesenmergel bezeichnet.

Die eigentlichen Muddeböden.

In dem Maße, wie der kohlensaure Kalk in der Kalkmudde zurücktritt und durch organische Substanz ersetzt wird, tritt der Charakter der eigentlichen Mudden hervor. Bei der großen Mannigfaltigkeit der natürlichen Verhältnisse können die Formen dieser Humusbodenbildung ebenfalls sehr stark wechseln. Namentlich die geringere oder stärkere Beimischung von unverbrennbaren Substanzen, Ton, Sand bzw. Kieselsäure organogenen oder organischen Ursprungs beeinflussen die Beschaffenheit in hohem Maße. Die in einem der vorhergegangenen Abschnitte geschilderte Entstehung der Muddeschichten bei Verlandung eines Gewässers unter verschiedenen Verhältnissen deutete bereits die große Mannigfaltigkeit der Formen an. Es kann hier nicht darauf ankommen, diese eingehend zu besprechen, vielmehr sollen nur einige wichtige herausgehoben werden. Im übrigen ist auf das außerordentlich umfangreiche Schriftwerk über diesen Gegenstand zu verweisen[1].

Eine besondere Form der Mudde ist schon von Eiselen[2] 1802 als Lebertorf bezeichnet und als Liegendes von Schilftorf festgestellt worden. Früh und Schröter kennzeichnen sie auf Grund eingehender Untersuchungen wie folgt: Frisch graubraun bis braun, wie frische Leber aussehend, mehr oder weniger deutlich, oft sehr fein geschichtet, mehr oder weniger elastisch, beim Eintrocknen ein Schwindmaß bis ein Viertel des ursprünglichen Volumens und weniger zeigend. Getrocknet braunschwarz bis schwarz, hornartig, mit muscheligem Bruch oder schieferig bis dünnblätterig aufreißend. In Wasser gebracht ist er stärker quellbar als stärker kalkhaltige Mudden. Der alkoholische Extrakt fluoresziert infolge des Gehaltes an Chlorophyll meist rot.

Eine größere Zahl von Lebertorfen verschiedenster Herkunft hat an der Moorversuchsstation C. A. Weber untersucht, darunter einige submariner und diluvialer Herkunft. Diatomeen und Fadenalgen nehmen im allgemeinen nicht entfernt einen so großen Anteil ein, wie andere Autoren ihn gefunden und als kennzeichnend für den Lebertorf erklärt haben. Zoogene Reste waren in ihnen wenig mehr vorhanden, phytogene hauptsächlich in Form von Pollen verschiedener Art und von Sporen. Bei einzelnen überwogen die Pollen von Alnus, Betula, Corylus, daneben von Pinus silvestris, Quercus, Tilia, Ericaceen so stark, daß sie als Pollenmudde zu bezeichnen sind. Tritt durch Einschwemmen von tonigen Stoffen oder Sand, der auch durch Wind herbeigetragen werden kann, oder durch üppiges Wachstum von Diatomeen durch deren Kieselpanzer eine Anreicherung mit diesen Stoffen ein, so entstehen die Formen der Ton-, Sand- oder Diatomeenmudden, von Potonié als Diatomeenpelite bezeichnet. Hierher sind z. B. auch die Kieselgurvorkommen in der Lüneburger Heide zu rechnen.

Ähnliche Beimischungen können übrigens auch bei Bildung der Kalkmudde eintreten und bedingen dann entsprechende Abänderungen ihrer Eigenschaften und äußeren Beschaffenheit.

---

[1] Potonié, H., J. Früh u. C. Schröter, H. Schreiber, E. Ramann: a. a. O.

[2] Eiselen, J. Chr.: Handbuch zur näheren Kenntnis des Torfwesens. Berlin: W. Viewig 1802.

Die Verbreitung der verschiedenen Muddeformen in verlandeten Gewässern ist eine außerordentlich große. Nicht selten bilden sie sehr starke Lager und füllen das ganze Becken bis zur Oberfläche aus, ohne daß die bei ungestörtem Aufbau des Moores folgenden Schichten des Schilftorfes, des Seggentorfes usw. entstanden sind. Derartige Böden bieten zunächst für die Entwässerung und Urbarmachung besondere Schwierigkeiten wegen ihrer schlammartigen Beschaffenheit, liefern aber letzten Endes, namentlich die mineralstoffreicheren, einen ausgezeichneten Kulturboden.

Physikalisch und deshalb auch kulturtechnisch wichtig ist das ungewöhnlich große Schrumpfungsvermögen dieser Böden beim Austrocknen. Nachstehende Zusammenstellung enthält die Ergebnisse der Messungen über die Größe der Schrumpfung bei drei Mudden verschiedener Herkunft nach Untersuchungen der Moorversuchsstation in Bremen.

Nr. 1 und 2 stammen aus dem Vilmsee, Gr.-Küdde, Reg.-Bez. Köslin. Nr. 1 ist eine breiartige typische Kalklebermudde mit 60,98 % unverbrennbarer Substanz in der trocken gedachten Masse und 45,63 % kohlensaurem Kalk. Für Probe Nr. 2, die etwas gelblicher und weniger wasserhaltig war, lauten die Zahlen 58,37 % Mineralstoffe und 33,48 % kohlensaurer Kalk. Nr. 3 ist eine Mudde aus dem Grund des Dehmsees, Reg.-Bez. Frankfurt a. O., eine dunkelgraue, feinsandreiche Lebermudde mit 82,66 % unverbrennbarer Stoffe in der Trockenmasse und mit 5,62 % kohlensaurem Kalk. Nr. 4 stammt aus dem Kuhlbarssee, Reg.-Bez. Köslin, sie ist eine schwarz- bis dunkelgraue typische Lebermudde. Die Veränderung des Volumens mit abnehmendem Wassergehalt ist in Prozenten des ursprünglichen Volumens angegeben, die Zunahme an Trockensubstanz mit schwindendem Volumen in Prozenten der Masse:

Nr. 1		Nr. 2		Nr. 3		Nr. 4	
Volumen %	Trockensubstanz %	Volumen %	Trockensubstanz %	Volumen %	Trockensubstanz %	Volumen %	Trockensubstanz %
100,0	9,63	100,0	11,69	100,0	24,30	100,0	10,21
77,4	12,21	81,2	14,29	89,9	28,50	88,0	11,31
59,8	15,36	62,2	18,12	45,8	44,10	70,6	13,85
49,0	17,81	52,2	20,80	42,0	48,30	42,4	21,28
37,0	23,10	40,2	26,12	33,2	57,40	32,4	26,06
25,7	30,36	30,7	32,29	30,4	73,60	19,9	43,06

Wir erkennen somit selbst bei verhältnismäßig geringem Verlust an Wasser bzw. einer geringen Vermehrung der Trockenmasse eine starke Abnahme des Volumens, die namentlich bei allen kulturtechnischen Maßnahmen besondere Beachtung erheischt.

Ergänzend sei bemerkt, daß Muddebildungen sich nicht nur in süßem, sondern auch im Meerwasser oder brackischen Wasser bilden können, wobei allerdings dann andere Organismen als im Süßwasser beteiligt sind. So stellt WEBER[1] das Vorkommen von Meerlebermudde in der Kieler Förde fest, und POTONIÉ[2] berichtet über Bildungen dieser Art in Lagunen und den Mangrovesümpfen tropischer Küsten.

Analysen über die chemische Zusammensetzung verschiedener Mudden sind in einem der vorhergehenden Kapitel mitgeteilt worden. Betreffs der durch Alkohol, Äther und andere Agentien aus den Mudden extrahierbaren Stoffe sei

---

[1] WEBER, C. A.: Über Litorina- und Prälitorinabildungen der Kieler Förde. Englers bot. Jb. 35 (1904).
[2] POTONIÉ, H.: a. a. O. (Sapropelite), S. 71.

besonders auf die umfangreichen Untersuchungen von Minssen[1] verwiesen. Als besondere, verhältnismäßig selten vorkommende Form seien die sog. Leuchttorfe genannt, die einen auffallend hohen Gehalt an Pollen von Laubbäumen enthalten, gelblich bis gelblichgrau gefärbt sind und mit leuchtender und rußender Flamme brennen (Augustendorf bei Markhausen in Oldenburg, Ütze, Prov. Hannover, Oberförsterei Fritzen, Ostpr.). Ein Profil des Leuchttorfs von Augustendorf zeigte folgende Zusammensetzung:

Leuchttorf (Pollenmudde) Augustendorf	100 Teile der trocken gedachten Substanz enthalten				Von 100 Teilen Trockensubstanz wurden gelöst durch			Von 100 Teilen der aschenfreienTrockensubstanz wurden gelöst durch			Verbrennungswärme der Trockensubstanz in Kal.	Verbrennungswärme der aschenfreienTrokkensubstanz in Kal.
	Mineralstoffe	in Salzsäure Unlösliches	Kalk	Stickstoff	Alkohol	Äther	Petroläther Sdp. 48/52°	Alkohol	Äther	Petroläther Sdp. 48/52°		
1. Oberkante des Leuchttorfs . .	5,63	1,93	0,97	1,56	23,99	13,17	4,38	25,42	13,96	4,64	6078	6440
2. Mitte d. Leuchttorfs	4,45	1,99	0,58	1,10	25,92	14,13	4,60	27,13	14,79	4,81	6660	6970
3. Unterkante des Leuchttorfs . .	25,47	22,38	0,56	0,68	21,42	11,25	3,59	28,74	15,10	4,95	5270	7071
4. Unterkante des über d. Leuchttorf lagernden Schilftorfs . . .	6,93	4,47	0,61	2,27	13,32	7,84	3,31	14,31	8,42	3,56	5390	5792

Wie schon bemerkt, liefern die Mudden nach ausreichender Entwässerung und Verwitterung der oberen Schichten, von den reinen Kalkmudden abgesehen, einen guten Kulturboden, dessen Bewirtschaftung allerdings wegen ihrer geringen Tragfähigkeit namentlich im Anfang, solange sie noch keine feste Narbe tragen, schwierig ist. Hin und wieder hat man derartige Böden mit Erfolg nach Art von Sanddeckkulturen behandelt und dadurch tragfähiger gemacht, bei unzureichender Entwässerung sind jedoch nicht selten Neubildungen mooriger Beschaffenheit über der Sanddecke zu beobachten, was zu der falschen und physikalisch unmöglichen Auffassung geführt hat, daß die Sanddecke im Moore versunken sei.

Die Torfböden.

Schilftorf (Phragmitestorf). Er wird überwiegend aus den Wurzeln, kriechenden Stämmen und Halmen des Schilfrohrs gebildet und ist leicht an den auch in stark zersetztem Torf noch vorhandenen Knoten erkennbar. Seine Verbreitung ist außerordentlich groß, sowohl in warmen wie kalten Gebieten. Im Gebirge steigt er bis über die Waldgrenze, wenn auch nur in schwacher Ausbildung. Je nach den örtlichen Bedingungen bei seiner Entstehung wechselt seine Beschaffenheit, namentlich die Beimischung anderer Bestandteile und sein Zersetzungszustand sehr stark, sehr häufig tritt er jedoch in mächtigen Schichten rein auf. In wenig zersetztem Zustand stellt er ein dichtes Gewirr von Pflanzenresten von hellgelber Färbung dar, mit fortschreitender Vertorfung geht er in eine schlüpfrige, dunkel gefärbte Masse über. Beimischungen von Mudde sowie von Resten mit dem Schilf in der Verlandungszone von Gewässern zusammen wachsender Pflanzen wie Scirpus lacustris, Typha latifolia, Phalaris arundinacea u. a. sind nicht selten. Der Gehalt an unverbrennbaren Bestandteilen ist verhältnismäßig hoch. Seine Mächtigkeit steigt auf 3 m und mehr. Beim Trocknen tritt je nach dem Grade der Zersetzung stärkere oder schwächere Schrumpfung

---

[1] Minssen, H.: Im 5. Bericht über die Arbeiten der Moorversuchsstation. Landw. Jb. **44**, 316 (1913).

ein. Stark zersetzter Schilftorf wird vielfach, namentlich im östlichen Deutschland, als Brenntorf genutzt, wenig zersetzter hier und dort zur Herstellung von Torfstreu, die jedoch hinter guter Bleichmoostorfstreu zurücksteht, da sie brüchig ist und leicht staubt.

Die Schilftorfe liefern nach entsprechender Entwässerung und Bearbeitung wertvolle Kulturböden, die wenig zersetzten, faserigen Formen vererden nach ausreichender Einwirkung der Atmosphärilien ziemlich schnell. Der Gehalt des Schilftorfs an Kalk reicht für gewöhnlich für den Anbau aller Kulturgewächse aus.

Nach Untersuchungen von MINSSEN an der Moorversuchsstation in Bremen schwankt die Zusammensetzung verschiedener Schilftorfe innerhalb der nachstehend bezeichneten Grenzen, berechnet auf 100 Teile trockener Masse:

Verbrennliche Stoffe	69,90—92,71	Eisenoxyd + Tonerde	0,89—3,85
Darin Stickstoff	1,25— 3,23	Manganoxydoxydul	0,01—0,37
Mineralstoffe	7,29—30,10	Kali	0,04—0,19
In Salzsäure Unlösliches . . .	0,74—16,46	Natron	0,02—0,13
Kalk	1,40— 7,47	Phosphorsäure	0,09—0,28
Magnesia.	0,10— 0,46	Schwefelsäure	0,07—2,30

Darg ist ein im brackischen Wasser entstandener Schilftorf, der gewöhnlich reichlich mit schlickigen und sandigen Beimischungen durchsetzt ist und reichlich Schwefelverbindungen enthält (Schwefeleisen). Er findet sich namentlich in verschieden tiefer Lage unter dem Marschboden der Nordseeküste. Vom Volke wird allerdings jegliche Ablagerung von Torf unter Marschboden, gleichgültig welcher Art, als Darg bezeichnet, auch der infolge säkularer Senkungen der Küste unter tonige Überlagerungen geratene Bleichmoostorf. Der Darg ist an den ihm beigemischten fossilen Resten mit Sicherheit erkennbar. Für die chemische Zusammensetzung verschiedener Vorkommen von mehr oder weniger mit schlickigen Bestandteilen (schwefeleisenhaltig, Maibolt) durchsetzten Dargs aus dem großen Kehdingermoor auf dem linken Elbufer im Reg.-Bez. Stade gibt VIRCHOW[1] folgende Zahlen, berechnet auf 100 Teile Trockenmasse:

	Nr. 1	Nr. 2	Nr. 3
Organische Substanz + Hydratwasser .	11,42	40,25	22,77
Darin Stickstoff	0,25	0,76	0,43
Schwefel	0,69	4,58	—
Kohlensäure	0,22	0,64	0,09
Kali	2,06	1,23	2,14
Natron	2,51	0,46	0,67
Kalk	0,77	1,49	0,89
Magnesia	0,62	0,52	0,85
Tonerde.	9,56	8,30	} 18,43
Eisenoxyd.	4,22	8,07	
Phosphorsäure	0,05	0,09	0,10
Schwefelsäure	0,19	1,73	0,46
Chlor	0,07	0,06	0,04
Kieselsäure	69,39	35,22	54,64

Enthält der Darg größere Mengen von Schwefeleisen (FeS_2) ohne entsprechende Mengen basisch wirkender Stoffe ($CaCO_3$), so kann er, wenn er in die Kulturschicht gelangt, pflanzengiftig wirken.

Seggentorf (Carextorf) entsteht aus den Resten verschiedener Carexarten. Großseggen nehmen an der Verlandung von Gewässern starken Anteil, nur ziehen sie das flache Wasser vor, so daß sie meist in dem durch Schilftorf verflachten

---

[1] VIRCHOW, C.: Das Kehdinger Moor. Mitt. über die Arbeiten der Moorversuchsstation in Bremen. Landw. Jb. 12, 83 (1883).

Randteile sich entwickeln. Ihre Früchte sind reichlich im Torf aufzufinden; daneben finden sich die Reste zahlreicher Begleitpflanzen, in Gesellschaft mit Seggen wachsender Sumpfgewächse, besonders häufig die glänzenden, in vertorftem Zustand bräunlich-schwarzen Samen des Fieberklees (Menyanthes trifoliata). Die Untereinteilung erfolgt nach der vorherrschenden Pflanzenart. Hauptsächlich wirken torfbildend Carex stricta, acuta, filiformis, paludosa, rostrata, vesicaria, riparia, lasiocarpa, diandra u. a., in nordischen Ländern Carex chordorrhiza und globularis. Hat die Torfbildung durch Großseggen die durchschnittliche Höhe des Wasserspiegels erreicht, treten Kleinseggen auf, die mit ihrem dichten Wurzelfilz den Boden festigen. Torfbildende Begleitpflanzen sind Equisetum palustre und limosum, Hypnumarten, Heleocharis palustris u. a.

Die äußere Beschaffenheit des Seggentorfs wechselt nach Alter, Art der torfbildenden Pflanzen, Standort und Verwitterungsgrad sehr stark. Er vermodert jedoch unter dem Einfluß der Luft ziemlich leicht. Er ist weit verbreitet, wenn auch meist nicht in größerer Mächtigkeit, und bildet überwiegend die oberste Schicht der zu Kulturzwecken genutzten Niederungsmoore. Stark zersetzt gibt er einen guten Brenntorf, zur Herstellung von Streu ist auch der schlecht zersetzte wenig tauglich.

Auch seine chemische Zusammensetzung wechselt je nach dem Ursprung stark, namentlich der Gehalt an Kalk. Unter Hinweis auf die bereits oben mitgeteilten Analysen von Seggentorfen seien hier noch die Zahlen für einige verschiedener Herkunft mitgeteilt, die im Laboratorium der Moorversuchsstation ermittelt worden sind.

Nr. 1. Seggentorf aus Wagensmoose, unweit Söderköping in Schweden. Dunkelbrauner, mäßig zersetzter, filziger Seggentorf mit Holz und Equisetumresten. Oberfläche 0—60 cm. Nr. 2. Übergangsseggentorf. Skagerhullsmossen, Schweden. Nr. 3. Seggentorf aus Island mit geringen Beimischungen von Sphagnum teres und vereinzelten Wurzeln von Betula nana.

100 Teile Trockenmasse enthalten:

	Nr. 1	Nr. 2	Nr. 3
Verbrennliche Stoffe	94,93	96,27	79,14
Stickstoff	2,19	2,02	2,22
Asche	5,07	3,73	20,86
In Säure Unlösliches	1,44	2,35	11,77
Kalk	1,24	0,78	1,36

Im übrigen wurden nach zahlreichen Untersuchungen der Moorversuchsstation für die Carextorfe folgende Grenzzahlen ermittelt, berechnet auf 100 Teile Moortrockensubstanz:

Verbrennliche Stoffe . . 90,79—95,26 Teile	Eisenoxyd + Tonerde . 0,80—1,12 Teile
Darin Stickstoff . . . . 2,47— 3,07 ,,	Manganoxydoxydul . . 0,02—0,03 ,,
Mineralstoffe . . . . . 4,74— 9,21 ,,	Kali . . . . 0,03—0,06 ,,
In Säure Unlösliches . . 0,40— 1,37 ,,	Natron . . . . 0,08—0,11 ,,
Kalk . . . . 1,95— 4,97 ,,	Phosphorsäure . . . . 0,14—0,20 ,,
Magnesia . . . . 0,13— 0,30 ,,	Schwefelsäure . . . . 0,39—2,06 ,,

Anscheinend finden sich in Schweden an Kalk besonders arme Carextorfe, deren Kalkgehalt bis auf 0,27 % in der Trockenmasse sinkt[1]. Dieselben würden den nährstoffärmeren Torfarten und die von ihnen gebildeten Moore den niederungsmoorartigen Übergangsmooren zuzurechnen sein.

Schneidentorf ist aus den Wurzeln, Rhizomen und Stengelteilen der Sumpfschneide (Cladium mariscus) entstanden. Er besteht aus aufrechtstehenden,

---

[1] Feilitzen, H. v.: Über die Kalkbedürftigkeit der Niederungsmoore. Mitt. Ver. Moork. i. Dtsch. Reich 27, 253 (1909).

roten Stämmen mit wagerecht abzweigenden, braunen Ausläufern, oft reichlich mit Torfmudde durchsetzt und bildet sich unter ähnlichen Bedingungen wie der Schilftorf. Sein Gehalt an Mineralstoffen (Kalk) und an Stickstoff ist ziemlich hoch, der Zersetzungszustand verschieden weit fortgeschritten. Die Früchte der Sumpfschneide sind reichlich im Torf vorhanden und leicht erkennbar. Seine Verbreitung ist ziemlich groß, seine Mächtigkeit stellenweise recht stark. In ziemlich großer Ausdehnung ist der Cladiumtorf z. B. in dem Moore von Mariawerth bei Ferdinandshof in Pommern anzutreffen. Wegen des stark durchlässigen, rohrigen Gefüges ist seine Einwirkung auf die Feuchtigkeitsverhältnisse der Moore, in denen er sich findet, nicht ohne Bedeutung. Eine den tieferen Lagen entnommene, wahrscheinlich überwiegend aus Schneidentorf bestehende Schicht des Mariawerther Moores hatte nachstehende Zusammensetzung in der 100 Teilen trocken gedachter Substanz entsprechenden Asche:

Verbrennliche Stoffe	90,75	Magnesia	0,42
Darin Stickstoff	2,87	Eisenoxyd + Tonerde	0,72
Mineralstoffe	9,25	Manganoxydoxydul	0,04
In Salzsäure Unlösliches	2,19	Schwefelsäure	0,63
Kalk	5,17	Phosphorsäure	0,16
Kali	0,04		

In unzersetztem Zustand liefert der Schneidentorf einen wenig günstigen Kulturboden, der sich jedoch mit fortschreitender Zersetzung und namentlich bei Beimischung anderer Torfarten wesentlich verbessert.

Astmoostorf (Hypnumtorf, auch Braunmoostorf genannt) entsteht aus verschiedenen Gattungen der Astmoose (Hypnazeen) und hat je nach der Pflanzenart, dem Alter, den etwaigen Beimischungen eine wechselnde Zusammensetzung. Nach ZAILER (siehe oben) schwankt z. B. der Kalkgehalt verschiedener Hypnumarten zwischen 0,52 % und 1,43 % in der Trockensubstanz, nach Untersuchungen der Moorversuchsstation zwischen 0,36 % und 5,27 % und der des Hypnumtorfs je nach dem Zersetzungsgrad nach ZAILER zwischen 0,43 % und 3 % in der Trockenmasse, nach Untersuchungen der Moorversuchsstation zwischen 3,03 % und 3,28 %. Entsprechend ist die Schnelligkeit der Humifizierung verschieden. In unzersetztem Zustand ist der Astmoostorf gelbbraun bis dunkelbraun, von lockerer Struktur und läßt die einzelnen Pflänzchen mit unbewaffnetem Auge gut erkennen. Stark zersetzt ist er in den tiefsten Lagen oft dunkelschwarz. Astmoostorf ist weit verbreitet in Deutschland, namentlich in ostelbischen Gebieten, in Schweden nördlich von Mälaren, viel in Uppland und einzelnen Teilen von Norrland, aber auch in Mooren des Mittel- und Hochgebirges (Freienfeld in Tirol). Vielfach ist der Hypnumtorf reichlich mit Seggen- und Schilftorf vermischt. Aus unzersetztem Astmoostorf stellenweise hergestellte Torfstreu steht hinter Sphagnumtorfstreu in ihrem Werte ziemlich weit zurück.

Nach Untersuchungen der Moorversuchsstation hatten zwei Hypnumtorfe, der eine, Nr. 1, aus Hypnum vernicosum entstanden, bräunlich graugelb und schlecht zersetzt, Nr. 2 aus Hypnum intermedium gebildet, ebenfalls schlecht zersetzt, folgende Zusammensetzung, berechnet für 100 Teile trocken gedachter Masse:

	Nr. 1	Nr. 2		Nr. 1	Nr. 2
Verbrennliche Stoffe	89,39	85,04	Eisenoxyd + Tonerde	0,90	2,59
Darin Stickstoff	1,82	1,86	Manganoxydoxydul	0,03	0,06
Mineralstoffe	10,61	14,96	Kali	0,03	0,02
In Salzsäure Unlösliches	4,46	7,56	Natron	0,12	0,20
Kalk	3,03	3,28	Phosphorsäure	0,12	0,22
Magnesia	0,25	0,24	Schwefelsäure	1,60	0,51

Hypnumtorf liefert je nach dem Grade der Vermoderung und der Beimischung anderer Torfarten wie Schilftorf und Seggentorf oder Bleichmoostorf einen Kulturboden verschiedener Güte.

Bruchwaldtorf entsteht überwiegend aus den Resten von Erlen und Weiden und deren Begleitpflanzen in einem sumpfigen Gelände und ist oft reich an weichen, leicht schneidbaren Holzresten. Er enthält in der Regel reichliche Beimischungen anderer Torfarten, oft nesterweise eingelagert oder in gleichmäßiger Verteilung wie Torfmudde, Schilftorf u. a., wodurch seine Beschaffenheit und sein Kulturwert stark beeinflußt werden. Die Vermoderung verläuft infolge seines hohen Kalkgehaltes ziemlich schnell und führt ihn in einen nährstoffreichen Kulturboden über. Ausgedehnte ertragsreiche Moorkulturen bestehen in ihrer Oberflächenschicht aus Bruchwaldtorf. Für Streuzwecke ist er infolge der meist stark vorgeschrittenen Zersetzung und des Holzes wegen wenig geeignet, zu Brennstoff verarbeitet, bröckelt er ziemlich stark. Eine Abart des Bruchwaldtorfes ist der sog. Auwaldtorf, ebenfalls aus einem Sumpfwald entstanden und reicher an verschiedenen Holzarten, unter anderem auch der Eiche. Er findet sich vornehmlich in den zeitweise überschwemmten Flußtälern. Nach den Untersuchungen der Moorversuchsstation ergaben sich für die Zusammensetzung des Bruchwaldtorfes folgende Zahlen für 100 Teile Torftrockenmasse:

Verbrennliche Stoffe	83,20—92,94	Eisenoxyd + Tonerde	1,21—2,88
Darin Stickstoff	1,99— 3,19	Manganoxydoxydul	0,01—0,04
Mineralstoffe	7,06—16,80	Kali	0,06—0,11
In Säure Unlösliches	1,86— 5,61	Natron	0,05—0,12
Kalk	1,73— 7,39	Phosphorsäure	0,10—0,18
Magnesia	0,11— 0,26	Schwefelsäure	0,49—2,19

Die nährstoffärmeren Torfarten.

Widertonmoostorf oder Polytrichumtorf entsteht aus verschiedenen Arten der Gattung Polytrichum, selten in stärkeren Lagen und größerer Ausdehnung. Nach Schreiber[1] treten als Torfbildner am häufigsten auf Dicranum Bergeri, Mnium cinclidioides, Hypnum fluitans und stramineum, Hylocomium splendens, Scorpidium scorpioides. Seine Zersetzung erfolgt im allgemeinen ziemlich langsam. Analysen zweier Polytrichumarten ergaben folgende Zahlen für 100 Teile Trockenmasse[2], Untersuchungen reinen Polytrichumtorfes liegen anscheinend nicht vor:

	Polytrichum commune	Polytrichum juniperinum		Polytrichum commune	Polytrichum juniperinum
Verbrennliche Stoffe	95,80	96,25	Eisenoxyd + Tonerde	0,88	1,13
Darin Stickstoff	1,01	0,76	Manganoxydoxydul	0,03	0,03
Mineralstoffe	4,20	3,75	Kali	0,51	0,29
In Säure Unlösliches	1,22	1,33	Natron	0,22	0,15
Kalk	0,30	0,24	Phosphorsäure	0,39	0,26
Magnesia	0,21	0,13	Schwefelsäure	0,44	0,21

Föhrenwaldtorf (Übergangswaldtorf) wird in Deutschland überwiegend aus den Resten der Rotföhre (Kiefer, Pinus silvestris), meist unter starker Beteiligung der Birke und den Begleitpflanzen des Kiefern- und Birkenwaldes, Beerenreisern und bestimmten Moosarten gebildet. Einzelne Forscher fassen unter Bruchtorf sowohl Erlentorf wie Birken-, Kiefern-, Fichten- und

---

[1] Schreiber, H.: Moorkunde. Berlin: P. Parey 1927.
[2] Minssen, H.: a. a. O., S. 131.

Latschentorf zusammen. Letzterer bildet in den Gebirgslagen vielfach die Grenze zwischen älterem und jüngerem Moostorf. Sie unterscheiden jüngeren Bruchtorf und älteren je nach dem Zersetzungszustand und der Lage im Moorprofil. Mit Rücksicht auf die chemische und botanische Beschaffenheit erscheint die hier durchgeführte Trennung in Bruchwaldtorf und Übergangswaldtorf zweckmäßiger. Die Zersetzungsfähigkeit der verschiedenen hierher gehörigen Torfarten ist verschieden groß, schwer zersetzt sich der Föhrenwaldtorf und erschwert, wo er zu Kulturboden umgewandelt werden soll, durch die starken, mit weit verzweigtem Wurzelwerk ausgestatteten Baumstubben sehr stark die Urbarmachung. Je nach seiner chemischen Zusammensetzung, nach seinem Zersetzungszustand bzw. Zersetzungsfähigkeit liefert der Übergangswaldtorf einen Kulturboden verschiedener Güte. Bei den kalkärmeren ist dieselbe im allgemeinen geringer und bei den kalkärmsten eine Zufuhr von Kalk nicht zu entbehren, wenn Kulturgewächse gedeihen sollen. Außer der bereits oben wiedergegebenen Analyse des Übergangswaldtorfs von Nusse, in dem die Reste der Föhre allerdings nicht gefunden wurden, folgen hierunter die Analysen zweier Übergangswaldtorfe aus dem Esinger Moor im Reg.-Bez. Schleswig (1) und aus einem Moor bei Zwischenahn (2) in Oldenburg.

	Nr. 1	Nr. 2		Nr. 1	Nr. 2
Verbrennliche Stoffe . .	97,40	94,57	Eisenoxyd + Tonerde . .	0,89	0,97
Darin Stickstoff	1,16	1,57	Manganoxydoxydul . . .	0,01	0,01
Mineralstoffe	2,60	5,43	Kali	0,05	0,08
In Salzsäure Unlösliches .	0,50	3,15	Natron	0,07	0,12
Kalk	0,59	0,45	Phosphorsäure	0,06	0,05
Magnesia	0,14	0,28	Schwefelsäure	0,31	0,32

Waldtorf und Heidetorf sollen am Schluß dieses Abschnittes wegen ihrer besonderen Entstehungsart und Eigenschaften getrennt behandelt werden.

Die nährstoffärmsten Torfarten.

Die in nachstehendem behandelten Torfarten, Wollgras-, Scheuchzeria-, Bleichmoostorf bilden überwiegend die Schichten der an Pflanzennährstoffen, namentlich an Kalk armen, und infolgedessen mehr oder weniger stark sauren Hochmoore.

Wollgrastorf (Eriophorumtorf) entsteht überwiegend aus den Blattscheiden und Wurzeln des scheidigen Wollgrases (Eriophorum vaginatum) und ist leicht erkennbar an den braunen, zähen Fasern, in die die Blattscheiden zerfallen. Er findet sich überall eingestreut in den Schichten des Bleichmoostorfes und tritt in gewissen Lagen des Hochmoores (z. B. im Grenzhorizont) auch als geschlossene Schicht auf. Er zersetzt sich sehr langsam und bereitet wegen seiner zähen Beschaffenheit der Urbarmachung große Schwierigkeit, da er sich an die scharfen Ränder der Geräte ansetzt und sie stumpf macht. Die Annahme einzelner Forscher, daß Wollgrastorf in eigentlichen geschlossenen Schichten nicht vorkomme und eine besondere Bezeichnung für ihn unnötig sei, ist irrig. Seine Verbreitung ist annähernd die gleiche wie die des Sphagnumtorfes. Der Versuch, die Faser des Wollgrastorfes zu Gespinsten zu verarbeiten, hat, abgesehen von der Zeit des Weltkrieges, wo alles Erreichbare zum Ersatz der fehlenden Baumwolle in Deutschland herangezogen werden mußte, keine Bedeutung gewonnen. Die Zusammensetzung verschiedener Wollgrastorfe wurde wie nachstehend angegeben bestimmt:

Nr. 1. Jüngerer Wollgrastorf, ausgesucht aus dem jüngeren Bleichmoostorf des Maibuschermoores bei Hude in Oldenburg.

Nr. 2. Jüngerer Wollgrastorf aus Augaard, Reg.-Bez. Schleswig, ausgesucht aus einer Probe, die etwa zu gleichen Teilen aus im ganzen gut zersetztem jüngeren Moostorf und aus unzersetzten Wollgrasschöpfen bestand.

Nr. 3. Älterer Wollgrastorf von Heederfähr, Reg.-Bez. Osnabrück, ausgesucht aus Proben von älterem Moostorf. In größeren Knollen fast rein.

	Nr. 1	Nr. 2	Nr. 3		Nr. 1	Nr. 2	Nr. 3
Verbrennliche Stoffe .	99,25	99,08	98,58	Eisenoxyd + Tonerde .	0,16	0,19	0,41
Darin Stickstoff . . .	0,56	0,72	0,76	Kali	0,02	0,05	0,01
Mineralstoffe	0,75	0,92	1,42	Natron	0,08	0,09	0,12
In Salzsäure Unlösliches	0,08	0,23	0,06	Phosphorsäure	0,04	0,04	0,01
Kalk	0,11	0,12	0,31	Schwefelsäure	0,14	0,09	0,25
Magnesia	0,12	0,11	0,25				

Beisentorf (Scheuchzeriatorf) ist äußerlich dem Seggentorf ähnlich. Er ist aus der Sumpfbeise (Scheuchzeria palustris) entstanden und leicht erkennbar an den dünnhäutigen Niederblättern ihrer schwachen Rhizome. Reichlich finden sich außerdem die Samen. In den norddeutschen Hochmooren kommt er häufig, wenn auch meist nur in schwachen, oft mit anderen Torfarten vermischten Schichten vor. Dagegen soll er in höheren Lagen der Mittelgebirge (Erzgebirge, Sudeten, Alpenvorland) und in Skandinavien in oft mehrere Meter mächtigen Schichten auftreten. Er zersetzt sich ziemlich leicht und liefert einen guten Kulturboden. Zu Streuzwecken ist er wegen seiner starken Brüchigkeit und seines Stäubens, zu Brenntorf wegen seiner geringen Dichte wenig geeignet. Ein ziemlich reiner Beisentorf aus Polozk, Gouv. Witebsk in Rußland, von brauner Farbe und mäßig bis gut zersetzt, hatte nachstehende chemische Zusammensetzung für 100 Teile Trockensubstanz:

Verbrennliche Stoffe	96,43 Teile	Eisenoxyd + Tonerde	0,91 Teile
Stickstoff	2,09 ,,	Manganoxydoxydul	0,01 ,,
Mineralstoffe	3,57 ,,	Kali	0,07 ,,
In Salzsäure Unlösliches . . .	1,54 ,,	Natron	0,06 ,,
Kalk	0,56 ,,	Phosphorsäure	0,19 ,,
Magnesia	0,05 ,,	Schwefelsäure	0,16 ,,

Bleichmoostorf (Sphagnumtorf, auch Moostorf und Weißmoostorf genannt). Wie oben bereits dargelegt, wird zwischen älterem und jüngerem Bleichmoostorf unterschieden. In dem jüngeren Moostorf sind die Torfmoose noch in ihrer ursprünglichen Gestalt deutlich erkennbar, in dem älteren fast völlig zerfallen. Der jüngere Moostorf bildet die obersten Schichten der Hochmoore, ist in trockenem Zustand um so heller gelb gefärbt, je weniger er zersetzt ist; er besitzt ein außerordentlich hohes Aufsaugungsvermögen für Flüssigkeiten, das bis zum 16—18fachen des Eigengewichtes in lufttrockenem Zustand steigen kann und liefert infolgedessen nach entsprechender Verarbeitung eine vortreffliche Streu (Torfstreu), aber einen minderwertigen Brenntorf. Er ist lufttrocken ziemlich elastisch, besitzt ein geringes Leitungsvermögen für Wärme und Schall (Isoliermittel).

Der ältere Moostorf hat grubenfeucht eine dunkelbraune Farbe, die an der Luft schnell bis zur völligen Schwärze nachdunkelt, ein speckiges Aussehen und fühlt sich frisch schlüpfrig an, schrumpft sehr stark beim Trocknen und nimmt dann sehr schwer wieder Wasser auf, ohne sein ursprüngliches Volumen und seine Beschaffenheit je wieder zu erreichen (Irreversibilität der kolloiden Substanzen des Torfs), beim Durchfrieren zerbröckelt der feuchte Torf im Gegensatz zu dem jüngeren Moostorf, der durch Frost nur gelockert wird. Er liefert im Gegensatz zu letztgenanntem einen guten Brenntorf, ist aber für die Herstellung von Torfstreu nicht brauchbar.

Das Vorkommen des Moostorfs in den Hochmooren ist außerordentlich weit verbreitet, und zwar meist beider Arten, wenn auch nicht immer, je nach dem Entwicklungsgang und dem Alter des betreffenden Moores. Wichtig ist der hohe Gehalt an freien Säuren (Humussäuren), die für Kulturzwecke eine teilweise Abstumpfung durch basisch wirkende Mittel (Kalk, Kalkmergel) nötig machen. Der Gehalt an freien Säuren, ermittelt nach dem Verfahren von TACKE und SÜCHTING[1], beträgt als Kohlensäure auf Trockensubstanz berechnet etwa 2,2—2,4 %, steigt aber in Ausnahmefällen auf 3,2 %. Die Zersetzungsfähigkeit des Bleichmoostorfes ist an sich gering, die des aus feinblättrigen Moosen entstanden etwas größer als die des aus Moosen mit gröberen Blatt- und Stengelteilen gebildeten. Sie wird jedoch nach Abstumpfung der freien Säuren wesentlich erhöht, so daß jüngerer Moostorf infolgedessen einen sehr guten Kulturboden, die Unterlage der Hochmoorkultur, liefert. Den älteren Moostorf hielt die allgemeine Meinung wegen seiner oben dargelegten physikalischen Eigenschaften für Kulturzwecke für unbedingt untauglich. Nach jahrelangen Versuchen der Moorversuchsstation in dem ostfriesischen Marcardsmoor trifft das jedoch nicht zu, wenn nur verhütet wird, daß der ältere Moostorf zu stark austrocknet, und wenn er vorher mit den erforderlichen Mengen Kalk oder Mergel innig vermischt wird. Neben den im Bleichmoostorf weitaus überwiegenden Resten des Torfmooses finden sich daneben die der Besenheide, der Rosmarinheide (Andromeda polifolia), der Moosbeere (Vaccinium oxycoccus), des scheidigen Wollgrases (Eriophorum vaginatum), der Krähenbeere (Empetrum nigrum) u. a., und zwar zerstreut im Bleichmoostorf eingelagert oder in linsenförmigen Bänkchen, den sog. Bultlagen. Seltener sind die Reste von Birke und Rotföhre dann meist in sehr verkümmertem Zustand vorhanden. In Gebirgsmooren finden sich reichlich die Reste der Latsche (Pinus montana), namentlich in dem Grenzhorizont zwischen älterem und jüngerem Moostorf.

Nach den Untersuchungen der Moorversuchsstation schwankt die chemische Zusammensetzung des Moostorfs, auf Trockensubstanz in Prozenten berechnet, zwischen nachstehenden Grenzen:

	Jüngerer Moostorf	Älterer Moostorf
Verbrennliche Stoffe	92,02—98,86	97,79—97,97
Darin Stickstoff	0,50— 1,68	0,95— 1,33
Mineralstoffe	1,14— 7,98	2,03— 2,21
In Salzsäure Unlösliches	0,32— 6,52	0,63— 0,85
Kalk	0,15— 0,35	0,24— 0,53
Magnesia	0,08— 0,33	0,07— 0,27
Eisenoxyd + Tonerde	0,15— 0,73	0,26— 0,35
Manganoxydoxydul	0,01	0,01— 0,02
Kali	0,01— 0,08	0,03— 0,07
Natron	0,04— 0,07	0,09— 0,11
Phosphorsäure	0,03— 0,14	0,03— 0,05
Schwefelsäure	0,10— 0,36	0,38— 0,40

Die Elementarzusammensetzung von älterem, zu Brenntorf verarbeitetem Bleichmoostorf schwankte zwischen folgenden Grenzen, auf vollkommen aschenfreie Masse berechnet:

Kohlenstoff	55,38—58,88%,	im Mittel	57,02%
Wasserstoff	5,10— 5,83%,	,, ,,	5,50%
Sauerstoff	33,46—38,03%,	,, ,,	36,09%

---

[1] TACKE, BR.: Über die Bestimmung der freien Humussäuren im Moorboden. Chem. Ztg. 21, 174 (1897). — SÜCHTING, H.: Kritische Studien über die Humussäuren. Landw. Versuchsstat. 70, 13 (1909).

Der obere Heizwert liegt zwischen 4593 und 5058 Wärmeeinheiten, berechnet auf Trockenmasse.

Heidetorf und Waldtorf sind beides ausgesprochene Landtorfarten. Der Heidetorf zeigt im allgemeinen eine gleichmäßige Beschaffenheit infolge der Gleichartigkeit der Bedingungen, unter denen er entsteht, während der Waldtorf je nach der Art der Waldbäume, denen er seine Entstehung verdankt, in seiner Beschaffenheit stark wechselt, da je nach der Aufeinanderfolge verschiedener Bestände verschiedenartige Torfarten über- oder nebeneinander sich bilden können. Eine Analyse von ziemlich reinem Heidetorf ist in einem der vorhergehenden Kapitel mitgeteilt worden. Nachstehend seien noch die Ergebnisse der Untersuchung zweier Proben von Heidetorf nordwestdeutscher Herkunft, bezogen auf 100 Teile Trockensubstanz, angeführt.

	Nr. 1	Nr. 2		Nr. 1	Nr. 2
Verbrennliche Stoffe . .	90,18	91,73	Magnesia	0,16	0,15
Darin Stickstoff	1,75	1,64	Eisenoxyd + Tonerde . .	0,81	0,78
Mineralstoffe	9,82	8,27	Kali	0,08	0,08
In Salzsäure Unlösliches .	8,40	7,06	Phosphorsäure	0,12	0,12
Kalk	0,16	0,15	Schwefelsäure	0,15	0,16

Für Waldtorf (Rohhumus) verschiedener Art gibt RAMANN[1] nachstehende Zusammensetzung, berechnet auf 1000 Teile Trockenmasse. Ferner ist eine Analyse eines Waldtorfes nach Untersuchungen der Moorversuchsstation beigefügt (Rotenburg):

	Oberförsterei Biesenthal (Kiefernbestand)	Oberförsterei Lauenbrück (Hann.)	Oberförsterei Glashütte Buchenrohhumus	Oberförsterei Hohenbrück Gemischter Rohhumus (Kiefer, Buche, Beerkräuter)	Oberförsterei Apenrade Heidehumus (Heidetorf)	Oberförsterei Rotenburg (Hann.)
Kali	0,470	0,283	0,404	0,921	0,781	0,90
Natron	0,134	0,325	0,160	0,059	0,890	—
Kalk	1,619	2,130	1,306	3,090	2,393	3,60
Magnesia	0,415	1,280	2,600	1,302	0,984	—
Manganoxydoxydul . .	0,252	0,203	0,213	0,360	0,036	—
Eisenoxyd	2,086	3,280	1,150	3,565	4,879	1,50
Tonerde	4,827	10,700	7,410	6,402	10,094	1,40
Phosphorsäure	1,345	2,140	2,280	2,558	1,696	1,60
Reinasche	29,050	20,340	15,520	18,257	22,080	82,20

Waldtorf ist wie Heidetorf von mehr oder weniger stark saurer Reaktion, die nicht selten annähernd so stark ist wie bei sauren Hochmoortorfen.

Chemie der Humusböden.

Es ist hier nur auf die besonderen Verhältnisse des Torfbodens Rücksicht genommen. Die chemische Erforschung der Humusböden wie die des Humus überhaupt ist aus leicht ersichtlichen Gründen noch sehr wenig weit fortgeschritten, obwohl zahlreiche Arbeiten auf diesem Gebiet vorliegen. Erschwert wird die Forschung in dieser Richtung dadurch, daß die Humusböden nichts Beständiges, sondern in ständiger Umwandlung begriffen sind, sowohl in ihrem natürlichen, unberührten Zustand als besonders nach menschlichen Eingriffen, wenn durch die Entwässerung, Durchlüftung und ihre Folgen sehr tiefgreifende Änderungen

---

[1] RAMANN, E.: Die Waldstren und ihre Bedeutung für Boden und Wald, S. 29. Berlin 1890.

vor sich gehen. Außer mit Umwandlungsprodukten der organischen Substanz, insbesondere Oxydations- und Abbauprodukten, hat man auch mit synthetisch durch die Tätigkeit höherer und niederer Organismen neu entstandener zu rechnen[1]. Insbesondere ist der Prozeß der sog. Vermoderung des Torfes, der für die landwirtschaftlichen Belange von größter Bedeutung ist, noch sehr wenig geklärt. Jedenfalls ist die Vermoderung durch tiefgreifende physikalische und chemische Veränderungen verursacht, ohne daß wir heute imstande wären, sie in ihrer Gesamtheit auch nur annähernd klar zu erkennen. Äußerlich ist der Übergang von Torf in Moder dadurch gekennzeichnet, daß er eine erdige und krümelige Beschaffenheit annimmt. Torf behält auch nach dem Trocknen und Zerkleinern, wenn er wieder mit Wasser befeuchtet wird, seine harte, grießartige Struktur bei, während vermoderter Torf einen weichen Brei liefert. Soweit es sich um chemische Umsetzungen handelt, dürfte wohl die Zersetzung ursprünglich vorhandener freier Säuren, insbesondere von Humussäuren, eine Rolle spielen. Die Zersetzungsfähigkeit des Torfes ist in hohem Grade von der Gegenwart freier Humussäuren abhängig, und die Vermoderung wird z. B. wesentlich beschleunigt, wenn durch menschliche Eingriffe wie Zufuhr basisch wirkender Kalkverbindungen (Branntkalk, Kalkmergel) die freien Säuren abgestumpft werden. Das Ziel bei der Urbarmachung der Humusböden ist eben die Überführung des Torfs in Moder, der für das Pflanzenwachstum im Gegensatz zum unvermoderten Torfboden günstig ist. Auch der allgemeine Sprachgebrauch unterscheidet zwischen Torf und Moor, wobei Moor als gleichbedeutend mit Moderboden gedacht wird und nicht in dem oben dargelegten wissenschaftlichen Sinn als ein mit Torf ausgefülltes Gelände. Trotzdem in den verschiedenen Humusböden und Torfarten eine Reihe von Stoffen, insbesondere Säuren, festgestellt sind[2], fehlt uns bis jetzt jeder tiefere Einblick in die bei der Vermoderung sich abspielenden chemischen Vorgänge. Es muß auch noch besonders darauf hingewiesen werden, daß die organischen Substanzen des Torfes z. T. kolloidaler Natur sind und als solche neben chemischen Reaktionen starke physikalische Wirkungen äußern können. Die Fähigkeit, bestimmte Stoffe rein adsorptiv festzuhalten, ist stark ausgebildet. Andererseits sind wiederum alle Eingriffe in die Torfsubstanz, die in irgendeiner Weise das kolloidale Gefüge stören, geeignet, tiefgreifende Veränderungen hervorzurufen. Die Erscheinung, daß durch Trocknen des Moorbodens an der Luft oder durch wasserentziehende Mittel die darin enthaltene Phosphorsäure, die vorher den Pflanzen nicht zugänglich war, zum großen Teile in eine für die Pflanzen verwertbare wasserlösliche Form übergeht, so daß der getrocknete Boden auf Phosphorsäuredüngung zunächst nicht mehr reagiert, dürfte auf die Schwächung des Adsorptionsvermögens durch Verkleinerung der kolloidal wirkenden Oberfläche zurückzuführen sein[3].

Für die Vermoderung des Torfes hat die Tätigkeit von Mikroorganismen, besonders von Bakterien und Pilzen, offenbar eine große Bedeutung. Die Entwicklung derselben ist in hohem Grade abhängig von der Reaktion des Bodens. In stark sauren Humusböden überwiegen die Fadenpilze, in schwach sauren, neutralen oder alkalischen Böden entwickelt sich je nach den besonderen Ansprüchen der einzelnen Arten eine mehr oder weniger reiche Bakterienflora. Nach Untersuchungen der schwedischen Moorversuchsstation in Jönköping erwies

---

[1] WAKSMANN, S. A.: New Jersey Agric. Exp. Stat. Rütgers Univ. referiert Chem. Ztg. 51, Nr. 92 (1927).

[2] Vgl. die Literaturangaben bei Sv. ODÉN: Die Huminsäuren, S. 7—24. Dresden u. Leipzig 1919.

[3] TACKE, BR.: Über eine eigentümliche Eigenschaft der Phosphorsäure im Moorboden. Mitt. Ver. Moork. 12, 357 (1894); Landw. Jb. 27, Erg.-Bd. 4, 303 (1898).

sich der Hochmoorboden in natürlichem Zustand als ziemlich arm an Bakterien. Die Entwässerung allein beeinflußte deren Entwicklung nur sehr wenig. Durch Kalkung, Besandung, Bearbeitung und Düngung nimmt der Bakteriengehalt außerordentlich zu, besonders durch eine Düngung mit Stallmist. Auf gut gedüngtem und gepflegtem Hochmoor scheint der Gehalt an Bakterien ebenso groß zu sein wie auf Niederungsmoor unter denselben äußeren Bedingungen. Der Bakteriengehalt steht in enger Beziehung zur Bodentemperatur und steigt und fällt mit derselben[1].

Sehr eingehende Untersuchungen über das Bakterienleben im Moorboden, namentlich in Abhängigkeit von der Bodenreaktion sind im bakteriologischen Laboratorium der Moorversuchsstation in Bremen ausgeführt worden[2]. Die Hauptergebnisse dieser Untersuchung können wie folgt zusammengestellt werden, soweit sie sich auf nicht kultivierte Hochmoore beziehen.

Alle Moorproben enthielten wirksame, eiweißzersetzende, ammoniakbildende Keime; im besonderen erwiesen sich die dem stark sauren Untergrund unkultivierter Flächen entstammenden Proben nicht als steril. Die Fäulniskraft der Oberflächenschicht aller eigentlichen Moorflächen ist bedeutend größer als die der zugehörigen unteren Bodenschicht. Zahl und Wirksamkeit der dem Untergrund, d. h. den tieferen Moorschichten, angehörigen Fäulniskeime ist sehr gering. Die ammonisierende Tätigkeit der von unkultivierten Flächen stammenden Proben ist erheblich schwächer als die von kultivierten Böden. Die den Mikroben günstige Veränderung des Bodenklimas durch die Kultivierungsmaßnahmen erstreckte sich vorwiegend nur auf die Oberflächenschicht. Die aus der Oberflächenschicht roher Hochmoorflächen entnommenen Proben waren ebenso wie die der unteren 20—40 cm tief liegenden Schichten frei von nitrifizierenden Organismen. Dagegen enthielten alle in Untersuchung genommenen Proben wirksame, zur Salpeterzersetzung befähigte Keime, auch die der tieferen Schichten. Azotobakter war in keiner der untersuchten Proben vorhanden. Die zellulosezerstörende Tätigkeit des Bodens aus der Oberfläche von Hochmooren war stärker als die der tieferen Lagen, stand jedoch hinter der der Proben von kultivierten Flächen weit zurück.

Auf die Tätigkeit reduzierend wirkender Mikroorganismen neben rein chemischen Umsetzungen dürfte die Entstehung gewisser Stoffe im Moorboden zurückzuführen sein, wenn auch diese Vorgänge wissenschaftlich noch sehr wenig geklärt sind. In vielen Mooren tritt bisweilen in großen Mengen und unter erheblichem Druck Sumpfgas, Methan, auf. Namentlich reich an solchem sind von Tonboden (Marschklei) überdeckte Moore, in denen das Gas in Wasser gelöst ist. Nach dem Niederbringen ausreichend tiefer Bohrlöcher steigt in denselben das sumpfgashaltige Wasser an die Oberfläche, das Gas wird infolge des verminderten Drucks frei, und kann in Gasometer ähnlichen Glocken gesammelt zu Heiz- und Beleuchtungszwecken benutzt werden. Einrichtungen dieser Art finden sich vielfach in einzelnen Gegenden Oldenburgs und Hollands. Vierzehn in Holland untersuchte Proben dieser Art zeigten folgende Zusammensetzung[3]:

---

[1] Feilitzen, v. H. u. Fabricius: Über den Gehalt an Bakterien in jungfräulichem und kultiviertem Hochmoorboden. Mitt. Ver. Moork. **25**, 304 (1907).

[2] Arnd, Th.: Beiträge zur Kenntnis der Mikrobiologie unkultivierter und kultivierter Hochmoore. Cbl. Bakter. **45**, 554 (1916). — Über schädliche Stickstoffumsetzungen im Hochmoorboden als Folge der Wirkung starker Kalkgaben. Landw. Jb. **49**, 191 (1916). — Zur Kenntnis der Nitrifikation in Moorböden. Cbl. Bakter. **49**, 1 (1919). — Über bakteriologische Vorgänge im Moorboden mit Rücksicht auf die Stickstoffdüngung und Kalkwirkung. Prot. Zentr. Moorkommission **78**, 87 (1921). — Humussäuren in ihrem Einfluß auf das Mikrobenleben des Moorbodens usw. Z. Pflanzenern. u. Düng. A **4**, 53 (1925).

[3] Früh u. Schröter: a. a. O., S. 124. — Schreiber, H.: a. a. O., S. 53.

57,1—91,8% Methan
3,4—20,3% Kohlensäure
4,4—36,3% Stickstoff
0,3— 0,5% Sauerstoff

0,2—6,4% Wasserstoff
0,6—1,8% Kohlenoxyd
0,1% schwerer Kohlenwasser-stoff (in einem Fall)

Ebenfalls ein Produkt von Reduktionsvorgängen ist das häufige Auftreten von Schwefelwasserstoff in Moorböden jeglicher Art. Durch Oxydation des Schwefelwasserstoffs auf chemischem Wege oder durch Organismen, Schwefelbakterien (Beggiatoa) kann es zur Bildung elementaren Schwefels kommen. Die Entstehung gewisser Schwefelmetalle, auf die noch zurückzukommen sein wird, hängt ebenfalls hiermit zusammen. Völlig ungeklärt ist noch das angeblich, namentlich auf Mooren vorkommende Auftreten von Irrlichtern[1].

Die Zusammensetzung des im Moore vorhandenen oder aus demselben abfließenden Wassers schwankt je nach der Beschaffenheit des Moores bezüglich der wasserführenden Schichten und der Niederschlagshöhe ziemlich stark. Im allgemeinen sind die Moorwässer an gelösten Stoffen ziemlich arm, besonders die aus an Mineralstoffen sehr armen Hochmooren oder hochmoorartigen Bildungen. Weiterhin enthalten die aus kalkarmen und elektrolytarmen Mooren stammenden Gewässer organische Stoffe in wechselnden Mengen gelöst, die ihnen eine mehr oder weniger dunkle Färbung verleihen (Hochmoorwässer, Schwarzwässer, besonders aus humusreichen Waldgebieten, auch in den Tropen), während durch Kalk eine Ausfällung dieser organischen Stoffe eintritt, so daß die aus kalkreichen Mooren abfließenden Gewässer farblos sind. RAMANN[2] ermittelte für Wasser aus kleineren Hochmooren bei Chorin in der Mark folgende Zahlen für 100000 Teile Wasser:

	Nr. 1	Nr. 2	Nr. 3		Nr. 1	Nr. 2	Nr. 3
Verbrennliche Stoffe	12,741	27,830	0,550	Magnesia	0,208	0,651	0,152
Mineralstoffe . . .	3,278	16,950	1,979	Eisenoxyd	0,903	4,008	0,126
Kali	0,244	2,285	0,220	Phosphorsäure . . .	0,095	0,645	0,064
Natron	0,198	0,739	0,414	Kieselsäure	0,362	1,087	0,333
Kalk	1,170	6,261	0,134				

Hochmoorwasser aus zwei Teichen der östlichen Hochfläche des Augstumalmoores im Memeldelta, von denen der eine 3—4 m tief, der andere flach und mit flutendem Sphagnum cuspidatum und Horden von Scheuchzeria palustris bedeckt war, hatte nach der von IMMENDORFF an der Moorversuchsstation in Bremen ausgeführten Untersuchung folgende für 100000 Teile berechnete Zusammensetzung[3]:

	Tiefer Teich	Flacher Teich		Tiefer Teich	Flacher Teich
Abdampfrückstand . . .	6,390	11,960	Magnesia	0,008	0,145
Glührückstand	1,547	3,260	Eisenoxyd + Tonerde .	0,003	0,082
Organische Substanz . .	4,816	8,700	Schwefelsäure	0,053	0,637
Stickstoff	0,083	0,132	Phosphorsäure	0,008	0,053
Kali	0,181	0,324	Chlor	0,702	0,804
Natron	0,281	0,644	In Salzsäure Unlösliches		
Kalk	0,014	0,198	(Kieselsäure)	0,795	1,021

Der Gehalt der Hochmoorwässer an freien Säuren ist so gering, daß eine schädliche Wirkung derselben auf den Pflanzenwuchs, wie vielfach angenommen wird, nicht vorhanden ist. Das Wasser aus nährstoffreichen Niederungsmooren

---

[1] STEINVORTH, D. U.: Irrlichter. Jahresheft naturw. Ver. Fürstentum Lüneburg **13**, 7—84 (1893—1895).
[2] RAMANN, E.: a. a. O., S. 92.   [3] WEBER, C. A.: a. a. O., S. 65.

enthält ein Vielfaches an gelösten Stoffen im Vergleich mit Hochmoorwässern. Die Ansicht, daß die Diffusionsfähigkeit saurer Moorwässer verringert sei, was für den Pflanzenwuchs auf Moorboden beachtet werden müsse, trifft nach Untersuchungen der Moorversuchsstation nicht zu[1].

Es sind schließlich noch einzelne in den Mooren vorkommende Mineralien zu besprechen, die z. T. nach ihrer Entstehung den weiter unten zu behandelnden Gleiböden zuzurechnen sind, hier aber besser im Zusammenhang mit den Humusböden behandelt werden.

Fossile Harze werden des öfteren im Torf gefunden, wenn auch die Angaben darüber nicht immer zuverlässig sind, und es namentlich nicht immer sicher ist, ob die Funde aus Torf- oder Braunkohlenlagern stammen. Zudem ist die chemische Zusammensetzung der meisten Harze wenig untersucht, und es sind für solche angeblich gleicher Art sehr verschiedene Werte ermittelt worden.

Retinit, Scheererit, Könleinit, Fichtelit, Tekoretin und Phylloretin sind in Torflagern ermittelt worden, die nur Kohlenstoff und Wasserstoff enthalten. Der außerdem noch Sauerstoff enthaltende Butyrit ($C_8H_{16}O$) ist in einem irischen Torflager aufgefunden worden. Ihm nahe steht der von MINSSEN[2] untersuchte Quickbornit, der von WEBER im Himmelmoor bei Quickborn in Holstein an starken Stubben und Wurzeln der gemeinen Kiefer (Pinus silvestris) unter älterem Sphagnumtorf gefunden wurde, die Formel $C_6H_{14}O$ besitzt und der durch einfache Oxydation aus dem Butyrit entstanden sein könnte. Über Dopplerit ist in einem der vorhergehenden Abschnitte Ausführliches mitgeteilt worden.

Verschiedene in den Mooren vorkommende Eisenverbindungen. Als solche sind zu nennen kohlensaures Eisenoxydul amorph und kristallinisch (Eisenspat), Eisenocker, Limonit oder Raseneisenstein, Vivianit in kristallinischer, ursprünglich weißer, an der Luft sich bläuender Form (Blaueisenerde) und in amorpher Form, Schwefeleisen als Doppelschwefeleisen (Pyrit und Markasit) und dessen Zersetzungsprodukte wie Eisenvitriol[3]. Alle diese Stoffe finden sich nur in niederungsmoorartigen Bildungen und selten rein, sondern meist in verschieden zusammengesetzten Gemengen. Ihre Entstehung verdanken sie in erster Linie eisenführendem Grundwasser, in dem das Eisen als lösliches Oxydulsalz in die Torfschichten gelangt und dort durch chemische und auch durch biologische Vorgänge in verschiedenen Formen zur Ablagerung kommt. Daneben können durch Oberflächenwasser Eisenoxydverbindungen in Solform eingeschlemmt werden, die unter Umständen durch Reduktion in Oxydulverbindungen übergehen, ebenso wie diese wieder durch Oxydation in Oxyd übergeführt wer-

---

[1] BLANCK, E.: Über die Diffusion des Wassers im Humusboden. Landw. Versuchsstat. 58, 145 (1903). — MINSSEN, H.: Über die Diffusion in sauren und neutralen Medien, insbesondere im Humusboden. Landw. Versuchsstat. 62, 445 (1905).

[2] MINSSEN, H.: 6. Bericht über die Arbeiten der Moorversuchsstation. Landw. Jb. 65, Erg.-Bd. 1, 186 (1927).

[3] VAN BEMMELEN, J. M.: Über das Vorkommen, die Zusammensetzung und die Bildung von Eisenanhäufungen in und unter den Mooren. Z. anorg. u. allg. Chem. 22, 313 (1900). — GAERTNER, A.: Über Vivianit und Eisenspat in mecklenburgischen Mooren. Inaug.-Dissert. Güstrow 1897. — FLEISCHER, M.: Die natürlichen Feinde der RIMPAUSCHEN Moordammkultur. Landw. Jb. 15, 47 (1886). — TACKE, BR.: Die natürlichen Feinde der RIMPAUSCHEN Moordammkultur. 2. Abh. ebenda 20, 929 (1891). — WIKLUND, C. L.: Die natürlichen Feinde der RIMPAUSCHEN Moordammkultur. 3. Abh. ebenda 20, 955 (1891). — SCHREIBER, H.: Moorkunde, S. 37f. — SCHÜTTE, H.: Über das Vorkommen von kohlensaurem Eisenoxydul in den Eisenablagerungen der Moore. 4. Bericht über die Arbeiten der Moorversuchsstation in Bremen. Landw. Jb. 27, Erg.-Bd. 4, 548 (1898). — TACKE, BR.: Über das Vorkommen von natürlichem kohlensaurem Eisenoxydul. Chem. Ztg. 47, 845 (1923). — KRUSCH, P.: Über das Vorkommen und die Entstehung von Weiß-Eisenerz, eines neuen bauwürdigen Eisenrohstoffes. Z. dtsch. geol. Ges. 74, Monatsbericht, 8—12 (1922).

den können, z. T. treten die Substanzen in Gelform auf. Die Mannigfaltigkeit der verschiedenen Vorkommen ist außerordentlich groß und im einzelnen muß auf die angegebenen Quellen verwiesen werden. Hier seien nur die folgenden Vorkommen als bodenkundlich und praktisch wichtig eingehender behandelt.

Vivianit, auch Blaueisenerde genannt, ist wasserhaltiges phosphorsaures Eisenoxydul. In Kristallform rein entspricht die Zusammensetzung der Formel $Fe_3(PO_4)_2 + 8$ cr. aq. In reinem Zustand ist er weiß, bläut sich aber an der Luft sehr schnell; selbst kleine Mengen von Eisenoxyd rufen die blaue Färbung hervor. Vielfach sind die natürlich vorkommenden Vivianite nach VAN BEMMELEN in Beraunite umgewandelt. Die Verbreitung der Vivianite ist außerordentlich groß, jedoch meist in nesterförmigen Anhäufungen oder dünnen Schichten, vielfach auch im Gemisch mit Eisenocker, Raseneisenerz und Eisenspat. Die Phosphorsäure derselben wird überwiegend dem mineralischen Untergrund des Moores entstammen, wo sie sich meist in Form des Apatits findet, und wenn auch in kleinen, in langen Zeiträumen sich aber anhäufenden Mengen durch das Untergrundwasser (Quellwasser) zugeführt wird. Daneben können phosphorsäurehaltige Reste von Tieren und Pflanzen in Frage kommen.

Praktisch bedeutungsvoll ist das Vorkommen von Vivianit insofern, als Moorböden, in deren Oberflächenlagen er in gewissen Mengen auftritt, nur einer ermäßigten oder unter Umständen überhaupt keiner Düngung mit Phosphorsäure bedürfen. Die Phosphorsäure des Vivianits ist den Pflanzen nach den Versuchen der Moorversuchsstation in Bremen in höherem Maße zugänglich als die vielfach im Limonit vorhandene, an Eisenoxyd gebundene Phosphorsäure. Es sind Moorböden gefunden worden, die 12% und mehr Phosphorsäure in Form von Vivianit in der Trockensubstanz aufwiesen.

Schwefeleisen findet sich meist in Form von Zweifach-Schwefeleisen, FeS_2, wahrscheinlich aber auch noch in höher geschwefelter Form in den tieferen Schichten und im mineralischen Untergrund mancher Moore, jedoch nicht in Hochmooren. Seine Entstehung verdankt es dem Schwefelgehalt der organischen Verbindungen, dem Eiweiß der den Torf bildenden Organismen oder den Sulfaten des in das Moor vom Untergrund oder seitlich eindringenden Wassers, die sich mit Eisensalzen umsetzen und bei Abschluß der Luft mit oder ohne die Mitwirkung von Mikroorganismen zu Schwefeleisen reduziert werden.

Vorwiegend findet sich Schwefeleisen in Form des rhombisch kristallisierenden Markasits oder Wasserkieses, der sich unter dem Einfluß der Luft leichter zersetzt als der regulär kristallisierende Pyrit. Jedoch scheint in bestimmten Gebieten wie in den meist schwefeleisenhaltigen Mudden des unteren Odertales sich auch Schwefeleisen in Pyritform zu finden. Einfach-Schwefeleisen (FeS) ist in geringen Mengen neben Doppelschwefeleisen in einzelnen Muddebildungen wie auch im Seeschlick (siehe unten) nachgewiesen worden. Schwefeleisen kommt vielfach in Form von schwarzen Kügelchen, in Pflanzenreste eingebettet, vor. Besonders reich an Schwefeleisen sind die zu Badezwecken mit Vorliebe benutzten sog. Mineralmoore wie Marienbad u. a.

An der Luft zersetzt sich das Schwefeleisen mehr oder weniger schnell in schwefelsaures Eisenoxydul und freie Schwefelsäure. Gelangt bei der Kultivierung eines Moores Schwefeleisen aus den tieferen Schichten an die Oberfläche, so treten durch die aus demselben durch Oxydation entstehenden Pflanzengifte starke Schädigungen der Kulturgewächse ein, wenn nicht durch die im Boden etwa vorhandenen oder demselben zugeführten basisch wirkenden Stoffe (Kalkkarbonat) eine Neutralisation der entstehenden Säure eintritt. Nicht selten sind jedoch die Mengen Schwefeleisen so groß, daß eine Entgiftung des Bodens durch Zufuhr von Kalk wirtschaftlich nicht in Frage kommt, vielmehr die Zerstörung und Beseitigung der Hauptmengen den Atmosphärilien überlassen bleiben muß.

Für die Verwendung von Beton in Moorböden (Gründungen, Rohrleitungen u. dgl.) kann die Gegenwart von Schwefeleisen verhängnisvoll werden und nicht selten sind starke Zerstörungen von Betonbauwerken in schwefeleisenhaltigen Moorböden beobachtet worden[1]. Betreffs des Nachweises und der Bestimmung des Schwefeleisens vgl. die Untersuchungen M. Fleischers[2].

Marschböden (Kleiböden, Knick).

Das Wort Marsch besagt zunächst wenig für die damit bezeichnete Bodenart. Es bedeutet ein niedriges, fruchtbares, „meerisches" Land, die Verwandtschaft mit dem lateinischen mare gleich Meer ist nicht unwahrscheinlich. In der Abänderung Marsch findet sich das Wort stellenweise im Binnenland zur Bezeichnung ebener und feuchter, also tiefliegender Landstriche an größeren oder kleineren Strömen. Kennzeichnend für den Marschboden ist die Entstehung durch Absatz von feinen schwebenden Teilchen sandiger, toniger, kalkhaltiger und humoser Beschaffenheit aus Fluten, in Flußniederungen oder an flach abfallenden Meeresküsten. Bei dem außerordentlichen Wechsel der geologischen Bodenbeschaffenheit in dem Einzugsgebiet der großen oder kleineren Ströme ist es begreiflich, daß die Beschaffenheit der von den Strömen namentlich bei Hochwasser mitgeführten und zum Absatz gelangenden Trübe sehr verschieden sein kann, woraus sich eine verschiedene Beschaffenheit der in Flußniederungen gelegenen Marschen ergibt, während die durch das Meer gebildeten Marschen aus Gründen, die weiter unten noch eingehender dargelegt werden sollen, im allgemeinen allerdings nur innerhalb gewisser Grenzen, eine gleichmäßigere Beschaffenheit aufweisen.

Fluß- und Seemarschen. Was die Abgrenzung derselben gegeneinander betrifft, so besteht darüber keine volle Einigkeit. Überwiegend geht die Meinung dahin, daß die Grenze zwischen beiden mit der Grenze des Brackwassergebietes gegen das Süßwassergebiet zusammenfällt. Allerdings kann auch diese Grenze sich durch natürliche Vorgänge oder menschliche Eingriffe, z. B. Flußkorrektionen, nach oben oder unten verschieben, jedoch handelt es sich dabei jedenfalls um verhältnismäßig geringe Ausmaße. Die Grenze zwischen Seemarschen und Flußmarschen dahin zu legen, wo der Einfluß der Gezeiten, also von Ebbe und Flut, nicht mehr deutlich bemerkbar ist, wie es von anderer Seite geschieht, ist jedenfalls viel unbestimmter und auch aus folgenden Gründen wohl nicht zu rechtfertigen. An der Entstehung der Flußmarsch ist nur der Fluß als solcher beteiligt, während die Seemarsch, wenigstens soweit sie im Mündungsgebiet der großen Ströme liegt, durch die vereinigte Tätigkeit des Fluß- und Seewassers entsteht, wobei allerdings der Einfluß des Seewassers nach oben im Brackwassergebiet stetig abnimmt, aber z. B. in der natürlichen Bodenflora sich bis zu dieser Grenze ziemlich scharf äußert[3]. Namentlich treten bei Vermischung des salzreichen Seewassers mit dem im allgemeinen salzarmen Flußwasser Umsetzungen ein, die für die Bildung des Bodens der Seemarschen außerordentlich bedeutungs-

---

[1] Thörner, W.: Beitrag zur Aufklärung der Natur des für Pflanzenwuchs und Untergrundbauten schädlichen Schwefels der Moorböden. Z. angew. Chem. **29**, 233 (1916); vgl. ferner H. Kappen u. M. Zapfe: Über Wasserstoffionenkonzentration in Auszügen von Moorböden usw. Landw. Versuchsstat. **90**, 343 (1917).

[2] Fleischer, M.: Die natürlichen Feinde der Rimpauschen Moordammkultur. Landw. Jb. **15**, 47 (1886).

[3] Tacke, Br.: Abh. Naturw. Ver. Bremen **26**, 503 (1927).

voll und sowohl chemischer als auch physikalischer Art sind. Bei allen Marschbodenbildungen sind ferner folgende Eigentümlichkeiten zu beobachten:

Trotz der im allgemeinen scheinbar ebenen Gestaltung der Marschflächen ist sowohl bei Fluß- wie Seemarschen durchgehends der an das Flußufer oder den Strand stoßende Teil gegenüber dem weiter davon abgelegenen erhöht in der Weise, daß ein allmählicher Abfall des Geländes mit der Entfernung vom Ufer oder Strand eintritt, der letzten Endes mehrere Meter betragen kann. Diese Erscheinung ist darauf zurückzuführen, daß das über die Ufer tretende, mit schwebenden Teilchen beladene Wasser die größeren und schwereren Teilchen bald fallen läßt, die leichteren und feineren dagegen länger in der Schwebe bleiben und auf weitere Entfernung hin vom Ufer verfrachtet werden. Je länger der Weg ist, den das überflutende Wasser zurücklegt, desto ärmer wird es an Sinkstoffen. So werden die weiter vom Ufer abgelegenen Strecken weniger aufgehöht als die ihm näher liegenden. Alle diese Verhältnisse sind wohl am besten in den Nordseemarschen untersucht, weshalb diese in erster Linie unserer Betrachtung zugrunde gelegt werden sollen. In den engeren Flußtälern liegt der Boden des Marschrandes an der Grenze des Diluviums, der Geest, niedriger als am Fluß. Die Bedingungen für die Entwässerung sind ungünstig, dagegen günstig für die Entstehung von Niederungsmooren, die in schmalerem oder breiterem Bande sich längs des Randes der Geest erstrecken, und solange die Marsch nicht bedeicht war, bei Änderungen des Flußlaufes unter Umständen wiederholt mit Marschboden bedeckt wurden, so daß Schichtenfolgen von Moor- und Marschböden hier nicht selten sind. Ähnliche Höhenunterschiede stellten sich bei der Bildung der Seemarschen ein, vielleicht mit dem Unterschied, daß die Tiefenerstreckung landseitig meist größer ist als bei Flußmarschen, namentlich im Mündungsgebiet der Ströme, infolgedessen die Höhenunterschiede größer werden. Das tiefer, mehr nach dem Innern des Landes gelegene Land wird als Sietland (sied = tief) bezeichnet, im Gegensatz zu dem höheren Randgebiet, dem Hochland. Welche Wirkungen diese Vorgänge auf die Beschaffenheit des Marschbodens ausüben, wird weiter unten zu erörtern sein.

Schließlich darf nicht übersehen werden, daß für den Marschboden der Mensch einen sehr mächtigen geologischen Faktor bildete. Dadurch, daß er die Marsch bedeichte, sie also der stetig wiederkehrenden Einwirkung der Überflutungen durch Hochwasser entzog, traten tiefgreifende Veränderungen in dem eingedeichten Marschland ein, während das nicht durch Deiche geschützte sog. Außendeichland nach wie vor der Einwirkung der Fluten ausgesetzt blieb. Wenn auch die Zeit, seit der Deiche bestehen, an geologischen Zeiträumen gemessen, winzig klein ist, sind die in ihrem Verlauf eingetretenen Einwirkungen auf den jungfräulichen und leicht veränderungsfähigen Boden in bodenkundlicher und landwirtschaftlicher Hinsicht sehr tiefgreifend.

Während die Bedingungen für die Entstehung von Flußmarschen überall gegeben sind, wo durch die Hochwasser ausreichende Mengen von schwebenden Stoffen herbeigeschafft werden und zur Ablagerung gelangen können, entstehen an der Meeresküste nur dort Marschen, wo die Flut täglich zweimal das Land überschwemmt und jedesmal eine dünne Schicht niederfallender Sinkstoffe zurückläßt. Ferner ist Vorbedingung eine allmähliche Senkung des Landes bzw. des meist diluvialen Untergrundes des Marschbodens zum Meere hin und unter den Wasserspiegel, so daß die ansteigende und abfallende Flut ohne heftige Brandung auf- und abläuft, und weiterhin eine vor heftigen Strömungen und Winden geschützte Lage[1]. Es ist verständlich, daß die Bedingungen für die

---

[1] GRUNER, H.: Die Marschbildungen an den deutschen Nordseeküsten. Berlin: P. Parey 1913. — SCHÜTTE: Die Entstehung der Seemarschen. Arb. Dtsch. Landw. Ges. Heft 178.

Entstehung der Seemarsch an den verschiedenen Örtlichkeiten sehr verschieden sein können und infolgedessen auch die entstandenen Bodenbildungen. Gleichmäßig kennzeichnend für alle Marschböden ist die Abwesenheit von Steinen, Grand und grobem Sand, ihr Gehalt an feinen und feinsten Teilchen sandiger, toniger und humoser Natur, also auch an Kolloidstoffen.

Die physikalische Beschaffenheit des Marschbodens.

Was die Bestimmung der Korngröße der den Marschboden bildenden Mineralteilchen anlangt, so sind meist bei den unendlich zahlreichen Untersuchungen, abgesehen von den gröberen Teilchen, die feineren nur in die Anteile von 0,05 bis 0,01 mm und unter 0,01 mm getrennt und diese insgesamt als tonhaltige Teile bezeichnet worden. Den fortgeschrittenen Anschauungen der Dispersoidchemie genügt diese Abstufung heute nicht mehr. Nach den Bestimmungen der Internationalen Kommission für die mechanische und physikalische Bodenuntersuchung[1] werden die Körner von 2—0,2 mm als Grobsand, 0,2—0,02 mm als Feinsand, 0,02—0,002 mm als Schluff und feiner als 0,002 mm als kolloidale Teilchen oder Rohton bezeichnet. Hiernach wird bei der alten Abstufung der Anteil der tonhaltigen Teile, die wesentlich die physikalische Beschaffenheit der Marschböden mitbestimmen, viel zu hoch gefunden. Da aber nach den Untersuchungen von Atterberg schon die Sandteilchen unter 0,05 mm unter dem Einfluß von Elektrolyten Neigung zu Koagulation zeigen, die deutlicher erst bei Teilchengrößen unter 0,02 mm hervortritt, jedoch ohne sichtbare Flockenbildung wie beim Ton, so kann wohl berechtigterweise die Grenze für die Körnigkeit der Sande, die wesentlich die Eigenschaften des Tonbodens mitbestimmen, bei 0,02 mm gelegt werden. Je nach dem höheren oder geringeren Gehalt an feineren Sandteilchen wird der Marschboden als leicht oder schwer bezeichnet, worin der Widerstand zum Ausdruck gelangt, den er der mechanischen Bearbeitung entgegensetzt.

Die mechanische Untersuchung von Böden verschiedener Flußmarschen ergab folgende Grenzwerte[2]:

	Elbmarsch Wische (Kr. Osterburg)	Flußmarsch d. Goldenen Aue	Odermarsch
Sand.			
2 —1 mm	0,20— 7,60	0,11— 2,25	0,17— 1,67
1 —0,5 ,, ...	2,00—25,00	0,41— 8,28	0,54—10,97
0,5 —0,2 ,, ...	4,80—35,94	0,37— 7,78	0,69—13,13
0,2 —0,1 ,, ...	0,58—24,20	3,85—15,93	1,20—16,11
0,1 —0,05 ,, ...	0,69—13,00	6,92—36,47	8,36—10,95
Tonhaltige Teile.			
0,05—0,01 mm	1,17—25,47	18,25—49,52	15,09—55,69
unter 0,01 ,, ...	9,40—52,80	13,07—69,02	30,83—45,44

Berlin 1911. — Tacke, Br. u. B. Lehmann: Die Nordseemarschen. Monographien zur Erdkunde. Bielefeld u. Leipzig: Velhagen & Klasing 1924. — Schucht, F.: Die Harlebucht, ihre Entstehung und Verlandung. Aurich: D. Friemann 1911. — Tantzen, K.: Über die Bodenverhältnisse der alten Stadländer Marsch. Inaug.-Dissert., Berlin 1912. — Schucht, F.: Die Bodenarten der Marschen. Landw. Versuchsstat. 53, 309 (1905). — Beitrag zur Geologie der Wesermarschen. Z. Naturw. 76 (1903). — See, K. v.: Über den Profilbau der Marschböden. Internat. Mitt. Bodenkde. 10, 169 (1920).

[1] Schucht, F.: Internat. Mitt. Bodenkde. 4, 30 (1914). — Atterberg, A.: Studien auf dem Gebiet der Bodenkunde. Landw. Versuchsstat. 69, 93 (1908). — Wiegner, G.: Boden und Bodenbildung in kolloidchemischer Betrachtung, 4. Aufl. Dresden u. Leipzig: Th. Steinkopff 1926.

[2] Gruner, H.: a. a. O., S. 128.

Es treten somit in der mechanischen Zusammensetzung der Flußmarschen beträchtliche Unterschiede auf, was ohne weiteres sich daraus ergibt, daß die Art der Ablagerungen je nach der geologischen Beschaffenheit des Zuflußgebietes wechselt und das Gefälle, die Stärke der Strömung und die Gestalt des Flußbettes große Verschiedenheiten hervorrufen. Diese Verschiedenheiten bestehen nicht nur in horizontaler Richtung, sondern auch in vertikaler.

Nicht weniger schwankt die mechanische Zusammensetzung der Seemarschen. Das Ausgangsmaterial für die Bildung der Seemarschböden, der feine, von der Flut zurückgelassene Schlamm, Schlick genannt, zeigt im Gebiet der Nordseeküste folgende Zusammensetzung, wobei die Teilchen über 0,5 mm als bedeutungslos fortgelassen sind[1].

	Außenweser	Elbe	Ems oberhalb Emden	Leybucht (Ems)	Watt zwischen Oland u. Husum	Wilhelmshaven
0,5 —0,2 mm	0,16	1,20	0,10	0,50	0,30	0,10
0,2 —0,1 ,, ...	3,20	3,60	5,00	1,80	0,20	3,06
0,1 —0,05 ,, ...	28,24	34,00	23,10	8,70	28,00	12,84
0,05—0,01 ,, ...	28,00	38,00	24,20	17,40	41,10	21,69
unter 0,01 ,, ...	40,40	23,20	43,10	65,20	25,50	57,30

Sand.

	Außenweser	Elbe	Ems oberhalb Emden	Leybucht (Ems)	Watt zwischen Oland u. Husum	Wilhelmshaven
0,5 —0,05 mm . . .	31,60	38,80	28,20	11,00	28,50	16,00

Tonhaltige Teile.

	Außenweser	Elbe	Ems oberhalb Emden	Leybucht (Ems)	Watt zwischen Oland u. Husum	Wilhelmshaven
0,05—0,01 mm . . .	68,40	61,20	67,30	82,60	66,60	78,99

Älterer und jüngerer Marschboden im Bereich der deutschen Nordseeküste zeigte folgende Schwankungen in der Körnung:

2 —1 mm	0,15— 2,53	
1 —0,5 ,, ...	0,40— 6,40	
0,5 —0,2 ,, ...	0,40—15,00	12,11—48,1
0,2 —0,1 ,, ...	1,45—16,85	
0,1 —0,05 ,, ...	2,96—37,30	
0,05—0,01 ,, ...	23,07—35,30	35,24—82,93
unter 0,01 ,, ...	11,87—55,70	

Es finden sich somit alle Zwischenstufen zwischen sandigen und tonigen Bildungen, die auch als Schlicksand, Schlicklehm und Schlickton (Kleisand, Lehm, Klei) bezeichnet werden[2]. VAN BEMMELEN[3] trennte den Kleiboden (Marschboden) in 3 Gruppen: 1. amorphe Teile von verwitterten Silikaten und kolloidalen Kleiteilchen (Klei); 2. feiner, scharfkantiger Grus, bestehend aus Tonerde, Kalisilikat (Kleisand) und Quarzkörnchen und Grus von anderen Mineralien (Sand). Der Seeschlick des Zuidersee und des Jj hatte hiernach folgende Zusammensetzung:

	Klei %	Kleisand %	Sand %
Acht schwere Kleisorten	63—40	43—33	1—26
Fünf leichtere Kleisorten	37—29	40—26	29—42
Fünf leichteste Kleisorten	25—20	28—18	48—57
Sechs Sorten tonigen Sandes (Zavel)	17— 5	17— 6	67—89

---

[1] GRUNER, H.: bei SCHÜTTE u. F. SCHUCHT: vgl. Anm. 1, S. 163.
[2] SCHUCHT, F.: Die Bodenarten der Marschen. a. a. O., S. 309.
[3] BEMMELEN, J. M. VAN: Bijdragen tot de kennis van den alluvialen bodem in Nederland. Amsterdam 1886.

Eine große Zahl von Marschböden, Fluß- wie Seemarschen sind nach dem Verfahren von ARNTZ[1] an der Moorversuchsstation auf ihren Gehalt an Sand und Ton untersucht worden[2]. Im Vergleich zu ATTERBERG liefert das Verfahren für die Teilchengröße unter 0,002 mm etwas geringere Werte, die sich im Durchschnitt zu den nach ATTERBERG gewonnenen ohne merkliche Schwankungen wie 1 : 1,28 verhalten. Der Gehalt an Sand und tonhaltigen Teilchen liegt nach diesen Untersuchungen für Sand zwischen 17,17 und 84,52 %, für tonhaltige Teilchen zwischen 5,21 und 49,23 %.

Eine Reihe von Korngrößenbestimmungen nach ATTERBERG mit einer Anzahl von Proben der Marschversuchswirtschaft der Moorversuchsstation in Widdelswehr, Landkreis Emden, ergab folgende Werte:

0,5—0,20 mm . . . . . 0,68— 1,10%	0,02—0,002 mm . . . . 23,02—24,18%
0,2—0,02 ,, ... 25,70—31,28%	< 0,002 ,, ... 29,52—41,74%

Zur weiteren Kennzeichnung dieser Böden seien noch die Grenzwerte für die Hygroskopizität (nach MITSCHERLICH), Wasserkapazität, Volumgewicht, spez. Gewicht und Porenvolumen beigefügt:

Hygroskopizität	2,31 —16,64%
Wasserkapazität	34,01 —65,16%
Volumgewicht (scheinbares spez. Gewicht)	0,886— 1,081%
Spez. Gewicht	2,49 — 2,56%
Hohlraumvolumen	57,76 —64,27%

Für die Flußmarschen der Elbe gibt GRUNER als Werte für die Hygroskopizität der Ackerkrume der verschiedenen Bodenklassen die Grenzwerte 1,306—13,15 an. Die physikalischen Eigenschaften des Marschbodens dürften hiermit genügend gekennzeichnet sein. Sie hängen auf das engste mit der Dispersität der Bodenelemente zusammen und sind in hohem Maße von all den Einwirkungen, namentlich chemischer Natur, abhängig, durch die die Dispersität der feinsten Bodenteilchen verändert wird. Darauf wird nach der Besprechung der chemischen Eigenschaften der Marschböden zurückzukommen sein.

Die chemische Zusammensetzung der Marschböden.

Bei der ungeheuren Fülle von chemischen Untersuchungen von Marschböden ist es nicht leicht, eine einigermaßen umfassende Übersicht zu gewinnen, zumal die angewandten Methoden der Untersuchung vielfach von einander abweichen und die Ergebnisse nicht unmittelbar mit einander vergleichbar sind. Jedenfalls ist im allgemeinen der Gehalt des Marschbodens an den wichtigsten Pflanzennährstoffen sehr hoch und ihre Fruchtbarkeit sprichwörtlich. Sie steht für die verschiedenen Formen des Marschbodens in engstem Zusammenhang mit ihrer Entstehung. Bei den Flußmarschen liegen in der Richtung die Verhältnisse viel einfacher als bei den Seemarschen, weil bei letztgenannten Fluß- wie Meerwasser einmal gemeinsam an dem Aufbau des Bodens arbeiten und andererseits bei der Bildung der Seemarschen durch die wenigstens zunächst dauernde Einwirkung von Ebbe und Flut und die wechselnder Strömung und Winde dauernd in höherem Maße Veränderungen und Umlagerungen des Bodens verursacht werden als bei den Flußmarschen.

Die vom Fluß fortbewegten Sinkstoffe, die ausschließlich die Flußmarschen gebildet haben, werden im Brackwassergebiet durch den Einfluß des salzreichen Brack- bzw. Seewassers zu beschleunigtem Absatz gebracht; die vom Süßwasser verfrachteten, z. T. kolloidalen Bodenteilchen werden von dem Salz des Meer-

---

[1] ARNTZ, E.: Studien über Tonbestimmung im Boden. Landw. Versuchsstat. 70, 269 (1909).
[2] TACKE, BR.: Mitteilungen über die Arbeiten der Marschkulturkommission. 1. Bericht. Landw. Jb. 54, Erg.-Bd. 1 (1920).

wassers ausgeflockt und lagern sich ab, ein Vorgang, der wissenschaftlich noch eingehenderer Untersuchungen bedarf[1]. Gleichzeitig tritt eine Anreicherung des Bodens durch anorganische und namentlich auch organogene Stoffe ein. Diese entstammen wohl nur zu einem verschwindend kleinen Teil den größeren Pflanzen des Meeres wie Tang u. a., die auf einem nur verhältnismäßig kleinen Saum der flachen Meeresküste gedeihen, sondern weitaus überwiegend der mikroskopisch kleinen Pflanzen- und Tierwelt des Meeres, die den Hauptbestandteil des Planktons bilden. Hier sind vor allem die in ungeheuren Mengen vorhandenen Diatomeen zu nennen, die hauptsächlich die Nahrung der im Plankton vorhandenen Kleinlebewesen bildet. Diese tragen beim Absterben entweder unmittelbar, oder nachdem sie als Nahrung durch den Körper kleinerer oder größerer Meerestiere gewandert sind, zur Anreicherung des Bodens mit humosen Stoffen bei. Besonders wichtig ist auch in dieser Richtung die Tätigkeit der Foraminiferen, die neben rein chemischer Umsetzung durch ihre mehrkammerigen, mikroskopisch kleinen Kalkpanzer den abgesetzten Schlick mit Kalkkarbonat in feinster Verteilung anreichern. Daneben wirken höhere Organismen, Conchylien und andere durch ihre Kalkschalen anreichernd, die sich vielfach in unverletztem Zustand und gröberen Trümmern aber auch in durch die dauernde Wasserbewegung feinzerriebener Form finden. Schließlich spielt noch der Sandwurm (Arenicola piscatorum oder marina) im entstehenden Marschboden eine ähnliche Rolle wie der Regenwurm für die Böden des Kulturlandes. Alle diese Vorgänge eingehender zu behandeln, ist hier nicht möglich. Es sei auf die Quellen verwiesen[2]. Hervorzuheben ist nur, was früher schon berührt wurde, daß je nach der geringeren oder größeren Entfernung vom Strande die feinsandreicheren oder tonreicheren Bodenbildungen überwiegen, wenn auch hier wieder infolge nachträglicher Veränderungen durch Strömung, Winde usw. Umlagerungen stattfinden, die den ursprünglichen Zustand stören und einen vielfachen Wechsel der Bodenbeschaffenheit verursachen können. Ist die Auflandung des Bodens bis zu einer gewissen Höhe erfolgt, so hat der Mensch durch Deiche die Marsch gegen die Fluten des Meeres mit immer steigendem Erfolge zu schützen verstanden, sie dem Einfluß des Meeres entzogen und damit tiefgreifende Veränderungen des Marschbodens verursacht. Diese sind z. T. durch natürliche Vorgänge in dem Marschboden, nachdem er dem stetigen Einfluß des Meeres entzogen war, hervorgerufen (z. B. Verwitterung, Auswaschung) oder durch menschliche Eingriffe (Entwässerung, Bodenbearbeitung) bedingt. Die Hauptwirkungen in dieser Richtung sind folgende:

Die Verwitterung des frisch eingedeichten Marschbodens ändert seine mechanische Zusammensetzung nicht in bemerkenswertem Maße. Eine Ausschlämmung toniger Teilchen aus der Oberflächenschicht durch die Niederschläge unter Anreicherung des zurückbleibenden Bodens mit Feinsand tritt im allgemeinen bei der ebenen Lage des Bodens nicht ein. Wichtig ist dagegen der Einfluß der Verwitterung auf die chemische Zusammensetzung des Bodens. In erster Linie wirkt sich dieser auf den Gehalt des Bodens an Karbonaten, vorwiegend Kalkkarbonat, aus. Im allgemeinen nimmt der Kalkgehalt der Sinkstoffe flußabwärts zu. Im Weserwasser betrug z. B. nach SEYFERT[3] der Kalkgehalt der Sinkstoffe im unvermischten Weserwasser 4,81 % kohlensauren Kalk,

---

[1] Vgl. P. EHRENBERG: Bodenkolloide, S. 334—346. 1918.
[2] Vgl. außer den Nachweisen unter [1] S. 163 auch FR. ARNHOLD: Über die Bedeutung des Schlicks als Mittel zur Pflanzenernährung und Bodenverbesserung. Landw. Jb. **58**, 205 (1923). — SEYFERT, FR.: Das Wasser im Flutgebiet der Weser. Abh. Naturw. Ver. Bremen **13**, 1 des S.-A. (1893). — C. WESENBERG-LUND: Prometheus **16**, 577 (1905).
[3] SEYFERT, FR.: a. a. O., S. 50.

im Brackwassergebiet 7,73 % kohlensauren Kalk. Schucht[1] fand im Detritus des Weserwassers bei Bremen 2,24 % kohlensauren Kalk, nördlich Bremerhaven 11,79 % kohlensauren Kalk. Jedenfalls zeigen sich auch im Kalkgehalt der Schlickablagerungen große Schwankungen, er nimmt zu mit der Feinheit der Teilchen, am reichsten sind die feinsten sog. tonhaltigen Teilchen. Die unverwitterten Marschböden sind daher im allgemeinen um so reicher an Kalk, je tonhaltiger sie sind (Schlicktone), um so ärmer, je sandreicher (Schlicksande), was nicht ausschließt, daß diese Regel nicht überall mit gleicher Gesetzmäßigkeit auftritt.

Schucht hat für die Marschböden im Mündungsgebiet der Weser nachstehende Stufenfolge für den Kalkgehalt aufgestellt:

Marine Schlicktone (der Seemarsch) . . . . 9,56 % $CaCO_3$
    „   Schlicksande . . . . 3,88 %   „
    „   fluviatile Schlicktone (Brackwassergebiet) . . . . . 7,09 %   „
Fluviatile Schlicktone . . . . 5,33 %   „

Wird der Boden eingedeicht und der Überflutung mit schlickreichem Wasser dauernd entzogen, so werden zunächst in kurzer Zeit die löslichen Salze des Meerwassers durch die Niederschläge ausgewaschen und entfernt. Sodann wird durch die Kohlensäure des Bodenwassers in erster Linie der Kalk der Oberflächenschicht durch Überführung in lösliches Bikarbonat angegriffen, weiterhin die Phosphorsäureverbindungen, in geringerem Maße die des Kalis. Ferner tritt eine lebhafte Zersetzung der organischen Bestandteile des Humus und der darin enthaltenen Stickstoffverbindungen ein. Die Verwitterung wird wesentlich dadurch gefördert, daß durch die für den Anbau von Kulturpflanzen notwendige Regelung der Wasserverhältnisse, die Entwässerung, die Durchlüftung des Bodens und die Tätigkeit der an den Umsetzungen im Boden beteiligten Organismen gesteigert wird. Dazu tritt die beträchtliche Entnahme an wichtigen Pflanzennährstoffen aus dem Boden durch die vielfach ohne Ersatzdüngung angebauten Kulturpflanzen. Bekannt sind die analytischen Untersuchungen von Maercker[2] von Oberflächenproben fünf verschieden lang eingedeichter Marschböden des südwestlichen Jadebusengebietes, deren Ergebnis die nachstehende Zusammenstellung wiedergibt:

Bezeichnung	Jahr der Eindeichung	P_2O_5 %	N %	K_2O %	CaO %	$CaCO_3$ %
Blausandter Groden . . .	1659	0,151	0,25	0,59	2,27	4,06
Ellenserdammer Groden .	1732	0,152	0,24	0,66	3,87	6,72
Friedrich-August-Groden .	1780	0,193	0,23	0,68	4,88	8,71
Adelheidsgroden	1822	0,235	0,23	0,62	5,16	9,21
Petersgroden	1852	0,250	0,23	0,56	5,28	9,42

Der Kalkgehalt der Oberflächenprobe des erst rund 100 Jahre alten Polders der Marschversuchswirtschaft in Widdelswehr an der Ems schwankt zwischen 5,45 % und 5,98 % Kalk in der Trockensubstanz, der der Feldstücke in der alten eingedeichten Marsch zwischen 0,38 und 1,43 % Kalk. Die Hauptursache der Verarmung an Kalk dürfte in der Verwitterung des Bodens liegen, zumal nach van Bemmelen die in den Dollartpoldern durch die Ernte im Durchschnitt von 200 Jahren entnommene Kalkmenge jährlich nur etwa 35 kg je Hektar beträgt. Durch Untersuchung von sieben hintereinander liegenden Poldern hat derselbe Autor berechnet, daß in 23 Jahren 1 % kohlensaurer Kalk verschwunden

---

[1] Vgl. die Nachweise unter [1] S. 163.
[2] Maercker, M.: Zusammensetzung und Düngerbedürfnis Oldenburger Marscherden. Berlin: P. Parey 1896.

ist. Die geologischen Untersuchungen der Wesermarschen haben gezeigt, daß in den ältesten Marschen der kohlensaure Kalk bis zur Tiefe von 2 m ausgewaschen ist. SCHUCHT hat in verschieden alten Marschen des linken Weserufers folgende Tiefen der Entkalkung, also des Freiseins von kohlensaurem Kalk, festgestellt. Der noch in den oberen Schichten vorhandene Kalk ist wohl vorwiegend als Humat und Silikat vorhanden und nach Untersuchungen der Moorversuchsstation verhältnismäßig leicht, z. B. in sehr schwachen Säuren, löslich.

Name des Stückes	Eingedeicht vor	Entkalkt bis auf cm
Golzwarder Groden	310 Jahren	20—30
Hoben und Wurpegroden	reichlich 300 Jahren	20—30
Groden westlich Midogge	330 Jahren	30
Marsch westlich Tossenser Deich	368 Jahren	20 im Mittel
Marsch westlich von Sinwurden	fast 400 Jahren	50
Marsch am Ruhwarder Groden.	schätzungsweise 800 Jahren	80
Marsch b. Eckwarden, älteste von Butjadingen	schätzungsweise 1350 Jahren	150

Daher kann mit einer gewissen Kritik die Tiefenstufe, bis zu der das Kalkkarbonat aus dem Marschboden verschwunden ist, für die Bestimmung des Alters des Bodens benutzt werden. Der Kalkgehalt nimmt, wie zahllose Untersuchungen festgestellt haben, mit der Tiefe zu[1]. Eine Parzelle der Marschversuchswirtschaft in Widdelswehr innerhalb des alten Seedeichs enthielt in der Oberflächenschicht, auf Trockensubstanz berechnet, 0,49% Kalk, nicht in Form von Karbonat, in der tieferen 1,06% z. T. in Form von kohlensaurem Kalk.

Die geschilderten chemischen Prozesse beeinflussen mittelbar in hohem Maße die physikalischen Eigenschaften und damit den Kulturwert des Marschbodens. Durch die Verarmung an kohlensaurem Kalk wird die Dispersität der feinsten Bodenbestandteile immer mehr erhöht, der Boden immer dichter und für die Bearbeitung und den Pflanzenwuchs dauernd schwieriger, so daß durch Zufuhr von Kalk in wirksamer Form (Karbonat, Oxyd oder Oxydhydrat) der physikalische Zustand gebessert werden muß. Ähnlich verdichtend auf den Boden wirkt eine durch Deichbrüche verursachte Überstauung des Marschbodens mit Salzwasser oder die Zufuhr von Alkalisalzen in bestimmten Düngemitteln wie Natronsalpeter. Weiterhin werden bei fortgeschrittener Entkalkung erst chemische Prozesse im Boden möglich (z. B. Wanderung des Eisens), die weitere tiefgreifende Veränderungen herbeiführen, auf die noch zurückzukommen sein wird.

Aus den vorstehenden Darlegungen ergibt sich ohne weiteres, daß im allgemeinen, wie schon hervorgehoben, die Marschböden an Pflanzennährstoffen durchschnittlich sehr reich sind, daß aber trotzdem in ihrer chemischen Zusammensetzung größere Verschiedenheiten auftreten. Schon das Ausgangsmaterial für ihre Entstehung, der Seeschlick, zeigt in seiner Zusammensetzung ziemlich erhebliche Unterschiede. Da die verschiedenen Analytiker vielfach nach verschiedenen Methoden arbeiteten, sind nur die Analysen vergleichbar, die von demselben Analytiker nach demselben Verfahren, durchgeführt worden sind. Der Wert der zahllosen Untersuchungen wird dadurch beeinträchtigt. Nach GRUNER schwankt der Gehalt des Schlicks von der Ems, Wilhelmshaven und der Westküste von Schleswig-Holstein in seiner Zusammensetzung zwischen folgenden Grenzen (Auszug mit kochender Salzsäure, 1,15 spez. Gewicht bei einstündiger Einwirkung):

---

[1] SCHUCHT, F.: Die Bodenarten der Marschen. Landw. Versuchsstat. 53, 309 (1905); ferner verschiedene Erläuterungen zu den geologischen Karten des Marschgebietes.

Humus (nach KNOP) . .	3,834— 5,088%	Natron (Na₂O)	1,088—3,192%
Stickstoff (N)	0,156— 0,292%	Eisenoxyd (Fe₂O₃) . . .	3,275—3,758%
In Salzsäure Unlösliches	66,730—79,482%	Tonerde (Al₂O₃)	1,323—3,541%
Kalk (CaO)	4,473— 7,967%	Schwefelsäure (SO₃) . . .	0,533—0,930%
Kohlensäure	2,711— 4,794%	Phosphorsäure (P₂O₅) . .	0,115—0,186%
Magnesia (MgO)	0,339— 1,768%	Kieselsäure (SiO₂)	0,004—0,081%
Kali (K₂O)	0,755— 1,261%		

Einfach-Schwefeleisen war im Gegensatz zu anderen Befunden nicht nachweisbar.

Nach Untersuchungen der Moorversuchsstation ergaben sich für Schlickproben aus Ems, Weser, Geeste, Dollart und Eider folgende Grenzwerte (Aufschließung mit Salzsäure, spez. Gewicht 1,125 bei einstündigem Kochen) für die trocken gedachte Substanz:

Organische Stoffe + Hydrat- wasser.	6,37—13,11%	Eisenoxyd + Tonerde . . .	6,36—10,78%
		Phosphorsäure	0,16— 0,22%
In Salzsäure Unlösliches .	65,05—75,73%	Schwefelsäure	0,15— 1,19%
Stickstoff	0,19— 0,33%	Kohlensäure	3,06— 4,74%
Kali	0,46— 0,78%	Chlor	0,13— 0,77%
Natron	4,77— 7,13%	Kieselsäure in Salzsäure lös-	
Magnesia	1,29— 1,84%	lich	0,12%

In frischem Schlick aus der Ems wurden nach Untersuchungen der Moorversuchsstation, berechnet auf 100 g trockenen Boden, 0,21% Einfach-Schwefeleisen (FeS) und 0,91% Doppel-Schwefeleisen (FeS₂) gefunden, die sich aber verhältnismäßig schnell in schwefelsaures Eisenoxydul und freie Schwefelsäure umsetzen und im Schlick normaler Zusammensetzung durch den vorhandenen kohlensauren Kalk für den Pflanzenwuchs unschädlich gemacht werden. Dagegen betrug der Gehalt an Doppel-Schwefeleisen in dem Schlickuntergrund (Kuhlerde) des Kehdinger Moores (Kr. Stade) 0,55—2,94% FeS₂.

	SCHUCHT %	GRUNER %	Moorversuchsstation %
Humus	0,88— 5,03	0,939— 6,422	0,70—28,50
Stickstoff	0,04— 0,46	0,098— 0,426	0,03— 0,99
In Säure Unlösliches	64,38—67,05	65,430—88,127	52,93—94,46
Kalk	0,10— 7,09	0,375—10,132	0,15— 6,35
Magnesia.	1,71— 1,85	0,433— 1,779	—
Kali.	0,17— 0,89	0,209— 0,611	0,11— 1,49
Natron	—	0,069— 0,700	—
Tonerde	1,02— 4,93	1,390— 4,176	—
Eisenoxyd	1,27— 7,44	2,206— 4,261	—
Schwefelsäure	—	0,052— 1,290	—
Phosphorsäure	0,05— 0,26	0,079— 0,292	0,07— 0,91
Kohlensäure	—	0,156— 4,516	—
Kieselsäure	—	0,020— 0,056	—

Für die verschiedenen Formen des fest gewordenen Schlicks, des Marschbodens bzw. für die verschiedenen Schichten gelten eine Reihe volkstümlicher Namen, die aber mehr eine Verschiedenheit in physikalischer Hinsicht als in der chemischen Zusammensetzung bezeichnen, von einigen noch zu besprechenden Ausnahmen abgesehen. Es ist nicht möglich, aus den vielen Analysen, die vorliegen, ein einigermaßen übersichtliches Bild zu gewinnen. Vorstehende Zusammenstellung gibt die Grenzzahlen für eine Reihe von Marschböden nach GRUNER[1] (Groden und Kleiboden, Auszug mit kochender Salzsäure von 1,15 spez. Gewicht während einer Stunde), SCHUCHT[2] (Verfahren der Geologischen Landesanstalt) und Untersuchungen der Moorversuchsstation von gegen 100 Proben

---

[1] GRUNER, H.: Die Marschbildungen an der deutschen Nordseeküste. Berlin: P. Parey 1913.
[2] SCHUCHT, F.: Die Bodenarten der Marschen. Landw. Versuchsstat. 53, 322 (1905).

Marschböden der deutschen Nordseeküste[1] (einstündiges Kochen mit Salzsäure von 1,05 spez. Gewicht ohne Ergänzung des verdampften Wassers, berechnet auf 100 Teile bei 105° getrockneten Bodens).

Für die verschiedenen Formen des Marschbodens wurden von der Moorversuchsstation folgende Werte ermittelt, wobei für

   1. leichte Marschböden . . . . . . bis zu 15% Ton
   2. mittelschwere Marschböden . . . 15—30% ,,
   3. schwere Marschböden . . . . . über 30% ,,

angenommen wurde. Der Ton wurde nach dem Verfahren von ARNTZ bestimmt[2].

	1. Leichter Marschboden				2. Mittelschwerer Marschboden				3. Schwerer Marschboden			
	N %	CaO %	P_2O_5 %	K_2O %	N %	CaO %	P_2O_5 %	K_2O %	N %	CaO %	P_2O_5 %	K_2O %
Durchschnitt .	0,15	1,91	0,15	0,43	0,28	0,83	0,20	0,53	0,43	0,98	0,24	0,60
Höchster Wert .	0,20	5,08	0,23	0,78	0,98	5,17	0,52	1,15	0,99	5,45	0,55	1,07
Kleinster Wert .	0,10	0,31	0,10	0,25	0,07	0,26	0,08	0,19	0,15	0,26	0,15	0,11

Für die Beurteilung der chemischen Beschaffenheit der Marschböden, namentlich mit Rücksicht auf die den Pflanzen zur Verfügung stehenden Nährstoffe, muß betont werden, daß die kolloidalen Stoffe derselben ähnlich wie die des Moorbodens (siehe oben) die Nährstoffe mit ziemlich großer Kraft adsorbiert halten, daß diese Kraft aber erheblich sinkt, wenn durch irgendwelche Vorgänge das kolloidale Gefüge gestört wird. Dadurch werden die vorher den Pflanzen nicht zugänglichen Nährstoffe z. T. leichter löslich und verwertbar. Es ist das sowohl durch Untersuchungen der Löslichkeit in schwach wirkenden Lösungsmitteln wie durch z. T. noch nicht veröffentlichte Vegetationsversuche nachgewiesen worden[3]. Es gingen in Lösung aus 100 g vollkommen trocken gedachten Marschbodens, je nachdem der frische oder lufttrocken gemachte Boden extrahiert wurde, in Milligramm:

	Phosphorsäure		Kali	
	1 proz. Zitronensäure mg	1 proz. Salzsäure mg	1 proz. Zitronensäure mg	1 proz. Salzsäure mg
Boden von Gr. Dunge, frisch	4	5	5	15
,, ,, ,, ,, lufttrocken . .	9	9	8	16
,, ,, Lankenau, frisch	171	265	9	23
,, ,, ,, lufttrocken . .	193	278	14	28

Im Jahre 1922 mit den erforderlichen Versuchsmaßnahmen durchgeführte Gefäßversuche mit Hafer auf frischem und bei etwa 40° C getrocknetem Marschboden ergaben betreffs der Aufnahme an Phosphorsäure bei ausreichender Grunddüngung mit den übrigen Pflanzennährstoffen im Mittel von fünf Kontrollversuchen folgende Erträge an Trockenmasse:

	Ertrag je Gefäß		Phosphorsäure
	Korn g	Stroh g	g
Boden, frisch	7,51	28,70	0,094
,, getrocknet . .	18,69	49,91	0,2026

also eine Mehraufnahme an Phosphorsäure von 0,1086 g je Gefäß.

---

[1] TACKE, BR.: Mitteilungen über die Arbeiten der Marschkulturkommission. Landw. Jb. 54, (Erg.-Bd. 1) 1920.
[2] Siehe oben S. 166, Anm. 1.
[3] Vgl. aber auch: TACKE, BR.: Über die Ergebnisse von Vegetationsversuchen mit Marschboden. Mitt. Dtsch. Landw. Ges., Stück 18 u. 19. 1902.

Bei Untersuchung des Bodens auf Pflanzennährstoffe verlangen diese Feststellungen Beachtung. Ferner geben diese Beobachtungen z. T. eine Erklärung über die Wirkung gewisser praktischer Maßnahmen. Da Erwärmungen des Bodens auf etwa 40° C im Sonnenschein nicht allzu selten sind, so wird bei der in manchen Gegenden vielfach noch üblichen Vollbrache des Marschbodens sich deren Einfluß auch in einem Löslichwerden der Pflanzennährstoffe durch Erwärmung und Austrocknung des Bodens äußern.

Ein Vorgang nach Eindeichung des Marschbodens, der für die Bodenverhältnisse von Bedeutung ist, bedarf noch der Erwähnung. Es ist das die Senkung der Oberfläche des durch die Deiche dem Einfluß des Meeres entzogenen Marschbodens. Von der sog. säkularen Senkung, die zweifellos im Laufe der Zeiten im Nordseegebiet in beträchtlichem Ausmaß eingetreten ist, sei abgesehen, ebenso von der zur Zeit viel umstrittenen Frage, ob die säkulare Senkung im Gebiete der Nordseemarschen noch anhält und in welchem Betrage sie eintritt. Eine Senkung der Oberfläche tritt nach der Eindeichung dadurch ein, daß der schlammige, wasserreiche Boden durch die Entwässerung austrocknet, fester wird und sich verdichtet. Lagert nun unter dem Marschboden, wie es sehr häufig der Fall ist, Moorboden (Darg), so kann die Sackung durch die besonders starke Schrumpfung des Moorbodens und die Belastung desselben durch den auflagernden Marschboden ein so hohes Maß erreichen, daß die anfangs ausreichende natürliche Entwässerung des Marschbodens mit der Zeit nicht mehr genügt und durch eine künstliche, mit von Wind oder Maschinenkraft angetriebenen Schöpfwerken ersetzt werden muß. Das ist heute in vielen, namentlich reichlich früh eingedeichten Marschgebieten der deutschen und holländischen Nordseeküste der Fall. Weiterhin wird durch die Zersetzung der Humusbestandteile, die Entnahme von Pflanzennährstoffen durch die Ernten und durch Fortführung gelöster Stoffe mit der Zeit ein Verlust an Substanz eintreten, der z. T. allerdings durch die Zufuhr natürlichen Düngers wieder wettgemacht wird.

Es würde zu weit führen, alle sowohl nach der volkstümlichen Benennung als auch nach der Art ihres Vorkommens und ihrer Beschaffenheit mehr oder weniger verschiedenen Bodenformen der Marschen eingehend zu besprechen, und es muß auf die Sonderwerke auf diesem Gebiet verwiesen werden. Nur noch die nachstehenden, Knick, Wühlerde, Pulvererde und Maibolt mögen eine kurze Besprechung finden. Sie sind im Grunde den sog. Gleiböden zuzurechnen[1], finden aber zweckmäßigerweise hier Beachtung, zumal man über die Berechtigung, die Gleiböden als besondere Bodenform zu betrachten, begründete Zweifel hegen kann, da fast in allen Bodenarten sich Gleiböden bilden können.

Knick ist eine sich meist in nicht allzu großer Tiefe unter der Oberfläche des Marschbodens findende Bodenart von sehr zäher und dichter Beschaffenheit, für Wasser und Pflanzenwurzeln sehr schwer durchlässig, in trockenem Zustand steinhart, im Wasser danach leicht zerfallend und schwer sich absetzend, meist reich an nesterweise oder auch geschlossen auftretenden sichtbaren Ausscheidungen von Eisenoxydhydrat. Die Bezeichnung dieser Bodenart wechselt ebenso sehr wie die Ansichten über ihre Entstehung, die wissenschaftlich noch nicht völlig geklärt ist, und über ihre Kulturfeindlichkeit. Sicher wirken dabei physikalische und chemische, namentlich noch wenig erkannte kolloidchemische Vorgänge mit. Sie findet sich nicht auf jungen Marschböden, sondern nur auf alten, und das läßt schon vermuten, daß bei ihrer Bildung die Entkalkung der Ober-

---

[1] Vgl. diesen Beitrag S. 176 f.

flächenschicht eine bedeutsame Rolle spielt[1]. Durch die mit der Zeit durch den Einfluß der Kohlensäure in der Bodenflüssigkeit eintretende Verarmung der Bodenoberfläche an kohlensaurem Kalk werden um so günstigere Bedingungen für das Löslichwerden der Eisenverbindungen des Bodens geschaffen, je schwerer, also je weniger durchlüftet, je feuchter und je reicher er an organischen Stoffen ist. Trotz entgegenstehender Ansichten dürfte an der Entstehung von Eisenoxydul auch in der Oberflächenschicht bei schlechter Durchlüftung nicht zu zweifeln sein. Das durch Reduktion entstehende Eisenoxydulbikarbonat wird in tiefere Bodenschichten geführt und zersetzt sich dort, wenn in trockener Zeit die Möglichkeit für den Zutritt der Luft gegeben ist unter Abscheidung von Eisenoxydhydrat. Namentlich findet das in den von abgestorbenen Wurzeln geschaffenen Bodenröhrchen oder in Bodenrissen statt. Daneben verlaufen sicher noch wenig erforschte kolloidchemische Prozesse, die eine Wanderung von Eisen und Tonerde auch in Form der Oxyde als Gele oder Sole in tiefere Schichten bewirken. Die Verarmung des Bodens der Oberfläche an Kalk verursacht eben eine immer stärker werdende Dispergierung der Humusbestandteile, die durch die Niederschläge in die tieferen Schichten gelangen und in diesen an Elektrolyten reicheren Schichten wieder abgeschieden werden. Die mechanische Bearbeitung der Krume sowie die Zufuhr organischer Stoffe in natürlichen Düngemitteln, die bei Kalkarmut auf nassem, wenig durchlüftetem Boden vertorfen und ungesättigte Humusverbindungen entstehen lassen, mögen wesentlich hierzu beitragen. Der Einfluß des Grundwassers auf die Entstehung des Knicks beschränkt sich wahrscheinlich nur darauf, daß diese Verhärtungen vorzugsweise in der Höhe des mittleren Grundwasserspiegels sich bilden, wo das Absinken nach unten gehemmt wurde. Es schließt das nicht aus, daß das Grundwasser selbst Stoffe herbeiführt, die zur Entstehung des Knicks Veranlassung geben. Die jetzt vielfach anzutreffende höhere Lage des Knicks über dem Grundwasser kann sehr wohl auf einem mit der Zeit eingetretenen Absinken desselben beruhen. Der Knick, in dem überwiegend das Eisen in Form des Oxyds vorkommt, wird volkstümlich als brauner oder grauer Knick bezeichnet, derjenige, in dem es infolge mangelnder Durchlüftung überwiegend als Oxydul vorhanden ist, als blauer Knick, der von den Landwirten besonders gefürchtet wird. Der Knick an sich ist durchaus nicht pflanzengiftig wie schon die älteren Versuche von Wicke[2] und neuere von Tantzen[3] gelehrt haben. Sein Gehalt an Pflanzennährstoffen ist sogar verhältnismäßig hoch. Nach den Untersuchungen von Dudy[4], Schucht[5] und der Moorversuchsstation schwankt die Zusammensetzung zwischen folgenden Grenzen, berechnet auf 100 Teile trockener Bodenmasse:

Humus	0,69—5,09 Teile		Natron	0,014—0,21 Teile
Kalk	0,06—4,40 ,,		Tonerde	1,78 —7,28 ,,
Magnesia	0,66—1,49 ,,		Eisenoxyd	1,88 —7,44 ,,
Kali	0,24—0,84 ,,			

---

[1] Gruner, H.: a. a. O., S. 40. — Schucht, F.: Erläuterungen zur geologisch-agronomischen Karte, Blatt Jever. Oldenburg 1899. — Tantzen, K.: Über die Bodenverhältnisse der alten Stadländer Marsch, S. 44. Inaug.-Dissert., Berlin 1912. — van Bemmelen, J. M.: Landw. Versuchsstat. 8, 264 (1866). — Wicke, W.: J. Landw., N. F., 7, 387 (1862). — Ehrenberg, P.: Bodenkolloide, S. 333.

[2] Wicke, W.: Untersuchungen von Bodenarten aus der Oldenburger Marsch. J. Landw., N. F. 7, 377 (1862).

[3] Tantzen, K.: Über die Bodenverhältnisse der alten Stadländer Marsch. Dissert., Berlin 1912.

[4] Dudy: Ein Beitrag zur Kenntnis des Knicks. Landw. Bl. Herzogtum Oldenburg, Nr. 10. S. 198. 1898.

[5] Schucht, F.: Erläuterungen zur geologisch-agronomischen Karte Blatt Jever. Oldenburg 1899.

Vereinzelt finden sich noch geringe Mengen von kohlensaurem Kalk, da offenbar die Entkalkung nicht gleichmäßig auf größeren Flächen erfolgt. Auch können Muschelreste an einzelnen Stellen einen höheren Kalkgehalt verursachen, ohne daß im übrigen der Knick noch Kalkkarbonat enthielte. Der Gehalt an Eisenoxydul überschreitet durchschnittlich den der Oberflächenschicht nicht, jedoch ist in dieser das Eisen an Silikate und Humate gebunden in gleichmäßiger Verteilung vorhanden, während es im Knick sich in ungleichmäßiger Verteilung in kleineren oder größeren Nestern oder selbst in Schichten ausgeschieden hat. Bei dem Transport des Eisens nach unten in gelöstem Zustand spielen möglicherweise Schutzwirkungen von Humuskolloiden eine gewisse Rolle. Die Mächtigkeit der Knickschicht kann bis 1 m betragen. Die Reaktion des Knicks kann sauer sein, ist es aber durchaus nicht regelmäßig. Ebensowenig ist in allen Fällen, wenn auch oft eine Anreicherung mit feinsten abschlämmbaren Teilchen festzustellen ist, die andererseits ziemlich beträchtlich sein kann. So wurden an der Moorversuchsstation z. B. folgende Zunahmen des Gehaltes an abschlämmbaren Teilchen im Vergleich zur Krume (Bauerde) nach der Methode von Arntz festgestellt. In 100 Teilen

Oberfläche	34,96	30,53	34,21	29,81 Teile
Darunter lagernder Knick .	45,79	37,47	41,22	33,45 ,,

Übrigens können schon von vorneherein seit Entstehung der einzelnen Schichten Unterschiede im Gehalt an abschlämmbaren Teilchen vorhanden sein.

Die Entstehung des Knicks ist ein in vieler Hinsicht der Bildung des Ortsteins sehr ähnlicher Vorgang, wie man überhaupt namentlich auf Wiesen oder Weiden auf Marschböden, auf denen sich mangels Störung durch Bodenbearbeitung ein Profil bilden konnte, eine überraschende Ähnlichkeit eines Knickprofils mit einem Ortsteinprofil feststellen kann. Die Schädlichkeit des Knicks beruht im wesentlichen auf seiner für die Pflanzenwurzeln ungünstigen physikalischen Beschaffenheit, die sich schon bei dem Einbringen von verhältnismäßig geringen Mengen des Knicks in die Ackerkrume äußert. Nach den Untersuchungen der Moorversuchsstation vermag die Kalkung der Knickschicht mit Branntkalk oder gemahlenem, gelöschtem Kalk die ungünstige Einwirkung auf den Pflanzenwuchs wesentlich zu mildern[1].

Wühlerde. An kohlensaurem Kalk reiche Lagen der tieferen Bodenschichten der Marschen werden als Wühlerde oder Kuhlerde bezeichnet, die vielfach zur Verbesserung der Ackerkrume heraufgeholt werden. Hierfür werden Gräben oder Kuhlen angelegt, nicht selten auch Maschinen benutzt. Der Hauptwert dieses Meliorationsmittels dürfte in seinem Gehalt an kohlensaurem Kalk bestehen, der an anderen Pflanzennährstoffen hat eine geringere Bedeutung. Die physikalische Beschaffenheit der Wühlerden wechselt ebenso stark wie ihr Gehalt an Kalk. Bei sandigen Wühlerden ist für schweren Marschboden die physikalische Verbesserung der Bodenbeschaffenheit wertvoll. In manchen Fällen dürfte es zweifelhaft sein, ob nicht das mit hohen Kosten verbundene „Wühlen" mit demselben Erfolg und geringeren Aufwendungen durch Verwendung von Kalk und künstlichen Düngemitteln ersetzt werden kann[2].

Von 60 Wühlerden, die gelegentlich der geologischen Aufnahme des Blattes Eckwarden untersucht wurden, besaßen 17 einen geringeren Gehalt an Kalk als 5%, 26 zwischen 5% und 7%, 13 zwischen 7% und 9%, die übrigen mehr

---

[1] Tacke, Br.: Über die Unschädlichmachung des Knicks auf Marschboden. Hann. land- u. forstwirtsch. Z. **77**, 12 (1924).

[2] Blanck, E., u. W. Dörfeldt: Beiträge zur Kenntnis der Beschaffenheit der „Kuhlerde" sowie ihrer Wirkung auf den Marschboden. J. Landw. **78**, 9 (1930).

als 9%[1]. Eine Analyse von WICKE (Aufschließung mit Flußsäure zur Bestimmung der Alkalien) ergab nachstehende Zusammensetzung einer Wühlerde aus der oldenburgischen Marsch:

Unlösliche Kieselsäure	62,13%	Natron	1,23%
Lösliche Kieselsäure	1,26%	Schwefelsäure	3,04%
Tonerde	10,00%	Kohlensäure	2,50%
Eisenoxyd	4,03%	Chlor	Spur
Eisenoxydul	1,53%	Phosphorsäure	0,04%
Magnesia	1,51%	Organische Substanz und chemisch	
Kalk	5,34%	gebundenes Wasser	6,01%
Kali	1,93%		

Zwei Untersuchungen ostfriesischer Wühlerden von der Moorversuchsstation (Aufschließung in kochender Salzsäure, siehe oben) aus 2 m Tiefe zeigten für die trocken gedachte Substanz folgende Zusammensetzung:

Verbrennliche Stoffe + Hydratwasser	2,05— 8,00%	Kali	0,68— 0,83%
Stickstoff	0,17— 0,23%	Tonerde	7,26—12,00%
Mineralstoffe	87,95—92,00%	Eisenoxyd	3,72— 5,80%
In Säure Unlösliches	61,48—73,26%	Phosphorsäure	0,11— 0,12%
Kalk	4,62— 6,35%	Kohlensäure	3,82— 5,08%

Ob, wie vielfach angenommen wird, bei der Anreicherung der Wühlerde mit Kalkkarbonat die Infiltration aus den oberen Schichten die ausschlaggebende Rolle spielt, erscheint zweifelhaft.

Pulvererde und Maibolt. In den tieferen Schichten des Marschbodens vorkommende Bodenbildungen, in denen bei Zutritt der Luft pflanzengiftige Stoffe entstehen, werden als Pulvererde und Maibolt bezeichnet. Erstgenannte Bezeichnung rührt wohl daher, daß der Boden an der Luft schnell zu einem feinen Pulver zerfällt. Von manchen Autoren wie VAN BEMMELEN[2] u. a. werden beide Bezeichnungen gleichsinnig gebraucht, während SCHUCHT[3] die beiden Bodenformen scharf trennen will, weil ihre Entstehung in geologischer Hinsicht durchaus verschieden sei. Vielfach wurden die genannten Bodenformen als Abarten des Knicks angesehen, was jedoch durchaus unberechtigt ist. Ihre Giftigkeit beruht auf dem Gehalt an Schwefeleisen, das, an die Luft gebracht, oxydiert wird und in Eisensulfat, freie Schwefelsäure, unter Umständen in basisches Ferrisulfat und durch Umsetzung in schwefelsaure Tonerde übergeht. Der Gehalt dieser Bodenarten an Kalk bzw. kohlensaurem Kalk kann mehr oder weniger schwanken. Manche Vorkommen sind völlig frei von Karbonat. Das Vorkommen von Schwefeleisen an sich als Einfach- oder Doppel-Schwefeleisen entscheidet noch nicht über die Zugehörigkeit zu einer dieser Bodenformen. Es sei daran erinnert, daß z. B. frischer Seeschlick sowohl Einfach- als auch Doppel-Schwefeleisen enthält; maßgebend ist vielmehr der Umstand, ob der im Boden vorhandene kohlensaure Kalk zur Neutralisation der aus den Sulfiden entstehenden sauren Substanzen ausreicht. Bei völligem Mangel an Karbonat bzw. leichter zersetzlichem Silikat oder Humat kann die Schädigung der Pflanzen auf den genannten Bodenarten nach kurzer Zeit eintreten, während sie bei einem gewissen Gehalt an Karbonaten erst dann eintritt, wenn diese für die bezeichnete Umsetzung verbraucht sind, sich aber aus dem noch nicht erschöpften Vorrat von Schwefeleisen weiter für Pflanzen giftige Stoffe bilden können.

---

[1] SCHUCHT, F. u. R. SCHALLER: Die Bodenverhältnisse des Blattes Eckwarden. Landw. Blatt Herzogtum Oldenburg Nr. 3. 1900.
[2] VAN BEMMELEN, J. M.: Bijdragen tot de Kennis van den alluvialen Bodem in Nederland. Amsterdam 1886.
[3] SCHUCHT, F.: Die Bodenarten der Marschen. Landw. Versuchsstat. 53, 309 (1905).

Nach Schucht ist die Pulvererde ein in mehr oder weniger stehendem Wasser durch die Tätigkeit von Bakterien bei Gegenwart von Eisen entstandenes Produkt, das sich in Fluß- wie Brack- und Meereswassersedimenten findet. Der Maibolt dagegen tritt im Untergrund der sog. Marschmoore auf. Das Liegende des meist aus Phragmites gebildeten Dargs ist stark entkalkt; unter dem Einfluß der organischen Substanz finden kräftige Reduktionsprozesse statt, durch die aus vorhandenen oder durch das Grund- oder Sickerwasser zugeführten Sulfaten (Gips) Schwefeleisen entsteht. Da, wie an anderer Stelle gesagt, in diesen Marschmooren Schlick- und Dargbänke im Profil wechseln können, kann sich unter Umständen auch Maibolt in der Schlicklage im Hängenden der Dargbank finden. Sehr eingehende Untersuchungen über Maibolt im Kehdinger Moor hat an der Moorversuchsstation C. Virchow angestellt[1]. Es geht aus diesen unter anderem hervor, daß im Gegensatz zu der Ansicht von Schucht Maibolt auch Einfach-Schwefeleisen enthält. Wenn man also auch die Unterscheidung von Pulvererde und Maibolt im Sinne Schuchts, soweit sie sich auf die geologische Entstehung stützt, gelten lassen kann, so ist die Trennung, soweit sie sich auf den Gehalt an Einfach- und Doppel-Schwefeleisen bezieht, nicht haltbar. van Bemmelen nimmt sogar an, daß die Bildung des Einfach-Schwefeleisens derjenigen des Zweifach-Schwefeleisens oft, wenn auch nicht immer, vorangehe. Das Doppel-Schwefeleisen kommt in verschiedener Form vor, als leichter zersetzlicher Markasit und als schwerer zersetzlicher Pyrit, vielleicht verwachsen auch beide zu einer Mischform. In bestimmten Gebieten scheint die Pyritform vorzuherrschen. Daneben kann sich Schwefel in elementarer Form und in Form organischer Verbindungen vorfinden. Der Gehalt der beiden besprochenen Bodenformen an Schwefeleisen kann mehrere Prozente betragen.

Die vorstehenden Darlegungen über Marschböden gründen sich vorwiegend auf die Untersuchung der deutschen und holländischen Nordseemarschen, für die die eingehendsten Arbeiten vorliegen. Bildungen ähnlicher Art finden wir in den Mündungsgebieten vieler großer Ströme wie Nil, Donau, Rhône, Mississippi. Fälschlich werden nicht selten auch die in Teichen und Seen zum Absatz gelangenden Bildungen, die den schon besprochenen Muddebildungen zuzurechnen und meistens anderen Ursprungs sind, als Seeschlick bezeichnet und hierher gerechnet.

Gleiböden. Glei ist, wie schon oben bemerkt, eine volkstümliche russische Bezeichnung für eine schlammige, zähe Masse. Wyssotzki[2] führte sie in die Wissenschaft ein für diejenigen Profilhorizonte, die hauptsächlich durch zur Oberfläche steigendes Grundwasser, z. T. auch unter dem Einfluß von Sickerwasser, sich bilden. Schon daraus geht hervor, daß der Anteil dieser einzelnen Faktoren bei der Bildung der Gleiböden schwer zu bestimmen ist. An erster Stelle denkt man dabei an eisenhaltige Wässer, die an der oberen Grenze des Grundwassers Ausscheidungen von Eisenoxydhydrat in Schichten, Knollen, Adern bewirken, jedoch finden sich auch Ausscheidungen von Kalkkarbonat. Sie können sich unter jeglichem Klima und in den verschiedensten Böden finden, wenn man im allgemeinen die Bezeichnung auch auf Böden der gemäßigten feuchten Zone beschränkt. Die Gleiböden stellen somit meist nachträglich eintretende Veränderungen des Bodens durch äußere Einflüsse (z. B. zuströmende, eisenführende Gewässer) dar, durch die die ursprüngliche Beschaffenheit des

---

[1] Virchow, C.: Das Kehdinger Moor, eine chemisch geologische Studie. Landw. Jb. 12, 83 (1883).

[2] Wyssotzki, G. N.: Pedologie 1905, Nr. 4; nach K. Glinka: Typen der Bodenbildung. Berlin: Gebr. Bornträger 1914.

Bodens in seinen Eigenschaften und in seinem Aussehen verändert wird. Das Vorkommen ist nicht auf ebene Lagen beschränkt, sie können sich auch an Hängen, an denen Grundwasser zutage tritt, bilden.

Da es sich im wesentlichen um sekundäre Vorgänge handelt, wie sie bei Böden jeglicher Art eintreten können, scheint, wie schon dargelegt, die Berechtigung, die Gleiböden als besondere Bodenformen zu bezeichnen, zweifelhaft. Auch RAMANN[1] läßt es dahingestellt, ob Gleiböden als besondere Bodenform bezeichnet werden können. Die Ortsteinbildungen in Podsolböden, die Knickbildungen in Marschböden u. a. müßten dann den Gleiböden zugerechnet werden. Sie sind in besonderen Kapiteln behandelt worden, auf die verwiesen sein mag. Hier würde nur noch das Raseneisenerz[2] (Sumpferz, Wiesenerz, Limonit) zu besprechen sein, das nach RAMANN als die am vollkommensten ausgebildete Form der Gleiböden anzusehen ist. Z. T. hat es schon in dem Abschnitt über Humusböden Beachtung gefunden. Die eisenhaltigen Gewässer, die bei Berührung mit Luft zur Ausscheidung von Raseneisenerz Veranlassung geben, enthalten dasselbe wohl überwiegend in Form des sauren kohlensauren Eisenoxyduls, daneben nicht selten, wenn auch in viel geringeren Mengen als phosphorsaures Eisenoxydul, das als Vivianit zur Abscheidung gelangt. Bei Berührung mit der Luft tritt ein Zerfallen der Verbindung unter Bildung von Eisenoxydhydrat und unter Freiwerden der Kohlensäure ein, also ein rein chemischer Vorgang, jedoch kann dieser Prozeß auch unter Mitwirkung niederer Organismen verlaufen[3] (Bakterien, Krenotrixarten). Das Eisen kann ferner im Boden als Eisenhydroxydsol unter dem Schutz von Humuskolloiden wandern und wieder ausgeschieden werden, sowohl unter dem Einfluß von Anionen als auch dem von kolloider Kieselsäure und von Humusstoffen bei entsprechender Konzentration. In feinen Bodenkapillaren soll das Eisen des Sols sich bereits auf den Berührungsflächen ausscheiden[4]. Für die Entstehung des Raseneisenerzes dürften diese Möglichkeiten eine geringe Bedeutung beanspruchen. Der Raseneisenstein kann sich in verschiedener Ausbildung finden, in Pulver- bzw. Krümelform, in Knöllchen bis zentnerschweren Knollen und in Schichten und Bänken, nicht selten in so reiner Form und so reich an Eisenoxyd, daß er mit Vorteil zur Gewinnung von Eisen verhüttet werden kann. Manganbeimischung in irgend erheblichem Maße findet sich selten. Die harten Ausscheidungen verkrusten und erhärten die tieferen Bodenschichten oft in so starkem Maße, z. B. auch in Niederungsmooren, daß dadurch der Bodenbearbeitung Schwierigkeiten erwachsen.

Limonite bzw. Raseneisenerz finden sich in großer Verbreitung in den nordeuropäischen Ländern, namentlich in Verbindung mit moorigen Böden und sind vielfach Gegenstand von Untersuchungen gewesen[5], ebenso nach FRÜH und SCHRÖTER in den nördlichen Staaten der Union, Kanada u. a., wie auch in älteren Formationen. Nachstehend sei die Analyse von vier Proben von Raseneisenerz verschiedener Herkunft nach den Untersuchungen von SCHÜTTE, berechnet auf Prozent der trocken gedachten Substanz, wiedergegeben:

---

[1] RAMANN, E.: Bodenbildung und Bodeneinteilung (System der Böden). Berlin: Julius Springer 1918.

[2] SENFT, F.: Die Humus-, Marsch-, Torf- und Limonitbildungen, S. 168. Leipzig: W. Engelmann 1862 (dort auch das ältere Schriftwerk über diesen Gegenstand). — RAMANN, E.: Bodenkunde, 3. Aufl., S. 100. Berlin: Julius Springer 1911.

[3] WINOGRADSKI, S.: Über Eisenbakterien. Bot. Ztg. 1888, 260.

[4] AARNIO, B.: Experimentelle Untersuchungen zur Frage der Ausfällung des Eisens in Podsolböden. Internat. Mitt. Bodenkde. 3, 131 (1913).

[5] Vgl. außer den vielfach veralteten Angaben bei SENFT (a. a. O.) H. SCHÜTTE: Mitteilungen über die Arbeiten der Moorversuchsstation. 4. Bericht. Landw. Jb. 27, Erg.-Bd. 4 (1898). — EISENLOHR: Leonhards Jb. 1830, 88. — A. GÄRTNER: Arch. Ver. Freunde Naturgeschichte Mecklbg. 51, 897.

	Probe aus Tannenberg bei Osterode	Probe aus der Heide bei Meppen, Emsland	Probe unbekannter Herkunft	Probe aus Heudorf Teufelsmoor bei Bremen
Wasser	3,898	5,260	5,314	5,480
Hydratwasser	4,176	5,470	7,946	9,050
Organische Substanz	3,956	4,960	1,900	5,090
Sand	0,035	24,421	2,269	7,764
Kieselsäure	0,183	1,166	2,865	2,518
Kohlensäure	16,850	3,360	4,795	2,680
Phosphorsäure	1,418	2,090	3,091	1,613
Tonerde	0,040	0,540	—	0,900
Manganoxydoxydul	0,610	0,448	0,317	0,304
Kalk	4,000	2,236	0,600	2,182
Eisenoxyd	4,242	46,400	64,740	60,100
Eisenoxydul	21,835	3,930	6,015	2,245
Schwefelsäure	0,172	0,175	0,184	0,160
Magnesia und Alkalien	Spur	Spur	Spur	Spur

Bemerkenswert ist das Vorhandensein reichlicher Mengen kohlensauren Eisenoxyduls. Der Gehalt an Phosphorsäure in den vorstehenden Proben ist nicht besonders hoch, er kann bei reichlicher Einlagerung von Vivianit (Blaueisenerz) auf 12 und mehr Prozent steigen.

Bemerkenswert ist das Vorkommen von kohlensaurem Eisen in sehr reiner Form in verschiedenen Moorböden, jedoch nur in Niederungsmooren oder niederungsmoorartigen Bildungen, selbst wenn letztere eine ziemlich stark saure Beschaffenheit zeigen. Die Schwerlöslichkeit der Humussäuren und die verhältnismäßig schwere Zersetzbarkeit des wasserhaltigen Ferrokarbonats machen das Vorkommen selbst unter diesen Bedingungen erklärlich[1]. Bei der Kultur bieten die stark limonithaltigen Böden unter Umständen Schwierigkeiten, während andererseits ihr häufig hoher Gehalt an Phosphorsäure, namentlich wenn sie in Form der leichter löslichen Blaueisenerde in gleichmäßiger Verteilung auftritt, eine Einschränkung, sogar eine Unterlassung der Phosphorsäuredüngung gestattet.

Fließerden und Flottsande.

Fließerden. Nach RAMANN[2] bezeichnet man als Fließerden Bodenarten, die aus einem halt- und formbaren Zustand durch Zugabe einer ganz geringen Menge Wasser in einen halbflüssigen Zustand übergehen. Mit ausreichend Wasser versetzt verhalten sich diese Böden wie eine sehr zähe Flüssigkeit. Voraussetzung für ihre Bildung ist ein an Elektrolyten armes Wasser und eine gewisse Kleinheit des Korns unter 0,05 mm. Je feiner das Korn, desto größer die Fließfähigkeit. Die Fließerden sind meist arm an kolloidem Ton und bestehen der Hauptmenge nach aus feinem Gesteinsmehl. Jedoch tritt Fließfähigkeit auch bei manchen Tonen bei ausreichendem Wassergehalt auf. Ähnliche Erscheinungen beschreibt W. SPRING für Quarzsande[3].

Als Fließgrenze bezeichnet man den Bodenzustand, bei dem sich die Konsistenz stoßweise ändert[4], die somit den flüssigen von dem nichtflüssigen Zustand trennt. Die Ermittelung für einen bestimmten Boden geschieht in der

---

[1] TACKE, BR.: Über das Vorkommen von natürlichem kohlensaurem Eisenoxydul. Chem. Ztg. **47**, 845 (1923). — KRUSCH, P.: Z. dtsch. geol. Ges. **74**, 207 (1922).

[2] RAMANN, E.: Die Einwirkung elektrolytarmer Wässer auf diluviale und alluviale Ablagerungen und Böden. Z. dtsch. geol. Ges. **67**, 275 (1915).

[3] SPRING, W.: Procès verbaux Soc. Belg. Geol. **17**, 72 (1913).

[4] ATTERBERG, A.: Die Konsistenz und Bindigkeit der Böden. Internat. Mitt. Bodenkde. **2**, 149 (1912); vgl. auch: Die Plastizität der Tone. Ebenda **1**, 10 (1911).

Weise, daß ihm so viel Wasser zugesetzt wird, daß ein durch den Bodenbrei mit einem Spatel gezogener Schnitt noch steht, daß also die getrennten Teile des Bodens nicht von selbst oder bei leichtem Stoßen des Gefäßes zusammenfließen.

Die Zähigkeit der Fließerden ist am größten bei geringen Korngrößen, mit steigender Korngröße nimmt die Zähigkeit ab und ist noch wenig deutlich bei Korndurchmessern von 0,02—0,05 mm. Jedoch finden sich Böden dieser Körnung, die nicht den Fließerden zuzurechnen sind und andererseits auch solche von gröberem Korn, die, um Fließerden zu bilden, nur eines geringen Auftriebs durch fließendes Wasser benötigen. Löß, Mergelsand und Flottsand sind sich in ihrer mechanischen Zusammensetzung sehr ähnlich. Löß ist jedoch standfest, und die Erosion bildet tief eingeschnittene Schluchten mit steilen Wänden, Flottlehm bzw. Flottsand werden beim Durchfeuchten mit Wasser fließbar und quellen an Wegeeinschnitten und Grabenrändern als breiige Massen heraus, Mergelsande nehmen im allgemeinen eine mittlere Stellung ein. Sie sind für gewöhnlich standfest, leicht durchlässig für Wasser und behalten auch in feuchtem Zustand ihre Form. Wo sie mechanisch zu feinem Sand zerrieben sind, wie auf Wegen mit starkem Verkehr, werden sie feucht formbar und bilden nach Regen breiige, geflossene Massen mit deutlichen Kennzeichen der Fließerden. Die Entstehung der Fließerden in der Natur steht in engem Zusammenhang mit dem Absatz aus elektrolytarmem Wasser und dem Gehalt der Bodenflüssigkeit an Elektrolyten[1], während bei höherem Elektrolytgehalt keine Einzelkornstruktur, sondern Krümelung auftritt. Ausgedehnte Verbreitung besitzen die Fließerden in polaren und südpolaren Gebieten, jedoch ist ihr Vorkommen auch in anderen Zonen nicht ausgeschlossen. Unter verschiedenen örtlichen Verhältnissen gelangen verschiedene Formen zur Ausbildung. Daß sie in arktischen Gebieten besonders häufig auftreten, liegt nach SAPPER[2] daran, daß eine geschlossene Pflanzendecke, die ihre Unterlage schützen könnte, mehr oder weniger fehlt. Es tritt so eine sehr starke Durchtränkung ein, die zum Fließen führt. Der Pflanzenwuchs in polaren Gegenden ist vielfach nicht imstande, ebenso wie in der Hochgebirgsregion wärmerer Zonen, das langsame Abwärtsfließen des Bodens zu verhindern, er paßt sich sogar in gewissen Fällen, wie SWENANDER auf der Bäreninsel festgestellt hat, in seiner Wurzelausbildung der Bodenbewegung an[3]. Ein zweiter Grund für das reichliche Auftreten der Fließerden in den nordischen Gegenden dürfte der ständig gefrorene Boden sein, weniger weil er als Gleitfläche dient, sondern weil er ein Versinken des Sickerwassers in tiefere Schichten hemmt. In manchen Gegenden hoher Breiten mit geringen Niederschlagsmengen würden überhaupt Fließerden nicht vorkommen, wenn nicht die Niederschläge sich in Form von Schnee anhäuften und bei der Schneeschmelze im Frühjahr große Wassermengen lieferten, die die Bodenoberfläche völlig durchtränken und zum Fließen bringen. Ein Fließen kann natürlich nur dann eintreten, wenn die erforderliche Neigung vorhanden ist, jedoch kann beim Fehlen einer solchen der Boden die Eigenschaft der Fließerden annehmen, ohne ins Fließen zu geraten

---

[1] Vgl. E. RAMANN: Einwirkung elektrolytarmer Wässer auf diluviale und alluviale Ablagerungen und Böden. Z. dtsch. geol. Ges. **67**, 275 (1915).

[2] SAPPER, K.: Erdfließen und Strukturboden in polaren und subpolaren Gebieten. Internat. Mitt. Bodenkde. **4**, 52 (1914). — Vgl. auch dort die Quellenangabe über das umfangreiche Schriftwerk über diesen Gegenstand. Über ähnliche Erscheinungen in außerpolaren Gegenden: B. BRANDT: Über Erdfließen im norddeutschen Flachland. Z. Ges. Erdkde. **1914**, 697. — Ferner S. PASSARGE: Morphologie des Meßtischblattes Stadtremda. Mitt. geogr. Ges. Hamburg **28**, 173 (1914). — CHR. TARNUZZER: Beiträge zur Geologie des Unterengadins. Geol. Karte der Schweiz, 23. Lieferung. 1909.

[3] ANDERSSON: Solifluction, S. 97. — HÖGBOM, B.: Bull. geol. Inst. Upsala **9**, 50.

(sog. latente Fließfähigkeit). In den tropischen Gebieten sollen dünnflüssige, brei-artige Fließerden vorkommen, während in polaren und subpolaren nur dick-flüssige beobachtet sind, deren Bewegung verhältnismäßig langsam erfolgt. In-folgedessen tritt auch keine Sonderung der im Boden etwa vorkommenden nicht-homogenen Bestandteile ein. Die homogenen Fließerden polarer und außerpolarer Gebiete sind von den sog. Strukturböden, bei denen eine Trennung der unhomo-genen Bestandteile in einer gewissen Gesetzmäßigkeit auftritt, zu trennen und in einem besonderen Abschnitt (siehe Rautenböden[1]) behandelt. Die Oberfläche der homogenen Fließerden ist bei Erdströmen geringer Ausdehnung oft durch konvex nach abwärts gerichtete Wülste und Runzeln gekennzeichnet. Breite Fließerdeströme zeigen dagegen derartige Wulstungen für gewöhnlich nicht, dagegen an der sonst glatten Oberfläche oft langgestreckte Risse, die an hängigem Gelände langgestreckte Erdfelder begrenzen[2], Kontraktionsrisse, entweder durch Austrocknen oder Auftauen entstanden. Auf den Erdfeldern selbst zeigen sich dann häufig noch feine regellos angeordnete, beim Austrocknen entstandene Risse. Über Erdfließen im norddeutschen Flachland in einigen Tälern des Flämings des südlichen Höhenrückens in der norddeutschen Tiefebene macht B. Brandt[3] lehrreiche Mitteilungen. Er räumt dem Erdfließen neben der Wirkung des Frostes und der erodierenden Tätigkeit des fließenden Wassers einen gleich-berechtigten Platz für die äußere Gestaltung der Landschaft ein, hält aber die Ausbildung von sog. Solifluktionsformen der Landschaft mehr abhängig vom Schnee als vorwiegender Form der Niederschläge. In dem Maße, wie Regen überwiegt, verschwindet die formgestaltende Kraft des Erdfließens, ohne daß der Anteil an der Abtragung in gleichem Maße abnimmt. Passarge vermutet ein Erdfließen auf Rötletten[4], also auf tonigem Boden, ohne ein solches unmittel-bar beobachtet zu haben.

Flottsande. Die Flottsande stehen in gewisser Hinsicht den Fließerden nahe, wenigstens was ihre mechanische Zusammensetzung angeht, und sind andererseits nach ihrer Entstehung dem Löß verwandt. Der Flottsand ist ein sehr tonarmer, häufig fast tonfreier, aus Quarzstaub und feinkörnigem Sand entstandener Boden. Die feinkörnige Beschaffenheit hat wohl zu dem irreführen-den Namen Flottlehm Veranlassung gegeben[5]. Kalkfrei und ungeschichtet tritt er in wechselnder Mächtigkeit auf, jedoch, soweit Beobachtungen vorliegen, nicht über 3 m, nach anderen Mitteilungen nicht über 4 m. In reiner Aus-bildung ist er frei von Geröllen und Geschieben, jedoch sind öfters im Liegenden Geschiebe anzutreffen. Über seine Entstehung waren die Ansichten sehr geteilt. Während Ramann[6] ihn als Erzeugnis der Aufschlämmung von Moränen ansieht, erklärt die neuere Auffassung seine Entstehung wie folgt: Der Flottsand ist ein von Stürmen zusammengetragenes, staubförmiges Material ähnlich dem Löß, aber im Gegensatz zu diesem kalkarm. Außerdem unterscheidet er sich von diesem dadurch, daß er sich am Eisrand auf der Eisdecke ablagerte, langsam in das Eis einschmolz und somit in gewissem Sinne eine Innenmoräne bildete. Beim langsamen Abschmelzen des Eises sank er zu Boden. Er ist also nach dieser Auf-fassung als Eissediment, nicht als Windsediment anzusehen und entspricht

---

[1] Vgl. auch insbesondere dieses Handbuch 3, 82.

[2] Andersson: Solifluction, S. 97. — Högbom, B.: Bull. geol. Inst. Upsala 9, 50.

[3] Brandt, B.: a. a. O., S. 697. — Vgl. ferner P. Kessler: Das eiszeitliche Klima. Stuttgart 1926.

[4] Passarge, S.: a. a. O., S. 173.

[5] Stoller, J.: Geologischer Führer durch die Lüneburger Heide. Braunschweig: Fr. Vieweg & Sohn 1918. — Dewers, F.: Beiträge zur Kenntnis des Diluviums in der Um-gebung des Dümmersees. Abh. Naturw. Ver. Bremen 27, S.-A. (1928).

[6] Ramann, E.: Bodenkunde, 3. Aufl., S. 548. Berlin: Julius Springer 1911.

einem ähnlichen, noch heute zu beobachtenden Vorkommen auf dem polaren Eis (Kryokonit).

Im Gebiet glazialer Ablagerungen treten die Flottsande in erheblicher Verbreitung auf. Infolge ihrer eigenartigen Beschaffenheit hat man ihnen meist Lokalnamen gegeben wie Flottsand, Flottlehm in Hannover, Kvalb in Norwegen, Senkelboden in Westfalen, Schlierboden in Süddeutschland und Österreich, Szikböden in Ungarn, nach HILGARD crowfished in Nordamerika[1]. Auf den preußischen geologischen Karten werden diese Böden als Mergelsande oder sehr feinsandige Ablagerungen bezeichnet. Gegen Wasser verhält sich der Flottsand in kennzeichnender Weise. Er nimmt sehr viel davon auf und wird bei geringem Druck fließend, so daß er an Wegegräben oder bei Bohrungen, Brunnenbauten in großen Mengen hervorquillt (schwimmender Sand, Triebsand). Beim Austrocknen bildet er zusammenhängende, dichte, aber leicht zerreibliche Stücke. Jedoch ist dieses Verhalten nicht mit Bildsamkeit, Plastizität, zu verwechseln[2]. Bei den kalkarmen Böden tritt meist Einzelkornstruktur auf, und diese geraten leichter ins Fließen als an Kalk oder Humus reiche Flottsande. Besonders verbreitet sind sie nach ATTERBERG[3] in Schweden, wo sie nicht selten dem Eisenbahnbau Schwierigkeiten bereiten und als Gärlehm oder auch als Mosande bezeichnet werden. Ausgedehnte Vorkommen von meist recht kalkarmen Flottsanden finden wir westlich der Elbe in der Lüneburger Heide[4], zwischen Weser und Hunte in der alten Grafschaft Hoya, in Inseln zerstreut in allen Diluvialgebieten Schleswig-Holsteins und westlich der Elbe einschließlich Hollands. Triebsande sind besonders häufig in Dünengebieten mit elektrolytarmem Wasser. Eingehend untersucht sind die Triebsande der Kurischen und Frischen Nehrung[5]. Die Flottsande sind wegen ihrer überaus dichten Lagerung im allgemeinen ungünstige Waldböden, liefern aber, unter Umständen nach ausreichender Zufuhr von Kalk und Humus, gute Ackerböden. Nachstehend seien die Ergebnisse der Untersuchung einiger Flottsande auf ihre mechanische und chemische Zusammensetzung, die im Laboratorium der Moorversuchsstation in Bremen ausgeführt wurden, wiedergegeben.

Nr. 1. Flottsand (Schleppsand) aus Jag. 65b der Oberförsterei Medingen bei Bevensen, Reg.-Bez. Lüneburg. 46jähriger dürftiger Eichenbestand, der 1856 nach Kartoffeln, die mit Guano gedüngt waren, angepflanzt ist. Ungeschichteter, sehr dicht gelagerter, gelber, schwach toniger Sand ohne Feldspat mit wenig Glimmer, schwach humos, sauer, 30 cm unter der Oberfläche.

Nr. 2. Oberförsterei Harburg. Jag. 149. Höpen. Oberfläche 1—20 cm bräunlichgelber, schwach humoser, feinkörniger Sand ohne kohlensauren Kalk.

Nr. 3. Dazugehörige tiefere Schicht 80—100 cm, äußerlich der Oberfläche ähnlich.

Nr. 4. Oberförsterei Harburg. Jag. 159. Vahrendorfer Sunder. Dunkelgelblichbrauner Flottsand mit einigen lebenden Wurzeln ohne kohlensauren Kalk.

Nr. 5. Tiefere dazugehörige Schicht 60 cm. Gelber, von kohlensaurem Kalk freier Flottsand mit vereinzelten größeren Geschieben.

In 100 Teilen völlig trocken gedachter Bodenmasse wurden gefunden (löslich in kochender Salzsäure, spez. Gewicht 1,15):

[1] RAMANN, E.: Bodenkunde, 3. Aufl., S. 548. Berlin: Julius Springer 1911.
[2] EHRENBERG, P.: Die Bodenkolloide, S. 183. Dresden u. Leipzig: Th. Steinkopff 1915.
[3] ATTERBERG, A.: Internat. Mitt. Bodenkde. 1, 19 (1911).
[4] Geologische Karte von Preußen, Lieferung 156. 1911.
[5] BEHRENDT, G.: Geologie des Kurischen Haffes. 1869. — ZWECK, A.: Jb. Kgl. Oberrealschule Königsberg i. Pr. 1903.

	Nr. 1	Nr. 2	Nr. 3	Nr. 4	Nr. 5
Verbrennliche Stoffe	1,28	3,89	1,22	5,71	1,64
Darin Stickstoff	0,02	—	—	—	—
Mineralstoffe	98,72	96,11	98,78	94,29	98,36
In Salzsäure Unlösliches	95,16	—	—	—	—
Kalk	0,06	0,12	0,20	0,10	0,09
Magnesia	0,26	—	—	—	—
Kali	0,12	0,06	0,17	0,09	0,23
Eisenoxyd + Tonerde	2,83	1,28	1,97	1,89	2,12
Manganoxyduloxyd	0,05	—	—	—	—
Phosphorsäure	0,03	0,10	0,11	0,14	0,18
Schwefelsäure	0,01	—	—	—	—

Auf 1 ha sind in einer 20 cm starken Schicht vorhanden[1]:

	Nr. 1 kg	Nr. 2 kg	Nr. 3 kg	Nr. 4 kg	Nr. 5 kg
Stickstoff	483	—	—	—	—
Kalk	1706	2832	5849	2443	2606
Phosphorsäure	967	2402	3217	3421	5212
Kali	3412	1441	4972	2199	6660

In Normal-Chlorkaliumlösungen wurden für Nr. 2—5 folgende p_H-Werte ermittelt:

Nr. 2 3,75;   Nr. 3 4,20;   Nr. 4 3,82;   Nr. 5 4,04.

Die mechanische Analyse der Proben 2—5 nach Kraus und Atterberg ergab folgende Werte:

Körnung mm	Nr. 2 %	Nr. 3 %	Nr. 4 %	Nr. 5 %
> 5	—	—	—	6,21
> 3	0,05	—	—	0,17
> 2	0,11	—	—	0,10
> 1	—	—	0,35	—
> 0,5	0,70	—	0,58	0,94
> 0,2	4,73	5,06	3,17	3,49
> 0,1	12,65	11,13	7,74	5,42
> 0,05	43,37	52,08	47,65	47,25
> 0,02	22,42	19,21	24,63	19,17
> 0,002	15,59	11,79	14,06	14,92
< 0,002	0,38	0,73	1,82	2,33

Mitteilungen über Schleppsand (Flottlehm) derselben Gegend finden sich in den Erläuterungen zur geologischen Karte von Preußen[2], Blatt Harburg. Der Tongehalt dürfte jedoch zu hoch angegeben sein.

Eschböden. In gewissem Sinne gehören zu den nicht ortssteten, d. h. zu den Wanderböden, auch die sog. Eschböden bestimmter Gegenden Nordwestdeutschlands, namentlich in den Regierungsbezirken Osnabrück, Aurich, im südlichen Oldenburg und im Bezirk Stade. Das Wandern kommt hier allerdings nicht durch den Boden selbst, sondern durch den mechanischen Eingriff, die Verfrachtung durch den Menschen, zustande. Seit unvordenklichen Zeiten wird in diesen Gegenden die sog. „Plaggenwirtschaft" geübt. Die Plaggen gewinnt man, indem man die mit einer Heide- oder Grasnarbe bewachsene, mehr oder

---

[1] Für die Berechnung der absoluten Mengen an Pflanzennährstoffen sind die nicht auf zwei Stellen abgerundeten Zahlen benutzt worden.

[2] Koert, W.: Erläuterung zur geologischen Karte von Preußen. Lieferung 155, Blatt Harburg. Berlin 1914.

weniger humushaltige Oberflächenschicht in einer Tiefe von 10—15 cm ablöst, sie in großen Mengen zusammenbringt, mit meist geringen Mengen Stalldünger versetzt und den so gewonnenen Erddünger, nachdem er gar geworden, auf das Ackerland bringt. Die Hauptfrucht des Eschlandes ist jahraus, jahrein Roggen, meist eine Lokalsorte, die verhältnismäßig hohe Erträge bringt. Selten wird der Roggenbau durch Buchweizen, Hafer oder Kartoffeln unterbrochen. Um für wenige Morgen Acker den nötigen Dünger zu gewinnen, müssen verhältnismäßig große Heideflächen ihrer Oberflächenschicht beraubt und große Massen von Boden bewegt werden. Das Verfahren hat sich trotz seiner Unwirtschaftlichkeit in den genannten Gebieten bis jetzt erhalten. Im Laufe der Jahrhunderte ist der ursprüngliche Boden durch die alljährliche Zufuhr von Boden wesentlich aufgehöht worden, so z. B. nach Untersuchungen von SALFELD[1] in einigen Gemeinden am Rande des großen Bourtanger Moores im Emsland um über 1 m. Nicht selten lagert unter dem aufgebrachten Sandboden ein wertvollerer, lehmiger Boden. Der in erster Linie das Plaggenmaterial liefernde Heideboden ist verhältnismäßig arm (siehe oben) an wichtigen Pflanzennährstoffen, die zudem in schwer zugänglicher Form vorhanden sind, wenn sie auch durch den Prozeß des Kompostierens bis zu einem gewissen Grade aufgeschlossen werden mögen. Zwei typische Plaggenböden, die allerdings anscheinend noch nicht zum Plaggenhieb genutzt worden waren — mit wiederholter Nutzung werden die Plaggen natürlich immer nährstoffärmer —, hatten nach Untersuchungen der Moorversuchsstation nachstehende Zusammensetzung in 100 Teilen trockenen Bodens:

	Nr. 1	Nr. 2		Nr. 1	Nr. 2
Verbrennliche Stoffe	9,92 Teile	10,82 Teile	Kalk	0,06 Teile	0,05 Teile
Stickstoff	0,18 ,,	0,29 ,,	Kali	0,04 ,,	— ,,
Mineralstoffe . . .	90,08 ,,	89,18 ,,	Phosphorsäure . . .	0,06 ,,	0,03 ,,

und enthielten in einer 20 cm starken Oberflächenschicht von 1 ha Fläche in Kilogramm:

	Nr. 1 kg	Nr. 2 kg		Nr. 1 kg	Nr. 2 kg
Stickstoff.	3608	5587	Kali	802	—
Kalk.	1203	1044	Phosphorsäure . . .	1203	599

Die Zusammensetzung der Eschböden entfernt sich naturgemäß nicht sehr weit von der der Heideböden, welche den Eschböden ihr Dasein verdanken. Ihrer ganzen Entstehung nach auf kalkarmen Böden ist der Humus der Heideplaggen und infolgedessen auch der Eschböden stark sauer.

Nach Untersuchungen der Moorversuchsstation hatte die Azidität einer Reihe von Eschböden, ermittelt nach dem Verfahren von TACKE[2], ausgedrückt in Äquivalenten Kohlensäure, berechnet auf Bodentrockensubstanz, nebenstehende Werte.

	Azidität der Trockenmasse %	Verbrennliche Substanz %	Azidität der organ. Substanz CO_2 %
I.	0,091	5,54	1,65
II.	0,116	7,60	1,55
III.	0,085	5,15	1,66
IV.	0,121	6,62	1,84

Der Humus der Eschböden ist mithin fast so sauer wie der des Hochmoorbodens. Infolgedessen gedeihen auch auf ihm nur die genannten weniger säureempfindlichen Kulturgewächse. Künstliche Düngemittel haben nur nach entsprechender Kalkung oder Mergelung einen befriedigenden Erfolg. Danach

---

[1] Unveröffentlicht geblieben, nach mündlicher Mitteilung.
[2] TACKE, BR.: Über die Bestimmung der freien Humussäuren im Moorboden. Chem. Ztg. 21, 174 (1897).

hat es aber auch mit dem sog. ewigen Roggenbau ein Ende, und es wird die Einrichtung eines zweckmäßigen Fruchtwechsels unerläßlich. Ganz abgesehen von der Unwirtschaftlichkeit der Plaggenwirtschaft, die unter den heutigen Verhältnissen eine der teuersten Wirtschaftsformen darstellt, ist ein Verfahren, durch das weite Flächen ihrer an und für sich schwachen Bodenkraft beraubt werden, um kleine Flächen in Nutzung zu bringen, zu verwerfen. Eingehende Untersuchungen über den Eschboden hat auch W. GEILMANN[1] beigebracht, hier finden sich auch eine große Anzahl von analytischen Belegen für seine Zusammensetzung.

4. Tropische und subtropische Humus- und Bleicherdebildungen.

Von F. GIESECKE, Göttingen.

Mit 18 Abbildungen.

Verbreitung der Humusbildungen in den Tropen und Subtropen.

Moore und Torf. Bis vor ca. zwei Dezennien war man allgemein der Ansicht, daß humusreiche Böden, besonders aber Moor- und Torfböden, in den Tropen und den Subtropen nicht vorkämen, man glaubte, daß nur in kühlen, gemäßigten Gebieten humusreiche Böden anzutreffen seien. In erster Linie wurden Rohhumus-, Moor- und Torfbildung, wie aber auch Bleicherdebildungen in warmen Gebieten nicht vermutet. Es wurde die Verneinung tropischer Humusanhäufung geradezu zu einem Dogma, wie GOEBELER[2] hervorhebt. Die Gründe hierfür sind zweifacher Natur. Erstens wurde angenommen, daß infolge der hohen Temperaturen und der Feuchtigkeit die organische Substanz sehr bald zerstört werden würde, so daß eine Anhäufung von Humus nicht stattfinden könnte. Der zweite Grund liegt nach GOEBELER wenigstens für die Moorböden darin, daß die Tropen im großen und ganzen betrachtet, der Wissenschaft augenfälligere Probleme zuweisen, als gerade solche, die das Eindringen in die verstecktesten und unzulänglichsten Winkel erforderten. Ferner scheint es fast so, als habe man sich allgemein vorgestellt, daß arides Klima (nach PENCK[3]) gleich tropischem Klima sei, und daß demgemäß aride Böden (Trockenböden) im Sinne HILGARDS[4] gleichbedeutend mit tropischen Böden seien. LANG[5] hat in zusammenfassender Weise darauf hingewiesen, daß Feuchtböden in den Tropen nicht etwa zufällige oder Ausnahmeerscheinungen bilden, sondern „typische Bildungen ganz bestimmter Tropengebiete, und zwar der feuchten Zonen derselben sind".

Es kommt noch etwas anderes hinzu, nämlich daß man sich infolge der meistens leuchtenden, rot gefärbten Böden überhaupt über den Humusgehalt tropischer und subtropischer Böden täuschte. VAGELER[6] weist in neuester Zeit ganz besonders darauf hin, daß in bezug auf den Humusgehalt tropischer Böden „wohl niemals aus dem Augenschein eine falschere Schlußfolgerung gezogen worden ist". „Der

---

[1] GEILMANN, W.: Der Eschboden und seine Düngerbedürftigkeit. J. Landw. 71, 53—115 (1924).

[2] GOEBELER: Über tropische Moorbildungen. Mitt. Ver. Förd. Moorkult. Dtsch. R. 39, 285 (1921).

[3] PENCK, A.: Versuch einer Klimaklassifikation auf physiographischer Grundlage. Sitzgsber. Akad. Wiss. Berlin 1910.

[4] HILGARD, E. W.: Soils. New York 1906. — Ders.: Die Böden arider und humider Länder. Internat. Mitt. Bodenkde. 1, 415 (1911).

[5] LANG, R.: Versuch einer exakten Klassifikation der Böden in klimatischer und geologischer Hinsicht. Internat. Mitt. Bodenkde. 5, 317 (1915).

[6] VAGELER, P.: Grundriß der tropischen und subtropischen Bodenkunde, S. 17. Berlin 1930.

Humusgehalt der Böden im Tropenklima, besonders wo reichliche Regen fallen, ist durchaus nicht gering", fährt VAGELER fort, indem er gleichzeitig auf die außerordentliche Verbreitung der Moorbildungen in den warmen Klimaten hinweist. Durch die Auffindung von Mooren in den Tropen wird die Humusanhäufung besonders augenscheinlich. Es war natürlich den Tropenforschern nicht unbekannt, daß die Völker tropischer und subtropischer Gebiete gewisse Schwarzwasserflüsse als „schwarze Flüsse" oder „Schwarzwasser" (Soengei itam, Ajer itam[1], Rio negro[2], Kara su[3] usw.) bezeichneten, aber selbst Forschern wie v. HUMBOLDT, LYELL (1858) und v. RICHTHOFEN (1886)[4] blieb der ursächliche Sachverhalt über die Entstehung der schwarzen Farbe dieser Flüsse unbekannt, bzw. man glaubte zu jener Zeit, daß die Moor- und Torfbildungen lediglich in höheren Gebirgslagen der warmen Zonen zu finden wären, wobei betont werden muß, daß die Schwarzwasserflüsse allerdings nicht lediglich aus Moor- oder Torfgebieten zu stammen brauchen, sondern auch ihre Farbe Faulschlammbildungen verdanken können[5]. WOHLTMANN führt die in den Tropen „außerordentlich schmutzige bis dunkelbraune Färbung"[6] der Flüsse auf die Fortspülung und Auswaschung organischer Substanzen, die durch die von den Atmosphärilien, durch tierische und pflanzliche Zerstörer eingeleiteten Zersetzungsprozesse der üppigen Vegetation entstanden sind, zurück. Derselbe Autor schreibt: „Selbstverständlich bilden sich in den Tropen nicht minder wie in den Gebieten der gemäßigten Zone überall dort Humusböden, wo sumpfige, abflußlose Terrains vorliegen. Aber Moorböden und Torfablagerungen, Hochmoore usw. fehlen in den Ländern der heißen Zonen, ausgenommen in besonders hohen Gebirgslagen (in Indien über 1100 m Meereshöhe)"[7]. Auch die Untersuchungen BOUSSINGAULTs über den Einfluß der Temperatur auf die Zersetzung organischer Substanz ließen diesen Autor darauf schließen, daß z. B. „Torf in den heißen Zonen eine ganz unbekannte Bildung sei[8]", trotzdem lenkt 1901 A. MAYER[9] die Aufmerksamkeit auf die hohe Anteilnahme des Humus am Aufbau der Walderden in den Tropen (auf Grund eigener Analysen von Sumatraböden) und schreibt: „Die Wahrheit ist wohl, daß Sumpfmoorböden (Niederungs- oder Grünlandsmoore, laag veen holl.) in den Tropen keine Seltenheit sind, und daß nur die eigentlichen Hochmoore daselbst fehlen." Diese Vermutung MAYERs sollte, bzw. war schon durch die Entdeckung von Mooren in den Tropen bestätigt, wenngleich die ersten authentischen Angaben noch recht unvollständig waren.

Die erste uns erhaltene Mitteilung soll nach Angaben von C. E. A. WICHMANN (1909) schon aus dem Jahre 1794 von JOHN ANDERSSON stammen, der über ein Moor aus Niederländisch-Indien berichtet[10]. Diese Mitteilung wurde also erst über ein

---

[1] LANG, R.: Rohhumus- und Bleicherdebildung im Schwarzwald und in den Tropen. Jhefte. Ver. vaterl. Naturkde. Württ. **71**, 119 (1915).

[2] REINDL, JOSEPH: Die schwarzen Flüsse Südamerikas. München 1903.

[3] Z. B. ist der die Sümpfe westlich des Erdschias-Daghs bei Kaiseriye (Türkei) entwässernde Fluß wegen seiner dunkelbraunen Farbe so genannt.

[4] Nach Zitat bei GOEBELER: a. a. O., S. 285.

[5] KEILHACK, K.: Über tropische und subtropische Torfmoore auf der Insel Ceylon. Jb. Kgl. Preuß. Landesanst. f. d. J. 1915, **36**, T. II, 103 (Berlin 1917).

[6] WOHLTMANN, F.: Handbuch der tropischen Agrikultur **1**, 172. Leipzig 1892.

[7] WOHLTMANN, F.: a. a. O., S. 173.

[8] Vgl. ADOLF MAYER: Lehrbuch der Agrikulturchemie 2. Teil, 1. Abt. Die Bodenkunde, 5. Aufl., S. 71, Anm. Heidelberg 1901.

[9] MAYER, A.: a. a. O., S. 71.

[10] WICHMANN, C. E. A.: The fens of the Indian Archipelago 1909 nach K. KEILHACK: Über tropische und subtropische Torfmoore auf der Insel Ceylon. Jb. Kgl. Preuß. Geol. Landesanst. f. d. J. 1915, **36**, T. II, 102 (Berlin 1917). — Vgl. auch A. v. HORN: Die Ausdehnung der Moore in den Vereinigten Staaten von Nordamerika und in den Tropen. Mitt. Ver. Förd. Moorkult. Dtsch. R. **35**, 319 (1917).

Jahrhundert später bekannt, vor deren Erscheinen wohl als erster S. H. Coorders (1891), der an einer unter der Führung J. W. Yzsermans stehenden Expedition teilnahm, über ein Tropenmoor auf Sumatra genauer berichtete[1]. Ehe jedoch auf Veranlassung von H. Potonié die Bodenproben dieses Moores untersucht wurden[2], gab dieser Autor[3] die Mitteilung von dem sicheren Vorhandensein von echten Mooren mit Torfboden in tropischem Klima bekannt. 1908 beschrieb Glinka[4] zwei Arten von moorigen Böden der tropischen Breiten, von denen er eine zu den „Süßwassermoorböden" und die andere zu den Marschen, in welch letztere Gruppe er auch die Mangroveböden der Tropenküsten einreihte, rechnete. Ferner gibt Jul. Mohr[5] für die indischen Inseln eine, wenn auch wissenschaftlich nicht befriedigende Beschreibung tropischer Moorböden (Hinterdeli, Serdang)[6]. Im Jahre 1909 berichtet C. E. A. Wichmann[7], daß Torfmoore in großer Verbreitung in Neuguinea, Borneo, Java, Sumatra auftreten. Nach ihm befinden sich allein auf Java 4000 ha Moore, ferner sind auf Sumatra und in Süd- und Ost-Borneo noch größere Moorflächen anzutreffen[8]. Bijlert[9] erwähnt 1910 das Vorkommen von Eisenverbindungen unter Moor im tropischen Flachland von Sumatra. Die Farbe der Sümpfe und Flüsse von Sumatra sind hellkaffeebraun[10]. Aus dem Jahre 1911 wurde dann von H. Reck[11] über die Auffindung von Torfmoorbildungen im tropischen Ostafrika durch W. Janensch und H. v. Staff[12] berichtet. Dieser Bericht wurde durch eingehendere Mitteilung durch W. Janensch selbst erweitert, doch läßt dieselbe, wie dies schon Keilhack[13] hervorhebt, das nähere Eingehen auf die Vegetation vermissen, so daß E. Werth nur nach photographischen Aufnahmen die Entwicklung der Vegetation und den Bestand ermitteln konnte. A. Schultze[14] schildert die Moorgebiete im südlichen Kamerun am Djahflusse (linker Nebenfluß des Ssangaflusses, der seinerseits der größte linke Nebenfluß im Unterlaufe des Kongo ist). Es handelt sich um Waldmoore, die hauptsächlich mit Raphiapalmen und Baumfarnen bestanden sind. Je mehr diese beiden Pflanzen vorherrschen, um so ausgesprochen dunkler ist die Farbe der Sumpf-, Bach- und Flußwässer. Der genannte Autor weist auch auf das Vorkommen einer Bleicherdebildung hin: „Fast regelmäßig stößt man an den Bachufern nach Entfernung der knietiefen oder gar noch mächtigeren schwarzen

---

[1] Vgl. K. Keilhack: a. a. O., S. 103, u. Goebeler: a. a. O., S. 285, 286.

[2] Potonié, H.: Die rezenten Kaustobiolithe und ihre Lagerstätten. Abh. Kgl. Preuß. Geol. Landesanst., N. F., H. 55, III, 180 (1912); und Die Tropen-Sumpfflachmoornatur der Moore des produktiven Karbons. Jb. Kgl. Preuß. Landesanst. f. d. J. 1909, 30, T. I.

[3] Potonié, H.: Ein von der Holländisch-Indischen Sumatra-Expedition entdecktes Tropenmoor. Naturw. Wschr. vom 20. Okt. 1907.

[4] Nach Angabe von K. Glinka: Die Typen der Bodenbildung, S. 171. Berlin 1914, in seiner russischen Bodenkunde, S. 484. 1908. Leider war das Original nicht zugänglich. — N. M. Tulaikoff: J. Agric. Sci. 8, 80 (1908) (nach Jber. Agrikult.-Chem. 51, 65 (1908) nimmt in seiner „genetischen Klassifikation von Böden" diese Moor- und Torfbildungen aber noch als nur in gemäßigten, kühlen Breiten vorkommend an.

[5] Mohr, Jul.: Bull. Dep. agrikult. Ind. Neederl. Nr. 17. 1908; zit. nach E. Ramann: Bodenkde., 3. Aufl., S. 188. Berlin: Julius Springer 1911.

[6] Glinka, K.: a. a. O., S. 171.

[7] Zit. nach K. Keilhack: a. a. O., S. 102.   [8] Vgl. A. v. Horn: a. a. O., S. 319.

[9] Bijlert, A. van: Vorkommen von Eisenverbindungen in einem Niedertorfmoor in dem tropischen Tiefland. (Sumatra.) van Bemmelen-Festschrift Mai 1910; nach Chem. Zbl. 1, 1002 (1911).

[10] Erb, Jos.: Mitt. an H. Potonié: Die rezenten Kaustobiolithe und ihre Lagerstätten. Abh. Kgl. Preuß. Geolog. Landesanst., N. F. 2, H. 55, 32 (1911).

[11] Reck, H.: Sitzgsber. Ges. naturforsch. Freunde, S. 393. Berlin 1911.

[12] Vgl. H. Potonié: Abh. Preuß. Geol. Landesanst. 3, 190.

[13] Keilhack, K.: a. a. O., S. 106.

[14] Schultze, A.: Deutsch-Kongo und Südkamerun in Adolf Friedrich, Herzog zu Mecklenburg: Vom Kongo zum Niger und Nil, 2, 236. Leipzig: F. A. Brockhaus 1912.

Schlammschicht auf weißgraues oder selbst schneeweißes Kaolin, das allmählich, je tiefer man gräbt, in das darunterliegende verwitterte Gestein übergeht." Um Kaolin wird es sich wahrscheinlich nicht handeln, sondern um eine Bleicherdeschicht, aber wichtig ist ohne Frage, daß auch hier solche Beobachtungen zur Auffindung derartiger Bildungen geführt haben.

Die wirklich nach allen Seiten hin — chemisch wie botanisch — erste befriedigende Untersuchung von Moorbildungen in den Tropen bzw. Subtropen übermittelt uns KEILHACK[1], die dieser 1913 vornahm. Natürlich gibt uns die getrennte Beobachtung COORDERS und Untersuchung POTONIÉs schon eine erwünschte Kenntnisbereicherung über die Zusammenhänge zwischen Vegetation und Boden tropischer Moorgebiete. Diesen Untersuchungen KEILHACKS

Abb. 1. Baumfarne am Rand eines sumpfigen Bachlaufes im Urwald. (Djahgebiet in Südkamerun.)[2]

ist aber ganz generell noch eine besondere Bedeutung beizumessen, insofern, als durch den genannten Autor das Auftreten von Hochmoor in den Tropen, mindestens in der subtropischen Zone, nachgewiesen worden ist, was POTONIÉ[3] noch einige Jahre vorher als unmöglich hinstellte, wohingegen R. POTONIÉ[4] später auf Grund der KEILHACKschen Untersuchungen schreibt, daß, ,,wenigstens im subtropischen Gebiet, auch oberhalb des Grundwasserspiegels noch Torf zu entstehen vermag". 1911 spricht RAMANN[5] im Zusammenhang mit den Schwarzwässern die Vermutung aus, daß in den Böden der tropischen Urwälder (Süd-

---

[1] KEILHACK, K.: a. a. O., S. 103—143.
[2] Aus ADOLF FRIEDRICH, Herzog zu MECKLENBURG: Ebenda 2, Abb. 164, zwischen S. 240 u. 241. Leipzig: F. A. Brockhaus 1912.
[3] POTONIÉ, H.: Die rezenten Kaustobiolithe usw. 3, S. 204.
[4] POTONIÉ, R.: Eine neuzeitliche Parallele zum Steinkohlenwald. Naturwiss. 2, 1007 (1914). — Vgl. auch das zusammenfassende Referat von J. VAN BAREN: Über das Vorkommen von Moor in tropischen Tiefebenen. (Holländisch) Natura 1915, 138.
[5] RAMANN, E.: Bodenkunde, a. a. O., S. 531.

amerika, Zentralafrika) „Eisen gelöst und Kaolingel gebildet wird", also mit anderen Worten eine Art Podsolierung stattfände. Schon kurze Zeit danach bestätigte R. Lang[1] die Podsolbildung auf Grund seiner Beobachtungen auf der malayischen Halbinsel, Sumatra und Java, und weist darauf hin, daß J. Mohr auf Java[2] Bleichsandbildungen beobachtet habe, wie auch die Mitteilungen des letzteren[3] über das regelmäßige Vorkommen einer tonreichen Schicht am Grundwasserspiegel unter Laterit ähnliches andeutet. Lang gibt an, daß auf der Ostseite Sumatras weite Gebiete von Waldmooren eingenommen werden, und daß die Schwarzwässer in ganz Ostindien häufig sind. Endert[4], der sich besonders mit der Untersuchung des Gebietes um Palembang (Ostküste von Mittel- und Südsumatra) beschäftigt, gibt das Vorkommen von Flach- und Tiefmooren an, Schürmann ein solches von Schwingmooren[5]. In Mittelsumatra fand v. Steiger Tiefmoore, auf Ostborneo Kemmerling Waldtiefmoore[6] und Schürmann auf der Insel Tarakan in Nordostborneo ein Torflager von 4 m Mächtigkeit[7]. Der Boden der vorgenannten Torfmoore ist gewöhnlich ein dicker Brei von einigen Metern Mächtigkeit, der häufig von einer etwa 1 m mächtigen Lage Humus bedeckt ist, während Lang sogar aus den östlichen Sumpfgebieten des Tieflandes von Sumatra mehrere Meter tiefe Humusschichten messen konnte[8]. „Im Westmonsum steht dieses Gebiet unter Wasser, während im Ostmonsum die Torflage mehr oder weniger austrocknen kann." Ob die aus Japan erwähnten Moore[9] als subtropisch bezeichnet werden können, ist fraglich, da nähere Angaben völlig fehlen, jedenfalls die Moorbildungen auf Jesso (Hokkadai)[10] gehören infolge ihres Klimas nicht zu ihnen. Andererseits sind auf der japanischen Hauptinsel, z. B. in der Kuwantoebene, in der Yokohama und Tokio liegen, Böden bekannt geworden, die durchweg sehr humusreich sind (4—20 %). Der Humusgehalt „erreicht die höchsten in der russischen Schwarzerde gefundenen Werte"[11] in den Böden dieser Ebene. Es sei an dieser Stelle auch erwähnt, daß Harrassowitz[12] sowohl bei einem Flachmoortorf als auch bei tropischen Urwaldböden saure Reaktion (p_H $3^1/_2$—$4^1/_2$, 5, 6, $6^1/_2$) feststellte, und daß Krenkel[13] mitteilt, daß Sandböden unter Schwingmoor oft gebleicht sind (Südsumatra). Das Vorkommen solcher Rohhumus- und Bleicherdebildungen ist aber nicht nur auf den Ostindischen Archipel beschränkt, sondern sie sind auch aus anderen tropischen Gebieten in neuerer Zeit, nachdem erst einmal das Interesse auf dieses Problem gelenkt war, beschrieben worden. Aus Afrika liegen außer den schon gestreiften Berichten von H. Reck, Janensch und v. Staff über Moorbildung im südlichen Küstengebiet Deutsch-Ostafrikas noch solche von E. Krenkel und

---

[1] Lang, R.: Rohhumus- und Bleicherdebildung im Schwarzwald und in den Tropen. Vortrag, gehalten am 24. 5. 1914. Jhefte. Ver. vaterl. Naturkde. Württ. **71**, 118f. (1915).

[2] Lang, R.: a. a. O., S. 120.

[3] Ref. Geol. Zbl. **1909**, 550.

[4] Endert: Die Waldflora Palembangs, Tektona 1920, nach H. M. E. Schürmann: Über die neogene Synklinale von Südsumatra und das Entstehen der Braunkohle. Geol. Rdsch. **14**, 246 (1923).

[5] Schürmann, H. M. E.: Über die neogene Synklinale von Südsumatra usw. Geol. Rdsch. **14**, 247/48 (1923).

[6] Zit. nach H. M. E. Schürmann: a. a. O., S. 248.

[7] Schürmann, H. M. E.: a. a. O., S. 248.

[8] Lang, R.: Geologisch-mineralogische Beobachtungen in Indien. Cbl. Min., Geol. u. Paläontol. **1914**, 548.

[9] Fesca, M.: Beiträge zur Kenntnis der japanischen Landwirtschaft, S. 106. Berlin 1890.

[10] Fesca, M.: Über die landwirtschaftlichen Verhältnisse Japans, S. 67—70. Tokio 1887.

[11] Liebscher, G.: Japans landwirtschaftliche und allgemeinwirtschaftliche Verhältnisse, S. 40. Jena 1882.

[12] Harrassowitz, H.: Laterit, S. 359. Berlin: Gebr. Bornträger 1926.

[13] Krenkel, E.: Geol. Rdsch. a. a. O., S. 248.

Mitteilungen von P. W. E. VAGELER vor. Nach KRENKEL[1] treten Moorbildungen in Deutsch-Ostafrika auf: „an der mäßig feuchten ozeanischen Küste mit ihren geringen Temperaturschwankungen, im trockeneren Küstenhinterland, im regenarmen heißen Innern mit großen Temperaturgegensätzen, an der inneren, dem regenreichen Kongobecken schon angenäherten Seengrenze am Tanganjika und in den kühleren, regen- und nebelreichen Hochländern des Nordwestens". Derselbe Autor[2] berichtet, daß die Rohhumusansammlung und Moorbildung im Gebiete des feuchten, tropischen Kongo-Urwaldes keine Ausnahme bildet, und daß die Schwarzwasserflüsse des inneren Kongobeckens auf deren Entstehung hinweisen[3]. v. SCHLEINITZ[4] gibt an, daß das Kongowasser sich durch seine braune Farbe im Meere[5] noch 440 km weit von der Küste entfernt bemerkbar mache und durch sein geringeres spez. Gewicht sogar noch 660 km weit. Diese Befunde aus Westafrika werden durch die Mitteilung ergänzt, daß in Südkamerun Hochmoore vorhanden sind, die z. T. mit Wiesen, z. T. mit Urwald bedeckt sind[6], wie MAYWALD auch ein flaches Hochmoor im Kudubergland fand[7]. Nach v. ELPONS stehen „an den Ufern der Flüsse im Djuasumpfland während der Trockenzeit mehrere Meter mächtige Wände aus einer Humusmorastschicht" an[8]. P. W. E. VAGELER weist hingegen auf die weit verbreitete Erscheinung der Podsolierung hin und gibt aus dem tropischen Afrika Guinea und das südliche Moçambique als Fundort an, also sowohl an der östlichen Seite, wie aber auch an der westlichen Seite Afrikas treten solche Bildungen auf. Man geht wohl nicht fehl, KRENKELS[9] Annahme, daß vielerorts im tropischen Afrika Moore auftreten müßten, dahingehend zu erweitern, daß alle Folgeerscheinungen der Rohhumusbildung mehr in tropischen Gebieten vorkommen[10], als wir bis heute wissen, denn auch P. W. E. VAGELER[11] berichtet von einer typischen Ortsteinbildung unter Bleichsand mit darüberliegendem Rohhumus. Auch im Süden Nordamerikas (Texas, Kalifornien), an der südatlantischen Küste, am Golf von Mexiko und in Florida[12], sind Rohhumusanhäufungen bekannt; von den letzteren schreibt HARRASSOWITZ[13]: „So entspricht allein der Tropenanteil des Torfes, der die ganze Halbinsel Florida überdeckt, etwa dem Ruhrgebiet." In gewisser Weise — denn es handelt sich um subtropisches Gebiet — gehören auch die sich im Osten der Sierra Nevada bis an die Küste des pazifischen Ozeans (bei San Francisco) hinziehenden Moore im Sakramentotal und im San Joaquintal hierher. ROEMER[14] berichtet von hier über weite, fast unendliche Moore, die unter dem Wasserspiegel der Flüsse liegen, und die durch Deiche vor Überschwemmung geschützt werden. Bezüglich der

---

[1] KRENKEL, E.: Moorbildungen im tropischen Afrika. Cbl. Min., Geol. u. Paläont. 1920, 370f.

[2] KRENKEL, E.: a. a. O., S. 432f.

[3] KRENKEL, E.: Moorbildungen im tropischen Afrika. Naturw. Wschr. 36, N. F., 20, 84 (1921).

[4] SCHLEINITZ, v.: Ann. Hydrographie 2, 301, zit. nach H. POTONIÉ: Die rezenten Kaustobiolithe usw., a. a. O., 2, 32.

[5] Vgl. auch F. WOHLTMANN: a. a. O., S. 172.

[6] PASSARGE, S.: Vergleichende Landschaftskunde, H. 4; Der heiße Gürtel, S. 10. Berlin 1924.

[7] Zit. nach S. PASSARGE: a. a. O., S. 10.

[8] Zit. nach S. PASSARGE: Vergleichende Landschaftskunde, H. 4; Der heiße Gürtel, S. 10.

[9] KRENKEL, E.: a. a. O., S. 380.

[10] Vgl. H. PUCHNER: Bodenkunde für Landwirte, 2. Aufl., S. 518. Stuttgart 1926.

[11] Zit. nach H. HARRASSOWITZ: a. a. O., S. 371.

[12] HORN, A. v.: Die Ausdehnung der Moore in den Vereinigten Staaten von Nordamerika und in den Tropen. Mitt. Ver. Förd. Moorkult. Dtsch. R. 35, 318 (1917).

[13] HARRASSOWITZ, H.: a. a. O., S. 370.

[14] ROEMER, TH.: Beobachtungen auf dem Gebiete des Ackerbaues in den Vereinigten Staaten von Nordamerika. Ber. Landw., N. F. 4, Sonderheft, S. 7 (Berlin 1926).

Sumpfzypressenmoore[1] im atlantischen Teil des südlichen Nordamerikas und ihrer Zurechnung zu tropischen Gebilden muß man wohl vorsichtig sein, denn E. Deckert macht darauf aufmerksam, daß Temperaturen unter 0^0 in den dortigen Gebieten vorkommen[2] (Abb. 2). Von Kuba wird von Bennett und Allison über Torfvorkommen[3], ferner von Sümpfen[4] in Mittelkuba und an der Küste Westkubas[5] berichtet. Eine Reihe der Nebenflüsse des tropischen Südamerikas, wie des Orinocos (Venezuela) und des Amazonas (hauptsächlich Brasilien) sind typische Schwarzwasserflüsse[6]. Auch aus Guayana sind Schwarzwässer bekannt, die saure Reaktion aufweisen[7], wie auch Passarge das dortige Vorkommen von Wiesenmoorböden hervorhebt[8]. Sapper[9] schildert anschaulich seine

Abb. 2. Sumpfflachmoor mit der Sumpfzypresse Taxodium distichum (Cypress swamp) am Edisto-River in Süd-Carolina[10]. Phot. E. Deckert.

Flugzeugbeobachtungen über dem Magdalenatal und berichtet von dem dunklen Wasser in tropischen Waldgebieten. Auch Jouin[11] schreibt von der ,,tierra

---

[1] Vgl. hierzu auch E. Bracht: Der Sumpfzypressenwald in Florida. Naturw. Wschr. **36**, N. F. **20**, 124 (1921).

[2] Vgl. H. Potonié: Die rezenten Kaustobiolithe, a. a. O., S. 243, 244.

[3] Bennett, H. H., u. R. V. Allison: The soils of Cuba, S. 124. Washington 1928.

[4] Ebenda S. 123, 176.

[5] Ebenda S. 251.

[6] Vgl. Josef Reindl: Die schwarzen Flüsse Südamerikas. München 1903.

[7] Harrassowitz, H.: Laterit. Fortschr. Geol. Paläont. **4**, H. 14, 308 (Berlin 1926).

[8] Passarge, S.: Bericht über eine Reise im venezuelanischen Guayana. Z. Ges. Erdkde. Berlin 1903.

[9] Sapper, K.: Das Landschaftsbild in seiner Abhängigkeit vom Boden. Dieses Handbuch **5**, 234.

[10] Aus: Ergänzende Tafeln zur Abhandlung Potoniés über die rezenten Kaustobiolithe und ihre Lagerstätten. Abh. Kgl. Preuß. Geol. Landesanst., N. F., H. 55 IIIa, S. 25 (Berlin 1915).

[11] Jouin, G.: Landwirtschaftliches aus Kolumbien. Mitt. Reichsbd. akad. geb. Landw. **11**, 127 (1930).

caliente", dem großen Küstengebiet im Norden Kolumbiens, daß es sich als großes Schwemmlandgebiet mit fast steinfreiem Humus- oder Moorboden, der in natürlichem Zustand mit Urwald bedeckt ist, erweist. Auch VAGELER[1] nennt die Humusablagerungen im Flußgebiet des Magdalenenflusses Urwaldböden. Hinsichtlich der bisherigen Kenntnisse über die Beziehungen von Klima zu Torfmooren in den Tropen sagt HARRASSOWITZ[2], daß nicht nur der tropische Regenwald als Torfbildner auftreten könne, sondern auch in Gebieten mit ausgesprochenen Trockenzeiten Torfbildung möglich sei. Diesem Überblick, der keinen Anspruch auf Vollständigkeit macht, ist zu entnehmen, daß Moor- und Torfbildungen weiter in den Tropen verbreitet sind, als man bis in die jüngste Zeit hinein annahm. Trotzdem wird bei der Zugrundelegung der Ausbreitung der Moorflächen im Vergleich zum Gesamtgebiet der Tropen der von SAPPER[3] vertretene Standpunkt, daß warme, äquatoriale Gegenden arm an solchen Bildungen sind, zu Recht bestehen. Andererseits ist ihr Vorhandensein in den Tropen sehr bald zum Allgemeingut in der Bodenlehre geworden[4], wie allerdings die Frage nach der Flora, der chemischen Zusammensetzung sowie diejenige der Entstehungsbedingungen erst für einige, recht wenige Vorkommnisse untersucht wurde, wie wir später sehen werden.

Sumpfböden und periodisch unter Wasser stehende Böden. Außer den genannten Moor- und Torfböden sind noch die verschiedenartigsten anderen Humusböden in den Tropen und Subtropen vorhanden. Eine anschauliche Schilderung der Verhältnisse der Sumpfvegetation in den Tropen und den Subtropen gibt uns PASSARGE[5]. Er teilt die nassen Böden ein in:

1. Sümpfe mit dauernd stehendem Wasser (Sumpfwälder, Pandanus-Palmensümpfe, Sagopalmensümpfe (letztere in Südostasien und Melanesien), Manicolsümpfe Guayanas; in den Subtropen: Zypressensümpfe, Bambus- und Palmettosümpfe (Florida), Binsensümpfe, schwimmende Wiesen, Grasdeckensümpfe (Ssudsümpfe)[6].

2. Periodisch überschwemmte Niederungen mit dauernd feuchtem Boden (Waldsumpfvegetation mit Palmen und Stelzwurzelbäumen, nasse Wiesen besonders in Form der Palmenwiesen). In dieser Gruppe erwähnt PASSARGE auch die Wald- und Wiesenhochmoore, wie sie in Kamerun vorkommen.

3. Überschwemmungsgebiete mit stark austrocknendem Boden (Grassteppen, Gestrüpp, Dornbüsche), „Matorral nennt man im peruanischen Tiefland nach WEBERBAUER solche aus Gestrüpp, Rohrgräsern, Halbsträuchern, Kletterpflanzen — viele Palmen darunter — und einzelnen hohen Bäumen bestehenden Sumpfvereine". Hinzu kommen nach PASSARGE[7] neben anderen noch an den Flachküsten die Mangrovenwälder[8] (Abb. 3 u. 4). Flächenhaft sind diese sehr verbreitet und zwar an den Küsten und Flußmündungen der

---

[1] VAGELER, H.: Das Flußgebiet des Rio Magdalena. Z. Ges. Erdkde., S. 17 f. Berlin 1927.

[2] HARRASSOWITZ, H.: Dieses Handbuch 5, 370.

[3] SAPPER, K.: Geologischer Bau und Landschaftsbild, 2. Aufl., S. 23. Braunschweig 1922.

[4] Neben den schon genannten Spezialveröffentlichungen vgl. die verschiedenen Hinweise in E. BLANCKS Handbuch der Bodenlehre 3, 364, 370, 371; 5, 266, 448, 449.—E. RAMANN: Bodenkunde, a. a. O., S. 188. — K. GLINKA: a. a. O., S. 171/172. — O. MANN: Die Bodenarten der Tropen und ihr Nutzwert, S. 26. Hamburg 1914. — P. VAGELER: Grundriß der tropischen und subtropischen Bodenkunde, S. 17. Berlin 1930. — H. PUCHNER: Bodenkunde für Landwirte, 2. Aufl., S. 520. Stuttgart 1926.

[5] PASSARGE, S.: Vergleichende Landschaftskunde, a. a. O., S. 13, 14.

[6] Die Aufzählung der von PASSARGE genannten „nassen Ortsvereine" erfolgte nicht wörtlich, sondern nur auszugsweise.

[7] PASSARGE, S.: Vergleichende Landschaftskunde, a. a. O., S. 15.

[8] Vgl. auch K. SAPPER: Geologischer Bau usw., a. a. O., S. 205.

Tropen. Ramann[1] rechnet sie zu den tropischen Mooren, trotzdem er sie im nächsten Absatz seiner diesbezüglichen Ausführungen als tropische Form der Schlickablagerungen bezeichnet. Echter Torf kommt in den Mangrovesümpfen wohl nicht zur Ablagerung, wenigstens ist aus der Literatur unseres Wissens nichts Derartiges bekannt geworden[2]. Die Stelzwurzeln und Atmungswurzeln der Mangroven bringen die Sinkstoffe der Flüsse und evtl. des Meeres zum Absatz, und es entsteht im Verein mit den Pflanzenresten ein „stinkiger Schlamm[3]" (Abb. 3). Diese Mangrovesümpfe[4], die sich also an den Küsten bilden, wo das Süßwasser der Flüsse und das Meerwasser sich vermischen und sich somit ein Wasser von schwachem Salzgehalt bildet und gleichzeitig durch Ebbe und Flut eine nur zeitweise Bedeckung des Bodens mit Wasser erfolgt, sind uns von der Ostküste Amerikas, der Ost- und Westküste Afrikas[5], wie aber auch von den asiatischen Küsten, den ostindischen und den Südseeinseln bekannt. Im Urwaldgebiet Australiens wird man Humusansammlungen erwarten können, die im Norden und an der Ostküste des Festlandes von ungeahnter Üppigkeit sein sollen[6], wie denn auch die schlammigen Teile der Küste Nord- und Nordwest-Australiens Mangrovenwachstum aufweisen[7]. In den Niederungs-

Abb. 3. Inneres einer reinen Rhizophora-mangle-Mangrove. Wo das herrschende Halbdunkel etwas gelichtet ist, bedeckt sich der tiefe schwarze Schlamm zwischen den Stelzwurzeln mit den zarten Ausläufern von Hydrocotyle umbellata. Goat Island, nahe der Südküste von Jamaika. Phot. H. Brockmann-Jerosch[8].

[1] Ramann, E.: Bodenkunde, a. a. O., S. 188.

[2] Ramann, E.: Bodenkunde, a. a. O., S. 188. — K. Glinka: a. a. O., S. 172.

[3] Sapper, K.: Geologischer Bau usw., a. a. O., S. 205.

[4] Wohltmann, F.: a. a. O., S. 129—132, beschreibt die verschiedenen Mangrovepflanzen. — Vgl. auch E. Rübel (Pflanzengesellschaften der Erde, S. 58. Bern-Berlin 1930). der ein anschauliches Bild, auch an vielen Abbildungen, der Vegetation gibt.

[5] Vgl. F. Thorbecke: Das tropische Afrika, S. 11. Berlin 1928.

[6] Vgl. u. a. H. Henseler: Ber. Landw., N. F. 12, Sonderheft, 6. 10 (Berlin 1929). — K. Hassert: Landeskunde und Wirtschaftsgeographie des Festlandes Australien, S. 58, 59. Leipzig 1907.

[7] Vgl. F. A. Coombs u. F. Alcock: Australische Mangroverinde. The Leather World, S. 850. 1912; nach Internat. Agrartechn. Rdsch. 4, 455 (1913). — K. Hassert: Australien, S. 41. Gotha-Stuttgart 1924.

[8] Aus E. Rübel: Pflanzengesellschaften der Erde, Abb. 10. Bern-Berlin: Hans Huber 1930.

böden der kubanischen Küste finden wir ebenfalls die Mangrovebäume in dichten Beständen, wie auch z. B. in Florida hunderte von Quadratmeilen von diesen zur Gattung Rhizophora gehörigen Pflanzen[1] eingenommen werden. WOHLTMANN erwähnt als das beste Beispiel der landbildenden Tätigkeit der

Abb. 4. Übergang von innerer Mangrove zu den Hiemisilvae des Festlandes. Im stillen, seichten Wasser tritt der Hauptmangrovebildner Rhizophora mangle zurück und seine Stelle nehmen Gebüsche ein von „weißer Mangrove" (Laguncularia racemosa, rechts vorn) und von „schwarzer Mangrove" (Avicennia nitida, Stamm in der Mitte und rechts oben) mit zahlreichen Pneumatophoren. Von links ragen schon die Zweige von Prosopis- und Cassia-Arten der Festlandvegetation in das Bild. Goat Island, nahe der Küste von Jamaika. Phot. H. BROCKMANN-JEROSCH[2].

---

[1] CORRAL, I. J.: Der Nutzen der Mangrovenbäume. Agr. y zootecnia Habanna. 6, 338 (1927); nach Internat. Landw. Rundsch. 19, 388 (1928).

[2] Nach E. RÜBEL: Pflanzengesellschaften der Erde, Abb. 11. Bern-Berlin: Hans Huber 1930.

Mangrovevegetation Guayana. Die Böden dieser gekennzeichneten Küstenstriche sind wohl noch nicht untersucht worden, so daß über ihre chemische Zusammensetzung nichts auszusagen ist; doch erscheinen sie als eine Art Schlickböden, die sich jedoch gegenüber denjenigen der gemäßigten Breiten wohl durch noch schnelleren Umsatz der organischen Substanz, der durch die höhere Temperatur bedingt ist, unterscheiden. Die hier entstehenden Humusschichten[1] bilden keinen Torf, eine gründliche Vermoderung tritt ein, Pflanzenreste werden wenig gefunden, und nach Glinka[2] scheint die Zellulose in diesen Böden vernichtet zu sein. Auch über die anderen Sumpfböden sind wir, was chemische, physikalische oder biologische Eigenschaften anbetrifft, nur recht wenig unterrichtet. Die Verbreitung derartiger Bildungen in den Tropen ist aber ziemlich groß. Aus den Flachländern der Regenwaldregion[3] sind sowohl

Abb. 5. Überschwemmungsgebiet am Ubangi bei Duma (Französisch-Belgisch-Kongo)[4].

Sumpfwaldniederungen, als auch Überschwemmungsebenen bekannt (Sumpfwiesen, Palmenwiesen) (Abb. 5). In den ständig unter Wasser stehenden Niederungen „findet man Schilf- und Papyrussümpfe, zuweilen Ssudsümpfe mit schwimmender Grasdecke" (Abb. 6). Besonders aber findet man Sümpfe in dem Gebiet, in dem sich Regenwald- und nasse Flachländer vereinigen. Wo die Flußtäler an das Meer grenzen, gehen sie unter Entwicklung von Sumpfwäldern — wie wir sahen — in Mangrovesümpfe mit ihrem Faulschlamm über. Passarge erwähnt Ostsumatra, Borneo, Neuguinea, Flachland von Guayana, Amazonien, Kongobecken und Südkamerun[5]. Die zeitweilig unter Wasser stehen-

---

[1] Ramann, E.: Bodenkunde, a. a. O., S. 188. — K. Glinka: a. a. O., S. 172.

[2] Glinka, K.: a. a. O., S. 172.

[3] Bezüglich dieser Region folgt der Verf. im wesentlichen S. Passarge, vgl. Landschaftskunde, a. a. O., S. 27 f., ohne jedoch die für die Landschaftskunde wichtigen Unterabteilungen zu berücksichtigen.

[4] Aus Adolf Friedrich, Herzog zu Mecklenburg: Vom Kongo zum Niger und Nil. 1, Abb. 2 zwischen S. 16 u. 17. Leipzig: F. A. Brockhaus 1912.

[5] Vgl. z. B. Adolf Friedrich, Herzog zu Mecklenburg: Vom Kongo zum Niger und Nil. 1, 21, 39, 43 u. v. a. m. Leipzig 1912.

den und periodisch der Trockenheit ausgesetzten Böden der heißen Zone (z. T. auch in den Savannen)[1] gehören hierher. So werden — um nur ein Beispiel zu nennen — an der Südseite des Tsadsees[2] zur Regenzeit große Flächen überschwemmt, die in der Trockenzeit zu Flächen eines stark rissigen, humosen Lehmbodens werden (Firki). BÖHM gibt ein Profil des Firki (westlich von Dikoa, zur Trockenzeit genommen) wie folgt an:

a) von 0—0,8 m Tiefe Firki, d. h. dunkler humussandiger Ton (bestanden mit dürren Gräsern und Dornbüschen);

b) von 0,8—1,15 m Tiefe heller, schwach toniger Feinsand mit sichtbaren Kalkausscheidungen;

c) von 1,15— > 2 m Tiefe heller, schwach toniger, kalkiger Sand, feucht (ohne Grundwasser).

Während der Regenzeit steht der Firki $3\frac{1}{2}$ Monate bei hoher Durchschnittstemperatur unter Wasser. Die sehr hohe Temperatur in der Trockenzeit läßt es erklärlich erscheinen, daß der Humusgehalt gering ist. Er wird bei der unter-

Abb. 6. Der Kaliafluß verläuft sich vor seinem Eintritt in den Tschadsee inmitten einer mächtigen Papyruswildnis in einen unpassierbaren Sumpf[3].

suchten Probe mit 0,96 % angegeben. Auch aus subtropischem Gebiet finden sich Angaben über das Vorkommen von Sümpfen, von denen nur einige hier angeführt seien. Es gehören hierher auch die zeitweisen Überschwemmungen, bei denen der Boden längere Zeit unter Wasser steht. So berichtet BRINKMANN[4], daß sich Niederungen (esteros oder banados) im Chacogebiet (westlicher Teil des Flußgebietes Rio Bermejo—Rio Parana) befinden, die sich in der Regenzeit in Lagunen oder Sümpfe verwandeln, z. T. auch ständig unter Wasser stehen. Ebenso sei das großen Überschwemmungen ausgesetzte Baumsavannengebiet im tropischen Norden Australiens erwähnt[5].

Im südlichen Teil der Provinz Santa Fé (also im subtropischen Argentinien) erreicht die Humusschicht stellenweise die Mächtigkeit von 1 m, sie lagert auf tonigem Untergrunde. Überhaupt haben die Böden dieser Gegend einen sehr

---

[1] Vgl. z. B. W. KOERT: Der Krusteneisenstein in deutsch-afrikanischen Schutzgebieten, besonders in Togo und im Hinterland von Tanga. Beiträge zur geologischen Erforschung der deutschen Schutzgebiete, H. 13, 43, 60. 1916.

[2] BÖHM, A.: Untersuchungen an Firkiböden. Dtsch. Kolonialbl. 5, 1 (1914).

[3] Aus ADOLF FRIEDRICH, Herzog zu MECKLENBURG: Vom Kongo zum Niger und Nil. 1, Abb. 140 zwischen S. 204 u. 205. Leipzig: F. A. Brockhaus 1912.

[4] BRINKMANN, TH.: Ackerbau und Kolonisation im argentinischen Chaco. Ber. Landw., N. F. 12, 499 (1930).

[5] GEISLER, WALTER: Die landschaftliche Gliederung des australischen Kontinents. Geogr. Z. 34, 473 (1928).

hohen Humusgehalt[1], wie auch die feuchteren Gebiete der Provinz Santiago del Estero humusreichere Böden aufzuweisen haben[2]. Aus Mexiko wird berichtet, daß sich ein Teil der Flüsse in abflußlosen Binnenseen und in austrocknenden Lagunen verliert[3]. Aus den südlichen Provinzen Brasiliens (z. B. Santa Catharina) ist ähnliches bekannt, denn die oberste Bodenschicht soll aus Humus in sehr verschiedener Stärke bestehen[4]. Auch Sümpfe aus Georgia und Süd-Carolina[5] sind in der Küstenebene vorhanden, deren Böden bis in Tiefen von 23—30 cm durch große Mengen organischer Substanz schwarz gefärbt sind. Der Humusgehalt der kalifornischen Sumpfböden soll ebenfalls hoch sein, „da in ihnen Massen von verwesenden Wurzeln und anderen pflanzlichen Substanzen ent-

Abb. 7.   Halophytensümpfe im Bett des Wadi Melah (Tunis); der dunkle Streif am Horizont ist die Oase Udref[6].

halten" sind[7]. Aus Europa wären hier vielleicht noch die Salz- und Süßwassersumpfgebiete Italiens[8], in denen es sogar zu einer Art Torfbildung (cuora) kom-

---

[1] Lavenir, P.: Die argentinischen Böden. Internat. Agrartechn. Rdsch. 5, 16 (1914).
[2] Lavenir, P.: a. a. O., S. 162. — Vgl. auch E. Pfannenschmidt: Die argentinische Landwirtschaft. Ber. Landw. 2, Sonderheft, S. 25—28 (1926). — E. Justo Diana: Die Republik Argentinien, S. 9. Berlin 1924.
[3] Schmidt, Geo A.: Die Landwirtschaft in Mexiko. Der Tropenpflanzer 27, 111 (1924).
[4] Stutzer, G.: Das Itajahy-Tal, S. 8. Goslar 1887.
[5] Vgl. Ref. der Arbeiten des Georgia States Colleg of Agricult. 5, Nr. 17 (1919) in Internat. Agrikult.-Wiss. Rdsch., N. F., 2, 114/116 (1926).
[6] Aus S. Passarge: Ergebnisse einer Studienreise nach Südtunesien im Jahre 1928. Mitt. geogr. Ges. Hamburg 41, Tafel 13, oberes Bild 1 (1930).
[7] Loughridge, R. H.: Humus und Humusstickstoff in kalifornischen Böden. Univ. California Publ. Agricult.-Sc. 1, 173—274 (1914), nach Ref. Jber. Agrikult.-Chem. 57, 66 (1914).
[8] Vgl. u. v. a. V. Peglion: Die Bodenverbesserungen in der italienischen Provinz Ferrara. Internat. Agrartechn. Rdsch. 5, 1255f. (1914). — J. C. L. Simonde: Toskanische Landwirtschaft. Übers. v. Joh. Burger, S. 5, 10. Tübingen 1805. — D. Feruglio u.

men kann, anzuführen. „Dazu kommen Strandseen mit weiten Schilfsumpf-
niederungen, ferner die zur Blütezeit in buntesten Farben leuchtenden Salzmarschen, wie z. B. die Gamones Südwestspaniens[1]", wie auch die Salzsümpfe
aus Nordafrika (Sebkas = brackige Böden) zu erwähnen sind[2] (Abb. 7). In
Thrazien ist das unter subtropischem Klima stehende Gebiet des Zusammen-
flusses der Maritza und Arda mit der Tschunda erwähnenswert, Überschwemmungen erhöhen die Neigung zur Sumpfbildung in diesem Gelände[3]. Aus
Griechenland sind ebenfalls Überschwemmungsebenen bekannt [so z. B. von
Janina (Epirus)], die häufig sumpfig sind. Der Boden besteht aus sehr feinen
Schlammablagerungen, die z. T. reich an organischer Substanz sind[4]. Ferner
gehören die Sümpfe an den Flußmündungen der größeren Flüsse Kleinasiens
hierher, wie auch solche in den Niederungen der mittleren Fluß- und Seebecken
Anatoliens, so z. B. an der Sakaria und am Sabandschasee bei Adapazar[5], zu
nennen sind. Wenden wir uns noch weiter ostwärts, so ist das große Schwemmlandgebiet der beiden Flüsse Euphrat und Tigris zu nennen, dessen Boden im
unteren Teil zum größten Teil versumpft ist[6]. Die Nilsümpfe und Überschwemmungen, wie auch das Nildelta[7], gehören ebenfalls hierher[8]. Es ist ja bekannt,
daß der Weiße Nil weniger Schlamm mit sich führt als der Blaue Nil, da er sich
in den ausgedehnten Sümpfen[9] am Djur el Ghazal und Bahr el Gebel klärt[10],
jedoch am Ufer des oberen Weißen Nils, des Bahr el Gebel, kommen Böden
vor, die 1% und mehr Kohlenstoff enthalten, und zwar wurden solche humusreichen Böden vielerorts mit vergleichsweise übereinstimmendem Kohlen-
stoffgehalt[11] am oberen Nil gefunden. Selbst aus Palästina wird uns von einer
humusreicheren — aklimatisch bedingten, wie sie von REIFENBERG[12] bezeichnet
wird — Bodenart berichtet. In den Senken des Nahr Sukrer, Nahr Rubin und
am Audschafluß, sowie in der Jesreelebene und bei Tiberius treten schwarzerde-
ähnliche Böden auf, deren Entstehung von M. BLANCKENHORN[13] darauf zurückgeführt wird, daß an vielen Stellen in der Winterszeit dort Sumpfboden ist; „das
stehende Wasser verhindert im Winter eine Zersetzung der Humussubstanz, reichert

---

E. FERUGLIO: Die Urbarmachung des Unterfriauls. Ref. Agrikult.-Wiss. Rdsch., N. F. 2,
876 (1926).
[1] PASSARGE, S.: Vergleichende Landschaftskunde, a. a. O., S. 95.
[2] Vgl. H. SCAETTA: Agrologisches Relief des Tocragebietes (Cirenaica, Afrika). Ref.
Agrikult.-Wiss. Rdsch., N. F., 2, 885 (1926). — E. PANTANELLI: Untersuchungen über die
Konzentration lybischer Bodenlösungen. Bull. Bot. Univ. Napoli 4, 371 (1914), nach Internat.
Agrartechn. Rdsch. 6, 1010 (1915). — S. PASSARGE: Ergebnisse einer Studienreise nach
Südtunesien im Jahre 1928. Mitt. geogr. Ges. Hamburg 41, 107 (1930).
[3] Vgl. F. GIESECKE: Bodenkundliche Beobachtungen in Anatolien und Ostthrazien.
Chem. Erde 4, 588 (1930).
[4] ROLLY, P. u. M. DE VISME: Bodenverhältnisse in Mazedonien und Epirus. Ann.
de l'Inst. nat. Agron. Paris 1911/12, nach Ref. Mitt. Bodenkde. 3, 275 (1913).
[5] Vgl. u. a. G. BERG: Geologische Beobachtungen in Kleinasien. Z. dtsch. geol. Ges.
62, 462ff. (1910) u. F. GIESECKE: Bodenkundliche Beobachtungen in Anatolien und Ostthrazien. Chem. Erde 4, 551ff. (1930).
[6] Vgl. u. a. E. BANSE: Auf den Spuren der Bagdadbahn, S. 145. Weimar 1913.
[7] Nach P. KOENIG (Die Ern. d. Pflanze 25, 423, 1929) enthält der Nildeltaboden etwa
$7,5\%$ organische Substanz, meist jedoch weniger, mehrere Male ist auch über 10% Humus
festgestellt worden.
[8] Vgl. u. a. F. WOHLTMANN: a. a. O., S. 287.
[9] Vgl. ADOLF FRIEDRICH, Herzog ZU MECKLENBURG: Vom Kongo zum Niger und Nil.
1, 306, und die Übersichtskarte der deutschen Zentralafrikaexpedition. Leipzig 1912.
[10] KRISCHE, P.: Die Kalidüngung in Ägypten. Die Ern. d. Pflanze 25, 436 (1929).
[11] JOSEPH, A. F. u. B. W. WHITFIELD: Die organische Materie in stark alkalischen
Böden. J. agricult. Sci. 17, 1 (1927), nach Ref. Jber. Agrikult.-Chem. 70, 50 (1930).
[12] REIFENBERG, A.: Die Böden Palästinas. Die Ern. d. Pflanze 25, 479 (1929).
[13] Zit. nach A. REIFENBERG, a. a. O., S. 479.

sie also an, während sie im Sommer durch die Trockenheit der obersten Bodenschicht geschützt wird". Aus Syrien wird ebenfalls von Sümpfen östlich Damaskus berichtet[1]. Die Sümpfe im Ganges- und Indusmündungsgebiet (Vorderindien)[2], die heute z. T. dem Ackerbau nutzbar gemacht sind und werden, sind hinlänglich als von großer Ausdehnung bekannt. Bezüglich der Urbarmachung schreibt Bannerjea: „jeder Zoll Boden ist einem zähen Urwald abzuringen. Die mühevolle Arbeit muß inmitten von Dschungeln, die voller Tiger, und inmitten von Sümpfen, die voller Krokodile sind, ausgeführt werden"[3]. Aus Hinterindien sei noch an das Delta des Iravadi erinnert, das auch z. T. von Sümpfen eingenommen ist[4]. Zwei ältere Bodenanalysen[5] aus dem Iravadidelta ergaben einen Gehalt an organischer Substanz von 4,59—8,51%. Die großen Flüsse Chinas, z. B. der Kwantong bei Canton, verursachen zur Regenzeit große Überschwemmungen[6]. Auch in der Kuwantoebene (Japan) sind Böden sumpfiger, ja selbst mooriger Natur vorhanden, die vor der Benutzung als Reisfelder, „mit hohen, schilfartigen Gräsern, größtenteils Bambus, bewachsen waren, welche mit ihren Wurzeln tief in den Untergrund reichen"[7]. Die Analysen ergaben auch einen verhältnismäßig hohen Humusgehalt:

Boden

des trockenen Feldes		der Reisfelder	
Krume	Untergrund	Krume	Untergrund
7,90%	7,17%	9,96%	8,86%

Nicht zu vergessen sind ferner die Sümpfe in Mittelaustralien und die dortigen „Salzmarschen" in der „Great Sandy Desert". Neben diesen genannten Bildungen müssen außer den schwimmenden Wiesen usw. noch folgende „eigenartige Deckgebilde über dem Wasser"[8] (Sedd) erwähnt werden. Sapper gibt eine Schilderung solcher Bildungen vom oberen Nil mit folgenden Worten Kandts[9] wieder: „Betrachtet man das Flußbett, so sieht man zwischen den Gräsern und dem Papyrusschilf einen schwarzen, scheinbar festen und in der Trockenzeit wenig feuchten Humusboden. Sobald man nun die Furt wenige Schritte begangen hat, beginnt der Boden bei jedem Schritt nachzugeben und in weitem Umkreis in flacher Wellenbewegung zu wanken." Es sind nicht einzelne „Inseln", sondern es ist das ganze Strombett, das mehr oder weniger „flottiert".

Dieser kurze Hinweis auf die Sumpfböden in den Tropen und Subtropen bezweckte ohne Anspruch auf Vollständigkeit lediglich einen Überblick über die Verbreitung in den genannten Gebieten zu beiden Seiten des Äquators zu geben. Vageler[10] faßt die Böden, die unter dauernder Wasserbedeckung entstanden sind, als „subhydrische Grauerden" zusammen. Es ist natürlich, daß die Beschaffenheit dieser Böden sehr verschieden ist, doch wichtig ist der Hinweis, daß die Basen aus diesen Böden meistenteils völlig ausgewaschen sind,

---

[1] Oberhummer, R. u. H. Zimmerer: Durch Syrien und Kleinasien, S. 42. Berlin: D. Reimer 1899.

[2] Bannerjea, D. N.: Die Landwirtschaft in Indien. Ber. Landw., N. F., 4, 453 (1926).

[3] Bannerjea, D. N.: a. a. O., S. 453, 454.

[4] Vgl. u. a. F. Wohltmann: a. a. O., S. 287.

[5] Romanis, R.: nach Ref. Jber. Agrikult.-Chem. 24, 17 (1881).

[6] Olivecrona, G. W.: Die Regelung der Wasserläufe des Kwantong. China. Ref. Internat. Agrikult.-Wiss. Rdsch., N. F., 2, 759 (1926).

[7] Kellner, O., u. H. Jmai: Untersuchungen einiger japanischer Bodenarten. Landw. Versuchsstat. 30, 6 (1884). — Vgl. auch G. Daikuhara u. F. Imaseki: Das Verhalten von Nitraten in sumpfigen Böden. Bull. Imp. Ctr. Agr. Exp. Stat. Japan 1, 7 (1907), nach Jber. Agrikult.-Chem. 50, 89 (1907).

[8] Sapper, K.: Geologischer Bau. a. a. O., S. 23.

[9] Kandt, Rich.: Caput Nili I., 4. Aufl., S. 105f. 1919.

[10] Vageler, P.: Persönliche Mitteilung an H. Harrassowitz. Dieses Handbuch 3, 369.

was besonders durch sauren Humus bewirkt wird. Die Bildung von Rohhumus führt dann auch zur Bildung von ausgesprochenen Bleicherden. Es liegen über diese Böden bisher keine Untersuchungen vor. Die Sumpfgebiete haben in den Tropen eine nicht geringe Verbreitung, und zwar glaubt MANN[1], daß die meisten derartigen Gebiete in der Urwaldregion vorhanden sind, jedoch den Savannen und Steppen nicht fehlen. Der gleiche Autor vergleicht die Mangrovesümpfe mit unseren Wattenmeeren, während der Boden der übrigen Sumpfgebiete in den meisten Fällen ein fetter, schwerer Alluviallehm ist. Treffen wir jedoch Sand in den Sümpfen an[2], so ist dieser von rein weißer Farbe, wir haben es dann also mit Bleicherdebildung zu tun. Die zitierten Angaben sind meistens nur beschreibend oder hinweisend auf das Vorkommen, es fehlt so gut wie ganz an chemischen Untersuchungen, die besonders in bezug auf das Bodenprofil anzustreben sind. Die Literatur über die Überschwemmungen läßt zumeist auch Angaben über die Art (ob mineralisch, ob humusreich usw.) vermissen, auch wäre die Absatzfolge in Sümpfen, die Schnelligkeit der Umsetzung der organischen Masse, die Zusammensetzung und die Eigenschaften des Sumpfwassers eine für die Bodenforschung unerläßliche Notwendigkeit. Ferner ist die Untersuchung über die Zusammensetzung der Flußtrübe notwendig, denn es ist natürlich nicht immer mit der Überschwemmung eine Humusanreicherung verbunden. So liegen z. B. Nilschlammanalysen vor, deren Ergebnisse zeigen, daß die Humusmenge nur 0,23—1,17 % beträgt[3], die von P. KOENIG[4] angegebenen Werte von 8—10 % sind einschließlich chemisch gebundenen Wassers. Es kommt bei den Flußabsätzen darauf an, aus welchem Gebiet sie kommen, denn nicht immer werden humusreiche Gebiete durchflossen. Die Art des Waldes, des Klimas, des Bodenklimas und des Bodens ist mit entscheidend, so wird von Urwaldböden von Ost-Usambara berichtet[5], daß trotz des Reichtums von Pflanzenarten keine Humusbildung auftritt. Andererseits liegen aber Berichte vor, die von einem Humusreichtum der Ablagerungen und der Sumpfböden sprechen. Je nach Ortslage und den jeweiligen Verhältnissen, die durch Untergrund, Vegetation und Klima bedingt sind, werden die Verhältnisse wechseln. Aus den dem Ackerbau nutzbar gemachten Böden genannter Natur liegen allerdings zahlreichere Untersuchungen vor (Nordamerika, Hawai, Indien, niederländische Kolonien), doch die Ergebnisse lassen meistens keine Rückschlüsse auf Horizontausbildung und Entstehungsbedingungen zu, da einseitig die Ackerkrume in ihren Nährstoffverhältnissen, physikalischen Eigenschaften und dem bakteriellen Umsetzungsvermögen in Hinblick auf Produktionsgeeignetheit betrachtet wurde. Sehr häufig handelt es sich auch um Analysen von Böden, die durch Meliorationsmaßnahmen (Entwässerung, Bewässerung in der Trockenzeit, Bestellung usw.) völlig anderen Bedingungen zur Jetztzeit unterworfen sind, als daß es ratsam wäre, Rückschlüsse auf genetische

---

[1] MANN, O.: Die Bodenarten der Tropen und ihr Nutzwert, S. 53. Hamburg 1914.

[2] MANN, O.: a. a. O., S. 55.

[3] KNOP, W.: Analysen vom Nilabsatz 17, 65 (1874). — Wie H. PELLET u. R. ROCHE (Ref. Chem. Zbl. 2, 1650 [1907]) nachwiesen, haben die zahlreichen in den Jahren 1871—1906 vorgenommenen Untersuchungen eine sehr konstante Zusammensetzung der Böden ergeben. Sie weisen auch darauf hin, daß der Nilschlamm den angrenzenden Böden in chemischer Beziehung ähnelt. Andererseits weisen P. KÖNIG (Die Ern. d. Pflanze 25, 426, 1929) und P. KRISCHE (ebenda S. 433 Abb. u. S. 437) darauf hin, daß der Nilschlamm je nach der Zeit eine verschiedene Zusammensetzung der Niederschläge des Nilwassers in mechanischer Beziehung hat. — Vgl. auch A. LUCAS: Die Chemie des Nilstroms. Surv. Dep. Egypt. Paper Nr. 7, 78; nach Jber. Agrikult.-Chem. 52, 24 (1909).

[4] KÖNIG, P.: Über die Zusammensetzung der Nildeltaböden. Die Ern. d. Pflanze 25, 426 (1929).

[5] VOSSELER: Über einige Eigentümlichkeiten der Urwaldböden von Ost-Usambara. Usambara-Post Nr. 33 1904; nach Ref. Jber. Agrikult.-Chem. 48, 63 (1905).

Zusammenhänge aus solchen Befunden zu ziehen. Daß dies häufig nicht angängig ist, zeigt kurz das folgende Beispiel. Die Oberkrumen einiger kürzlich untersuchter brasilianischer Kaffeeböden wiesen Humusgehalte von 0,36 bis 13,71% Humus auf[1], der Untergrund hatte nur Werte von 0,30—2,08%. Dies ist auf Zuführung der organischen Substanz (Stehenlassen der Baumstümpfe usw.) zurückzuführen.

Humusböden. Etwas besser als über die Böden, die dauernd oder periodisch unter Wasser stehen, ist man über die in diesem Handbuche schon behandelten Prärieböden[2] und subtropischen Schwarzerden[3] unterrichtet. Eine weitere Kategorie von hierher gehörigen Bildungen sind die humushaltigen Böden, die in vorangegangenen Erörterungen schon teilweise gestreift wurden. Zweifelsohne ist der Begriff „humushaltig" oder „humusreich" recht dehnbar. Tacke[4] setzt die Grenze des Humusbodens dort an, wo mit dem bloßen Auge ein starkes Überwiegen der nicht verbrennbaren Beimischungen wie Sand, Ton u. dgl. zu erkennen ist. Es bringt nun die Abschätzung der Humusmenge gewisse Schwierigkeiten mit sich, so wirkt die von den Humusstoffen den Böden erteilte dunklere Farbe bei den Sandböden am ausgeprägtesten, bei lehmigen oder sogar tonigen Böden erscheinen die Böden selbst durch höheren Humusgehalt kaum, zum mindesten aber bedeutend weniger dunkel als bei Sandböden mit gleichem Prozentsatz Humus. „Der Humusgehalt ist doch da, wenn auch die Farbe nicht durchschimmert[5]." Damit legt auch Tacke selbstverständlicherweise den ermittelten Humusgehalt bzw. die Menge an unverbrennbaren Stoffen bei seiner Einteilung zugrunde, doch sollte auf alle Fälle einer derartigen Schätzung niemals eine allzu große Bedeutung beigemessen werden[6]. Besonders muß aber noch hervorgehoben werden, daß nach Vageler[7] der größte Teil der tropischen Humussubstanzen farblos oder nur ganz schwach gefärbt ist und erst an der Luft nachdunkelt. Wie schon aus dem Vorhergehenden zu ersehen ist, gibt es in den Tropen und Subtropen eine Reihe humusreicherer Böden, zu denen sich noch solche gesellen, die bisher noch nicht erwähnt sind. Es handelt sich um Böden, die bei Untersuchungen über ihre landwirtschaftliche Nutzbarkeit oder bei Beobachtungen für geographische oder sonstige Zwecke als humusreich erkannt wurden, ohne daß ihre Entstehungsweise zum Gegenstand besonderer Forschung gemacht wurde. Aus diesem Grunde seien auch nur einige Beispiele hier angeführt, die lediglich darauf hinweisen sollen, daß der Humus durchaus nicht die seltene Rolle in den Tropen bzw. Subtropen spielt, wie bisher vielfach angenommen worden ist. Hilgard[8] weist z. B. auf den geringen Gehalt an Nährstoffen der Böden derjenigen Tropenländer hin, in denen hohe Temperatur und Feuchtigkeit herrschen und deren Böden hohe Humusgehalte bei gleichzeitig reichlicher Kohlensäureentwicklung erkennen lassen. Er verweist auf die diesbezüglichen Analysen von Wohltmann (Samoa, Kamerun), Müntz und Rousseaux (Madagaskar), Mann (Assam), Bamber (Ceylon und Malaiische Halbinsel) und stellt diese

---

[1] Piettre, M.: L'humus dans les terres à café au Brésil. C. r. **171**, 139 (1925).

[2] Stremme, H.: Die Prärieböden, E. Blancks Handbuch **3**, 287f.

[3] Giesecke, F.: Subtropische Schwarzerden. Ebenda S. 341f.

[4] Dieser Band des Handbuches, S. 124.

[5] Atterberg, A.: Die mechanische Bodenanalyse und die Klassifikation der Mineralböden Schwedens. Internat. Mitt. Bodenkde. **2**, 331 (1912). — Vgl. auch E. Ramann: Bodenkunde. a. a. O., S. 318.

[6] Giesecke, F.: Bodenbeurteilung usw. Dieses Handbuch **5**, 196.

[7] Vageler, P.: Grundriß der tropischen und subtropischen Bodenkunde, S. 85. Berlin 1930.

[8] Hilgard, E. W.: Die Böden arider und humider Länder. Internat. Mitt. Bodenkde. **1**, 428 (1911).

Böden in direkten Gegensatz zu den ariden Böden. Von Java, Sumatra und Malakka hat LANG direkt als von einem Humusgebiet gesprochen[1]. Leider sind die Untersuchungen über die Deliböden, die ein genaues Bild über den Nährstoffgehalt der Böden Ostsumatras[2] geben, nicht auf den Humusgehalt ausgedehnt. Der Humusreichtum bzw. -armut der Böden scheint geschätzt zu sein. Der Boden von Deli zeigt aber unter anderem auch eine Varietät, die sich als ,,schwarze sandige, humusreiche Erde[3]" darstellt. Diese Böden sind sehr humusreich und, was besonders auffällig ist, sie haben Stickstoffgehalte von 0,50—1,18%. Ganz neuerdings sind von J. VAN BAREN[4] Bodenanalysen von Java, Madura und Timor veröffentlicht, die Humusgehalte bis zu 5,59% ergeben haben. SAPPER berichtet über humusreiche Böden in Zentralamerika und auf den ehemals deutschen Südseeinseln[5]. Die von H. VAGELER[6] vorgenommenen Bodenanalysen aus dem Flußgebiet des Rio Magdalena, unter denen sich einige Urwaldböden befinden, enthalten zwar keine Humuswerte, doch berichtet er, daß die Anhäufung der organischen Substanz besonders im Urwald sehr groß werden kann. R. ALBERT[7] stellte bei Kameruner Urwaldböden folgende Humusmengen fest:

0—40 cm Tiefe 4,50%	60— 80 cm Tiefe 2,28%
40—60 ,, ,, ... 2,63%	80—100 ,, ,, ... 1,95%

Auch die Teile Südchinas[8], die vom tropischen Regenwald eingenommen werden, gehören hierher. Die Literatur würde bei der Durcharbeitung geographischer Arbeiten ins Unermeßliche steigen, doch mögen diese Angaben genügen. Die Humusdecke im Urwald nimmt nach VAGELER[9] selbst in üppigsten Beständen nur wenige Zentimeter ein, und ,,oft liegt unmittelbar darunter ein leuchtend roter oder gelber Boden, der scheinbar keine organische Substanz im Sinne des geläufigen Humusbegriffes mehr umfaßt. Aber das ist eben nur scheinbar der Fall. Fast ausnahmslos ist, oft bis in mehrere Meter Tiefe, auch dieser farbige Boden noch reich bis sehr reich an organischer Substanz". Bis zu 10% und mehr Humus gibt VAGELER in den Oberflächenschichten an, die Natur der Humussubstanzen ist nach ihm völlig unbekannt.

Es erscheint nunmehr notwendig, nachdem die Sumpfböden und die Humusformen infolge mangelnder Erforschung fortfallen, die Kenntnisse über die eingangs erwähnten Rohhumusbildungen und Bleicherdeerscheinungen der heißen Zone kurz zu behandeln. Trotz der aufgezählten Vorkommnisse, die, bei weiterer Durch- und Erforschung sicherlich um eine große Anzahl vermehrt werden könnten, wird folgender Satz WOHLTMANNs als richtig anzusehen sein: ,,Humusböden oder Böden mit hohem Humusgehalt sind in den Tropenländern zwischen den Wendekreisen verhältnismäßig nicht in jener Ausdehnung anzutreffende Erscheinungen, wie die gemäßigten Zonen sie aufzuweisen haben[10]."

---

[1] LANG, R.: Geologisch-mineralogische Beobachtungen in Indien (Cbl. Min., Geol. u. Paläont. 1914, 549), der noch folgende Mitteilungen über humusreiche Böden aus dem ostindischen Archipel in Geol. Rdsch. 6, 242 (1915) zitiert: J. MOHR: Over den Grond von Java. Batavia 1911. — A. TOBLER: Tijdschr. h. K. nederl. aardrijkundig Venootschap 1906, 255. — W. VOLZ: Nordsumatra 1.

[2] VRIENS, J. G. C. u. S. TIJMSTRA: Internat. Mitt. Bodenkde. 2, 53, 258, 351, 437 (1912).

[3] HISSINK, D. J.: Eine Studie über Delitabak. J. Landw. 53, 135 (1905).

[4] BAREN, J. VAN: Comm. geol. Inst. Wageningen 1928, Nr. 14, bes. 144, 145.

[5] Zitiert von R. LANG: Geol. Rdsch. 6, 249 (1915).

[6] VAGELER, H.: Das Flußgebiet des Rio Magdalena. Z. Ges. Erdkde. Berlin 1927, 23f.

[7] ALBERT, R.: Allitische Braunerde als Übergangsbildung zu tropischer Roterde und Laterit. Z. Pflanzenernährg. usw. A. 18, 2 (1930).

[8] Eine kurze Zusammenstellung gibt R. MELL: Südchinesische Landschaftstypen und ihre Nutzung. Z. Ges. Erdkde. Berlin 1927, 30f.

[9] VAGELER, P.: Grundriß der tropischen und subtropischen Bodenkunde, S. 78, 84, 85. Berlin 1930. [10] WOHLTMANN, F.: a. a. O., S. 169.

Charakteristik der tropischen und subtropischen Moore.

Wie schon eingangs erwähnt, sind unsere Kenntnisse über diesen Gegenstand nicht sehr groß. Besonders fehlt es meistens an genauen floristischen und chemischen Untersuchungen und Ergebnissen. Dieser Abschnitt wird sich im wesentlichen auf die Arbeiten von Potonié, Keilhack und Krenkel zu stützen haben. Den bisherigen Ergebnissen Rechnung tragend, ist zu unterscheiden zwischen tropischen und subtropischen Mooren, die ihrerseits in Flach- und Hochmoore zu trennen sind. Krenkel[1], der bei vergleichenden Untersuchungen der bis zu der Veröffentlichung seiner Arbeit bekannten Angaben mit den Ergebnissen seiner eigenen Beobachtungen in Deutsch-Ostafrika und im Kongobecken zu einer übersichtlichen Einordnung aller Befunde kam, teilt die tropischen Moore überdies in rezente und subrezente ein, von denen die rezenten Flachmoore weiterhin nach ihrem floristischen Habitus in fünf Gruppen untergeordnet sind. Die von Krenkel[2] angegebene Einteilung sei hier angeführt, obgleich er darauf hinweist, daß nicht nur die botanische Erforschung sehr gering ist, sondern auch die sonstigen Angaben über die bisher bekannten Moore sehr lückenhaft sind.

I. Tropische Moore.
  A. Rezente Tropenmoore. Untergrund: Kristalline Gesteine; sedimentäre Gesteine verschiedenen Alters; junge Schwemmbildungen terrestrer und mariner Entstehung; Riffe.
    1. Tropenflachmoore (auf Flachlandgebieten in großer Ausdehnung; in Tälern, Senken von geringerem Umfange; gespeist durch Quellen, Grundwasser und Regenwasser):
      a) Mit tropischem Regenhochwaldbestand, der deutliche Anzeichen eines Sumpfwaldes zeigt, so kegelförmige Pneumatophoren, horizontale Luftwurzeln aus den Stämmen (Besenwurzeln) und Brettwurzeln; Unterholz in verschiedenem Grade, oft nur gering entwickelt. Unter der Wurzeldecke dunkler, schlammiger Humus. Offene Wasserstellen nicht selten.
        Vorkommen: Im Kongobecken am Ruki (Businga); außerhalb Afrikas: Ostküste von und mittleres Sumatra; Ceylon(?)
      b) Mit üppiger Baum- und Buschvegetation, z. T. in reinen, z. T. in gemischten Beständen (mit Barringtonia racemosa Bl., Pandanus, Kletterfarnen). Kraut und Graswuchs zurücktretend.
        Vorkommen: Großes und Kleines Narunyo-Moor am Lukuledi, Mto Nyangi am Mbemkuru.
      c) Mit Sumpfgräsern: Grasmoor (mit Gramineen, Cyperazeen, Nymphazeen, Leguminosen). Durchsetzt von wenig dichtem, mäßig hohem Busch und niedrigen, nur vereinzelt höheren Bäumen.
        Vorkommen: Narunyomoor, Matumbicatal; außerhalb Afrikas: südliche Westküste von Ceylon.
      d) Mit reinem oder überwiegendem Sumpfgräserwuchs im Innern (,,Papyrusmoor"), meist mit offenen Wasserstellen; o h n e Baum- und Buschwuchs.
        Vorkommen: In Afrika: Bucht von Kigoma; Hochländer des Zwischenseengebietes; (kleine) Steppenmoore; Katanga.
      e) Paralische (Mangroven-) Moore; Pflanzenbestand unbekannt.
        Vorkommen: An der Küste Deutsch-Ostafrikas zwischen Bagamojo und Daressalam, z. T. wohl subrezent.
    2. Übergangsbildung: Gehängemoor von geringer Ausdehnung mit verkümmerter Baum- und Buschvegetation.
        Vorkommen: Bucht von Kigoma.
    3. Tropenhochmoore: Mit niedrigen Gräsern, Farnkräutern und vereinzelten Baum- und Buschgruppen; Vegetation kümmerlich.
        Vorkommen: Am Pindirobach im Mbemkurutale (Süden von Deutsch-Ostafrika); zwischen Kigoma und Luitsche (?).

---

[1] Krenkel, E.: Moorbildungen im tropischen Afrika. Cbl. Min., Geol. u. Paläont. 1920, 371f.

[2] Krenkel, E.: ebenda 430, 431. — Über Moorbildungen im tropischen Afrika. Naturwiss. Wschau. 36 (N. F. 20), 83, 84 (1921).

B. Subrezente Tropenmoore: Schwammige Torflager zwischen jungen Sedimenten (mit
   Resten von Baumstämmen und anderen Pflanzen).
        Vorkommen: Am Kongo zwischen Bumba und Lisala, eingelagert in jungen
   Kongo-Alluvionen, darunter Bleichsand; in Katanga; außerhalb Afrikas: in
   mehreren durch Bleichsande getrennten Lagen übereinander auf der Malaiischen
   Halbinsel bei Ipoh, Tronoh.
II. Subtropische Moore (mit Gebirgsklima im tropischen Gebiet).
    1. Flachmoore: Grasmoor ohne Bäume und Sträucher; die Flora zeigt viele Anklänge
       zu unseren heimischen Moorpflanzen (mit Aponogeton, Juncus, Scirpus, Erio-
       caulon u. a.).
            Vorkommen: Nurelia, am Talagalla (2250 m hoch) auf Ceylon.
            Hierher gehören wohl am besten die Papyrus-Moore in den Hochländern des
       Zwischenseengebietes in Deutsch-Ostafrika.
    2. Hochmoore: Grasmoor mit verkümmertem Baumwuchs und wenig Staudenwuchs;
       ohne Moose.
            Vorkommen: Nurelia auf Ceylon (weitgehende Übereinstimmung in den
       Familien und selbst in den Gattungen zu der Flora in den norddeutschen Mooren).

Die von P. W. E. VAGELER[1] angegebene Einteilung, die wahrscheinlich nur
für Niederländisch-Indien Geltung haben soll, teilt die Torfböden ein in: a) Flachmoore, b) Hochmoore (durch Sphagnaceen gebildet, in großer Meereshöhe bei

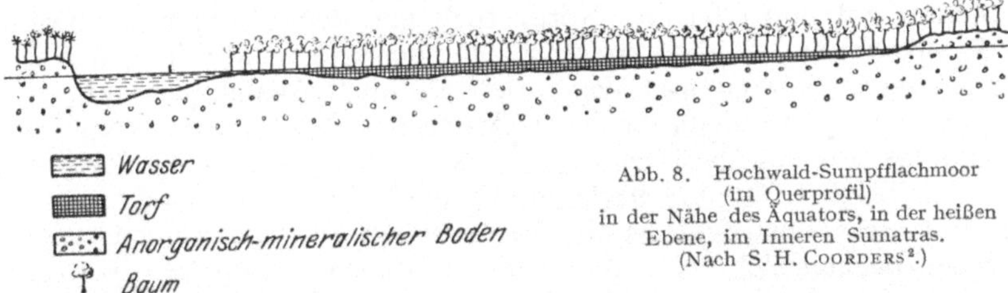

Abb. 8.   Hochwald-Sumpfflachmoor
(im Querprofil)
in der Nähe des Äquators, in der heißen
Ebene, im Inneren Sumatras.
(Nach S. H. COORDERS[2].)

starken Niederschlägen entstehend), c) Trockenmoore (unter Gras und Farn-
kraut, entstanden auf alkalischen Böden durch nicht zureichende Auswaschung
als Übergangsgebiet zu Alkaliböden).

BENNETT und ALLISON[3] teilen die Moorböden nach ihrem natürlichen Bestande ein und berichten nur über Flachmoore Kubas, die bis über 90 % organische
Substanz enthalten können. Sie rechnen zum Torf solche Bildungen, die 65 %
und mehr organische Substanz besitzen. Der Torf enthält nach ihnen verschiedene Mengen Sand, Ton usw. beigemengt. Eine zwischen 25—65 % organische Substanz aufweisende Bodenart wird als „Muck" bezeichnet, in der der Humus
als gut zersetzt charakterisiert wird. Eine weitere Bodenart, als „Peaty loam"
bezeichnet, enthält 2—25 % organische Substanz[4]. VILENSKY[5] ordnet „die Halb-
moore und Moore der äquatorialen, tropischen und subtropischen Gegenden" in
die thermohydrogene Abteilung (TH) seiner Bodeneinteilung ein.

Beschreibung bisher bekannter Tropenmoore. Das 1891 beschriebene
Tropenmoor von Mittel-Sumatra — am linken Kamparufer — stellt sich als Hoch-
waldsumpfflachmoor dar[6] (Abb. 8). Das stagnierende Süßwasser war dunkelbraun, trotzdem aber gut durchsichtig und ohne Trübung und von schwach

---

[1] Nach persönlicher Mitteilung VAGELERS an H. HARRASSOWITZ. Dieses Handbuch
3, 369.
[2] Aus H. POTONIÉ: Die rezenten Kaustobiolithe und ihre Lagerstätte. Abh. kgl. preuß.
geol. Landesanst. Berlin, N. F. H. 55. III, S. 193, Abb. 38 (1912).
[3] BENNETT, H. H., u. R. V. ALLISON: Soils of Cuba, S. 124. Washington 1928.
[4] BENNETT, H. H., u. R. V. ALLISON: a. a. O., S. 356.
[5] VILENSKY, D.: Die Einteilung der Böden auf Grund analoger Reihen in der Bodenbildung. Internat. agrikult.-wiss. Rdsch., N. F. 1, 1147, u. Tab. 1, S. 1144 (1925).
[6] COORDERS, S. H., in H. POTONIÉ: Abh. 55. III, a. a. O., S. 193f.

adstringierendem Geschmack, der mitunter etwas bitter war. S. H. Coorders schildert die schwere Durchquerung des Moores, die besonders durch das Vorhandensein von zahllosen aufrecht wachsenden, „entweder dünnkegelförmigen, geraden oder dünnzylindrischen, sich später knieförmig nach oben umbiegenden Atemwurzeln" hervorgerufen wurde. Die im nachfolgenden Abschnitt zu behandelnde Moorflora war besonders in der Mitte des durchquerten Moorgebietes am ausgeprägtesten ausgebildet, um allmählich nach Norden und Süden in andere Vegetationsformen überzugehen. So kennzeichnete sich der nördliche Saum des Moorwaldes dadurch, „daß allmählich die charakteristischen Moorwaldbäume mit ihren Atemwurzeln und anderen interessanten Anpassungen an das Leben im Moore mit dem Steigen des aus lehmigem Quarzsand bestehenden Untergrundes allmählich für andere Baumspezies und andere, nicht baumartige Pflanzen zugleich mit auffallender Zunahme von Calamusarten und anderen Lianen Platz machten"[1]. Auch das Wasser verlor hier seine braune Farbe, der anorganische Untergrund war in Stocktiefe, der im Moore selbst mit 6 m nicht erreicht wurde, und der von J. G. Larive[2] mit 9 m angegeben wird. Der trocknere, nur aus anorganischen Bestandteilen bestehende äußerste Rand weist keine der dem Moor charakteristischen Pflanzen mehr auf. S. H. Coorders gibt die Größe dieses Moores mit 80 000 ha an. Nordöstlich von dem Kampar-Laubwaldmoor ist bei Pangkalan-Dulei[3] ein weiterer Flachmoorwald anzutreffen, der aber ein anderes Aussehen, sowohl was Vegetation als auch Ausbildung anbetrifft, als der erstgenannte zeigte, denn die Moorbildung war nicht so weit vorgeschritten, was Coorders auf die bestehende, wenn auch nur schwache Strömung des Wassers zurückführt. Lang[4] berichtet ebenfalls über die Waldmoore an der Ostseite Sumatras, doch fehlt es an einer genauen Festlegung der Ortslage. Im wesentlichen decken sich seine Angaben mit denen Coorders, doch sei noch darauf hingewiesen, daß Lang den Humus als Moder ausgebildet beschreibt, auf die Häufigkeit der Schwarzwasserbildung in Flüssen und Bächen hinweist und den Untergrund unter dem Wurzelnetz der von üppigem Wald bedeckten Moore als schlammige, flüssige Humusmasse hinstellt. Auch Schürmann[5] fand solche von einem grauen Brei von einigen Metern Mächtigkeit eingenommene Moore in Süd-Sumatra, der hier auch Schwingmoore entdeckte: „Hier treibt das lebende Moor auf dem Humuswasser, das mehrere Meter tief sein kann, und an dessen Boden man den oben schon beschriebenen Brei antrifft." Diese „Schwingmoore sind nicht nur von Busch-, sondern auch von Hochwald bewachsen". Leider lassen diese letztgenannten Beschreibungen durchweg Angaben über die Örtlichkeit, Art des Untergrundes, den äußerlich sichtbaren Zersetzungsgrad der Torfmasse und vieles andere mehr, was für die moorkundliche Forschung von Wichtigkeit wäre, vermissen.

In dieser Hinsicht sind wir bedeutend besser über die Moore Ceylons durch Keilhack[6] unterrichtet. An Hand einer von diesem aufgenommenen Karte und von vielen Abbildungen ist man in der Lage, sich über die dortigen Moorbildungen ein anschauliches Bild zu machen, besonders über das subtropische Flach- und Hochmoor von Nuwara Eliya (Nurelia). Das Tal, in dem diese Ansiedlung liegt, ist 6 km lang, 400—600 m breit und „in seiner ganzen Ausdehnung mit Torf-

---

[1] Coorders, S. H.: a. a. O., S. 202.   [2] Nach H. Potonié: Abh. 55. III, 185.
[3] Vgl. S. H. Coorders in H. Potonié: Abh. 55. III, 202, 203.
[4] Lang, R.: Rohhumus- und Bleicherdebildung im Schwarzwald und in den Tropen. Jh. Ver. vaterl. Naturkde. Württ. 71, 118 (1915).
[5] Schürmann, H. M. E.: Über die neogene Geosynklinale von Südsumatra. Geol. Rdsch. 14, 247 (1923).
[6] Keilhack, K.: Über tropische und subtropische Torfmoore auf der Insel Ceylon. Jb. kgl. preuß. Landesanst. a. a. O. 36, S. 102f.

moor erfüllt und sowohl in seinen tieferen, wie in seinen höheren Teilen mit einer Torfdecke überkleidet". Am südlichen Taleingang befindet sich der Lake Gregory. An den See anschließend und auch im nördlichen, tieferen Teil des Tals lagert ein typisches Flachmoor von tiefschwarzer Farbe in einer Dicke von 3—4 dm. Unter dem Flachmoortorfe befindet sich ein dunkler Faulschlamm von 0,3—0,6 m Mächtigkeit, der seinerseits „von einem gelben, an organischen Stoffen armen Tone von unbekannter Mächtigkeit unterlagert" wird. Das Flachmoor ist nach KEILHACK aus der Verlandung des ehemals viel größeren Sees hervorgegangen, die am heutigen See sich in derselben Weise durch mehrere aufeinander folgende Vegetationsgürtel kennzeichnet. Das Flachmoor wird jedoch an den aufsteigenden Hängen allseitig von einem Gehängemoor begrenzt. „Es lagert teils auf grusig verwittertem Granit, teils auf Laterit, der in kleinen

Abb. 9. Gehängemoorprofil im Südwesten des Lake Gregory (Ceylon[1]). Das Moor ist mit Krüppel-Rhododendron bewachsen.
T = Gehängetorf. Fs = Faulschlamm. L = Laterit.

Taschen und Mulden auch noch Faulschlamm enthalten kann"[2], wie dies die obige Abb. 9 zeigt. Das Gehängemoor selbst hat eine Mächtigkeit von $^1/_2$ bis $^3/_4$ m, das von KEILHACK aus klimatischen und floristischen Gründen als „subtropisches Hochmoor" bezeichnet wird. Ferner fand KEILHACK auf Ceylon typische tropische Torfmoore, und zwar in einer Ausdehnung von Ambalangoda bis östlich von Point de Galle. Sie liegen unmittelbar an der Küste. Ein Teil dieser Moore ist vom Meere durch einen 50—200 m breiten Strandwall getrennt. Hinter diesem breiten sich sumpfige Niederungen aus, die durch flache, tiefgründige, verwitterte Granitrücken voneinander getrennt sind. „Soweit diese Niederungen von fließendem Wasser durchströmt werden, sind sie wie überall mit gelbem oder durch organische Beimengungen dunkel gefärbtem Flußschlick oder auch mit tonigem Faulschlamm ausgekleidet. Im letzteren Fall enthalten sie auch die typischen dunklen Schwarzwässer der Tropenländer. Wo aber die regelmäßigen Überschwemmungen von Flußwasser fortfallen, da sind die Rinnen

---

[1] Aus K. KEILHACK: Jb. kgl. preuß. geol. Landesanst. für 1915, 36, T. 2, Taf. 27, untere Abb. (Berlin 1917).
[2] KEILHACK, K.: a. a. O., S. 120.

und Becken mit echtem Torf ausgekleidet[1]." „Das geologische Profil dieser rein tropischen Torfmoore weicht von dem der Hochlandmoore ab, indem nicht vorwiegend anstehende Gesteine oder verschwemmte Tone den Untergrund bilden, sondern subfossile Madreporenriffe[2]." Der Torf besitzt eine Mächtigkeit von 1 m oder darüber. Bemerkenswert ist die Tatsache, daß der Humusboden in etwas höherer, trockener Lage nach Entwässerung mit üppigen Tropenkulturen bewachsen ist.

Krenkel[3] hat uns mit einigen Mooren und Humusbildungen aus Afrika bekannt gemacht. Es handelt sich in erster Linie um ein Tropensumpfmoor bei Kigoma (Deutsch-Ostafrika). Dieser Ort liegt an der gleichnamigen Bucht des Tanganjikasees. „Der Strand der innersten Bucht von Kigoma findet landeinwärts seine Fortsetzung in einem weiten, ebenen Talboden, der hinter einer 80—100 m breiten, den See von ihm abdämmenden Landbrücke in einer wannenförmigen Vertiefung einen ausgedehnten Sumpf mit einer offenen Wasserfläche

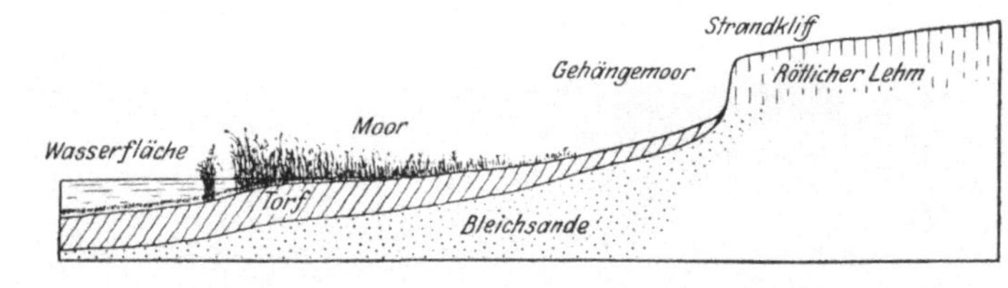

Abb. 10.   Profil durch das Kibirizi-Moor bei Kigoma am Tanganjikasee.
Oben: Nord-Süd-Profil durch das Sumpfflachmoor und Gehängemoor; darüber die Strandterrasse eines höheren Standes des Tanganjika-Sees.
Unten: Ost-West-Profil von der Bucht von Kigoma über die Barre zum Meer.

in der Mitte trägt," der sog. Kibirizi-Teich. An den Grenzen dieser von Krenkel[4] als Tropensumpfmoor bezeichneten Bildung tritt ein räumlich zwar unbedeutendes, aber sich von dem erstgenannten floristisch stark unterscheidendes Gehängemoor auf. Die vorstehende Abb. 10 veranschaulicht die Lageverhältnisse.

Im Innern des Teiches findet sich in $1^1/_2$ m Wassertiefe ein breiiger, brauner, scheinbar kalkfreier Faulschlamm, der bei der Trocknung stark schwindet. Die Mächtigkeit des Faulschlamms und die Art des Untergrundes konnte nicht ermittelt werden. Der auf der Abb. 10 (unten) eingezeichnete Graben, der das Moor nach der Kigoma-Bucht hin entwässern sollte, legte ein Profil frei, das oben Torf, darunter Sande und Kiese mit gelegentlichen Tonschmitzen, die deutlich ausgebleicht waren und hier und da ortsteinartige Verfestigung zeigten, frei. „Die größte Mächtigkeit des Torfes betrug im Graben über 1 m; doch ist die wahre Mächtigkeit nach der Lagerung sicherlich größer." Die Farbe des Torfes ist in frischem Zustande braunschwarz bis schwarz, nach dem Trocknen dunkelbraun, die des Moorwassers tiefbraun. „Es lassen sich in ihm (dem Torf) mit bloßem Auge vor allem Wurzelfasern, daneben seltener Reste von Stengeln und Blatt-

---

[1] Keilhack, K.: a. a. O., S. 130.   [2] Keilhack, K.: a. a. O., S. 131.
[3] Krenkel, E.: Moorbildungen im tropischen Afrika. Cbl. Min., Geol. u. Paläont. 1920, 374—378.
[4] Krenkel, E.: Ebenda, Abb. auf S. 373.

stücken unterscheiden, die in einer dunklen, nicht näher erkennbaren Grundmasse liegen. Im großen und ganzen erinnert der Torf des Kibirizi-Teiches dem äußeren Ansehen nach stark an norddeutsche Torfbildungen. Zwischen Torf und Untergrund wurde eine Einlagerung von Faulschlamm, die man erwarten könnte, nicht beobachtet." Der Torf des Gehängemoores ist nur 20 cm mächtig, von heller Farbe, locker und leicht zerreißbar und läßt sich gut von seiner Unterlage abheben, die aus Sanden von heller, ausgebleichter Farbe besteht. KRENKEL[1] schließt aus dem Verbrennen am offenen Feuer, daß sowohl der Faulschlamm des Moores, als auch die beiden Torfarten große Aschenrückstände hinterließen. Der genannte Autor vermutet noch ein Tropenhochmoor zwischen Kigoma und dem Luitschetal. Auch berichtet derselbe von einem Flachmoor mit einer Torflage von 20 cm Dicke über grauschwarzem, fettem Ton in einem Steppenbecken der Landschaft Mletsche (Nord-Ugogo, im Innern Deutsch-Ostafrikas). KRENKEL[2] weist darauf hin, daß die Moore Ugogos — er berichtet über einige, die nicht näher untersucht zu sein scheinen — deshalb beachtenswert seien, weil das Klima starke Extreme aufzuweisen hat, wie ausgeprägte Trockenheit, kurze Regenzeit mit großen Niederschlägen und außerdem hohe Temperaturen.

Ferner werden an der deutsch-ostafrikanischen Küste zwischen Daressalam und Bagamojo dünne Lagen von braunem, filzigem Torf über marinen Sanden beobachtet[2]. Von einer subrezenten Torfbildung wird ebenfalls von KRENKEL berichtet. Bei einer Fahrt auf dem Kongo zwischen Bumba und Lisala wurde von ihm folgendes Profil beobachtet[3]: „Zu unterst bis zum Wasserspiegel lagen gut geschichtete Flußsande von heller Färbung, darüber, allmählich aus diesen hervorgehend, eine schwarzbraune, etwa $1-1^1/_4$ m mächtige, lockere, torfige Schicht, in der noch schwärzliches Ast- und Wurzelwerk zu erkennen war, und über dieser als Abschluß, nun aber mit scharfer Abwaschungsgrenze ansetzend, jüngste, gelb und braun gefärbte Flußablagerungen des Kongo."

Der Genannte gibt als Erklärung für das Zustandekommen dieses Torfes an: Sumpfflachmoorbildung in einer Uferniederung, durch Laufverlegung des Kongos teilweise Zerstörung des Moores mit neuer Überdeckung durch Flußsedimente, neues Einschneiden des Flusses in seine eigenen Ablagerungen. Die unter dem „werdenden Kohlenflöz" liegenden Schichten sind zu Bleichsanden ausgebleicht. Erwähnenswert ist noch die Feststellung KRENKELS[4], daß die das Kongobecken durchziehenden kleinen und großen Gewässer als echte Schwarzwasserflüsse bald tiefschwarz, bald bräunlich gefärbtes Wasser nur im Urwaldbereich führen, was auf die Entstehung und Ansammlung von Rohhumus zurückgeführt wird.

Ähnliche, subrezente Torflager hat C. GUILLEMAIN in Katanga (Südprovinz der Kongokolonie) beschrieben, sie sind aber als Residuen ausgedehnter Papyrussümpfe anzusehen[5]. Im südlichen Küstengebiete Deutsch-Ostafrikas fand JANENSCH[6] am nördlichen Talhang des Lukulediflusses über einer Tonschicht Torf. Bei Narunyo und zwischen diesem Ort und Mroweka fand derselbe noch vier Torfvorkommnisse von einer Mächtigkeit von über $1^1/_2-2^1/_2$ m. Die Ausdehnung des größten dieser vier Torflager schätzt er auf wenigstens 20 ha. H. v. STAFF[6] berichtet von einer Moorbildung am Mto Nyangi, einem nördlichen Zufluß des Mbemkuru (ebenfalls Deutsch-Ostafrika).

---

[1] KRENKEL, E.: a. a. O., S. 378.   [2] KRENKEL, E.: a. a. O., S. 380.
[3] KRENKEL, E.: a. a. O., S. 432.   [4] KRENKEL, E.: a. a. O., S. 434, 435.
[5] Zitiert nach E. KRENKEL: Über Moorbildungen im tropischen Afrika. Naturwiss. Wschau. **36** (N. F. **20**), 84 (1921).
[6] Nach Mitteilung an H. POTONIÉ: Abh. 55. III, a. a. O., S. 190.

Die Torfvorkommen von Mittel-Kuba sind von Bennett und Allisson ausführlich beschrieben[1]. Die Mächtigkeit und die Zusammensetzung derselben schwanken natürlich nach Alter, Zersetzungsgrad und Art der Vegetation, sowie nach den Wasserverhältnissen, so wird die Mächtigkeit zwischen weniger als 1 Fuß und mehr als 10 Fuß Tiefe angegeben. Der Torf ist unterlagert von 1. plastischem, klebrigem Ton, von grünlichgelber bis blauschwarzer Farbe oder 2. weißlichem, ausgebleichtem bis kremefarbigem Mergel, oder auch 3. von Kalkstein. Der Torf ist sehr wasserreich und z. T. während eines großen Teiles des Jahres mit Wasser bedeckt.

Außer diesen rezenten Mooren sind uns aus den Tropen noch eine Reihe subrezenter bekannt, zu denen ja auch schon das von Krenkel[2] im Kongogebiet entdeckte gehört. Solche torfartigen Lager, die in geringer Tiefe unter der Oberfläche gefunden werden, sind sehr häufig in der Nähe von Kalkutta[3], sie scheinen aus einer Waldvegetation entstanden zu sein. Über die Frage der Entstehung dieser letztgenannten Torflager sind verschiedene Meinungen laut geworden. Medlicott und Blandford[4] glauben die Entstehung auf eine Landsenkung zurückführen zu müssen, während Früh[5] die allochthone Entstehungsweise für möglich hält. Zusammengeschwemmte Pflanzenreste können, wenn sie in großen Massen zur Ablagerung kommen, sich gegenseitig vor Luftzufuhr abschließen. Das von Krenkel beschriebene subrezente Moorvorkommen ist ja auf dieselbe Weise entstanden, und so kann es nicht wundernehmen, daß solche allochthone Humusablagerungen häufig in den Tropen beobachtet worden sind, wenngleich die Vorkommen zeitweise nur geringe Ausbreitung haben. Auf der malaiischen Halbinsel fand Lang[6] ebenfalls derartige Bildungen. Unter dem Schwemmland folgen Humusansammlungen, in denen schwarz gefärbte Äste, Baumstümpfe, Baumstämme oder Wurzelstümpfe eingebettet liegen. Diese Humuslager können mehrere Meter Dicke erreichen, die humosen Bestandteile selbst sind von moderartiger Beschaffenheit und schwammig feucht. Auch Guillemain[7] machte ähnliche Feststellungen — wie wir sahen — in der Südprovinz der Kongokolonie. Beim Vergleich seiner eigenen Beobachtungen mit denen Keilhacks, Langs und Guillemains kommt Krenkel[8] zu dem Ergebnis, daß der Beweis geliefert sei, „daß im tropischen Urwald des Kongobeckens Moore in junger geologischer Zeit entstanden sind, ebenso wie sie noch heute in ihm gedeihen". Erwähnenswert in diesem Zusammenhange ist noch die Feststellung Schürmanns[9], daß das durch die großen Ströme auf Sumatra und Borneo transportierte, humusbildende Pflanzenmaterial im Meer keine Kohlenablagerung hinterläßt, was aus Lotungen festgestellt worden ist. Im übrigen soll an dieser Stelle nicht auf die Frage der Beziehungen zwischen Kohleentstehung und tropischem Klima eingegangen werden.

Schließlich sei noch kurz auf die Bedeutung der schon erwähnten Papyrusbestände bei der Verlandung der Flüsse und Seen in den Tropen eingegangen. Vageler[10] berichtet, daß die größte Anhäufung organischer Substanz in der

---

[1] Bennett, H. H., u. R. V. Allisson: The soils of Cuba, S. 68, 124—126, 356. Washington 1928.

[2] Krenkel, E.: a. a. O., S. 432; vgl. diesen Beitrag, S. 203.

[3] Medlicott, H. B., u. H. F. Blandford: A manual of the geology of India, S. 399, 400. Calcutta 1879. Zitiert nach H. Potonié: Abh. 3, a. a. O., S. 189.

[4] Ebenda.

[5] Früh, J.: Moore der Schweiz, S. 143. 1904; zitiert nach H. Potonié: a. a. O., S. 189.

[6] Lang, R.: Jh. Ver. vaterl. Naturkde. Württ. 71, 119 (1915).

[7] Guillemain, C.: zitiert nach E. Krenkel: a. a. O., S. 433.

[8] Krenkel, E.: a. a. O., S. 433.   [9] Schürmann, H. M. E.: a. a. O., S. 250.

[10] Vageler, P.: Grundriß der tropischen und subtropischen Bodenkunde, S. 79, 80. Berlin 1930.

heißen Zone an den durch Verlandung von Gewässern — er erwähnt stehende Gewässer, langsam fließende Flüsse und Flußarme in Deltagebieten — entstehenden Flachmooren stattfindet. Nach ihm ist der bedeutungsvollste Lieferant der organischen Substanz der Papyrus, soweit es sich um die afrikanischen Tropen handelt. Im folgenden sei seine Schilderung wiedergegeben: „Ungeheuere Papyrusbestände umrahmen, von Kletterpflanzen oft unentwirrbar verfilzt, die Flachküsten der afrikanischen Seen und erobern langsam aber sicher die freie Wasserfläche. Sie engen mehr und mehr die Betten der afrikanischen Großflüsse, wie Kongo, Niger und Sambesi ein und haben im Oberlaufe des Nils unterhalb des Viktoriasees das gewaltige ‚Suddgebiet‘ der Sudangrenze geschaffen, das den Mündungswinkel des Bahr-el-Djebel und Bahr-el-Ghazal auf Tausende von Quadratkilometern geschlossen erfüllt und noch im Anfange des Jahrhunderts eine ernste Behinderung der Nilschiffahrt bedeutete. Die Tiefe des von den verfilzten Überresten der Papyrusstauden gebildeten Moorbodens geht oft bis über 10 m hinaus. Der Gehalt an fester Substanz ist sehr gering. Die Masse schwindet beim Trocknen auf Bruchteile des Volumens zusammen und ist federleicht.

Abb. 11. Papyrusbestand auf Bugomi im Tschadsee, der den See langsam überwuchert[1].

Trockengelegt aber liefern die Papyrusmoore einen Kulturboden" (vgl. Abb. 11). Über die Verlandung der Kraterseen ist in diesem Handbuche schon kurz berichtet worden[2].

Floristische Eigenschaften der Moore heißer Zonen. Die vorgenannte Einteilung VAGELERS (S. 203) ist insofern interessant, als derselbe das Vorkommen von Hochmooren im typischen Tropenklima nicht annimmt und insofern, als er Sphagnaceen in den höher gelegenen Hochmooren als vorhanden angibt. Leider lassen sich aus den Angaben keine Einzelheiten erkennen, dies gilt besonders für die Höhe der Fundorte, Beschreibung der Flora usw., denn KEILHACK[3] legt seinem als „subtropisch" bezeichneten Moor von Ceylon (Nurelia, 7° nördl. Br., 1850 m ü. d. M., 14—16° mittl. Jahrestemperatur, ca. 2400 mm Regen, subtropische Kulturgewächse und wilde Flora) die Bezeichnung „Hochmoor" aus dem Grunde bei, weil einerseits Mangel an mineralischen Nährstoffen besteht und andererseits weitgehendste Analogien zwischen dieser und der heimischen Hochmoorflora bestehen. Ferner werden die Rüllen- und Bültenbildungen als auffallende Übereinstimmung genannt, wohingegen das völlige Fehlen von Moosen

---

[1] Aus ADOLF FRIEDRICH, Herzog ZU MECKLENBURG: Vom Kongo zum Niger und Nil I, Abb. zwischen S. 92 u. 93. Leipzig 1912.

[2] Vgl. E. WASMUND: Lakustrische Unterwasserböden. Handbuch der Bodenlehre 5, 173, 174.

[3] KEILHACK, K.: Tropische und subtropische Torfmoore auf Ceylon und ihre Flora. Vortr. Gesamtgeb. Bot. 1915, H. 2, S. 15.

als charakteristisch für die tropischen Moore hingestellt wird. Ob sich dieses Nichtauftreten nur auf Sphagnaceen bezieht oder sich auf alle Bryophyten erstreckt, ist nicht aus Keilhacks Ausführungen zu entnehmen, doch finden sich bei der Nennung und Beschreibung der Pflanzen[1] weder Vertreter aus der Klasse der Hepaticae (Lebermoose), noch aus der der Musci (Laubmoose) bis auf ein Polytrichumpolster sowohl in den von ihm skizzierten Flachmooren, als auch in dem als subtropisch bezeichneten Hochmoor von Nurelia. Krenkel, der ein Tropenhochmoor zwischen Kigoma und dem Luitschetal vermutet, hat dieses Moor selbst nicht besucht und schließt lediglich aus der Beobachtung von weitem, daß die „kümmerliche Vegetation aus Gräsern in Bülten, mit seiner auch zur

Abb. 12.   Hochmoor bei Nurelia (Ceylon), stark geneigt, mit Rhododendron arboreum (verkrüppelt) und Cupressus macrocarpa bewachsen[2].

Trockenheit auf vielen Stellen ausdauernden Wasserbedeckung"[3] auf ein solches Vorkommen hindeutet. Das einzige floristisch wirklich untersuchte Hochmoorgebiet ist also das von Keilhack als „subtropisch" bezeichnete. Besonders auffallend ist es, daß in diesem Moore Rhododendron arboreum, ein im Urwald 12—15 m hoher Baum, hier höchstens 3—4 m hoch wird, also verkrüppelt ist und dadurch an die gleiche Erscheinungsform unserer verkrüppelten Moorkiefern erinnert[4] (Abb. 12). Als weitere Analogien mit unseren Hochmooren führt Keilhack die Entwicklung xerophiler Merkmale bei zahlreichen in dem Moor vorkommenden Arten an, ferner die Bültenbildung (Abb. 13) durch zahlreiche Pflanzen — es werden Juncus, Scirpus, Eriocaulon, Vetiveria, von Süß-

---

[1] Keilhack, K.: Über tropische und subtropische Torfmoore auf der Insel Ceylon. Jb. kgl. preuß. geol. Landesanst. für 1915, 36. II, 113 (Berlin 1917).

[2] Aus K. Keilhack: Jb. kgl. preuß. Landesanst. für 1915, 36, T. 2, Taf. 25, unteres Bild (2) (Berlin 1917).

[3] Krenkel, E.: Moorbildungen im tropischen Afrika. Cbl. Min., Geol. u. Paläont. 1920, 378.

[4] Keilhack, K.: Jb. geol. Landesanst. a. a. O., S. 121. Bei der Auswertung dieser Flora wurde Keilhack unterstützt von Petch, A. de Alwis und J. M. Silva.

und Sauergräsern Carex, Cyperus u. a. aufgeführt — und schließlich die der Rüllenbildung unserer Moore entsprechende Erscheinung, daß dort, wo das

Abb. 13. Hochmoor bei Nurelia (Ceylon) mit Bülten von Vetiveria zizanoides, links ein verkrüppelter Rhododendron arboreum[1].

Gehängemoor von aus dem Gebirge kommenden, nährstoffreichen Bächen durchflossen wird, sich eine „üppige Vegetation hoher Kräuter einstellt, unter denen

Abb. 14. Rüllenbildung im Hochmoor von Nurelia (Ceylon). Richardia africana und Scirpus mucronatus vorherrschend[2].

Richardia africana, Gynura lycospersicifolia, Calceolaria chelidonioides und Juncus effusus am meisten in die Augen fallen" (Abb. 14). Auch in den

---

[1] Aus K. KEILHACK: Ebenda, Taf. 24, unteres Bild (2) (Berlin 1917).
[2] Aus K. KEILHACK: Ebenda, Taf. 26, untere Abb. (2) (Berlin 1917).

Hochwaldflachmooren Sumatras fehlen Sphagnaceen ganz[1], Gramineen und Cyperaceen fast völlig und Moose, Flechten und krautartige Pteridophyten waren nur spärlich vertreten. Unter den hohen Waldbäumen des von Coorders besuchten Flachmoores fehlten Gymnospermen und Monocotyledonen vollständig, während die Dicotylen in denselben Familien auftraten, die in dem Malaiischen Archipel das Hauptkontingent stellen, doch waren die Arten der im Moorwald auftretenden Gattungen spezifisch von denjenigen Baumarten derselben Gattungen verschieden, welche die umgebenden Wälder auf Boden mit nicht stagnierendem Wasser zusammensetzten. Unter den kleineren Bäumen und Sträuchern, die von Coorders dort vorgefunden wurden, waren wohl Monocotyledonen vorhanden, aber relativ spärlich, Gymnospermen fehlten völlig. Die Flora ist im Original genauer beschrieben worden, doch möge diese kleine Übersicht für bodenkundliche Zwecke genügen, zumal überhaupt die floristische Untersuchung tropischer Moore noch der weiteren Bearbeitung bedarf. Bei dem von Coorders[2] besuchten zweiten Flachmoorwald wurde eine physiognomisch als auch systematisch andere, von dem erstgenannten Hochwaldmoor verschiedene Flora angetroffen. Die Bäume standen weiter auseinander und waren niedriger als dort. Die Zahl der Baumspezies ist auch kleiner, die für dort charakteristischen Brett- und Luftwurzeln fehlen oder sind doch nur spärlich ausgebildet. Auf den aufrecht wachsenden

Abb. 15.   Waldmoor an der Ostküste Sumatras. Der schüttere Bestand und der Gertenwuchs ist bemerkenswert[3].

Atemwurzeln der einzelnen Bäumchen sammeln sich die abgefallenen Blätter, und so entsteht eine kleine Insel in einem aus Pflanzenresten bestehenden Schlamm (vgl. Abb. 15). Lang bringt keine diesbezüglichen Angaben über die Waldmoore Ostsumatras[4]. Das Flachmoor von Nurelia auf Ceylon, aus Verlandung eines ehemalig viel größeren Sees hervorgegangen, besteht nach den Untersuchungen Keilhacks[5]

---

[1] Vgl. die Ausführungen S. H. Coorders in H. Potonié: Die rezenten Kaustobiolithe, a. a. O. 55 III, 196 (1912).

[2] Zitiert nach H. Potonié: Abh. 55 III, a. a. O., S. 203.

[3] Aus P. Vageler: Grundriß der tropischen und subtropischen Bodenkunde, Taf. II. Berlin: Verlags-Ges. f. Ackerbau m. b. H. 1930.

[4] Lang, R.: Rohhumus- und Bleicherdebildung im Schwarzwald und in den Tropen. Jh. Ver. vaterl. Naturkde. Württ. 71, 118 (1915).

[5] Keilhack, K.: Jb. kgl. preuß. geol. Landesanst., a. a. O., S. 112f. Der Verfasser folgt hier den Ausführungen, die in dem genannten Jahrbuch niedergelegt sind, und den-

aus drei Gürteln: 1. Gürtel: Bülten von Juncus effusus, Scirpus mucronatus. Zwischen diesen wachsen einige Polygonumarten, kleine Cyperaceen und Gramineen. 2. Gürtel: Mächtige Bülten von Eriocaulon Brownianum. Auf und zwischen diesen Bülten findet sich eine große Menge von Gramineen, Cyperaceen und Blütenpflanzen, die die Flora des Flachmoores zusammensetzen. 3. (äußerer Gürtel): Bülten von kleineren Gräsern, untermischt mit Blütenpflanzen aus dem Eriocaulongürtel. Die Flora des Moores selbst ist von KEILHACK, der 52 höhere Gefäßpflanzen sammelte und untersuchen ließ, beschrieben, und er kommt zu dem diesbezüglichen Schluß, ,,daß das Flachmoor von Nurelia im Gesamtaussehen seiner Flora durchaus keine übermäßigen Abweichungen von der Pflanzenwelt

Abb. 16.   Subtropisches Flachmoor, vorne Bülten von Eriocaulon, Scirpus mucronatus und Juncus effusus, im Hintergrunde rechts Eucalyptusgruppe[1].

unserer Flachmoore aufweist, wenn man von den etwas fremdartig anmutenden Xyridaceen und Eriocaulaceen absieht, daß vielmehr für die Mehrzahl der Flachmoorgewächse Ceylons sich direkte Analogien zu unseren heimischen Moorpflanzen feststellen lassen". Das Flachmoor, das im übrigen keine Bäume und Sträucher trägt und unmittelbar an das vorerwähnte Hochmoor angrenzt, zeigt einen großen Unterschied der Flora, was wohl auf die chemische Zusammensetzung des Wassers und des Untergrundes zurückzuführen ist (Abb. 16). Die Flora eines 2250 m hoch gelegenen Flachmoores (an den Hängen des Talagalla) stellte sich wohl als verschieden von den beiden genannten Mooren Ceylons dar, doch sind alle diese im subtropischen Gebirgsklima liegenden Torfmoore des inneren Ceylons dem Typus europäischer Hoch- und Flachmoore entsprechend und sind als reine Grasmoore oder als Eriocaulonmoore zu bezeichnen. Doch fand KEILHACK an der äußersten Südspitze Ceylons ein von ihm als ,,echtes Tropenmoor" bezeichnetes Flachmoor, das floristisch ganz anders als die erwähnten

---

jenigen, die in den Vorträgen aus dem Gesamtgebiet der Botanik, H. 2, 1915 von KEILHACK veröffentlicht worden sind.

    [1] Aus K. KEILHACK: Jb. kgl. preuß. Landesanst. für 1915, **36**, T. 2, Taf. 21, unteres Bild (2) (Berlin 1917).

subtropischen Bildungen Ceylons aufgebaut ist. Es beteiligen sich nämlich auch zahlreiche Sträucher und Bäume am Aufbau der Moorvegetation. Als auffällig hebt der genannte Autor den Reichtum an Farnen, Gramineen, Cyperaceen und Leguminosen hervor (Abb. 17). Weitere Besonderheiten sind das Fehlen der Moose und keine Merkmale für Xerophilie. Die Ähnlichkeiten der Pflanzenwelt mit unserer heimischen Moorflora fallen völlig fort. Der Mangel an Xerophilie wird auf die immerwährend hohe Sättigung der Luft mit Wasserdampf zurückgeführt. Keilhack gibt folgende Elemente der Flora dieses tropischen Moores an:

„1. Wasserpflanzen (Typha, Nymphaea, Nelumbo, Aponogeton);

2. Kräuter des Grasmoores (alle Gräser und Sauergräser, Xyris, Eriocaulon, Colocasia, Commelina, Polygonum, Lobelia, Desmodium, Clitoria, Hydrocera, Hygrophila, Herpestis, Isotoma u. a.);

Abb. 17. Tropisches Grasmoor, an Buschwald angrenzend[1].

3. Sträucher (Aeschynomene, Flemingia, Cassia, Gomphia, Eugenia, Melastoma, Ixora);

4. Bäume (Barringtonia, Bruguiera, Osbeckia, Cerbera);

5. Kletterpflanzen (die beiden Kletterfarne Gleichenia und Lygodium, Gloriosa, Leersia, Passiflora, Argyreia)."

Für die Torfbildung kommen nach Keilhack ausschließlich Vertreter der Gruppe 1 als Verlander vor, während solche der Gruppe 2 im landfest gewordenen Torfmoor wachsen. Von der durch Coorders aus dem Hochwaldmoor beschriebenen Vegetationsüppigkeit der Bäume und Sträucher ist hier in Ceylon keine Rede, wie auch die Stelzwurzeln, Brettwurzeln und horizontal wachsenden Luftwurzeln[2] hier nicht auftreten. Andererseits bildet das fast völlige Fehlen von Gramineen und Cyperaceen in Sumatra und ihr sehr starkes Auftreten in Ceylon das typischeste, äußerlich sichtbarste Merkmal zwischen dem Wald- und dem Grasmoor. Die uns besonders durch

---

[1] Aus K. Keilhack: Ebenda, Taf. 28, oberes Bild.
[2] Coorders, S. H., in H. Potonié: Abh. **55 III**, a. a. O., S. 198.

W. Janensch[1] bekannt gewordenen Torfmoorbildungen aus Deutsch-Ostafrika sind floristisch nur oberflächlich bekannt geworden. Von den sechs aufgezählten Mooren sind fünf wohl mehr wald- und buschbedeckte Moore; so wird das $2^1/_4$ m mächtige Moor im Tal des Narunyobaches als von dichtem Baumwuchs (besonders hochstämmige, schlanke Barringtonien) bestanden gekennzeichnet. Die Moore am Mtuabache und im Mahumbikatal tragen mehr Busch- als Baumwuchs, sie unterscheiden sich von den beiden im Narunyotal befindlichen durch Abnahme des Baumwuchses und Zuwachses der Buschvegetation. Ein fünftes Vorkommen bei Mtama war durch menschliche Eingriffe in seiner Ursprünglichkeit wesentlich verändert. Von abweichendem Charakter aber erwies sich das Moorgelände am Einfluß des Pindiro in den Mbemkuru (innerhalb des Tendagurugebietes), denn es war hauptsächlich mit Gras, Seggen und Farnen bewachsen, während nur vereinzelt Busch- und Bauminseln auftraten. Leider sind die Angaben über diese afrikanischen Moore nur spärlich, E. Werth[2] konnte an Hand der Abbildungen den Waldbestand als wesentlich aus Barringtonia racemosa bestehend feststellen, die teils busch-, teils baumartig entwickelt war, und gibt an, daß ein Pandanus und ein Kletterfarn vorkommen. Pandanusarten waren uns schon von Sumatra als in den dortigen Mooren stark auftretend bekannt. Von afrikanischen Mooren liegt noch eine Beschreibung des Tropensumpfmoores Kibirizi am Tanganjikasee (Deutsch-Ostafrika) vor[3]. Dieses Moor, das durch kleine Zuflüsse aus den Randbergen des Sees (möglicherweise auch durch Grundwasserzustrom) Wasser erhält, ist in der Mitte von einer mit Seerosen und anderen Wasserpflanzen bedeckten Wasserfläche eingenommen, die „alle Anzeichen fortschreitender Versumpfung durch Verlanderpflanzen" zeigt. Es bilden sich im wesentlichen drei Gürtel. Der innerste Vegetationsgürtel — von Krenkel als Papyrusgürtel bezeichnet — besteht aus einem sehr gleichmäßigen Sumpfgrasbestande (in erster Linie Cyperus papyrus). Diese Sumpfgräser stehen in „Riesenbülten" zusammen. Im zweiten Gürtel werden die Papyrusstauden seltener und kleiner, Gräser und andere — leider nicht angeführte — Pflanzen treten zwischen die Stauden, und am Rande des Moores sind Papyrusarten nicht mehr zu finden, sondern sowohl Sauer- als auch Süßgräser stehen in kleinen Bülten zusammen. Auch Rüllenbildung tritt auf, denn Krenkel[4] schreibt: „Wo kleine nährstoffbringende Wasseradern in den Teich einmünden, sind sie durch den sie als ‚Galeriesumpf' umrahmenden kräftigeren Pflanzenwuchs innerhalb des äußeren Vegetationsgürtels leicht zu verfolgen." Das sich anschließende Gehängemoor ist ganz verschieden in floristischer Beziehung. Baumwuchs, wenn auch nur in lückenhafter Ausbildung, tritt auf, der Pflanzenbestand ist vielgestaltiger und endet mit scharfer Grenze an den in der dortigen Gegend allgemein verbreiteten Pflanzenbeständen. Auf zwei Analogien mit den von Keilhack untersuchten Mooren von Ceylon sei hingewiesen, erstens machen auch hier in dem Gehängemoor die auftretenden Bäume und Büsche einen krüppelhaften, kümmerlichen Eindruck, genau so wie im „subtropischen Hoch- (Gehänge-) Moor" von Nurelia, und so zieht auch Krenkel die Parallele zu unseren heimischen Mooren. Die zweite Analogie scheint sehr bedeutungsvoll zu sein: Moose und Flechten wurden weder in diesen Mooren gefunden, noch in denjenigen von Ceylon und dürften in Sumatra[5] nur ganz untergeordnet vertreten sein. Sphagnaceen fehlen

---

[1] Janensch, W.: Über Torfmoore im Küstengebiete des südlichen Deutsch-Ostafrika. (Wissenschaftliche Ergebnisse der Tendaguru-Expedition 1909—1912.) Arch. f. Biontol. **3**, H. 3, S. 265—276 (1914).
[2] Zitiert nach K. Keilhack: Jb. preuß. geol. Landesanst., a. a. O., S. 106.
[3] Krenkel, E.: Cbl. Min., Geol. u. Paläont., a. a. O., S. 375.
[4] Krenkel, E.: a. a. O., S. 376.
[5] Potonié, H.: Abh. preuß. geol. Landesanst. **55** III, a. a. O., S. 204.

auch hier ganz[1]. Aus Ugogo (im Innern von Deutsch-Ostafrika) wird eine ähnliche Moorvegetation von Krenkel erwähnt. C. Guillemain[2] nennt aus Katanga, der Südprovinz der Kongokolonie, Papyrussümpfe, doch leider gibt er keine genaue floristische Kennzeichnung. Die große Verbreitung der Papyrusarten an den Flachküsten der afrikanischen Seen, an den großen Flüssen (Kongo, Niger, Sambesi) und im Suddgebiet (an der Sudangrenze) wird von Vageler erwähnt. Die Rolle des Papyrus wird in den Subtropen und Tropen Amerikas von Typhaarten und in Asien von schilfartigen Gewächsen übernommen[3]. Aus den Beschreibungen der Moore im Kongogebiet von Krenkel sind keine weiteren botanischen Schlüsse zu ziehen. Die Frage, ob tatsächlich typische tropische Hochmoore vorkommen, und ob die Sphagnaceen nur auf die Moore in höheren Gebirgslagen, wie es P. W. E. Vageler annimmt, und wie es aus dem Fehlen in den tropischen Flachmooren und dem einzigen bekanntgewordenen „subtropischen“ Hochmoor wohl anzunehmen ist, beschränkt sind, wäre der Nachforschung wert. Ausdrücklich weist letzterer darauf hin, daß die Sphagnaceen „erst in so großen Höhen zu finden sind, daß sie damit klimatisch in gemäßigte Zonen rücken“[4].

Zusammensetzung des Torfes heißer Zonen. Bisher geben uns noch recht wenige Untersuchungen Auskunft über die Zusammensetzung der Moorbildungen und Torflager. Die erste Untersuchung haben wir Potonié zu verdanken, der, durch die Ergebnisse der holländischen Mittel-Sumatra-Expedition aufmerksam gemacht, J. G. Larive veranlaßte, Torfproben aus dem von S. H. Coorders beschriebenen Moor zu holen. An der Stelle, wo der Torf entnommen wurde, war er 9 m mächtig. Dieser Torf wurde 1908 von Coorders mit folgendem Ergebnis mikroskopisch untersucht[5]: „Der Torf besteht zum größten Teil aus Holz- und Blattresten von Dicotyledonen; höchst interessant ist, daß Algen, Moose, Lebermoose und Farne, sowie Schizophyta, Myxothallo-

Chemische Analysen von Flachmoortorfen.

Asche der absolut trockenen Substanz	1. Aus den Tropen (Sumatra)		2. und 3. Aus dem gemäßigten Klima (Norddeutschland)			
	1. 6,39 %		2. 5,09 %		3. 7,04 %	
	Gesamtanalyse		Gesamtanalyse		Gesamtanalyse	
	der Asche %	der absolut trockenen Substanz %	der Asche %	der absolut trockenen Substanz %	der Asche %	der absolut trockenen Substanz %
Kieselsäure	74,19	4,74	17,99	0,92	6,72	0,47
Tonerde	12,40	0,79	10,50	0,54	4,42	0,31
Eisenoxyd	2,74	0,18	46,45	2,36	49,77	3,50
Kalk	3,08	0,20	6,96	0,35	23,43	1,65
Magnesia	0,83	0,05	4,97	0,25	1,65	0,12
Kali	3,04	0,19	0,66	0,03	0,30	0,02
Natron	2,53	0,16	1,65	0,08	1,01	0,07
Schwefelsäure	1,12	0,07	8,59	0,44	10,55	0,74
Phosphorsäure	1,46	0,09	2,05	0,10	1,70	0,12
Organische Substanz	—	93,53	—	94,93	—	93,00
Darin Stickstoff (Kjeldahl)	—	(1,89)	—	(2,14)	—	(3,05)
	101,39	100,00	99,82	100,00	99,55	100,00

[1] Coorders, S. H., in H. Potonié: a. a. O., S. 196—197.
[2] Von E. Krenkel: a. a. O., S. 433 erwähnt.
[3] Vageler, P.: Grundriß der tropischen und subtropischen Bodenkunde, S. 80. Berlin 1930.
[4] Vageler, P.: Ebenda, S. 79. Berlin 1930.
[5] Mitteilungen von S. H. Coorders an H. Potonié: Abh. **55 III**, a. a. O., S. 186.

phyta in meinen Präparaten völlig fehlten, daß ferner auch tierische Reste ganz fehlten, daß auch Fadenpilzreste sehr selten waren." Die von A. Böhm[1] auf Veranlassung von Potonié vorgenommene chemische Untersuchung des Torfes wurde an einer aus 2 m Tiefe entnommenen Probe durchgeführt, sie war im lufttrockenen Zustande sehr gleichmäßig dunkelbraun und pulverig und ähnelte erdiger Braunkohle. Es sei erwähnt, daß die Probe, die aus dem darüberliegenden Teil naturgemäß mehr unzersetzte oder nur wenig zersetzte Pflanzenteile beigemengt enthielt, chemisch nicht untersucht wurde. Die vorstehende Tabelle vermittelt die Analysenergebnisse und bringt gleichzeitig zwei Analysen norddeutscher Flachmoore zum Vergleich[2].

Der tropische Torf ähnelt mithin in der Zusammensetzung sehr dem norddeutschen Flachmoortorf, und Potonié bezeichnet ihn daher auch als besonders guten Brenntorf und als absolut typischen Flachmoortorf. Ein stark hervorstechender Unterschied besteht nur in der Zusammensetzung der Asche. Der SiO_2-Gehalt des Tropentorfes ist 74,19 % gegenüber 17,99 % und 6,72 % in dem norddeutschen Torf, während in ihm nur 2,74 % Fe_2O_3 gegenüber 46,45 bzw. 49,77 % enthalten ist.

Weiterhin liegen Analysen von A. Böhm von solchen Torfproben vor, die K. Keilhack[3] auf Ceylon entnommen hat. Die erste Probe stammt aus dem Flachmoortorf von Nurelia (Ceylon). Sie ist von tiefschwarzer Farbe. Die Analyse ergab folgende Werte:

	Naturfeuchte Substanz %	Auf absolut trockene Substanz berechnet %
Wasser	69,01	—
Organische Substanz	22,03	71,07
Gesamtasche	8,96	28,93

Der unter dem Torf lagernde, dunkle Faulschlamm, der eine Mächtigkeit von 0,3—0,6 m besitzt, hatte folgende Zusammensetzung:

	Naturfeuchte Substanz %	Auf absolut trockene Substanz berechnet %
Wasser	32,52	—
Organische Substanz	10,92	16,18
Glührückstand	56,56	83,82

Unter diesem Faulschlamm befindet sich ein gelber, an organischen Stoffen armer Ton, der lufttrocken folgende Zusammensetzung hatte:

Wasser bei 105° . . . . 2,96 %
Organische Stoffe . . . . 1,01 %
Glühverlust, ausschließlich Wasser und organische Substanz . . . 12,57 %
Glührückstand . . . . 83,46 %

Dieser Flachmoortorf ist also nicht so reich an organischer Substanz wie derjenige von Sumatra, denn nach Abzug des beigemengten Granitgruses und Sandes besteht der trockene Torf aus 81 % organischer Substanz, während 19 % Asche gegenüber nur 6,39 % in dem Torf von Sumatra in ihm enthalten sind. Leider ist die Asche nicht näher untersucht, wie auch die Analyse des stark mineralischen Faulschlamms sowie die des Tones unterblieben ist. Bedeutend

---

[1] Vgl. H. Potonié: a. a. O., S. 187.　　[2] Vgl. H. Potonié: a. a. O., S. 188.
[3] Keilhack, K.: Jb. preuß. geol. Landesanst. 36. II, 110, 111 (Berlin 1917).

aschenreicher ist der Torf aus dem „subtropischen Hoch- (Gehänge-) Moor" von Nurelia[1], wie folgende Analysenwerte lehren:

	Naturfeuchte Substanz %	Auf absolut trockene Substanz berechnet %
Wasser	54,40	—
Organische Stoffe	14,36	31,47
Gesamtrückstand	31,24	68,53
Darin Pflanzenasche	12,84	28,16

Nach Abzug des Sandes und Gruses besteht der trockene Torf aus 53 % organischer Substanz und 47 % Aschenbestandteilen.

Die Analyse des tropischen Flachmoores von Ceylon stimmt genau überein mit der des subtropischen Flachmoores derselben Insel[2]. Auf der Insel Tarakan in Nordost-Borneo fand Schürmann bekanntlich ein 4 m mächtiges Torflager, dessen Torf mit folgendem Erfolg analysiert wurde[3]:

	Wasser %	Harz %	Asche %	Kalorien-effekt
Tarakantorf, bergfeucht . . .	64,0	1,9	0,7	2003
Tarakantorf, lufttrocken . . .	17,23	—	3,72	4242
Tarakanlignit, lufttrocken . .	26,0	2,8	0,4	4639
Asahantorf, Nordsumatra . .	—	—	13,0	3944

Auch hier handelt es sich um verhältnismäßig sehr aschenarme Torfe.

R. Potonié[4] untersuchte eine von W. Janensch genommene Torfprobe von Narunyo (Deutsch-Ostafrika), sie hatte durchaus den Typus eines dichteren Flachmoortorfes, wie er aus der nördlichen gemäßigten Zone her bekannt ist. Dieser Torf hatte 29 % Asche, also bedeutend mehr als die bisher genannten tropischen und subtropischen Torfe, jedoch ist auch hier wieder der hohe Gehalt an SiO_2, nämlich 53,42 %, auffällig. Der übrige Teil der Asche besteht aus Eisen, Aluminium und Kalzium. Es scheint fast, als sei der hohe SiO_2-Gehalt der Torfaschen ein Charakteristikum der Torfmoore. Und so bliebe noch, um mit H. Potonié zu sprechen, das Problem zu lösen, „ob nicht die Torfe der gemäßigten Zonen von denen der Tropen sich generell dadurch unterscheiden, daß die ersteren mehr Kalk, die letzteren mehr SiO_2 in ihrer primären Asche enthalten", wobei zwischen primärer und sekundärer Asche zu unterscheiden ist, denn der Kieselsäuregehalt kann als Staub oder dergleichen in den Torf hineingekommen sein.

Auch die beiden folgenden von J. van Baren ausgeführten Torfanalysen ergaben einen hohen SiO_2-Gehalt der Asche. Die Torfprobe a wurde bei Ambarawa (Java) genommen, die Torfprobe b bei Rambutan (Ostküste Sumatra). Beide Böden wurden nach Trockenlegung landwirtschaftlich genutzt. Die bisher unveröffentlichten Ergebnisse wurden dem Verfasser in liebenswürdiger Weise von J. van Baren zur Verfügung gestellt. Sie lauten als Mittel aus je zwei Bestimmungen (vgl. S. 219 oben).

Die Aschen dieser beiden Torfe sind als verhältnismäßig stark kieselsäurereich anzusehen, aber trotzdem scheint nach den Untersuchungen von J. Th. White[5] entgegen der Annahme Potoniés der Kieselsäurereichtum kein allgemeines Kennzeichen tropischer Torfe zu sein. White berichtet über eine

---

[1] Keilhack, K.: a. a. O., S. 121.   [2] Keilhack, K.: a. a. O., S. 132.
[3] Nach Untersuchungen von Oosten, Caron, de Jong, veröffentlicht von H. M. E. Schürmann: Geol. Rdsch. 14, 248 (1923).
[4] Vgl. H. Potonié: a. a. O., S. 190.
[5] White, J. Th.: De scheikundige samenstelling van enkele veenmonsters uit den Oost Indischen Archipel. Natuurkundig Tijdschr. Nederl.-Indië 84, 199 (1924).

Analyse der Asche.

A

Wassergehalt	6,17%
Aschengehalt des ungetrockneten Materials	38,15%
Aschengehalt des getrockneten Materials	40,65%
SiO_2	51,71%
TiO_2	0,61%
Fe_2O_3	9,03%
Al_2O_3	22,91%
MnO	0,34%
CaO	7,95%
MgO	2,17%
K_2O	0,85%
Na_2O	1,67%
P_2O_5	Spur
Cl	Spur
SO_3	1,19%
Glühverlust	2,10%
	100,53%

Im getrockneten Material wurde bestimmt:

C	29,98%
Humus	52,23%
N	1,16%
SO_3	0,48%

Analyse der Asche.

B

Wassergehalt	7,20%
Aschengehalt des ungetrockneten Materials	43,65%
Aschengehalt des getrockneten Materials	47,04%
SiO_2	65,58%
TiO_2	0,47%
Fe_2O_3	4,40%
Al_2O_3	23,48%
MnO	0,20%
CaO	1,45%
MgO	0,42%
K_2O	0,16%
Na_2O	0,44%
P_2O_5	0,27%
Cl	abwesend
SO_3	Spur
Glühverlust	3,35%
	100,22%

Im getrockneten Material wurde bestimmt:

C	32,84%
Humus	57,21%
N	0,75%

Anzahl von Mooren auf Java, Sumatra und Borneo, die dort z. T. große Flächen einnehmen, und bringt eine Anzahl von Untersuchungsergebnissen über dortige Torfe bei, wobei er sie mit westeuropäischen Torfanalysen vergleicht[1]. Auf 100 Teile der auf dem Wasserbad getrockneten Substanz kommen:

	Asche	N	CaO	P_2O_5	K_2O	% in der SiO_2-Asche
a) aus Sumatra:						
1. Pangalian: Oberflächenschicht	10,50	1,94	0,69	0,08	0,03	79,04
2. Pangalian:						
Oberflächenschicht	9,87	2,13	0,28	0,05	0,03	85,82
30 cm unter Oberfläche	4,38	1,52	0,14	0,04	0,03	69,95
3. Langgam (Kampar)	6,39	1,89	0,20	0,09	0,19	74,19
b) aus Borneo:						
1. Nangah Djetah (Westborneo)	17,95	2,38	0,86	0,22	0,05	61,84
2. Barabai (Südostborneo)	11,72	2,37	2,24	0,19	0,04	19,28
c) aus Java:	15,80	2,39	3,56	0,18	0,04	29,56
d) aus Westeuropa:						
1. mittlere Zusammensetzung von Niederungs-moortorf	10,00	2,50	4,00	0,25	0,10	n. b.
2. mittlere Zusammensetzung von Übergangs-moortorf	5,00	2,00	1,00	0,20	0,10	n. b.
3. mittlere Zusammensetzung von Hochmoor-torf	3,00	1,20	0,35	0,10	0,05	n. b.
4. Niederungsmoortorf, kalkarm	5,09	2,14	0,35	0,10	0,03	17,99
7. ,, kalkreich	7,61	2,06	3,00	0,08	0,13	19,21
6. ,, kieselsäurereich	4,16	n. b.	0,05	0,01	0,06	86,10

---

[1] WHITE, J. TH.: a. a. O., S. 206—209, bringt bei seiner Zusammenstellung der Ergebnisse mit westeuropäischen Torfen die Resultate der Untersuchungen von M. FLEISCHER, H. POTONIÉ, W. BERSCH und J. VAN BAREN. Es sei besonders darauf hingewiesen, daß der angeführte kieselsäurereiche Niederungsmoortorf von J. VAN BAREN untersucht worden ist.

Aus den Analysenergebnissen schließt White, daß keine Verschiedenheit in der Zusammensetzung der Tropenmoore von denen der kälteren Gebiete zu bestehen braucht. Selbst die für letztgenannte Moore allgemein geltenden chemischen Kennzeichen wie ihr geringer Phosphorsäuregehalt und der besonders niedrige Gehalt an Kali sind auch in tropischen Mooren gefunden worden. Besonders interessierend ist nach dem Ausfall der Potoniéschen Ergebnisse derjenige der Aschenuntersuchung in bezug auf den Kieselsäuregehalt, denn nach den Whiteschen Untersuchungen schwankt der Kieselsäuregehalt der tropischen Torfe in ebenso weiten Grenzen wie in den Torfen der gemäßigten Zonen. Allerdings ist darauf hinzuweisen, daß in Niederländisch-Indien außergewöhnlich kieselsäurereiche Torfe anzutreffen sind. Im übrigen stellt White fest, daß zwischen tropischen und nicht tropischen Niederungsmooren in bezug auf den Kalkgehalt Übereinstimmung besteht, denn er unterscheidet in den Tropen kalkarme von kalkreichen Niederungsmooren. Diese Verschiedenheit kommt auch in den Tropen durch den Pflanzenbestand zum Ausdruck, wobei jedoch zu bemerken ist, daß kalkarme Moore in den Tropen sehr verbreitet sind.

Tropische Bleicherdebildungen.

Genetisch eng mit dem Vorkommen der Rohhumusbildungen, besonders der Moore, und der Häufigkeit der Schwarzwässer in den Tropen (Ostindien, Südamerika, Zentralafrika), ist das Auftreten der Bleicherde oder des Bleichsandes verknüpft. Diese Bildungen vermutete man nicht eher in dem heißen Gürtel, als bis dort Rohhumus gefunden wurde. Es sind eine ganze Reihe von Vorkommen von Bleicherde bekannt geworden. Unter subrezenten Humusablagerungen aus Waldsümpfen der Malaiischen Halbinsel fand Lang[1] „echte Bleichsande, bzw. Bleicherden". In der 40 m tiefen Tronohmine wurden sogar von dem vorerwähnten Autor nicht weniger „als drei von Bleichsanden getrennte, rezente bzw. subrezente Kohlenablagerungen untereinander, die völlig durchfeuchtet waren und aus noch unverfestigtem, schwammig weichem Material bestanden . . .", gefunden.

An der Ostküste von Sumatra wurde auch Vivianit in einer Moorschicht ca. 12 m unter dem Meeresniveau und in dem darunter gelegenen alluvialen Lehm angetroffen. Diese Schichten liegen unter 2 m dicken Sandschichten und einer hellgrauen, wenig plastischen und wenig verwitterten Schicht. In dem Sande fand sich an derselben Fundstelle bei Deli Ferrokarbonat. In der Schicht zwischen Moor und Sand kam es nicht vor[2].

Auf Java wurde von Lang bei Garoet in ca. 1200 m Höhe an Einschnitten ein Glasfluß gefunden, der durch aus überlagerndem Humus stammenden Humuswässern nach der Oberfläche zu „in ein bimssteinähnliches, ziemlich brüchiges Gestein und zuletzt in weißes, mildes Pulver, echten Kaolinton" überging. Ob es sich nun tatsächlich um Kaolinton handelt, ist fraglich, da Analysen von diesem Profil wie auch von den vorerwähnten nicht vorliegen. Es sei in diesem Zusammenhange darauf hingewiesen, daß E. Blanck[3] — allerdings bei Granitproben aus heimischen Gegenden — zu dem Ergebnis kam, daß durch die Moor-

---

[1] Lang, R.: Rohhumus- und Bleicherde im Schwarzwald und in den Tropen. Jh. Ver. vaterl. Naturkde. 71, 119 (1915).

[2] Bijlert, A. van: Vorkommen von Eisenverbindungen in einem Niedertorfmoor in dem tropischen Tiefland (Sumatra). van Bemmelen-Festschrift, Mai 1910; nach Ref. Chem. Zbl. 1, 1002 (1911).

[3] Blanck, E. u. A. Rieser: Über die chemische Veränderung des Granits unter Moorbedeckung. Chem. Erde 2, 46—48 (1926). In dieser Arbeit sind die bisherigen Ansichten über die Entstehung des Kaolins enthalten.

bedeckung keine Kaolinisierung des Granits eintritt, sondern „daß die Bleichung und Umwandlung der Gesteine eine Folge der sich bildenden Schwefelsäure ist", die ihrerseits aus der Moorvegetation entsteht. Die Kaolinfrage kann hier nicht angeschnitten werden[1], es muß auch aus dem obenerwähnten Grunde daher die Frage offen bleiben, ob es sich bei der LANGschen Beobachtung wirklich um „echten Kaolin" handelt, denn soviel ist erwiesen, daß der von LANG[2] an anderer Stelle betonte genetische Zusammenhang von Moor und Kaolin nicht besteht. Von Java berichtet auch noch J. MOHR[3] aus dem Diënggebirge „daß durch die Hochmoorwässer die Eisen-, Kalzium- und Magnesiumverbindungen aus den Gesteinen wegegeführt werden, und daß eine ‚Witte Verweeringsmassa‘, der ‚Lodzand‘, das ist Bleisand oder besser Bleichsand, übrig bleibe". Aus dem tropischen Afrika schildert KRENKEL[4] eine Bleicherdebildung mit Ortsteinunterlage am Kibirizi-Teichmoor (Deutsch-Ostafrika). Die den Torf unterlagernden Kiese und Sande (vgl. Abb. 10) sind ausgebleicht und von beginnender ortsteinartiger Verfestigung; im dort vorkommenden Gehängemoor sind die Sande ebenfalls unter der ca. 20 cm dicken Torfschicht „von heller, ausgebleichter Farbe". Auch die im Urwaldgebiet des Kongobeckens entdeckten „subrezenten Torflager"[5] haben die unter ihnen „liegenden Schichten zu Bleichsanden ausgebleicht".

P. W. E. VAGELER fand nach Angabe von HARRASSOWITZ[6] sowohl auf Sumatra als auch in Ost- und Westafrika unter Rohhumus ein z. T. mehr als 1 m mächtiges Bleichsandvorkommen, das von Ortstein unterlagert wird. Unter dem Ortstein liegt ein gelber Lehm, der in Form von unregelmäßigen Flecken und Flammen in roten Lehm übergeht. Mächtige Ortsteinbänke, sowie kleine Vorkommen wechseln miteinander ab. Auf Sumatra kommt der Ortstein über viele Quadratkilometer verbreitet vor. Ferner berichtet MANN[7] von einer Bleichsandbildung in Sümpfen, die dann zu beobachten ist, wenn in Sumpfgebieten ein feiner Sand anzutreffen ist, der von einem undurchlässigen Untergrund unterlagert wird.

Auch SCHÜRMANN[8] fand bei Sandböden unter Schwingmooren Bleichungserscheinungen. Bisher sind diese Bleicherdebildungen wohl in den Tropen beobachtet worden, aber an exakten Profiluntersuchungen fehlt es. Immerhin seien noch einige allgemeine Anschauungen über diesen Fragenkomplex hier wiedergegeben. Mit dem Auftreten der Rohhumusbildungen in den Tropen, sei es unter Urwald, sei es unter Mooren, ist die Ausbildung von ausgesprochenen Podsolprofilen verbunden[9]. Die Frage der Beziehungen zwischen Humus und Ortstein einerseits und Lateritentstehung andererseits ist von HARRASSOWITZ[10] in diesem Handbuche schon behandelt worden, doch sei darauf verwiesen, daß die Verbreitung der Bleichsande und Eisenortsteine in den Tropen noch nicht festgestellt ist. VAGELER[11] glaubt, daß sie „in den Urwaldzonen und ganz be-

---

[1] Vgl. dieses Handbuch **2**, 272f.

[2] LANG, R.: Jb. d. Halleschen Verb. f. d. Erf. d. mitteldtsch. Bodensch., H. 2, 91, 92.

[3] Zitiert nach R. LANG: Jh. Ver. vaterl. Naturkde. **71**, 120 (1915).

[4] KRENKEL, E.: Moorbildungen im tropischen Afrika. Cbl. Min., Geol. u. Paläont. **1920**, 377, 378.

[5] KRENKEL, E.: a. a. O., S. 433.

[6] HARRASSOWITZ, H., in E. BLANCK: Handbuch der Bodenlehre **3**, 371.

[7] MANN, O.: Die Bodenarten der Tropen und ihr Nutzwert, S. 55. Hamburg 1914.

[8] SCHÜRMANN, H. M. E.: Geol. Rdsch. **14**, 248 (1923).

[9] HARRASSOWITZ, H.: Dieses Handbuch **3**, 364.

[10] HARRASSOWITZ, H.: Dieses Handbuch **3**, 409. — Vgl. auch HARRASSOWITZ: Laterit. Fortschr. Geol. u. Paläont. (Berlin) **1926**, 366.

[11] VAGELER, P.: Grundriß der tropischen und subtropischen Bodenkunde, S. 73. Berlin 1930.

sonders in den großen Moorgebieten der Tropen schwerlich hinter der Verbreitung der Ortsteine im gemäßigten Klima" zurücksteht. Der genannte Autor berichtet, daß im tropischen Ortstein nicht der Humusgehalt, sondern der Eisengehalt überwiegt, und daß dieser Eisenortstein durch Übergänge mit den Sumpferzen verbunden ist. Nach ihm sind gewisse tropische Grasarten, wie z. B. Alang-Alang „auf saurem Boden Ortsteinbildner ersten Ranges". Ein gemeinschaftlicher Zug der tropischen und subtropischen Waldmoore in der ganzen Welt wird von Vageler[1] darin gesehen, daß die Humusdecke in der Regel nicht über 1 m Dicke hinausgeht, und daß ihr Humusmaterial „ausnahmslos stark sauer ist". Hat ein Moor durchlässigen Untergrund, so treten oft „mächtige Bleichsandlagen und Eisen-, seltener Humusortsteinbildungen", auf. Bei der Beurteilung der Frage nach dem Zustandekommen der Bleicherdebildung ist diejenige nach der Art und der Zusammensetzung der Humusdecke von ausschlaggebender Bedeutung. Die Umsetzung der organischen Substanz geht im Urwald, dank der „Tätigkeit eines unerhört reichen tierischen und pflanzlichen Kleinlebens", so rasch vor sich, daß Humusanhäufungen von 20 cm Dicke schon selten sind[2]. Vageler führt die vielfach geäußerte Behauptung der metertiefen Humuslagen der tropischen Urwälder auf Verwechslung mit den Waldmooren zurück. Die Einwirkung dieser Humusstoffe ist je nach Art der Unterlage verschieden, doch im allgemeinen werden auf leichten Böden Bleicherde- und Ortsteinbildung zu erwarten sein. Das Maßgebende für diese Bildungen ist naturgemäß der Zustand des Humus. Aus den bisher vorliegenden Untersuchungen ist zu entnehmen, daß die Humusbildungen unter Urwald, ohne Ausnahme[3], selbst auf basischer Unterlage, sauer sind[4]. Die Stärke des Säuregrades ist natürlich von Fall zu Fall verschieden, doch die Tatsache der sauren Reaktion allein läßt die Möglichkeit der Entstehung von Bleicherde offen, so daß in den Tropen nicht nur unter Moor, sondern auch unter Urwald derartige Bildungen angetroffen werden können.

Auch Puchner[5] schließt aus dem Vorhandensein der kolloid-aufquellbaren Humusstoffe und der Schwarzwässer auf die Wahrscheinlichkeit, „daß die Böden der geschlossenen tropischen Urwälder großartige tropische Bleicherdegebiete darstellen". Vergleicht man dazu die Beobachtungen aus dem Urwald selbst, so ist die Annahme Puchners wohl gerechtfertigt, denn die Wassermengen werden vom Boden wie ein Schwamm festgehalten, der „feucht und modrig von faulendem Laub"[6] ist. Doch kommt wohl auch dem Blätterdach des Urwaldes eine gewisse Bedeutung für die Erhaltung der Bodenfeuchtigkeit zu. Die großen Niederschlagsmengen — kleinere erreichen kaum den Boden[7] — werden zwar in ihrer Schlagkraft durch das Blätterdach abgeschwächt, aber nicht aufgehoben[8], und es kommen noch immer große Feuchtigkeitsbeträge in den Urwaldboden, die später jedoch trotz der hohen Temperatur nicht so schnell verdunsten können, weil infolge der Abgeschlossenheit nach oben die maximale Luftfeuchtigkeit einer weiteren Verdunstung vorbeugt. Auf diese Weise — d. h. infolge des geringen Sättigungsdefizits — wird der Boden zum mindesten längere Zeit mit tropfbar flüssigem Wasser versehen bleiben als in lichteren Beständen. „Der Boden ist immer feucht" in Regenwäldern mit nur kurzer Trocken-

---

[1] Vageler, P.: a. a. O., S. 81.   [2] Vageler, P.: a. a. O., S. 84.
[3] Vgl. Anm. 3, S. 224.   [4] Vageler, P.: a. a. O., S. 86.
[5] Puchner, H.: Bodenkunde für Landwirte, 2. Aufl., S. 518. Stuttgart 1926.
[6] Thorbecke, F.: Das tropische Afrika, S. 12. Berlin 1928.
[7] Vageler, P. (a. a. O., S. 103, 105) schreibt, daß besonders in den Urwäldern schon ein in den gemäßigten Zonen noch als kräftig zu bezeichnender Regenschauer den Boden überhaupt nicht mehr erreicht, daß andererseits Niederschlagsziffern von 120 mm je Stunde vorkommen.
[8] Vgl. K. Sapper: Geologischer Bau usw., a. a. O., S. 111.

zeit[1]. Auch RAMANN spricht von Überfluß an Feuchtigkeit im tropischen Regenwald (Abb. 18). Hiermit steht im Zusammenhang, daß die chemische Verwitterung in den Urwäldern „einen außerordentlich hohen Betrag erreichen kann"[2] und darüber hinaus, daß nicht trotz, sondern gerade wegen der hohen Temperatur bei gleichzeitiger Anwesenheit von Bodenwasser eine Bleicherdebildung möglich ist. Es scheint sogar noch nicht einmal ein besonderer Feuchtigkeitsüberschuß vorhanden sein zu brauchen, denn SUCKACHEV[3] zeigte schon 1904 an südrussischen Ortsteinprofilen, daß zu ihrer Bildung kein Überfluß von Wasser nötig ist, sondern die Feuchtigkeit des Waldbodens der Steppen hierzu genügt. Der genannte

Abb. 18. Urwald in der Tierra Templada von Guatemala. Vom Anstehenden ist trotz steiler Hänge gar nichts zu sehen. Der Farnbaum rechts spricht für ständig feuchtes, kühles Klima. Phot. G. HURTER[4].

Autor glaubt auch aus der Anwesenheit von Ortstein auf das ehemalige Vorhandensein von Wäldern schließen zu können. Es kommt noch hinzu, daß der Regen im Urwald nicht etwa selten ist, sondern er fällt fast täglich. So berichtet KNOCH[5] vom Urwaldstreifen von Sierra Leone bis zum Viktoria Nyansa, daß bei einer Jahresmenge von 1200—2000 mm kein Monat trocken sei. Hierdurch wird die oben angedeutete Vermutung noch weiterhin erhöht, zumal da durch immerwährenden, wenn auch unregelmäßigen Blattfall[6] für die Erneuerung der Um-

---

[1] PASSARGE, S.: Vergleichende Landschaftskunde, a. a. O., S. 9.

[2] SAPPER, K.: a. a. O., S. 110.

[3] SUCKACHEV, V. N.: Einige Beobachtungen an den Ortsteinformationen Südrußlands. J. exper. Landw. (russ.) 5, 77 (1904); nach Ref. Jber. Agrikult.-Chem. 48, 44 (1905).

[4] Aus K. SAPPER: Geologischer Bau und Landschaftsbild, Abb. zu S. 116 zwischen S. 112 u. 113, 2. Aufl. Braunschweig: Friedr. Vieweg 1922.

[5] KNOCH, K., in E. BLANCK's Handbuch der Bodenlehre 2, 35. 1929.

[6] RÜBEL, E.: Pflanzengesellschaften der Erde, S. 56. Bern u. Berlin 1930. Hier finden sich eine Reihe ganz trefflicher Abbildungen vom tropischen Regenwald.

setzungen auf und im Boden gesorgt wird. Vageler[1] schätzt die jährliche Produktion an frischer organischer Substanz auf etwa 100—200 t je Hektar im Urwald.

Wasserstoffionenkonzentrationsmessungen von Urwaldböden sind außer den schon erwähnten[2] (p_H $3^1/_2$—$6^1/_2$), nur noch von Vageler[3] (p_H 3—5,5) gemacht worden. Soviel ist sicher, daß auch die landwirtschaftlich genutzten Böden der Tropen sehr verschiedene Reaktion aufweisen, denn z. B. der vorwiegende Teil der ostjavanischen Böden weist solche[4] zwischen 7,0 und 8,3 p_H auf, während die Reaktion der Böden in Westjava zwischen 4,5 und 7 p_H schwankt, andererseits ist aber nach Vageler die „stark saure Reaktion das Charakteristikum der Urwaldböden im wahren Sinne des Wortes". Aus den Reaktionszahlen deutschostafrikanischer Urwaldböden ist aber zu schließen, daß die saure Reaktion sehr wohl zu Stoffwanderungen Veranlassung geben kann, wie sie aus den Bleicherdegebieten[5] der nördlichen Hemisphäre her bekannt sind, und die saure Reaktion bestätigt auch die Ansicht Passarges[6], daß „unter Wasser, im Sumpfland und vielleicht auch unter nassem Waldmoderboden", in den Tropen die Humusverwitterung eingreifen dürfte, wie dies auch aus der Bleicherdebildung unter „subhydrischen Grauerden"[7] hervorgeht. Die wenigen bisher vorgenommenen Untersuchungen lassen, aber noch immer keine allgemeingültigen Urteile zu, mindestens nicht über die Frage der Verbreitung der echten Bleicherdebildungen in den Tropen. Viele Beobachtungen liegen zwar vor, doch fehlt es an exakten bodenkundlichen Untersuchungen.

Während der Korrektur erschien noch eine Arbeit von K. Keilhack und J. Mildebräd[8] über: „Ein subtropisches Torfmoor am Sambesi in Südrhodesien", die nicht mehr berücksichtigt werden konnte. Es wird hier besonders über die Flora eines unmittelbar an den Sambesi-Wasserfällen auftretendes, räumlich eng begrenztes Torfmoor berichtet.

---

[1] Vageler, P.: Grundriß der tropischen und subtropischen Bodenkunde, S. 84. Berlin 1930.

[2] Harrassowitz, H.: Laterit, a. a. O., S. 359.

[3] Vageler, P.: a. a. O., S. 85. Berlin 1930. — Vageler (a. a. O., S. 86) hat unter Tausenden von Reaktionsprüfungen noch keine Ausnahme gefunden, selbst auf basischen Böden ist der Urwaldboden resp. Urwaldhumus leicht sauer. — R. Albert: Z. Pflanzenernährg. usw. A. 18, 3 (1930), stellte dagegen an einem Kameruner Urwaldprofil fest, daß „entsprechend ihrem noch genügenden Basengehalt auch die Reaktion der Böden eine absolut neutrale" ist.

[4] Arrhenius, O.: Bodenreaktion und Zuckerrohrwachstum in Java. Arch. Suikerind. Nederl.-Indie 6, 207 (1927); nach Internat. landw. Rdsch. 19, 177 (1928).

[5] Diese Auffassung deckt sich völlig mit der von H. Harrassowitz: Laterit, a. a. O., S. 358, ausgesprochenen.

[6] Passarge, S.: Die Grundlagen der Landschaftskunde 3, 160. Hamburg 1920.

[7] Vageler, P., zitiert von H. Harrassowitz in E. Blanck: Handbuch der Bodenlehre 3, 369.

[8] Keilhack, K., u. J. Mildebräd: Ein subtropisches Torfmoor am Sambesi in Südrhodesien. Z. dtsch. geol. Ges. 82, 413 (1930).

F. Fossile Verwitterungsdecken.

Von H. HARRASSOWITZ, Gießen.

Mit 14 Abbildungen.

Allgemeiner Teil.

Einführung. Verwitterung ist ein Vorgang der Zerstörung. Unter dem Einfluß exogener Kräfte werden Gesteine der Erdoberfläche zerstört, Verwitterungsdecken bilden sich aus ihnen. Als ein Produkt dieser lösenden und lockernden Wirkungen erscheint der Boden. Seine Bildung stellt aber nur ein Zwischenspiel dar, das durch mechanische Kräfte schließlich vollständig zum Verschwinden gebracht werden kann. An jedem Hang vermag man sich in unseren Waldgebieten davon zu überzeugen, daß hier kein vollständiges Bodenprofil zustande kommen kann. Dauernd wirken abtragende Kräfte und lassen den Verwitterungsvorgang nicht zur Reife kommen, ganz im Gegensatz zu ebenen Landschaftsteilen, die Profile mit verschiedenen Horizonten in richtiger Entwicklung zeigen. Hier wird die Verwitterungsdecke zu einem geschlossenen, ganz selbständigen Gebilde, das freilich auch seinerseits nicht in vollkommener Ruhe verharrt. GLINKA[1], der als erster auf die Erscheinungen aufmerksam machte, schilderte anschaulich, wie selbst in den ebenen, südrussischen Steppen dauernde Zerstörung waltet. Gewaltige Staubstürme treten im Sommer und Winter auf, die den Boden samt der Saat umlagern. Im Jahre 1888 wurden im Kreise Berdjansk nicht weniger als 3800 ha der Wintersaat vom Wind und dessen Ablagerungen zerstört.

So unterliegt der Boden dauernder Abtragung, er ist zum Untergang verurteilt. Erst wenn besondere Umstände eintreten, kann er erhalten bleiben, er wird fossil und geht in die erdgeschichtliche Folge ein. Er reiht sich dann zwischen die mächtigen Gesteinsfolgen der geologischen Formationen und ist — ganz verfestigt und unkenntlich geworden — auch für denjenigen ein Gestein, der ihm an der Erdoberfläche diesen Charakter nicht zuerkennen will. Wir müssen ihn in solchem Zusammenhang als Teil fossiler Verwitterungsdecken betrachten. Dieser Begriff soll zunächst klar gelegt werden.

Der Begriff Verwitterungsdecke. In der wenig zahlreichen zusammenfassenden Literatur, die den fossilen Verwitterungserscheinungen bisher gewidmet ist[2], finden sich verschiedene Ausdrücke dafür verwandt. Teils spricht man von fossilen Böden, teils von fossilen Verwitterungsrinden. Nirgends ist darauf hingewiesen, ob es sich um synonyme Begriffe handelt, oder ob eine Verschiedenheit ausgedrückt werden soll. Infolgedessen ist es zunächst nötig, begrifflich Klarheit zu schaffen.

---

[1] GLINKA, K.: Typen der Bodenbildung, S. 219. 1914.

[2] STREMME, H.: Überreste tertiärer Verwitterungsrinden in Deutschland. Geol. Rdsch. 1, 337—344 (1910). — GLINKA, K.: Die Typen der Bodenbildung, S. 219ff. Berlin 1914. — HARRASSOWITZ, H.: Klimazonen der Verwitterung und ihre Bedeutung für die jüngste geologische Geschichte Deutschlands. Geol. Rdsch. 7, 193—248 (1916). — Verwitterungslagerstätten. Z. prakt. Geol. 24, 127—136 (1916). — Die Klimate und ihre geologische Bedeutung. Ber. oberhess. Ges. Natur- u. Heilk., N. F., Naturwiss. Abt. 7, 212—232 (1919). — Laterit, S. 407ff. Berlin: Gebr. Bornträger 1926.

Der Begriff Boden hat sich im Laufe der Zeiten gewandelt. Faßte man ursprünglich alle lockeren Gesteine auf der Erdoberfläche damit zusammen, so beschränkt man sich jetzt auf die unmittelbar aus einem tieferen Muttergestein durch Verwitterung gebildeten, im allgemeinen lockeren Massen[1]. Sie liegen an der Grenze Gestein—Lufthülle und entstehen gesetzmäßig im Anschluß an die Klimazonen. Das Material der Böden besteht teils aus unveränderten Gemengteilen des Muttergesteins, teils aus Neubildungen, die vielfach Gele darstellen, aber auch kristallin sein können. Innere Umbildungen sind es, die den Boden schaffen.

Betrachten wir ein Verwitterungsprofil genauer, so finden wir den Boden als gelockerte Masse oft unmittelbar auf frischem, unverwittertem Gestein, wie z. B. Roterde auf reinem Kalk. In anderen Fällen liegt darunter aber eine Zone, in der das Muttergestein zwar nicht mechanisch gelockert, aber chemisch umgebildet ist. Die Grauwacke bei Gießen zeigt unter dem sandigen Lehm der Oberfläche eine etwa 5—8 m mächtige, äußerlich durch Oxydation gekennzeichnete Zone, unter der erst das frische blaugraue Gestein folgt. Unter hellem Lehm besitzt der süddeutsche Hauptrogenstein des Jura eine Oxydationszone, die dem ursprünglichen dunklen Kalk auflagert. Tropische Roterdeprofile lassen besonders gut erkennen, um was es sich handelt. Wenn sie sich etwa aus Basalt oder Gneis bildeten, so liegt unter der Roterde eine mächtige Zone, in der das Muttergestein chemisch zu einem Siallit oder gar Allit umgebildet ist. Alkalien und Erdalkalien sind weitgehend entfernt, Kieselsäure ist mehr oder weniger stark fortgeführt. Die Textur des Gesteins ist aber vollständig erhalten, nur eine chemische Umbildung ist eingetreten, ohne daß physikalische Lockerung stattfand[2]. Nach einem Vorschlage von Harrassowitz[3] bezeichnet man derartige Gesteine als „Zersatz". Sie finden sich häufig als tiefere Teile von Verwitterungsprofilen und stellen den Übergang zum frischen Gestein dar. Was man bisher als Verwitterungsrinden im allgemeinen bezeichnete, gehört hierher. Der Ausdruck „Rinde" wird aber am besten ganz vermieden, da eine Verwechslung mit Schutzrinden möglich ist. Deshalb ist als allgemeine Überschrift dieses Absatzes auch „Verwitterungsdecke" gewählt.

Zersatz und Boden sind oft vorkommende und bekannte Verwitterungsstufen. Sie sind im wesentlichen Rückstandsmassen und entstehen durch Abfuhr bestimmter Teile. Aber in manchen Fällen kann ihnen schon durch Verwitterung neues Material zugeführt werden, man muß schließlich Verwitterungszufuhrgesteine unterscheiden. Zufuhrgesteine bilden sich besonders im ariden Klima aus und spielen als Verkalkungen, Verkieselungen, Vererzungen eine große Rolle. Die Allitanreicherungsrinden gehören ebenfalls hierher. Da es sich in allen diesen Fällen zugleich um eine Erhärtung handelt, sind diese Verwitterungsgesteine sehr widerstandsfähig, vor allem die Verkieselungen, und darum fossil besonders gut erhaltungsfähig. Oft sind sie freilich sehr verkannt worden. Als Verwitterungsrinden (von anderer Seite Schutzrinden[4] genannt) bezeichnen wir schließlich die Rinden, die an Felsoberflächen durch Niederschlag und Ausblühen gelöster Stoffe entstehen. Sie treten nicht nur im ariden Bereich auf, sondern auch an freien Felsen unter humiden Bedingungen[5].

---

[1] Vgl. die Definition von Blanck: Dieses Handbuch 1, 22.

[2] Harrassowitz, H.: Laterit, Tafel Abb. 1 u. 2. 1926.

[3] Harrassowitz, H.: Dieses Handbuch 3, 389, 410.

[4] Siehe dieses Handbuch 3, 490.

[5] Vgl. E. Blanck und W. Geilmann: Chemische Untersuchungen über Verwitterungserscheinungen im Buntsandstein usw. Tharandter Forstl. Jb. 75, 89—112 (1924); s. auch unten S. 257 und E. Blanck: Die ariden Denudations- und Verwitterungsformen der Sächs.-Böhmischen Schweiz. Ebenda 73, 38 (1922).

Bei Bauwerken spielen sie praktisch[1] eine große Rolle, fossil kennen wir sie wenig. Sie sind immer nur geringmächtig und können nicht als Gestein bezeichnet werden.

Da Böden und Rinden im allgemeinen nur wenig mächtige und leicht zerstörbare Gebilde darstellen, werden sie in dieser Beziehung in der geologischen Vergangenheit gegenüber dem festeren Zersatz und den Zufuhrgesteinen zurücktreten.

Fossile Verwitterungsgesteine kommen im allgemeinen inmitten anderer Gesteine vor. Daher ergibt sich die Frage, wie sie von diesen zu unterscheiden sind. Mit Eruptivgesteinen können keine Verwechslungen eintreten, sehr selten auch nur mit metamorphen Gesteinen. Anders steht es mit den Absatz- und Schichtgesteinen. Zu ihnen muß eine scharfe Abgrenzung versucht werden, damit von vornherein klar ist, was in den Bereich unseres Themas gehört.

Die Absatzgesteine, auch Schichtgesteine, Sedimente genannt, stehen in scharfem Gegensatz zu den Verwitterungsgesteinen. Die Verwitterungsgesteine kommen nur subaërisch vor, die Absatzgesteine aber subaërisch und subaquatisch. Verwitterungsgesteine zeigen einen engen Zusammenhang mit einem Muttergestein und gehen in dieses über. Bei den Absatzgesteinen kann manchmal ein bestimmtes Muttergestein nachgewiesen werden, aber das ist nur selten der Fall, wie z. B. bei Arkosen, und manche von diesen sind sogar fossile Böden, also Verwitterungsgesteine. Der Hauptunterschied liegt darin, daß die Absatzgesteine durch Auflagerung entstehen und Schichtung aufweisen. Verwitterungsgesteine entstehen durch innere Umbildung, und Auflagerung spielt bei ihnen nur eine untergeordnete Rolle (die Verwitterungsprofile weisen zwar verschiedene Horizonte auf, aber im allgemeinen sind diese leicht von einer Schichtung zu unterscheiden). Genetisch stehen die beiden Gesteinsgruppen in dem Verhältnis zu einander, daß Absatzgesteine aus dem Material entstehen, das bei der Verwitterung fortgeführt wird. Die Bestandteile sind also transportiert worden, wobei der Zusammenhang mit dem Muttergestein verwischt wurde; sie sind allochthon, im Gegensatz zur Autochthonie bei den Verwitterungsgesteinen. Die ganze Gruppe der früher sog. Aufschüttungsböden gehört danach nicht mehr zu den Verwitterungsgesteinen, sie sind echte Absatzgesteine. Dazu rechnen etwa Schuttkegel, Löß, Flußsande, Glazialgeschiebe, Torf und die daraus später entstandenen Kohlen. Diese Feststellung ist für uns sehr wichtig, weil sie uns den Umfang der zu behandelnden fossilen Verwitterungsgesteine genau begrenzt. Man kommt leicht auf den Gedanken Schuttkegel, Löß oder aride Dünensande als „Boden" zu bezeichnen. Sie sind subaërische Verwitterungsprodukte und haben wie die Verwitterungsgesteine eine klimatisch bedingte gesetzmäßige Verbreitung. Aber sie sind schon transportiert und wachsen durch dauernde Auflagerung. Wollten wir derartige Gesteine in den Bereich unserer Betrachtungen ziehen, so müßten wir ganze geologische Formationen geschlossen besprechen, wie etwa terrestres Perm und terrestre Trias oder zahlreiche festländische Ablagerungen, wie die Hanhaiformation Zentralasiens. Aber nur vorübergehend liegen diese Gesteine an der Erdoberfläche, und immer wieder werden ihnen neue Massen aufgelagert. Infolgedessen kann sich auf ihnen die Verwitterung nicht geltend machen. Nur wenn ein Stillstand in der Ablagerung eintritt, beobachten wir autochthone Umbildung des aufgeschütteten Sandes, wie z. B. in dem Karneolhorizont des Buntsandsteins, der dann ein fossiles Verwitterungsgestein darstellt.

---

[1] KAISER, E.: Über eine Grundfrage der natürlichen Verwitterung und die chemische Verwitterung der Bausteine im Vergleich mit der in der freien Natur. Chem. Erde 4, 290—342 (1929).

Mehrfach wird in der Literatur die Auffassung vertreten, daß sich die Böden durch die Art ihrer Gemengteile von den Absatzgesteinen unterscheiden. Vor allem wird auf die anorganischen und organischen Gele hingewiesen. Tatsächlich ist dies nicht der Fall, da wir dieselben Stoffe auch in Sedimenten, z. B. im Ton finden. Die Sedimente oder Absatzgesteine entstehen ja durch Abtragung von Verwitterungsprodukten, daher werden sich deren Bestandteile auch in den Ablagerungen wieder finden. Man kennt reine Gelgesteine oder Gelite als echte Absatzgesteine unter aridem Klima[1] oder etwa aus deutschem Karbon oder Tertiär. Außerdem finden sich in den Verwitterungsgesteinen auch syngenetische kristalline Neubildungen, wie Quarz, Kaolin, Eisenglanz, Pyrit, Kalkspat, Steinsalz, so daß hierin kein Unterschied gegen andere Gesteine zu finden ist.

Ausschlaggebend für die Auffassung fossiler Verwitterungsgesteine wird also immer sein, daß eine autochthone Umbildung eines Muttergesteines vorliegt.

Wann ist ein Verwitterungsgestein fossil? Wann können wir sagen, daß ein Boden der geologischen Vergangenheit angehört, vorzeitlich ist und nicht unter dem gegenwärtigen Klima entstand? Diese Fragen bedürfen einer besonderen Beachtung, da in dem modernen Schrifttum recht häufig von fossilen Böden die Rede ist. „Es scheint eine sich verstärkende Neigung zu herrschen, Bodenbildungen, die sich dem heute ziemlich feststehenden Schema der klimatischen Bodenzonen nicht zwanglos einfügen wollen, in die Zeit des Prärezenten zu verweisen, über dessen Klimabedingungen und Zeiten man mit einer gewissen Großzügigkeit glaubt verfügen zu können[2]." Nur eine einzige Tatsache erlaubt mit Sicherheit die Entscheidung, ob ein Boden der geologischen Vergangenheit angehört, nämlich die geologische Lagerung. Wird ein Verwitterungsgestein durch andere Gesteine zugedeckt, so kann man im allgemeinen annehmen, daß es nicht unter den gegenwärtigen, an der Oberfläche der Erde herrschenden Bedingungen entstanden ist. Absatzgesteine, Tone und Sande lagern auf den Kaoliniten des deutschen Tertiärs. Im Rotliegenden Deutschlands können wir verwitterten Quarzporphyr oder Gneis unter rotem Schieferton beobachten. Lavamassen oder mächtige Torfablagerungen haben andere Verwitterungsdecken von der Erdoberfläche abgeschnitten, wie im Tertiär Irlands. In gleicher Weise ist die Tatsache zu verwerten, wenn wir Abtragungsprodukte fossiler Verwitterungsgesteine in jüngeren Absatzgesteinen finden. So glaubte man die Allite des Vogelsberges ursprünglich als rezent ansprechen zu können. Man fand sie aber bald als Gerölle im Diluvium und im Liegenden pliozäner Braunkohlen[3].

In allen diesen Fällen ist die Entscheidung klar, wenn das Alter des jüngeren Gesteins bekannt ist. Es handelt sich dann um regelrecht „begrabene" Böden[4], die heutzutage an der betreffenden Stelle nicht mehr in gleicher Weise entstehen und „Vorzeitformen"[5] oder „disharmonische" Formen darstellen.

Allerdings ist nicht jeder begrabene Boden unbedingt als fossil zu bezeichnen. Wo sich heute Lavaströme über eine Landoberfläche ergießen oder Dünen ihren Ort wechseln, werden Verwitterungsprofile schnell zugedeckt und begraben. Das darüberliegende Gestein kann dann selbst wieder in gleicher

---

[1] Storz, M.: Über neuartige Gesteine usw. Kolloid-Z. **44**, 231 (1928).
[2] Vageler, P. W. E.: Kritische Betrachtungen zur Frage der „fossilen" Böden und der tropischen Verwitterung. Z. Pflanzenernährg. usw. A **10**, 193 (1928).
[3] Harrassowitz, H.: Laterit, S. 457—458. 1926.
[4] Glinka, K.: Typen der Bodenbildung, S. 219ff. 1914.
[5] Passarge, S.: Die Grundlagen der Landschaftskunde **3**, 102, 162. 1920.

Weise verwittern. Verfasser beschrieb aus Flandern ein Podsolprofil unter Dünensand[1]. An der Basis des Sandes ist schon eine dünne eisenschüssige Lage zu beobachten, die den Anfang einer neuen Podsolierung darstellt. Also es liegen hier zwei Podsolprofile übereinander. Das ältere Profil ist zwar begraben, aber noch nicht vorzeitlich, noch nicht fossil, man könnte von subfossil sprechen.

Schwierig wird die Frage, ob es sich um eine Vorzeitform handelt, dann, wenn keine Bedeckung durch jüngere Gesteine vorliegt, wenn das Vorkommen zwar fossil, aber nicht begraben ist. So manche ältere Verwitterungsdecke hat noch keine Überlagerung durch jüngere Gesteine erfahren, oder diese sind nachträglich wieder entfernt worden. In solchen Fällen muß mit schärfster Kritik gearbeitet werden, um Fehler zu vermeiden. Die Verwitterung des ganzen Gebietes muß sorgfältig untersucht werden, um festzustellen, ob nicht rezente, durch besondere Umstände bedingte Umbildung vorliegt. So sind z. B. bei Halle Schotter der 3. und 5. Diluvialterrasse viel stärker zersetzt als ältere[2]. Die Ursache liegt darin, daß die Terrassen örtlich starker Befeuchtung durch Abwässer einer sumpfig-moorigen Niederung ausgesetzt waren.

Wichtig wird es vor allen Dingen sein, festzustellen, wie sich die angeblich fossile Verwitterung zur jetzigen Oberfläche verhält. Folgt sie ihr in allen Zügen in ebenem und geneigtem Gelände, so wird es sich um eine Umbildung der Jetztzeit handeln, wie dies etwa für die auffällig kreßfarbenen Verwitterungsgesteine im Schwarzwald bei St. Peter und St. Märgen gilt[3]. Aber aus dem umgekehrten Falle folgt nicht ohne weiteres, daß Fossilität vorliegt. Wenn ein ebenes Gelände eine reife Verwitterungsdecke trägt und eine Hebung eintritt, so wird die Abtragung das verwitterte Material entfernen, und erst in weiter zurückliegenden Teilen der Landschaft wird man vollständige Profile finden. Hier wird sich manchmal kaum entscheiden lassen, was vorliegt. Man kann daran denken, aus dem herrschenden Klima Schlüsse zu

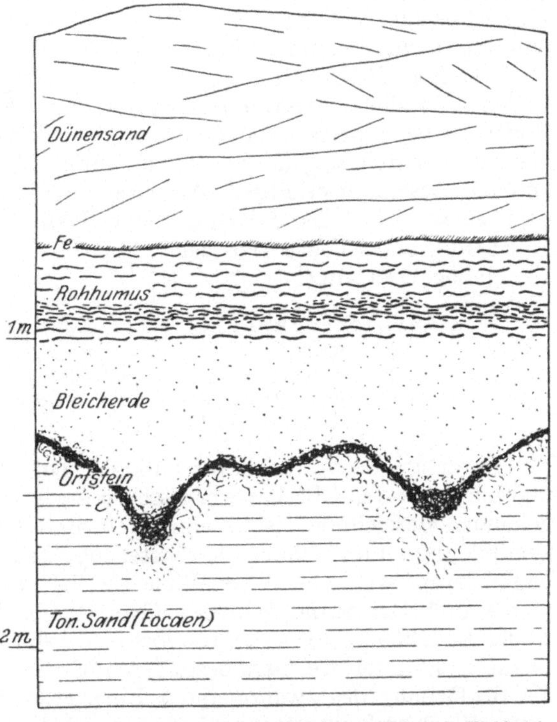

Abb. 19. Begrabenes Podsolprofil unter Dünensand. Wald südlich Brügge (Flandern). (Nach der Natur gezeichnet).

Der Dünensand selbst trägt keinen Humusboden. An seiner Basis befindet sich eine feine eisenschüssige Lage (Fe) als erster Beginn einer neuen Ortsteinlage. Im Rohhumus, nahe der Basis, ein tiefschwarz gefärbter Streifen — durch andere Signatur angedeutet. Unter dem Ortsteinsand macht sich im liegenden Sand (glaukon.-tonig. Sand der Paniselschichten des Unt. Eozäns) netzartig verbreitete Diffusion im Anschluß an die Ortsteinbildung geltend.

---

[1] HARRASSOWITZ, H.: Laterit, S. 307. 1926.
[2] WÜST, E.: Einige Bemerkungen über Saaleablagerungen bei Halle a. S., insbesondere zwischen Halle a. S. und Lettin. Cbl. Min. usw. 1911, 52.
[3] HARRASSOWITZ, H.: Studien über mittel- und südeuropäische Verwitterung. Geol. Rdsch. 17a, 138 (1926).

ziehen[1], doch wird dies zur Zeit im allgemeinen kaum möglich sein, da wir viel zu wenig Gebiete genau genug kennen. So kann heute noch nicht vollständig entschieden werden, ob die vorderindischen Laterite, die ausgesprochene Reste von Dekken darstellen, fossil oder rezent sind. Zu ihrer Bildung ist lange Zeit erforderlich, Klimaänderungen sind aus jüngerer Zeit nicht bekannt. Dazu kommt, daß an Hängen aus Zersetzungsprodukten der Lateritdecke wieder neuer Laterit gebildet wird. So wäre es möglich, daß der Beginn der Lateritisierung weit zurückliegt und schon in die geologische Vergangenheit fällt, aber sich heute noch fortsetzt. Hier ist es eine beinahe philologische Streitfrage, ob man von Fossilität sprechen will oder nicht. GLINKA sprach hier von „alten Böden"[2].

Der Begriff Überlagerung durch andere Gesteine ist in verschiedenen Fällen fälschlich angewandt worden, um den fossilen Charakter auffälliger Böden zu behaupten. Am Nordrand der Alpen finden sich unzweifelhaft interglaziale Verwitterungshorizonte, die ihren Charakter durch Überlagerung mit anderen Gesteinen erhalten. Als interglaziale Profile wurden aber auch andere angegeben, wie das folgende nach Profilaufnahme von W. KOEHNE, von E. BLANCK untersuchte Beispiel[3].

Jetzige Deutung:

Verwitterungsprofil der Hochterrasse bei München.

A	Krume	0—10 cm
B_1	Verwitterungslehm, gelbe Zone	40—50 cm
B_2	Verwitterungslehm, rote Zone (Blutlehm) .	50—60 cm
C	Kies der Hochterrasse	100 cm

Derartige Profile sind auf kalkigen Diluvialschottern sehr weit verbreitet und nicht nur aus Oberbayern, sondern auch aus dem Oberelsaß, Baden, Hessen bekannt. Bezeichnend ist überall, daß die älteren Schotter eine stärkere Blutlehmbildung mit tieferer Verwitterung zeigen als die jüngeren. KRAUS baute darauf weitgehende Schlüsse für die verschiedenen Abschnitte des Diluviums auf[4]. Der auffällig kreß gefärbte Lehm des Untergrundes veranlaßte ihn zu der Annahme, daß es sich um fossile Verwitterung handele: „denn es ist nicht einzusehen, unter welchen besonderen Bedingungen des heutigen Klimas sich die Rotfärbung des zweitobersten Horizontes, welche dem Boden die Bezeichnung ‚Blutlehm' eingetragen hat, entwickeln konnte." Verfasser[5] konnte nun darauf hinweisen, daß es sich keineswegs um Verwitterung des Diluviums handelt, daß vielmehr ein Illuvialhorizont rezenter Bildung vorliegt, der auf allen möglichen Gesteinen vorkommt und eine Anreicherung von Gelen darstellt (E. BLANCK hat sich nach brieflicher Mitteilung dieser Auffassung angeschlossen). Rezente Verwitterung erklärt die von KRAUS ausführlich belegte Tatsache, daß die älteren Schotter stärker zersetzt waren als die jüngeren.

Allgemein ausgedrückt lag also der Fall vor, daß ein tieferer Bodenhorizont wegen seiner Färbung als „fossil" angesprochen wurde, der darüberliegende Lehm sollte die rezente Verwitterung darstellen. Zwei grundsätzliche Irrtümer sind in diesem Schluß enthalten. Ein scheinbar abnormer Horizont wurde ohne

---

[1] Vgl. auch FR. KERNER V. MARILAUN: Klimatologische Analysis der Terra rossa-Bildung. Sitzgsber. Akad. Wiss. Wien, Math.-naturwiss. Kl., Abt. I **132**, 137 (1923).

[2] GLINKA, K.: Typen der Bodenbildung, S. 223. 1914.

[3] BLANCK, E.: Beiträge zur regionalen Verwitterung der Vorzeit. Mitt. landw. Inst. Univ. Breslau **6**, 662 (1913). — Über die Entstehung der Roterden der Diluvialzeit. J. Landw. **1914**, 141—147.

[4] KRAUS, E.: Die Klimakurve in der Postglazialzeit Süddeutschlands. Z. dtsch. geol. Ges. **73** (1921), Mber., 223—227.

[5] HARRASSOWITZ, H.: a. a. O., Studien, S. 183. 1926.

genaue Kenntnis der rezenten Verwitterung als vorzeitlich erklärt, und die Überlagerung durch einen anders gefärbten Lehm wurde wie die Auflagerung eines jüngeren Absatzgesteines verwandt.

Derselbe Irrtum wurde an einem Profil von Rio de Janeiro begangen[1]. Hier liegen leuchtend hellbraune Lehme auf einem roten Lehm, der als Laterit bezeichnet wurde. Darunter folgt Gneis. Zu den eben erwähnten zwei grundsätzlichen Irrtümern kam hier der dritte dazu, daß der rote Lehm ohne weiteres als Laterit bezeichnet wurde. Herrn Universitätsprofessor Dr. SCHRÖDER verdankt der Verfasser ein Profil der betreffenden Stelle. Schon eine oberflächliche Betrachtung zeigte, daß in dem angeblichen Laterit Glimmer und Feldspat vorhanden war, also von der intensiven Verwitterung, wie sie für Laterit bezeichnend ist, nicht die Rede sein kann. Die chemische Analyse zeigte selbst im obersten Horizont noch $1{,}34\%$ K_2O[2] (inzwischen äußerte sich v. FREYBERG selbst brieflich, daß er an seiner ursprünglichen Auffassung nicht mehr festhalte).

Erwähnt sei auch, daß ähnliche Angaben von WALTHER und LANG[3] über fossile Laterite aus den gleichen Gründen abzulehnen sind. Auch hier wurde aus andersfarbigen Lehmen — kurzerhand als Braunerde bezeichnet — über Laterit auf Vorzeitverwitterung geschlossen.

Fossile und degradierte Böden. In den zuletzt besprochenen Fällen wurde der Vorzeitcharakter von Böden durch Überlagerung mit einer angeblich anders gearteten Verwitterungsmasse zu erweisen versucht. Dies konnte hier zwar als falsch bewiesen werden, aber trotzdem gibt es Profile, in welchen die Produkte verschiedenartiger Vorgänge übereinander liegen. Auf dem obenerwähnten Lehmprofil Oberbayerns mit dem kreßfarbenen „Blutlehm" kann man an manchen Stellen ein geringmächtiges, aber deutlich dreiteiliges Podsolprofil nachweisen[4].

Verwitterungsprofil auf Niederterrassenschotter bei Grafengars.

A_1	Weißmoos und Rohhumus . . .	10 cm
A_2	Bleichzone	0—1 cm
B	Braune Ortzone	1—2 cm
B_1 alt	Gelber Lehm, sandig	30 cm
B_2 alt	Kreßfarbener Lehm	40 cm
C	Niederterrassenschotter	

In Graubünden nahm Verfasser ähnliche Profile von den Hängen des Schamser Tales auf[5]. In tieferen Teilen, bis rund 1800 m, war Gelblehm mit einer schwachen Bleichungszone auf Granit vorhanden. In größerer Höhe lag aber ein deutliches Podsolprofil darüber.

Verwitterungsprofil auf Gelblehm, oberhalb Molas 1910 m ü. d. M.

A_1	Rohhumus	10 cm
A_2	Sandige Grauerde	15 cm
B_1	Orterde	5—10 cm
B alt	Gelblehm	50 cm
C	Grauer Schutt	

---

[1] FREYBERG, B. v.: Die Lateritoberfläche im Landschaftsbild von Rio de Janeiro. Leopoldina 2, 127—131 (1926).

[2] HARRASSOWITZ, H.: Böden der tropischen Regionen. Dieses Handbuch 3, 375, 376.

[3] WALTHER, JOH.: Das geologische Alter und die Bildung des Laterites. Pet. Mitt. 62, 50 (1916). — LANG, R.: Geologisch-mineralogische Beobachtungen in Indien. Cbl. Min. usw. 1914, 257, 513.

[4] Erl. z. Bl. Ampfing d. geol. Spezialkarte v. Bayern, S. 35. — Siehe auch H. HARRASSOWITZ: a. a. O., Studien, S. 182. 1926.

[5] HARRASSOWITZ, H.: a. a. O., Studien, S. 162. 1926.

Mächtige Podsolprofile auf Gelblehm beobachtete Verfasser an der Hornisgrinde im Schwarzwald an zahlreichen neuen Aufschlüssen im Jahre 1928 und 1929.

Verwitterungsprofile auf Gelblehm an der Straße Mummelsee—Hornisgrinde
rund 1000 m ü. d. M.

A_1	Rohhumus	10 cm
A_2	Humoser, grauer Sand	12 cm
A_3	Humoser, dunkelgrauer Sand .	10 cm
B_1	Ortstein	5—7 cm
B alt	Gelber, lehmiger Sand	30 cm
Z	Zersetzter Buntsandstein	

Es ist nicht leicht, diese Profile zu deuten. Der obere Teil ist ein ausgesprochenes Podsolprofil. Darunter liegen Lehme, wie sie bei Podsolierung nicht entstehen. Einer ursprünglichen Verlehmung ist eine spätere Rohhumuseinwirkung gefolgt. Da man nun über Lehmen an zahlreichen Stellen auch ohne Rohhumus oberflächliche Bleichungen beobachten kann, die auf einem Ausspülen der den Lehm bezeichnenden siallitischen Gele beruhen, ist anzunehmen, daß sich hier eine ausgesprochene Alterungserscheinung geltend macht[1]. Nachdem die Lehme unter dauerndem Neubilden von Gelen entstanden waren, fanden sich nicht mehr genügend frische Mineralien, die Gele liefern konnten. Unter Einwirkung der Sickerwässer werden die Gele nur allmählich mechanisch ausgespült. Mit ihnen verschwinden die absorbierten Basen. Pflanzliche, dem Boden aufgelagerte Substanz wird nun nicht mehr zerstört, sondern als Rohhumus angereichert. Unter dauernder Streuzufuhr kann sich ein echtes Podsolprofil entwickeln. Es braucht also keine äußere Änderung einzutreten, die den Boden kennzeichnende innere Umbildung hat ein bestimmtes Stadium erreicht, und stärkste Verarmung tritt ein. Dies würde der Reihenbildung nach Vilensky[2] entsprechen, der bei allen Böden ein aschenartiges Endstadium festgestellt hat.

Ob der versuchte Beweis richtig ist, läßt sich schwer entscheiden. Die Profile entsprechen grundsätzlich durchaus den in Rußland am Nordrand des Tschernosems beobachteten Vorkommnissen. Hier handelt es sich aber um eine Klimaverschiebung, Regionen eines früheren trockenen Klimas[3] sind später podsoliert. Die sog. Degradierung ist durch eine Klimaverschiebung eingetreten, der Tschernosem wäre also fossil.

Es wäre sehr wohl möglich, daß dieser Fall auch bei uns vorliegt. In der postglazialen Subborealzeit herrschte bei uns ein wärmeres Klima, dem dann ein Temperaturrückgang folgte. Da diese Veränderungen in Europa regional weit

---

[1] Harrassowitz, H.: a. a. O., Studien, S. 182, 198. 1926. — Südeuropäische Roterde. Chem. Erde 4, 1, 2 (1928).

[2] Vilensky, D.: Die Einteilung der Böden auf Grund analoger Reihen in der Bodenbildung. Mitt. internat. bodenkundl. Ges., N. F. 1, 242—261 (1925). — H. Jenny beschreibt Ähnliches aus der alpinen Stufe der Zentralalpen als Klimax der Bodenbildung. Auf ursprünglicher Rendzina, also Kalkuntergrund, entwickelt sich ein Podsolprofil und schließlich ein mächtigerer Humusboden. Es liegt keine Änderung eines äußeren Faktors vor, sondern natürliche Umbildung, die zwangsläufig über verschiedene Zwischenstadien zu einem Endstadium führt. — Braun-Blanquet, J., unter Mitwirkung von Hans Jenny: Vegetationsentwicklung und Bodenbildung in der alpinen Stufe der Zentralalpen (Klimaxgebiet des Caricion curvulae). Mit besonderer Berücksichtigung der Verhältnisse im schweizerischen Nationalparkgebiet. Denkschr. schweiz. naturforsch. Ges. 63, Abh. 2, 338 (1926).

[3] Glinka, K.: Die Typen der Bodenbildung, S. 86. 1914. — Florow, N.: Zur Frage über die Klassifikation der Böden der Waldsteppe. C. R. Conf. Extraord. Agropedologique, Prag 1924, 268. — Zur Frage der Degradierung der dunkelfarbigen Böden von Nordamerika. Bodenkundl. Forschgn. 1, 200—220 (1929).

verbreitet sind (Moorprofile), ist es sehr wohl möglich, daß sie sich auch in Bodenprofilen erkennen lassen. Das Problem kann nur gelöst werden, indem die verschiedenartigsten verwitterungskundlichen und geologischen Fragen herangezogen werden. Insbesondere ist erst eine gründliche chemische Untersuchung nötig, die sich im Gange befindet.

Erhaltungsumstände. In der Einführung wurde auseinandergesetzt, daß der Boden, und mit ihm zugleich der Zersatz, dauernd abgetragen und schließlich ganz zerstört wird. Besondere Umstände müssen eintreten, wenn er diesen Einwirkungen entzogen und fossil werden soll.

Zunächst handelt es sich um noch nicht vollständig abgetragene Verwitterungsdecken. Trotz der Intensität, mit der die Abtragung arbeitet, bleiben Landoberflächen der geologischen Vergangenheit manchmal längere Zeit zu Tage liegend erhalten und besitzen dann noch die zugehörigen Verwitterungsdecken. Freilich ist der Boden meist nicht mehr erhalten, sondern nur Zersatz liegt noch vor. In Deutschland sind es hauptsächlich präoligozäne und obermiozäne oder altpliozäne (nachbasaltische) Verwitterungsdecken[1]. Manchmal sind sie noch flächenhaft erhalten, wie etwa in den Kaoliniten Sachsens und Thüringens. Manchmal handelt es sich nur noch um geringe Reste, die an Störungen eingesunken sind und dadurch erhalten blieben, während die Spuren dieser sicher einstmals weit verbreiteten Decke ganz verwischt sind. Als Beispiel sei die interessante Verwitterung von Grauwacke an der Straße von Andreasberg nach Sonnenberg im Harz hervorgehoben. Die chemische Untersuchung[2] zeigte das Vorkommen freier Tonerde und große Ähnlichkeit mit Karstroterden. Dem Verfasser[3] ist es nach seiner Kenntnis tertiärer Verwitterung nicht zweifelhaft, daß es sich hier um einen der Abtragung entgangenen Rest altpliozäner Verwitterung handelt.

Noch andere Umstände bedingen, daß Verwitterungsgesteine trotz freier, oberflächlicher Lagerung länger erhalten bleiben, wenn nämlich Verwitterungszufuhrgesteine vorliegen. Es sei an die Verkalkungen im ariden Gebiet erinnert, wo eine feste Kalkdecke über lockerem Boden entsteht oder flächenhafte Durchtränkung mit Kieselsäure stattfindet, oder an Eisen-Tonerde-Anreicherungen des Laterits unter Wechselklima. Die schützende Decke läßt die Abtragung nur allmählich wirksam werden, und so findet sich Laterit als Haube auf isolierten Kuppen, die mit steilen Hängen die derzeitige Zerstörung deutlich widerspiegeln (s. Abb. 30).

Sehr eigenartig ist die Erhaltung von Böden auf reinen Kalkgesteinen[4]. Auf ihnen sind, wo sie auch rezent und fossil auftreten, immer mehr oder weniger Karsterscheinungen in Gestalt verschiedenster und unregelmäßigster Eintiefungen zu beobachten. Nicht kalkiges Material, das durch Verwitterung entsteht, wie die Rotlehme und Terra rossa, muß im Karst erhalten bleiben. Da Flüsse und Bachrinnen nur als Ausnahme möglich sind, kann oberflächlich nichts aus dem Gebiet herausgeführt werden. Die Verwitterungsprodukte sacken allmählich tiefer und tiefer und reichern sich an. Wenn Rotlehm eine Spalte von etwa 1 m Breite und mehreren Metern Tiefe in einem fast chemisch reinen Kalk erfüllt, so kann der Lehm unmöglich nur aus der dem Hohlraum entsprechenden Gesteinsmasse entstanden sein. Durch das allmähliche Abwärtsgleiten infolge

---

[1] Vgl. ausführlich in H. HARRASSOWITZ: Laterit, S. 413, 465. 1926.

[2] BLANCK, E., F. ALTEN u. F. HEIDE: Über rotgefärbte Bodenbildungen und Verwitterungsprodukte im Gebiete des Harzes, ein Beitrag zur Verwitterung der Culmgrauwacke. Chem. Erde 2, 115—133.

[3] HARRASSOWITZ, H.: Südeuropäische Roterde. Chem. Erde 4, 10 (1928).

[4] HARRASSOWITZ, H.: Südeuropäische Roterde. Chem. Erde 4, 6 (1928). — Klimazonen der Verwitterung usw. Geol. Rdsch. 4, 198 (1916).

Schwindens der Kalkunterlage wird er in Vertiefungen zu größerer Mächtigkeit angesammelt. Er ist dadurch auch nur z. T. rezent, seine Entstehung geht vermutlich bis in die Pliozänzeit zurück.

Der Verfasser[1] hat zeigen können, daß in denselben Karstlandschaften an der Adria fossile und umgewandelte Verwitterungsgesteine, die Monohydrallite (= Bauxit im engeren Sinne), am Ausbiß erhalten bleiben und nicht weggeführt werden. Penck[2] hat dieses Nachsackungsphänomen auf Kalk aus verschiedensten Gegenden Deutschlands in eindrucksvoller Weise beschrieben.

Im Zusammenhang mit der Erhaltung auf Kalk steht das Auftreten von Verwitterungslehmen in Höhlen, wo sie nach dem Fossilieninhalt zu schließen, deutlich als diluvial oder manchmal als noch älter anzusprechen sind. Die süddeutschen Bohnerze wären hier ebenfalls zu erwähnen[3].

Überhaupt enthalten reine Kalke der verschiedensten geologischen Formationen immer wieder scharf abgegrenzte rote Einlagerungen, die offenbar Verwitterungsgesteine darstellen. Sie werden unten zusammenhängend besprochen[4].

Eindeckung durch andere Gesteine. Wenn Verwitterungsgesteine durch andere Gesteine überlagert werden, besteht für sie die Möglichkeit, dauernd erhalten zu werden. Verschiedenste Umstände kommen dafür in Frage, wie schon Glinka[5] auseinandersetzte. Vor allem sind es terrestre Gesteine, die vor der Abtragung schützen können. Tertiäre oder permische Kaolinite sind in Deutschland von Sanden eingedeckt, die als fluviatil anzusprechen sind, limnische Torfe oder Kohlen liegen über fossilem Laterit, was aus gewisser Gleichheit der Bildungsumstände leicht zu verstehen ist[6]. Über den Roterden der eozänen Bohnerzformation des Schweizer Jura finden sich Süßwasserkalke, die auch manchmal fehlen können, so daß dann direkt über dem terrestren Verwitterungsprodukt marines Oligozän folgt[7]. Äolische Verschüttung ist sehr häufig zu beobachten. Die Lehmzonen im Löß sind von zahlreichen Stellen Europas und Nordamerikas längst bekannte und oft angeführte Beispiele, die bei der Gliederung der Eiszeiten eine besondere Rolle spielen. Auch glaziale Ablagerungen sind z. B. aus Nordamerika über Verwitterungshorizonten bekannt.

Bei dem Auftreten der verschiedenen genannten festländischen Gesteine über Verwitterungsrinden muß schon beachtet werden, welchem Klimabereich sie angehören, ob sie humid oder arid sind[8]. Das humide Gebiet ist dadurch ausgezeichnet, daß mehr Niederschlag fällt, als verdunsten kann. Überschüssiges Wasser ist dauernd vorhanden und fließt in Form von Bächen und Flüssen dem Meere zu. Eine gleichsinnige Abdachung zum Meer hat sich herausgebildet, geschlossene Hohlformen fehlen im allgemeinen. Infolgedessen werden unter humidem Klima dauernd Zerstörungsprodukte in das Meer geschafft, das humide Gebiet ist das Abtragungsgebiet des Festlandes. Sowohl Böden als auch überlagernde humide Gesteine werden daher immer wieder in Gefahr stehen, abgetragen zu werden. Es besteht zunächst nur geringe Aussicht, daß hier Verwitterungsgesteine erhalten bleiben, selbst wenn sie durch andere terrestre Gesteine überdeckt werden. Besondere Umstände, sei es in Form von Lava oder tektonischen Senkungen oder Karsterscheinungen müssen eintreten,

---

[1] Harrassowitz, H.: Bauxitstudien. Metall u. Erz 24, 183 (1907).
[2] Penck, A.: Das unterirdische Karstphänomen. Cvijić-Festschrift, S. 175—197. Belgrad 1925.
[3] Vgl. S. 268.   [4] Vgl. S. 272.
[5] Glinka, K.: Typen der Bodenbildung, S. 219. 1914.
[6] Harrassowitz, H.: Laterit, S. 509. 1926.
[7] Harrassowitz, H.: Laterit, S. 479. 1926.
[8] Harrassowitz, H.: Klimazonen der Verwitterung usw. Geol. Rdsch. 7, 198 (1917).

um längeren Schutz zu gewähren. Anders ist es im ariden Gebiet. Hier hat die Verdunstung einen größeren Wert als die Niederschläge, dauernd fließendes Wasser ist nicht vorhanden. Infolgedessen bildet sich keine gleichsinnige Abdachung zum Meer aus. Örtliche, ungleichsinnige Abdachungen herrschen vor, geschlossene Hohlformen, Becken und Wannen. Zerstörungsprodukte werden nicht aus dem Lande herausgeschafft, sondern lagern sich in den einzelnen, von einander getrennten Hohlformen ab. Das aride Gebiet ist das Auflagerungsgebiet des Festlandes. Örtlich und randlich wird auch hier Abtragung herrschen, ja sogar besonders starke, da die schützende Vegetationsdecke fehlt und mechanische Verwitterung großen Einfluß besitzt. Wind kann entgegen der Schwerkraft wirken. Aber andererseits findet schnelle Zuschüttung statt, so daß anstehende Verwitterungsdecken hier mehr Aussicht haben, unter normalen Umständen erhalten zu bleiben, als im humiden Bereich. Ein ausgezeichnetes Beispiel dafür stellen die süddeutschen, vom Verfasser als permotriadisch erkannten Grenzkarbonate[1] dar. Süddeutschland erstickte vom Unteren Perm an bis zur Trias unter einer allmählich nach Süden über ein höheres Land vorschreitenden ariden Verschüttung. An der Oberfläche der noch nicht zugedeckten Teile bildete sich eine Oberflächenverkalkung aus, die stellenweise dolomitisiert und verkieselt bis zur Bedeckung durch höheren Buntsandstein erhalten blieb, also permotriadisches Alter besitzt. Eine besondere Rolle spielt dabei, daß die Oberfläche arider Landschaften durch Anreichern von Kalk und Kieselsäure, Bildung von Zufuhrgesteinen, also durch die Verwitterung selbst, verfestigt wird und dadurch dem Abtragen stärkeren Widerstand entgegensetzt. Die deutsche Permformation ist überhaupt reich an Erscheinungen anstehender Verwitterung, wie sie unten ausführlich besprochen werden sollen.

Von besonderem Interesse sind Eindeckungen durch vulkanisches Material. Den Teilnehmern des I. internationalen bodenkundlichen Kongresses wurden im Garten der Landwirtschaftsschule von Pugliano Humusböden gezeigt, die von Aschen des Vesuvausbruches 1906 überlagert waren. Es ist anzunehmen, daß zahlreiche begrabene Horizonte dieser Art hier zu finden sind, da selbst Böden bei Rom nach eigener Beobachtung stark mit jungem Aschenmaterial durchsetzt waren. Als Bodenbestandteil spielen sie im ganzen Mittelmeer eine gewisse Rolle. Verfasser hatte einmal in Dalmatien Gelegenheit, „trockene" Nebel feinen vulkanischen Staubes, herrührend von Ausbrüchen auf Santorin, kennen zu lernen. Gelegentlich kann durch vulkanische Überwehung der Eindruck entstehen, als ob ein Klimawechsel eingetreten wäre. WHITE[2] beschreibt ein von VAN BAREN gesammeltes Bodenprofil bei Buitenzorg auf Java, das sehr verschieden gedeutet worden ist. Unter etwa 1 m mächtigem, braunem Boden lag ein offenbares Lateritprofil, das in seinem tieferen Teil noch als Zersatz anzusprechen war. Der braune Boden erwies sich nach gründlicher Untersuchung als das Material verwitterter vulkanischer Auswurfsprodukte, die aber immer noch frischere Mineralien zeigten als der tiefer begrabene Laterit, der selbst aus ähnlichem Material entstanden war. Also handelt es sich in diesem Falle darum, daß Tuffe eines ersten Vulkanausbruches verwitterten und dann aufs neue durch vulkanische Auswurfsmassen zugedeckt wurden, die zu jener Zeit noch nicht so sehr verwittert waren, als die ersten.

Besonders wirksam für die Erhaltung von Böden sind Lavaergüsse, da sie sofort ein festes Gestein ergeben und im Gegensatz zu den bisher erwähnten

---

[1] HARRASSOWITZ, H.: Die Permformation — in W. SALOMON: Grundzüge der Geologie 2, 291 (1925).
[2] WHITE, JOHN TH.: Bijdrage tot de kennis van het bodemprofiel nabig Buitenzorg. Meeded. Landbouwhoogeschool, Wageningen 16, 21—51 (1919).

Gesteinen nicht so leicht abtragbar sind. Ein Musterbeispiel dafür liefert der Vogelsberg Oberhessens, der wesentlich aus Basaltströmen aufgebaut ist. Allenthalben tauchen an seinem Rande ältere Verwitterungsdecken auf, meist freilich nicht unmittelbar von Lava, sondern erst von fluviatilen Absatzgesteinen zugedeckt. Die Grauwacken und Tonschiefer der rheinischen Masse sind bis zu beträchtlicher Mächtigkeit kaolinisiert und vererzt. Auswürflinge eines vom Verfasser entdeckten Tuffschlotes bei Grünberg beweisen, daß auch im Innern des Vogelsberges dieselben Verhältnisse herrschen. An anderen Stellen des Randes ist es Buntsandstein, der in schneeweißen Zersatz wie im Lumdatal oder bei Ortenberg umgewandelt wurde. In der Nähe von Salzhausen taucht unter Basalt ein siallitisch verwitterter Trachyt auf. (Eine vom Verfasser unter Basalt vermutete Schwarzerde[1] erwies sich bei genauer Untersuchung als eine Anreicherung von dunklen Gelen, wie sie seitdem sehr häufig an den Grenzen von Basalt gegen andere Gesteine festgestellt wurde. Die Bauschanalyse zeigte keine Anwesenheit von organischen Substanzen.)

Verwitterungserscheinungen zwischen den Basaltströmen sind im Vogelsberg nur ausnahmsweise beobachtet worden. Ein geradezu klassisches Beispiel hierfür stellen aber die Vorkommnisse von Antrim in Nordirland[2] dar. In der mächtigen Folge von Lavaergüssen finden sich mehrfach geringmächtige Verwitterungshorizonte. Aber nur in einem bestimmten Zeitraum fand ein längerer Stillstand der Ausbrüche statt, die Verwitterung setzte ein und schuf eine bis 38 m mächtige Lateritdecke, die in ihren verschiedenen Teilen gut entwickelt war. Sie stellt eines der besten überhaupt ermittelten, fossilen Verwitterungsprofile dar[2].

Der Bedeutung vulkanischer Laven für vorzeitliche Verwitterung sei an dieser Stelle noch in einem anderen Sinne besonders gedacht. Wenn aus der Verwitterung von Sedimentgesteinen Schlüsse gezogen werden sollen, so darf nie vergessen werden, daß ein großer Teil von ihnen ja nur durch Abtragung von Verwitterungsdecken zustande gekommen ist, wie Ton, Sandstein, Konglomerate. Bei dem Transport sind die Massen weiter zerstört und oft regelrecht aufbereitet worden, so daß bei der Ablagerung einförmige Gesteine entstanden. Frische unverwitterte Mineralien fehlen oft ganz. Geraten sie nun nach dem Absetzen in den Bereich der Oberflächenkräfte, so können sich diese oft nur schwach oder gar nicht auswirken. Ein nur aus Quarz bestehender Sand wird z. B. meist keine kennzeichnenden Verwitterungserscheinungen aufweisen können, da er einer chemischen Verwitterung nicht zugänglich ist. Nur wenn etwa frische Silikate neben Quarz als Bestandteile vertreten sind, kann ein zur Deutung verwendbares Verwitterungsgestein entstehen; handelt es sich aber um Quarz und Kaolin, so wird letzterer nur unter Lateritklima verwittern können, da er ja selbst schon Erzeugnis eines ähnlichen Klimas ist. Vollständig anders stehen die Laven da. Ganz frische, silikatreiche Gesteine bilden sich bei der Abkühlung aus ihnen und können nun eine bezeichnende Verwitterungsdecke erhalten. Sie werden in erster Linie dazu berufen sein — soweit vorhanden —, über die Oberflächenumwandlung einer Zeit Auskunft zu geben.

Marine Eindeckung. Verwitterungsböden können nicht nur durch terrestre, sondern auch durch marine Gesteine eingedeckt werden. Oben wurden schon die roten Einlagerungen in Korallenkalken erwähnt, die ganz offenbar an ehemaligen Oberflächen gebildet und durch korallogenen Kalk zugedeckt wurden. Zwischen marinen Gesteinen oder mindestens von ihnen überlagert (Jura — Kreide — Tertiär) liegen meistens die Monohydrallite (Bauxite im engeren Sinne) des adriatischen Bereiches, die aus Spanien, Frankreich, Italien, den Ostalpen,

---

[1] HARRASSOWITZ, H.: Klimazonen der Verwitterung usw. Geol. Rdsch. 7, 22 (1917).
[2] HARRASSOWITZ, H.: Laterit, S. 408. 1926. Vgl. auch S. 290.

dem Balkan, Ungarn als weit verbreitet bekannt sind. Um lang ausgedehnte Meereszeiten handelt es sich, vorübergehend haben sich aber Festländer herausgehoben, um nach einer Zeit intensiver Verwitterung wieder abzusinken, so daß sie aufs neue vom Meer überflutet wurden. Sehr bezeichnend ist, wie sich bei genauerer Untersuchung herausstellte, daß über der Verwitterungsdecke nicht sofort rein marine, sondern erst brackische oder gar Süßwasserbildungen von geringer Mächtigkeit folgen. So konnte im Bihárgebirge gezeigt werden[1], daß in den jurassischen Stinkkalken über dem Allit Characeen, Reptilknochen und Pseudomelanien, Ostrakoden als Süßwasser- bzw. brackische Fossilien liegen. Die mächtigen Allitlager des transdanubischen Mittelgebirges werden ebenfalls von brackischen sog. Melanienmergeln überlagert[2]. Über den eozänen, vom Verfasser untersuchten Allitlagern der Gegend von Drnis in Dalmatien liegen die unteroligozänen Prominakonglomerate, die teilweise sogar Kohlen führen und mit ihren Fossilien ebenfalls auf brackische Einwirkungen hinweisen. Es ist anzunehmen, daß ähnliche Übergangsbedingungen sich wohl in den meisten Fällen eingestellt haben, wenn sie auch, mangels genauerer Untersuchung, noch nicht bekannt sind.

Fossile Verwitterungsdecken und die Bewegungen der Erdrinde. Betrachten wir die im vorstehenden besprochenen Erhaltungsumstände näher, so ergibt sich, daß sie ganz verschieden zu bewerten sind. Beim Überlagern mit Laven und Aschen, mit Windabsätzen und mit ariden Schuttmassen, können sich die Deckgesteine auf freier Erdoberfläche in beliebiger Mächtigkeit anhäufen, nur allzu steile Geländeformen dürften zunächst Schwierigkeiten bringen, können aber schließlich ebenfalls unter dem eindeckenden Material verschwinden. Auch das Versacken von Verwitterungsgesteinen im Karstgebiet kann sich ohne Eintritt besonderer Verhältnisse auswirken. Anders ist es bei fluviatilem, limnischem und glazialem Deckgebirge. Nach der Natur des absetzenden Mediums ist die Mächtigkeit des aufgelagerten Gesteins begrenzt. Erst Senkungen können bewirken, daß mächtige Massen auf Verwitterungsdecken angehäuft werden.

Humides Verschütten wird nach dem oben Gesagten auf die Dauer nicht schützend wirken können, weil das Material immer dem Abtragen ausgesetzt ist. Man braucht ja nur an das Verschwinden von Flußschottern zu denken, wenn man von der Gegenwart in die geologische Vergangenheit zurückgeht. Die Lateritdecken auf Basalten des schottischen Karbons wurden aber nur erhalten, weil es sich um die sinkende Vortiefe des armorikanischen Gebirges handelte, die langer, ruckweiser Senkung und Zuschüttung ausgesetzt war.

Auch beim Ansammeln arider Absätze auf Verwitterungsdecken gilt das Gleiche. Zum mindesten wirkt eine Senkung sehr fördernd auf die Erhaltung ein. Die obenerwähnten, permotriadischen Grenzkarbonate wurden an sich nicht, weil sie unter festländischem Schutt verschwanden, abgetragen. Die erwähnte Extension der Verschüttung nach Süden wurde aber dadurch ermöglicht, daß die Landschaft allmählich absank.

Vollständig abhängig von Senkungsvorgängen ist aber die Überlagerung durch marine Gesteine. Wenn die typischen Festlandsbildungen, Boden und Zersatz, unter den Meeresspiegel geraten, so handelt es sich um eine positive Strandverschiebung, und diese erklären wir jetzt[3] im wesentlichen durch Sen-

---

[1] FISCH, W.: Beiträge zur Geologie des Bihárgebirges. Jb. phil. Fak. II, Univ. Bern 4, 126, 128 (1924).

[2] ROTH VON TELEGD, KARL: Die Bauxitlager des transdanubischen Mittelgebirges in Ungarn. Földtani Szemle 1, 36 (1927).

[3] STILLE, H.: Grundfragen der vergleichenden Tektonik. Berlin 1924.

kungen des Landes, durch Bewegung der Erdfeste, nicht des Meeresspiegels.

Damit ist die Notwendigkeit gegeben, die Beziehungen zwischen Verwitterungsdecken und Bewegungen der Erdrinde genauer zu untersuchen. Sie ergeben sich schon grundsätzlich aus der Tatsache, daß die Erdrinde nicht still da liegt, sondern, wie wir jetzt wissen, wohl überall und zu allen Zeiten bewegt wird. Verwitterung und Sedimentation werden davon maßgebend beeinflußt. Zeiten starker Bewegung, welcher geologischen Art sie auch seien, ob epirogenetisch oder orogenetisch, schaffen Niveauunterschiede. Verwittertes Material wird nicht liegen bleiben, sondern sofort abgetragen und an anderer Stelle abgesetzt. Neues Material, sei es chemisch oder mechanisch transportiert, wird Tiefengebieten in besonders starkem Maße zugetragen werden und kann sich zu großer Mächtigkeit anhäufen. Besonders gilt dies dann, wenn das Ablagerungsgebiet in schnellem Absinken begriffen ist und infolgedessen irgendwie gegebene Hohlformen nicht vollständig aufgefüllt werden können. In unruhigen Zeiten wachsen die Absatzgesteine. Umgekehrt wächst der Boden und die gesamte Verwitterungsdecke in ruhigen Zeiten. Wenn keine oder nur geringe Gefällverschiebungen auftreten, kommt die mechanische Abtragung, sowie die Landschaft eingeebnet ist, zur Ruhe. Chemische Verwitterung kann energisch und immer tiefer wirken, bis das Verwitterungsprofil seine Reife erreicht hat. So erklärt sich das Auftreten besonders mächtiger Verwitterungsdecken in Innerafrika oder Vorderindien. Hier handelt es sich um Gebiete, die sich erdgeschichtlich ruhig verhalten haben und dadurch besonders mächtige Absätze anzuhäufen erlaubten, unterstützt durch die Intensität tropischer Verwitterung. Auch für die Karstgebiete der Adria gilt das Gleiche. Seit dem Pliozän hat sich hier die Erdrinde nicht mehr besonders bewegt. Die durch chemische Verwitterung entstandenen Lehme konnten sich erst durch Nachsacken in langen Zeiträumen zu großer Mächtigkeit ansammeln[1].

In vielen Fällen spielt sich die Entstehung einer Verwitterungsdecke wie folgt ab, wenn wir als Ausgangsgebiet ein solches nehmen, das ursprünglich terrestre oder marine Sedimentation aufwies:

	Vorherige Sedimentation
Anlaß zur Entstehung	Hebung
	mit folgender Abtragung und Einebnung
Bildung und Ausreifen	Ruhezeit
Erhaltung	Senkung
	mit folgender Verschüttung
	Weitere Sedimentation

---

[1] In einer neueren Arbeit kommt WOOLNOUGH auf diesen Zusammenhang ausführlich zu sprechen und hebt als neue Erkenntnis hervor, daß das Kennzeichen einer reifen, eingeebneten Landoberfläche eine tiefgründige Verwitterungsdecke wäre. Demgegenüber muß deutlich darauf hingewiesen werden, daß es sich hier um eine in Deutschland längst geläufige Erscheinung handelt. Es seien im folgenden die Titel von einigen Arbeiten gegeben, in denen dieser Zusammenhang Erwähnung gefunden hat. BEYSCHLAG, FR.: Über die aus der Gleichheit der geologischen Position sich ergebenden natürlichen Verwandtschaften der Erzlagerstätten. Z. prakt. Geol. 23, 133 (1915). — HARRASSOWITZ, H.: Verwitterungslagerstätten. Ebenda 24, 135 (1916). — Klimazonen der Verwitterung usw. Geol. Rdsch. 7, 208, 218 (1916). — Die Entstehung der oberhessischen Bauxite und ihre geologische Bedeutung. Z. dtsch. geol. Ges. 1911, Mber. 186. — Verwitterung und Lagerstättenbildung. Naturwiss. Mh. f. biol., chem. usw. Unterricht 4, 149 (1922). — Landschaftsaufbau am Ostrande der Rheinischen Masse. Cbl. Min. usw. 1922, 233—242. — Laterit, S. 413, 465, 516. Berlin 1926. — DAVES, W. M.: Physiographic relation of Laterits. Geol. Mag. 6, 5, 429—430 (1918). — WOOLNOUGH, W. G.: Origin of white clays and bauxite and chemical criteria of peneplanation. Econ. Geol. 23, 887 (1928).

Die Hebung kann dabei verschiedene Bedeutung besitzen. Sie kann durch großräumige und weitgespannte epirogenetische Vorgänge entstehen. Dann wird die Landoberfläche keine sehr großen neuen Gefällverschiebungen erfahren, Abtragen und Einebnen spielen zeitlich keine große Rolle, Verwitterungsdecken können sich schnell ausbilden. Anders ist es bei der Orogenesis, die die großen Niveauunterschiede, vor allem der Faltengebirge, schafft. Hier wirkt sich nach der Störungsphase erst starke Abtragung aus, und es wird lange Zeit dauern, bis die Landschaft soweit eingeebnet ist, daß sich[1] Verwitterungsdecken anhäufen können.

Abtragung bedeutet Abschneiden und Entfernen vorher gebildeter Schichten. Durch die Hebung ist die horizontale Lage ursprünglicher Absatzgesteine gestört worden. Die neue, durch Abtragung gebildete, mehr oder weniger horizontale Landoberfläche wird die Gesteinsschichten daher unter einem Winkel kreuzen oder etwaige Falten kappen. Die sich nun ausbildende Verwitterungsdecke und

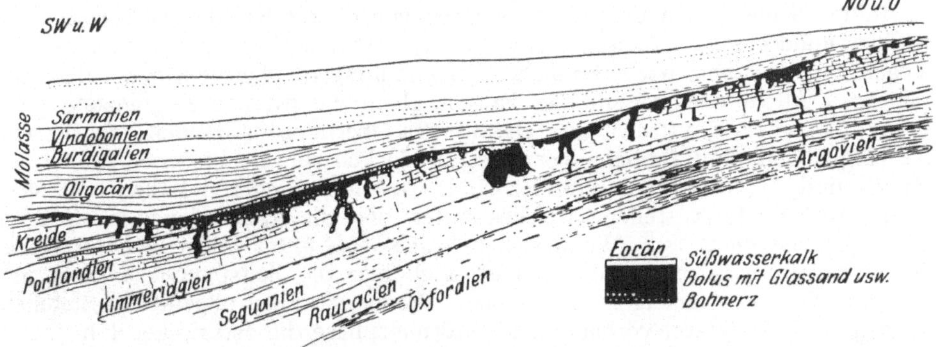

Abb. 20. Die eozäne Verwitterungsdecke des Schweizer Jura. (Aus ALB. HEIM, Geol. d. Schweiz. 1. 1919, 530.) Auf den schräggestellten, mehr oder weniger kalkigen Gesteinen der Jura- und Kreidezeit liegt die als Bohnerzformation bekannte Verwitterungsdecke, die hauptsächlich aus kreß-gefärbtem, festem Ton mit Brauneisensteinkonkretionen besteht. Über der Verwitterungsdecke liegen als hangende Absatzgesteine solche des Tertiärs.

spätere Sedimente liegen diskordant zu den früheren Gesteinen. Das Auftreten von Verwitterungsdecken ist also wesentlich an Diskordanzen geknüpft. Wenn wir in der geologischen Vergangenheit nach Verwitterungsgesteinen suchen wollten, müssen wir vor allem die Diskordanzen beachten. Das allgemeine geologische Profil wäre daher dieses:

Hangendes Absatzgestein
Verwitterungsdecke
Diskordanzfläche
Liegende, gestörte Gesteine

Beispiele für das Auftreten von Verwitterungsdecken an Diskordanzen lassen sich zahlreich geben. Die appalachische Allitprovinz[1] der Vereinigten Staaten von Nordamerika besitzt am Südostrand der Appalachen eine große Faltungsdiskordanz zwischen kristallinem Schiefer und Paläozoikum, die von Kreide und Eozän überlagert wird. Die Oberfläche des alten Gebirges ist lateritisch verwittert und zeigt teils die anstehende Verwitterungsdecke, teils deren Umarbeitungsprodukte. Das Klima muß aber in den folgenden Zeiten ganz ähnlich gewesen sein, da sich hier in schwächerer Diskordanz von Eozän zur Kreide und im Eozän wiederum Allite als kennzeichnende Bil-

---

[1] HARRASSOWITZ, H.: Laterit. S. 484. 1926.

dungen an Schichtlücken finden. Im ostadriatischen Bereich[1] lassen sich von der Untertrias bis zum Jungtertiär nicht weniger als acht Schichtlücken beobachten, die auf Regression des Meeres beruhen und z. T. nur geringe Diskordanzen darstellen. Zumeist sind sie durch Roterde oder Allite bezeichnet, letztere gehören hauptsächlich der Tertiärzeit an.

Bei großen Schichtlücken und starken Diskordanzen von orogenetischen Zeiten wird es oft schwierig, das Alter der Verwitterungsrinde zu bestimmen.

Wenn etwa in Nordböhmen eine Lateritdecke auf Basalt und Phonolith von untermiozänen Braunkohlen überlagert wird, so ist die Altersbestimmung nicht schwierig. Die Schichtlücke ist nicht sehr groß, da die verwitterten Eruptivgesteine dem Oberoligozän angehören. Anders ist es aber bei Halle, wo permischer Quarzporphyr unter Tertiär kaolinitisiert ist. Hier liegt eine sehr große Schichtlücke vor, und es ist nicht gesagt, welches Alter die Verwitterungsdecke besitzt. Nicht allzu weit davon sehen wir noch ältere Gesteine, nämlich kaolinitisierte kristalline Schiefer und Granite in Sachsen von oberer Kreide überlagert. Also ist hier mindestens kretazisches Alter sicher. Aber andererseits können wir im Vogelsberg Hessens noch ähnliche Umwandlungen obermiozänen oder altpliozänen Alters nachweisen, hier ist vor allem die untere Begrenzung ganz sicher, da es sich um verwitterte Basalte des Obermiozäns handelt. So besteht die Möglichkeit, daß ähnliche Verwitterungsdecken zu verschiedenen Zeiten der Kreide und des Tertiärs entstanden sind. In wieder anderen Fällen muß versucht werden, festzustellen, welches Alter der die Diskordanz schaffenden Störungsphase eigen ist. Wenn sich beispielsweise unter Perm und auf Gneis eine Verwitterungsdecke findet, so ist auch hier die Zeitspanne zu groß, um zunächst Genaues aussagen zu können. Wenn wir aber allgemein feststellen können, daß die letzte, vorhergehende Störungsphase die asturische, d. h. intraoberkarbone, ist, so wird es wahrscheinlich, daß die fraglichen Verwitterungsgesteine am Ende des Oberkarbons und zu Beginn des Perms entstanden sind.

Immer werden Verwitterungsdecken zu ihrer Ausbildung längere Zeit beansprucht haben, selbst dann, wenn geologisch gesprochen, nichts auf solche hinweist. Dies gilt etwa für die obenerwähnten Laterite Nordböhmens, die zwischen Oberoligozän und Untermiozän, also zwischen aneinander anschließenden Formationsteilen, liegen, oder für die an der Grenze Jura—Kreide liegenden Allite des rumänischen Bihárgebirges.

Hier kommen wir zu ähnlichen Ergebnissen wie die biostratigraphische Forschung bei paläontologischen Reihen, die über verschiedene Stufen vertikal verfolgt werden: „Wo wir Sprünge in der Entwicklung einer im Großen gesehenen einheitlichen Entwicklungsreihe feststellen, ist eine Lücke in der Überlieferung vorhanden, auch wenn eine solche auf Grund sedimentpetrographischer Tatsachen noch nicht belegt werden konnte[2]." Erst die Verwitterungsdecke zeigt uns in manchen Fällen, welche große Lücke in Wirklichkeit vorhanden ist, ohne daß sie aus anderen Kennzeichen zeitlich abgeschätzt werden können.

Aber noch eine andere geologisch wichtige Beziehung ergibt sich aus der langsamen Bildung der Verwitterungsdecke, nämlich zur geotektonischen Gliederung der Erdoberfläche. Nach v. Bubnoff[3] lassen sich drei Haupt-

---

[1] Kerner von Marilaun, F.: Geologie der Bauxitlagerstätten des südlichen Teiles der österreichisch-ungarischen Monarchie. Berg- u. Hüttenm. Jb. 64, 139—170 (1916).

[2] Teichert, C.: Biostratigraphie der Poramboniten. Neues Jb. Min. usw. 1930, Beilgbd. 63 B, 231.

[3] Bubnoff, S. v.: Die Gliederung der Erdrinde. Berlin 1923. — Geologie von Europa 1, 50, 60—64. Berlin 1926.

formen danach unterscheiden: „Blöcke, d. h. selten überflutete und tektonisch bewegte Schollen, Schelfe, d. h. Schollen, die von häufigen, aber flachen epikontinentalen Überflutungen betroffen wurden, Geosynklinalen, d. h. Gebiete vorwiegender Senkung und großer orogenetischer Mobilität." Die Trennung ist im Laufe der geologischen Geschichte nicht immer scharf. Schollen können ihren Charakter wechseln. So müssen Blöcke erster und zweiter Ordnung unterschieden werden. Blöcke erster Ordnung sind solche, die seit alten Zeiten dauerndes Hochgebiet sind und kaum vom Meere überflutet wurden (sog. alte Massen, alte Schilde). Blöcke zweiter Ordnung oder Blockmassive sind erst später entstanden und konnten gelegentlich in die Schelfgebiete einbezogen werden.

Die Verteilung mächtiger, fossiler Verwitterungsdecken folgt dieser Gliederung durchaus, wobei nur berücksichtigt werden muß, daß unter kühlen Klimaten keine größeren Verwitterungsdecken entstehen konnten. Auf Blöcken, vor allen Dingen erster Ordnung, finden wir tiefgründige tropische Verwitterung, wie auf Teilen von Australien, Indien, Afrika, Südamerika. Um weit ausgedehnte Massen handelt es sich, die noch heute die Oberflächen bedecken, so daß (siehe oben) die Entscheidung, ob rezent oder fossil, nicht leicht zu fällen ist. Unangenehm ist hier freilich, daß infolge der großen Bewegungslosigkeit das Bild sehr einförmig ist. Bei Blöcken zweiter Ordnung und Schelfen ist dies anders, dem wechselvollen Schicksal entspricht auch größere Mannigfaltigkeit, die aus verschiedenen Zeiten stammt, so daß sie in einzel verteilten Resten der Abtragung entgangen sind. So ist der Schwarzwald karbonisch und permisch ein ausgesprochener Block, doch verliert er diesen Charakter wieder und gewinnt ihn neu am Ende des Mesozoikums. Den „Blockzeiten" entsprechen verschiedene Verwitterungsdecken.

In reinen Schelfgebieten ist die Erhaltungsmöglichkeit oft günstig, die Gebiete steigen langsam in großräumiger Undation mit schwachem Gefälle auf, und die Verwitterung kann sich auswirken. Neue Meerestransgression wirkt aber wieder zerstörend. So fehlen in Mitteleuropa aus Jura und Kreide Verwitterungsdecken fast ganz. Nur selten finden wir ihre Abtragungsreste in den Meeren unzweideutig angehäuft. So sind in dem Trümmereisenerz der Unteren Kreide von Salzgitter terrestre Lesedecken angereichert[1].

In den Geosynklinalen mit ihrer dauernden Unruhe sollte man gar keine Verwitterungsdecken erwarten. Aber die Bewegung vollzieht sich in verschiedenen Phasen, denen wieder Ruhezeiten eingeschaltet sind, so daß doch Bildungsmöglichkeiten vorhanden sind. Aber die Verteilung ist sehr bezeichnend. Fast durchweg bilden Kalke den Untergrund, und auf diesen ist ja aus den oben dargelegten Gründen[2] die Abtragung erschwert. Der Hauptteil liegt in den Alpiden schon jenseits der Vorsenke, im Schweizer Jura und in Südfrankreich, greift aber noch in die autochthone und parautochthone Zone, ja in die unteren helvetischen Decken und selbst in die Stockhornzone ein. In den ostalpinen Decken kommen nur wenig Reste vor. Reicher werden sie in den Dinariden, wo sie als Siallite und Allite aus Obertrias, Kreide, Alttertiär bekannt sind. Am stärksten sind sie in der adriatischen Decke verbreitet, also in größerer Nähe des Außenrandes.

---

[1] WEIGELT, J.: Die Gesetzmäßigkeiten natürlicher Aufbereitungsvorgänge und die Entstehung der Erzlager von Salzgitter. Ber. Fachaussch. Ver. dtsch. Eisenhüttenarb., Erzausschuß **1922**, Ber. Nr. 4. — SCHEIBE, E. A.: Beiträge zur Kenntnis des Salzgitterer Eisenerzhorizontes und zur Oolithfrage. Glückauf **59**, Nr. 22—25, 529—538, 556—560, 582—584, 606—608 (1923). — KAUENHOWEN, W.: Das Basiskonglomerat der Unterkreide im nördlichen Harzvorland und seine Eisenerzführung. Neues Jb. Min. usw. **1926**, Beilgbd. **55**, 133—188. — DAHLGRÜN, F.: Die paläogeographischen Verhältnisse der Unterkreide im Bildungsraume des Erzlagers von Salzgitter. Jb. preuß. geol. Landesanst. **1926**, 383—416.
[2] Siehe S. 233.

Die Umwandlung der Verwitterungsgesteine, besonders durch Anchimetamorphose.

Die Bildung der Verwitterungsgesteine vollzieht sich unter ganz bestimmten physikalisch-chemischen Verhältnissen. Der herrschende Druck ist der einer Atmosphäre, örtlich erhöht er sich stark bei Sprengung durch Eis oder Insolation. Er wird höher, wenn wir in die Tiefe hineingehen und kann bei einer angenommenen größten Verwitterungstiefe von 100 m auf 25 Atm. steigen. Die Temperatur wechselt, besonders wenn wir die äußerste Erdoberfläche betrachten[1]. Den durch Insolation erzeugten hohen Felstemperaturen des ariden Klimas oder des Hochgebirges, die bis auf 90° C hinaufgehen, stehen die niedrigen kontinentaler Gebiete gegenüber, die bis auf über —70° C hinunter reichen. Dabei findet starkes Schwanken statt, das zu Tagesdifferenzen von 55° C führen kann. Dringen wir freilich in den Boden ein, so werden Temperaturhöhe und Schwankung immer geringer. Genaue Daten hierüber sind bisher nur örtlich bestimmt, da die Ziffern des Luftklimas mit denen des Bodenklimas infolge der Wärmeabsorption des besonnten Bodens nicht gleich gesetzt werden dürfen. Bei tiefgründiger, tropischer Bodenbildung im vegetationsreichen Gebiet werden die Temperaturen kaum über 30° hinausgehen.

Die Verwitterung vollzieht sich also unter einem Druck bis zu 25 Atm. und Temperaturen bis durchschnittlich 30° C, ja örtlich sogar bis zu 90° C. Bezeichnend ist dabei das starke Schwanken der Temperatur, das zusammen mit anderen Faktoren, besonders dem wechselnden Austrocknen und Befeuchten, bedingt, daß stete Zustandsänderungen stattfinden. Werden Verwitterungsgesteine nun von anderen Gesteinen eingedeckt und verlassen den Bildungsbereich der Oberfläche, so treten charakteristische Umbildungen ein. Druck und Temperatur steigen, die dauernden Zustandsänderungen verschwinden aber. Schematisch ergeben sich etwa bei 4000 m Überdeckung 1000 Atm. Druck und eine Temperatur von 134°. Dieser konstanten Verschiebung der physikalisch-chemischen Bedingungen müssen die Verwitterungsgesteine, wie alle an der Erdoberfläche entstandenen Gesteine, nachgeben, sie werden verfestigt und erleiden in ihrem Mineralbestand Umgruppierungen. Deutlich sichtbar wird das Umprägen dann, wenn Verwitterungsgesteine in den Bereich einer Gebirgsbildung kommen und durchbewegt werden. Hier tritt die bekannte Umwandlung in kristalline Schiefer ein, wir sprechen von Metamorphose. Demgegenüber bezeichnen wir die Veränderungen, die sich zwischen der Erdoberfläche und der Zone der ersten Metamorphose vollziehen, als Anchimetamorphose[2].

Den anchimetamorphen Umwandlungen müssen wir besondere Aufmerksamkeit schenken, da sie bewirken, daß wir viele fossile Verwitterungsgesteine nicht ohne weiteres nach den Eigenschaften an der ursprünglichen Bildungsstätte beurteilen dürfen. Insbesondere werden wir nach dem Schicksal der Verwitterungsgele zu fragen haben, da diese ja nur unter Oberflächenbedingungen beständig sind. Sie unterliegen freilich, auch ohne Anchimetamorphose selbst im Bereich der Oberfläche schon mancherlei Einwirkungen, die zuerst zu betrachten sind.

Eine Eigenschaft der Verwitterungsgele ist die Absorption und der Austausch der Basen. Bei Klimaänderungen und Eindecken mit anderen Gesteinen werden sich Verschiebungen einstellen[3]. Die an Mg und Ca reichen Ober-

---

[1] Lang, R.: Die Verwitterung. Fortschr. Min., Krist. u. Petr. 7, 181 (1922).

[2] Harrassowitz, H.: Anchimetamorphose. Ber. oberhess. Ges. Natur- u. Heilkd., Gießen 12, 9—15 (1927).

[3] Leichtlösliche Verbindungen, wie die Alkalisalze des ariden Gebietes, werden bald ausgewaschen werden.

flächenwässer tauschen in der Tiefe gegen Na und (K?) aus. Die absteigenden Wässer werden auf natürliche Weise enthärtet, so daß der Basenbestand nicht mehr dem primären entspricht[1]. „Tonige" Gesteine haben allgemein die Tendenz, Kalium aufzunehmen, so daß schließlich in Tonschiefern ein Verhältnis Alkali : Tonerde wie bei dem Glimmer erreicht wird[2]. Von besonderem Interesse ist dabei das unten erwähnte Steigen des Ionenaustausches mit der Temperatur beim Erhitzen. Da absinkende Wässer frei von Sauerstoff sind, wird entgegen dem ursprünglichen Verlauf bei der Verwitterung wieder FeO gegenüber Fe_2O_3 angereichert. Besonders werden derartige Erscheinungen bedeutsam, wenn die festländischen Verwitterungsprodukte von Meeresschichten überlagert werden. Das Meereswasser beeinflußt hier besonders Mg und Na[3], so daß es bedenklich wird, solche Vorkommen noch ohne weiteres mit rezenten Oberflächenprodukten zu vergleichen[4]. Soweit es sich um die Nachbarschaft bituminöser Horizonte handelt, kann Methan Sulfate unter Bildung von H_2S in Karbonate umwandeln, H_2S selbst wird Fe und andere Metalle in Sulfide überführen[5]. Durch eisenkarbonatführende Wässer können $CaCO_3$ und $MgCO_3$ ausgetauscht werden. Das neu entstandene $FeCO_3$ kann dann das Oxydhydrat und das Oxyd liefern[6].

Betreffen die bisher beschriebenen Erscheinungen nur Einzelbestandteile, so wird der Gesamtbestand durch das Altern der Gele verändert. Die Teilchen legen sich dichter zusammen und gehen in kristalline Phasen über, die deutlich megaskopisch sichtbar werden können. Manchmal kann dies schnell noch an der Oberfläche geschehen, so daß im Laterit kristalliner Hydrargillit häufig vorhanden ist, das Gestein ist dann fest, während der tiefere Siallit als vorhergehendes Verwitterungsstadium weich ist. In Klumpen rezenter Basaltverwitterungsgele, die außen noch gallertartig sind, kann man innen schon dichten Hornstein mit deutlichen Quarzkristallen finden[7]. Bei künstlichen Gelen ist bekannt, wie die Schrumpfung der Primärteilchen und Umlagerung in die kristalline Phase, selbst unter Wasser, vor sich gehen kann. Kalziumkarbonat wandelt sich sehr schnell um, so daß bei ganz jungen Verkalkungen von Löß, wie Verfasser sie an oberrheinischen Gebirgsrändern beobachtete, schon feinkristalliner Charakter vorkommt. Ein an sich noch lockerer, kambrischer Ton Finnlands zeigte eine große Festigkeit der koagulierten Teile, so daß er schwer zu verteilen war. Die Ursache dürfte im Altern der Gele liegen[8].

Der Übergang in die kristalline Phase als Vorgang des Alterns tritt also schon ohne besondere Ursache ein. Stärkere Veränderungen werden freilich erst durch Überlagerung und Absinken bedingt, wenn ein Gestein den Bereich der Erdoberfläche verläßt und sich Druck und Temperatur allmählich erhöhen.

---

[1] RENICK, B. C.: Base exchange in groundwaters by silicates. U. S. geol. Surv. W. Supply Paper **520** D (1924).

[2] LINCK, G.: Über den Chemismus der tonigen Sedimente. Geol. Rdsch. 4, 305 (1913).

[3] LINCK, G. u. FRITZ KEIL: Chemisch-mineralogische Untersuchungen einiger Tertiärtone. Sprechsaal **57**, Nr. 30, S. A. 5 (1924).

[4] STREMME, H.: Die Verwertung der Bauschanalysen zu geologischen Vergleichen. Z. dtsch. geol. Ges. **74**, M.-B. 276—291 (1922).

[5] RENICK, B. C.: Some geochemical relations of ground water and associated natural gas in the Lance Formation. J. of Geol. **32**, 668—684 (1924).

[6] MOODY, G. T.: The causes of variegation in Keuper and in other calcareous rocks. Quart. J. geol. Soc. London **61**, 431 (1905).

[7] HARRASSOWITZ, H.: Studien über mittel- und südeuropäische Verwitterung. Geol. Rdsch. **17**a, 193 (1926).

[8] FROSTERUS, BENJ.: Über die kambrischen Sedimente der kardischen Landenge. Fennia **45**, Nr. 17, 37.

Die Einflüsse der Temperatur auf Gele sind am besten untersucht. Sie bedeuten zunächst Entwässerung und dann Kristallinwerden. So verlieren Allophanoide viel Wasser schon bei 150⁰, für viele liegt der Hauptverlust zwischen 100—250⁰ [1]. Kaolin wird freilich erst bei 420—450⁰ entwässert. Ähnlich den Allophanoiden verhält sich auch Eisenoxydhydrat, das zu den häufigsten Verwitterungsprodukten zählt[2]. Hier liegt der wichtigste Umschlagspunkt bei 200⁰, dem dann bei 600⁰ die Umwandlung in Fe_2O_3, Hämatit, folgt. Doch kann Entwässerung auch durch bloßes Austrocknen und durch Salzlösungen ($CaCO_3$!) geschehen, ohne daß erhöhte Temperatur mitspielt[3]. Bei Hydrargillit beginnt die Wasserabgabe mit 180⁰. Bei 250⁰ ist das Monohydrat erreicht. Bei 500—600⁰ liegt Al_2O_3 vor, das bei 1000⁰ zu Korund wird[4].

Von besonderem Interesse ist das Verhalten der Austauschazidität beim Erhitzen. Aus den ganz wenigen vorliegenden Versuchen stellte sich heraus, daß der Ionenaustausch bei Kaolin sofort sank, bei drei japanischen Böden aber zunächst mit der Temperatur stieg, und bei 120⁰ bzw. 150⁰ bzw. 200⁰ ein Maximum erreichte[5]. Auch die Hygroskopizität steigt zunächst und besitzt für SiO_2-Al_2O_3-Fe_2O_3-Gel ein Minimum bei 400—500⁰ [6]. Im Einklang damit steht die Tatsache, daß die kolloiden Eigenschaften von Tonen zwischen 450—500⁰ verschwinden. Wasser, das bei niedrigen Temperaturen ausgetrieben ist, kann wieder aufgenommen werden. Eine starke Verminderung der Plastizität erfolgt aber schon bis 110⁰ C. Am längsten behält Al_2O_3 seinen kolloiden Charakter, vorher verlieren ihn die Gele von SiO_2 und schließlich des Fe_2O_3 [7].

Es würde falsch sein, die erwähnten Temperaturangaben ohne weiteres zu benutzen. In der Natur kommt die Rolle des Druckes hinzu, doch sind wir über seine Wirkung noch nicht experimentell genügend unterrichtet. Der hydrostatische Druck wird wohl das Altern und die Kristallisation begünstigen. Es ist doch bezeichnend, wie im Meere schon bei geringer Tiefe ein festgefügtes Gel, der Glaukonit, als kalihaltiges Silikat entsteht, das Eisenoxyd führt und in größerer Tiefe dann kristalline Zeolithe gebildet werden. In Sedimentgesteinen, die wesentlich nur durch Überlagerung beeinflußt waren, kommen nachträgliche Neubildungen vor, wie Quarz, Albit, Mikroklin, Sericit, Chlorit, Granat, Rutil, Anatas, Eisenglanz. Zum Teil sollten diese erst bei höherer Temperatur entstehen, Druck und Konzentration lagen aber offenbar so, daß die Existenzbedingungen schon bei niederen Werten erreicht waren. In nicht plastischen Schiefertonen kann man gegenüber plastischen Tonen

---

[1] Calsow, G.: Über das Verhältnis zwischen Kaolin und Tonen. Chem. Erde 2, 437 (1926). — Stremme, H.: Wasserhaltige Aluminiumsilikate. In Doelter: Handbuch der Mineralchemie 2, T. 2, 45. 1917.

[2] Aarnio, B.: Die Hygroskopizität der Gele Fe_2O_3, Al_2O_3 und SiO_2 bei verschiedenen Temperaturen. Geol. Komm. i. Finland, Geotekn. Meddel. 1920, Nr. 25. — Albrecht, W. H.: Magnetische und kristallographische Untersuchungen: Über Eisen- (III-) Oxydhydrate. Ber. dtsch. chem. Ges. 2 B (Jg. 62), 1475 (1929). — Leitmeier, H.: Goethit. Handbuch der Mineralchemie 3 II, 675, 727 (1920). — Blanck, E.: J. Landw. 1912, 73. — Blanck, E. u. J. M. Dobrescu: Landw. Versuchsstat. 84, 443 (1914).

[3] Wölbling, H.: Zur Bildung von Eisenglanz. Glückauf 45, 1—5 (1909). — Stremme, H.: Zur Kenntnis der wasserhaltigen und wasserfreien Eisenoxydbildungen in Sedimentgesteinen. Z. prakt. Geol. 18, 18—23 (1918).

[4] Lapparent, J. u. E. Stempfel: Sur la gibbsite déshydratée. C. r. 187, 305 (1928). — Rooksby, H. P.: Eine X-Strahlenuntersuchung über den Einfluß der Erhitzung auf das Tonerdehydrat $Al_2O_3 \cdot 3H_2O$. Trans. Cer. Soc. 28, Nr. 10, 399—404 (1929).

[5] Kappen, H.: Die Bodenazidität, S. 115. Berlin 1929.

[6] Aarnio, B.: Die Veränderung des Aziditätsgrades durch Trocknen der Bodenproben. Bull. agrogeol. Inst. Finland 1928, Nr. 26.

[7] Frosterus, B.: Die Konsistenzeigenschaften der Tone. Geol. Komm. i. Finland, Geotekn. Medd. 1920, Nr. 24.

ein Zusammenkristallisieren feiner Mineralblättchen feststellen[1]. So wird sich hier der Mineralbestand schon langsam von der ursprünglichen Ausbildung entfernen, aus den lockeren Bindungen der Gele werden festere, kristalline Silikate. Siallitische Gele werden in Sericit oder Chlorit übergehen.

Viel energischer ist die umwandelnde Wirkung des mechanisch ungleichförmigen Druckes, des sog. Streß. Er macht sich in einer verstärkten Glimmerbildung geltend[2], deren Ausgangsmaterial z. T. sicher die Gele sein werden. Der Charakter hierher gehöriger Gesteine ist zunächst noch der von nichtplastischen Schiefertonen, langsam tritt aber Bruch-, Rauh-, Glatt- oder Runzelschieferung ein. Damit verlassen wir dann den Bereich der Anchimetamorphose und treten in den der echten Metamorphose ein, die zu kristallinen Schiefern führt. Es findet vollständiger Neuaufbau statt, der sich unter Stoffzufuhr oder Abfuhr vollzieht, so daß der primäre Mineralbestand weitgehend verändert wird. Hier kann $CaCO_3$ und SiO_2 stark zur Wanderung kommen und aus dem Gestein verschwinden, solange noch nicht zu intensive Beeinflussung vorliegt.

Die Temperaturen, die hier geschätzt werden, sind etwa 200—280⁰ C[3]. Wenn wir daran denken, daß hier nicht mehr Brauneisen, sondern Hämatit und Magneteisen, nicht mehr Tonerdehydrat, sondern Korund herrschen, so wird der Einfluß des Druckes ganz klar. Hämatit entsteht unter normalem Druck bei einer Erwärmung von Eisenoxydhydrat auf 600⁰, Korund erst bei 1000⁰. Der einseitige Druck hat die Umprägung beschleunigt, so daß sie schon bei geringeren Wärmegraden eintrat.

Unter Einwirkung von erhöhtem Druck und erhöhter Temperatur findet eine Umwandlung an der Erdoberfläche gebildeter Gesteine statt, die sich äußerlich in einer Verfestigung kenntlich macht, in Wirklichkeit aber auf innerer Umbildung beruht. Vor allem bilden sich Gele zu deutlich kristallinen Verbindungen um.

Im außeralpinen Deutschland sind die Formationen Quartär und Tertiär im allgemeinen durch unverfestigte Gesteine gekennzeichnet (Ton). Mesozoikum, Perm und z. T. Oberkarbon zeigen zunehmende Verfestigung (Schieferton), während in noch älteren Formationen die Wirkung des einseitigen Druckes stärkere Umwandlung bedingt (Tonschiefer verschiedener Art). Bei starker Durchbewegung entstehen kristalline Schiefer (Phyllit, Glimmerschiefer, Gneis). Fossile Verwitterungsdecken werden dieselbe Umwandlungsreihe durchlaufen müssen; wir dürfen nicht verlangen, daß uns noch lockere, unverfestigte Böden entgegentreten, wenn wir zu älteren Formationen hinuntersteigen. Es werden dabei in zunehmendem Maße stoffliche Veränderungen eintreten.

Frühere Unbekanntheit mit diesen Gedankengängen bedingt z. T., daß aus älteren Formationen sehr wenig Verwitterungsdecken bekannt sind. Man hat immer nach Gesteinen gesucht, die die äußeren Kennzeichen rezenter Verwitterungsprodukte zeigen, an die notwendig eintretende, nachträgliche Verfestigung hat man nicht gedacht. So konnte HARRASSOWITZ[4] noch schreiben,

[1] BREDDIN, H.: Die Schieferung im Siegerlande. Sitzgsber. preuß. geol. Landesanst. 1926, H. 1.

[2] BORN, A.: Über Druckschieferung im varistischen Gebirgskörper. Fortschr. Geol. u. Paläont. 7, H. 22 (1929). — EHRENBERG, H.: Sedimentpetrographische Untersuchungen an Nebengesteinen des Aachener Steinkohlenvorkommens. Jb. preuß. geol. Landesanst. für 1928 49, I. — PETRASCHECK, W.: Kohlengeologie der österreichischen Teilstaaten, 1926 S. 382. — PETRASCHECK, W. u. B. WILSER: Über den Wassergehalt und die Verfestigung von Tongesteinen. Berg- u. Hüttenm. Jb. 74, 57—65 (1926). — ROSENBUSCH-OSANN: Elemente der Gesteinslehre, 4. Aufl., S. 578. Stuttgart 1923.

[3] GRUBENMANN, U. u. P. NIGGLI: Gesteinsmetamorphose 1, 204. 1924.

[4] HARRASSOWITZ, H.: Laterit, S. 507. 1926.

„daß unter dem Rotliegenden Deutschlands keine besondere chemische Zersetzung bekannt wäre". Dies war aber falsch, da nur nach lockeren Bildungen gefahndet wurde. So manche liegenden Arkosen, manche roten Schiefertone sind in Wirklichkeit aber sekundär verfestigte Verwitterungsdecken, die freilich erst bei genauerer Untersuchung erkennen lassen, um was es sich handelt. Eine vom Verfasser untersuchte Verwitterungsdecke des mittleren Rotliegenden von Baden-Baden auf Quarzporphyr zeigte unter Schiefertonen eine Rötungszone, die zuerst als Zersatz angesprochen wurde. Eine genauere Untersuchung ergab aber, daß hier nichts mehr von der ursprünglichen Textur, sondern eine nachträglich anchimetamorph verfestigte Roterde vorlag. Umgekehrt mußte es erstaunen, als aus dem Jura Norddeutschlands angeblicher Verwitterungszersatz bekannt gemacht wurde, der noch mürbe Gesteine darstellte. Durch Untersuchungen von anderer Seite stellte sich heraus, daß es sich nicht um fossile Verwitterung handelt[1].

Besonders gut bekannt und unter anderem vom Verfasser ausführlich untersucht ist die Umwandlung der Verwitterungsprodukte reiner Kalke. Auf diesen entstehen in der Gegenwart in den Tropen siallitische oder allenfalls schwach allitische Roterden, aber nie reiner Allit. In der Tertiärzeit waren sie besonders im Mitteleozän in Europa weit verbreitet. Hier haben wir daher besonders gute Gelegenheit, die Verschiedenartigkeit tektonischer Einflüsse auf gleichalterige Bildungen zu studieren. Mit zunehmender Beanspruchung verliert sich erst die Plastizität, dann tritt Entkieselung ein. Aus dem Siallit entsteht ein Allit, der bald kristallines Tonerdemonohydrat und sogar reine Tonerde zeigt[2]. Durch Metamorphose stärkster Art tritt schließlich vollständige Entwässerung ein, es bildet sich Korund.

Alter	Ort	Tektonik	Zustand	Chemismus	
Rezent	Tropen	ungefaltet	plastisch	Siallit	
Eozän	Deutschland				
Mitteleozän	Schweizer Jura	schwach gefaltet	nicht plastisch		
	Ungarn	zunehmende Durch-bewegung		Allit	
	Dalmatien			Allit mit	wenig Diaspor
Untere Kreide	Rumänien				viel Diaspor und Korund
Kristalline Schiefer	Griechenland		kristallin	Korund	

Wir haben hier eine Umwandlungsreihe, die parallel zwei anderen ähnlichen Reihen verläuft, nämlich: Brauneisen — Roteisen — Magnetit und Torf — Braunkohle, Steinkohle — Anthrazit. Sie zeigt uns deutlich, wie sehr sich ein Verwitterungsprodukt strukturell und chemisch verändert, wenn es fossil wird und immer stärkeren Einwirkungen unterliegt.

Interessant ist das Vorkommen einer der ältesten überhaupt bekannten Verwitterungsdecken in der Mesabi Range (Minnesota). Oberhuronische Sedimente liegen hier auf Granit. Die Grenze weist unregelmäßige Vertiefungen auf. In

---

[1] Koert, W.: Über eine epirogene Diskordanz usw. Sitzgsber. preuß. geol. Landesanst. 1927, H. 2, 82. — Klingner, F. E.: Ein siallitisches Verwitterungsprofil der Jurazeit aus Oberösterreich. Z. dtsch. geol. Ges. 81, 379 (1929).

[2] Harrassowitz, H.: Allit- (Bauxit-) Lagerstätten der Erde. Naturwiss. 17, H. 48, 928—931 (1929).

diesen findet man grüne, chloritreiche Gesteine, die aus Chlorit, Amphibol, Quarz, meist sekundärem Kalifeldspat, Apatit, Zirkon und auch etwas Granit bestehen. Sie werden als umgewandelte Lehme betrachtet[1]. Die Si-, Al-, Fe-führenden Verwitterungsgele sind hauptsächlich in Chlorit — Al-Fe-Silikat — übergegangen. Zu ähnlichen Schlüssen kommt man in der deutschen Trias, die stellenweise auffällig viel Chlorit führt[2]. Dabei handelt es sich nur um geringe Beeinflussungen, die, im Gegensatz zur echten Metamorphose, als anchimetamorph zu bezeichnen sind[3]. Im präkambrischen Sericitschiefer Finnlands sah VÄYRYNEN[4] eine metamorphe Kaolinverwitterung. Allerdings sind sonst mächtige Kaolinite aus dem Paläozoikum nicht bekannt.

Untersuchung fossiler Verwitterungsdecken.

Im folgenden soll kurz dargestellt werden, welcher Weg bei der Untersuchung fossiler Verwitterungsdecken einzuschlagen ist, da besonders aus der geologischen Literatur hervorgeht, daß nicht immer mit der nötigen Kritik vorgegangen wird. Es ist zunächst durch geologische Geländeuntersuchungen festzustellen, ob in dem jeweiligen Falle überhaupt eine Verwitterungsdecke vorliegt, oder ob es sich nicht um andere Erscheinungen handelt. Sorgfältig ist dann zu prüfen, ob die Verwitterung auch sicher fossil ist, wobei die oben dargelegten Kriterien anzuwenden sind. Besonders günstig liegen die Fälle immer bei einer Diskordanz von Sedimentgesteinen auf kristallinem Grundgebirge oder bei der Überlagerung von Eruptivgesteinen durch Sedimentgesteine. Man kann an derartigen Diskordanzen geradezu nach Verwitterungsdecken suchen, muß aber immer die Anchimetamorphose beachten.

Daß im Gelände eine möglichst genaue Profilaufnahme zu erfolgen hat, ist selbstverständlich. Immer ist darauf zu achten, das betreffende Profil in den allgemeinen örtlichen, geologischen Zusammenhang einzureihen.

Im Laboratorium muß zunächst eine mineralogisch-petrographische Untersuchung vorgenommen werden. Bei dieser spielen das Binokularmikroskop und der Anschliff eine ganz besondere Rolle. Der Dünnschliff wird seltener mit Erfolg verwandt werden können. Ein großer Teil der Verwitterungsprodukte sind ja Gele, die selbst bei anchimetamorpher Umlagerung oft nur feinkristalline Aggregate liefern und im Dünnschliff schwer diagnostizierbar sind. Eine Untersuchung des Brechungsindex an Pulvern wird aber manchmal zum Ziele führen können.

Die Hauptmethode ist die der chemischen Untersuchung, da sie allein es ermöglicht, über die Neubildungen ein gewisses Bild zu geben.

Zunächst muß eine Bauschanalyse vorgenommen werden, um die Gesamtzusammensetzung festzustellen. Nach Möglichkeit sollte dahin gestrebt werden, die Analysen vollständig durchzuführen. Man denke nicht, daß irgendwelche Bestandteile in zu geringer Menge auftreten, als daß ihre Bestimmung nicht wichtig wäre. Eine vollständige Durchführung schützt auch vor Fehlern. Erst wenn aus einer Gegend eine größere Menge von Bauschanalysen vorliegt, kann man sich auf einzelne Bestandteile beschränken. Als besonders unangenehm

---

[1] ALLISON, J. S.: Weathered Granite Twice Metamorphosed. J. of Geol. 34, 281—285 (1926). .

[2] WÜLFING, E. A.: Untersuchung des bunten Mergels der Keuperformation auf seine chemischen und mineralogischen Bestandteile. Jh. Ver. vaterl. Naturkde. Württ. 56, 1—46 (1909).

[3] HARRASSOWITZ, H.: Anchimetamorphose. Ber. oberhess. Ges. Natur- u. Heilk. 12, 12 (1927).

[4] VÄYRYNEN, H.: Geologische und petrographische Untersuchungen im Kainungebiete. Bull. Comm. Géol. Finnland 1928, Nr. 78.

wird man in zahlreichen Analysen das Fehlen der Bestimmung der Alkalien, des FeO, der verschiedenen Bindungen von S empfinden. Das gebundene Wasser muß sorgfältig bestimmt werden. Es darf nach einer Trocknung, die bei 110° stattgefunden hat, dem Glühverlust nur dann gleichgesetzt werden, wenn keine sonstigen flüchtigen Substanzen wie Schwefel, CO_2 oder organische Substanz vorhanden sind[1]. Die Bauschanalyse des Verwitterungsproduktes allein genügt nicht, sondern es muß auch die des frischen Gesteines vorgenommen werden. Die Bauschanalyse eines Bodens wird manchmal allein Auskunft über die chemischen Vorgänge geben, besonders dann, wenn es sich um quarzarme Gesteine handelt. Eine Übersicht ist aber in den meisten Fällen erst durch Verwendung der Quotienten ki, K, ba und B zu gewinnen, da sie die relativen Veränderungen in Kürze festzustellen gestatten[2]. Diese Quotienten geben, wie wir unten noch sehen werden, einen wesentlichen Überblick über die Hauptvorgänge chemischer Verwitterung. Es ist übrigens, beiläufig gesagt, gänzlich unberechtigt, Bauschanalysen von Verwitterungsprodukten mit Hilfe von Tabellen in Mineralien umzurechnen. Man kann ja der Bauschanalyse eines Verwitterungsproduktes nicht ansehen, welche Basen silikatisch gebunden, welche absorbiert sind. Dieses Umrechnen kann höchstens dann geschehen, wenn eine genaue mineralogische Analyse stattgefunden hat, die den Anteil einzelner bestimmbarer Mineralien zu berechnen erlaubt.

Säureauszüge geben Auskunft über die ungefähre Verteilung der verwitterten und unverwitterten Bestandteile. Sie sind zuerst durch van Bemmelen[3] angegeben worden. Später wurden sie in zahlreichen Arbeiten von Blanck, Meigen und Harrassowitz verwandt.

Bei der Benutzung der Säureauszüge ist zu beachten, daß sie keineswegs erlauben, Verwittertes und Unverwittertes genau zu trennen. Sind doch schon frische Mineralien wie Anorthit, Glimmer oder Magnetit säurelöslich. Andere frische Mineralien werden durch Säure teilweise abgebaut, wie dies von Glimmer und Nephelin bekannt ist. Wieder andere Mineralien sind in feingepulvertem Zustand schon einem Aufschluß durch Säure zugänglich. Der Angriff frischer Mineralien wird ohne weiteres dadurch belegt, daß von frischen Gesteinen erhebliche Mengen in Säure löslich sind. Es seien zwei Beispiele gegeben[4]:

	HCl-zersetzlich	H_2SO_4-löslich
Plagioklasgneis Freiburg, 1,21% H_2O	20,42	16,39
Plagioklasgneis St. Märgen, 0,65% H_2O . . .	5,70	9,15

Diese auch schon von anderer Seite hervorgehobene Tatsache[5] ist in neuerer Zeit wiederholt in Vergessenheit geraten, so daß sehr energisch darauf hingewiesen werden muß. Eine allgemeine Erörterung über die Leistung von Säureauszügen gibt die folgende Literatur[6].

---

[1] Man vergesse auch nicht die Feuchtigkeit anzugeben, da sie bei dem Vorkommen von Gelen Bedeutung besitzen kann. So zeigte sich bei Alliten aus den jugoslawischen Alpen, daß der Gehalt an Feuchtigkeit mit dem an SiO_2 parallel ging.

[2] Vgl. H. Harrassowitz: Laterit, S. 276. Berlin 1926. — Studien über mittel- und südeuropäische Verwitterung. Geol. Rdsch. 17a, 129 (1926).

[3] Bemmelen, J. M. van: Beiträge zur Kenntnis der Verwitterungsprodukte der Silikate in Ton-, vulkanischen und Lateritböden. Z. anorg. Chem. 42, 265—324 (1904). — Die verschiedenen Arten der Verwitterung der Silikatgesteine in der Erdrinde. Ebenda 66, 322—357 (1910).

[4] Harrassowitz, H.: Studien über mittel- und südeuropäische Verwitterung. Geol. Rdsch. 17a, 141, 145 (1926).

[5] Vgl. u. a. E. Blanck: Chem. Erde 1, 471 (1919).

[6] Blanck, E. u. F. Alten: Beiträge zur Kennzeichnung und Unterscheidung der Roterden. Landw. Versuchsstat. 1924, 41—72. — Blanck, E.: Vegetationsversuche mit

Auch von GANSSEN wird großer Wert auf Säureauszüge gelegt. Es ist dem Verfasser aber unmöglich, die mit andersartiger Methodik durchgeführten Untersuchungen GANSSENs mit den folgenden Darlegungen in Einklang zu bringen, zumal sie sich nicht auf Verwitterungsprofile fester Gesteine beziehen.

Es ist im allgemeinen unmöglich, die Befunde der Säureauszüge auf einzelne Mineralien zu berechnen. Man kann dies nur tun, wenn eindeutige Mineralienverhältnisse auf anderen Wegen bekannt geworden sind, oder wenn in den Auszügen ein Bestandteil vollständig überwiegt. Wenn etwa im Schwefelsäurerückstand SiO_2 in vollständiger Vormacht gegenüber anderen Bestandteilen ist, so kann man daraus mit Sicherheit auf Quarz schließen. Der Wert der Säureauszüge liegt mehr in statistischer und vergleichender Auswertung, da man zeigen kann, daß sie in verschiedenen Verwitterungsgebieten ganz verschiedene Ziffern aufweisen. Mit zunehmender Verwitterung wird die Menge löslichen Materiales größer. Die bisher vorliegenden Säureauszüge sind an Zahl aber immer noch zu gering, als daß Exaktes aus ihnen gefolgert werden könnte. Es ist daher besonders schwierig, wenn man sich nicht über lockere Verwitterungsprodukte, sondern über fossile und schon anchimetamorph verfestigte Gesteine zu äußern hat (dasselbe gilt selbstverständlich, und zwar noch viel mehr bei dem Versuch der Übertragung auf Sedimentgesteine). Die Verfestigung der Gesteine beruht auf der Abnahme kolloider Eigenschaften und der Zunahme kristalliner Phasen. Man denke nur an die Neubildung von Quarz, Feldspat und Glimmer, die häufig festgestellt worden ist. Bei solchen Umlagerungen muß die Löslichkeit der Gesteine zurückgehen. Man kann im allgemeinen annehmen, daß die Salzsäurezersetzlichkeit sinkt und der Schwefelsäurerückstand steigt. Ein rotliegender, anchimetamorph verfestigter Quarzporphyr von Baden-Baden zeigte nur 11,22 % HCl-Zersetzliches, ein stark vergelter Gneis von Übelsbach wies sogar nur 4,12 % HCl-Zersetzliches auf, obgleich nach dem Augenschein eine viel größere Ziffer anzunehmen war. Jedenfalls liegen noch viel zu wenig Untersuchungen von verfestigten Gesteinen vor, als daß man die Betrachtung der Säureauszüge ohne weiteres von lockeren Böden auf verfestigte Produkte übertragen könnte.

Im einzelnen ist über die Herstellung der Auszüge folgendes zu sagen:

Bei den Salzsäureauszügen wechselte die Methodik außerordentlich stark. Es wurden Säuren mit einem spez. Gewicht von 1,05—1,19 verwandt und diese außerdem verschieden lange Zeit auf den Boden zur Einwirkung gebracht. So behandelte BLANCK Gestein und Boden nur mit einer Salzsäure vom spez. Gewicht 1,05 = 10 %, aber 4 Stunden lang[1]. Die durch Schüler von MEIGEN und dann von HARRASSOWITZ veröffentlichten Analysen beziehen

Eruptivgesteinen und kristallinen Schiefern. Ebenda 84, 403 (1914). — GANSSEN, R.: Die klimatischen Bodenbildungen der Tonerdesilikatgesteine. Mitt. Labor. preuß. geol. Landesanst. 1922, H. 4. — Die Kennzeichen der früheren und der jetzigen Verwitterungsart der Böden. Niederschr. Vers. d. Direktoren geol. Landesanst. d. Dtsch. Reiches u. Österreichs, 20. Tagung 1928, 5—17. — HISSINK, D. J.: Die kolloidalen Stoffe im Boden und ihre Bestimmung. Verh. 2. internat. Agrogeologenkonf., Stockholm 1911, 25—54. — 'SIGMOND, A. v.: Über die Grundfragen in der Zubereitung der Bodenlösungen für die chemische Analyse. Ebenda 1911, 71—81. — Bemerkungen zur Frage der Zubereitung des Salzsäureauszuges. Verh. 2. Komm. internat. bodenkundl. Ges. Budapest 1929, T. A, 18. — Beiträge zur ausführlichen chemischen Analyse des Bodens. Internat. Mitt. Bodenkde. 4, 336—362 (1914). — UTESCHER, K.: Chemische Bodenanalyse und Molekularverhältnis. Z. Pflanzenernährg. usw. A 13, 265 (1929). — VESTERBURG, A.: Bereitung von Bodenextrakt für chemische Analyse. Verh. 2. internat. Agrogeologenkonf. Stockholm 1911, 93—98. — WACHE, R.: Beitrag zur Bestimmung und Bewertung der Kolloide im Boden. Mitt. Labor. preuß. geol. Landesanst. 1921, H. 2.

[1] BLANCK, E. u. A. RIESER: Beiträge zur Methodik der Bodenauszüge nach der Salzsäuremethode. J. Landw. 1928, 25—31.

sich auf Salzsäure mit einem spez. Gewicht von $1,10 = 20\ \%$. In den Verhandlungen der Internationalen Bodenkundlichen Gesellschaft[1] ist jetzt die folgende Methodik festgelegt, die auf van Bemmelen zurückgeht.

Es wird danach eine 20proz. Salzsäure gewählt und 1 Stunde gekocht. Zur Wiederauflösung der ausgefallenen SiO_2 wird KOH vom spez. Gewicht 1,04 benutzt. Auf die Wiederaufnahme von Kieselsäure muß besonders hingewiesen werden, da dies in der älteren Literatur nicht geschehen ist. Trotzdem van Bemmelen[2] dies schon frühzeitig betonte, wird bis in die neueste Zeit immer noch mit Auszügen gearbeitet, die durch entsprechende Behandlung nicht erhalten worden sind. So versuchte Frank[3] in mehreren Arbeiten aus auf diese Weise hergestellten unvollkommenen Auszügen Schlüsse zu ziehen, die aber ganz unberechtigt sind. Wenn die ausgefallene Kieselsäure nicht aufgenommen wird, tritt ein starker Tonerdeüberschuß ein, der aber nicht die geringste Bedeutung besitzt, da er sich unter allen möglichen Umständen beobachten läßt.

Aus der Wasserbestimmung des Salzsäurerückstandes Schlußfolgerungen ziehen zu wollen, dürfte im allgemeinen nicht angebracht sein, da durch das Kochen eine starke Veränderung des Rückstandes herbeigeführt worden ist. Die hierbei gewonnenen Werte sind überhaupt sehr oft mit der Bauschanalyse nicht in Einklang zu bringen, so daß der Verfasser grundsätzlich auf Schlüsse aus ihnen verzichtet hat.

Der Schwefelsäureauszug wird nach der Methode von Sabek[4] ausgeführt und wurde ursprünglich als rationelle Tonbestimmung eingeführt. Der lösliche Teil kann unter Umständen Auskunft darüber geben, ob Kaolin vorhanden war, da dieser nicht in Salzsäure, sondern erst in Schwefelsäure löslich ist. Sehr häufig wird man aber aus dem schwefelsäure-löslichen Teil keine sicheren Schlüsse ziehen können. Zu beachten ist, daß dabei das in Salzsäure lösliche Material abzuziehen ist, so daß Salzsäurelösliches, Schwefelsäurelösliches, Schwefelsäurerückstand zusammen die Werte der Bauschanalyse ergeben müssen. Der Schwefelsäurerückstand gibt einen Hinweis auf unverwitterte Mineralien, da er beispielsweise bei den Podsolböden immer sehr hoch ist. Trotzdem lassen sich aus ihm nur dann Schlüsse auf den Mineralbestand entnehmen, wenn man eine genaue mikroskopische Trennung vorgenommen hat. Die Versuche, den Schwefelsäurerückstand von der Bauschanalyse abzuziehen, haben bisher keine eindeutigen Resultate ergeben. Man erkennt dies ohne weiteres daraus, daß ein Abziehen des Schwefelsäurerückstandes von der Bauschanalyse frischer Gesteine zu Werten führt, die man zu einer Berechnung nicht verwenden kann. Hier spielen die oben angegebenen Schwierigkeiten bei der Berechnung der Auszüge eine besondere Rolle. Am wertvollsten ist der Schwefelsäureauszug dann, wenn er hauptsächlich aus SiO_2 besteht, und man daraufhin zu dem Schluß gelangt, daß an frischen Mineralien nur Quarz vorhanden ist. Unter diesen Umständen kann man einen Vergleich mit der Bauschanalyse natürlich durchführen.

Bei der Säurebehandlung wird der Verwitterungskomplex freilich vollständig zerstört, so daß nur seine chemische Zusammensetzung, aber keine sonstigen Eigenschaften bestimmt werden können. Man hat daher auch nach anderen Methoden gesucht, um die bei einer Verwitterung neu entstehenden

---

[1] Verh. 2. Komm. Internat. Bodenkundl. Ges., Budapest 1929, T. A, 18, T. B, 18.
[2] van Bemmelen, J. M.: a. a. O. 1904, S. 266.
[3] Frank, M.: Stratigraphie und Bildungsgeschichte des süddeutschen Gipskeupers. Jber. u. Mitt. Oberrhein. geol. Ver., N. F. 19, 57 (1930). — Lateritische Substanzen in marinen Kalken. Cbl. Min. usw. B 1928, 273—291.
[4] Sabek: Chem. Industrie 25, 90 (1902).

kolloid-verteilten Mengen von SiO_2, Al_2O_3, Fe_2O_3 zu bestimmen. Die amerikanischen Bodenkundler verwenden Ultrazentrifugen, da man durch die gewöhnlichen mechanischen Analysen den wirklich in kolloider Größenordnung auftretenden Bodenanteil sonst nicht erkennen kann. Da aber der zu benutzende Apparat sehr kostspielig ist und somit nur in großen Laboratorien Verwendung finden kann, wird diese Methodik kaum herrschend werden können. Allerdings ist es auch noch nicht möglich, damit den Gelkomplex restlos zu erfassen. Dies soll vorteilhafter durch die von GEDROIZ[1] angegebene Art der Sättigung des Bodens mit Natrium und durch nachfolgendes Auswaschen möglich sein. Hierbei handelt es sich um ein mühsames und zeitraubendes Arbeiten, das infolgedessen auch für die Praxis nicht in Frage kommt und insbesondere bei Verfestigungen fossiler Böden wohl nicht mehr angewandt werden kann. Durch die Säurebehandlung wird aber der wesentlichste Teil des Verwitterungskomplexes gelöst und auf einfachem Wege einer rechnerischen Behandlung zugänglich gemacht.

Schlüsse aus den Untersuchungen. Wenn wir aus den Untersuchungsergebnissen Schlüsse auf die Zuordnung fossiler Böden zu rezenten Klimazonen ziehen wollen, so müssen verschiedene Gesichtspunkte berücksichtigt werden. Zunächst ist darauf hinzuweisen, daß das bisherige, rezente Material noch zu gering ist, um ganz sicher zu gehen. Wir kennen zu wenig Analysen, bei denen Verwitterungsprodukte mit dem frischen Untergrund zusammen untersucht worden sind, und wir besitzen noch weniger von solchen Serien, die vollständig chemisch behandelt wurden. Es kann also im folgenden nur der gegenwärtige Stand behandelt werden, der sich hoffentlich bald ändern wird. Allerdings ergibt sich jetzt schon, daß man auch aus weiteren Arbeiten keine übertriebenen Hoffnungen auf die Feststellung klimatischer Veränderungen erwarten darf. Vor allen Dingen ist zu betonen, daß nicht jeder Boden das herrschende Klima klar widerspiegeln kann. Reife Böden eines gemäßigten Klimas unterscheiden sich nicht von unreifen tropischer Gebiete (vielleicht kommt unter gemäßigtem Klima mehr FeO vor). Im fossilen Zustande wird es oft schwer zu entscheiden sein, was vorliegt, da ein unvollständiges Profil ja durch nachträgliche Abtragung entstanden sein kann. Die Einflüsse der örtlichen Lage werden für fossile Verhältnisse kaum jemals festzustellen sein. Anders ist es aber mit der Einwirkung des Untergrundes. Monomineralische Gesteine wie Quarzsandstein oder Gesteine, die aus abgetragenen chemischen Verwitterungsprodukten entstanden sind, wie Tone oder Tonschiefer, liefern auch in der Gegenwart nur untypische Bilder. Typisch beeinflußt wird das Verwitterungsprodukt aber, wenn der Untergrund von reinen Kalken gebildet ist. So sind die Karstroterden für das Mittelmeergebiet kennzeichnend, weil hier reine Kalke in großer Menge auftreten. Andere Gesteine als reine Kalke geben andere Verwitterungsprodukte[2]. Man kann jedenfalls nicht auf Karstroterde schließen, falls nicht reine Kalke als Untergrund bekannt sind. Es ist daher vollständig ausgeschlossen, rote tonige Gesteine des Keupers mit Karstroterde in Beziehung zu setzen, wie dies von verschiedenen Seiten geschehen ist[3]. In den Randgebirgen des deutschen Keupers haben reine Kalke sicher überhaupt nicht angestanden. Man könnte solche viel eher mit roten Gneislehmen vergleichen, wie sie aus dem Schwarzwald beschrieben worden

---

[1] GEDROIZ, K. K.: Der absorbierende Bodenkomplex. Kolloidchem. Beih. **1929**.

[2] HARRASSOWITZ, H.: Südeuropäische Roterde. Chem. Erde **4**, 5 (1928).

[3] KRAUSS, H. E.: Chemische Untersuchungen über rote Triasmergel. Chem. Erde **4**, H. 2 (1928). — FRANK, M.: Stratigraphie und Bildungsgeschichte des süddeutschen Gipskeupers. Jber. u. Mitt. Oberrhein. geol. Ver., N. F. **19**, 57 (1930).

sind[1]. Wenn bei den Keupergesteinen Bauschanalysen und alle Auszüge verglichen worden wären, was unbedingt nötig ist, hätte man auch ohne die vorliegende Betrachtung feststellen können, daß Vergleichspunkte nicht gegeben sind.

Am besten wird eine klimatische Verwitterung sich immer dann auswirken, wenn Eruptivgesteine oder kristalline Schiefer (oder Phyllit) angegriffen werden.

Am eindeutigsten lassen sich bisher die Endglieder tropischer Lateritzersetzung mit starker Entbasung und Entkieselung wiederfinden. Freilich ist bei der anchimetamorphen Beanspruchung verfestigter Böden nicht sicher, ob nicht eine nachträgliche Differenzierung, insbesondere durch Kieselsäureabfuhr, eingetreten ist. Entkieselung herrscht ja schon im anchimetamorphen und epizonalen Bereich[2]. Die nachträgliche Wanderung von Kieselsäure ist in Kristallsandsteinen schon so sehr bekannt, daß sie unter allen Umständen berücksichtigt werden muß. Tonschiefer zeigen gegenüber Tonen einen geringeren Mittelwert des Quotienten ki, was ebenfalls auf Abwanderung von Kieselsäure hindeutet. Durch die oben wiedergegebene Tabelle über den Zusammenhang von rezenten Sialliten mit fossilen Alliten ist die nachträgliche kinetische Differenzierung von Verwitterungsprodukten deutlich belegt.

Im folgenden seien einige Grundzüge der Geochemie der rezenten Klimazonen kurz zusammengestellt, die bei der Betrachtung fossiler Verwitterungsdecken Bedeutung gewinnen.

Die chemische Verwitterung wird um so intensiver, je mehr wir uns von den Polen nach den Tropen bewegen. Infolgedessen wird die Verwitterungsdecke immer mächtiger, und der Zersatz bildet sich flächenhaft stark aus. Dies gilt sowohl für das humide, als auch für das aride Gebiet, doch wird in den Trockenlandschaften mit dem Überwiegen mechanischer Verwitterung Zersatz weniger erhalten bleiben können. Hier herrschen dafür mehr Zufuhrgesteine mit Anreicherung von Kalk und Kieselsäure. Manche verkieselten Tuffe aus dem Perm gehören hierher. Die große Mächtigkeit der Verwitterungsdecken im tropischen Gebiet wird bedingen, daß sie besser erhalten werden können. Darauf und auf der besonderen chemischen Eigenart tropischer Verwitterung beruht es, wenn aus der geologischen Vergangenheit vor allen Dingen Verwitterungsdecken dieser Landschaften bekannt sind.

Für die Beurteilung der Analysen dienen die molekular berechneten Quotienten $ki = \dfrac{SiO_2}{Al_2O_3}$ und $ba = \dfrac{CaO + Na_2O + K_2O}{Al_2O_3}$. Wenn man die Molekularwerte nicht in einer Tabelle aufschlagen will, bediene man sich der Formeln in folgender Weise, wobei die Gewichtsprozente einzusetzen sind:

$$ki = \frac{SiO_2 \cdot 1{,}7}{Al_2O_3}, \quad ba = \frac{CaO \cdot 1{,}822 + Na_2O \cdot 1{,}646 + K_2O \cdot 1{,}085}{Al_2O_3}.$$

Die Quotienten erlauben uns, die Verwitterungsprozesse kurz und doch vollständig zu charakterisieren, da sie sich auf maßgebende Bestandteile der Erdrinde beziehen, die im Eruptivgestein in bestimmter Bindung auftreten. Hier ist ki nie < 3 und im allgemeinen 3—10, ba ist ≥ 1 und geht selten über 2. Für die Verwitterung magmatischer Gesteine kann daher aus der Bauschanalyse oft ein Schluß gezogen werden, vor allem bei niedrigen Werten von ki und ba. Es

---

[1] HARRASSOWITZ, H.: Studien über mittel- und südeuropäische Verwitterung. Geol. Rdsch. **17**a, 135 (1926).

[2] HARRASSOWITZ, H.: Allit- (Bauxit-) Lagerstätten der Erde. Naturwiss. **17**, H. 48, 931 (1929). — Anchimetamorphose. Ber. oberhess. Ges. Natur- u. Heilk. Gießen **12**, 12 (1927). — TRÖGER, E.: Chemismus und provinziale Verhältnisse der variskischen Gesteine Mitteldeutschlands. Neues Jb. Min. usw. **1929**, Beilgbd. **60**, Abt. A, 72.

deutet $ki < 2$ immer auf das Auftreten freier Tonerde hin, da eine Bindung von Kieselsäure und Tonerde unter dem Verhältnis im Kaolin ($ki = 2$) mineralogisch nicht bekannt ist.

Geringe ki- und ba-Werte treten besonders in den Tropen auf, wo ba bis auf 0,01 heruntergehen kann. In nordischen Podsolgebieten ist die Entbasung nur sehr gering, ba entfernt sich im allgemeinen nur wenig von 1. Der Quotient ki zeigt seine kleinsten Werte im Lateritgebiet, in Lehmen bewegt er sich hier zwischen 1—2, in Eisen- und Tonerdeanreicherungen im Zersatz geht er auf minimale Werte unter 0,1 herunter. Zugleich muß aber ba klein sein, da nur dann von Laterit gesprochen werden kann. So ist der von GOLDSCHMIDT[1] beschriebene angebliche Laterit von Nålene in Norwegen tatsächlich keiner. In dem Verwitterungsprodukt $< 0,25$ mm ist ki 2,11, ba aber 0,49. In entsprechenden allitischen Rotlehmen[2] der Tropen ist ba weit unter dem norwegischen Wert. Selbst in dem Schlämmprodukt $< 0,002$ mm ist $ki = 0,74$, $ba = 0,06$, also immer noch doppelt so groß wie der höchste Wert der zum Vergleich herangezogenen allitischen Rotlehme. Daß ein Vergleich mit Laterit nicht möglich ist, ergibt sich hier auch aus der Tatsache, daß unverwitterte Labradore vorkommen, die in einem Laterit längst vollständig abgebaut sind. Da eine Beschreibung des geologischen Vorkommens fehlt und die Tonerde auffälligerweise vollständig mit NaOH aufnehmbar war, ist es zur Zeit nicht möglich, den auffälligen Boden einzureihen, er ist jedenfalls aber kein Laterit. Er scheint zu arktischen Böden zu passen, falls er nicht fossil ist.

In einem jurassischen Zersetzungsprofil[3], das in die Reihe der von HARRASSOWITZ unterschiedenen Lateritarten hinein zu zwängen versucht wurde, ist in der angeblichen Anreicherungszone $ba = 0,02$, d. h. entspricht den Tropen, aber es ist $ki = 4,23$, so daß sich hier schon ein Widerspruch ergibt, der dem angenommenen Schluß, besonders noch bei Betrachtung des HCl-Auszuges, jeden Boden entzieht.

Bei fossilen, anchimetamorphen Verwitterungsdecken ist es nicht ohne weiteres gesagt, daß geringes ki auf tropische Verwitterung hindeutet. Hier kann nachträgliche Entkieselung eingetreten sein, wie oben wiederholt betont worden ist.

In der überwiegenden Zahl der Fälle ist es nicht möglich, aus dem Wert ki allein ohne weiteres Schlüsse zu ziehen. Bei der Verwitterung wird Quarz angereichert, da er nicht löslich ist. Seine Menge kann so zunehmen, daß die Entstehung freier Tonerde vollständig verdeckt wird. In einem Tropenlehm von Para war $ki = 7,8$, nach Abzug des durch den Schwefelsäureauszug ermittelten Quarzes mit 58% aber 1,7! (kiHCl $= 1,99$)[4].

Eine zweifellose Einordnung eines Verwitterungsproduktes nach der Bauschanalyse allein ist also in vielen Fällen nicht möglich. Hier hilft aber der Vergleich von frischem Gestein und Verwitterungsprodukt.

Der Vergleich mit dem frischen Gestein wird derart durchgeführt, daß die Quotienten ki und ba des verwitterten durch die des frischen Gesteins dividiert werden. Dann ergeben sich die Quotienten K und B. Mit zwei Ziffern lassen sich die Hauptveränderungen darin wiedergeben.

---

[1] GOLDSCHMIDT, V. M.: Om Dannelse av Lateritsom Forvitringsprodukt av Norsk Labradorsten. Festschrift til H. SORLE, S. 21—24. Oslo 1928.

[2] HARRASSOWITZ, H.: Böden der tropischen Regionen in BLANCKS Handbuch der Bodenlehre 3, 402 — vgl. auch S. 254, Anm.

[3] KLINGNER, F. E.: Ein siallitisches Verwitterungsprofil der Jurazeit aus Oberösterreich. Z. Dtsch. Geol. Ges. 81, 373 (1929).

[4] HARRASSOWITZ, H.: dieses Handbuch 3, 381.

Das humide Gebiet ist, wie erwähnt, durch Entbasung gekennzeichnet, also wird $B < 1$ sein. Hoch ist B im Podsolbereich, niedrig in tropischen Gebieten. Der Quotient K ist bei Podsolverwitterung in der Bleicherde > 1, da hier ja Anreicherung von Kieselsäure stattfindet (selbst für den Illuvialhorizont des Ortsteins gilt das oft). In allen übrigen humiden Landschaften haben wir aber Entkieselung, K wird immer kleiner als 1 sein.

In einem rezenten Lateritprofil von Vorderindien ist an der Oberfläche $B = 0{,}036$ bei einer Höhe von $K = 0{,}11$. In einem rezenten Schwarzwaldlehm ist $K = 0{,}4$, $B = 0{,}34$. In dem fossilen Lateritprofil vom Mount Lavinia auf Ceylon ist $K = 0{,}34$, B aber $= 0{,}000$; hier ist zwar die (vielleicht sekundär veränderte) Entkieselung nicht zu groß, aber die extreme Entbasung zeigt deutlich, daß es sich um ein tropisches Gebiet handelt.

Im ariden Gebiet verhalten sich K und B aber anders. K ist oft nicht geändert, da SiO_2 und Al_2O_3 als Sole gelöst, bei der hohen Elektrolytkonzentration schnell wieder ausfallen. Oft findet aber Kieselsäureanreicherung statt, so daß $K > 1$ ist und hohe Werte erreicht, besonders wenn es sich um ein eigentliches Zufuhrgestein handelt. Da an der Oberfläche die Basen ausfallen, wird auch $B > 1$ sein. In einem permischen Quarzporphyrboden von Baden-Baden war K sehr bezeichnend 1,1. B war 0,91. Dies widerspricht scheinbar dem früher Ausgeführten, aber es ist zu berücksichtigen, daß die im ariden Klima angereicherten, leichtlöslichen Alkalien fossil nicht erhalten bleiben können, sie werden wieder ausgewaschen. Bezeichnend ist dafür, daß CaO angereichert war, der Quotient CaO/Al_2O_3 war für das frische 0,022, für das verwitterte Gestein aber 0,16; CaO war mithin im Verwitterungsprodukt auf das Siebenfache des absoluten Anfangswertes gestiegen. Ein Gneis unter Rotliegendem von Gaggenau zeigte $ki = 9{,}16$. Sein hangender Teil war vergelt, SiO_2 war zugeführt, so daß der Wert ki nunmehr 9,7 betrug.

Zusammenfassung.

		K	B
Humid	Podsol Lehm-Laterit	> 1 < 1	< 1
Arid		$\leqq 1$	> 1

Im Zusammenhang mit dem Vergleich der Quotienten K und B ist es besonders wichtig, ki im Salzsäureauszug zu verfolgen (Schwefelsäureauszüge sind noch nicht genügend durchgearbeitet, um ein Ergebnis liefern zu können). Die daraus von van Bemmelen[1] gezogenen Schlüsse sind freilich hinfällig geworden, da das Material damals nicht ausreichend war. Blanck wies besonders darauf hin[2]. Die jetzt in großer Zahl vorliegenden Analysen zeigen aber bestimmte Gesetzmäßigkeiten, wie sich aus einer Untersuchung des Verfassers ergab. Allerdings wird es immer nötig sein, daß man eine gewisse Menge von Analysen überblicken kann. Im einzelnen ist die Streuung oft erheblich, und man muß sich nach den häufigsten Ziffern, nicht nach dem Mittelwert richten. Bei 33 Böden des Gardaseegebietes[3] war ki HCl in 24 Fällen 0,2—1,00, in 7 Fällen 1,01—1,6 und in 2 Fällen 2,63, 2,75. Der Mittelwert war hier 0,76 und entspricht den häufigsten Werten gut, da die Streuung nicht zu groß ist. In 23 Salzsäureaus-

---

[1] Bemmelen, J. M. van: Beiträge zur Kenntnis der Verwitterungsprodukte der Silikate in Ton-, vulkanischen und Lateritböden. Z. anorg. Chem. **42**, 265—324 (1904). — Die verschiedenen Arten der Verwitterung der Silikatgesteine in der Erdrinde. Ebenda **66**, 322—357 (1910).

[2] Blanck, E. u. F. Alten: Beiträge zur Kennzeichnung und Unterscheidung der Roterden. Landw. Versuchsstat. **1924**, 41—72.

[3] Blanck, E. u. F. Giesecke: Über die Entstehung der Roterde im nördlichsten Verbreitungsgebiet ihres Vorkommens. Chem. Erde **3**, 2 (1927).

zügen von Spitzbergen[1] war der niedrigste Wert 0,7, der höchste 10,3, der mittlere 1,82. Dabei war ki bei 16 Böden 0,7—1,5, bei 2 Böden 1,7 und 1,9, bei 4 Böden 2,2—3,8, bei 1 Boden 10,3. Hier liegen die häufigsten Werte unter dem Mittelwert. Dieser Einfluß der Streuung wird sich nur dann herabmindern lassen, wenn man möglichst mehrere Analysen betrachtet, doch wird die Beschaffung eines derartigen Materials oft aus pekuniären Gründen nicht möglich sein.

Der Quotient ki HCl ist klein im Bereich arktischer Böden, der Karstroterden und des Laterits. Im gemäßigt-humiden Gebiet bewegt er sich meist zwischen 2 und 3, um nach dem Podsolgebiet wenig und nach wärmeren Landschaften stark abzusinken. Im tropischen Regenwald steigt er aber sehr schnell an, er ist dort bisher bis zu 4,3 beobachtet worden. Etwas höher als im gemäßigt-humiden liegt er im semihumiden Gebiet und zeigt im ariden Bereich 3—5, ja gelegentlich, noch höhere Werte. Damit ergibt sich, daß aus einem bestimmten Wert von ki HCl nicht ohne weiteres Schlüsse zu ziehen sind. Wenn wir aber an den Bauschanalysen eine vergleichende Untersuchung mit ki, ba, K, B vornehmen, so läßt sich in vielen Fällen schon ein Schluß ziehen, besonders wenn wir die Menge löslicher Materialien, Auftreten frischer Mineralien und die Basenmenge mit heranziehen. Ferner ist bei fossilen Vorkommen nachträgliche Basenzufuhr und -abfuhr und anchimetamorphe Umwandlung zu berücksichtigen.

An einem Beispiel sei die Betrachtungsweise erläutert. An roten Triasmergeln versucht H. E. KRAUSS[2] einen Vergleich mit Karstroterden durchzuführen. Obgleich erst die Frage zu erörtern wäre, ob überhaupt ein Sediment ohne weiteres mit einem Boden verglichen werden kann, soll doch davon abgesehen sein und die Möglichkeit als gegeben erachtet werden. Leider sind die vier Analysen ohne Bestimmung der Alkalien durchgeführt, so daß damit eine vollständige Beurteilung ausgeschlossen ist.

$$\begin{array}{lcccc} ki \text{ gesamt} & 2,7 & 3,5 & 6,5 & 5,0 \\ ki \text{ HCl} & 2,7 & 2,8 & 2,9 & 3,4 \end{array}$$

Nach diesen Untersuchungen wird behauptet, daß die roten Triasmergel den Roterden analog zusammengesetzt sind. Tatsächlich ist dieser Schluß falsch, da ki HCl hier nur ausnahmsweise über 1,6 liegt, wie wir soeben gesehen haben. Man kann ohne weiteres entscheiden, daß keine Vergleichsmöglichkeit vorliegt, nicht einmal rezente, rote Schwarzwaldlehme fordern zu einer Gleichsetzung auf, da bei ihnen ki HCl 2,1 und 2,4, also immer noch zu niedrig ist. Eher kann mit roten Lehmen der Münchener Gegend verglichen werden, bei denen ki HCl = 2,51—3,07 ist. Ähnliche Lehme der Freiburger Gegend zeigten ki HCl = 2,6—2,9[3]. Aber man kann in nordamerikanischen, semihumiden Gesteinen ganz ähnliche Werte, nämlich 3—3,4, finden, und hier dürften die Hauptvergleichsgebiete liegen, zumal der hohe Gehalt an CaO auf ähnliche Umstände hindeutet.

Auch auf das schon oben erwähnte Juraprofil KLINGNERS[4] sei zurückgegriffen. Hier handelt es sich um folgende Werte, wenn das Muttergestein nur mit der „Anreicherungszone" verglichen werden soll. Wir fragen, ob wirklich tropische Verwitterung vorliegt.

	Frisches Gestein	„Anreicherungszone"
ki	6,89	4,23
K	—	0,61
ba	0,83	0,02
B	—	0,024
ki HCl	2,10	3,27

[1] BLANCK, E., A. RIESER u. H. MORTENSEN: Die wissenschaftlichen Ergebnisse einer bodenkundlichen Forschungsreise nach Spitzbergen im Sommer 1926. Chem. Erde 3, 588—698 (1928).

[2] KRAUSS, H. E.: Chemische Untersuchungen über rote Triasmergel. Chem. Erde 4, H. 2 (1928).

[3] HARRASSOWITZ, H.: Studien über mittel- und südeuropäische Verwitterung. Geol. Rdsch. 17a, 147, 181, 187 (1926). [4] Siehe S. 253.

Die Entbasung ist sehr stark und bewegt sich tatsächlich im Rahmen tropischer Werte. Aber K ist sehr hoch und müßte mindestens um die Hälfte kleiner sein. Der Salzsäureauszug zeigt $ki = 3{,}27$, das wäre ein tropisch möglicher Wert. Hier tritt er aber nur bei Urwaldlehmen auf, und diese besitzen wieder keine Anreicherungszone. Es liegen also Ziffern vor, wie sie bei einem rezenten Profil nirgends erfüllt sind.

Besonderer Teil.

Vorbemerkung.

Für die Besprechung der einzelnen vorzeitlichen Verwitterungsdecken mußte ein besonderer Weg eingeschlagen werden. Das zunächst selbstverständlich erscheinende Vorgehen nach den einzelnen geologischen Zeitaltern hätte keine klaren Linien ergeben, sondern im Gegenteil Zusammengehöriges zerrissen. Am zweckmäßigsten ließ sich der Stoff in folgende fünf, ungefähr gleich große Abschnitte gliedern. Das Diluvium wird vorausgestellt, dann folgen die wesentlich humiden Roterden, Allit (Laterit und Bauxit) und Siallitzersatz, wobei jeweils vom Tertiär auf ältere Zeiträume zurückgegangen wird. Danach werden die fossilen ariden Verwitterungsdecken behandelt. Ihnen schließen sich die mechanischen Vergrusungen und Schuttbildungen der ältesten Formationen an, die ihre Entstehung dem damaligen Fehlen biologischer Verwitterung verdanken. Sie hätten eigentlich gesondert dargestellt werden müssen, doch sind sie bei dem gegenwärtigen Stand unserer Kenntnisse von arider Verwitterung noch nicht reinlich zu trennen. In einem letzten Absatz ist schließlich eine kurze Zusammenfassung in zeitlicher Ordnung gegeben.

Dem Herrn Herausgeber ist der Verfasser außerordentlich dankbar, daß er so reichlich Platz für diese Erörterungen zur Verfügung stellte. Trotzdem konnte gerade in diesem Teil vieles nur angedeutet oder kurz besprochen werden, was eigentlich eine längere Behandlung verdient hätte, weil der die ganze Erdgeschichte umfassende Stoff zu umfangreich ist. Es mußte auch ganz darauf verzichtet werden, Erzanreicherung durch Verwitterung besonders herauszuheben und die praktisch wichtigen vorzeitlichen Verwitterungserscheinungen auf Erzgängen zu behandeln. Daß Europa im Vordergrund steht, ist bei dem derzeitigen Stand der Forschung nicht zu vermeiden. Aus Afrika, Asien, Südamerika ist bisher nur recht wenig von vorzeitlicher Verwitterung bekannt. Im allgemeinen entgeht sie in weniger genau bekannten Landschaften noch dem Auge des Geologen, zumal in jüngerer Zeit in manchen der genannten Gebiete nur geringe Änderungen gegenüber der Gegenwart vorliegen. Im übrigen ist der Verfasser der Überzeugung, daß ihm so manche Angabe, insbesondere in der ausländischen Literatur, entgangen sein wird. Mit Rücksicht auf den weiten Rahmen des Gegenstandes bittet er daher um nachsichtige Beurteilung.

Diluviale Verwitterungsdecken.

Aus dem Diluvium sind zahlreiche fossile Verwitterungsdecken erhalten. Die Jugendlichkeit der Formation bedingt, daß die Abtragung noch nicht so weit vorgeschritten ist wie in älteren Formationen. Aus demselben Grunde sind ausgesprochene Böden dieser Zeit häufiger erhalten geblieben. Während in den später zu besprechenden Formationen der Zersatz mehr und mehr in den Vordergrund tritt, haben wir umgekehrt im Diluvium kaum Anlaß, uns mit ihm zu beschäftigen, obgleich in so manchem Verwitterungsprofil, das wir der Gegenwart zuschreiben, fossiler Zersatz vorhanden sein kann. Überhaupt wird bei vielen Verwitterungsdecken, die heute die Oberfläche bekleiden, schwer zu entscheiden sein, ob sie der Gegenwart oder Vergangenheit angehören. Auf Hochflächen deutscher Mittelgebirge liegen oft mächtige Lehmdecken, die in der Gegenwart abgetragen werden. Manche mögen rezent, manche mögen aus Löß entstanden sein, für viele ist dies aber noch nicht zu entscheiden, und es besteht durchaus die Möglichkeit, daß sie vordiluvial sind[1]. Diese Lehme liegen morphologisch in genau derselben Stellung wie die fossilen Laterite Australiens. Hier haben wir den bekannten morphologischen Gegensatz von Unterplatte zu Oberplatte, und letztere ist deutlich als fossile Lateritdecke anzusprechen. Auch aus Vorderindien sind ja genau dieselben Lagerungsverhältnisse bekannt (siehe Abb. 30). Wir wollen auf diese Verwitterungsdecken erst im Zusammenhang mit den fossilen Alliten zu sprechen kommen.

Obgleich das Auftreten zahlreicher Böden im Diluvium mit der Jugend der Formation zusammenhängt, so spielt doch noch ein anderer Grund mit. Verwitterungsdecken können sich in einer bestimmten Zeit ja nur dann gut ausprägen, wenn frische, neugebildete Gesteine zur Verfügung stehen. Für das Diluvium gilt dies ganz ausgesprochen, da in den Moränen und dem Löß subaërische Gesteine in großer Flächenausdehnung neu entstanden sind. Die Eindeckung von Böden durch neu abgelagertes Material liefert uns außerdem die Möglichkeit, daß Verwitterungshorizonte durch verschiedene Zeiten des Diluviums hindurch verfolgt werden können. Hier stehen wir günstiger da als in den älteren Formationen, wo uns nur tiefere Teile von Verwitterungsprofilen erhalten geblieben sind; aber trotzdem sind bei unserer ungenügenden Kenntnis des eiszeitlichen Klimas die Schwierigkeiten der richtigen Auffassung diluvialer Böden z. T. außerordentlich groß. Mehrfach hat man ja schon aus diesem Grunde angebliche diluviale Verwitterungserscheinungen als falsch aufgefaßt nachweisen können. Es sei nur an die bekannte, auffällige Krusten- und Wabenverwitterung von Felsen erinnert, die sich noch heutzutage vor unseren Augen vollzieht. Sie wurde aber einmal als Rest diluvialer arider Verwitterung angesprochen[2].

Bei der Besprechung der diluvialen Verwitterungsdecken wollen wir von dem einwandfrei glazialen Gebiet ausgehen und dann gleichsam die Verwitterungsbildungen im kurzen Überblick vom Eisrand nach Süden verfolgen. Wir wissen ja jetzt, wie sich an das Eisgebiet die Tundra anschließt, die allmählich in die

---

[1] HARRASSOWITZ: Vgl. Klimazonen der Verwitterung usw. Geol. Rdsch. 7, 234 (1916).

[2] BEYER, O.: Alaun und Gips als Mineralneubildungen und als Ursachen der chemischen Verwitterung in den Quadersandsteinen des sächsischen Kreidegebietes. Z. dtsch. geol. Ges. 63, 429—467 (1911). — BLANCK, E. u. W. GEILMANN: Chemische Untersuchungen über Verwitterungserscheinungen im Buntsandstein. Tharandter Forstl. Jb. 75, 89—112 (1924). — GÖTZINGER, G.: Zur Frage der Wüstenformen in Deutschland. Dtsch. Rdsch. Geogr. 35, 524—526 (1913). — HÄBERLE, D.: Die gitter-, netz- und wabenförmige Verwitterung der Sandsteine. Geol. Rdsch. 6, 264—285 (1915). Mit vielen Literaturangaben. — HETTNER, A.: Wüstenformen in Deutschland? Geogr. Z. 16, 690—694 (1910). — KAISER, E.: Die Verwitterung der Gesteine, besonders der Bausteine. Im Hdb. d. Steinind. 1. Berlin: Union 1914. — Verwitterung. Handwörterbuch d. Naturwissensch. 10. Jena: Fischer 1913. — Über eine Grundfrage der natürlichen Verwitterung und die chemische Verwitterung der Bausteine im Vergleich mit der in der freien Natur. Chem. Erde 4, 293 (1929). — KESSLER, P.: Einige Wüstenerscheinungen aus nicht aridem Klima. Geol. Rdsch. 4, 413—423 (1913). — OBST, E.: Die Oberflächengestaltung der schlesisch-böhmischen Kreideablagerungen. Ein Beispiel für die Einwirkung der Diluvialperiode auf das Relief der deutschen Mittelgebirge. 107 S. 27 Abb., Dissert., Breslau 1909. Mitt. geogr. Ges. Hamburg 24 (1909). — PASSARGE, S.: Wüstenformen in Deutschland? Geogr. Z. 1911, 578—580. — RATHSBURG, A.: Zur Morphologie des Heuscheuergebirges, zugleich ein Beitrag zur Morphologie der Sächs. Schweiz und der „Wüstenformen" in Deutschland überhaupt. 18. Ber. naturwiss. Ges. Chemnitz 1912, 120—187. — SCHULZ, V.: Beitrag zur Morphologie des Buntsandsteingebietes im Mittellauf der Saale. Dissert., Jena 1913.

Steppe übergeht. Dann folgt das Weideland mit Wald und schließlich das ausgesprochene Waldgebiet[1]. In Zeiten des Eisrückzuges rücken die Vegetationstypen nach Norden in das ehemals vereiste Gebiet vor und erscheinen uns nach erneutem Eisvorstoß als Zeichen der Interglazialzeit.

Einwandfrei durch Einwirkung des Eises sind die Moränen entstanden, die uns seine Ausdehnung deutlich erkennen lassen. Als Gesteine, die durch Aufschüttung und nicht durch anstehende Verwitterung entstanden sind, brauchen sie an dieser Stelle nicht besonders besprochen zu werden. Man kann höchstens schrammenbedeckte Rundhöcker als glaziale Verwitterung ansprechen. Sie sind auf anstehenden Gesteinen sehr weit verbreitet und allgemein bekannt, so daß sie nicht besonders behandelt zu werden brauchen.

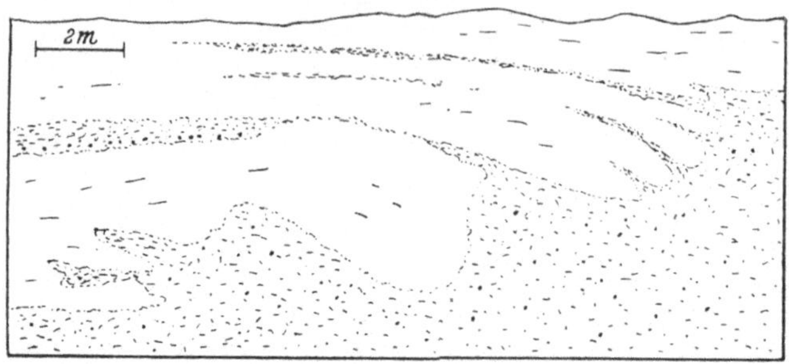

Abb. 21. Fossile Roterde (punktiert) durch Bodenfluß fahnenartig in Lößlehm hineingezogen (Reinhardshain i. Vogelsberg).

(Aus Harrassowitz: Die Entstehung der oberhessischen Bauxite und ihre geologische Bedeutung. Z. dtsch. geol. Ges. **73**, B, 188 (1921).

In den nicht vereisten Gebieten finden wir keine Moränen, sondern nur die Einwirkung des Bodenfrostes und Bodeneises.

Abb. 22. Lößlehm (gestrichelt) durch Bodenfluß vollständig in Roterde (punktiert) eingeknetet (Göbelnrod i. Vogelsberg). (Aus Harrassowitz: a. a. O. S. 188.)
Der Zusammenhang mit der Oberfläche ist vollständig verloren gegangen, ohne das Auftreten des Lößlehms wäre die Bodenversetzung überhaupt nicht zu erkennen. Daß es sich um einen fossilen Vorgang handelt, sieht man an der ungestörten Überlagerung durch jüngeren Lößlehm.

Lozinski hat als Erster die Felsenmeere der mittel- und osteuropäischen Mittelgebirge als periglaziale Verwitterungsbildungen bezeichnet und sie durch Spaltenfrost erklärt[2]. Unter dem Einfluß der Arbeiten von Andersson[3] und Högbom[4] erkannte man aber bald, daß in diesen Gebieten ein Fließen des Bodens stattgefunden haben muß. Im Untergrund der nicht vereisten Gebiete ist Bodeneis vorhanden, und auf ihm gleiten die oberen aufgetauten Bodenschichten, auch bei geringstem Gefälle, langsam abwärts. So hob Salomon[5] die Bedeutung des Bodenfrostes und der Solifluktion für Schuttbildung in deutschen Mittelgebirgen ganz besonders hervor. Der deutsche Vogelsberg war übersät mit entsprechenden Blockfeldern und Felsenmeeren.

---

[1] Vgl. W. Soergel: Löß, Eiszeiten und paläolithische Kulturen. Jena 1919.
[2] Lozinski, W.: Über die mechanische Verwitterung der Sandsteine im gemäßigten Klima. Extrait du Bull. l'Acad. Sci. Cracovie, Cl. sci. mathémat. et natur. **1909**, Janvier. — Die periglaziale Fazies der mechanischen Verwitterung. Naturwiss. Wschr. **1911**, 8, X, 641—647.
[3] Andersson, S. J.: Solifluction, a component of subaerial denudation. J. of Geol. **14**, 90—112 (1906).
[4] Högbom, B.: Über die geologische Bedeutung des Frostes. Bull. geol. Inst. Univ. Upsala **12**, 255—390 (1914).
[5] Salomon, W.: Die Bedeutung der Solifluktion für die Erklärung deutscher Landschafts- und Bodenformen. Geol. Rdsch. **7**, 30—41 (1917).

Die fortschreitende Kultur hat freilich einen großen Teil der einst weitverbreiteten Gebilde zerstört, sie können aber jetzt noch an zahlreichen Stellen verfolgt werden und kennzeichnen sich als typische Blockströme, die oft an Felskuppen angelehnt, zu Tal glitten[1]. Ihr fossiler Charakter konnte hier und im Westerwald[2], wie auf den Falklandsinseln, deutlich erkannt werden. Allerdings darf man nicht vergessen, daß manche Blockhalden sich noch heutzutage bilden[3]. Es finden sich aber im Riesengebirge neben heute noch bewegten Blockhalden ausgesprochene Steinnetzböden im Bereich des Glimmerschiefers, deren feinstes Material freilich jetzt schon ausgespült ist. Die Strukturböden entstehen, wie man erst neuerdings erfahren hat[4], dadurch, daß infolge des Auftauens des Frostbodens und der hiermit verbundenen Dichteunterschiede

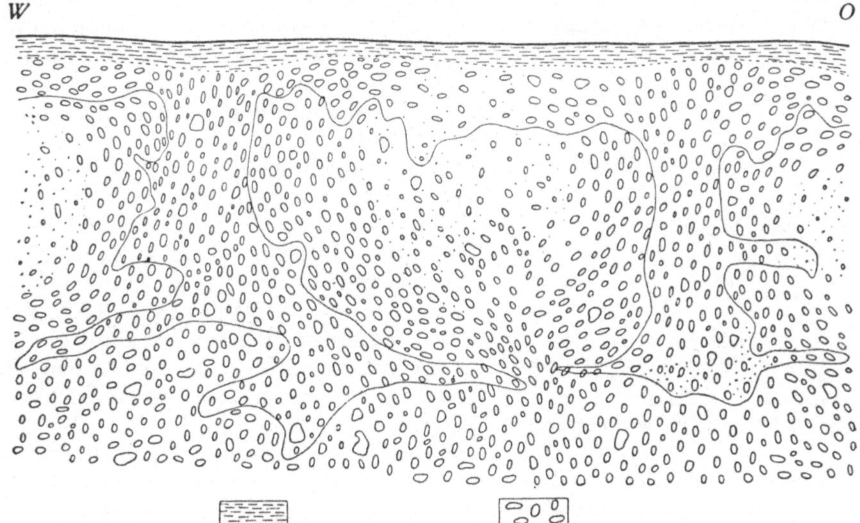

Abb. 23. Fossiler Brodelboden in Diluvialschottern der Hauptterrasse bei Gießen.
(Aus KREKELER: Z. dtsch. geol. Ges. 81, 462 (1929).

Deutlich erkennt man die strudelartige Steilstellung der Flußgeschiebe um drei Zentren, von denen nur das mittlere ganz dargestellt ist. Mit der feinen Linie ist die untere Begrenzung der von oben unregelmäßig eingreifenden rezenten Verwitterung bezeichnet. Sie benutzt als Sickerweg wesentlich die senkrecht stehenden Geschiebe an der Grenze der Brodelerden.

sich ein Ausgleich in der Wärmebilanz des Bodens herstellen muß. Unter Einfluß des Temperaturgefälles entsteht ein Konvektionsstrom, und es bilden sich die „Brodelböden", die sich im Querschnitt an einer Stauchung und Faltung bemerkbar machen. KREKELER hat in einer vor kurzem erschienenen Arbeit[5], der sich der Verfasser hier wesentlich anschließt, die in Deutschland beobachteten Erscheinungen zusammengestellt. So finden sich im Stadtpark von Winterhude merk-

---

[1] HARRASSOWITZ, H.: Die Blockfelder des Vogelsberges. Ber. niederrhein. geol. Ver. Bonn 1919, 31—49.

[2] QUIRING, H.: Die periglazialen Blockströme am Nordrande des Hohen Westerwaldes. Jb. preuß. geol. Landesanst. 1928, 619ff.

[3] PENCK, W.: Die morphologische Analyse. Geogr. Abh., Stuttgart 2, 2 (1924). — GELLERT, J. F. u. A. SCHÜLLER: Eiszeitboden im Riesengebirge. Z. dtsch. geol. Ges. 81, 447 (1929).

[4] Low, A. R.: Instability of viscous fluit motion. Nature (London) 115, 299 (1925). — GRIPP, K.: Beiträge zur Geologie von Spitzbergen. Abh. naturwiss. Ver. Hamburg 21, H. 3 (1927). — KLUTE, F.: Die Oberflächenformen der Arktis. Düsseldorfer geogr. Vorträge u. Erörterungen 1927, T. 3, 97. — Vgl. auch dieses Handbuch 3.

[5] KREKELER, F.: Fossile Strukturböden aus der Umgebung von Gießen und Wiesbaden. Z. dtsch. geol. Ges. 81, H. 9, 458—470 (1929).

würdig gestauchte und miteinander verfaltete diluviale Sande und Torfe[1]. In den bekannten Aufschlüssen von Klinge bei Kottbus sind ähnliche miteinander verfaltete und verknetete, diluviale Sande und Torfe beobachtet worden[2]. Kessler[3] hat hier ursprünglich nur eine Ausdehnung der Schichten durch Frost annehmen wollen. Von der Grube Marga bei Senftenberg in der Niederlausitz wurden Brodelböden mehrfach beschrieben[4]. In diluvialen Ablagerungen des Niederrheins, sowohl auf der Hauptterrasse als auch auf der Mittelterrasse, sind sie ebenfalls bekannt geworden[5]. In großer Ausdehnung befinden sie sich im Vogelsberg. Hier machen sie sich mit Lehm überlagerten Alliten außerordentlich gut und häufig bemerkbar. Der Lehm ist manchmal in die allitische Roterde hineingeknetet und in lange Schweife ausgezogen worden[6] (siehe Abb. 21 u. 22). Diluvialschotter bei Gießen zeigen strudelartige Steilstellung der Geschiebe in prachtvoller Weise ausgeprägt (siehe Abb. 23), und Ähnliches wurde auch bei Wiesbaden beobachtet. Bezeichnend ist aber, daß sich die Erscheinung nur dann findet, wenn die Schotter im Lehm verpackt sind. Die Schotter haben nur dort auf den vom Auftauboden hervorgerufenen Konvektionsstrom reagiert, wo Gele bei dem Transport der Schotter eine Gleitbahn lieferten. Wenn sandiges Material als Ausfüllmittel auftritt, haben sich die Bodenbewegungen offenbar nicht entwickeln können. Daraus erklärt es sich, daß Krekeler trotz weit ausgedehnter Begehungen an der Lahn, die Strukturböden nur in den lehmreichen Schottern bei Gießen nachweisen konnte, die ihr Material aus den Allitfeldern des Vogelsberges erhielten. Auch

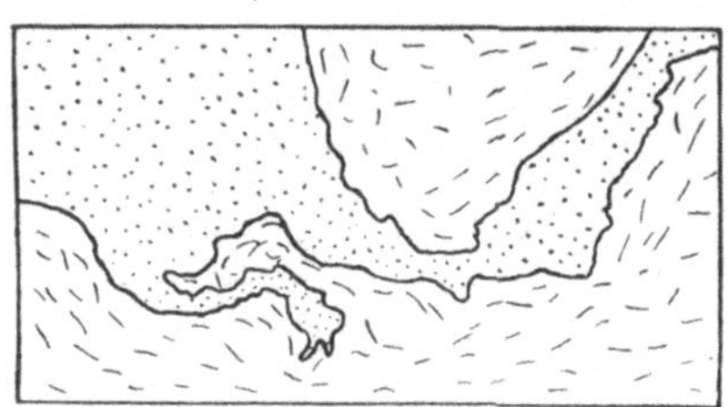

Abb. 24. Diluvialer, flandrischer Sand (punktiert) mit verlehmten eozänen Paniselschichten (gestrichelt) durch Bodenfluß verknetet.
(Aus Harrassowitz: a. a. O., S. 188.)
Höhe des Profiles 1,5 m, südlich Brügge.

in Flandern konnte der Verfasser oft Bodenverknetungen beobachten, die jetzt gleichfalls am besten als Brodelböden erklärt werden[7] (siehe Abb. 24).

Da die Brodelböden nur mit bestimmten Gesteinen örtlich verknüpft sind, ist es bisher nicht möglich gewesen, sie mit Sicherheit bestimmten Eiszeiten zuzuweisen und daraus Schlüsse zu ziehen. Die erwähnten Vorkommen der Grube Marga bei Senftenberg gehören auf Grund von Pollenanalysen dem Jungdiluvium an. Es sind hier aber auch in den von Torf überlagerten jungen alluvialen Sanden und Faulschlammschichten dieselben Pressungs- und Faltungserscheinungen beobachtet worden!

---

[1] Horn, E.: Die geologischen Aufschlüsse des Stadtparkes von Winterhude und des Elbetunnels und ihre Bedeutung für die Geschichte der Hamburger Gegend in postglazialer Zeit. Z. dtsch. geol. Ges. **64**, Mber. 130 (1912).

[2] Schröder, H. u. J. Stoller: Wirbeltierskelette aus den Torfen von Klinge bei Kottbus. Jb. preuß. geol. Landesanst. **26**, 418 (1905).

[3] Kessler, P.: Das eiszeitliche Klima und seine geologischen Wirkungen im nichtvereisten Gebiet. S. 96. Stuttgart: Schweizerbart 1925.

[4] Firbas, F. u. R. Grahmann: Über jungdiluviale und alluviale Torflager in der Grube Marga bei Senftenberg (Niederlausitz). Abh. sächs. Akad. Wiss., Math.-phys. Kl. **40**, Nr. 4, 13—15 (1928). — Keilhack, K.: Über Brodelböden im Taldiluvium bei Senftenberg und über das Alter der sie begleitenden Torf- und Faulschlammablagerungen. Z. dtsch. geol. Ges. **79**, Mber. 360—369 (1927). — Wolff, W.: Einige glazialgeologische Probleme aus dem norddeutschen Flachlande. Ebenda **79**, Mber. 344—347 (1927).

[5] Steeger, A.: Das glaziale Diluvium des niederrheinischen Tieflandes. Ber. Vers. niederrhein. geol. Ver. **1925**, 48.

[6] Harrassowitz, H.: Laterit, S. 448, 449. Berlin: Gebr. Bornträger 1926.

[7] Harrassowitz, H.: Die Entstehung der oberhessischen Bauxite und ihre geologische Bedeutung. Z. dtsch. geol. Ges. **73**, Mber. 189 (1921).

Als bezeichnendes Glazialprodukt wird jetzt, wesentlich unter dem Einfluß der Arbeiten von Soergel[1], der Löß angesprochen. Er ist nach der zur Zeit herrschenden Auffassung unter dem Einfluß nord-südlicher Winde entstanden und stellt Ausblasungsprodukte der vegetationsfreien oder vegetationsarmen Glaziallandschaft dar. Der Löß ist durch Aufschüttung entstanden und somit nicht eigentlich als fossile Verwitterungsdecke anzusprechen. Da er aber an der Oberfläche abgelagert worden ist, hat er seine bezeichnenden Eigenschaften durch das herrschende aride Klima erhalten, nämlich den feinsandigen Charakter und die Anreicherung von Kalziumkarbonat. Das feine Korn bewirkte, daß die Bodenlösungen gut zirkulieren konnten und der Kalkgehalt gleichmäßig verteilt wurde[2]. Ein Teil der im Löß so häufigen Kalkkonkretionen dürfte auf die ariden Umstände zurückzuführen sein, doch sind sie z. T. auch sekundärer Natur.

Es kann nicht Aufgabe sein, hier eine vollständige Charakteristik des Lößes zu geben, da er keine eigentliche Verwitterungsdecke darstellt[3]. Dies erkennt man beiläufig auch daran, daß dem Löß nicht nur äolisches, sondern auch anderes sedimentäres Material zugeführt worden ist. Man findet es im ganz ungeschichteten Löß, wenn man ihn schlämmt, in Form von kleinen Geröllen, die manchmal einen sehr bezeichnenden Glanz aufweisen, der offenbar auf Windpolitur zurückzuführen ist. Derartige Windkanter beobachtet man öfter im Diluvium und hat sogar auf ihnen wüstenähnliche Patina und Absprünge beobachten wollen[4]. Da der Löß durch dauernde Auflagerung entsteht, ist er ungeschichtet. Für das Festhälten des durch den Wind herangeführten feinen Sandes hat man früher Pflanzenwurzeln verantwortlich gemacht. Man glaubte, die im Löß so zahlreichen feinen Kalkröhrchen als ihre Spuren ansehen zu können. Neuerdings ist aber sehr wahrscheinlich gemacht worden, daß es sich hier um Flechtenrasen handelt, wie sie noch heute in den nördlichen Ländern Europas und Sibiriens weithin den Boden überkleiden[5]. Es müssen dann aber Zeiten gekommen sein, in denen die Staubauflagerung aufhörte und eine Verwitterung des vorher abgesetzten Materiales zu Lehm erfolgte. Man kann diese Lehmzonen, die wohl zuerst aus Süddeutschland bekannt geworden sind, in allen Lößgebieten verfolgen, sei es, daß es sich um Nord- oder Südamerika, um Süddeutschland oder Südrußland handelt. Immer wieder erkennt man, daß die Lößbildung nicht gleichmäßig angedauert hat, sondern Zeiten eingeschaltet waren, in denen eine Verwitterung auftrat[6].

Man kann mehrere solcher Lehmzonen erkennen, doch ist nicht vollständig klar, wie vielen von ihnen eine stratigraphische Bedeutung zukommt. Die Verlehmung stellt zunächst eine Entkalkung dar, und als erstes Stadium kann dann ein Löß entstehen, der ohne Prüfen mit Salzsäure überhaupt nicht von echtem Löß zu unterscheiden ist, da er den pulverförmig-zerreiblichen Charakter vollständig bewahrt hat. In den meisten Fällen tritt aber eine Zersetzung der im

---

[1] Soergel, W.: Dieser Beitrag Anmerkung 1. S. 258.

[2] Verfasser hat schon 1916 (Geol. Rdsch. 7, 235) den Löß als deutlich arides Produkt gekennzeichnet. Von Münichsdorfer [Der Löß als Bodenbildung, Geol. Rdsch. 17, 321, (1926)] war dies vollständig übersehen worden. — Siehe auch die Studie von W. Röpke: Die Struktur des Lößes. Leopoldina (Lpz.) 3, 43—50 (1928).

[3] Sie wird an anderer Stelle erfolgen, wo insbesondere Gelegenheit sein wird, auf Grund zahlreicher chemischer Analysen gegen die oft behauptete große Gleichartigkeit des Lößes anzugehen und seine Verschiedenheit in bezug auf den Eisrand im einzelnen aufzuweisen.

[4] Olbricht, K.: Die Eiszeit in Deutschland und der vorgeschichtliche Mensch. Naturwiss. Wschr. 21, 371 (1922). — Sarasin, P.: Über Wüstenbildungen in der Chelléen-Interglaziale von Frankreich. Verh. naturforsch. Ges. Basel 20, H. 3 (1910).

[5] Deecke, W.: Flechtenrasen im Löß. Z. dtsch. geol. Ges. 80, Mber. 374—379 (1928).

[6] Literatur siehe dieses Handbuch 2, 125, 126. — Siehe auch S. v. Bubnoff: Das Quartär Rußlands. Geol. Rdsch. 21, 186 (1930).

Löß befindlichen Tonerdesilikate ein, und zu den im primären Löß schon vorhandenen, aber zunächst koagulierten Verwitterungsgelen treten neue hinzu, so daß der kalkfreie Lehm nun seinen schmierig-plastischen Charakter bekommt. Der Lehm hebt sich durch bräunlichere Farbe von dem frischeren gelben Löß ab. Ältere Lehme zeigen meist eine fast rotbraune Farbe, ohne daß sich dies in den bisher vorliegenden chemischen Analysen irgendwie ausdrückt.

Von den zahlreichen Lößprofilen mit eingeschalteten Lehmzonen sei das folgende hervorgehoben, weil es sehr bezeichnende Verknüpfungen verschiedenartiger fossiler Verwitterungsprodukte zeigt. Es befindet sich in der Ziegelei von Oßmannstedt in Thüringen (siehe Abb. 25)[1]. Die beiden Abteilungen des älteren Lößes zeigen hier deutliche Verwitterungsrinden, unter denen wir zwei neue Glieder kennen lernen, nämlich einen humusreichen Löß, den man im allgemeinen als Schwarzerde bezeichnet, und unter diesem liegend einen

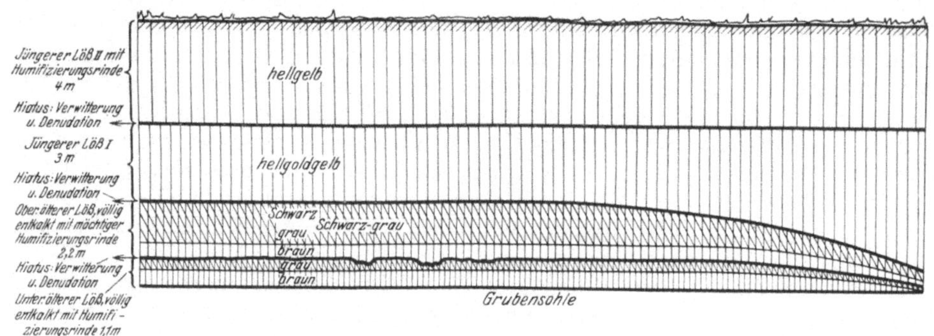

Abb. 25. Lößprofil in der Ziegeleigrube Oßmannstedt, Ilmtal. (Aus W. Soergel[1].)
Neben frischem sind verschiedenartige, diluvial verwitterte Lösse vorhanden. Das Profil gliedert sich nach den dargestellten Abtragungsdiskordanzen in vier Teile.

grauen Löß. Ganz ähnliche Zusammenhänge finden wir in einem Profil von Münzenberg in der Wetterau[2]. Das inzwischen etwas veränderte Profil, das, beiläufig gesagt, jetzt sehr schlecht aufgeschlossen ist, war folgendes:

Lößprofil von Münzenberg in der Wetterau.

Nr. 9	Jetziger Verwitterungslehm		1,0 m
Nr. 8	Jüngerer, hellgelber Löß		1,0 m
Nr. 5 m—7	Sandlöß mit vereinzelten größeren Geröllen und gerollten Lößkindln, besonders an der unteren Grenze		1,5 m

Scharfe unregelmäßige Abtragungsgrenze.

Nr. 5 u	Humusreicher Lehm, Schwarzerde		1—1,5 m
Nr. 4 o	Grauerde		0,5 m
Nr. 2—3	Älterer Lehm mit vereinzelten Geröllen, oben stärker gebräunt . .		2,5 m
Nr. 1	Älterer Löß, dunkelgelb, ungeschichtet, mit großen Lößkindln . . .		3,0 m

Eine chemische Untersuchung dieses Profiles ist auf der umstehenden Zahlentafel gegeben. Der Quotient *ba* zeigt in diesen Analysen zunächst, wie sich die Verwitterungszonen deutlich von dem frischen Löß abheben, da seine Werte unter 1 liegen. Von großer Bedeutung ist, daß sich die Grauerden wie die Schwarzerden durch vollständige Freiheit an Kalziumkarbonat auszeichnen. Die Grauerde, die einen ausgesprochen sandigen Eindruck macht, obwohl sie

[1] Soergel, W.: Die diluvialen Terrassen der Ilm und ihre Bedeutung für die Gliederung des Eiszeitalters, Taf. 2. Jena: G. Fischer 1924.
[2] Harrassowitz, H.: Einige Lößprofile der Wetterau. Ber. oberhess. Ges. Natur- u. Heilk. Gießen, Naturwiss. Abt., N. F. 3, 88, 89 (1909).

noch schwach lehmig ist, zeigt den höchsten Wert von ki; es hat starke Abfuhr von Tonerde und Anreicherung von Kieselsäure stattgefunden.

Lößprofil von Münzenberg[1].

	1	2	3	4 o	5 u	7	8	9
	Älterer Löß	Älterer Lehm		Grauerde	Schwarz-erde	Sandlöß	Jüngerer Löß	Lehm

Bauschanalysen.

	1 Älterer Löß	2 Älterer Lehm	3 Älterer Lehm	4 o Grauerde	5 u Schwarz-erde	7 Sandlöß	8 Jüngerer Löß	9 Lehm
SiO_2	69,31	72,63	69,88	77,55	69,84	64,09	66,24	69,36
TiO_2	0,88	0,84	0,84	1,30	1,39	1,06	0,85	1,16
Al_2O_3	9,42	12,07	15,40	8,34	10,87	9,24	9,57	10,77
Fe_2O_3	3,45	4,14	3,35	3,76	6,11	4,96	4,15	5,10
FeO	—	—	—	0,58	—	—	—	0,72
MnO	—	—	—	—	—	—	—	0,07
MgO	0,97	1,05	1,30	0,81	0,65	1,55	1,59	0,90
CaO	5,33	1,83	2,05	0,84	1,87	6,89	7,92	1,29
Na_2O	2,25	1,55	1,21	1,03	1,48	2,82	1,68	1,37
K_2O	2,76	2,27	1,42	1,44	2,25	1,91	0,76	1,53
CO_2	3,31	0,49	0,21	—	—	3,92	4,90	—
$H_2O +$	} 2,40	2,91	4,42	{ 2,45	4,96 + org. S.	3,93	2,86	{ 4,61
$H_2O -$				{ 2,15 }				{ 3,24
P_2O_5	—	—	—	0,11	—	—	—	0,14
SO_3	—	—	—	0,06	—	—	—	0,025
	100,08	99,78	100,08	100,42	99,42	100,37	100,52	100,285
ki	12,5	10,2	7,7	15,8	10,9	11,8	11,8	11,1
ba	1,74	0,69	0,39	0,57	0,76	2,1	1,9	0,58

Salzsäureauszüge.

	1 Älterer Löß	2 Älterer Lehm	3 Älterer Lehm	4 o Grauerde	5 u Schwarz-erde	7 Sandlöß	8 Jüngerer Löß	9 Lehm
SiO_2	5,64	6,06	8,12	4,75	11,35	5,82	5,27	9,85
TiO_2	Spur	Spur	Spur	0,07	0,28	Spur	Spur	0,14
Al_2O_3	2,19	2,56	3,73	2,36	3,66	2,66	2,58	4,47
Fe_2O_3	2,19	3,13	3,24	2,66	3,97	2,12	1,93	4,34
FeO	—	—	—	0,13	—	—	—	0,32
MnO	—	—	—	—	—	—	—	0,05
MgO	0,73	0,74	0,88	0,36	0,15	1,37	1,13	0,37
CaO	4,94	0,93	1,12	0,27	0,78	6,09	6,21	0,49
Na_2O	1,25	0,99	0,91	0,18	0,30	1,45	1,33	0,28
K_2O	0,63	1,93	1,07	0,21	0,44	0,95	0,50	0,21
CO_2	3,31	0,48	0,21	—	—	3,92	4,90	—
H_2O	0,91	0,94	2,09	—	2,39 + org. S.	2,40	1,45	—
P_2O_5	—	—	—	0,11	—	—	—	0,14
SO_3	—	—	—	0,06	—	—	—	—
	21,79	17,76	21,37	11,16	23,32	26,78	25,30	20,66
Rückstand	—	—	—	84,35	—	—	—	71,25
H_2O	—	—	—	4,60	—	—	—	7,85
ki	4,4	4	3,7	3,4	5,3	3,7	3,5	3,75

Ein anderes Lößprofil mit Verwitterungshorizonten ist von SCHNELL näher untersucht worden[2]. Das große Profil, bei dem aus einer senkrechten Lößwand

---

[1] Die Analysen zu Nr. 1—3 und 5—8 stammen aus S. GOLDBERG: Chemische Untersuchungen über den Löß von Münzenberg in der Wetterau. Dissert., Gießen 1923. (Nur im Auszug gedruckt.) — Die Analysen zu Nr. 4 o (Nr. 281 und 282) und 9 (Nr. 276 und 280) sind von Dr. MOESER, Gießen, angefertigt. Die Analyse zu Nr. 9 ist schon in diesem Handbuch 3, 193 veröffentlicht. Dort muß es bei ki im Salzsäureauszug an Stelle von 5,75 3,75 heißen.

[2] SCHNELL, A.: Chemische Untersuchungen über den Löß von Sprendlingen in Rheinhessen. Dissert., Gießen 1928.

im Abstand von je $^1/_2$ m Proben zur Untersuchung entnommen wurden und das schon von VON HOHENSTEIN[1] beschrieben wurde, ist folgendes:

Lößprofil von Sprendlingen in Rheinhessen.

Oberflächen-Schwarzerde	Pr. 1	Kaffeebraune Schwarzerde, krümelig.	
	Pr. 2	Dunkelbraun gesprenkelte Schwarzerde mit vereinzelten Krotowinen.	
Löß	Pr. 3—14	Gelber Löß, zu oberst häufig Lößkindel; durch den ganzen Löß sind diese spärlicher, sonst fest.	
Obere begrabene Schwarzerdeschicht	Pr. 15	Kaffeebraune Schwarzerde, reichlich.	
	Pr. 16	Wurmkrümel, doch fest. Lößschnecken.	
	Pr. 17	Dunkelbraun gesprenkelte Schwarzerde, Lößschnecken, dunkle und helle Krotowinen.	
Löß	Pr. 19	Gelblichweißer Löß mit dunklen Tierlöchern.	

Von diesem Profil seien nur die Analysen wiedergegeben, zu denen auch Salzsäureauszüge angefertigt worden sind.

Lößprofil von Sprendlingen.

	19 Älterer Löß	16 Ältere Schwarzerde	14 Jüngerer Löß	9 Jüngerer Löß	5 Jüngerer Löß	3 Jüngerer Löß	2 Jüngere Schwarzerde
Bauschanalysen.							
SiO_2	54,90	60,80	50,30	59,36	55,08	51,88	66,75
TiO_2	0,55	0,66	0,49	0,65	0,69	0,56	0,71
Al_2O_3	9,92	10,99	8,76	9,55	9,03	7,93	15,25
Fe_2O_3	4,52	4,82	3,34	3,96	4,16	3,95	4,89
MgO	2,11	1,86	2,43	1,51	1,90	2,01	0,69
CaO	11,75	8,04	16,45	10,25	13,07	15,18	1,65
Na_2O	1,17	1,02	1,11	1,08	1,07	0,77	1,10
K_2O	1,81	2,15	1,85	2,10	2,08	1,99	2,93
CO_2	7,48	4,34	13,38	8,77	11,26	12,48	0,90
H_2O	5,41	4,95	1,66	2,48	2,14	3,08	5,55
	99,62	99,63	99,77	99,71	100,48	99,83	100,42
ki	9,4	9,4	9,8	12,6	10,4	11,1	7,4
ba	2,6	1,7	3,9	2,4	3,1	3,8	0,53
Salzsäureauszüge.							
SiO_2	9,07	10,50	8,48	9,98	9,54	8,46	11,76
TiO_2	0,11	0,13	0,12	0,13	0,14	0,12	0,14
Al_2O_3	4,98	4,96	3,22	3,59	3,86	3,63	5,93
Fe_2O_3	3,94	3,94	2,99	3,30	3,74	3,31	4,44
MgO	1,67	1,30	1,76	1,07	1,40	1,56	0,59
CaO	10,19	6,54	15,11	9,87	12,52	14,42	1,49
Na_2O	0,15	0,18	0,14	0,18	0,13	0,11	0,14
K_2O	0,32	0,32	0,43	0,30	0,43	0,46	0,53
	30,43	27,87	32,25	28,42	31,76	32,07	25,02
ki	3,1	3,59	4,46	4,71	4,19	3,98	3,38

Dieses Profil enthält neben dem Löß nur fossile Schwarzerde, die genau so wie an der Tagesoberfläche noch einen Gehalt an Kalk besitzt. Im übrigen ist auch hier *ba* kleiner als 1, und die **Schwarzerden kennzeichnen sich als Gebilde, die durchaus dem Lehm nahestehen**, nur sind sie hier gegenüber den Münzenberger Lehmen stärker entkieselt. Grauerden sind unter der Schwarzerde bei Sprendlingen nicht vorhanden. Die Schwarzerde wird in der Regel

---

[1] HOHENSTEIN, v.: Die Löß- und Schwarzerdeböden Rheinhessens. Jb. u. Mitt. oberrhein. geol. Ver., N. F. **9**, 82 (1920).

als Anzeichen trockeneren Klimas aufgefaßt. Bei der geringen Zahl von Analysen und der Unterlagerung durch ausgesprochene Grauerden muß dies jedenfalls bei Münzenberg als zweifelhaft bezeichnet werden. Die gewöhnliche Verlehmung ist als das Anzeichen feuchteren Klimas unter dem Einfluß stärkerer Vegetation zu bezeichnen. Ob es sich dabei um Wald handelt, läßt sich chemisch nicht beweisen, es fehlen auch Andeutungen von Wurzelhorizonten, die eigentlich zu erwarten wären. Die Grauerdebildung selbst weist auf Einwirkungen von noch größerer Feuchtigkeit hin, durch welche die gebildeten Verwitterungsgele ausgespült wurden. Es wäre aber auch möglich, daß es sich hier um Podsolierung unter Einfluß der darüber liegenden humosen Zone handelt, die dann nicht als Schwarzerde zu bezeichnen wäre. An sich ist eine Podsolbildung durch ein dreiteiliges Profil gekennzeichnet, das unter dem grauen Horizont eine Anreicherungszone aufweist. Von rezenten Verwitterungsprofilen wissen wir aber, daß sich die Podsolierung auf dem so feinkörnigen Löß in dieser Weise nicht ausprägt, sondern daß nur der dicht gelagerte Molkenboden entsteht, der verhindert, daß die unter dem Einfluß von Rohhumus gelösten Stoffe nach unten wandern. Die Sprendlinger Schwarzerden zeigen aber andererseits mit ihrem Kalkgehalt, daß sie nicht als Podsol zu bezeichnen sind, vorausgesetzt, daß hier nicht etwa eine nachträgliche Zuwanderung von Kalk stattgefunden hat. Bezeichnend ist, daß die in mehrfachen Horizonten vorhandenen, begrabenen Schwarzerden im Südwesten der Ukraine auf ein feuchteres Klima als das gegenwärtig dort herrschende Steppenklima hindeuten[1]. Dieser Schluß dürfte wohl allgemein für die fossilen Schwarzerden gelten. Wenn der Löß mit seinem großen Kalkgehalt als arides Produkt bezeichnet wird, so kann Schwarzerde, die jedenfalls sehr viel weniger oder gar keinen Kalk aufweist und mit Lehmbildung verknüpft ist, nicht unter einem trockeneren, sondern nur unter einem feuchteren Klima entstanden sein. Es ist dabei sehr wohl möglich, daß die Schwarzerden in verschiedenen Landschaften selbst in verschiedener Weise gedeutet werden müssen.

Die in Deutschland an der Tagesoberfläche vorkommenden Schwarzerden, wie z. B. in Rheinhessen, sind früher als Bildungen postglazialen Trockenklimas bezeichnet worden, werden aber jetzt von STREMME offenbar als rezente Bildungen aufgefaßt[2].

An die interglazialen Lehm- und Schwarzerdehorizonte im Löß treten interglaziale Verwitterungszonen heran, die sich zwischen andere Ablagerungen der Glazialzeit, zwischen Moränen oder Schotter, einschalten. Unter vollständig frischen und unverwitterten Schichten sind hier oft solche beobachtet worden, die vollständig entkalkt und braun gefärbt sind. Daneben sind die Glazialgeschiebe oft ganz verwittert. Sie sind ebenfalls sehr weit verbreitet und spielen bei der Gliederung eiszeitlicher Ablagerungen eine große Rolle. Auf die Fülle der Vorkommnisse[3] kann hier im einzelnen nicht eingegangen werden,

---

[1] KROKOS, V. I.: Le Loess et les sols fossiles du sud-ouest de l'Ucraine. Actes 4. Conf. internat. Pédol. 1924, **3**, 488 (Rome 1926).

[2] STREMME, H.: Die Steppenschwarzerden. Dieses Handbuch 3, 262 ff.

[3] BAREN, J. VAN: De morfologische Bouw van het Diluvium ten Oosten van den Ijssel. I u. II. Tijdschr. K. nederl. Aardrijksk. Genootsch. **27**, 92 p (1910). — Roter Geschiebelehm. Internat. Mitt. Bodenkde. **1**, H. 3/4, 1—12 (1912). — BLANCK, E.: Beiträge zur regionalen Verwitterung der Vorzeit. Mitt. landw. Inst. Univ. Breslau **6**, 619—682 (1913). — Über die Entstehung der Roterden der Diluvialzeit. J. Landw., Berlin **1914**, 141—147. — GAGEL, C.: Beiträge zur Kenntnis des Untergrundes von Lüneburg. Jb. kgl. preuß. geol. Landesanst. für 1909, **30**, T. I, 165—255. — Probleme der Diluvialgeologie. BRANCA-Festschrift **1914**, 124—163. — Über einen neuen Fundpunkt nordischer Grundmoräne im niederrheinischen Terrassendiluvium und die Altersstellung dieser Grundmoräne. Z. dtsch.

genaue chemische Untersuchungen fehlen in Deutschland vollständig. Einen guten Überblick über die hierhergehörigen Erscheinungen geben die unten angeführten Arbeiten von Blanck. Von besonderer Intensität sind diese Verwitterungserscheinungen auf der Südseite der Alpen, wo sie uns in dem sog. Ferretto entgegentreten. Hier ist die Verwitterung besonders tiefgründig. Auch aus Nordamerika sind die entsprechenden Verwitterungserscheinungen bekannt. Auf dem Geschiebelehm bildet sich hier ein außerordentlich kolloidreicher Lehm, der den Namen Gumbotil bekommen hat. Aus den vorliegenden, leider nur unvollständig durchgeführten Analysen ergibt sich, daß die Verlehmung unter deutlicher Entkieselung und starker Entbasung erfolgt ist.

Nordamerikanische interglaziale Lehme[1].

Murray, Clarke County, Iowa.

	Gumbotil (Kansan)	Glacial till oxydiert ausgelaugt	Glacial till oxydiert nicht ausgelaugt		Gumbotil (Kansan)	Glacial till oxydiert ausgelaugt	Glacial till oxydiert nicht ausgelaugt
SiO_2 . .	70,46	71,84	68,56	CaO . .	1,21	1,29	4,48
Fe_2O_3 . .	4,17	4,62	4,40	MgO . .	0,55	0,72	0,79
Al_2O_3 . .	12,04	10,86	11,13	ki . . .	9,94	11,3	10,5

geol. Ges. 71, Mber., 21 ff. (1919). — Die Bedeutung der Verwitterungszonen für die Gliederung des Diluviums. Cbl. Min. B 1926, 385—389. — Geinitz, E.: Der Untergrund von Ludwigslust. Arch. Nat. Mecklenb. 68, 39—64 (1914). — Die Einheitlichkeit der quartären Eiszeit. Neues Jb. Min. usw. 1916, Beilgbd. 40, 77—118. — Harbort, E.: Gliederung des Diluviums in Braunschweig. Jb. kgl.preuß. geol. Landesanst. 35 II, 276—297 (1914). — Hissink, D. J.: Rood zand. Ver. geol. Sect. v. h. Geol. Mijnbouwk. Genootsch. v. Nederland en Kolonien 1915, T. 2, 57—59. — Kay, G. F. u. Newton Pearce: The origin of gumbotil. J. of Geol. 28, 89—125 (1920). — Keilhack, K.: Fossiler Ortstein auf Sandflächen, aber nicht auf Talsanden der Mittelterrasse. Jb. preuß. geol. Landesanst. 1915 I, 471. — Das glaziale Diluvium der mittleren Niederlande. Ebenda 36 I, 475 (1915). — Die großen Dünengebiete Norddeutschlands. Z. dtsch. geol. Ges. 69, Mber. Nr. 1—4, 2—19 (1917). — Koehne, W.: EineVerwerfung und andere bemerkenswerte Erscheinungen im Niederterrassenschotter bei Pasing. Geognost. Jh. 28, 109—174 (1915). — Alter und Entstehung der Gesteine der Lößgruppe in Oberbayern. Z. dtsch. geol. Ges. 73, Mber. (1921). — Kraus, E.: Die Klimakurve in der Postglazialzeit Süddeutschlands. Ebenda 73, Mber., 223—227 (1921). — Der Blutlehm auf der süddeutschen Niederterrasse als Rest postglazialen Klimaoptimums. Geognost. Jh. 34, 169—221 (1921, 1924). — Leighton, M. M.: A notable pleistocene section. J. of Geol. 34, 167—174 (1926). — Leverett, Fr.: The weathered zone (Sangamon) between the iowan loess and illinoian till sheet. Ebenda 6, 171—181 (1898). — The peorian soil and weathered zone (Toronto Formation?). Ebenda 6, 244—249 (1898). — Comparison of north american and european glacial deposits. Z. Gletscherkde. 4, 241—295, 321—342 (1910). — Olbricht, K.: Über einige ältere Verwitterungserscheinungen in der Lüneburger Heide. Cbl. Min. usw. 1909, 690. — Das Diluvium in der Umgebung von Hannover. Globus 98, 277 (1910). — Neue Beobachtungen im Diluvium der Umgebung von Hannover. Cbl. Min. usw. 1913, 51. — Neuere Beobachtungen in den diluvialen Schichten von Lüneburg. Ebenda 1910, 609. — Einige Beobachtungen im Diluvium bei Görlitz. Jb. preuß. geol. Landesanst. 40, 509—512 (1919). — Panzer, W.: Talentwicklung und Eiszeitklima im nordöstlichen Spanien. Abh. senckenberg. naturforsch. Ges. 39, 156. — Penck, A. u. E. Brückner: Die Alpen im Eiszeitalter, S. 17, 33, 60, 65, 67, 749 ff. Leipzig 1901—1909. — Steinmann, G.: Diluvium in Südamerika. Z. dtsch. geol. Ges. 58, 215—229 (1906). — Stoller, J.: Ein Diluvialprofil am Steilufer der Werra. Jb. preuß. geol. Landesanst. für 1916, 37, 225—246. — Wasmund, E.: Zur Postglazialgeschichte des Würmseegebietes. Verh. internat. Vg. theor. u. angew. Limnol. (Moskau) 3 (Stuttgart 1927.) — Hess v. Wichdorf, H.: Geologie der Kurischen Nehrung. Abh. preuß. geol. Landesanst. Berlin, N. F. 1919, H. 77, 196. — Wildschrey, E.: Das niederrheinsche Diluvium. Ber. Vers. niederrhein. geol. Ver. 1924, 45—68. — Wolstedt, P.: Das Eiszeitalter, S. 138, 139. Stuttgart: Enke 1929. — Wüst, E.: Eine alte Verwitterungsdecke im Diluvium der Gegend von Sonnendorf bei Großheringen. Z. Naturwiss. 71 (1898). — Zeuner, Fr.: Eine altdiluviale Flora von Johnsbach bei Wartha. Cbl. Min. usw. B 1929, Nr. 5, 179—181.

[1] Analysen aus G. F. Kay u. J. N. Pearce: The Origin of Gumbotil. J. of Geol. 28, 117, 118 (1920).

Warren Township, Carrol County.

	Gumbotil (Nebraskan)	Glacial till oxydiert ausgelaugt	Glacial till oxydiert nicht ausgelaugt		Gumbotil (Nebraskan)	Glacial till oxydiert ausgelaugt	Glacial till oxydiert nicht ausgelaugt
SiO_2 . .	71,59	66,85	66,52	CaO . .	1,26	3,67	4,28
Fe_2O_3 . .	4,35	5,92	4,80	MgO . .	0,93	0,78	1,43
Al_2O_3 . .	12,79	11,65	11,18	*ki* . . .	9,5	9,74	10,1

Fort Madison, Lee County, Iowa.

	Gumbotil (Illinoian)	Glacial till oxydiert ausgelaugt	Glacial till oxydiert nicht ausgelaugt		Gumbotil (Illinoian)	Glacial till oxydiert ausgelaugt	Glacial till oxydiert nicht ausgelaugt
SiO_2 . .	71,07	72,24	72,30	CaO . .	0,79	0,61	4,13
Fe_2O_3 . .	4,24	7,43	3,47	MgO . .	0,85	0,95	1,28
Al_2O_3 . .	14,91	11,65	8,59	*ki* . . .	8,1	10,5	14,3

Zusammenfassung. Aus dem Diluvium kennen wir zahlreiche fossile Verwitterungsdecken. Neben die meist durch Erdfließen umgeformte periglaziale Schuttverwitterung treten Brodelböden, die freilich nur bei passendem petrographischem Zustand beobachtet werden können. Der in der Glazialzeit durch Aufwehen gewachsene Löß hat unter dem Einfluß des Trockenklimas seine charakteristische mechanisch-chemische Zusammensetzung erhalten. Als weitere aride Zeichen sind Windkanter und Schutzrinden beschrieben worden. Als interglaziale Bildungen feuchteren und wärmeren Klimas schalten sich in den Löß Lehmzonen ein, die aus Südamerika und in weitester Verbreitung aus Europa bekannt geworden sind. Mit ihnen verknüpfen sich vollständig entkalkte Grauerden und kalkarme oder ganz entkalkte Schwarzerden. Auf anderen Glazialgesteinen, wie Schottern oder Moränen, finden sich ebenfalls interglaziale, durch Eisenanreicherung gekennzeichnete Verlehmungszonen.

Diluvial oder vielleicht auch älter sind ausgedehnte Verlehmungen in Einebnungen deutscher Mittelgebirge, die eine ähnliche morphologische Stellung einnehmen wie die gleichaltrigen Lateritdecken Vorderindiens und Australiens.

Vordiluviale Verwitterungsdecken.

Fossile Roterden, besonders auf Kalken.

Kreßgefärbte Verwitterungslehme, die im allgemeinen als Roterden bezeichnet werden, finden sich in den verschiedensten Klimabereichen. In Deutschland beobachten wir sie etwa auf Kalken, wie z. B. auf solchen des Mitteldevons der Lahnmulde. Es läßt sich aber ungeheuer schwer entscheiden, ob sie hier rezent oder fossil sind. Auf den Höhen des Schwarzwaldes bilden sich aus orthoklasführenden Gneisen und Graniten ebenfalls rotgefärbte Lehme. Weit verbreitet sind sie als Karstroterden in dem schon als semihumid zu bezeichnenden Mittelmeerklima und finden sich schließlich in ariden Landschaften. Sie treten aber auch im rein humiden Gebiet hoher Temperatur auf. So liegen etwa in den südöstlichen Staaten von Nordamerika stellenweise Roterden, an die sich dann die Vorkommen im tropischen Bereich nach Süden anschließen. Fossil sind sie aus den verschiedensten Bereichen bekannt. So läßt sich aus dem Auftreten von Roterde an sich überhaupt gar kein Schluß ziehen, so lange nicht genaue geologische und chemische Untersuchungen vorliegen.

Der überwiegende Teil von fossilen Roterden liegt auf Kalken und ist außerordentlich weit verbreitet. Wie auch in der Gegenwart, so können wir schon im Silur feststellen, daß reine Kalke kreß gefärbte Verwitterungsprodukte liefern. Weit verbreitet treten sie uns als Höhlenlehme entgegen, deren Alter sich durch eingeschlossene Fossilien gut feststellen läßt. Als zwei von vielen

Beispielen mögen diluviale Vorkommnisse von Mixnitz (Steiermark) und an der Grenze von Diluvium und Tertiär in Ungarn erwähnt werden[1]. Daß die Roterden im Mittelmeergebiet z. T. fossil sein müssen, ist schon wiederholt betont worden. Die Kalke sind außerordentlich rein, und wenn sich hier Roterden in mächtigen Ablagerungen bilden, so ist dies nur dadurch möglich, daß sie sich über lange Zeiten hin angesammelt haben[2]. Da sich in diesen Vorkommen nur ausnahmsweise Fossilien befinden, so ist eine sichere Altersentscheidung aber nicht möglich. In Mittel- und Südeuropa finden wir die sog. Bohnerzformation[3] sehr weit verbreitet (siehe Abb. 20). Sie hat ihren Namen von den häufig nur erbsengroßen Brauneisenkonkretionen, die oft als Eisenerze abgebaut worden sind. Die nördlichsten Vorkommnisse liegen in Deutschland in Niederhessen, wo sie in der Gegend von Niederaula, Schwarzenborn, Gudenberg, Hornberg auf Muschelkalk bekannt sind[4]. Die auf den mittel- und oberdevonischen Kalken der Lahn- und Dillmulde oft verfolgbaren roten, manchmal aber auch weißen Tone dürften nach ihrer chemischen Zusammensetzung hierher zu rechnen sein. Sie sind mit Ablagerungen von Eisenmanganerz verknüpft, die vor allen Dingen auf der Oberfläche der Kalke liegen, aber auch z. T. daneben Konkretionen (keine eigentlichen Bohnerze) bilden. Auf die altbekannten Roterdevorkommnisse im Mainzer Becken wies vor kurzem wieder Wenz[5] hin. Hier liegen sie auf Corbicula- und Hydrobienschichten und sind wohl dem Pliozän zuzurechnen, da sie andererseits von Löß überdeckt werden. In Süddeutschland kennt man sie besonders von dem Albplateau und kann nach den eingeschlossenen, oft zahlreichen Fossilresten feststellen, daß sie in das Obereozän, Unteroligozän, Obermiozän und Pliozän hineingehören[6]. In der Schweiz gehören sie dem Mitteleozän an und sind vom Schweizer Jura weit in die Alpen hinein zu verfolgen. Hier kommen sie in der autochthonen und parautochthonen Zone, den unteren helvetischen Decken und selbst in der Stockhornzone vor[7]. Überall ist ein ausgesprochenes Karstrelief vorhanden. In Taschen und unregelmäßigen Vertiefungen liegen die hier oft als Bolus bezeichneten, schon verfestigten Roterden, und das Bohnerz ist an der Basis besonders gut ausgebildet. Die Rotfärbung der Schweizer Molasse in den unteren Horizonten beruht darauf, daß die eozäne Verwitterungsdecke abgetragen wurde. Auch in verschiedenen Tertiärhorizonten Süddeutschlands finden sich ähnliche Einschwemmungen[8]. Ähnlich sind die bekannten

---

[1] Machatschki, F.: Chemische Untersuchung der Devonkalke, Höhlenlehme und einiger Phosphaterden aus der Drachenhöhle bei Mixnitz (Steiermark). Cbl. Min. usw. A **1929**, 232—238. — Kormos, Th.: Über die Resultate meiner Ausgrabungen im Jahr 1913. Jber. kgl. ung. geol. Reichsanst. **1913**, 559—604. — Die präglazialen Bildungen des Villánger Gebirges und ihre Fauna. Ebenda **1916**, 448—466.

[2] Harrassowitz, H.: Südeuropäische Roterde. Chem. Erde **4**, 7 (1928).

[3] Harrassowitz, H.: Laterit, S. 478—482, 564. Berlin 1926. Mit Literaturangaben. — Brill, Richard: Paläogeographische Untersuchungen über das Pliozän im Oberrheingebiet. Mitt. bad. geol. Landesanst. **10**, H. 2, 291—426 (1929). — Kiefer, Hellmuth: Das Tertiär der Breisgauer Vorberge zwischen Freiburg i. Br. und Badenweiler, S. 31. Inaug.-Dissert., Freiburg i. Br. 1928.

[4] Blanckenhorn, M.: Erl. z. geol. Spezialkarte v. Preußen, Bl. Hornberg S. 99, Gudenberg S. 80, Schwarzenborn S. 38, Niederaula S. 29.

[5] Wenz, W.: Tertiäre Verwitterungsrinden im Mainzer Becken. Z. dtsch. geol. Ges. **76**, Mber. Nr. 8—10, 215—222 (1924).

[6] Weiger, Karl: Beiträge zur Kenntnis der Spaltenausfüllungen im Weißen Jura auf der Tübinger, Uracher und Kirchheimer Alb. Inaug.-Dissert., Tübingen 1908.

[7] Heim, A.: Die Bohnerzformation. In Geologie der Schweiz **1**, 80, 166, 529—541; **2**, 337, 338. 1919.

[8] Berz, Karl C.: Petrographisch-stratigraphische Studien im oberschwäbischen Molassegebiet. Dissert., Tübingen 1915. — Seemann, R.: Geologische Untersuchungen in einigen Maaren der Albhochfläche. Jh. Ver. vaterl. Naturkde. Württ. **1926**. — Berck-

fossilreichen, roten Tone des unteren Pliozäns von Pikermi[1] in Attika als umgelagerte Karstroterden zu werten.

Als Verwitterungsprodukte von Gneisen stellen sich die an der Grenze zum Pleistozän liegenden, z. T. ebenfalls hipparionführenden, kreß gefärbten Tone Chinas dar. Teils finden wir sie noch anstehend vor, teils bis zu 65 m Mächtigkeit als zusammengeschwemmte Ablagerungen[2].

Anhangsweise sei an dieser Stelle auf die stark kreß oder braun gefärbten, gelreichen norddeutschen Untereozäntone hingewiesen, die · GAGEL[3] als lateritisch bezeichnen wollte. Sie zeichnen sich durch große Mengen löslicher Teile von SiO_2 und Al_2O_3 aus, wobei SiO_2 bevorzugt wird. Dies spricht aber durchaus gegen lateritische Abkunft, vielmehr haben wir darin deutliche Kennzeichen mariner Pelite, deren Gele nicht unverändert vom Festland übernommen wurden, zu sehen. Eine ganze Reihe mariner Schlammgesteine aus Tertiär, Jura, Kreide zeigen diese chemische Eigenheit, die sie im HCl-Auszug deutlich von allen Böden trennt. Der hohe Gehalt an Fe_2O_3 und die Farbe der eozänen Tone ist freilich auffällig. Es ist aber nicht sicher, ob hier nicht Perm aufgearbeitet wurde, genau so wie bei dem roten ostpreußischen diluvialen Deckton. Vielleicht kommt auch das basaltische Tuffmaterial des Untereozäns in Frage, da sich in ihm gern „ziegelrote" Farben bei der Verwitterung einstellen, wie im Vogelsberg oft beobachtet werden kann.

Über die chemische Zusammensetzung fossiler Roterden auf Kalken geben die beifolgenden Analysen einen Überblick. Man erkennt ohne weiteres schon an der Bauschanalyse, daß eine Anreicherung von Tonerde vorliegt, da ki sich überwiegend zwischen 2 und 3 bewegt. Deutlich wird das Vorkommen von freier Tonerde aber nach Abrechnung des durch den Schwefelsäurerückstand nachgewiesenen Quarzes, da sich dann Werte bis 1,4 nach unten hin einstellen. Versuchen wir die Entstehung dieser Roterden auf Grund der bisherigen Kenntnis klimatisch zu deuten, so müssen wir den Quotienten ki HCl benutzen, wobei wir voraussetzen, daß derselbe keine nachträgliche Änderung erlitten hat. Nur in einem einzigen Falle ist hier ein niedriger Wert von 0,54 beobachtet worden, allerdings handelt es sich um einen Auszug mit nur 5 prozentiger Salzsäure, bei der man, wie sich aus anderen Analysen ergibt, annehmen kann, daß nicht genügend Kieselsäure frei wird. In allen anderen Fällen, wo mit konzentrierterer Säure gearbeitet wurde, geht ki HCl bis auf 3,2 hinauf. Unter Berücksichtigung der sonst aus dem Eozän bekannten klimatischen Daten ergibt sich aus dem hohen Wert von ki HCl, daß es sich hier um tropische Verwitterung handelt. Mit den Karstroterden können diese Vorkommen nicht verglichen

---

HEIMER, F.: Ein Beitrag zur Kenntnis des Böttinger Marmors. Jh. u. Mitt. oberrhein. geol. Ver., N. F. **10**, 23—36 (1912).

[1] ABEL, O.: Lebensbilder aus der Tierwelt der Vorzeit, S. 165. Jena 1922. — LEININGEN, W. Graf ZU: Entstehung und Eigenschaften der Roterden. Internat. Mitt. Bodenkde. **1927**, 201.

[2] BARBOUR, G. B., E. LICENT u. TEILHARD DE CHARDIN: Geological Study of the Deposits of the Sangkanko-Basin. Bull. geol. Soc. China **5**, 263—278 (1927). — TEILHARD DE CHARDIN u. E. LICENT: Observations sur les Formations quaternaires et tertiaires supérieures du Honan septentrional et du Chansi méridional. Ebenda **6**, 129—148 (1927). — Observations géologiques sur la bordure occidentale et meridionale de l'Ordos. Bull. Soc. géol. France, 4. ser. **24**, 49—91, 462—464 (1924). — ANDERSSON, J. G.: Essays on the Cenozoic of Northern China. Mem. geol. Surv. China, Ser. A **1923**, Nr. 3, 152p. — ZDANSKY, O.: Fundorte der Hipparionfauna um Pao-te-hsien in Nordwest-Shansi. Ebenda **1923**, Nr. 5, 69—81.

[3] GAGEL, C.: Die chemische Beschaffenheit und Unterscheidungsmöglichkeiten der Untereozäntone und der mitteloligozänen Septarientone. Jb. preuß. geol. Landesanst. für **1922**, **43**, 183—196.

werden, da deren ki HCl-Werte um 0,5 herum liegen. Es fehlen freilich Analysen von Bohnerztonen einwandfrei jüngeren Alters aus dem nördlichen Bereich.

Fossile Roterden auf Kalken.

	Kreß-gefärbter Höhlenlehm Diluvium	Bohnerzton					Bohnerz				Roter und gelber Ton über allit. Fe-Mn-Erzen	
		Pliozän		Eozän			Eozän				Oligozän	
	Mixnitz	Nimburg	Ebringen	Delsberg	Gießen		Gießen				Lindener Mark b. Gießen	
	1	2	3	4	5	6	7	8	9	10	11	12
SiO_2	40,09	41,00	45,23	56,95	49,6	24,75	24,28	12,2	25,19	14,7	49,77	41,37
TiO_2	1,29	n. b.	0,68	—	1,6	0,86	0,47	0,43	0,54	0,44	1,89	1,33
Al_2O_3	23,57	29.12	22,77	27,14	26,4	22,27	8,64	12,45	8,96	13,5	14,89	36,03
Fe_2O_3	12,40	15,30	15,40	7,67	10,8	2,13	55,63	61,34	54,11	57,97	16,23	7,87
MnO_2	—	—	—	—	—	21,35	—	—	—	—	0,42	—
FeO	0,10	n. b.	n. b.	n. b.	0,02	12,84	0,1	0,1	0,17	0,2	1,82	n. b.
MgO	1,78	0,95	0,79	0,28	0,2	0,70	0,05	n. b.	0,1	n. b.	1,79	0,22
CaO	3,89	1,54	2,27	0,12	0,6	2,17	0,1	n. b.	0,1	n. b.	4,37	0,83
Na_2O	0,63	n. b.	1,79	0,44	0,1	0,47	V_2O_5 0,14	0,14	0,1	0,13	—	—
K_2O	4,30	n. b.	2,84	0,28	0,3	0,24	n. b.	n. b.	n. b.	n. b.	—	—
P_2O_5	0,10	n. b.	n. b.	n. b.	0,03	n. b.	0,04	0,03	0,06	0,05	n. b.	—
CO_2	2,82	n. b.	n. b.	n. b.	0,13	n. b.	n. b.	n. b.	n. b.	n. b.	n. b.	—
H_2O+	8,75	9,83	8,76	7,84	10,5	12,39	10,58	11,5	11,24	12,58	8,83	12,67
	99,72	97,74	100,53	100,72	100,28	100,17	100,03	98,19	100,57	99,57	100,01	100,32
H_2O-	—	5,29	9,91	1,4	1,3	4,14	1,1	1,1	1,3	1,3	2,46	2,00
ki	2,9	2,4	3,4	3,5	3,2	1,9	4,8	1,7	4,8	1,8	5,7	2
ki Quarzfrei	—	1,9	2,5	1,5	2,1	1,4	1,1	1,1	1,4	1,3	2,6	1,7
ki HCl	—	1,2	2,8	3,2	1,9	1,4	0,32	0,00	0,75	0,00	2,4	2,3
ki H_2SO_4	—	2,1	3,2	1,4	2,1	1,3	2,7	2,1	2,8	2,06	2,7	1,3
HCl-lösl.	—	32,65	—	4,24	14,1	74,22	70,7	79,1	69,00	74,4	38,22	43,23

Nr. 1.   Machatschki: a. a. O., S. 232.
Nr. 2.   Fach, Br.: Chemische Untersuchungen über Roterde und Bohnerzton, S. 31. Dissert., Freiburg i. B. 1908.
Nr. 3.   Schwarz, R.: Chemische Untersuchungen über Bohnerzton und afrikanische Erden, S. 21. Dissert., Freiburg i. B. 1920.
Nr. 4.   Wie Nr. 2, S. 43.
Nr. 5.   Kuhn, W. u. W. Meigen: Bohnerz und Bohnerzton aus dem Klettgau (Baden). Jber. u. Mitt. oberrhein. geol. Ver. 1924, 53.
Nr. 6.   Schulteis, A.: Chemische Untersuchungen einiger Tone der Lindener Mark bei Gießen. Dissert., Gießen 1924.
Nr. 7—10. Wie Nr. 5, S. 48, 49, 50, 51.
Nr. 11—12. Wie Nr. 6.

Die Hauptmasse der Bohnerzformation wird durch intensiv kreß gefärbte, aber auch helle und manchmal sogar weiße Tone gebildet. Stellenweise handelt es sich um ganz reine Gelgesteine, die man als Abtragungsprodukte tropischer Verwitterung deuten darf. In den bis 120 m mächtigen Bohnerztonen liegen die rundlichen Brauneisenkonkretionen, die als Bohnerz bezeichnet werden. Manchmal sind diese konzentrisch aufgebauten und kugelrunden Gebilde durch Brauneisenschalen verkittet. Der Eisengehalt ist oft so hoch, daß die Erze ausbeutungsfähig werden. Sehr wesentlich ist, daß in den Bohnerzen nach Abzug des schwefelsäureunlöslichen Quarzes ein starker Überschuß von Tonerde vorliegt, so daß ki 1,1—1,4 ist. Schon aus dem Durchschnitt der Bauschanalysen von Schweizer Bohnerzen aus dem Jura ergibt sich $ki = 1,7$. Die entsprechende Zusammensetzung haben rezent-tropische Pisolithe in Roterde auf Kalken.

Erwähnt sei, daß mit den Bohnerzen die sog. Huppererden vorkommen, Quarzsande und feuerfeste Tone. Manchmal handelt es sich um regelrechte

Glassande, die früher im Schweizer Jura auch ausgebeutet wurden. Ihr Auftreten ist ohne weiteres zu verstehen, da rezente tropische Roterden bekannt sind, die neben den Kieselsäure-, Tonerde- und Eisenhydroxydgelen als Bodenskelett nur Quarz führen. Durch Ausspülung und Umlagerung können hier leicht reine Quarzsande entstehen. Daß die Verwitterung lateritisch war und unter Abfuhr von Kieselsäure arbeitete, zeigen die verkieselten Kalke, die man in diesem Bereich weithin verfolgen kann. Sie wurden schon aus dem Lothringischen Jura in Form von Hornsteingängen bekannt[1]. Im Schweizer Jura sind manchmal die Wandungen der Taschen regelrecht verkieselt.

Nicht alle Vorkommen von Bohnerztonen sind reine Verwitterungsdecken, sondern, wie schon bei den Glassanden angedeutet wurde, handelt es sich in dem mit Roterde erfüllten Karstrelief auch um umgelagertes Material, kenntlich an dem Auftreten von Schichtungen. Aus den Resten von Landwirbeltieren, vorwiegend von Säugetieren, ergibt sich aber, daß Verwitterung und Umlagerung sich unmittelbar hinter einander abgespielt haben. Es handelt sich in der Schweiz um eine deutlich eozäne Festlandsperiode, während weiter im Norden auch jüngere als pliozäne Roterden vorkommen. Dies kann nicht erstaunen, da ja, wie wir unten sehen werden, auch jungtertiäre Allite, z. B. im Vogelsberg, bekannt geworden sind.

Dieselbe mitteleozäne Diskordanz finden wir auch an der Ostadria und in Ungarn. Da das Material hier aber in Allit umgewandelt ist, wird es erst im nächsten Abschnitt besprochen, ebenso wie ähnliche Bildungen an der Grenze Kreide-Eozän an der Ostadria. Es gibt hier überall aber auch jüngere Roterden, die nicht verfestigt sind, sondern ihren siallitischen Charakter bewahrt haben. Im ungarischen Mittelgebirge hat der Verfasser sie an zahlreichen Stellen beobachtet, und man kann auch hier feststellen, daß an der Basis oft Eisen- und Manganerze liegen. Durch Bergbau auf diese Erze sind ähnliche Vorkommnisse auch in anderen Gebieten bekannt geworden, wo sie dem Tertiär angehören, wie etwa in den Appalachen[2]. Auf Kalke der Kreideformation, durch infrakretazische Diskordanz bedingt, sind nur wenige Roterdevorkommen zurückzuführen. So werden neuerdings von der Blümlisalpgruppe der Schweizer Alpen siderolitische (= Bohnerzton) Bildungen in den tiefsten Schichten des Valanginien erwähnt[3]. Derselben Verwitterungsphase entsprechen die Hauterivientaschen im Valangienkalke des Schweizer Jura[4]. Es handelt sich hier um ein unterirdisches Karstphänomen, das allerdings nicht zur Bildung von Verwitterungstonen geführt hat. Infrakretazisch sind vielleicht ausgedehnte allitische Siallite, welche vom Verfasser in Montenegro untersucht werden konnten.

Kreideroterden auf Kalk stellten ursprünglich die unterkretazischen Allite dar, die in Südfrankreich vorkommen. An der Wende von Kreide und Jura liegen die unten zu besprechenden Allite vom rumänischen Bihárgebirge und Griechenland, denen sich noch ältere in der Trias der Ostalpen, Kroatiens und Dalmatiens anschließen. Eines der ältesten hierher zu stellenden Siallitvorkommnisse findet sich unter Trias auf Karbon in Großbritannien[5].

---

[1] AHLBURG, JOH.: Über das Tertiär und das Diluvium im Flußgebiet der Lahn. Jb. preuß. geol. Landesanst. für 1915, **36** I, 322, 323.

[2] Literatur in KRUSCH-BEYSCHLAG-VOGT: Die Lagerstätten der nutzbaren Mineralien und Gesteine **2**, 2. Aufl., 626 (1921).

[3] KREBS, JUSTUS: Geologische Beschreibung der Blümlisalpgruppe. Beitr. z. geol. Karte d. Schweiz **84** (N. F. **54**, III. Abt.). Bern 1925.

[4] HEIM, A.: Geologie der Schweiz **1**, 533, 608, 609. 1919.

[5] SMITH, B.: Pre-triassic Swallow-holes in the Haematite District of Furness, Lancs.: a Glimpse of an Ancient Lanscape. Geol. Mag. **57**, Nr. 667, 16—18 (1920).

Die Trias ist im ganzen alpinen Bereich durch mehrfache Trockenlegungen gekennzeichnet, die Roterde geliefert haben. In der Raiblerzeit haben wir stellenweise eine ausgesprochene Festlandszeit vor uns, wie ja schon durch den Lunzer Sandstein mit seinen Kohlenflözen und die Gipse angezeigt wird. Dann folgt die norische Transgression, der gegen Ende des Rhät wieder ein Meeresrückzug folgt, so daß der Lias erneut transgrediert.

Eine Festlandsbildung finden wir offenbar in Mittelbünden, an der Unterkante der obersten karnischen Schichten, wo sich an der Basis des Hauptdolomites eine Breccie von großen Dolomitblöcken in Gestalt von rot und grün gefärbten, tonigen Grundmassen ausgebildet hat[1]. Im Gebiet der Tessiner Alpen und Ostalpen macht sich die Transgression des Lias über ehemaliges Festland sehr schön bemerkbar, und zwar greift sie auf den Hauptdolomit und oberrhätische Gesteine über. Die Lücke, die z. T. noch bis in den untersten Lias hinein reicht, wird durch Terra rossa mit Bohnerzen gekennzeichnet[2]. Leider liegen noch gar keine chemischen Untersuchungen vor. Ausgesprochene Allite des Raibler-Horizontes konnte Verfasser im Likaner Kroatien bei Bruvno und Rudopolje untersuchen, wo sie zusammen mit siallitischen Gesteinen vorkommen.

Die Kalkbildungen der obersten Trias sind in den angegebenen Gebieten korallogen und stellen ausgezeichnete Riffe dar. Diese Riffe haben stellenweise frei an der Meeresoberfläche gelegen und konnten zu Roterde verwittern, oder festländische Abtragungsprodukte wurden eingeschwemmt. So finden wir in hierher gehörigen Gesteinen immer wieder rote Einlagerungen, die schon frühzeitig bekannt geworden sind[3].

Suess gab bereits eine klare und eindeutige Besprechung der z. T. sehr auffälligen Vorkommnisse. „Zuerst sind die grellroten Scherben zu erwähnen, welche einzelnen Bänken eingestreut sind. Bald sind sie eckig, als wären sie abgebrochen von einer erhärteten roten Bank, bald dünngeschichtet, rot und gelb." Daneben finden sich geschichtete Einschaltungen von roten, tonigen Zwischenmaterialien oder rotgefärbten Kalken, die aus dem hangenden Teil der ladinischen Schichten bis in den Lias zu verfolgen sind. In den Korallenriffen kann man oft Kalkbrocken beobachten, die durch Kalk übersintert erscheinen, wie dies auch in der Nachbarschaft der erwähnten Scherben vorkommt. Dieses gemeinsame Auftreten von Roterden und Korallenkalken gehört zu denjenigen Verwitterungsbildungen, die stratigraphisch mit am weitesten zurück-

---

[1] Cadisch, J., W. Leupold, H. Eugster u. R. Brauchli: Geologische Untersuchungen in Mittelbünden. Festschr. Albert Heim, S. 384. Zürich 1919.

[2] Cornelius, R. P.: Ein Bohnerzfund auf dem Latemar (Dolomiten). Verh. geol. Bundesanst. Wien 1926, Nr. 10, 195. — Frauenhofer, A.: Beiträge zur Geologie der Tessiner Kalkalpen. Eclog. geol. Helvet. 14, 312 (1916). — Klebelsberg, R. v.: Beiträge zur Geologie der Südtiroler Dolomiten. Z. dtsch. geol. Ges. 79, 337 (1927). — Leuzinger, P.: Geologische Beschreibung des Monte Campo dei Fiori und der Sedimentzone Luganer See—Valcuvia. Eclog. geol. Helvet. 20, 107—115 (1926). — Houten, J. van: Geologie der Kalkalpen am Ostufer des Lago Maggiore. Ebenda 22, 16 (1929). — Reithofer, O.: Geologie der Puezgruppe. Jb. geol. Bundesanst. 78, 299 (1928). — Vollrath, P.: Zur Bildungsgeschichte der obernorischen und rhätischen Stufe im Karwendelgebirge. Cbl. Min. usw. B Nr. 8, 326. — Vortisch, W.: Oberrhätischer Riffkalk und Lias in den nordöstlichen Alpen. I. Teil. Jb. geol. Bundesanst. 76, 1—64 (1926).

[3] Houten, J. van: Geologie der Kalkalpen am Ostufer des Lago Maggiore. Eclog. geol. Helvet. 22, 16 (1929). — Walther, J.: Die gesteinsbildenden Kalkalgen des Golfes von Neapel und die Entstehung strukturloser Kalke. Z. dtsch. geol. Ges. 37, 353 (1885). — Suess, F. E.: Antlitz der Erde 2, 332 (1888). — Hahn, F. F.: Geologie der Kammerker-Sonntaghorngruppe. I. Stratigraphisch-paläontologischer Teil. Jb. k. k. geol. Reichsanst. 60, 311 bis 420 (1910). — Nöth, L.: Der geologische Aufbau des Hochfelln-Hochkiensberggebietes. Neues Jb. Beilgbd. 53, 431, 416, 440, 449. — Schmidt, W.: Der Bau der westlichen Radstädter Tauern. Denkschr. Akad. Wiss., Math.-naturwiss. Kl. 99 (1924).

verfolgt werden können. Der Liebenswürdigkeit von Herrn JOH. WALTHER verdankt der Verfasser Stücke aus dem südlichen Vorderindien, die teils subfossil sind, teils der oberen Kreide angehören. Aus der oberen alpinen Trias wurden sie soeben erwähnt. In ganz genau derselben Ausbildung können sie aber auch im Mitteldevon der Lahnmulde[1] immer wieder beobachtet werden. Aus dem Obersilur von Gotland hatte Herr HEDE, Stockholm, die Freundlichkeit, dem Verfasser ebenfalls hierher gehörige Stücke zu übersenden. Bei der großen Ähnlichkeit, die diese Massen immer wieder besitzen, unterliegt es keinem Zweifel, daß sie in gleicher Weise zu deuten sind. Sie zeigen uns, daß reine Kalke an der Oberfläche von Korallenriffen schon im Silur in derselben Weise verwitterten, wie dies noch heute geschieht.

Über den Chemismus unterrichten uns verschiedene Untersuchungen. M. BAUER beschrieb von einem rezent gehobenen Riff bei Ceylon[2] eine dünne Lateritrinde, in der Hydrargillit nachgewiesen worden ist. BAUER glaubte hier freilich von einer Verfrachtung durch Wind sprechen zu müssen. Aus dem Berchtesgadener Gebiet liegen uns 16 chemische Analysen von ladinischen, norischen und rhätischen roten Kalken vor[3]. Der Wert ki ist in allen diesen Fällen sehr gering und fast immer unter 1. Am auffälligsten war dies in einem norischen Gestein von der Hochalm mit dem Wert 0,49. Da die absolute Menge von Tonerde gerade in diesem Gestein eine sehr hohe war (18 %!), ließ der Verfasser an einem von Herrn LEUCHS freundlicherweise überlassenen Stück eine neue Bestimmung vornehmen. Sie führte leider in mehrfacher Beziehung zu einem abweichenden Ergebnis. ki erwies sich hier als 2,7. In einer anderen analysierten roten Einlagerung im Dachsteinkalk von Reichenhall war ki 2,4, ein Wert, wie er in keiner der von LEUCHS und UDLUFT veröffentlichten Analysen vorkommt. Es muß daher an der Richtigkeit dieser Analysen leider Zweifel gehegt werden. Nur ein aus Dachsteinkalk von Grimming untersuchtes Stück kommt den UDLUFTschen Analysen etwas näher, da ki hier 1,3 ist.

In der beifolgenden Zahlentafel sind einige neue Untersuchungen angeführt, die sich auf entsprechendes Material beziehen. Zum Vergleich mit den roten Einlagerungen mitteldevonischer Kalke sind auch einige Analysen benachbarter Gesteine beigegeben. Auf das Gesamtproblem gleichmäßig gefärbter roter Kalke kann hier nicht eingegangen werden. Es sei aber zum Ausdruck gebracht, daß der Verfasser den von FRANK[4] gezogenen Schlüssen nicht beipflichten kann. In der fraglichen Arbeit sind vor allen Dingen die chemischen Unterlagen ganz ungenügend, da in den benutzten Säureauszügen die ausgefallene Kieselsäure nicht aufgenommen wurde. Außerdem ist vollständig übersehen worden, daß Roterden keineswegs Kalkrückständen gleichzusetzen sind. Die Frage kann nicht nur an Hand von Analysen bestimmt gefärbter Kalke, sondern an einem möglichst umfassenden Material gelöst werden. Es ist schon jetzt bekannt, daß rein weiße und nicht kreß gefärbte Kalke wiederholt bereits in der Bauschanalyse einen Tonerdeüberschuß zeigen, dessen Entstehung noch keineswegs klar ist. Es ist gar nicht ausgeschlossen, daß diese gewichtsmäßig geringen Beimengungen auf Skelette von Organismen zurückzuführen sind.

Von den auf der Zahlentafel zusammengestellten Analysen beziehen sich die Nummern 1, 2, 4, 5 auf vergleichbare, kreß gefärbte, scherbenartige Ein-

---

[1] HARRASSOWITZ, H.: Klimazonen der Verwitterung usw. Geol. Rdsch. **7**, 244 (1917).

[2] BAUER, M.: Beitrag zur Kenntnis des Laterits usw. Neues Jb. Min. usw., Festbd., 76 (1907).

[3] LEUCHS, K. u. H. UDLUFT: Entstehung und Bedeutung roter Kalke der Berchtesgadener Alpen. Senckenbergiana **8**, 175—199 (1926).

[4] FRANK, M.: Lateritische Substanzen in marinen Kalken. Cbl. Min. usw. B **1928**, Nr. 5, 273—291.

Rote Einlagerungen in Kalken der Trias und des Devons.

	Dachsteinkalk (Reichenhall) Rote Einlagerungen Nr. 371 Bauschanalyse	Dachsteinkalk (Grimming) Rote Einlagerungen Nr. 288 Bauschanalyse	Norischer Kalk (Hochalm) Nr. 370 Bauschanalyse	Mitteldevonischer Kalk (Wetzlar) Rote Einlagerungen Nr. 238 Bauschanalyse	Nr. 243 HCl.	Mitteldevonischer Kalk (Wetzlar) Rote Einlagerungen Nr. 247 Bauschanalyse	Nr. 246 HCl.	Nr. 284 nur H_2SO_4-lösl.	H_2SO_4-Rückstand	Mitteldevonischer Kalk (Wetzlar) Rot Nr. 250 Bauschanalyse	Nr. 249 HCl.	Oberdevonischer Kramenzelkalk (Rodheim a. d. B.) Toniger Anteil Nr. 251 Bauschanalyse	Nr. 252 HCl.	Nr. 253 nur H_2SO_4-lösl.	H_2SO_4-Rückstand	Mitteldevonischer Tonschiefer (Haiger) Nr. 445 HCl.	Cypridinenschiefer (Löhnberg bei Weilburg) Nr. 244 Bauschanalyse	Nr. 245 HCl.
	1	2	3	4		5				6		7				8	9	
SiO_2	5,13	0,27	14,49	5,95	0,71	4,09	0,30	1,620	2,170	15,52	0,88	54,85	6,50	17,67	30,68	6,65	52,05	3,38
TiO_2	0,23	0,05	0,49	0,29	Spur	0,12	—	0,072	0,048	0,72	Spur	1,24	0,05	0,99	0,20	0,04	1,18	0,03
Al_2O_3	3,67	0,35	9,07	3,05	0,26	2,79	0,32	2,158	0,312	9,12	0,75	15,97	4,07	11,33	0,57	7,03	16,45	3,64
Fe_2O_3	1,64	3,36	4,51	13,67	13,08	1,02	0,88	0,097	0,043	3,45	2,54	6,57	5,50	0,68	0,39	1,24	6,35	4,88
FeO	Spur	—	0,10	0,09	0,07	0,41	0,37	0,040	0	0,06	0	0,57	0,14	0,43	0	3,56	0,80	0,34
MnO	—	—	0,02	—	—	0,05	0,05	0	0	0,01	0,01	—	—	—	—	0,08	0,26	0,20
MgO	0,36	—	1,18	0,52	0,36	7,76	7,61	0,127	0,023	0,77	0,30	3,40	1,99	1,27	0,14	0,61	2,33	0,54
CaO	48,62	—	37,43	42,59	42,10	40,90	40,90	0	Spur	36,85	36,85	5,60	5,13	0,47	Spur	6,19	7,28	6,69
Na_2O	—	—	0,08	Spur	Spur	0,11	0,07	0,016	0,024	0,23	0,08	0,46	0,28	0,08	0,10	—	0,94	0,39
K_2O	—	—	0,14	Spur	Spur	0,51	0,09	0,355	0,065	2,20	0,17	3,14	0,55	2,30	0,29	—	3,61	0,34
H_2O+	1,54	—	2,55	0,48	0,56	0,70	1,25	—	—	0,75	1,15	1,55	2,07	—	—	—	2,03	3,16
H_2O-	0,46	—	0,75	0,08		0,55		—	—	0,40		0,52		—	—	—	1,13	
CO_2	38,12	—	29,22	33,05	33,05	40,50	40,50	—	—	29,55	29,55	6,15	6,15	—	—	n. b.	5,20	5,20
P_2O_5	ger. M.	0,06	0,08	0,32	0,30	0,17	0,16	0,01	0	0,27	0,27	0,12	0,08	0,04	0	0,05	0,16	0,13
SO_3	.	—	Spur	—	—	—	—	—	—	—	—	—	—	—	—	n. b.	—	—
Rückstand	—	—	—	—	9,36	—	7,17	—	—	—	27,38	—	68,08	—	—	63,25	—	70,95
	99,77	4,09	100,11	100,09	99,85	99,68	99,67	4,495	2,685	99,90	99,93	100,14	100,59	35,26	32,37	88,70	99,77	99,87
ki	2,4	1,3	2,7	3,3	**4,6**	2,5	**1,6**	1,3	12	2,9	**2**	5,8	**2,8**	2,6	91	**1,6**	5,9	**1,6**

lagerungen in korallogenen Kalken. Nr. 3 ist das Original Nr. 5 von LEUCHS und UDLUFT[1], das einen gleichmäßigen, kreßfarbigen Kalk darstellt. 6, 7, 9 sind rote Sedimente, 8 ein blaugrüner Dachschiefer[2]. Aus den Bauschanalysen ergibt sich nur in einem Falle ohne weiteres das Auftreten freier Tonerde (Nr. 2). Die HCl-Auszüge aus dem Mitteldevon haben wechselnde Werte: 1,6, 1,6, 2, 2,8 und könnten mit tropisch-humiden Roterden zusammenhängen. Nach dem Schwefelsäurerückstand des tonigen Anteils von Kramenzelkalk zu urteilen, ist an frischen Mineralien wesentlich nur Quarz vorhanden, aber Nr. 5 zeigt wieder noch viel K_2O im Rückstand, was mit tropischer Verwitterung nicht zusammenpaßt. Die Menge an HCl-löslicher Substanz von Nr. 1—4, 5, 6, 8 ist nur gering und paßt zu Karstroterden, die von Nr. 7 aber ist höher und liegt im Bereich lateritischen Zersatzes. Wie unübersichtlich die Verhältnisse sind, ergibt sich aus der noch beigefügten Analyse Nr. 8, eines vollständig frischen, mitteldevonischen Dachschiefers von Haiger, der mit seinen verkieselten Fossilien ein rein marines Gestein darstellt. Die Menge löslicher Substanz ist recht groß, zugleich ist $ki\ HCl = 1,6$. Aber der marine Pelit 9 zeigt in der Bauschanalyse einen Quotienten ki, der nicht auf freie Tonerde und zugleich großen Basenreichtum hinweist. Irgendein sicherer Schluß läßt sich aus den Analysen noch nicht ziehen, es ist zu beachten, daß es sich hier um durchbewegte Gesteine handelt, deren chemische Beeinflussung noch nicht klar ist. Man kann nur aus dem Vorkommen auf Riffkalken zunächst auf tropische Verhältnisse schließen, ohne Einzelheiten, wie voll- oder semihumide oder aride Natur, angeben zu können.

Zusammenfassung. Siallitische Roterden auf Kalken lassen sich in den verschiedensten geologischen Formationen nachweisen. Weit verbreitet sind sie in Süddeutschland, im Schweizer Jura und in den Nordalpen im Eozän, auch Oligozän und Miozän, besonders wieder im Pliozän. In der Kreide treten sie nur örtlich auf, während sie in der oberen Trias reichlicher vertreten sind. Im Bereich der Gebirgsbildung finden sich auf Kalken die später zu besprechenden Allite. Mit korallogenen Kalken verknüpft sind Roterdeeinlagerungen bis zum Obersilur zu verfolgen.

Es gibt auch andersartige Roterden, die im Zusammenhang mit Laterit oder aridem Klima stehen. Aus dem Vorkommen von Roterden an sich kann kein Schluß auf das Klima einer Zeit gezogen werden[3].

Fossile Allitdecken.

Allite[4] gehören zu denjenigen Verwitterungsprodukten, die mit am häufigsten, und zwar als Laterit, erwähnt worden sind. Die verschiedensten kreß gefärbten Gesteine aus Trias, Jura und Eozän, die bekannte Rötung des Liegenden unter Perm sind hierher gestellt worden. Die Diagnose ist aber recht häufig nach der Farbe gestellt worden, so daß eine ganze Menge von angeblichen Lateriten tatsächlich keine sind. Allit ist nach der Definition von HARRASSOWITZ[5]

---

[1] LEUCHS, K. u. H. UDLUFT: a. a. O., Nr. 5, 176.

[2] Alle Analysen sind von Herrn Dr. MÖSER-Gießen angefertigt.

[3] Anhangsweise sei der Vollständigkeit wegen auf zwei tertiäre Vorkommnisse hingewiesen, die deutlich fossile Verwitterungszonen darstellen, aber ungenügend bekannt sind: TYRELL, J. B.: Pre-glacial oxydation in Northern Ontario. Econ. Geol. 18, 296, 297 (1923). — The Veins of Cobalt. Ebenda 15, Nr. 1, 453 (1920). — COLEMAN, A. P.: The Veins of Cobalt, Ontario. Ebenda 17, Nr. 1, 297 (1922). — CAPPS, ST. R.: An early tertiary placer deposit in the Yentna District. U. S. geol. Surv. Bull. 773, 53—61 (1925).

[4] Eine ausführliche Darstellung wird im Verlag von Gebr. Bornträger, Berlin, unter dem Titel: Allit (Laterit und Bauxit) bald erscheinen.

[5] HARRASSOWITZ, H.: Laterit, S. 255. 1926. — Bauxitstudien. Metall u. Erz 24, H. 8, 181—183 (1927). — Die weltwirtschaftlich wichtigste Bauxitausbildung. Ebenda 24, H. 24, 589—591 (1927). — Anchimetamorphose. Ber. oberhess. Ges. Natur- u. Heilk. 12 (1928). — Allit- (Bauxit-) Lagerstätten der Erde. Naturwiss. 17, H. 48, 928—931 (1929).

ein Gestein, das wesentlich aus Tonerdehydrat besteht. In der Technik spricht man hier von Bauxit, wissenschaftlich sind die Bezeichnungen Laterit und Bauxit früher wechselnd gebraucht worden. Manchmal hat man das tonerdereichere Material als Bauxit und das geringwertigere als Laterit bezeichnet.

Zwei Haupttypen können wir herausheben, die sich in den meisten Fällen schon im äußeren Anblick unterscheiden. In dem einen Fall handelt es sich um zellig-poröse oder pisolithische Gesteine, die gelegentlich auch dicht sind. Der andere Typus wird durch kreß gefärbte, ungeschichtete Gesteine gekennzeichnet, die vielfach verhärteten, feinen Tonen gleichen. Auch in ihnen kommen Pisolithe vor, sie sind aber fast durchweg durch Brauneisen gefärbt. Neben weichen, leichten und zerreiblichen findet man hier auch ganz schwere und feste Typen.

Diese beiden Haupttypen sind der wasserreiche, leichtlösliche, meist eisenarme Laterit und der wasserärmere, schwerlösliche und ziemlich gleichmäßig eisenreiche Bauxit. Durch sekundäre Vorgänge kann der Bauxit freilich nachträglich seinen Eisengehalt verlieren und dann weiß werden. Da der Ausdruck Bauxit, wie wir gesehen haben, ganz verschieden verwandt wird, werden die beiden Verwitterungsgesteine nach ihrem wesentlichen chemischen Aufbau wie folgt unterschieden:

Bauxit mit $Al_2O_3\,H_2O$ als Monohydrallit
Laterit mit $Al_2O_3\,3H_2O$ als Trihydrallit

In der Tabelle seien die wichtigsten Eigenschaften zusammengestellt:

	Löslichkeit	Fremde Beimengungen	Mittlerer Tonerdegehalt, wasserfrei berechnet %	Mittlerer Wassergehalt %
Monohydrallit . . .	schwer	groß	68	14
Trihydrallit	leicht	klein	77	28

Einen genaueren Überblick gibt die beifolgende Analysentafel, die in einigen neuen, von Herrn Dr. Möser in Gießen ausgeführten Bauschanalysen die wichtigsten Bestandteile wiedergibt. Es sei hervorgehoben, daß die Analysen neben anderen vollständig durchgeführt worden sind und auch noch Säureauszüge vorliegen, von denen insbesondere der Schwefelsäurerückstand wichtig ist, da er einen Schluß auf etwa vorhandenen Quarz oder Silikate erlaubt. In den Analysen sind die tonerdereichen Endglieder dargestellt. Es muß aber betont werden, daß auch kieselsäurereiche Allite vorkommen, die ihren Kieselsäurereichtum teils durch Quarz und Tonerdesilikate (wie in tropischen Roterden oder etwa im Granitzersatz) oder durch Beimengung von Kieselsäure-Tonerde-Gelen erhalten. Man wird diese Gesteine daher oft nach der Bauschanalyse nur als „allitisch" bezeichnen können. Sie stehen vielfach im Zusammenhang mit reinen Sialliten, also Gesteinen, die entweder aus Kaolin oder aus Tonerde-Kieselsäure-Gelen bestehen.

Das Alter der fossilen Allite ist recht verschieden. Neben rezenten, subfossilen und diluvialen kennen wir sie vorherrschend aus Tertiär und Kreide. Untergeordnete Vorkommen finden sich im Jura und in der Trias. Weitere Verbreitung haben sie offenbar wieder in der Karbonzeit gehabt, doch kennen wir anstehende Verwitterungsrinden nur von wenigen Punkten. In alten (?) kristallinen Schiefern des Mittelmeergebietes können sie vorkommen. Sie sind hier als Anhydrallit (Schmirgel, Korund) ausgebildet. Ob es sich aber wirklich um alte Gesteine handelt, muß sehr zweifelhaft erscheinen.

	Laterit				Bauxit				
	Trihydrallit				Urspr. Trihy-drallit	Monohydrallit			
	Diluvium	Pliozän	Eozän		Karbon	Eozän		Kreide	Jura
	(Vorder-indien)	Lich (Ober-hessen)	Arkan-sas (Nord-amerika)	Georgia (Nord-amerika)	Tichwin (Ruß-land)	Drnis (Dal-matien)	Gánt (Ungarn)	Braunhe (Süd-frank-reich)	Topolia Gravia (Griechen-land)
	Nr. 313	Nr. 258	Nr. 320	Nr. 292	Nr. 316	Nr. 272	Nr. 310	Nr. 261	Nr. 289
SiO_2	0,45	3,00	2,76	5,68	2,46	0,40	1,85	8,15	7,38
TiO_2	9,24	2,50	1,88	1,62	3,25	3,55	4,35	4,30	2,58
Al_2O_3	60,65	49,11	60,25	59,22	56,02	55,13	68,56	61,27	53,80
Fe_2O_3	2,52	14,27	2,45	1,64	24,86	21,26	10,54	11,49	22,82
FeO	0,14	0,39	0,10	0,00	0,22	0,11	0,03	0,21	0,58
MnO	Spur	0,02	0,03	Spur	Spur	0,04	0,06	0,05	0,14
MgO	0,04	0,16	0,06	0,30	0,07	0,13	0,07	0,23	0,25
CaO	0,06	1,40	0,15	0,22	0,10	0,38	0,06	0,48	0,28
Na_2O	0,12	0,15	0,18	0,08	0,09	Spur	0,05	0,08	0,44
K_2O	0,11	0,13	0,22	0,12	0,29	Spur	0,11	0,04	0,58
$H_2O +$	25,96	26,70	31,22	30,23	11,81	17,85	13,62	13,05	11,04
$H_2O -$	0,73	0,95	0,81	1,05	0,64	1,09	0,63	0,65	0,33
	100,02	98,78	100,11	100,16	99,81	99,94	99,93	100,00	100,22
HCl-Lösliches . .	28,37	40,32	51,53	45,48	31,12	34,38	13,13	15,67	29,99
Al_2O_3 darin	26,10	23,51	47,17	42,28	4,15	12,46	3,06	3,65	4,50
H_2SO_4-Rückstand	6,22	0,64	0,70	7,95	13,36	1,18	0,46	8,48	2,60
ki darin	0,05	6,2	0,55	3,9	0,01	0,85	0,9	3,5	3,4

Das geologische Vorkommen der Allite läßt sich in Kürze mit folgenden Sätzen wiedergeben:

Laterit auf Silikatgesteinen.

Bauxit auf Karbonatgesteinen.

Laterit als Trihydrallit ruhig gelagert, in Monohydrallit umgewandelt, orogen.

Bauxit als Monohydrallit nur orogen.

Laterit rezent und fossil.

Bauxit nur fossil.

Laterit suprakrustal und subkrustal.

Bauxit nur subkrustal.

Fossiler Laterit[1].

Ein vollständiges Lateritprofil besteht aus mehreren Teilen:

Anreicherungszone von Al und Fe, Allit,
durch aufsteigende Verwitterungslösungen gebildet.

Rotlehm, siallitisch und allitisch,
wechselnde Mächtigkeit, oft mit Zersatzbrocken.

Zersatz, Siallit oder Allit.

Frisches Gestein.

Der Allit tritt nach diesem Profil unter doppelten Umständen auf: als Zersatz des frischen Gesteins, wobei die Textur erhalten ist, oder als konkretionsartige Anreicherungszone der Oberfläche, die viel Pisolithe enthält[2]. Der Zersatz ist teils Allit, aber auch Siallit. Der Siallit ist entweder ein Allophanit, wie über Basalten, oder ein Kaolinit, wie über Graniten und Gneisen. Mit der Entstehung des Laterits ist also die Entstehung von Siallit, insbesondere von Kaolinit, vollständig verbunden. Es ergibt sich aber aus der Abb. 26, daß

---

[1] Eine ausführliche Behandlung des Themas ist in HARRASSOWITZ: Laterit, Berlin 1926, gegeben. Hier finden sich die reiche Literatur und zahlreiche Analysen, auf die verwiesen werden muß.

[2] Vgl. dieses Handbuch 3, 388—391, 419.

Siallitzersatz nicht nur in den Savannen, wo sich Laterit bildet, sondern ganz offenbar auch durch Tiefenverwitterung in Waldlandschaften, selbst unter Urwald, entsteht. Da viele Kaolinite ohne eine Lateritdecke vorkommen, werden sie unten für sich besprochen.

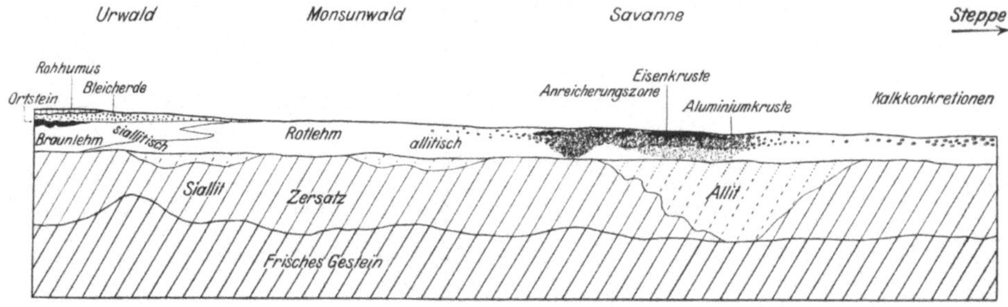

Abb. 26. Schematischer Überblick über die Verteilung der wichtigsten tropischen Bodentypen.

Laterite der Tertiärzeit sind außerordentlich weit verbreitet. Wir verfolgen sie zunächst in der zerbrochenen nordatlantischen Basalttafel. Von den Basaltdecken Islands berichtete Keilhack[1] das Vorkommen einer lateritischen Verwitterungsdecke der ältesten, wohl eozänen Basalte, die Allit und Brauneisenstein führt und von oligozänen und miozänen Basaltströmen eingedeckt wird. Auf der weit im Norden gelegenen Insel Mayen kommen nach Zeitungsnachrichten von 1929 ebenfalls mächtige Allite vor. Am schönsten ausgeprägt sind sie aber in Irland. Die eozänen Lavaergüsse werden hier durch eine 8 bis 38 m mächtige Lateritdecke getrennt. Diese erweist sich als ein vollständiges Lateritprofil (siehe Abb. 27). Über einem ausgesprochenen Zersatz (hier als Lithomarge bezeichnet) liegt ein mit Roterde verknüpftes, pisolithisches, aluminiumreiches Eisenerz und Allit, der von kohleführenden Sedimenten überlagert wird. Die Überlagerung durch die Kohle hat oft bedingt, daß die Allite, die infolge Umschwemmung auch mit Kohle wechsellagern können, nachträglich grau gefärbt wurden. Eine der typischsten Analysen weist 8,67 % SiO_2, 53,38 % Al_2O_3, 21,77 % H_2O^+ auf. Es handelt sich also um einen typischen Trihydrallit. Auch aus dem nordwest-schottischen Eruptivgebiet (Mull, Arran) sind Roterden bekannt, die wohl nach dem Vergleich mit solchen aus Irland als Laterit angesprochen werden müssen.

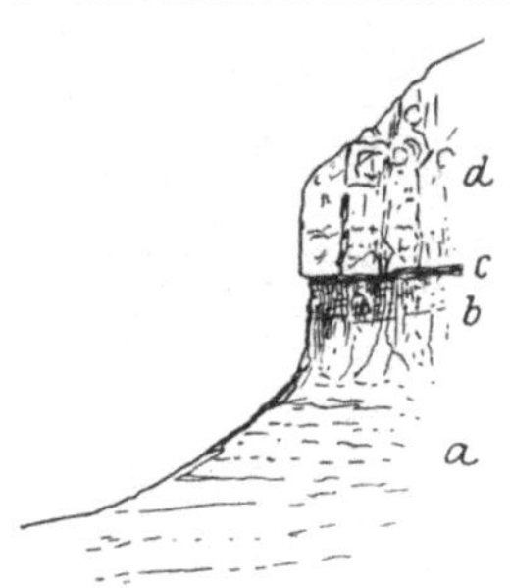

Abb. 27. Lateritprofil unter tertiärem Basalt. (Lyles Antrim auf Irland.) (Aus G. A. I. Cole u. a.: The interbasaltic rocks of north-east Ireland. Mem. geol. Surv. of Ireland S. 90. 1912.)

Unter dem oberen Basalt (d = 3—3,7 m) liegt zunächst eine dünne Schicht eines sedimentären Tones (c = 10 cm). Darunter liegt die Anreicherungszone des Lateritprofiles in Form eines aluminiumreichen Eisenerzes (b = 35—45 cm). Der tiefere Teil von b und a ist im wesentlichen Zersatz (15 m), der schließlich in den unteren, nicht dargestellten Basalt übergeht.

Ein gut bekanntes Lateritgebiet liegt in Mitteldeutschland vor, das hauptsächlich nachbasaltisch ist und sich an jungtertiäre Landoberflächen knüpft. Am besten ausgebildet sind die Lateritdecken im oberhessischen Vogelsberg, wo sie auch abgebaut werden. Sie finden sich hier auf Basalten, die sich hauptsächlich im Obermiozän, vielleicht aber auch im Altpliozän gebildet haben. In jungpliozäner Zeit kann Lateritverwitterung schon nicht mehr gewirkt haben, da die Allite als Gerölle im Liegenden der Wetterauer Braunkohlen bekannt geworden sind. Wir finden im Vogelsberg zunächst weite Strecken,

<hr>

[1] Keilhack, K.: Die geologischen Verhältnisse der Umgebung von Reykjavik und Hafnarfjördur in Südwestisland. Z. dtsch. geol. Ges. 77, Abh. Nr. 2, 147—165 (1925).

aus denen nur Zersatz in Mächtigkeiten bis zu 50 m bekannt ist. Da der Quotient ki hier schon in den Bauschanalysen bis auf 1,6 herabsinkt, kann man von allitischen Sialliten sprechen. An zahlreichen Stellen des westlichen Vogelsberges geht hier Bergbau um. In langgestreckten Lagerzügen, die offenbar auf alte, flache Talungen zurückzuführen sind, finden sich hier in Schürfen und Brocken Brauneisensteine angereichert, übrigens nicht nur in verwitterten Basaltströmen, sondern auch in verwitterten Tuffen. Nach den bisher bekannten Analysen liegt der Quotient ki zumeist unter 2, so daß diese Brauneisensteine, wie übrigens auch die auf den devonischen Kalken liegenden Eisenmanganerze, als lateritisch anzusprechen sind.

Die Laterite haben ein sehr bezeichnendes Vorkommen. Sie finden sich fast nur als rundliche, angefressene Knollen in einer bunten, deutlich allitischen Roterde (siehe Abb. 28). Diese Roterden sind als allitische Siallite anzusprechen, die nach ihrer Armut an Erdalkalien und besonders an Alkalien und ihrem hohen Gehalt an Tonerde, aber auch nach ihren physikalischen Eigen-

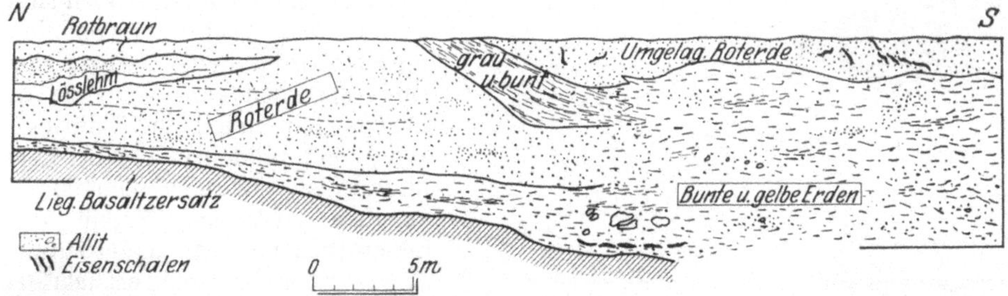

Abb. 28. Tertiäre, tropische Böden mit Allitstücken. Grube Steinbach, am Hohenstein östlich Garbenteich i. Vogelsberg. (Aus HARRASSOWITZ: Laterit, S. 443. 1926.)

Über dem liegenden Basaltzersatz liegt roter und bunt gefärbter umgelagerter Boden, in dem sich mehr oder weniger zahlreiche Allitstücke und -blöcke befinden. Teilweise ist Schichtung angedeutet. Die Bodenversetzung ist so stark gewesen, daß stellenweise Lößlehm vollständig zugedeckt wurde.

schaften durchaus tropischen, lateritischen Roterden entsprechen. Unter den vielfach umgelagerten Roterden liegt Zersatz, der oft allitisch und in einem Falle als reiner Allit mit nur 0,27 % SiO_2 entwickelt ist. Die manchmal zusammengeschwemmten Allitknollen sind deutlich Stücke von Zersatz und weisen durch ihre zerfressene Oberfläche und das Auftreten von Roterden in Hohlräumen darauf hin, daß der Zersatz in Roterde verwittert. Ganz entsprechende Erscheinungen sind aus den Tropen beschrieben worden[1], wo die Bezeichnung ältere Roterde angewandt wurde. Es handelt sich also im Vogelsberg nur um ein unvollständiges Lateritprofil, das auf der Roterdedecke keine Anreicherungszone trägt. Wenn für die Entstehung der lateritischen Anreicherungszone sonst ein Wechselklima verantwortlich gemacht wird, so kann dies im Vogelsberg nur schwach ausgeprägt gewesen sein, da die Anreicherungszone fehlt[2].

Die Allitknollen erwiesen sich nach der chemischen Untersuchung durchaus und immer als Trihydrallite, die noch einen hohen Gehalt an Fe_2O_3 besitzen, da es sich um Zersatz handelt[3].

In den Basaltgebirgen, die dem Vogelsberg benachbart sind, müssen Lateritdecken ursprünglich auch vorhanden gewesen sein. Zumeist sind sie aber abgetragen, und der Allit tritt nur noch in der Form von Geröllen auf. Schon

---

[1] Siehe dieses Handbuch 3, 402.

[2] Verfasser vertrat früher eine etwas andere Auffassung: HARRASSOWITZ: Laterit, S. 452. 1926.

[3] Vgl. die Analysen von Lich Nr. 258 auf der Zahlentafel. S. 277.

im östlichen Vogelsberg findet man, ohne daß eine anstehende Decke vorhanden wäre, Allitgerölle in pliozänen Schottern. Entsprechende Bildungen sind aus der Rhön und dem Knüll bekannt geworden. Im Westerwald liegt ein mächtiges Vorkommen bei Mühlbach. Hier handelt es sich um Roterde, die dem Jungtertiär in einzelnen Fetzen eingelagert ist und örtlich Allitgerölle führt.

Aller Wahrscheinlichkeit nach handelt es sich in den Alliten des Vogelsberges und seiner Nachbargebiete um letzte Reste einer ursprünglich weit ausgedehnten Decke. Wir erwähnten ja schon oben pliozäne Roterden auf Kalken, die recht häufig zu finden sind. Ein vollständig isoliert liegendes Vorkommen, das offenbar hierhin gehört, befindet sich im Harz an der Straße von Andreasberg nach Sonnenberg, wo Grauwacke tiefgründig rot verwittert ist[1]. Hier finden sich neben Zersatz auch rote Lehme, bei denen ki HCl $= 0{,}59$ war. Hier dürfte der Rest einer pliozänen Verwiterungsrinde vorliegen. Allerdings ist es auffällig, daß die Mengen an Alkalien und Erdalkalien in dem Verwitterungsmaterial sehr hoch sind, so daß man höchstens von einer unreifen tropischen Verwitterungsrinde sprechen kann. Ob ein aus Diabas bei Gefell im Thüringer Wald entstandener Ocker noch pliozän ist, läßt sich nicht sicher angeben. Da das Gestein aber außerordentlich arm an Basen und $ki = 1{,}75$ ist, handelt es sich hier um eine tropisch-lateritische Verwitterung[2].

Andere datierbare tertiäre Laterite befinden sich in Nordböhmen. Hier haben wir zunächst die bekannten großen Kaolinitdecken, die in den allermeisten

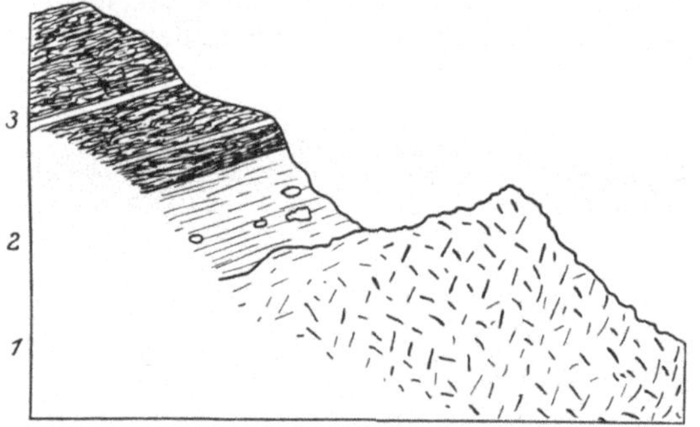

Abb. 29. Lateritischer Siallit unter Braunkohle. Grube der westböhmischen Kaolin- und Schamottewerke bei Ganghof, Nordböhmen. Nach der Natur gezeichnet. (Aus Harrassowitz: Laterit, S. 473. 1926.)
Über dem 3 m mächtigen, siallitisch verwitterten, oberoligozänen Phonolith (1) liegt ein bräunlicher Siallit, in dem noch Phonolithreste zu sehen sind (2 = 6 m). Überlagert wird die Verwitterungsrinde von untermiozänen Braunkohlen (3) mit einzelnen Tonbänken.

Fällen nur Zersatz darstellen und daher nicht sicher einzuordnen sind. In der deutschen Oberpfalz sind über dem Kaolin örtlich rote Tone vorhanden, so daß hier offenbar das Profil Roterde — Kaolinit-Zersatz — Frisches Gestein

		ki	Mächtigkeit cm
	5. Braunkohle	—	über 300
	4. Sandiger Letten	7,5	25
Degradierter Laterit	3. Brauner Flintton, wurzeldurchzogen	1,3	50
Laterit in Degradierung begriffen	2. Flintton, graugelblich, übergehend in	—	25
Lateriteisenkruste	1. Flintton, von Eisenoxydhydrat bunt durchädert	1	200
Kaolinitisierter Basalt oder Trachydolerit		2	—
Frischer Basalt oder Trachydolerit		4,3	—

[1] Blanck, E., F. Alten u. F. Heide: Über rotgefärbte Bodenbildungen und Verwitterungsprodukte im Gebiet des Harzes, ein Beitrag zur Verwitterung der Culm-Grauwacke. Chem. Erde 2, 115—133 (1925).
[2] Harrassowitz, H.: Laterit. S. 563. Berlin 1926.

vor uns liegt. Sehr viel deutlicher zu übersehen sind vom Verfasser untersuchte Profile in der Gegend von Brüx und Teplitz. Dort finden wir im Tertiär oligozäne Eruptivgesteine eingeschaltet, und auf diesen bilden sich Verwitterungsdecken aus (Abb. 29). Hauptsächlich sind es Siallite, die an mehreren Stellen schon nach der Bauschanalyse freie Tonerde besitzen. In einem Vorkommen östlich Teplitz konnte vom Verfasser ein deutliches Lateritprofil nachgewiesen werden. Über dem Laterit lag Braunkohle, die eine nachträgliche Degradierung des allitischen Siallites bedingt hatte. Das Profil war das nebenstehende. Es ist anzunehmen, daß der Laterit hier ursprünglich eine sehr weite Verbreitung besessen hat, jedenfalls kann man im Dupauer Gebirge genau dieselben Zersatzgesteine finden wie im Vogelsberg[1]. Die Abtragung war in Böhmen sehr groß, und die über dem Laterit liegende, untermiozäne Braunkohle ist erst nach einer längeren Verwitterungsphase zum Absatz gekommen. Durch die Braunkohlen- überlagerung ist nicht nur die erwähnte Entfärbung des Laterites eingetreten, sondern es wurde in ihm Pyrit, Markasit und Spateisenstein neu gebildet, das sind aber Mineralien, die außerordentlich häufig unter ähnlichen Lagerungs- verhältnissen zu finden sind, und zwar nicht nur in Böhmen, sondern z. B. auch auf nordamerikanischen oder schottischen Alliten.

In der südlichen böhmischen Masse liegt offenbar die allgemeine Fort- setzung dieser Vorkommnisse. Im niederösterreichischen Waldviertel sind sie freilich nur durch Kaolin angedeutet Sie treten dann aber auch in Steiermark und Kärnten auf[2], wo sie altmiozänen Flächen angehören. Auf Gneisen findet man hier Kaolinite, die schon durch die Bauschanalyse auf

---

[1] In den Erläuterungen zur geologischen Spezialkarte der Umgebung von Brüx, Prag 1929, will J. E. HIBSCH einen Teil dieses Materiales als Flözasche bezeichnen. Eine nähere Begründung dafür gibt er aber nicht an. Offenbar ist ihm der in anderen Gebieten so weit verbreitete, genau entsprechend ausgebildete und gelreiche Basaltzersatz vollständig unbekannt geblieben. Mit den in Nordböhmen so häufigen Erdbrandgesteinen kann eine Verwechslung aus dem Grunde nicht stattfinden, weil durch den Erdbrand die Gele in ihrer Ausbildung vollständig zerstört sein müßten. An der von HIBSCH angegebenen Stelle am Weg von Brüx nach Wteln liegt Basaltzersatz einwandfrei unter Erdbrandgesteinen. Den Laterit- charakter des beschriebenen Basaltzersatzes sowie des in dem Profil östlich Teplitz wieder- gegebenen Phonolithzersatzes will HIBSCH ebenfalls bestreiten. Wenn er dementsprechend angibt, daß die Lateritisierung die ganzen Gesteinskörper von oben herab hätte angreifen müssen, so hat er übersehen, daß die Phonolithkörper sehr schnell abgetragen wurden und beim Absatz der folgenden Braunkohle nur noch als Stümpfe dagestanden haben. Infolge- dessen kann man die Siallite nur als randlichen Mantel um die Kuppen verfolgen. Am Schloßberg von Brüx und an anderen Stellen sind sie aber immerhin bis zu größerer Höhe zu verfolgen. Da auf den Höhen der Kuppen nirgend Hangendgesteine vorhanden sind, kann man selbstverständlich nicht erwarten, daß eine Verwitterungsrinde erhalten geblieben ist; sie müßte bestimmt abgetragen sein. Eine Erörterung des oben gegebenen Profiles von Teplitz hält HIBSCH überhaupt nicht für nötig.

Eine wertvolle Bestätigung der Anschauungen von HARRASSOWITZ gibt eine neu erschienene Arbeit von K. KEILHACK: Lateritische Verwitterungsbildungen auf der prä- oligozänen vogtländisch-erzgebirgischen Fastebene im Untergrunde von Franzensbad in Böhmen. Z. dtsch. geol. Ges. **82**, 368—374 (1930). Unter untermiozänen Kohlen, wie sie oben angegeben wurden, befindet sich hier auf Gneis ein in einer Bohrung erschlossenes, voll- ständiges Lateritprofil, das 28,5 m mächtig ist. Im Liegenden befindet sich eine typische Zersatzzone, in der nach oben hin die Kaolinitisierung zunimmt. Darüber folgt eine Flecken- oder Bleichzone mit Eisenerzkonkretionen und schließlich eine 1—2 m mächtige Eisenkruste. Aus einer chemischen Übersichtsanalyse ergab sich, daß 3,2% freie Tonerde vorhanden sein müssen. Eine genauere, von KEILHACK angeregte Untersuchung durch den Verfasser konnte leider nicht vorgenommen werden, da die Preußische Geologische Landesanstalt die Abgabe des Materiales verweigerte.

[2] KIESLINGER, A.: Geologie und Petrographie der Koralpe. IV. Alte und junge Ver- witterung im Koralpengebiet. Sitzsber. Akad. Wiss. Wien, Math.-naturwiss. Kl. I **136**, H. 3 u. 4 (1927). — Tertiäre Verwitterungsbildungen in den Ostalpen. Geol. Rdsch. **19**, 464—478 (1928).

freie Tonerde hinweisen. Auf Eklogiten und Phylliten liegen aber auch Roterden, die nach den bisherigen unvollkommenen Analysen doch schon auf Tonerdevormacht hinweisen.

Aus Frankreich kennen wir nur ein einziges Vorkommnis von Alliten auf Gneisen unter Basalten von Cantal. Offenbar liegt hier dieselbe voroligozäne oder vorpliozäne Verwitterungsrinde vor uns. Ganz isoliert liegt ein schon seit langer Zeit bekanntes Vorkommen alter Roterde aus der Gegend von Batum. Hier finden sich auf Andesiten Roterden, die unter Entkieselung und starker Entbasung aus Andesit entstanden sind[1]. Aus dem Amurgebiet wurde ebenfalls von Glinka eine Roterde ganz ähnlicher Art auf Basalt festgestellt. Hier muß es sich um sehr junge fossile Böden handeln, die jetzt einer Podsolierung unterliegen.

An der Basis der sächsischen und böhmischen Kreide sind Kaolinitisierungen mit Roterden auf Gneis und im Eisengebirge allitische Eisenpisolithe auf Peridotit bekannt geworden.

In Nordamerika liegt ein außerordentlich interessantes Lateritgebiet am Südostrande der Appalachen vor. Das alte Faltenland wird hier von Kreide und Tertiär mit mehrfachen Diskordanzen überlagert. Zwei Gebiete heben sich heraus, die für uns wichtig sind: Minnesota im Norden und Missouri— Arkansas—Tennessee—Mississippi—Alabama—Georgia—Südkarolina. Grundsätzlich ist überall dieselbe Schichtenfolge vorhanden: auf das lateritisch verwitterte kristalline Gestein oder Paläozoikum folgt eine terrestre Schichtenfolge, die Aufarbeitungsprodukte der Verwitterungsrinde und Kohlen enthält. Die appalachische Lateritprovinz ist praktisch von sehr großer Bedeutung, da der Hauptteil des Aluminiumerzes für die blühende Aluminiumindustrie hier gewonnen wird. Die Allitbildung beginnt hier schon in der Zeit der unteren Kreide und setzt sich bis in das Eozän fort. Manchmal sind ausgesprochene Profile vorhanden, wie in Zentral-Georgia, wo der liegende Siallit der Oberen Kreide hangend seine Kieselsäure verliert.

Eines der wichtigsten Vorkommnisse befindet sich in Arkansas, wo aus dem Tertiär Syenitintrusionen des Paläozoikums herausragen. Hier ergibt sich aus der Literatur und dem dem Verfasser freundlichst von dem National-Museum in Washington überlassenen Material folgendes Profil:

Eozän: Sand, Ton mit Braunkohle und umgelagertem Allit. An der Basis z. T. ein ganz schwaches Kalksteinflöz		100—200 m
———————————Diskordanz———————————		
Pisolithischer Allit der Anreicherungszone	Nach oben dunkle Farben durch organische Substanz, Ferrokarbonat, Schwefelkies, Abnahme der Tonerde	0—12 m
Allit-Zersatz meist gelb mit Syenitstruktur		
Übergang		(3—45 m)
Siallit mit Syenitstruktur und Kugeln frischen Gesteines		9—18 m
Übergang		(1—1,80 m)
Frischer Syenit		

Interessant ist, daß hier durch das kohleführende Tertiär eine vollständige Degradation mit Neubildung von Eisen und Schwefelkies eingetreten ist.

Die Allite von Alabama und Georgia sind dadurch besonders von Bedeutung, daß sie nicht auf kristallinen Gesteinen liegen. Der Trihydrallit erscheint hier in der Form von Konkretionen in tonigen Gesteinen, die ihrerseits Kalke überlagern. Wir haben hier den seltenen Fall vor uns, daß sich Tonerde-

---

[1] Glinka, K.: Typen der Bodenbildung. S. 225. 1914.

konkretionen in Ton gebildet haben. Die pisolithische Ausbildung ist aber nicht nur für dieses Vorkommnis, sondern für alle anderen bezeichnend, da der Laterit hier wesentlich der Anreicherungszone angehört, obgleich auch Zersatzbildungen wie die erwähnten in Arkansas bekannt sind. Infolgedessen sind die Allite außerordentlich arm an Fe_2O_3, im Gegensatz zu denen des Vogelsberges, wo der Allit als Zersatz auftritt (siehe Tabelle S. 277).

Auf Kuba finden sich in weiter Ausdehnung Lateriteisenerze, die bis zu 25 m mächtig werden und aus Serpentin entstanden sind. Auf Kuba herrscht auch noch heute teilweise Lateritverwitterung[1]. Wir haben hier offenbar denselben Fall wie in Vorderindien vor uns, wo sich einwandfrei noch heute Laterit bildet. Die mächtigen, auf Basalt und Gneis vorkommenden Lateritdecken sind aber offenbar fossil, ihre Bildung geht bis auf das Tertiär zurück. Seitdem haben hier keine qualitativen Klimaänderungen mehr stattgefunden. Die Laterite kennzeichnen reife Landschaften und werden nach einer eingetretenen Hebung abgetragen. Vermutlich liegen in Australien genau dieselben morphologischen Verhältnisse vor (Abb. 30).

Abb. 30. Profil durch das mit Laterit bedeckte Gauli-Plateau, Vorderindien. Überhöht.
Umgezeichnet nach Mem. Geol. Surv. India, 12, 17.

Aus der Jurazeit kennen wir, abgesehen von den (siehe unten) an der Wende zur Kreide auftretenden Bauxiten, nur ein einziges Vorkommen, und zwar von Jerzu auf Sardinien. Auf kristallinen Schiefern liegt unter Gesteinen mutmaßlich jurassischen oder kretazischen Alters eine Eisenkruste, die als Laterit angesprochen worden ist[2].

Aus Trias und Perm kennen wir keine Lateritisierung, wenn sie auch mehrfach behauptet worden ist. Aus der Rotfärbung an sich kann man, wie schon oben ausgeführt wurde, nichts schließen, und die Analysen von roten Tonen ergeben nicht den geringsten Hinweis auf Laterit. Es konnten aber unter Rotliegendem einwandfrei rote, aride Verwitterungsprodukte vom Verfasser nachgewiesen werden, die unten besprochen werden.

Aus dem Perm und der Trias von China sind Sedimente beschrieben worden, die vielleicht abgetragene Laterite darstellen, da sie bis 50% Al_2O_3 aufweisen. Aus der Angaraserie von Zentralshansi[3] wurden Tone angeführt, die freie Tonerde und Kaolin führen sollen. Da aber in den fraglichen Gesteinen frische Feldspäte, freie Kieselsäure als Imprägnation, Chalcedon und verkieseltes Holz vorkommen, ist eher zu vermuten, daß es sich hier um aride Sedimente handelt, wie sie von den Autoren auch für die hangenden Teile der Schichtenfolge angenommen wurden.

Die ältesten Laterite treffen wir im Karbon. Am schönsten sind sie in Schottland entwickelt. Hier zeichnet sich der Millstone Grit in dem südwestschottischen Kohlengebiet von Ayrshire durch das Vorkommen von Basaltlavadecken aus, die bis 100 m geschlossene Mächtigkeit besitzen können. Die

[1] BENNETT, H. H. u. R. V. ALLISON: Soils of Cuba. Washington 1928.
[2] KRUSCH-BEYSCHLAG-VOGT: Die Lagerstätten der nutzbaren Mineralien und Gesteine 2, 2. Aufl., 617. 1921.
[3] NORIN, E.: The litological character of the Permian sediments in Angara series in Central Shansi. Geol. Fören. Stockholm Förh. 46 (1924). — HALLE, T. G.: Palaeozoic plants from Central Shansi. Pal. Sinic. A. II, 1, 291 (1927).

Lava ist oberflächlich verwittert, und es ergeben sich ganz ähnliche Bilder wie im irländischen Eozän, nur scheinen pisolithische Bildungen öfter vorzukommen. Der Laterit ist durch die darüber liegenden Moore degradiert und meistens nur noch grau gefärbt. Schwefelkies und Eisenkarbonat sind infolgedessen zu finden. Das Material ist z. T. zersetzt, z. T. aber ein harter, muschelig brechender Flintton, von dem man wohl annehmen kann, daß er eine entfärbte und nachträglich verfestigte Roterde darstellt. Der chemischen Zusammensetzung nach handelt es sich um meist siallitische Allite, die gegen 30—40 % SiO_2 führen. In den Pisolithen findet sich die Tonerde stärker angereichert. Schon von den schottischen Erforschern wurde festgestellt, daß neben Hydrargillit ($Al_2O_3 \cdot 3\,H_2O$) ein Tonerde-Monohydrat vorherrscht. Seiner Entstehung nach ist dieses Material als Laterit anzusprechen, da es aber im Faltungsbereich liegt, tritt es uns jetzt als Monohydrallit entgegen (Abb. 31).

Das Karbon Deutschlands zeigt nur einen sicheren Fundpunkt von anstehender allitischer Rinde, und das ist der bekannte Schieferton von Neurode, der als geschätztes, feuerfestes Material abgebaut wird. Daß es sich hier um

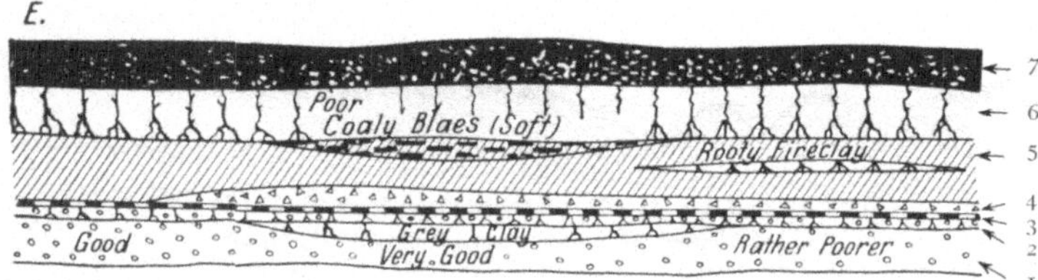

Abb. 31. Karbon. Lateritprofil über liegendem Basalt, der selbst nicht dargestellt ist, und unter Kohle. In der Nähe von Glebe Quarry bei Saltcoats, Schottland.
(Aus WILSON: The Ayrshire bauxitic Clay. Mem. Geol. Surv. Scotland, S. 3. 1922.)

Nr. 7	Steinkohlenflöz	76 cm	Nr. 3	Steinkohlen	11 cm
,, 6	Wurzelführender, feuerfester Ton . .	92 ,,	,, 2	Wurzelführender, feuerfester Ton .	11— 20 ,,
,, 5	Harter, schwarzer Ton	122 ,,	,, 1	Harter, grauer, oolithischer, alli-	
,, 4	Oolithischer Ton . . . . . · . .	0— 46 ,,		tischer Basaltzersatz	47—120 ,,

eine anstehende Zersetzungsrinde von Gabbro und Diabas handelt, ist schon frühzeitig bekannt geworden, doch kommen auch Umlagerungsprodukte vor. Der allitische Charakter wird schon durch die Bauschanalyse belegt, da hier *ki* rund 1,8—1,9 ist. Bei Zwickau sollen Melaphyre unter Steinkohlen einen ähnlichen Zersatz zeigen. Sonst fehlen in den limnischen Steinkohlengebieten Verwitterungsrinden fast vollständig, es finden sich aber eine ganze Menge tonerdereicher Sedimente, die vielleicht durch Abtragung von Lateritrinden entstanden sind.

Im mittel- und nordrussischen Unteren Karbon ist Allit mehrfach bekannt geworden[1]. Im sandig-tonigen Unterkarbon liegen Allite und tonerdereiche Tone. Die Allite sind als umgelagerte Lateritdecken zu betrachten. Manchmal kommen Oolithe vor, aber auch zellig-poröse Gesteine finden sich, die der Verfasser für verwitterte Eruptivgesteine halten möchte. Die allgemeine Zusammensetzung ist folgende:

$$Al_2O_3 = 45—70\,\%, \quad SiO_2 = 2—30\,\%, \quad Fe_2O_3 = 3—25\,\%, \quad TiO_2 = 1—3\,\%,$$
$$\text{Glühverlust} = 12—40\,\%.$$

Der Gehalt an gebundenem Wasser ist bei den meisten Vorkommnissen nur gering. Das Tonerdehydrat ist nur selten als Hydrargillit, meistens als Sporogelit

---

[1] Ältere Literatur und Analysen bei HARRASSOWITZ: Laterit, S. 498. — Eine kurze Zusammenfassung, deren Titel der Verfasser Herrn LOTZ verdankt, ist folgende: ROBERT J. ANDERSON: The Russian Bauxite Deposits. Min. Mag. 41, Nr. 1/2 (1929).

entwickelt. Diese alten Allite treten uns, wie die schottischen, als Monohydrallit entgegen.

In Nordamerika finden sich zwar Allite im Karbon außerordentlich häufig — in Missouri handelt es sich sogar um reine Diasporgesteine —, eine anstehende Verwitterungsrinde ist aber nirgends bekannt geworden. Wie auch in anderen Kohlengebieten liegen hier feuerfeste, also tonerdereiche Tone oft gerade unter Kohlenflözen, doch gilt dies nicht für jeden Fall. Da es sich hierbei, abgesehen von dem Material aus Missouri, immer nur um allitische Siallite handelt, können auch Abtragungsprodukte tropischer Verwitterung von nicht-lateritischer Art vorliegen.

Zusammenfassung. Die fossilen Laterite zeigen oft deutliche Profile und finden sich besonders in Tertiär - Kreide und im Karbon, weniger im Jura, in der Trias und im Perm; in dem Bereich der roten Trias und des Perms spricht nichts für Laterit. Überraschend häufig ist die Überlagerung von Laterit durch Kohle. Beide sind gegenwärtig unter Wechselklima möglich[1].

Die (nur fossilen) Bauxite.

Während Laterit auf Eruptivgesteinen oder kristallinen Schiefern oder, wie in Nordamerika, als konkretionäre Bildung in Tonen auf Kalk ruht, liegen die Bauxite ausnahmslos unmittelbar auf Karbonatgesteinen, höchstens ist eine schwache Fe-Mn-Rinde dazwischen geschaltet. Meist sind sie deutlich kreß gefärbt, oft mit dunklen Pisolithen versetzt. Während die Farben in manchen Lagerstätten durch nachträgliche Zersetzung stark wechseln können und bunte Bilder entstehen, schließlich sogar reine weiße Typen, bilden sich helle, durchaus pisolithische Massen, ganz im Gegensatz zum Laterit, niemals aus. Nur ausnahmsweise ist Schichtung zu erkennen (Ungarn), und niemals wurden Fossilien gefunden. Manchmal sieht man sehr bezeichnende Gelbreccien. Vielfach herrscht starke, regelmäßige Klüftigkeit. Wie schon erwähnt, kommt Bauxit im ungefalteten Bereich nicht vor. Darauf mag es auch beruhen, daß die Schichtung meist verwischt ist. Abgesehen von einem Vorkommen aus Kaschmir im Himalaja, das ebenfalls gefaltet ist[2], kennen wir den Bauxit nur aus den Alpiden und nur aus dem Mittelmeerbereich:

Eozän: Spanien, Ostalpen, Istrien, Dalmatien, Ungarn;
Kreide: Südfrankreich, Algier (?), Apennin, Montenegro;
Wende Jura/Kreide: Rumänien, Griechenland;
Trias: Ostalpen, Kroatien, Dalmatien.

Die unmittelbare geologische Lagerung ist in diesen Gebieten recht gleichartig. Immer haben wir ein Karstrelief im Liegenden. An manchen Stellen erkennt man deutlich, daß die Zersetzung des liegenden Kalkes noch jetzt vor sich geht, denn die Zacken und Pyramiden stehen senkrecht zur heutigen Tagesoberfläche. Die rezente Entstehung des Karstreliefs wird ferner dadurch bewiesen, daß die Verkarstung bei überkippter Lagerung im Hangenden zu finden ist. Manchmal liegt der Bauxit in großen Taschen oder schlauchartigen Hohlformen. Im Ausgehenden finden wir immer Linsen, die sich an Diskordanz- oder Emersionsflächen perlschnurartig verfolgen lassen. Handelt es sich um gleichmäßig durchstreichende Züge oder mächtige Lagerstätten, wie z. B. im nördlichen Montenegro, so ist der Bauxit kieselsäurereich. Es ist aber zu beachten, daß der Anstrich selbst durch Verkarstung verändert werden kann, der Bauxit versackt

---

[1] Siehe auch S. 282 unter Siallitzersatz.
[2] Rao, T. V. M.: Bauxite von Kashmir. Min. Mag. **22**, 87—91 (1929). — Fox, C. S.: Bauxite, S. 33, 127, 141. London 1927.

infolge der Auflösung des Kalkes, und es bilden sich Anreicherungen, die keinen Schluß auf die primäre Mächtigkeit erlauben.

Die Linsen- und Schlauchform beruht auf dem Einfluß einseitigen Druckes, der eine Konzentration an bestimmten Stellen im örtlichen Faltungsschatten bewirkt und zugleich ein Wegpressen von anderen Stellen, die dann bauxitarm sind und nur noch dünne Bestege oder auch keine einzige Spur mehr zeigen. Die Druckbeeinflussung bewirkt auch gelegentlich, daß der Bauxit nicht nur zum Liegenden, sondern auch zum Hangenden diskordant liegt, er wirkt an Diskordanzen wie ein Gleitmittel, das zwischen den starren Kalken nachgiebig war und besondere Beweglichkeit ermöglichte. Oft zeigt er eine deutliche, enggestellte Klüftung oder Schieferung.

Eine scheinbare Ausnahme bilden die Bauxite im ungarischen Mittelgebirge bei Gánt. Nach der bisherigen Literatur soll hier nur Bruchtektonik herrschen. Nach Untersuchungen des Verfassers ist dies nicht richtig. Immer wieder kann einseitiger Druck nachgewiesen werden, selbst durch die Lagerstätten setzen sich Überschiebungen hindurch und erschweren den Abbau der Bauxite. Ein Erfolg der Druckwirkungen ist auch, daß die eozänen Kohlen in Ungarn nicht als Braunkohlen, sondern als Stein- oder Pechkohlen entwickelt sind. Daß die vorherrschende Bewegungsart hier so lange Zeit verkannt wurde, beruht darauf, daß der massige, liegende Hauptdolomit nur durch große Schollenverschiebungen, nicht aber durch Faltung reagieren konnte.

Die chemische Zusammensetzung der Bauxite ist schon oben erörtert worden. Sie sind Monohydrallite, deutlich kann man sie nach dem Wassergehalt von den Lateriten, die Trihydrallite sind, unterscheiden. Meist sind sie reich an Fe_2O_3, doch kann durch nachträgliche Vorgänge auch das Eisen entfernt werden.

Typisch anchimetamorphe Böden liegen in den Bauxiten vor. Es wurde schon oben betont, daß Bauxite und Roterden an Schichtlücken desselben Alters vorkommen, nur sind die Roterden im ungefalteten Bereich noch plastisch und kieselsäurereich. In den Tropen verwittern reine Kalke zu allitischen Sialliten, wie sie uns in den Bohnerztonen entgegentreten. Der Bauxit ist als Monohydrallit offenbar im Faltungsbereich durch Entkieselung aus Roterde entstanden. An einigen Lagerstätten kann man zeigen, wie örtlich geringere Beanspruchung in demselben Bereich nur geringere Entkieselung hervorbrachte. Man kann auch sonst belegen, wie bei mechanisch einseitiger Beanspruchung Entkieselung eintritt. In stark gefalteten Gesteinen zeigen Quarzgänge, wie an Stellen großer Störung SiO_2 frei geworden ist. Bei Mylonitbildung ist wiederholt Kieselsäureabfuhr nachgewiesen worden, wie sie auch manche „Gangtonschiefer" zeigen. Die Sericitisierung von Feldspat unter einseitigem Druck bedeutet ebenfalls Freiwerden von SiO_2. Bei einem so leicht angreifbaren Gebilde, wie es die gelreiche Roterde ist, ist darum erst recht zu verstehen, daß sie an SiO_2 verarmt. Die physikalisch-chemische Ursache ist neben dem einseitigen Druck und höherer Temperatur das Auftreten von alkalischen Wässern, wie sie allenthalben in der Tiefe gefunden werden. Die Alkalien sind dabei selbst aus Mineralien unter Druck frei geworden. Es handelt sich grundsätzlich um denselben Vorgang wie bei dem künstlichen Aufschluß der Bauxite durch Soda, die SiO_2 löst und entfernt.

Mit der Druckentkieselung geht teilweise Entwässerung, also Bildung des Monohydrates der Tonerde, parallel, dann folgt Kristallinwerden zu Diaspor und vollständige Entwässerung zu Korund. Durch diese Mineralien sind besonders Bauxite im stark durchbewegten Gebirge bezeichnet. In den kristallinen Schiefern tritt uns schließlich die metamorphe Fazies des Bauxites, der Schmirgel, aus Korund bestehend, entgegen.

Zusammenfassung: Bauxite (Monohydrallite) finden sich besonders im älteren Tertiär und der Kreide, aber auch im Jura und in der Trias des alpidischen Bereiches. Rezent sind sie als Monohydrallit auf reinen Karbonatgesteinen nicht bekannt geworden. Hier bilden sich heute nur allitische Siallit-Roterden, wie sie aus den gleichen Zeiträumen wie Bauxite, aber ungefaltet oder schwach gefaltet, als plastische Gesteine vorliegen. Bauxit ist als anchimetamorph umgewandelte, tropische Roterde anzusprechen, aus der durch eigentliche Metamorphose schließlich Schmirgel (Korund) entsteht.

Fossile Siallite.

In den vorhergehenden Abschnitten verfolgten wir von der oberen Trias bis in das Jungtertiär hinein zahlreiche Verwitterungsdecken. Für Deutschland und für das Südende der Appalachen erscheint es klar, daß es sich mindestens seit Beginn der Kreidezeit in demselben Bereich immer wieder um ähnliche Verwitterung handelt, die größeren Schwankungen ausgesetzt war. Auf Kalken findet sich Roterde, anchimetamorph in Bauxit, Monohydrallit, umgewandelt, auf Silikatgesteinen trifft man aber Lateritprofile mit Zersatz, Rotlehm und Anreicherungszonen an. Durch HARRASSOWITZ[1] wurde gegenüber früheren Anschauungen festgestellt, daß im deutschen Tertiär mindestens zwei Hauptverwitterungsphasen vorliegen, die tektonischen Ruhezeiten mit Einebnung und tiefgründiger Verwitterung entsprechen. Vom Westerwald wurden neuerdings zwei weitere Verwitterungsphasen nachgewiesen[2], die sich zwischen die ältere und jüngere noch einschalten, so daß eine eozäne, oligozäne, obermiozäne, altpliozäne Verwitterungsdecke bekannt sind, die der Verfasser oben im einzelnen auch aus anderen Gebieten als bekannt dargelegt hat.

In diesen Verwitterungsdecken bildet Siallitzersatz ein sehr wichtiges Glied, das teils im Lateritprofil, also Savannengebiet, teils als Tiefenverwitterung unter Urwald möglich ist. Das anstehende Gestein ist dabei unter Erhaltung seiner Textur entkieselt und entbast und hat seinen Zusammenhang im Gegensatz zu dem darüber befindlichen, lockeren Verwitterungsboden noch behalten. Während der Boden leicht abgetragen wird, leistet der Zersatz der Abtragung größeren Widerstand, besonders wenn es sich um den meist nicht gelreichen Kaolinit handelt. Nur selten findet man eine lateritische Anreicherungszone an der Oberfläche. Siallite als tiefere Teile von Verwitterungsdecken sind in Deutschland sehr weit verbreitet, zumal tertiäre Landoberflächen noch heutzutage gut erhalten sind. Freilich wurden letztere in vielen Fällen schon von der Verwitterungsdecke entblößt, so daß der Siallit immer nur fleckenweise auftritt. Von der Umlagerung und Abtragung gibt ein Wurzelboden Kenntnis, der mitten in einem scheinbar ungestörten Kaolinit bei Halle liegt. Hier muß eine Erklärung seines Zustandekommens durch Fließen des Bodens angenommen werden, was im Einklang mit tropischen Verhältnissen durchaus verständlich erscheint[3].

Die Verbreitung der flächenhaft auftretenden Kaolinitisierung in Deutschland ist außerordentlich groß, sie erstreckt sich hauptsächlich auf die rheinische Masse, auf die mitteldeutsche Festlandsschwelle und böhmische Masse. Diese letztere mit den nordöstlichen Randgebieten erscheint besonders be-

---

[1] HARRASSOWITZ, H.: Verwitterungslagerstätten. Z. prakt. Geol. **24**, 135 (1916). — Laterit, S. 414. Berlin 1926.

[2] KLÜPFEL, W.: Der Westerwald. Sitzgsber. naturhist. Ver. pr. Rheinl. u. Westf. C **1928**, 92.

[3] FREYBERG, B. v.: Die Kaolingrube der „Kaolin-, Ton- und Sandwerke" nördlich vom Galgenberg bei Halle a. S. Jb. Hallesch. Verb., N. F. **5,** 72—75.

vorzugt, wie eine ältere Karte gut zeigt[1], auf der freilich die zahlreichen Funde im rheinischen Gebiet und in Nordböhmen nicht dargestellt sind (Neuere Literatur siehe unten[2]). Zu den Kaoliniten treten Allophanite, die durch Harrassowitz[3] bekannt gemacht wurden. In Nordamerika liegen sie, wie erwähnt, am Südrande der Appalachen. In allen oben besprochenen Lateritgebieten sind Siallite nachweisbar und haben auch sonst weltweite Verbreitung. Neuerdings sind sie z. B. gut nachweisbar auf japanischen Lipariten und Tuffen im Tertiär festgestellt[4]. Irgendeine Einzelbesprechung erscheint hier unmöglich (Abb. 32).

Deutschland zeigt die Siallite hauptsächlich im Tertiär, wie auch anschließende Vorkommen in Nordböhmen und in dem niederösterreichischen Waldviertel sowie den Ostalpen[5]. Sie liegen aber auch unter Eozän

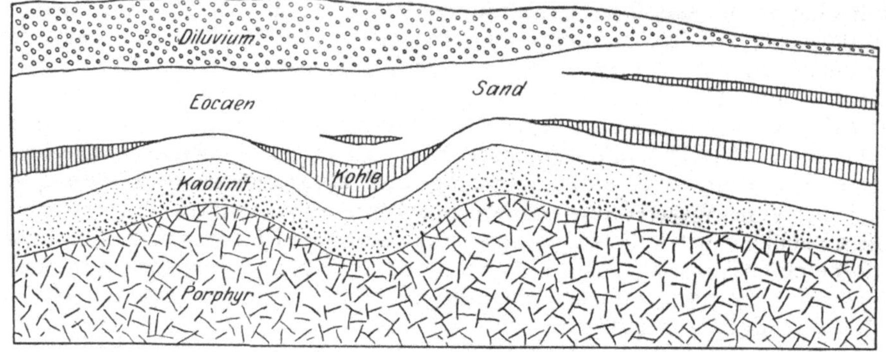

Abb. 32. Braunkohlenführendes Eozän auf Kaolinit bei Leipzig. Maßstab 1 : 40000, 10 mal überhöht. Umgezeichnet nach Etzold. 1912. (Aus Harrassowitz: Laterit, S. 299. 1926.)
Der liegende Porphyr trägt eine anstehende Verwitterungsdecke als Kaolinitzersatz über sich. Das kohlenführende Eozän liegt nicht mit Kohle, sondern zunächst mit Sand auf dem Kaolinit. Man erkennt aus diesem, wie aus anderen Profilen, an der Zwischenlagerung von Sedimenten, daß die Kaolinitisierung nicht durch die Kohleüberlagerung entstanden sein kann.

und müssen daher teilweise in die Kreidezeit zurückreichen, wie z. B. in Nordamerika. Dies wird uns durch vorcenomane Kaolinitisierung bewiesen,

---

[1] Stahl, A.: Die Verbreitung der Kaolinlagerstätten in Deutschland. Arch. Lagerstättenforschg. 1912, H. 12.

[2] Breddin, H.: Bericht über die Aufnahme auf Blatt Betzdorf. Jb. preuß. geol. Landesanst. für 1923, 44, II—III (1924). — Brönner, O.: Beiträge zur Morphologie des ostthüringischen Schiefergebirges. Mitt. geogr. Ges. Jena 32, 41—126 (1914). — Burre, O.: Zur Geologie der Gegend von Oberlahr und Peterslahr im Westerwalde. Jb. preuß. geol. Landesanst. für 1924, 45, 356—366.— Erl. z. geol. Karte v. Preußen, Lief. 114, Bl. Hirschberg S. 201, Bl. Lobenstein S. 51, 142. — Freyberg, B. v.: Erz- und Minerallagerstätten des Thüringer Waldes. Berlin 1921. — Göbel, F.: Die Überreste der alttertiären Rumpffläche zwischen Ruhr und Sieg. Glückauf (Essen) 62, Nr. 21, 665—668 (1926). — Die Rumpfflächenreste zwischen Ruhr und Wipper. Glückauf 1926, 1221—1223. — Harrassowitz, H.: Laterit, S. 559. 1926. — Schulz, H.: Morphologie und randliche Bedeckung des Bayerischen Waldes in ihren Beziehungen zum Vorland. Neues Jb. Min. usw. B 1926, Beilgbd. 54, 289—346.

[3] Siehe oben unter Vogelsberg, S. 279, und Nordböhmen, S. 280).

[4] Mehrere Arbeiten im Geol. Zbl. 28, 455—457 (1922).

[5] Harrassowitz, H.: Laterit, S. 468. 1926. — Dittler, E.: Chemisch-mineralogische Studien über Alumosilikate. Tschermaks min. u. petrogr. Mitt. 37, 1—26 (1925). — Kölbl, L.: Vorkommen und Entstehung des Kaolins im niederösterreichischen Waldviertel. Ebenda 37, 173—200 (1926). — Kieslinger, A.: Tertiäre Verwitterungsbildungen in den Ostalpen. Geol. Rdsch. 19, 464—478 (1928). — Geologie und Petrographie der Koralpe IV. Alte und junge Verwitterungsböden im Koralpengebiet. Sitzgsber. Akad. Wiss. Wien, Math.-naturwiss. Kl. I 136, 95—104 (1927).

die von Sachsen mehrfach beschrieben[1] und vor allen Dingen von Schonen[2] bekannt wurde. Wenn nun festgestellt werden kann, daß der kohleführende Lias von Bornholm einer kaolinitisierten Landoberfläche auflagert, so kommt man auf den Gedanken, das Alter dieser gesamten Bildungen sogar bis auf das Ende der Triaszeit zurückzuführen. Dies dürfte nur bedingt richtig sein. Gewiß zeigt der Charakter der Kreidesandsteine, daß sie aus einer abgetragenen Kaolinitisierung stammen, und dasselbe läßt sich für das Tertiär bis ins Pliozän Deutschlands nachweisen. Aber andererseits zeigen uns doch tertiäre Eruptivgesteine, daß im Tertiär selbst öfters typischer Siallitzersatz gebildet wurde. Wir kommen also zu folgendem Gesamtbild: In mehrfacher Wiederholung konnte eine Kaolinverwitterung seit der Trias wirken. Sie herrschte aber nicht gleichmäßig, mindestens sind aride Zeiten eingeschaltet gewesen, wie aride tertiäre Verkieselung (es gibt auch andere!) und Salzlager beweisen[3].

Auf einige ausländische Vorkommnisse: nämlich Kaolinit unter pflanzenführenden pliozänen Kohlen Chiles, tertiäre Kaolinitisierung in Irland, eine Tuffverwitterung in Kansas und eine tiefgründige entsprechende, Verwitterung unter dem senonen, nubischen Sandstein sei nur in Kürze hingewiesen[4]. Im Dogger und Purbeck Englands befinden sich sehr schöne Wurzelböden, die aber keine eigentliche Verwitterungsdecken andeuten, sondern wie im Karbon Pflanzenstandorte in Mooren darstellen[5]. Ob die hier auftretenden sedimentären Walkerden etwas mit Verwitterung zu tun haben, ist nicht bekannt.

Daß im Karbon und Perm eine tiefgründige Siallitverwitterung wirkte, läßt sich aus dem Vorkommen von Verwitterungsdecken nicht beweisen[6]. Allerdings finden sich zahlreiche kaolinartige Tone, als Schiefertone und Flinttone, die vielleicht Abtragungsprodukte darstellen. In den Sandsteinen vom Karbon und Perm sehen wir aber sehr viele frische Feldspäte und frische Arkosen, so daß die Sedimente im Gegensatz zum Tertiär gegen eine allgemeine Kaolinitisierung sprechen. Doch ist sie örtlich bekannt, wie die oben beschriebenen Lateritprofile zeigen. Im Harz und am Ostrande des rheinischen Schiefergebirges ist das Oberdevon unter hangenden Alaunschiefern des Culm gebleicht[7]. Eine Schichtlücke ist wahrscheinlich, ob hier von einer Verwitterungsdecke gesprochen werden darf, scheint aber zweifelhaft. Nach Untersuchungen meines Schülers Mürriger, muß auch eine devonische Bleichung[8] auf dem Blatt Kettenbach der Geologischen Spezialkarte von Preußen als höchst zweifelhaft bezeichnet werden, denn es handelt sich hier offenbar um eine tertiäre Verwitterung.

---

[1] Harrassowitz, H.: Laterit, S. 476. 1926.

[2] Voigt, E.: Die Lithogenese der Flach- und Tiefwassersedimente des jüngeren Oberkreidemeeres. Jb. Hallesch. Verb., N. F. 8, 63—66 (1929).

[3] Siehe unten S. 293 f.

[4] Brüggen, J.: Los Carbones del Valle Lonjitudinal i la Zona Carbonifera al Sur de Curanilahue, en la provincia de Auraco. Bol. Soc. Nac. Mineria (Santiago) 1914. 56 S. — Charlesworth, J. Kaye, u. Cleland: „White Trap" at Ligoniel, Belfast. Irish. Nat. J. 2, 75, 76 (1928). — Pinkley, G. R., u. R. Roth: An altered volcanic ash from the cretaceous of Western Kansas. Bull. amer. Assoc. Petrol. Geol. 12, 1015—1023. — Stromer, E.: Ergebnisse der Forschungsreise E. Stromer. Abh. kgl. bayer. Akad. Wiss., Math.-physik. Kl. 26 (1914).

[5] Handbook of the Geology of Great Britain, S. 365, 374. London 1929.

[6] Petrascheck, W.: Kohlengeologie der österreichischen Teilstaaten, S. 65, 95, 118, 124, 125. Kattowitz 1922—1930.

[7] Reich, H.: Über ein neues Vorkommen von transgredierendem Oberdevon am Ostrande des Rheinischen Schiefergebirges. Z. dtsch. geol. Ges. 78, Mber. 19—20 (1926). — Weigelt, J.: Gliederung und Faunenverteilung im unteren Culm des Oberharzes. Jb. preuß. geol. Landesanst. für 1916, 37 II, 187.

[8] Dahmer, G.: Waren Hunsrück und Taunus zur Zeit der Wende Unterdevon-Mitteldevon Land? Jb. preuß. geol. Landesanst. für 1928, 49, 1157.

Auch aus noch älteren Formationen ist nichts Sicheres von ausgesprochener Kaolinitisierung bekannt. Zwar wird ein Kaolinton unter kambrischem Sandstein auf kristallinen Schiefern aus Nordamerika als vorhanden behauptet[1], Ries[2] hob aber 1922 schon hervor, daß alle Kaolinite der Vereinigten Staaten wahrscheinlich von sehr jungem Alter wären. In der dem Verfasser zugänglichen Literatur läßt sich ein präkambrisches Alter des fraglichen Vorkommens in Wiskonsin nicht erkennen[3]. Eine in Minnesota angeblich vorhandene Kaolinitisierung an der Grenze von huronischen zu laurentischen Schichten, erwies sich als ein Zeichenfehler auf einer Tabelle; es war in Wirklichkeit die Diskordanz zur Kreide damit gemeint[4]. Ein Kaolinit im kristallinen Felsgrund Finnlands ist zwar in seiner Altersstellung ganz unsicher, da er erst durch glaziale Bildungen überlagert wird. Aber nach seiner petrographischen Ausbildung gehört er bestimmt nicht dem Grundgebirge an, wovon sich der Verfasser an einer von Frosterus freundlichst zur Verfügung gestellten Reihe von Gesteinsstücken überzeugen konnte[5]. Von Westergötland wird angegeben[6], daß das Grundgebirge unter dem sandigen Unterkambrium bis zu einer Tiefe von einigen Metern mehr oder weniger stark kaolinisiert wäre. Da sich aus anderen Beschreibungen, auf die wir unten noch zurückkommen werden, aber ergibt, daß es sich um aride Kaolinbildung handelt, so wird das Vorkommen erst im nächsten Abschnitt behandelt. Die Siallite sind somit im wesentlichen jung, sie gehören vor allen Dingen der Tertiär- und Kreideformation an.

Kennzeichnende Siallitanalysen[7].

	Basaltzersatz (Atzenhain i. Hessen) Allophanit			Granitzersatz (Gieshübl) Kaolinit		
	Bauschanalyse Nr. 204	Salzsäure-löslich, Nr. 205	Schwefelsäure-löslich, Nr. 206	Bauschanalyse	Salzsäure-löslich	Schwefelsäure-löslich
SiO_2	35,10	26,07	6,25	64,68	2,27	32,21
TiO_2	4,25	0,45	3,64	Spur	—	—
Al_2O_3	23,12	21,05	1,86	24,93	0,59	26,48
Fe_2O_3	13,13	11,53	1,51	0,46	0,08	—
FeO	0	0	0	0,26	—	—
MgO	0,60	0,10	0,49	0,06	0,18	0,16
CaO	0,48	0,15	0,33	0,10	0,08	—
Na_2O	0,45	0,11	0,32	0,08	0,09	} 1,20
K_2O	0,17	0,05	0,11	0,29	0,05	
H_2O+	10,29	—	—	8,62	—	—
H_2O-	12,54	—	—	—	—	—
	100,13	59,51	14,51	99,48	3,34	60,05
Rückstand	—	17,53	14,51	—	87,83	27,28
ki	2,6	2,1	5,7	4,41	4,11	2,06

[1] Ries, H.: Clays, 3. Aufl., S. 11. New York 1927.

[2] Ries, H., u. W. S. Bayley: High-grade clays of the eastern United States. U. S. geol. Surv., Bull. 708, 16 (1922).

[3] Buckley, E. R.: The clays and clay industrie of Wisconsin. Wisconsin geol. a. naturhist. Surv., Bull. 7, Part I, Econ. Ser. M. 4, 31, 217 (1901).

[4] Grout, F. K.: Clay and shales of Minnesota. U. S. geol. Surv., Bull. 678, 78, Taf. IX (1919).

[5] Frosterus, B.: Über Kaolin im kristallinen Felsgrunde Finnlands. Fennia 50, J. J. Sederholm gewidmet, Nr. 39 (Helsingfors 1928). 34 S. — Anmerkungen zu einem Vortrage und einem Aufsatze von Dr. H. Väyrynen: Über den Chemismus der finnischen Kaolinvorkommen. Extrait des C. r. Soc. géol. Finlande 1929, Nr. 2. 6 S. — Väyrynen, H.: Geologische und petrographische Untersuchungen im Kainungebiete. Bull. Comm. géol. Finlande, Helsinki (Helsingfors) 1928, Nr. 78. 127 S.

[6] Högbohm, A. G.: Fennoskandia, Handbuch der regionalen Geologie 4, 3, 46. 1913.

[7] Die Analysen von Atzenhain sind von Herrn Dr. Möser, Gießen, ausgeführt. Die Analysen Gießhübl stammen aus Doelter: Handbuch der Mineralchemie 2, 75. 1914. —

Über den Chemismus der Siallite unterrichten je eine Analyse von Allophanit und Kaolinit. Ohne weiteres fällt die große Basenarmut auf, die ja für tropische Verwitterung kennzeichnend ist. An dem im Vergleich zu frischem Basalt geringen Wert von ki des Allophanites erkennt man, daß die Verwitterung sich unter starker Entkieselung vollzogen hat. Auch für den aus Granit entstandenen Kaolinit gilt das gleiche, da das frische Gestein einen Wert ki von 7—10 besitzt. Ein Kaolinit soll wesentlich aus Kaolin, $2SiO_2 \cdot Al_2O_3 \cdot 2H_2O$, bestehen. Aus dem Quotienten ki ist dies aber nicht immer zu ersehen, weil bei der Verwitterung Quarz nicht weggeführt, sondern angereichert wird. Eine genaue Auskunft können erst die Säureauszüge geben, da Allophanite wesentlich salzsäurelöslich, Kaolinite schwefelsäurelöslich sind. Wenn wir das Ergebnis der beiden Analysen zusammenfassen, so wird der Unterschied ohne weiteres klar.

In dem schwefelsäurelöslichen Teil des Kaolinites befindet sich der Kaolin, wie der Quotient $ki = 2{,}06$ deutlich angibt. In dem schwefelsäurelöslichen Teil des Allophanites befindet

	Allophanit	Kaolinit
HCl-löslich	59,51	3,34
Nur H_2SO_4-löslich	14,51	60,05
Rückstand	3,28	27,28

sich sehr viel freie, gelförmige SiO_2, die sich übrigens auch im Kaolin manchmal bemerkbar macht und in der Form von Quarz, Chalcedon und Opal vorliegt.

Das geologische Vorkommen ist im allgemeinen ziemlich einförmig. Die deutschen Siallitdecken werden in manchen Gebieten, wie im Vogelsberg und in der Oberpfalz, von Basaltdecken überlagert. In Mitteldeutschland handelt es sich hauptsächlich um braunkohlenführende Sedimente des Tertiärs, wobei die Kohle nur sehr selten unmittelbar auf dem Siallit liegt. Als Unterlage finden wir alle möglichen Gesteine, und zwar derart, daß auf vorwiegenden Plagioklasgesteinen Allophanit, auf vorwiegenden Orthoklasgesteinen Kaolinit liegt. Die Verwitterungsdecken sind sehr mächtig und bis in 60—100 m Tiefe beobachtet worden. Mehr oder weniger schnell gehen sie in das frische Gestein über, wobei sich oft eine Zone der Kugelverwitterung zwischenschaltet. Die Grenze zum frischen Gestein steigt unregelmäßig auf und ab (siehe Abb. 32). Bezeichnend ist, wie in manchen Gebieten nur bestimmte Gesteine schon kaolinitisiert sind, während andere noch unverändert blieben. Pegmatitgänge in schwer verwitterbaren Gesteinen erscheinen daher oft tiefgründig umgewandelt, so daß der Eindruck entsteht, daß die Kaolinitisierung mit dem vulkanischen Charakter des Ganges zusammenhinge.

Die Entstehung der Kaolinite ist vor allen Dingen in Deutschland außerordentlich häufig erörtert worden. Eine ganze Menge Theorien sind ihr gewidmet; man hat an Entstehung durch rezente und tertiäre Verwitterung durch Mooreinwirkung, sei es durch Humussäure oder CO_2, an eine Entstehung durch Pneumatolyse und verschiedene andere Umstände gedacht. Eine ausführliche Zusammenstellung aller Anschauungen über diese Frage wurde mit reicher Literaturangabe vom Verfasser an anderer Stelle gebracht[1]. Daß für die großen, flächenhaften Lagerstätten, die nach unten in frisches Gestein übergehen, keine endogene Entstehung in Frage kommt, liegt auf der Hand. Es herrscht jetzt vollständige Einigkeit darüber, daß die in Frage kommenden Faktoren von oben gewirkt haben. Aber immer wieder ist hier ein falscher Schluß wiederholt worden. Ein

---

Obgleich diese Analysen nicht ganz einwandfrei sind, da Alkalien und Erdalkalien in den Auszügen z. T. zu hoch erscheinen, sind sie doch angeführt, weil vorläufig keine anderen zur Verfügung stehen.

[1] HARRASSOWITZ, H.: Laterit, S. 292, 293. 1926. — Vgl. ferner E. BLANCK u. A. RIESER: Über die chemische Veränderung des Granits unter Moorbedeckung, ein Beitrag zur Entstehung des Kaolins. Chem. Erde 2, 15 (1926); dieses Handbuch 2, 291 ff.

äußeres Kennzeichen der Kaolinitisierung ist die starke Bleichung. Man sieht, daß Gesteine in sauren Moorwässern gegenwärtig gebleicht werden. Da die fossilen Kaolinite häufig unter Braunkohlenmooren (allerdings meist nicht unmittelbar) liegen, schloß man daraus, daß die Kaolinite durch Humussäure gebildet worden wären[1]. Es ist jetzt durch eine ganze Reihe von Arbeiten bekannt geworden, daß durch Rohhumus und bei dem Vorgang der Podsolierung kein Kaolin entsteht[2]. Freilich war die tiefgründige tropische Kaolinitisierung früher noch nicht bekannt. Nachdem sie jetzt aber eindeutig belegt werden kann und Siallite in einigen Fällen als Teile fossiler Lateritprofile erwiesen werden konnten, ist ein großer Teil der Schwierigkeiten hinweggeräumt. Es ist auch hervorzuheben, daß es zahlreiche Kaolinite gibt, in deren Nachbarschaft sich nie Kohle gefunden hat, und daß im deutschen Tertiär unter Braunkohlen schon umgelagerte Kaolinitdecken liegen. Die Kohlen können also schon nach der topographischen Verknüpfung nicht als Ursache herangezogen werden. In manchen Fällen haben sie aber eine nachträgliche Degradation der Laterite hervorgerufen, wie sie oben von Nordböhmen beschrieben wurde. Dabei wurde ähnlich wie in anderen Allitlagerstätten Pyrit, Markasit und Spateisen gebildet, die wir dann auch in manchen Siallitvorkommen häufig finden. Im ganzen ist festzustellen, daß Siallit und Kohle in demselben Faziesbereich sehr häufig vorkommen. Dies hängt damit zusammen, daß die Bildung beider durch eingeebnete Landschaften begünstigt wird. Die Verwitterungsdecken können sich nur in einer stilliegenden, flachen Landschaft anreichern, und sobald in diesen leichte Verbiegungen eintreten, entstehen wasser- und bald danach moorerfüllte Senken, wie sie etwa aus Neu-Guinea bekannt sind. Auch ohne Beteiligung von Laterit ist aus der Gegenwart das Vorkommen von Kaolinit unter tropischem Urwald bekannt, aber nicht als Folge der Einwirkung von Rohhumus, sondern als allgemeine Tiefenerscheinung unter warmem und regenreichem Klima. Die starke Entkieselung, die in solchen Landschaften statthat, ist an der chemischen Zusammensetzung von Flußwässern recht gut zu erkennen.

　　　Zusammenfassung. Siallitzersatz, besonders Kaolinit, ist aus Tertiär und Kreide von Nordamerika und Europa in großer Ausdehnung bekannt. Er bildet oft weite flächenhafte Decken, die vielfach im Zusammenhang mit Braunkohle auftreten, aber nicht durch diese entstanden sind. Die Verknüpfung erklärt sich daraus, daß Zersatz und Torf naturgemäß in ihrer Entstehung an eingeebnete Landschaften geknüpft sind und der Siallitzersatz zur jetzigen Zeit unter Urwald als tropische Tiefenverwitterung möglich erscheint. Siallitzersatz ist auch vereinzelt noch unter Kreide und Jura bekannt. Aus der Permzeit kennen wir nur aride Siallitbildung, der sich wenige karbonische Vorkommen anschließen. Aus vorkarbonischen Zeiten ist tiefgründige Siallitisierung nicht sicher bekannt geworden.

Fossile aride Verwitterungsdecken und die Vergrusung.

　　Bisher haben wir Gesteine besprochen, die wesentlich humide Verwitterungsreste darstellen. Im Laterit ist allerdings unter dem Einfluß des semihumiden Klimas schon eine Zufuhr von Stoffen aus Verwitterungslösungen eingetreten. Es bleiben nun hauptsächlich noch aride Verwitterungsgesteine zu besprechen übrig, wie sie uns zunächst als Ein-, Ver-, Durchkieselung, Ein- und Durchkalkung und Vererzung, also als Verwitterungszufuhr, entgegentreten. Es darf aber dabei nicht vergessen werden, daß Verwitterungszufuhrgesteine schon im semihumiden

---

[1] Harrassowitz, H.: Bleichungsvorgänge. Chem. Erde 5, 147 (1930).
[2] Blanck, E., u. A. Rieser: Chem. Erde 2, 15 (1926). — Literatur bei Harrassowitz: Laterit, S. 315, 561. 1926.

Klima beginnen. Hierzu gehören die Kalkanreicherungen, die als Rheinweiß in dilluvialen Schottern längst bekannt sind. Im Löß, sei es an Hängen des Oberrheintales oder in verwitterten Basalten des Kaiserstuhles oder in Verwitterungsprofilen am Bodensee[1], findet man immer wieder sekundäre, junge Verkalkungen, die offenbar unter dem Einfluß sommerlicher Trockenheit entstehen. Ähnliche Kalkanreicherungen können wir sonst auf Kalkschutt in Mitteldeutschland oder z. B. bei Lugano[2] beobachten. Von besonderem Interesse ist, daß selbst Anfänge von Durchkieselung in der Nähe von Freiburg i. B. zu beobachten sind[2]. Stärker bilden sie sich schon in semiariden Gebieten aus. So fand der Verfasser in der Donezsteppe, in der Nähe von Charkow, Verkalkungen und Durchkieselungen in tertiären Sanden und junge Verkieselungen in der Kreide. Im ungarischen Mittelgebirge, das als semiarid anzusprechen ist, beobachtete er in Schuttmassen, die unter Schwarzerde liegen, starke Anreicherung von Kalken in der Tiefe von 50 cm bis 1 m. Es sei auch darauf hingewiesen, daß im tropischen Wechselklima Ostafrikas in demselben Bereich Tropenmoore und Sanddurchkieselungen möglich sind[3]. So werden die auf S. 270 im Zusammenhang mit tertiären Bohnerzen besprochenen Verkieselungen von Kalken auf diese Weise zu erklären sein. Sie kommen auch in anderen Gebieten vor; so wird z. B. aus England von Tonen mit Hornsteinen in Spalten und Taschen der Kreideschichten berichtet[4].

Das sicherste Kennzeichen ariden Klimas stellen die Salzanreicherungen dar[5]. Neben die Entstehung von Salzen tritt als weiteres Kennzeichen das Vorkommen arider Schuttmassen, die mit ihrem eckigen Material und der unruhig-wechselvollen Ablagerung heute als Fanglomerate bezeichnet werden[6].

Schließlich haben wir noch die Vergrusung zu erwähnen. Bei ihr wird das Muttergestein, z. B. ein Granit, nur mechanisch in seine Komponenten zerlegt, und man beobachtet einen unmerklichen Übergang in Sedimente, die sich als Arkosen zeigen. Diese Verwitterung ist teils arid, teils vollzog sie sich in Landschaften des Altpaläozoikums, als noch keine geschlossene Vegetationsdecke vorhanden war. Eine sichere Trennung von arider Verwitterung ist leider noch nicht möglich, deswegen wird die Vergrusung hier mitbesprochen.

Im deutschen Tertiär wird es an den Erscheinungen des Eindampfens von Meeren und an der Bildung von Gips und Steinsalz klar, daß die oben erwähnte tropisch-humide Kaolinitisierung nicht dauernd geherrscht hat. Wir können einen Nordost-Vorstoß ariden Klimas aus dem Mittelmeergebiet beobachten, der sich zunächst im spanischen Eozän durch Fanglomerate[7] und später durch Salz bemerkbar macht. Im Obereozän zeigen uns die Salze und die unten zu besprechenden Verkieselungen, wie das Pariser Becken unter aride Bedingungen geraten war. Im Unter- und Mitteloligozän beobachten wir aride Auswirkungen im südlichen Oberrheintal und können ihre letzten Spuren im untermiozänen Salz von Oberschlesien

---

[1] HARRASSOWITZ, H.: Studien über mittel- und südeuropäische Verwitterung. Geol. Rdsch. 17a, 179 (1926).

[2] HARRASSOWITZ, H.: a. a. O., S. 95.

[3] STAFF, H. v.: Geomorphogenie und Tektonik des Gebietes der Lausitzer Überschiebungen. Geol. pal. Abh., N. F. 13, 87, 88 (1914).

[4] WOODWARD, H. B., u. W. A. E. USSHER m. Beitr. v. A. J. JUKES-BROWNE: The Geology of the country near Sidmouth and Lyme Regis. Mem. geol. Surv. England and Wales. Explanation of sheets, S. 326, 340, 2. Aufl. London 1911. 102 S.

[5] HARRASSOWITZ, H.: Die Klimate und ihre geologische Bedeutung. Ber. oberhess. Ges. Natur- u. Heilk., N. F., Naturwiss. Abt. 7 (1916—1919), Gießen 1919, S. 225. — KAISER, E.: Die Diamantenwüste Südwestafrikas 2, 246. Berlin 1926.

[6] KAISER, E.: Über Fanglomerate, besonders im Ebrobecken. Sitzgsber. bayer. Akad. Wiss., Math.-naturwiss. Abt. 1927, 17—28.

[7] KAISER, E.: a. a. O., S. 21—24. 1927.

und Galizien und der sarmatischen Stufe Podoliens beobachten. Daraus kann man ohne weiteres schließen, daß auch andere Spuren mittel- oder semiariden Klimas vorhanden gewesen sein müssen. Hier wird vor allen Dingen der Blick auf die durch nachträgliche Vorgänge entstandenen Quarzite gelenkt, die in Deutschland große Verbreitung genießen. Die Quarzite treten uns als Ein-, Ver-, Durchkieselung hauptsächlich tertiärer, aber auch kretazischer Sande entgegen, die technisch eine außerordentlich große Bedeutung besitzen[1]. Sie finden sich in Form einzelner, meist ganz unregelmäßig gestalteter Konkretionen oder in festen, massigen Bänken. Oft werden sie als Braunkohlenquarzite bezeichnet, da sie in diesbezüglichen Formationen vorkommen. Der Name hat an sich aber keine Bedeutung, da weder eine genetische noch räumliche Verknüpfung nötig ist. In anderen Fällen handelt es sich um Verkieselung von Kalken, die dann gelegentlich als Süßwasserquarzite bezeichnet worden sind. Derartig kommen sie etwa im Vogelsberg in vorbasaltischer Zeit vor. In Süddeutschland hat die Verkieselung von Kalken des Malms und die Ein- und Durchkieselung von kretazischen und tertiären Gesteinen wohl im Zusammenhang mit der Lateritisierung außerordentlich mannigfaltige Bilder geliefert. Auch in den angrenzenden Gebieten können die Quarzite verfolgt werden; so sind sie in Böhmen, in den Sudeten, in Galizien weit verbreitet[2]. In Flandern spielen unregelmäßige Verkieselungen in den eozänen Paniselsanden, die vom Verfasser häufig beobachtet wurden, eine große Rolle. Aus den Argonnen und der Champagne sind sie ebenfalls bekannt geworden[3].

Schon frühzeitig stand es fest, daß diese Verkieselungen sich mehrfach vollzogen haben müssen, da man verkieselte Konglomerate in der Form von Geröllen in jüngeren Quarziten fand. Sie haben sich wahrscheinlich zum erstenmal im Eozän oder Paläozän gebildet und sind bis zum Mittelmiozän zu finden. In ganz Westdeutschland spielt ein zu oberst liegender, oligozäner Quarzithorizont, der längere Zeit die Landoberfläche gebildet haben muß, eine besondere Rolle[4]. Der Quarzithorizont hat hier offenbar eine ähnliche Lage, wie sie aus Kalifornien[5] oder aus dem mittleren Tertiär Uruguays[6] beschrieben wurde. Ob man ihn als vollarid ansprechen muß, erscheint außerordentlich zweifelhaft. Das Oligozän ist zwar insgesamt als Trockenzeit des deutschen Tertiärs anzusehen, womit wohl das Zurücktreten der Kohlen zusammenhängt, aber das Binnenmeer des Mainzer Beckens zeigt uns keinerlei Spuren von Eindampfungen, im Gegenteil kann man hier zweimal die Aussüßung eines Meeres feststellen. Möglich wäre es allerdings, daß man die eigenartigen Sinterkalke, in denen nur Landschnecken auftreten, mit ihren oolithischen Bildungen als Spuren einer Eindampfung bezeichnen könnte[7]. Wenn wir in Deutschland ein vollarides Klima gehabt hätten, so müßten wir irgendwelche entsprechenden Schuttmassen finden, da ein mehrfacher Wechsel von Ruhe- und Abtragungsperioden vorgelegen hat. Allerdings sind pontische Schuttmassen einmal als Ablagerung eines vom Schwarzwald kommenden, unter ariden Verhältnissen fließenden Wildwassers angesprochen worden[8].

---

[1] Freyberg, B. v.: Die Tertiärquarzite Mitteldeutschlands. Stuttgart 1926. (Hierin ausführliche Literatur.)

[2] Literatur bei B. v. Freyberg: a. a. O., S. 204.

[3] Freyberg, B. v.: a. a. O., S. 208.

[4] Klüpfel, W.: Der Westerwald. Ber. Vers. niederrhein. geol. Ver. 1928, 21; 1929, C.

[5] Louderback, G. D.: Pseudostratification in Santa Barbara County, California. Univ. California, Bull. Dep. Geol. 7 (2), 21—38 (1912).

[6] Hüne, F. v.: Terrestrische Oberkreide in Uruguay. Cbl. Min. usw. B 1929, 107—112.

[7] Reis, O. M.: Über Stylolithen, Dutenmergel und Landschaftenkalk. Geognost. Jh. 15, 271 (1902).

[8] Buxtorf, A., u. R. Koch: Zur Frage der Pliozänbildungen im nordschweizerischen Juragebirge. Verh. naturforsch. Ges. Basel 31, 113, 132 (1930).

Man kann dieser Deutung, die sich außerdem auf Gesteine außerhalb des besprochenen zeitlichen Bereiches bezieht, kaum beipflichten. Es fehlen auch vollständig Angaben über das Auftreten von polierten und angeschliffenen Geröllen und Blöcken, die z. B. in Quarzsandsteinen von Ägypten im Jungtertiär beobachtet wurden[1]. Ähnlich finden sie sich in Süd-Dakota, wo außerdem im Oligozän Pseudomorphosen von Chalcedon nach Gips beobachtet wurden[2].

Eine einwandfreie Form von ariden Bildungen stellen die schon erwähnten Gipsablagerungen des Pariser Beckens dar. Hier finden sich aber auch sehr starke Verkieselungserscheinungen, wobei Gips und Kalkstein vollständig durch Kieselsäure verdrängt worden sind. FERSMANN[3] wies darauf hin, daß auch im Alttertiär Südrußlands ganz ähnliche fossile Verwitterungserscheinungen, begleitet von mächtigen Kaolinbildungen, auftreten. Es handelt sich dabei um ein großartiges Phänomen, dessen Bedeutung für die geologische Vergangenheit hier nur angedeutet werden kann. Nur kurz sei erwähnt, wie aus noch heutzutage ariden Gebieten mehrfach Klimaschwankungen bekannt geworden sind, die bis in die späte Kreidezeit zurück verfolgt werden konnten und an Verkieselungen und Ferretisierungen zu erkennen waren. In der südlichen Namib konnte dabei ein mehrfaches Schwanken zwischen voll- und mittelaridem Klima festgestellt werden[4].

In dem Festlandsbereich von Karbon, Perm, Trias sind aride Verwitterungsdecken besonders zu erwarten, da Salz und Gips als Anzeichen vollarider Bedingungen immer wieder auftreten. Unterkarbongipse finden sich im arkadischen Kulm, in Montana, Michigan, Neuschottland, im zentralen Tianschan, am Aralsee, auf Java und in Westaustralien. Im Oberkarbon entstanden sie aus eindampfenden Meeren in Spitzbergen, im Ural, in Texas und Peru. Das ganze Perm der Nordhemisphäre ist reich an Gips und Salz, in Deutschland freilich nur das Oberperm der Zechsteinzeit. Die germanische Trias zeigt dann salinare Absätze im Oberen Buntsandstein, Mittleren Muschelkalk und Keuper. Wir wollen den ganzen Bereich geschlossen betrachten und zwar in Deutschland, da hier genügend genaue Untersuchungen vorliegen, um schon ein gewisses Bild zu geben. Wir beginnen mit dem Karbon, obgleich diese Zeit zunächst humid ist. Aber das Vorhandensein von Gegensätzen zur späteren Verwitterung rechtfertigt dies.

Wir betonten schon oben, daß zwar aus dem Oberkarbon Lateritprofile bekannt sind, aber nur selten vorkommen und keine voll ausgereiften Profile darstellen. Freilich kennt man recht häufig allitische Sedimente, die, falls sich für sie nicht einmal eine andere Ableitung ergibt, zunächst auf ursprüngliche lateritische oder auch aride Verwitterung deuten. Untersucht man die Auflagerung des terrestren Oberkarbons auf kristalline Gesteine, etwa bei Baden-Baden, so kann man hier sowohl als auch bei dem oft ähnlichen Unterrotliegenden, tatsächlich eine Verwitterungsdecke finden, wie sie mehrfach be-

---

[1] STROMER V. REICHENBACH: Geographische und geologische Beobachtungen im Wadi Netrum und Fârgh in Ägypten. Abh. senckenberg. naturforsch. Ges., Frankfurt a. M. 29, 87 (1905).

[2] HOMSS, A. P.: Some interesting chalcedony pseudomorphs from Big Badlands, South Dakota. Amer. J. Sci. 5, 174—179 (1923). — RUSSELL, W. L.: A fossil Desert in Western South Dakota. Amer. J. Sci., 5. ser. 14, 146—150 (1927).

[3] FERSMANN, A.: Geochemische Migration der Elemente und deren wissenschaftliche und wirtschaftliche Bedeutung, erläutert an vier Mineralvorkommen: Chibina-Tundren — Smaragdgruben — Uran-Grube Tujy-Mujun — Wüste Karakumy., Teil II. Abh. prakt. Geol. u. Bergwirtschaftsl. 19 (1930).

[4] KAISER, E.: a. a. O., S. 314. 1926.

schrieben wurde[1]. Der Übergang vom Grundgebirge nach dem Deckgebirge ist ein ganz allmählicher und die Grenze oft schwer zu bestimmen. Vergrusung ist eingetreten. Das Grundgebirge ist nur mechanisch aufgelockert, und seine Bestandteile finden sich in Arkosen wieder, die erst an der Schichtung oder an deutlichen Geröllen zeigen, daß die Verwitterungsdecke schon umgelagert ist. Chemische Veränderungen sind dabei nicht oder in geringer Menge festzustellen. Durch das ganze Karbon[2], bis hinauf zum Oberrotliegenden, ja sogar bis in die basalen Aufarbeitungsprodukte des süddeutschen Zechsteins hinein, trifft man immer wieder Arkosen oder arkosenartige Sandsteine, die auf eine vorwaltende, mechanische Verwitterung deuten. Aber es liegen Unterschiede in den Verwitterungsdecken vor, die man freilich meist nur aus ihren Abtragungsprodukten erklären kann. In Sedimenten des Karbons mit seinen Grauwacken und grauen oder weißen, feldspatführenden Arkosen und Sandsteinen, wie z. T. im Unterrotliegenden, kann nur festgestellt werden, daß es sich um fluviatiles Material handelt. Es muß, wie aus der Nachbarschaft der Kohle zu schließen ist, unter feuchtem Klima gebildet sein. Anstehend nur mechanisch als Grus gelockertes Material wurde offenbar durch Niederschläge abgespült und dann nach einem nicht zu weiten Transport, der aber doch zur Rundung von Geröllen ausreichte, abgesetzt. Es handelt sich nicht um eckigen Schutt, der durch plötzliche Niederschläge losgelöst, nur kurz fortbewegt wurde[3]. Nichts spricht dafür, daß hier aride Verhältnisse vorliegen, kein einziges Anzeichen dafür kann man finden[5]. Inmitten des grauen sudetischen Oberkarbons findet sich aber eine Einlagerung roter, sog. Hexensteinarkosen. Verkieselte Hölzer, mit Resten von Fäulnis, Geröllpflaster mit gelegentlichem Windschliff weisen auf vorübergehende Trockenheit hin, der später wieder Moorbildung folgte[2]. In der Bayerischen Pfalz liegen im Oberkarbon und im Unterrotliegenden eigenartige Sinterkalke[4], z. T. mit Oolithstruktur, die vielleicht, wegen der Nachbarschaft von Kieselsäureausscheidungen[6], ariden Oberflächenkalken nahe stehen, wie wir sie aus dem Perm kennen. Teilweise verkieselte Karbonatanreicherungen treten uns im mittleren Rotliegenden entgegen und erlauben wohl die gleiche Deutung, daß das Klima arid geworden ist, wovon auch Spuren von Gips in einer Bohrung bei Rheinfelden[7] Zeugnis ablegen.

---

[1] Bräuhäuser, M.: Beitrag zur Kenntnis des Rotliegenden an der oberen Kinzig. Mitt. geol. Abt. württ. stat. Landesamt 1910, Nr. 7, 17. — Fournier, E.: Sur la structure tectonique profonde de la zone des Avant-Monts du Jura. Bull. Soc. Geol., 4. sér. 22, 229 (1922).

[2] Petrascheck, W.: Zur Entstehungsgeschichte der sudetischen Karbon- und Rotliegendablagerungen. Z. dtsch. geol. Ges. 74, Mber., 248 (1922).

[3] Auch in den Alpen gilt für den permischen Vernucano das Gleiche, wovon sich der Verfasser besonders noch bei der Untersuchung eines bisher unbekannten Vorkommens im nördlichen Surettamassiv bei Andeer überzeugen konnte.

[4] Kaiser, E.: Über Fanglomerate, besonders im Ebrobecken. Sitzgsber. bayer. Akad. Wiss., Math.-naturwiss. Abt. 1927, 26.

[5] Reis, O. M.: Erl. z. d. Bl. Kusel (Nr. XX) d. geognost. Karte d. Kgr. Bayern 1 : 100000, S. 77. München 1910.

[6] Eine angebliche, terrestre, karbonische Verkieselung wurde aus nordamerikanischem Karbon beschrieben, doch widersprach dem Tarr wohl mit Recht, da es sich um mehrfache Kiesellagen handelt, wie sie auch sonst im Karbon auftreten. — Leith, E. K.: Silification of erosion surfaces. Econ. Geol. 20, 513—523 (1925). — Tarr, W. A.: Silification of erosion surfaces. Ebenda 21, 511 (1926).

[7] Bräuhäuser, M.: a. a. O., S. 21, 23. 1910. — Reis, Otto M.: Über Stylolithen, Dutenmergel und Landschaftenkalk (Anthrakolith zum Teil). III. Über permokarbonischen „Landschaftenkalk" (Anthrakolith zum Teil) und vergleichbare Sinterabsätze. Geognost. Jh. 15, 269 (1902). — Reis, Otto M., Besprechung von E. Kalkowsky: Über Oolith und Stromatolith im norddeutschen Buntsandstein. Neues Jb. Min. usw. 2, 114—116, 135—138 (1908).

Daß dies richtig ist, zeigen die vom Verfasser aufgefundenen Verwitterungsdecken des mittleren Rotliegenden bei Baden-Baden. Sie erlauben zugleich die Frage nach der Natur der weit verbreiteten „Rötung"[1] des Liegenden unter Perm zu lösen. Unter terrestrem Perm ist in Deutschland das Liegende oft gleichmäßig rot gefärbt, jedoch in der Tiefe ist dies nur noch auf Klüften der Fall. Eine ausgesprochene Verwitterung wurde aber bisher nicht beschrieben, so sind die Feldspäte z. B. in Ostthüringen noch ganz frisch. Darum sind die neuen, zeitlich bestimmbaren Profile von ganz besonderer Bedeutung. Südlich von Baden-Baden liegt die aus mehreren Ergüssen aufgebaute Decke des mittelrotliegenden Pinitporphyrs. An zahlreichen Stellen zeigt sie im Hangenden (am Louisfelsen aber auch örtlich in der Mitte) eine deutliche Zersetzung mit Bleichung, begleitet von zahlreichen Kieselsäureausscheidungen, die den Eindruck einer Kaolinitisierung machen und auf dem Blatt Baden-Baden der Geologischen Spezialkarte von Baden 1 : 25 000 auch als solche bezeichnet wurden. Östlich des Grobbachtales fand der Verfasser 1927 einen inzwischen wieder teilweise verschütteten Aufschluß am „Hellenhäusel", der die Verwitterungsdecke unter oberrotliegenden Letten zeigte. Der hangende Teil des etwa 8—10 m mächtigen, hellen Zersatzes war in seinem obersten einen Meter mächtigen Anteil leicht violett gefärbt und von zahlreichen roten, teilweise achatführenden Klüften durchsetzt[2]. Mit scharfer unregelmäßiger Grenze lag darüber eine rote, dichte Masse, die ursprünglich ebenfalls als verwitterter Quarzporphyr angesprochen wurde, aber der Textur nach doch nicht mehr dazu gehörte, sondern verfestigte Roterde darstellte. Darüber folgten Letten des Oberrotliegenden. Von einer vollständigen Wiedergabe des chemisch ausführlich untersuchten Profiles sei an dieser Stelle abgesehen. Es sei nur das frische — selbst schon anchimetamorph veränderte — Gestein und der ursprüngliche Boden dargestellt. Von dem Zersatz sei

	Geroldsau bei Baden-Baden							
	Rotliegender Quarzporphyr				Rotliegende aride Roterde			
	Bauschanalyse Nr. 326	HCl-löslich Nr. 331	nur H_2SO_4-löslich	H_2SO_4-Rückstand Nr. 332	Bauschanalyse Nr. 323	HCl-löslich Nr. 324	nur H_2SO_4-löslich	H_2SO_4-Rückstand Nr. 325
SiO_2	74,56	1,14	7,21	66,21	71,78	4,45	10,79	56,54
TiO_2	0,03	Spur	0,03	Spur	0,44	0,02	0,25	0,17
Al_2O_3 . . .	14,81	0,48	6,71	7,62	13,29	3,13	8,38	1,78
Fe_2O_3 . . .	1,31	0,68	0,03	0,60	2,53	1,60	0,39	0,54
FeO	0,14	Spur	0,14	o	0,10	o	0,10	o
MnO . . .	0,02	0,02	o	o	0,02	0,02	o	o
MgO	0,50	0,13	0,22	0,15	1,48	0,06	1,17	0,25
CaO	0,18	0,12	0,06	Spur	1,21	0,64	0,15	0,42
Na_2O . . .	1,01	0,07	0,02	0,92	0,80	0,10	0,34	0,36
K_2O	5,10	0,14	0,31	4,65	2,38	0,55	1,21	0,62
P_2O_5	0,02	0,02	o	o	0,67	0,65	0,02	—
CO_2	—	—	—	—	o	—	—	—
SO_3	Spur	Spur	o	o	Spur	o	o	o
H_2O+ . . .	1,45	} 2,15 {	—	—	4,04	—	—	—
H_2O- . . .	0,70		—	—	1,35	—	—	—
Rückstand .	—	95,02	—	—	—	—	—	—
	99,83	99,97	14,73	80,15	100,09	11,22	22,80	60,68
ki	8,56	4,04	1,83	14,8	9,2	2,4	2,2	54
ba	0,51	—	—	—	0,46	—	—	—

[1] ZIMMERMANN, E.: Über die Rötung des Schiefergebirges und über das Weißliegende in Ostthüringen. Z. dtsch. geol. Ges. **61**, Mber., 149—155 (1909). — Buntfärbung von Gesteinen, besonders in Thüringen. Ebenda **67**, Mber., 167 (1915).
[2] Die Achate sind als anchimetamorph veränderte siallitische Gele aufzufassen.

nur hervorgehoben, daß er nach der chemischen Analyse z. T. Kaolin enthalten kann, ki im nur schwefelsäurelöslichen Teil ist 2,26, kommt also dem Kaolin recht nahe. Man findet aber noch viele, recht frische Feldspäte. K ist 1,1, es hat eine Zunahme von SiO_2 stattgefunden, die teilweise in mit Quarz ausgekleideten Hohlräumen zu sehen ist. B ist 0,9 (im Zersatz 0,9—0,63), es hat also eine Abnahme der Basen anstatt der für die ariden Verwitterungsgesteine zu erwartenden Zunahme stattgefunden. Aber wie oben schon einmal hervorgehoben, kann die Anreicherung von K_2O und Na_2O in leichtlöslicher Form in einem fossilen ariden Boden nicht erhalten bleiben. Der schwerer lösliche CaO ist aber außerordentlich stark gestiegen. Der Quotient ki HCl sollte bei einem ariden Gestein eigentlich höher liegen, aber die ursprünglich leichter aufschließbare SiO_2 ist, wie man schon makroskopisch erkennen kann, z. T. in Quarz umgewandelt, also unlöslich geworden. Der Schwefelsäurerückstand zeigt daher viel freie SiO_2. **Ein typisch arides, aber nachträglich verändertes Verwitterungsprofil liegt also vor, das über einem Kaolinitzersatz mit SiO_2-Anreicherung einen basen- und kieselsäurereichen roten Boden trägt, in dem selbst noch Kaolin vorkommt.**

Auf die vom Verfasser geäußerte Bitte, weitere Überlagerungen von Rotliegendem auf älterem Gestein zu besichtigen, wurde der Verfasser von Herrn Baurat Bilharz liebenswürdigerweise zu einem Vorkommen von Mittelrotliegendem geführt, das am Hummelberg bei Gaggenau eine aufragende Kuppe von Schapbachgneis bedeckt. Während am Rande deutlich rotliegende Grundbreccien mit frischen Gneisbrocken auftraten, war der höchste Teil des stark rotklüftigen Gneises auf 20—30 cm deutlich ,,vergelt''. Alle Feldspäte waren in Gel umgewandelt, helle Gele saßen auf kleinen Klüften. Da Kieselsäure nicht fortgeführt wurde, ist K auch hier 1,1. B ist 0,65, also viel niedriger als im Vorkommen von Gaggenau, aber es liegt ja kein Boden, sondern der tiefere Zersatz vor. Neben CaO hat hier auch Na_2O zugenommen. Nach dem Ergebnis des Schwefelsäureauszuges ist Kaolin auch hier vorhanden.

Ganz ähnliche Verwitterungserscheinungen sind aus dem mittleren Rotliegenden von Altenburg[1] bekannt geworden, wo Tuffe, Glimmerporphyrit, Quarzporphyr unter Bildung von Kaolin, Quarz, Chalcedon, Achat verwitterten. Auch hier kommen in demselben Bereich verkieselte Tuffe vor, die zu dichten weißen Massen wurden. Es ist anzunehmen, daß zahlreiche, angeblich vulkanische Verkieselungen im Perm, wie auch die Eisenkiesel des Zechsteins bei Heidelberg oder die Achate von Idar und Oberstein unter den gleichen ariden Umständen entstanden sind. Auch die neuerdings aus der Gegend von Baden-Baden beschriebenen Hornsteingänge aus der Zeit des mittleren Rotliegenden, die teils Ausfüllung von Spalten, teils Verkieselung liegender Gneise darstellen, dürften ebenfalls als aride Illuvialgesteine zu deuten sein[2].

Das Oberrotliegende[3] zeigt den Übergang zu vollaridem Klima infolge seiner mächtigen, typischen Fanglomerate, in denen auch Windwirkung gar nicht

---

[1] Dammer, Br.: Das Rotliegende der Umgegend von Altenburg in Sachsen-Altenburg. Jb. preuß. geol. Landesanst. für 1903, **24**, 291—330.

[2] Bilharz, A.: Hornsteingänge bei Gaggenau im Murgtal. Bad. geol. Abh. **1**, 45—50 (1921).

[3] Bräuhäuser, M.: Beiträge zur Kenntnis des Rotliegenden an der oberen Kinzig. Mitt. geol. Abt. württ. stat. Landesamtes **1910**, Nr. 7, 11—36. — Die Herkunft der kristallinen Grundgebirgsgerölle in den Basalttuffen der Schwäbischen Alb. Jh. Ver. vaterl. Naturkde. Württ. **74**, 212—274 (1918). — Harrassowitz, H.: Frankenberger Zechstein und grobklastische Bildungen an der Grenze Perm-Trias. Jb. preuß. geol. Landesanst. für 1910, **31** I, H. 3, 383—447 (1910). — Zur Entstehung der deutschen Kalisalzlager. Ber. oberhess. Ges. Natur- u. Heilk. Gießen, N. F., Naturwiss. Abt. **4**, 142—148 (1910/11). —

selten zum Ausdruck kommt. Die Landschaft erstickt im Schutt. Während die Schuttbildung zunächst noch anhält, vollzieht sich von Norden her eine Einsenkung, und das Zechsteinmeer erscheint. Dadurch wird das Klima aber feuchter, und auf den Festländern machen sich Flächenkalke in Form von Dolomit und Kalk, und zwar oft mit Verkieselung — Karneoldolomit — bemerkbar. Sie haben eine höchst eigenartige Lage. Immer schließen sie das Rotliegende nach oben ab, gleichgültig, welcher Horizont darüberliegt. Bald ist es Zechstein, wie in der Wetterau, bald Unterer, dann — in verschiedenen Abteilungen — Mittlerer Buntsandstein. Zum Buntsandstein kann man nie eine scharfe Grenze finden, ob man sich im Schwarzwalde oder im Riesengebirge befindet. Es hat auch nie eine Aufarbeitung stattgefunden, obgleich man sie nach der theoretisch vorhandenen Diskordanz annehmen müßte. Es ergibt sich damit das Bild, daß die Randgebiete des Zechsteinmeeres von einem mittelariden Gebiet umgeben waren, das oberflächlich eine Anreicherungszone von Karbonat und Kieselsäure aufwies. Auch in der folgenden Buntsandsteinzeit dauerte die Bildung der Flächenkalke fort, bis sie unter den semiariden fluviatilen, immer weiter vorrückenden Sandmassen verschwand. Es handelt sich hier aber nicht um einen bestimmten, zeitlich gleichen Horizont, sondern er gehört vielmehr verschiedenen Zeiträumen an. Der Verfasser hat dafür den Namen „permotriadische Grenzkarbonate" vorgeschlagen.

Nur teilweise sind die Verwitterungsdecken des Rotliegenden noch vorhanden, die zunächst zunehmende größere Feuchtigkeit zu Beginn des Zechsteinmeeres bedingte, daß leichtlösliche Stoffe schnell verschwanden. Dazu gehörten auch die Anreicherungen von Schwermetallen, besonders von Kupfer, die sich, wie der Verfasser nachwies, in allen ariden Ländern oberflächlich in leichtlöslicher Form anreichern, falls Cu-führende Muttergesteine vorhanden sind. Mit Zunahme der Niederschläge wurden sie aber schnell in das Meer geführt, wo sie dem Kupferschiefer den Hauptbestandteil lieferten.

Vollarides Klima bewirkte im oberen Zechstein ein Eindampfen des Meeres und Ausfällen aller gelösten Stoffe, die nacheinander Karbonate, Sulfate und die leichtlöslichen Kalium-Magnesium-Salze lieferten. Danach herrschte in der fluviatilen, von flachen Meeresüberflutungen unterbrochenen Zeit des Buntsandsteins semiarides Klima, in dem Flächenkalke mit Karneol einen Stillstand in der Sandablagerung und vorübergehend trockenere Bedingungen anzeigen. Als „Karneolhorizont" sind sie besonders an der Grenze vom Mittleren zum Oberen Buntsandstein bekannt geworden, finden sich aber auch sonst und sind schließlich mehrfach aus dem Keuper[1] nachgewiesen. In manchen Fällen handelt es sich um meist bunte, unregelmäßige, knollig-bankige Karbonate (viel Dolomit) oder um mehr oder weniger eingekieselte Karbonate, oder schließlich um unmittelbare Kieselabsätze. Eine in der Buntsandsteinzeit angeblich erfolgte

---

Über Vertretung vom Zechstein bei Schramberg. Jh. u. Mitt. oberrhein. geol. Ver., N. F. I, 47—49 (1911). — Die Festlandsbildungen des Zechsteins am Ostrande des Rheinischen Schiefergebirges. „Kali", Z. f. Gewinnung, Verarbeitung u. Verwertung d. Kalisalze 5, H. 9, 179—185 (1911). — Aride Erzanreicherung und die Entstehung des Kupferschiefers. Ber. Vers. niederrhein. geol. Ver. 1917—22, C 22—31. — Die Permformation. In W. SALOMON: Grundzüge der Geologie, S. 291. Stuttgart 1925. — PETRASCHECK, W.: Zur Entstehungsgeschichte der sudetischen Karbon- und Rotliegendablagerungen. Z. dtsch. geol. Ges. 74, Mber., 244—262 (1922). — SCUPIN, H.: Die erdgeschichtliche Entwicklung des Zechsteins im Vorlande des Riesengebirges. Sitzgsber. preuß. Akad. Wiss. 53, 1266—1277 (1916). — STRIGEL, A.: Zur Paläogeographie des Schwarzwaldes. Die Abrasionsfläche als klimatisch-tektonisches Problem des oberen Perms. Verh. naturhist.-med. Ver. Heidelberg, Beilgh. z. N. F. 15 (1922).

[1] SCHNITTMANN, FR. X.: Beiträge zur Stratigraphie der Oberpfalz. Z. dtsch. geol. Ges. 81, 127—146 (1929, 1930).

Dolomitisierung von Kalken des Devons in der Eifel, ist nach neuen Angaben nicht aufrecht zu erhalten[1]. Vermutlich sind auch Schwerspatvorkommen arider Herkunft. Bei Freudenstadt[2] kommt in einem Karneoldolomit des unteren Buntsandsteins ebenso wie auch in den dolomitisch-kalkigen Tigersandsteinen des gleichen Horizontes auf Blatt Obertal-Kniebis Schwerspat vor. In den höheren Lagen des Mittleren Buntsandsteins auf Blatt Enzklösterle finden sich spätige Barytkonkretionen recht häufig, wie sie dem Verfasser an der Hornisgrinde (hier in Tongallen) und bei Alpirsbach, nach einem Fund von Herrn Deecke-Freiburg auch bei Herrenalb, bekannt geworden sind. Einem freundlichen Hinweis von Herrn Bräuhäuser-Stuttgart zufolge nahm der Verfasser Kenntnis von ähnlichen Vorkommen auf Blatt Simmersfeld und Schramberg, sowie im württembergischen Stubensandstein und in Steinmergeln des Mittleren Keupers. Schon oben wurde auf vergleichbare Vorkommen im deutschen Tertiär hingewiesen, die auch in der Nachbarschaft von gleichalterigen Verkieselungen liegen[3]. Verfasser konnte schon früher darauf hinweisen, daß sie im Schwarzwald z. T. an permische und in anderen Gebieten an tertiäre Landoberflächen geknüpft erscheinen. In Mährisch-Schlesien[4] scheinen sie ebenfalls an eine permische Landschaft gebunden zu sein. Nachdem Erich Kaiser[5] auf Neubildung von Baryt im ariden Gebiet aufmerksam machte und Lacroix[6] solche Gebilde als barytführenden Psilomelan in lateritischen Roterden nachwies, dürfte es keinem Zweifel unterliegen, daß eine Entstehung durch Verwitterungszufuhr unter semihumiden-ariden Bedingungen angenommen werden muß.

Einer Sondererscheinung unter deutschem, marinem Zechstein sei schließlich noch kurz gedacht. Unter ihm ist das Rotliegende zu „Grauliegendem" gebleicht und wird neuerdings als podsolartige Bleichungszone erklärt[7].

Im nordischen Devon sind ganz ähnliche Verhältnisse anzunehmen, wie im Perm und Buntsandstein, handelt es sich doch um gleichartige rote Sandsteine und Konglomerate. Nur von einer Stelle in West-Norwegen ist. dem Verfasser eine Verwitterungsdecke bekannt geworden. Es handelt sich um eine Basalbreccie des roten Devons, die, wie im deutschen Perm, durch Aufarbeitung einer geröteten, vordevonischen Unterlage entstanden ist[8]. Im Ostbaltikum ist devonisches Salz bekannt, so daß man auch hier von ariden Bedingungen sprechen kann.

Schwierig werden die Verhältnisse im tiefsten Kambrium und Präkambrium. An zahlreichen Diskordanzen finden wir dieselben terrestren Gesteine, sei es in Schottland, Fennoskandia, Böhmen oder Nordamerika[9]. Es

---

[1] Wilckens, O.: Die Dolomite der Eifel. Sitzgsber. naturhist. Ver. preuß. Rheinl. u. Westf. A 1928, 17—22. — Quiring, H.: Eifeldolomit und alttriadische Verebnung. Cbl. Min. usw. 1913, 269—272.

[2] Erl. z. geol. Spezialkarte v. Württemberg, Bl. Freudenstadt S. 18, 1910; Bl. Obertal-Kniebis S. 73, 88, 1907; Bl. Enzklösterle, S. 63, 64, 1911.

[3] Delkeskamp, R.: Die Bedeutung der Konzentrationsprozesse für die Lagerstättenlehre und die Lithogenesis. Z. prakt. Geol. 12, 294, 309, 312 (1904).

[4] Harrassowitz, H.: Zur Kenntnis westdeutscher Schwerspatlagerstätten. Z. prakt. Geol. 24, 67—71 (1916). — Mohr, H.: Die Schwerspatlagerstätten der tschechoslowakischen Republik. Montanist. Rdsch. 1929, 2.

[5] Kaiser, Erich: Die Diamantenwüste Südwestafrikas 2, 308. Berlin 1926.

[6] Lacroix, A.: Minéralogie de Madagaskar 3, 127. 1923.

[7] Weigelt, J.: Die Pflanzenreste des mitteldeutschen Kupferschiefers und ihre Einschaltung in Sedimente. Fortschr. Geol. u. Paläont., Berlin 6, 19, 412—419 (1928). — Fulda, E.: Zum Problem des Kupferschiefers. Jb. preuß. geol. Landesanst. für 1928. 49, 997 (1928).

[8] Kolderup, Carl Fred: Vest-Norges devonfelter. Bergens Museums Arsbok 1915/26.

[9] Hausen, H.: Überreste von Bodenbildungen des Tafeljatuls auf dem Rande der großen karelischen Resistenzscholle. Fennia, Helsingfors 50, Nr. 31 (1928). 8 S. — Hise,

handelt sich um rote, feldspatführende Gesteine, oft mit fanglomeratähnlicher, wirrer Textur, mit Wellenfurchen, Trockenrissen und Windkantern. Aber auch helle, quarzitische Sandsteine kommen vor (Finnland), die auf intensive Verwitterung oder langen Transport schließen lassen. Mehrfach ist die Auflagerung auf dem Liegenden beobachtet, und man kann ähnliche Übergänge in das Liegende durch Vergrusung wie bei dem Karbon feststellen, nur daß meist gröberer Schutt, und selten Arkosen, auftreten. In Jämtland geht ein kambrisches Konglomerat nach unten ohne nachweisbare Grenze in eine Sedimentbreccie mit großen, scharfkantigen Stücken des liegenden Granitporphyrs über. ,,Dadurch, daß die deutlich klastischen Teile immer mehr zurücktreten, gelangt man nach und nach zu einer typischen Verwitterungsbreccie hinab, welche ihrerseits durch schwächer werdende Zerteilung langsam in frischen Granitporphyr übergeht, der an gewissen Punkten erst 5—6 m unter den Basalschichten des Kambriums aufzutreten scheint[1].'' Die Grenze ist mit schwarzen, gelbroten und roten Substanzen imprägniert, die z. T. organischen Ursprungs sein sollen. Auch sollen Limonit und Kies auftreten. Immer wieder wird von derselben mechanischen Auflösung der Grundgebirge und von Schuttbildung unter ganz geringer chemischer Zersetzung berichtet[2]. Es handelt sich dabei um Gesteine, die als ,,untransported or sedentary arkose'' bezeichnet wurden[3]. Sie finden sich auch in der Vermontformation, Massachusetts und Vermont, an der Basis von Silur in New Hampshire, präkambrisch in Ontario.

Nur aus Schweden sind wir genauer über Zersatz unterrichtet[4]. Am Fuß des Kinnekulle ist die subkambrische Gneisoberfläche meist nur auf wenige Zentimeter oder Dezimeter zersetzt. An anderen Stellen soll eine Kaolinbildung bis zu einigen Metern hinuntergehen. Manche Felsen sind aber auch ganz frisch. Oligoklas und Oligoklasalbit sind kaolinisiert, Mikroklin und Hornblende aber frisch. Biotit ist gebleicht. Manchmal erkennt man, daß der zersetzte Feldspat durch Kalkspat oder ein Gemenge von Kalkspat und Chalcedon ersetzt worden ist. Chalcedon, mehr oder minder durch Kaolin getrübt, bildet auch selbständige, zwischen Mikroklin und Quarz eingeklemmte Partien. Da es sich also um Kaolinbildung unter Erhaltung von SiO_2 und $CaCO_3$ handelt, sind wir in diesem einzigen Falle berechtigt, von arider Verwitterung zu sprechen. Vielleicht sind die eigenartigen, algonkischen Scherbenkalke am Mjösensee in Norwegen weiter nichts als Oberflächenkalke[5]. Abweichend von allen übrigen Stellen ist der Gneis unter dem schottischen Torridonsandstein mit Spalten und Klüften durchsetzt, die von oben her mit eisenschüssigem, rotem Lehm erfüllt sind[6]. Daß ein algonkischer Verwitterungslehm sich ohne Alterung bis zur Gegenwart erhalten haben soll, scheint sehr zweifelhaft. Vielleicht ist die petrographische Bestimmung nicht einwandfrei.

C. H. VAN, u. C. K. LEITH: Precambrian Geology of North America. U. S. geol. Surv., Bull. 360 (1909). — HÖGBOHM, A. G.: Fennoskandia. Handbuch der regionalen Geologie 4, 3, 35, 41, 43, 46, 61 (1913). — Precambrian Geology of Sweden. Bull. geol. Inst. Univ. Upsala 10, 3—13 (1910). — SEDERHOLM, J. J.: Om bärggrunden i södra Finland. Fennia 8, Nr. 3 (1893). — WALTHER, JOH.: Über algonkische Sedimente. Z. dtsch. geol. Ges. 61, 283—305 (1909).

[1] FRÖDIN, G.: Einige Beobachtungen über den Oldengranit und die subkambrische Denudationsfläche innerhalb der kaledonischen Faltenzone in Jämtland. Bull. geol. Inst. Univ. Upsala 13, 261 (1916).

[2] FRÖDIN, G.: Über die Geologie der zentralschwedischen Hochgebirge. Bull. geol. Inst. Univ. Upsala 18, 57—197 (1922).

[3] BARTON, D. C.: Classification of arkose deposits. J. of Geol. 24, 448 (1916).

[4] HÖGBOHM, A. G., u. N. G. AHLSTRÖM: Über die subkambrische Landfläche am Fuße des Kinnekulle. Bull. geol. Inst. Univ. Upsala 19, 74—77 (1923—25).

[5] WALTHER, JOH.: a. a. O., S. 294. 1909.   [6] WALTHER, JOH.: a. a. O., S. 288.

Zusammenfassung. Neben typisch ariden Sedimenten wie Fanglomeraten und Salzen, kennen wir aus Karbon, Perm, Trias verschiedene Verwitterungsdecken, vor allem zahlreiche Oberflächenkalke mit Verkieselungen, die eine bezeichnende Panzerung des ariden Festlandes darstellen, und zwar besonders als permotriadische Grenzkarbonate. Auch Schwerspatvorkommnisse sind damit verknüpft. Von großem Interesse sind interrotliegende Verwitterungsprofile bei Baden-Baden, die als Kaolinitisierung, aber mit Erhaltung von SiO_2 und darüberliegender Roterde, aufgefaßt werden. An anderer Stelle ist nur eine mechanische Auflockerung des Untergrundes, die Vergrusung, festzustellen. Im Karbon kommen hauptsächlich nur fluviatile Einwirkungen auf einem mechanisch vergrusten Liegenden zur Geltung, hier spricht nichts für aride Bedingungen.

Aus dem Devon, der Unterlage des Kambriums, und dem Präkambrium sind mehrfach ähnliche Aufarbeitungszonen wie im Karbon beschrieben. Es handelt sich um Vergrusung und Schuttmassen aus kaum veränderten Bruchstücken, die langsam in das frische Gestein übergehen. Aus Schweden ist eine Verwitterungsdecke bekannt, die eine teilweise Kaolinitisierung mit Anreicherung von Kalkspat und Chalcedon darstellt, und mithin als arid anzusprechen ist.

Zusammenfassung des besonderen Teiles in zeitlicher Ordnung.

Diluvium. Neben den Moränen der Vereisung kennen wir aus dem nichtvereisten Gebiet periglaziale Schuttmassen, die durch Erdfließen umgestaltet worden sind, nebst Struktur- und Brodelböden. Dem durch aride Verwitterung beeinflußten, äolischen Absatzgestein Löß, der sich in Glazialzeiten bildete, sind siallitische Lehme, Schwarz- und Grauerden eingeschaltet, die unter feuchterem, interglazialem Klima entstanden sind. Auch auf anderen diluvialen Gesteinen ist fossile Verwitterung bekannt. Bei manchen Verwitterungsdecken ist nicht mit Sicherheit zu entscheiden, ob sie diluvial sind oder gar dem Jungtertiär angehören, wie die Lateritdecken Vorderindiens und Australiens.

Tertiär. Vom Tertiär an treten ausgesprochene Böden zurück. Wir finden sie hier hauptsächlich auf Kalken erhalten (Eozän, Oligozän, Miozän, Pliozän), und zwar in der Form siallitischer Roterden (Bohnerztone oder mit Fe-Mn-Erzen verknüpft) im südlichen Mitteldeutschland, Süddeutschland, der Schweiz, Osteuropa, Nordamerika. Im alpidischen Faltungsbereich (Spanien, Ostadria, Ostalpen, Ungarn, auch Kaschmir) sind sie, dem Eozän angehörig, orogen in Monohydrallit (Bauxit) umgewandelt. Daß es sich hier um tropische, humide Verwitterung handelt, bestätigen weit verbreitete Lateritdecken mit oft wohl entwickelten Profilen und lateritisch-allitischer Roterde der nordatlantischen Basalttafel, in Mitteldeutschland und Böhmen (Altmiozän, Obermiozän, Altpliozän), bei Batum und im Amurgebiet auf verschiedenen Ergußgesteinen. Auf kristallinen Schiefern und Tiefengesteinen findet man sie in Nordamerika (Südwestende der Appalachen), in der Auvergne und Steiermark, wohl auch in China. Im gegenwärtigen Lateritgebiet, wie Vorderindien, geht der Beginn der Bildung wohl bis in das Tertiär zurück. In den Lateritprofilen findet sich Siallitzersatz. Er ist auch selbständig, besonders als Kaolinit, in großer Ausdehnung aus Deutschland, Böhmen, Steiermark, Nordamerika bekannt (eine ganze Menge nicht weiter beschriebener Vorkommen in England, Frankreich usw. gehören wohl ebenfalls dem Tertiär an). Wiederholt sind Umlagerungen des Zersatzes durch tropischen Bodenfluß bekannt geworden. Obgleich Laterit und Siallit mehrfach im Tertiär gebildet wurden, handelt es sich in Europa keineswegs um dauernd humides Klima. Besonders im Oligozän stieß die aride Verwitterung nach Norden vor. Aride Salze, Fanglomerate, Verkieselungen, Baryte bildeten sich (Spanien,

Deutschland, Frankreich, Nordamerika). In jetzt ariden Gebieten herrschte schon im Tertiär Trockenverwitterung, wenn auch dort mit Klimaschwankungen (Südwestafrika, Südamerika, Australien, Südrußland) gerechnet werden muß.

Kreide. Die Verwitterungsdecken sind denen der Tertiärzeit außerordentlich ähnlich. Dieselben Roterden und Monohydrallite kommen in den Schweizer Alpen (untergeordnet), Südfrankreich, Italien, Ostalpen vor. An der Wende der Kreide-Jura-Zeit (dem Wealden entsprechend) liegen Monohydrallite in Rumänien (Bihárgebirge), Griechenland. Mächtige Laterite und Siallite kennzeichnen, wie im Tertiär, das Südwestende der Appalachen. In Mitteleuropa kennen wir sie untergeordnet unter oberer Kreide in Sachsen und Böhmen, genau so wie Siallite auf Schonen und in Ägypten.

Aride Verkieselungen kommen vielleicht in Südengland und Nordfrankreich vor. Die im Tertiär erwähnten ariden Verwitterungsprodukte Südafrikas konnten auch schon in der Kreide beobachtet werden.

Jura. Ältere als kretazische, chemisch entstandene Verwitterungsdecken sind in geringer Zahl bekannt. So ist schon der Jura arm an ihnen. Roterdeeinlagerungen in hellen Kalken zeigt vielleicht der süddeutsche Obere Jura. Dem untersten Jura oder der Wende Jura-Trias gehören Bauxite der Wocheine an. Unter dem Lias von Bornholm liegt Kaolinit, unter angeblichem Jura Sardiniens Eisenerze. Vorkommen im Wiehengebirge und Oberösterreich halten einer Kritik nicht stand.

Trias. Die marine obere Trias ist im alpinen Bereich durch mehrfache Trockenlegungen gekennzeichnet. Aus den Ost- und Südalpen kennen wir Roterdedecken auf Kalken z. T. mit Bohnerzen und Roterde in korallogenen Kalken. Abtragung bedingte Einschwemmung in Schichten des oft transgredierenden unteren Jura. Die in anderen Gebieten durch Gips als arid gekennzeichneten Raibler Schichten enthalten in Kroatien und Dalmatien Monohydrallite. Aus der germanischen, meist semiariden Trias sind aride Verkieselungen und Flächenkalk in z. T. regionaler Verbreitung bekannt geworden (Buntsandstein, Keuper). Den gleichen Horizonten gehören als arid zu deutende Schwerspäte an.

Perm. Diese nachvariskische Einebnungs- und Trockenzeit enthält weit verbreitet aride Salze und Cu-Anreicherungen. Oft sind Vergrusung und Fanglomerate mit Windwirkung beobachtet. An der Wende Perm-Trias liegen die meist von Verkieselung begleiteten permotriadischen Grenzkarbonate Deutschlands — typisch aride Oberflächenpanzerung —, die sich noch bis in den Buntsandstein und den Keuper hinein bildeten. Auch ältere Flächenkalke sind bekannt. Die im Liegenden des Perm vorkommende „Rötung" der Grundgebirge wurde bei Baden-Baden als teilweise interrotliegende Roterdebildung mit tieferer Kaolinisierung unter Anreichern von SiO_2 und Basen erkannt. In den zur Zeit des Rotliegenden verwitterten Eruptivgesteinen der verschiedensten Gebiete Deutschlands sind ursprünglich Kieselsäuregele durch Verwitterung entstanden, auch anchimetamorph in Achat, Chalcedon und Quarz umgewandelt. Viele verkieselte Tuffe und Eisenkiesel dürften durch aride Vorgänge beeinflußt sein.

Karbon. Neben örtlich bekannten Lateriten (Neurode, Schottland, Rußland) und örtlichem Flächenkalk mit Verkieselung (Niederschlesien) findet sich nur liegende Vergrusung und Schuttbildung, wie sie auch aus den feldspatführenden Sandsteinen und Grauwacken klar wird. Mehrere aus Deutschland beschriebene Bleichungen an der Wende Karbon-Devon dürften nicht mit einer Verwitterung in diesem Zeitraum zusammenhängen.

Devon. In Korallenkalken des Lahngebietes finden sich ganz ähnliche Roterdeeinlagerungen, wie in der alpinen Trias, die offenbar auf entsprechende

Bedingungen schließen lassen. Eine angeblich mitteldevonische Bleichung im Lahngebiet hat vermutlich tertiäres Alter. Die weit verbreiteten nordischen roten Sandsteine weisen auf das Fehlen mächtiger chemischer Verwitterung hin. Aus Westnorwegen wurde eine liegende Basalbreccie bekannt. Im Ostbaltikum zeigt Salz aride Bedingungen an.

Silur. Nur aus Gotländer Orthocerenkalk sind ähnliche, rote Einlagerungen wie im Devon bekannt.

Kambrium und Präkambrium. Tiefgründige, starke chemische Verwitterung fehlt trotz der zahlreichen Diskordanzen. An ihnen finden wir mechanische Verwitterung und Vergrusung (Nordamerika, Skandinavien). Oft wird der bezeichnende allmähliche Übergang vom frischen Gestein in Sedimente beschrieben, wie er schon im Perm, Karbon, Devon vorkommt. In Südschweden beobachtete man dabei geringe chemische Verwitterung, die durch Anreicherung von SiO_2 und $CaCO_3$ als arid gekennzeichnet ist. Mehrfache andere Angaben über tiefgründige Kaolinitisierung lassen sich nicht bestätigen (Nordamerika, Finnland).

Aus dem Vorstehenden ergibt sich folgender Rückblick:

Diluvium:	Viele Böden.
Tertiär, Kreide:	Böden (besonders auf Kalk), viel Zersatz, starke chemische Verwitterung.
Trias-Perm-Karbon:	Aride, auch humide, chemische Verwitterung, stärkeres Vortreten der Schuttbildung und Vergrusung.
Vorkarbon:	Geringe chemische Verwitterung, Schuttbildung, Vergrusung herrschend.

In dieser kurzen Übersicht fallen zwei Tatsachen auf: das Zurücktreten der Böden und das Vorherrschen des Zersatzes in vordiluvialen Zeiten und das Vorwiegen mechanischer Verwitterung, besonders der Vergrusung, in ältesten Zeiten. Daß Böden dem Abtragen ausgesetzt sind und schnell verschwinden, ergibt sich ohne weiteres aus dem reichen Vorkommen ihrer Zerstörungsprodukte in Gestalt von Trümmergesteinen aller geologischen Formationen. Um so bezeichnender ist es, wie Böden vordiluvial besonders häufig auf reinen Kalken auftreten, da diese infolge Fehlens gleichsinniger fluviatiler Oberflächenabtragung erhaltend wirken, und in ihrem Bereich selbst geringe Verwitterungsreste im Laufe langer Zeit zu mächtigen Decken angehäuft werden. Tertiär, Kreide, Trias liefern eine große Menge Beispiele hierfür.

Aus den ältesten Zeiten kennen wir keine sichere, tiefgründige chemische Verwitterung. Desto häufiger ist hier die Vergrusung als mechanische Auflockerung mit nur geringen oder fehlenden Spuren chemischen Wirkens. Dies beruht auf dem Fehlen geschlossener Vegetationsdecken, worauf wohl als erster J. Walther[1] hinwies. Die Verwitterung war abiologisch, Urwüsten haben vorgelegen. Festländische Vegetation fehlte nicht nur im ariden, sondern auch im humiden Bereich. Ungehindert konnten die Atmosphärilien das nackte, nicht geschützte Gestein angreifen. Im Devon begann die Eroberung der Landoberflächen, die Pflanzen stiegen langsam aus dem Meer auf das Festland (vielleicht zuerst im ariden Bereich?). Es handelt sich allgemein um dünn besiedelte Ursteppen — wenn man nur das floristische Bild in das Auge faßt —, die noch keinen reicheren festländischen Faunen Lebensraum boten. Anders

---

[1] Walther, J.: Gesetz der Wüstenbildung. 2. Aufl., S. 308. 1912.

wird es mit der Karbonzeit. Jetzt scheint das Leben auf den Kontinenten erst heimisch geworden zu sein. Wald, von Insekten und Vierfüßlern belebt, tritt zum erstenmal auf, aber nur in Senken als Sumpfwald, während die übrigen Gebiete noch immer pflanzen- und lebensarm waren. Bezeichnend ist es, daß wir aus dem Karbon wohl zahlreiche Wurzelhorizonte kennen, aber kein einziger einen Verwitterungboden darstellt, da es sich eben nur um Moore und Sümpfe handelt.

Der Trockenwald als große biologische Gemeinschaft von niederen und höheren Pflanzen und Tieren ist jüngeren Alters. Vielleicht ist seine vollständige Ausbildung erst mit dem oberkretazischen Erscheinen der Angiospermen verknüpft. Nur unter entsprechenden Trockenwäldern mit herrschenden Laubpflanzen vollzieht sich tiefgründiges, flächenhaftes, chemisches Einwirken, das die so weit verbreiteten Siallite, sei es als Zersatz oder Boden, liefert, wobei Kleinlebewesen sicher eine besondere Rolle spielen. Somit versteht man das Vorherrschen mechanischer Einflüsse in älteren und chemischer Einflüsse in jüngeren Zeiten als im Zusammenhang stehend mit der allmählichen Eroberung des Festlandes durch die Pflanzenwelt. Verwitterungsvorgänge lassen sich nicht als ein rein anorganisches Problem betrachten, sondern nur in ihrer Verbundenheit mit der Geschichte der Erde und des Lebens.

Namenverzeichnis.

Sachverzeichnis.

Handbuch der Bodenlehre

Herausgegeben von

Dr. E. Blanck

o. ö. Professor und Direktor des agrikulturchemischen und bodenkundlichen
Instituts der Universität Göttingen

1. Teil: Allgemeine oder wissenschaftliche Bodenlehre.

Band I: Die naturwissenschaftlichen Grundlagen der Lehre von der Entstehung des Bodens. Bearbeitet von Professor Dr. E. Blanck, Göttingen, Dr. H. Fesefeldt, Göttingen, Privatdozent Dr. F. Giesecke, Göttingen, Dr. G. Hager, Bonn, Dr. F. Heide, Göttingen, Professor Dr. W. Meigen, Gießen, Professor Dr. S. Passarge, Hamburg, Professor Dr. H. Philipp, Köln, Dr. K. Rehorst, Breslau, Dr. L. Rüger, Heidelberg. Mit 29 Abbildungen. VIII, 335 Seiten. 1929.
RM 27.—; gebunden RM 29.60

Band II: Die Verwitterungslehre und ihre klimatologischen Grundlagen. Bearbeitet von Professor Dr. E. Blanck, Göttingen, Professor Dr. K. Knoch, Berlin, Dr. K. Rehorst, Breslau, Professor Dr. G. Schellenberg, Göttingen, Professor Dr. J. Schubert, Eberswalde, Dr. E. Wasmund, Langenargen (Bodensee). Mit 50 Abbildungen. VI, 314 Seiten. 1929.
RM 29.60; gebunden RM 32.—

Band III: Die Lehre von der Verteilung der Bodenarten an der Erdoberfläche. Regionale und zonale Bodenlehre. Bearbeitet von Professor Dr. E. Blanck, Göttingen, Privatdozent Dr. F. Giesecke, Göttingen, Professor Dr. H. Harrassowitz, Gießen, Professor Dr. H. Jenny, Columbia Mo. (U. S. A.), Geheimrat Professor Dr. G. Linck, Jena, Professor Dr. W. Meinardus, Göttingen, Professor Dr. H. Mortensen, Göttingen, Professor Dr. A. A. J. von 'Sigmond, Budapest, Professor Dr. H. Stremme, Danzig. Mit 61 Abbildungen und 3 Tafeln. VIII, 550 Seiten. 1930. RM 54.—; gebunden RM 57.—

Band V: Der Boden als oberste Schicht der Erdoberfläche. Bearbeitet von Privatdozent Dr. F. Giesecke, Göttingen, Professor Dr. A. Kumm, Braunschweig, Professor Dr. S. Passarge, Hamburg, Professor Dr. L. Rüger, Heidelberg, Geheimrat Professor Dr. K. Sapper, Würzburg, Professor Dr. H. Stremme, Danzig-Langfuhr, Dr. E. Wasmund, Langenargen (Bodensee). Mit 103 Abbildungen. VIII, 483 Seiten. 1930. RM 52.—; gebunden RM 55.—

Band VI: Die physikalische Beschaffenheit des Bodens. Bearbeitet von Professor Dr. A. Densch, Landsberg a. d. Warthe, Privatdozent Dr. F. Giesecke, Göttingen, Professor Dr. M. Helbig, Freiburg i. B., Professor Dr. V. F. Heß, Graz, Professor Dr. J. Schubert, Eberswalde, Professor Dr. F. Zunker, Breslau. Mit 104 Abbildungen. VIII, 423 Seiten. 1930.
RM 43.60; gebunden RM 46.60

Band VII: Der Boden in seiner chemischen und biologischen Beschaffenheit.
In Vorbereitung.

2. Teil: Angewandte oder spezielle Bodenkunde (Technologie des Bodens).

Band VIII: Der Kulturboden und die Bestimmung seines Fruchtbarkeitszustandes.
In Vorbereitung.

Band IX: Bonitierung und Kartierung des Bodens. In Vorbereitung.

Band X: Die Maßnahmen zur Kultivierung des Bodens. Die Bedeutung des Bodens in technischer Hinsicht. In Vorbereitung.

Technische Gesteinkunde für Bauingenieure, Kulturtechniker, Land-
und Forstwirte, sowie für Steinbruchbesitzer und Steinbruchtechniker. Von
Ing. Dr. phil. **Josef Stiny,** o. ö. Professor an der Technischen Hochschule in Wien.
Zweite, vermehrte und vollständig umgearbeitete Auflage. Mit 422 Abbildungen im Text und 1 mehrfarbigen Tafel sowie einem Beiheft: „Kurze Anleitung zum Bestimmen der technisch wichtigsten Mineralien
und Felsarten". (Mit 11 Abbildungen im Text. 23 Seiten.) VIII, 550 Seiten.
1929.   Gebunden RM 45.—

Anleitung zur Bestimmung von Mineralien. Von **N. M. Fedorowski,**
Professor an der Bergakademie Moskau. Übersetzung der letzten (zweiten)
russischen Auflage. Mit 15 Textabbildungen. VIII, 136 Seiten. 1926.   RM 7.50

Mineralogisches Taschenbuch der Wiener Mineralogischen Gesell-
schaft. Unter Mitwirkung von A. Himmelbauer, R. Koechlin, A. Marchet,
H. Michel und O. Rotky, redigiert von **J. E. Hibsch.** Zweite, vermehrte
Auflage. Mit einem Titelbild. X, 187 Seiten. 1928.   Gebunden RM 10.80

Verwitterung in der Natur und an Bauwerken. Für Bau-,
Kultur- und Erhaltungsingenieure, Architekten, Baumeister, Bergleute, Boden-
kundler, Petrographen, Gewerbetreibende, Versuchsanstalten, Fabriks-, Bergbau-,
Hütten-, Steinbruch-, Beton- u. a. Betriebe und Verwaltungen, Werkstätten,
Geologen, Physiker, Chemiker, Meteorologen, Geometer, Rechtskundige sowie
politische Behörden und Verwaltungen. Von Professor Ing. **Vincenz Pollack.**
(Band XXX der „Technischen Praxis".) Mit 120 Abbildungen und einer Tafel.
580 Seiten. 1923.   Gebunden RM 4.50

Paläontologisches Praktikum. Eine Anleitung für Sammler. Von
Dr. phil. **O. Seitz,** Bezirksgeologe an der Preußischen Geologischen Landesanstalt
Berlin, und Dr. phil. **W. Gothan,** Kustos und Professor an der Geologischen
Landesanstalt, a. o. Prof. an der Technischen Hochschule, Honorarprofessor an
der Universität Berlin. (Band VIII der „Biologischen Studienbücher".) Mit
48 Abbildungen. IV, 173 Seiten. 1928.   RM 9.60; gebunden RM 10.80

Das fossile Lebewesen. Eine Einführung in die Versteine-
rungskunde. Von Professor Dr. **Edgar Dacqué,** Konservator an der Paläontologischen Staatssammlung in München. (Band IV der „Verständliche
Wissenschaft".) Mit 93 Abbildungen. VII, 184 Seiten. 1928.   Gebunden RM 4.80

Die Bodenazidität nach agrikulturchemischen Gesichtspunkten dargestellt.
Von Professor Dr. **H. Kappen,** Direktor des Instituts für Chemie an der Landwirtschaftlichen Hochschule Bonn-Poppelsdorf. Mit 35 Abbildungen und 1 farbigen Tafel. VII, 363 Seiten. 1929.   RM 36.—; gebunden RM 38.80

Bodenkundliches Praktikum. Von Dr. **Eilh. Alfred Mitscherlich,** o. ö.
Professor der Landwirtschaftlichen Pflanzenbaulehre an der Universität Königsberg i. Pr. Mit 15 Abbildungen. VII, 36 Seiten. 1927.
                    RM 2.40; mit Schreibpapier durchschossen RM 3.—